*Reinach, A. v...*

# Über die Flora der Senftenberger Braunkohlenablagerungen

*Reinach, A. von*

**Über die Flora der Senftenberger Braunkohlenablagerungen**

*Inktank publishing, 2018*

*www.inktank-publishing.com*

*ISBN/EAN: 9783747770825*

*All rights reserved*

*This is a reprint of a historical out of copyright text that has been re-manufactured for better reading and printing by our unique software. Inktank publishing retains all rights of this specific copy which is marked with an invisible watermark.*

# Inhalts-Verzeichnis.



83941

## Einleitung.

Bei dem Mangel an ausgiebigen natürlichen Quellgebieten im vorderen Taunus und der rasch steigenden Einwohnerzahl der verschiedenen Orte wurde vielfach zu dem Einbringen von Wasserstollen geschritten. Es sind bis heute in diesem Gebiete 12 größere und kleinere derartige Anlagen ausgeführt, welche ein außerordentlich reines und ziemlich reichliches Trink- und Nutzwasser geben.

Der eine der betreffenden Stollen, derjenige, welchen die Stadt Wiesbaden in den Schläferskopf eingebracht hat, wurde bereits im Jahrbuch der Kgl. Geol. Landesanstalt für 1901, Bd. XXII, Heft 3, S. 341—346 beschrieben. Da die übrigen Stollen bis auf denjenigen am Kellerskopf auch fertig gestellt sind, folgt nunmehr die allgemeine Zusammenstellung dieser Arbeiten nebst den bei denselben erzielten Resultaten.

I.

## Geologische Zusammensetzung der von Wasserstollen durchteuften Teile des Taunus.

Der vordere Taunus ist ein in Stunde $3^1/_2$—$4^1/_2$ streichendes Faltengebirge, das infolge seiner Aufsattelung von einer großen Reihe von streichenden und Querverwerfungen durchsetzt ist. Die südlichen Vorberge sind zum Teil aus Ablagerungen zusammengesetzt, deren Alter noch nicht mit Sicherheit bestimmt werden konnte, da Versteinerungen fehlen. Diese Schichtenfolgen sind zu beiden Seiten des Lorsbacher Tales, sowie der bei Eppstein von N. her einmündenden Täler in ihrer größten Ausdehnung erhalten.

Teilweise abweichend von der Auffassung C. Kochs[1]) hat die Revision der betreffenden geologischen Karten nachstehende Schichtenfolge ergeben:

Vordevonische Ablagerungen:

1. Eppsteiner Schiefer (Glimmersericitschiefer) und bunte Sericitschiefer).
2. Hangendes der Eppsteiner Schiefer: Graugelbe und dunkle, etwas phyllitische Schiefer, Graphitschiefer, Quarzitschiefer und Sericitkalkphyllite. Einlagerungen von ockerigem Kalk und Kieselschiefer.

Tiefstes Unterdevon:

1. Gédinnien:
   a) graugelbe, auch bunte, z. T. phyllitische Schiefer mit konglomeratischen, quarzitischen und arkosigen Bänken.

[1]) Jahrbuch der Königl. Geol. Landesanstalt für 1880, S. 190.

b) bunte Phyllite.

c) Glimmersandstein (Hermeskeiler Schichten).

2. Taunusquarzit.

Das vordevonische Gebirge bildet einen aus einer Reihe von Einzelfalten zusammengesetzten Sattel, der in seinem nördlichen Teile steiles Nordfallen, in seinem südlichen Teile steiles Südfallen zeigt. Der Kern des Sattels wird von der früher als Eppsteiner Schiefer und dann von C. Koch als Glimmersericitschiefer bezeichneten Gesteinsreihe gebildet[1]).

## Eppsteiner Schiefer und bunte Sericitschiefer.

Die Eppsteiner Schiefer sind meist gefältelte, auch stengelige, glimmerführende, phyllitische, grünlichgraue oder dunkelgrauviolette, seltner perlgraue, z. T. stärker quarzitische Schiefer, die namentlich in der Eppsteiner Gegend sericitisch geworden sind. Die quarzitischen Lagen enthalten öfters reichliches Feldspatmaterial. Nur vereinzelt finden sich in den Eppsteiner Schiefern etwas plattigere Partien (z. B. am Nordhang des Staufens und am Südhang des Fischbacher Kopfes), die dann den kambrischen Gesteinen Thüringens, des Voigtlandes, des Fichtelgebirgs und des hohen Venn ähnlich sind. Sowohl am Staufen als auch in der hangenden Zone der Eppsteiner Schiefer nahe bei Lorsbach fanden sich in denselben vereinzelt phycodenartige Gebilde. Der Nordflügel der Eppsteiner Schiefer wird neben den angeführten Gesteinen auch in größerer Ausdehnung durch die von Koch als Sericitgneisse und Hornblendesericitschiefer bezeichneten Gesteinsreihen gebildet. Nach anderen Autoren[2]) sind letztere veränderte

[1]) Die Auffassung von C. Koch, daß seine Sericitgneisse den Kern des Gebirges bilden (s. vorher angef. Abhandlung und Blatt Königstein, Das Sericitgneißvorkommen auf dem Fischbacher Kopf), ist schon von J. Gosselet in »Deux excursions dans le Hunsrück et le Taunus« (Annales de la Soc. géologique du Nord, Bd. XVII 1890, S. 324), dahin berichtigt worden, daß die Sericitgneisse am Fischbacher Kopf auch an ihrer Südgrenze nach N. und nicht nach S. einfallen, demnach eine Zwischenlagerung und keinen Sattel bilden.

[2]) Lossen, Jahrbuch der Königl. Geol. Landesanstalt, Berlin 1884, S. 625. — Milch, Zeitschr. d. Deutsch. Geol. Gesellsch., XLI 1889, S. 394. — Schauf, Zeitschr. d. Deutsch. Geol. Gesellsch., XLIII 1891, S. 915. — Lossen, Zeitschr.

Gesteine der Diabas- und der Quarzporphyrgruppe, zu denen nach vorläufigen Mitteilungen von H. BÜCKING[1]) auch veränderte Keratophyre kommen.

Im Südflügel der Eppsteiner Schiefer kommen veränderte Eruptivgesteine nur in geringerer Mächtigkeit vor.

Im östlichen Teile des Vordertaunus, namentlich auf Blatt Homburg, herrscht die von C. KOCH[2]) als bunter Sericitschiefer ausgeschiedene Varietät des Glimmersericitschiefers vor. In ihrer Hauptsache ist dieselbe ein sowohl nach der Grenze der Gédinniens nach N. als auch namentlich nach O. hin weniger veränderter Teil der Eppsteiner Schiefer. Einen guten Aufschluß von Übergangsgesteinen der KOCHschen Typen des bunten Sericitschiefers zu deren Ausbildung auf Blatt Homburg gibt das Vorkommen in der Rösche des Falkensteiner Wasserstollens, sowie dasjenige am Nordhang der Ruine Falkenstein (s. Anhang, Einzelheiten über die im Falkensteiner Stollen angetroffenen Schichten). Eine Gliederung der Eppsteiner Schiefer wird bei der Veröffentlichung der Revisionsaufnahme des Blattes Königstein erfolgen. In der gegenwärtigen Abhandlung sind dagegen die Bezeichnungen C. KOCHS im Allgemeinen beibehalten und die betreffenden Schiefer auf Blatt Homburg vorläufig als Homburger Schiefer aufgeführt worden.

### Hangendes der Eppsteiner Schiefer.

Die Reihe der Eppsteiner Schiefer wird nach S. anscheinend gleichförmig von glatten, wenig phyllitischen, graugelben und dunkeln, teilweise graphitischen Schiefern, sowie starken Bänken von Quarzitschiefern überlagert. Weiter kommen daselbst außer den von KOCH angeführten Sericit-

d. Deutsch. Geol. Gesellsch., XLIII 1891, S. 751. — ROSENBUSCH, Elemente der Gesteinslehre 1898, S. 438. — SCHAUF, Bericht Senckenb. Naturf. Ges. 1898, S. 3.

[1]) H. BÜCKING, Bericht Senckenb. Naturf. Ges. 1903, S. 162.

[2]) Erl. z. Bl. Königstein, Berlin 1880, S. 16. Einzelne dieser von KOCH eingezeichneten Vorkommen auf Blatt Königstein enthalten anscheinend viel Eruptivmaterial; Herr H. BÜCKING hat sie, sowie die feldspatführenden Schichten der eigentlichen Eppsteiner Schiefer in den Kreis seiner jetzigen Untersuchungen gezogen.

kalkphylliten LOSSEN's, auch stärkere Bänke von dichtem, dolomitischem, ockerig verwitterndem Kalkstein vor. In diesem Niveau haben sich bisher ebenfalls keine bezeichnenden Versteinerungen gefunden. Einzelne dichte kieselschieferähnliche Lagen zeigen in Dünnschliffen ähnliche organische Reste, wie sie L. CAYEUX[1]) aus der Bretagne beschrieben hat, welche indessen vorläufig für die Altersbestimmung der Schichten ohne Wert sind.

Lithologisch hat der Schichtkomplex eine gewisse Ähnlichkeit mit dem mitteldeutschen Silur, insbesondere mit dessen durch Druck veränderten Teilen. Auch die Gliederung dieses Schichtenkomplexes ist bereits teilweise durchgeführt.

Etwa $^3/_4$ km südlich von Lorsbach wird derselbe ungleichförmig von versteinerungsführendem Unterrotliegendem[2]) und weiterhin ebenso von Oberrotliegendem und Tertiär überlagert.

Im Hangenden des N.-Flügels der Eppsteiner Schiefer haben sich seit KOCHs Aufnahmen an einigen Stellen, so z. B. in Eppenhain und am Kellerskopf, in künstlichen Aufschlüssen die am S.-Flügel erwähnten, dem mitteldeutschen Silur ähnlichen Gesteine in geringerer Mächtigkeit wiedergefunden, während sie an andern Punkten fehlen. Es ist hierdurch wahrscheinlich geworden, daß die weiter im Hangenden folgenden Schichten, welche dem Gédinnien angehören, dem älteren Gebirge diskordant auflagern.

## Gédinnien.

Das Gédinnien setzt sich wie folgt zusammen[3]):

I. An der Basis grünliche, oft graugelb entfärbte, auch dunkle und violette, z. T. phyllitische Tonschiefer, meist mit konglomeratischen sowie auch quarzitischen, und arko-

[1]) Les preuves de l'existence d'organismes dans le terrain Précambrien, Bulletin de la Soc. géologique de France 3ᵉ Serie, Bd XXIII 1894, S. 107.

[2]) v. R., Zeitschr. d. D. Geol. Ges. 1900, S. 166. Die von C. KOCH l. c. Jahrb. 1880 und Bl. Königstein an dieser Grenze sowie weiter südlich auf Bl. Hochheim eingezeichnete Wiederholung des Taunusquarzits beruht auf einem Irrtum.

[3]) v. R., Zeitschr. d. D. Geol. Ges., Bd. XLII 1890, S. 612.

sigen Bänken. Diese Schichten scheinen nicht überall erkennbar entwickelt zu sein, bilden demnach wohl nur ein Äquivalent des unteren Teils der folgenden Stufe.

II. Die sehr mächtige Stufe der bunten Taunusphyllite KOCH's. Rotviolette, auch grüne, vielfach dünnspaltige, phyllitische Schiefer mit Zwischenlagen von mehr oder weniger dichten Quarziten (P 3 KOCH), sowie vereinzelten konglomeratischen Bänken (P 2 KOCH)[1]).

III. Stufe des Glimmersandsteins KOCH's (Hermeskeiler Schichten GREBE's): Weißgelbe, auch gerötete, glimmerführende Sandsteine mit zwischengelagerten hellen, auch vereinzelt dunkeln oder geröteten Tonschiefern, sowie einigen Quarzit- und ganz vereinzelten konglomeratischen Bänken.

### Taunusquarzit.

Hierauf folgt die hinreichend bekannte, von den maßgebenden Autoren bereits ins eigentliche Unterdevon einbezogene Stufe des Taunusquarzits.

Stufe I hat bisher im zentralen Taunus, mit Ausnahme von *Cyathophyllum* cf. *binum* LONSDALE, keine mit Sicherheit bestimmbaren Versteinerungen geliefert.

Stufe II, das Äquivalent der Schistes D'OIGNIES in den Ardennen, hat sich bisher weder dort, noch in den linksrheinischen Gebieten, noch auch im Taunus als versteinerungsführend gezeigt.

Stufe III enthält am Lindenberg nördlich von Oberursel in ihrem obern Niveau nach den Bestimmungen von Herrn BEUSHAUSEN: Trilobiten- und eine große Anzahl von nicht mit Sicherheit bestimmbaren Fischresten, weiter *Coleoprion* cf. *gracilis* SDBGR., *Bellerophon* cf. *bisulcatus* R., *Rensselaeria crassicosta* KOCH, *Rhynchonella* cf. *daleidensis* F. R., *Favosites* sp. und unbestimmbare Zweischaler. Die Versteinerungen dieser Schicht schließen sich

[1]) KOCH hat die bunten Phyllite als vordevonisch aufgefasst und sie in seinem Profil (l. c. Jahrbuch 1880) als Äquivalent der lithologisch vollkommen verschiedenen Schichten im Hangenden des Südflügels der Eppsteiner Schiefer angesehen.

nach dem Urteil BEUSHAUSEN's wegen des Vorkommens von *Rensselaeria crassicosta* eng an die Fauna des Taunusquarzits an[1]).

Im Taunusquarzit wurde an mehreren Stellen, namentlich auch am Weissestein bei der Saalburg, die durch die Literatur für dieses Niveau bekannte Fauna gefunden.

### Geologischer Bau des Gebirgskammes des hohen Taunus.

Der eigentliche hohe Taunus ist aus den Schichten des Gédinniens und des Taunusquarzites aufgebaut. Der letztere bildet infolge seiner geringen Verwitterungsfähigkeit die hauptsächlichsten Höhenzüge, während sich die Längstäler vorzugsweise in die weicheren Phyllite eingeschnitten haben. Infolge der starken Faltung des Gebirges ist mehrfach außer dem durchgehenden hintern Höhenzug noch ein zweiter vorderer Höhenzug des Taunusquarzits vorhanden, welcher streckenweise an streichenden Verwerfungen oder an Querstörungen unterbrochen ist. Die Darstellungen der KOCH'schen Karten lassen dieses übrigens auch schon erkennen[2]). Die bereits sehr weit in der Aufnahme vorgeschrittenen Revisionsblätter werden diese Verhältnisse des Baues klarlegen.

Während der hohe (vordere) Taunus von Westen her bis zu der bereits von KOCH eingezeichneten Verwerfung östlich vom Glaskopf im Allgemeinen nördliches Einfallen zeigt, beginnt von hier ab nach Osten im nördlichen Höhenzuge Südeinfallen, das sich allmählich auf das ganze vordere Gebirge ausdehnt. Hand in Hand hiermit verschwindet der Hunsrückschiefer an der Nordgrenze des Taunusquarzits und Gédinniens, und es treten Unterkoblenzschichten an dessen Stelle. Es liegt demnach hier eine breite Überschiebung und Überkippung des Gebirges vor. Die Über-

[1]) Im Winter 1902/3 wurde im Steinbruch der Stadt Homburg westlich von der Saalburg der gleiche versteinerungsführende Horizont angetroffen. Die Versteinerungen sind noch nicht vollständig bestimmt, von Interesse ist aber das durch Herrn JAEKEL konstatierte Vorkommen von Teilen eines *Psammosteus* Ag. sp. indet.

[2]) KOCH hat auf seinen ersten Taunusblättern den Glimmersandstein nicht ausgeschieden; aber auch, da wo solches der Fall ist, ist der Taunusquarzit meist viel zu breit eingezeichnet, was auf die Berechnungen der zu erwartenden Wassermengen beim Einbringen der Wasserstollen vielfach störend einwirkte.

schiebung wird nach Osten sehr flach, der Taunusquarzit des Weißesteins an der Saalburg hat nur noch 15° Südosteinfallen[1]).

### Grabenversenkungen im vorderen Taunus.

Innerhalb des Gebietes des vordern Taunus sind (an der Südseite des Gebirges) übrigens auch Grabensenken von jüngern Devonschichten vorhanden, die in SSW.-NNO.-Richtung verlaufen. In den Grauwacken und Schiefern einer derartigen durch den Luthereichestollen nördlich von Homburg angeschnittenen Grabensenke[2]) fanden sich nach den vorläufigen Bestimmungen von Herrn ALEX. FUCHS: *Spirifer hercyniae* GIEB., *Spirifer arduennensis* SCHNUR, *Spirifer micropterus* GF. KAYSER (= *bilsteinensis* SCUPIN), *Rhynchonella daleidensis* F. ROEMER, *Tropidoleptus laticosta* CONRAD (= *rhenanus* FRECH), *Bellerophon tumidus* SDBGR., *Pleurotomaria striata* GOLDF., *Orthoceras planiseptatum* SDBGR., *Leptodomus latus* KRANTZ, *Pterinea costata* GOLDF. und *expansa* MAURER, *Goniodetia carinata* GOLDF., weiter mehrere *Goniophora*-Arten, *Myophoria* und *Modiomorpha* sp. u. s. f. Die Fauna ist namentlich reich an Lamellibranchiern und entspricht etwa derjenigen der höhern Porphyroidzone des Unter-Koblenz.

In einer weitern bei Köppern beiderseits von Taunusquarzit begrenzten Grabensenke, welche dann weiter über Roßdorf nach Nauheim fortsetzt, fanden sich bezeichnende Versteinerungen des Mitteldevons, u. a. *Stringocephalus burtini* DEFR.

[1]) Näheres über die Überschiebung und den schuppenförmigen Bau des Hintertaunus bei Veröffentlichung der Blätter Homburg, Usingen und Gemünden. — Die Überschiebung wurde im Jahre 1900 bei Anlage der Wasserleitung für Pfaffenwiesbach an der Cabelsburg angeschnitten.

[2]) Siehe Zusammenstellung der durch den Luthereichestollen angefahrenen Schichten. Es ist bemerkenswert und für die Herkunft des Materials wichtig, dass hier keine Porphyroidschiefer angetroffen wurden.

II.

## Die bis zum Frühjahr 1903 im Gebiete zwischen Wiesbaden und der Saalburg zur Wasserversorgung eingebrachten Stollen.

Die meisten dieser Stollen sind quer zum Gebirgsstreichen eingebracht, um beim Vortreiben jeweils neue Schichten zur Wasserversorgung nutzbar zu machen. Von dieser Regel wurde nur dann abgewichen, wenn besondere Gebiete, die durch Quellen größern Wasserreichtum anzeigten, auf kurzem Wege in möglichster Tiefe angeschnitten werden sollten. Derartige Gebiete bezeichnen im Taunus meist die Stellen, an denen das Gebirge von stärkeren Querverwerfungen, auf welchen sich das Wasser ansammelt, durchschnitten wird. Kleinere Abweichungen in der Stollenrichtung wurden übrigens auch durch technische Schwierigkeiten oder durch Eigentumsrechte auf der Oberfläche veranlaßt.

Die bisher in dem hier in Betracht gezogenen Gebiete eingebrachten Stollen zur Wasserversorgung sind von W. nach O. folgende.

### A. Vier Stollen zur Wasserversorgung der Stadt Wiesbaden.

1. Kreuzstollen. Angefangen 1901, Ansatzpunkt in 251 m Meereshöhe, ca. $4^1/_2$ km nordwestlich von Wiesbaden (1850 m von der Fasanerie). Derselbe wurde in N. 86° 15' W., demnach im spitzen Winkel zu den hier in etwa hora 4 streichenden Schichten eingebracht. Mit dem Stollen wurde in erster Linie beabsichtigt, die voraussichtlich ergiebige Zone östlich von der Hohen Wurzel auf dem nächsten Wege möglichst tief anzuschneiden. Der

Stollen geht etwa bei 550 m Länge unter der Wiesbaden-Schwalbacher Bahn und dann mit 115 m Überlagerung ca. 120 m südlich von der Spitze des Schläferskopfes durch. Am 15. Juni 1903 hatte der Stollen eine Länge von 1490 m erreicht. Sein Vortrieb ist vorläufig eingestellt, da seine Wasserlieferung gebraucht wird und über seine eventuelle Weiterführung Unterhandlungen schweben. Die durch den Stollen angefahrenen Schichten sind: (siehe Tafel und über Einzelheiten in den angefahrenen Schichten im Anhang).

0— 30 m Gebirgsschutt.
30— 124 » Stufe des Glimmersandsteins = 94, resp. 56 m[1]) Mächtigkeit,
124— 996 » Stufe des bunten Phyllits, die bei 996 m an einer Verwerfungskluft abschneidet = 872, resp. 520 m;
996—1103 » Wiederholung der Stufe des Glimmersandsteins = 107, resp. 64 m;
1103—1340 » Stufe des Taunusquarzits, zwischen 1150 und 1340 m starke Querklüfte mit großem Wasserzudrang = 267, resp. 140 m;
1340—1490 » I. Wiederholung der Stufe des Glimmersandsteins = 150, resp. 90 m.

Abgesehen von den Verwerfungen bildet das Ganze einen Sattel der älteren Stufe gefolgt von einer Mulde mit der jüngsten Stufe, alles gleichmäßig nach NNW. einfallend. Infolge der vielen Gebirgsstörungen und kleineren Sattlungen (siehe Anhang No. 15) lassen übrigens die reduzierten Ziffern keine maßgebenden Schlüsse auf die eigentliche Mächtigkeit der einzelnen Stufen zu.

2. Schläferskopfstollen. Angefangen 1898, aufgelassen im Herbst 1900. Der Ansatzpunkt liegt 150 m nördlich vom Kreuzstollen und nach den jetzigen Aufnahmen in 250 m Meereshöhe. Er verläuft in der Richtung N. 33° 54' W., demnach ziemlich rechtwinklig zum Streichen der Gebirgsschichten[2]). Die

[1]) Die an zweiter Stelle angeführten Zahlen ergeben sich nach Reduktion auf die wirkliche Mächtigkeit der Schichten.

[2]) Beide Angaben sind in der Beschreibung dieses Stollens (Jahrbuch der Königl. Geolog. Landesanstalt für 1901) abzuändern.

Länge des Stollens ist 1846 m, sein Endpunkt liegt 140 m unter Tag. Der Stollen ist auf der beigegebenen Tafel im Grundriß dargestellt. Für die Einzelheiten der angefahrenen Schichten wird auf die Veröffentlichung im Jahrbuch der Königl. Geolog. Landesanstalt für 1901 verwiesen. Der Vollständigkeit halber folgt indessen hier ein kurzer Auszug.

| | |
|---|---|
| 0— 62 m | Gebirgsschutt und verwitterte Schichten, |
| 62— 322 » | Stufe des bunten Phyllits = 260 m Mächtigkeit; |
| 322— 506 » | Stufe des Glimmersandsteins = 184 m; |
| 506— 745 » | Stufe des Taunusquarzits = 239 m; |
| 745—1000 » | I. Wiederholung der Stufe des Glimmersandsteins = 255 m; |
| 1000—1015 » | I. Wiederholung der Stufe des bunten Phyllits (schmaler Sattel) = 15 m; |
| 1015—1088 » | II. Wiederholung der Stufe des Glimmersandsteins = 73 m; |
| 1088—1293 » | II. Wiederholung der Stufe des bunten Phyllits = 205 m; |
| 1293—1545 » | III. Wiederholung der Stufe des Glimmersandsteins = 253 m; |
| 1545—1557 » | I. Wiederholung der Stufe des Taunusquarzits (derselbe ist anscheinend durch eine Kluft großenteils in die Tiefe versenkt) = 12 m; |
| 1557—1848 » | IV. Wiederholung der Stufe des Glimmersandsteins; die große Breite ist dadurch zu erklären, daß er durch beinahe quer zum Gebirgsstreichen verlaufende Klüfte stets wieder in den Stollenbereich vorgeschoben wurde = 291 m. |

Läßt man die Störungen außer Betracht, so erscheint das Ganze als ein unvollständig ausgebildeter Sattel zwischen zwei vollständigen aliegenden Mulden der Gesteine des Gédinniens mit dem Taunusquarzit. Das Einfallen ist im allgemeinen nach NNW. gerichtet.

3. **Münzbergstollen.** Angefangen 1885, beendet 1890. Der Ansatzpunkt liegt ca. 3 km NNW. von Wiesbaden (600 m

NW. von der Leichtweißhöhle) und $2^1/_2$ km westlich vom Ansatzpunkt des Schläferskopfstollens in 207 m Meereshöhe. Seine Richtung ist

| | | | |
|---|---|---|---|
| bis | 145 | m | N. |
| » | 700 | » | N. 20 W. |
| » | 1900 | » | N. 9 W. und zuletzt |
| » | $2909^1/_2$ | » | N. 25 W., |

demnach im allgemeinen quer zum Schichtstreichen. Wie mir mitgeteilt wurde, soll jeweils versucht worden sein, ihn ungefähr rechtwinklig zum Schichtstreichen vorzutreiben. Der Stollen hat unter der Rennmauer (WSW. vom Jagdschloß Platte) über 300 m und an seinem Endpunkte am Weiden-Dom (SO vom Eichelberg) ca. 270 m Überlagerung. Das Forttreiben des Stollens wurde seinerzeit durch den Einspruch der Gemeinden des hinteren Taunus verhindert, welche befürchteten, daß ihre Wasserversorgung durch denselben beeinträchtigt werden könne. Eine Aufnahme der durchfahrenen Schichten scheint seinerzeit nicht geschehen zu sein. Dagegen befindet sich im Bureau der Wiesbadener Gas- und Wasserwerke eine Sammlung von Handstücken aus diesem Stollen. Soweit dieselben eine Zusammenstellung der angetroffenen Niveaus erlauben, waren aufgeschlossen:

| | | |
|---|---|---|
| 0— 40 | m | Gebirgsschutt, |
| 40— 264 | » | Sericitgneisse Koch's mit Zwischenlagerungen der Zone des bunten Sericitschiefers des gleichen Autors, |
| 264— 341 | » | Schichten unbestimmten Alters, lithologisch denjenigen im Hangenden der Glimmersericitschiefer bei Lorsbach (und dem Silur Mitteldeutschlands) ähnlich, |
| 341— 491 | » | Basalschichten des Gédinniens, |
| 491—2100 | » | Stufe des bunten Phyllits, |
| 2100—2225 | » | Stufe des Glimmersandsteins, |
| 2225—2460 | » | Stufe des Taunusquarzits, |
| 2460—2660 | » | Wiederholung der Stufe des Glimmersandsteins, |
| 2660—2909 | » | Wiederholung der Stufe des bunten Phyllits. |

Demnach, abgesehen von den hier nicht aufgezeichneten Gebirgsstörungen, Vordevonische Schichten und eine breite nach NNW. einfallende liegende Mulde des Gédinniens mit dem Taunusquarzit (siehe Tafel und das genaue Gesteinsverzeichnis im Anhang).

4. Kellerskopfstollen. Angefangen 1900 und noch im Vortrieb begriffen. Sein Ansatzpunkt liegt ca. 7 km NNO. von Wiesbaden (850 m N. von Rambach) und $4^1/_2$ km ONO. vom Münzbergstollen in etwa 260 m Meereshöhe.

Seine Richtung ist
bis 1000 m N. 5° 58' O.,
» 1500 » N. 10° 50' W.,
» 2015 » N. 16° 33' W. (am 30. März 1903 erreichte Länge).

Es ist geplant, den Stollen in gleicher Richtung wie zuletzt bis zu ca. 4000 m vorzutreiben. Bei ungefähr 850 m Länge hat der Stollen unter dem Westhange des Kellerskopfs etwa 125 m, bei 1150 unter dem oberen Rambachtal nur 70 m, bei 1900 unter dem Bechtswald 220 m Überlagerung. Seine Fortsetzung wird bei 2370 m das Theißbachtal mit ca. 120 m und bei 3625 m die Hohe Kanzel mit 340 m Überlagerung durchfahren.

Der Grundriß des Stollens ist auf beigegebener Tafel gezeichnet. Die Einzelheiten der angetroffenen Schichten sind (im Anhang) verzeichnet.

0— 5 m Gebirgsschutt,
5— 75 » Sericitgneiße KOCH's,
75— 400 » Schichten unbestimmten Alters, lithologisch den Schichten im Hangenden der Glimmersericitschiefer bei Lorsbach (und dem Silur Mitteldeutschlands) ähnlich,
400— 653 » wohl tiefste Schichten des Gédinniens, welche hier etwas quarzitischere Ausbildung zeigen,
653—1728 » Stufe des bunten Pyllits,
1728—1800 » Stufe des Glimmersandsteins,
1800—2015 » Stufe des Taunusquarzits.

Der Stollen hat, wie im Anhang ersichtlich, eine große Reihe von streichenden Klüften, und namentlich auch eine auf große Erstreckung verfolgte Querkluft durchfahren.

Es wurde demnach außer vordevonischen Schichten bisher der liegende Flügel einer liegenden, in WNW. einfallenden Mulde des Gédinniens mit dem Taunusquarzit durchfahren.

**B. Zwei Stollen zur Wasserversorgung der Stadt Königstein.**

Beide wurden 1891 angefangen und 1893 in Betrieb genommen.

5. II. Unterer Stollen, angesetzt in 510 m Meereshöhe, ca. 2700 m nördlich von Königstein nahe am Ausgang des vom Fuchstanz herabkommenden Seitentälchens des Reichenbachtales. Der Stollen verläuft in N. 33° W. und hat bei 152 m Gesamtlänge etwa 40 m Höhe eingebracht.

Die ganze Stollenlänge steht in der Stufe des Glimmersandsteins und hat einen 4 m mächtigen Kersantitgang durchfahren. Für die Einzelheiten vergleiche man den Grundriß des Stollens auf der Tafel und den Anhang.

6. I. Oberer Stollen. Etwas höher hinauf im gleichen Seitentälchen, 200 m ONO. vom untern Stollen in ca. 530 m Meereshöhe angesetzt. Es wurden mit diesem Stollen die nahe am Westhange des Altkönigs austretenden Quellen in der Tiefe aufgesucht, wodurch sich dessen gebrochener Verlauf erklärt. Seine Richtung ist

bis 119 m in NNW.
» 205 » in NO.
» 280 » in N. 15° O.

Die Gebirgsüberlagerung ist bei 130 m Länge etwa 30 m und nimmt dann bis zum Schlusse etwas ab, indem der Stollen durch seine Drehung nach dem Westhang des Seitentälchens hin verläuft. Bis 20 m wurde Gebirgsschutt, sodann bis zum Schlusse des Vortreibens die Stufe des Glimmersandsteins durchteuft. Im Stollen wurden starke, auch an der Oberfläche beobachtete Querspalten angefahren, welche das Wasser liefern. Für die Einzelheiten s. Tafel und Anhang.

### C. Wasserstollen der Heilanstalt Falkenstein.

7. Der Stollen wurde 1899 in ca. 515 m Meereshöhe, ca. 900 m nordnordöstlich von der Anstalt in NNW.-Richtung in den Südhang des Döngesbergs eingebracht. Seine Länge beträgt mit der ausgeschachteten Rösche und dem Vorstollen ca. 200 m, von denen für die Wasserversorgung jedoch nur ca. 60 m in Rechnung zu ziehen sind. Letztere bringen ca. 20 m Höhe ein. Rösche und Vorstollen stehen in vordevonischen Schichten, der Stollen selbst in den tiefsten Schichten des Gédinniens. Die Tafel gibt den Grundriß, der Anhang die Einzelheiten über die angetroffenen Gesteine.

### D. Wasserstollen der Stadt Cronberg.

8. Derselbe wurde 1885 in 520 m Meereshöhe, ca. 2900 m nördlich von Schloß Cronberg in NNW.-Richtung in den S.-Hang des Altkönigs vorgetrieben. Seine Länge beträgt 125 m; er bringt ca. 25 m Überlagerung ein. Die ersten 10 m (Gehängeschutt) ausgenommen, steht der Stollen in der Stufe des bunten Taunusphyllits. Sein Wasser entstammt zumeist einigen streichenden Gebirgsspalten. Die Tafel gibt den Grundriß und der Anhang die Einzelheiten über die angetroffenen Gebirgsschichten, sowie solche über den Schurf am Schirnborn.

### E. Wasserstollen für Schloß Friedrichshof.

9. Derselbe wurde im Jahre 1890 in ca. 530 m Meereshöhe, ca. 500 m östlich von dem vorher angeführten Stollen, in NNW.-Richtung ebenfalls in den S.-Hang des Altkönigs eingebracht. Seine Länge beträgt 300 m, bei welcher er 40 m Überlagerung hat.

Die angefahrenen Schichten sind:

0— 42 m Stufe des bunten Phyllits,
42—270 » Stufe des Glimmersandsteins,
270—300 » Stufe des Taunusquarzits.

Einfallen im Allgemeinen steil nach SSO., die Schichtenstellung ist demnach als Flügel eines liegenden Sattels des Gédinniens mit Taunusquarzit zu deuten. Der Grundriß des Stollens ist auf der Tafel abgebildet, die Einzelheiten sind im Anhang wiedergegeben.

### F. Die drei Wasserstollen der Stadt Homburg v. d. H.

10. Luthereichestollen, angefangen Juni 1901, aufgelassen Juni 1903 bei 1231 m Länge. Der Ansatzpunkt befindet sich in 280 m Meereshöhe und liegt etwa $3^1/_2$ km nordnordwestlich von Homburg und 1650 m westlich von Dornholzhausen. Abgesehen von einer kurzen, bei etwa 410 m durch technische Schwierigkeiten verursachten Abweichung verläuft der Stollen in N. 42° W., demnach im Ganzen ziemlich rechtwinklig zu den hier etwa Stunde 5 streichenden Gebirgsschichten. Da das Terrain anfangs nur wenig ansteigt, hatte der Stollen bei 1100 m Länge nur 105 m Überlagerung, bei 1231 m aber schon etwa 130 m.

Die angefahrenen Schichten sind:

| | |
|---|---|
| 0— 134 m | Gebirgsschutt und zersetzte Schiefer, |
| 134— 215 » | etwas sericitische, grauviolette und graugrüne Phyllite (Homburger Schiefer, wohl das weniger veränderte Äquivalent der Eppsteiner Schiefer, s. geol. Teil), |
| 215— 230 » | Sericitgneiß, |
| 230— 196 » | Schiefer wie zwischen 134—215 m, |
| 296— 380 » | Stufe des bunten Phyllits (wohl unterer Teil, da dessen Ausbildung hier an diejenige der tiefsten Schichten des Gédinniens erinnert), |
| 380— 885 » | Dunkler Schiefer mit Zwischenlagen von Grauwacke und Quarziten. Diese 505 m mächtigen Schichten liegen zwischen starken Verwerfungen eingekeilt und zeigen eine außerordentlich gestörte Lagerung. Da das Gestein dieser Zone im ganzen lithologisch gleichmäßig ist und Versteinerungen der Unterkoblenzstufe enthält (vergl. den I. Teil), so dürfte es als eine Grabensenke von Unterkoblenzschichten zu erklären sein, die zwischen dem untersten Gédinnien und dem Taunusquarzit liegt, |

885—1231 m Taunusquarzit, welcher einzelne Zwischenlagen von Tonschiefer einschließt[1]).

Der Stollen hat demnach angeschnitten

296 m vordevonische Schichten,
84 » untere Schichten des Gédinniens,
505 » Grabensenke von Unterkoblenzschichten,
346 » Taunusquarzit.

Der Grundriß des Stollens ist auf der Tafel eingezeichnet, Einzelheiten über die angetroffenen Schichten finden sich im Anhang.

11. Braumannstollen. Angefangen im März 1888, beendet im Dezember 1896. Sein Ansatzpunkt liegt in 294 m Meereshöhe, nahe am Lindenweg, ca. 1200 m nördlich vom Luthereichestollen und ca. 1900 m südlich vom Forsthaus Saalburg. Da versucht wurde, diesen Stollen stets quer zu dem hier etwas mehr wechselnden Schichtenstreichen vorzutreiben, so hat derselbe einen vielfach gebrochenen Verlauf, nach der Einzeichnung des Homburger Gas- und Wasserwerks ungefähr:

0—100 m N. 70° W.,
100—150 » N. 25° W.,
150—270 » N. 35° W.,
270—712 » N. 80° W. (außer dem eigentlichen Stollen von 712 m ist ein aufgemauerter Vorstollen von 40 m Länge vorhanden).

An seinem Endpunkte steht der Stollen mit etwas über 100 m Überlagerung im Osthang des Herzbergs. Die angetroffenen Schichten waren

0— 35 m Schutt und zersetztes Gebirge,
35—307 » Stufe des bunten Phyllits in der Ausbildung wie am Luthereichestollen.

[1]) Die an der Oberfläche weiterhin quer zum Streichen anstehenden Schichten zeigen — teilweise durch Steinbrüche gut aufgeschlossen — mächtige Ablagerungen des Taunusquarzits und solche der Hermeskeilschichten mit sich stark verflachendem SSO.-Einfallen.

307—687 m Schichten, die lithologisch denjenigen der im Luthereichestollen angetroffenen Grabensenke von Unterkoblenz gleichen[1]). Auch hier liegt diese in sich stark gestörte Schichtenfolge zwischen zwei großen Verwerfungen eingekeilt.

687—712 » Stufe des Taunusquarzits.

Der Stollen ist auf der Tafel im Grundriß gezeichnet. Einzelheiten über die angetroffenen Schichten finden sich im Anhang.

Sowohl die großen Verwerfungsspalten in diesem Stollen, als auch diejenigen des Saalburgstollens zeigen etwas Ausströmung von Kohlensäure, welche nicht erlaubt, die Stollen ohne vorherige Ventilation zu befahren. Herr Dr. RÜDIGER in Homburg bezeichnet übrigens das Wasser beider Stollen als schwache Eisensäuerlinge.

12. Saalburgstollen, angefangen im April 1888, beendet im Juni 1896. Sein Ansatzpunkt liegt in 324 m Meereshöhe nahe am Lindenweg, etwa 950 m nördlich vom Braumannstollen und ca. 1000 m südlich vom Forsthause Saalburg. Der Stollen ist in den Südosthang des Weißesteins, nahe am Oberlaufe des Kirdorfer Bachs eingebracht, er hat aus dem gleichen Grunde wie der Braumannstollen einen mehrfach gebrochenen Verlauf; nach der Aufzeichnung des Homburger Gas- und Wasserwerks ungefähr:

0—140 m N. 60° W.,
140—340 » N. 45° W.,
340—590 » N. 80° W.,
590—825 » N. 55° W.,
825—859 » W.,
859—900 » Schluß des Vortreibens, N. 55 W.

Bei 900 m hat der Stollen etwa 135 m Überlagerung.

Die angefahrenen Schichten sind:

bis 50 m Gebirgsschutt und zersetzte Schichten,
50— 80 » Stufe des bunten Phyllits,

[1]) Mehrfach wurden auf der Halde unbestimmbare Versteinerungsreste gefunden.

80—858,50 m lithologisch den als Unterkoblenz bestimmbaren Schichten im Luthereichestollen sehr nahestehend, auch hier ist dieser zwischen starken Verwerfungen liegende Gebirgskeil wieder vielfach in sich gestaut und zerbrochen[1]).

858,50—900 » Stufe des Taunusquarzits.

Der Grundriß dieses Stollens ist auf der Tafel eingezeichnet. Näheres über Gesteine, Verwerfungen und Wasservorkommen im Anhang.

Zur Ergänzung seien hier noch der im Frühjahr 1903 ausgeführte Stollen zur Wasserversorgung der Restauration des Forsthauses Saalburg, sowie die Arbeiten zur Wasserversorgung des Saalburgkastells angeführt.

Der erstgenannte Stollen ist in 497 m Meereshöhe ca. 850 m westlich von der Restauration in den Weißenstein in N. 80° W. Richtung eingebracht, demnach im schiefen Winkel zu dem daselbst nach SSW. einfallenden Gebirge.

Die angefahrenen Schichten gehören insgesamt der Hermeskeilstufe an. Bis zu 65 m hatte das Gestein stärkere Zwischenlagen von Quarziten in den geröteten Schiefern und Glimmersandsteinen. Die Schichten waren jedoch ganz zerbrochen, steiles Einfallen wechselte mit ganz flacher Lagerung. Es haben hier unbedingt, begünstigt durch das eindringende Wasser der an der Höhe entspringenden Quellen des Kirdorfer Bachs, am steilen Hang stärkere Rutschungen stattgefunden. Von 65—135 m folgten gerötete Schiefer mit einigen schwachen Zwischenlagen von Glimmersandstein. Einfallen regelmäßig mit 15° nach SSW. Schluß des Vortriebs im Herbst 1903. Das Gebirge ist im hinteren Teile des Stollens wenig wasserführend, da die Quellen des Kirdorfer Bachs erst dem etwa 12 m höher anstehenden Quarzit des Weissesteingipfels entspringen.

Zur Wasserversorgung der Saalburg selbst wurde die an der Westseite des Kastells etwa 12 m höher als dasselbe durchgehende

---

[1]) Auch für hier gilt die Fußnote bezüglich des Braumannstollens.

große Verwerfungskluft angeschnitten. Längs dieser Gebirgsstörung zeigt sich schon oberflächlich ein stärkerer Wasserauftrieb und am Nordhang des Gebirges enspringt derselben eine starke Quelle, der sogenannte Dreimühlborn.

## Wasserführung.

Als Hülfsmittel zur Beurteilung der einschlägigen Fragen wurden mir von der Direktion der Gas- und Wasserwerke in Wiesbaden freundlichst die auf der beigegebenen Tafel folgenden Angaben zur Verfügung gestellt:

I. Graphische Darstellung der Wasserlieferung des Münzbergstollens vor dem Verschluß (vor der Stautüre) und derjenigen der obern Mausbeckquelle, Beobachtungen vom Juli 1891 bis Dezember 1902.

II. Desgl. des Münzbergstollens hinter der Stautüre während des gleichen Zeitraums nebst Angabe des jeweils vorhandenen Manometerdrucks.

III. Desgl. des ganzen Schläferskopfstollens vom 1. März 1901 bis zum 7. März 1903.

IV. Ziffermäßige Tabelle der Gesamtwasserentnahme aus dem Münzbergstollen vom 1. Januar 1892 bis 31. Dezember 1902.

Von der Direktion der Gas- und Wasserwerke in Homburg v. d. H. erhielt ich die in der Anlage folgende Tabelle über die Wasserlieferung des Braumann- und des Saalburgstollens an einzelnen Tagen verschiedener Monate der Jahre 1895—1902. Einzeldaten wie die letzteren können natürlich nur ein ungefähres Bild der Gesamtwasserlieferung geben, da die Entnahme vor und hinter der Stautüre nicht getrennt und der Manometerdruck nicht gemessen ist. Immerhin sind auch diese Mitteilungen zu verwerten. Die Homburger Angaben über die während des Vortriebs der 3 dortigen Stollen abgeflossenen Wassermengen — Anlage VI — belegen genauer die in den Einzelnotizen enthaltenen Daten über Lieferungen der Stollen (s. Anhang).

Die Wasserlieferungen haben an Klüften, sowie größern Bruchstellen im Gebirge eine plötzliche Zunahme erfahren, gingen dann aber meist rasch wieder auf das dem allgemeinen Gesteinscharakter eigene Durchschnittsmaß zurück. Letzteres betreffend geben die Taunusquarzite vermöge ihrer Durchlässigkeit das meiste beständige Wasser, die Glimmersandsteinschichten etwas weniger, Tonschiefer und Phyllite die geringsten Mengen [1]).

## Stauvorrichtungen.

Die angeführten Städte, welche Wasserstollen besitzen, entnehmen außerdem noch einen Teil ihrer Bezüge aus Quellen. Letztere liefern, wie es die Kurven der obern Mausheckquelle im Pfaffenborn (siehe Tafel) zeigen, im Frühjahr und auch teilweise schon im Winter größere, im Hochsommer und Herbst dagegen nur geringe Mengen. Ähnlich verhalten sich auch bei normalen Verhältnissen die vordern Teile der Wasserstollen, in denen infolge der weniger starken Gebirgsüberlagerung die Winterfeuchtigkeit im Frühjahre ziemlich rasch zum Abfluß gelangt. Da Winter und Frühjahr überdies auch die Zeit des geringeren Wasserbedarfs ist, so reichen dann die Lieferungen der natürlichen Quellen mit denen der vordern Stollenteile für den Verbrauch aus. In den hintern Teilen der Stollen werden dagegen gleichzeitig die Zuflüsse durch dichte Wassertüren aufgestaut und dann bei Bedarf verwendet. Diese Aufspeicherung erfolgt nicht nur im Stollen selbst, sondern setzt sich auch in die Gebirgsspalten sowie in die wasseraufnahmefähigen Gesteinsteile fort. Einen Nachweis dafür bietet die graphische Darstellung des Münzbergstollens. Selbst nach stark gesunkenem Manometerstand konnte die Wasserlieferung aus dem hinteren gestauten Teile des Münzbergstollens noch Monate lang hohe Ziffern erreichen, da hier über die Hälfte des Stollens mit hoher Gebirgsüberlagerung im Taunusquarzit und in Hermeskeilschichten steht. Die Stauvorrichtungen im Braumann- und im Saalburgstollen geben hierin weniger günstige

[1]) Über den Zusammenhang des Gesteinscharakters mit der Wasserlieferung siehe »Der Schläferkopfstollen u. s. w., Jahrbuch der Königl Geolog. Landesanst. für 1901, S. 344–46.

Resultate, da diese Stollen den stärker aufnahmefähigen eigentlichen Taunusquarzit nur angeschnitten haben. In den übrigen Stollen sind noch keine Stautüren eingebaut, es soll aber damit in Bälde vorgegangen werden.

## Zeitdauer bis zur Geltendmachung der Niederschlagsepochen in den Stollen.

Falls, wie namentlich bei der Verwerfung im Saalburgstollen bei 858 m, bis zu einer schwachen Schuttbedeckung mehr oder weniger offene Spalten vorliegen, so machen sich große Niederschläge oder plötzlich eintretendes Tauwetter rasch fühlbar. Im allgemeinen hat es sich aber gezeigt, daß die Höhe der Überlagerung neben der Natur der durchfahrenen Gesteine die wichtigsten Koëffizienten für diese Berechnung abgeben.

Ein Vergleich der Lieferung der Mausbeckquelle mit derjenigen des nicht gestauten Teiles des Saalburgstollens (s. Tafel) zeigt, daß das verhältnismäßige Ergebnis in den verschiedenen Jahreszeiten bei beiden das gleiche ist. Während die Zeit der Schneeschmelze im Taunus im allgemeinen im Monat Februar liegt (März ist meist trocken) und die niederschlagsarmen Monate August—September sind, verschieben sich diese Maxima und Minima in der Quelle und dem vordern Stollenteil (s. Tafel) um 1—1½ Monate. Auch die Aufzeichnungen beim Vortrieb des Braumannstollens (siehe Anhang) zeigen u. A. für Oktober—Dezember 1892 die gleiche Verschiebung des Minimum.

Hinter der Stautüre des Saalburgstollens stieg die Zunahme des Drucks dagegen bei gleichmäßiger Entnahme meist bis Ende April. Es dürfte daher hier bei etwa 300 m Überlagerung von zur grössern Hälfte aus Taunusquarzit und Sandsteinen bestehenden Gesteinen wohl zwei Monate dauern bis die größeren Niederschläge zur endgültigen Wirkung gelangen.

## Aufnahmefähigkeit und Wasserabgabe der verschiedenen Taunusgesteine.

Hierüber lassen sich nur indirekte Schlüsse ziehen. Die Abgabe der verschiedenen, beim Vortreiben durchfahrenen Gesteinsreiben erlaubt nicht die Aufstellung von ziffermäßigen Angaben, da die in Spalten und im Gesteine selbst aufgestauten Wassermengen nicht genauer in Rechnung gesetzt werden können. Brauchbarer für unsern Zweck sind die Aufzeichnungen der Wasserlieferung des Münzbergstollens vor und hinter der Stautüre in den Jahren 1892—1902 (s. Tafel).

Vor der Stautüre sind angefahren:

40 m Schutt,
180 » Sericitgneiss,
44 » bunte Sericitschiefer,
77 » Wechsel von dichtem Phyllit mit einigen Quarzitbänken,
150 » dasselbe,
1410 » Phyllit mit einzelnen zwischengelagerten quarzitischen und dichten Quarzitbänken (Stufe des bunten Phyllits),

Also ca.

1900 m Phyllite, welche im Durchschnitt von 11 Jahren für den laufenden Meter im Tag 0,43 cbm Wasser lieferten, es kann daher wohl 0,43 oder rund 0,50 cbm als die Lieferung der Phyllitzone angenommen werden.

Hinter der Stautüre:

438 m Stufe des bunten Phyllits,
560 » { 325 m Sandstein mit zwischengelagerten Tonschiefern und vereinzelten Quarziten (Stufe des Glimmersandsteins), 235 » Taunusquarzit. }

Die Gesamtlieferung ist hinter der Stautüre im Durchschnitt im Tag . . . . . . . . . . . . . 1763 cbm
Nimmt man für die Stufe des bunten Phyllits (s. o.) 0,50 cm im laufenden Meter an, so ergiebt dies auf 438 m . . . . . . . . . . . . 219 »

bleiben 1544 cbm

für den Glimmersandstein und Taunusquarzit zusammen oder im laufenden Meter und im Tag $2^3/_4$ cbm, dieses allerdings bei der hohen Überlagerung von beinahe 300 m, bei welcher infolge der verbreiterten Einzugskurve in den so wasseraufnahmefähigen Gesteinen auch ein seitlich stärker ausgedehntes Niederschlagsgebiet in Wirkung tritt, als bei einer Überlagerung von nur 100—150 m bei anderen Stollen. — Nach den Angaben über die Wasserlieferung des Schläferskopfstollens vom März 1902 bis März 1903 gab derselbe auf 1848 m Länge im Durchschnitt etwa 2635 cbm Wasser für den Tag = 1,42 cbm für den laufenden Meter.

Das durchfahrene Gestein ist:

| | | |
|---|---|---|
| 62 m | Schutt als durchlässig angenommen . . | 60 cbm |
| 480 » | Stufe des b. Phyllits nach vorigem zu 0,50 | 240 » |
| 1055 » | Stufe des Glimmersandsteins vorläufig angenommen . . . . . . . . zu 1,60 ca. | 1690 » |
| 251 » | Taunusquarzit angenommen . zu 2,50 ca. | 628 » |
| | Gesamtlieferung | 2618 cbm, |

ungefähr wie oben.

Der Glimmersandstein mit dem Taunusquarzit zusammen ergab im Durchschnitt für den laufenden Meter im Tag nur ca. $1^3/_4$ cbm. Die gegenüber dem Münzbergstollen so bedeutend geringere Lieferung kann wohl kaum allein auf die weniger hohe Überlagerung von ca. 130 m gegen 300 m im Münzbergstollen zurückgeführt werden. Es muß der Grund daher in dem großen Überwiegen der Stufe des Glimmersandsteins gegen den Taunusquarzit im Schläferskopfstollen gesucht werden. Es wurden daher vorerst für eine Überlagerung von 130 m die oben eingesetzten Lieferungsmengen der zwei getrennten Stufen angenommen und Berichtigung nach dem Einbau von Stautüren in den verschiedenen Stollen und nach längerer Beobachtungszeit vorbehalten[1]). Es wird sich dann wohl auch der Koëffizient der Einwirkung der höheren oder niedrigeren Überlagerung annähernd feststellen lassen. Der Vortrieb des Kellerskopfstollens hat im Herbst und Winter 1902/3 infolge der Ausmauerungsarbeiten längere Zeit geruht, die Wasserlieferung aus frisch angeschlagenen aufgestauten Mengen ist daher nicht mehr in Rechnung zu stellen. Der Stollen gab nach dem mehr-

[1]) Bei der frühern ungefähren Schätzung der Wasserlieferung der einzelnen Stufen (Jahrbuch der Königl. Geolog. Landesanstalt für 1901, S. 467) wurde die damalige geringe Spätherbstlieferung des Schläferskopfstollens als Grundlage genommen, wodurch sich die jetzigen obigen Durchschnittsziffern etwas erhöhen.

monatlichen Stillstand der Arbeiten im Februar 1903 per Tag ca. 1600 cbm Wasser. Es waren bis dahin durchfahren:

| | |
|---|---|
| 75 m | Sericitgneiß, |
| 325 » | Schiefer mit Quarzitbänken. Die Schichten sind infolge der Ausfüllung der Klüfte mit Kalkspat als wenig durchlässig anzunehmen. |
| 253 » | Phyllite mit Quarziten, |
| 1075 » | Stufe des bunten Phyllits |

| | | | |
|---|---|---|---|
| zus. 1728 m | wie beim Münzbergst. gerechn. | zu 0,43 cbm = | 743 cbm |
| 72 m | Glimmersandstein . . . . . . | zu 2 cbm | 144 » |
| 215 » | Taunusquarzit (wie der Glimmersandstein bei 200 m Überlagerung) . . | zu 3 cbm | 645 » |
| | | zusammen | 1532 cbm, |

also annähernd obige Menge. Die Berechnung ist allerdings unsicher, da sie nur auf die Messung eines Monats basiert ist.

Der Wasserstollen für Schloß Friedrichshof steht bei 30—45 m Überlagerung in

| | | | |
|---|---|---|---|
| 42 m | Stufe des bunten Phyllits . . . | zu 0,50 | 21 cbm |
| 228 » | » » Glimmersandsteins . . | zu 1,50 | 342 » |
| 30 » | » » Taunusquarzits . . . . | zu 2 | 60 » |
| | | zusammen | 423 cbm. |

Obige niedrigere Ansätze für die Lieferung des Glimmersandsteins und des Taunusquarzits sind wegen der geringeren Überlagerung angenommen und dürften wohl annähernd richtig sein, da der Stollen[1]) im Durchschnitt ergiebt:

Juli—Oktober per Tag etwa 250 cbm
Oktober—Juli » » » 500 »

im Gesamtdurchschnitt demnach 416 cbm wie oben. — Der Luthereichestollen muß vorerst außer Betrachtung bleiben, da es noch nicht feststeht, ob die im hintersten Teile desselben angefahrenen großen Wassermengen dauernd in ihrer jetzigen Stärke abfließen werden. Dieser Stollen hat übrigens gegen die Wiesbadener

[1]) Nach Mitteilung des Herrn Wassermeisters Kunz.

Stollenanlagen den großen Vorteil, daß die in ihm angefahrenen Taunusquarzite im allgemeinen mit 35° nach SSO. einfallen. Für das ebenfalls steil nach SSO. einfallende Einzugsgebiet an der Oberfläche kommt daher ein viel ausgedehnteres Terrain inbetracht als die durch den Stollen selbst angefahrenen Schichten. Ebenso scheinen sich — wie unten auszuführen sein wird — die Bruchspalten der durchfahrenen Grabensenke hier auf weite Entfernung hin fühlbar zu machen.

Der Braumannstollen gab in den Jahren 1895 bis Mitte 1902 nach den mir vorliegenden, allerdings wohl kaum mehr als annäherungsweise richtigen Angaben im Durchschnitt ca. 500 cbm Wasser im Tag. Derselbe hat angefahren:

| | | | |
|---|---|---|---|
| 35 m | Schutt . . . . . . . . . . . | zu 0,50 | 105 cbm |
| 270 » | Stufe des bunten Phyllits . . . | | |
| 30 » | Taunusquarzit, bei ca. 100 m Überlagerung | zu 2 | 60 » |
| | | | 165 cbm; |

es bleiben daher für

| | | |
|---|---|---|
| 382 m | Wechsel von Tonschiefer mit Quarziten und Grauwacken . . . . . . . . . | 335 cbm |

demnach ungefähr 0,90 cbm im Tag für den laufenden Meter.

Der Saalburgstollen lieferte nach den mir von der Direktion der Wasserwerke gewordenen Mitteilungen (genaue tägliche Aufzeichnungen fehlen) im Durchschnitt während der Jahre 1895—1902 ungefähr 950 cbm Wasser per Tag.

Derselbe hat angefahren:

| | | | |
|---|---|---|---|
| 80 m | Schutt und Phyllite . . . . . | zu 0,50 | 40 cbm |
| 778 » | Wechsel von Tonschiefern, Grauwacken und Quarziten (s. Resultat beim Braumannstollen) . . . . . . . . . | zu 0,90 | 700 » |
| 42 » | Taunusquarzit, bei 135 m Überlagerung | zu $2\frac{1}{2}$ cbm angenommen | 105 » |
| | | | 845 cbm |

Die Mehrlieferung dieses Stollens läßt sich wohl dem Umstande zuschreiben, daß derselbe den untern Talhang des Oberlaufs des Kirdorfer Bachs unterfährt, in welchem die Geröllschichten natürlicher Weise zeitweise außerordentlich große Wassermassen aufnehmen, die sie durch Spalten teilweise an den Stollen abgeben.

### Verhältnis der Gesamtwasserlieferung der Stollen zur Niederschlagshöhe im Taunus.

Die Wasserlieferung der angeführten 12 Stollen ist im Tag:

| | | |
|---|---|---|
| Kreuzstollen, eben fertig | 2000 | cbm |
| Schläferskopfstollen (Durchschnitt eines Jahres) | 2635 | » |
| Münzbergstollen (11jähriger Durchschnitt) | 2680 | » |
| Kellerskopfstollen (nach etwa halbjähriger Unterbrechung des Vortriebes, einmonatlicher Durchschnitt) | 1600 | » |
| Stollen für Friedrichshof | 425 | » |
| 2 Königsteiner Stollen | 750 | » |
| Luthereichestollen (jetzt erst fertiggestellt) | 3000 | » |
| Braumannstollen | 500 | » |
| Saalburgstollen | 950 | » |
| zusammen | 14540 | cbm |

Da sich erfahrungsgemäß die Wasserlieferung der neuangelegten Stollen mit der Zeit etwas vermindert, außerdem eine gegenseitige Einwirkung der Stollen zu konstatieren sein wird (s. letztes Kapitel dieser Arbeit), kann man diese Ziffer wohl rund auf kaum mehr als 13000 cbm per Tag, also $4^3/_4$ Millionen cbm per Jahr annehmen.

Die Einzugsgebiete für die verschiedenen Stollen sind zu veranschlagen[1]) für

| | | |
|---|---|---|
| Wiesbaden mindestens | 30 | qkm |
| Cronberg-Königstein | 4 | » |
| Homburg | 9 | » |
| schätzungsweise zusammen | 43 | qkm |

---

[1]) Hierbei sind die Zonen der für Wasser wenig aufnahmefähigen Phyllite außer Rechnung geblieben.

Die Niederschlagshöhe ist nach langjährigen Durchschnitten im Taunus etwa 700 mm, demnach auf 43 qkm etwa 30 Millionen Kubikmeter, von denen also $^1/_6 - ^1/_7$ in den Stollen zum Abzug gelangt.

## Anderweitige Vergleichsziffern.

Nach den mir freundlichst von dem Frankfurter Tiefbauamt mitgeteilten Daten beträgt das Einzugsgebiet für die Wasserleitung im Frankfurter Wald ca. 60 qkm, die Niederschlagshöhe beträgt daselbst 600 mm, demnach auf diesem Gebiete 36 Millionen cbm im Jahr. Der Untergrund besteht aus Geröllen und Sanden mit einigen tonigen Zwischenlagen. Die Wasserentnahme beträgt daselbst per Jahr etwa 12 Millionen cbm, demnach etwa $^1/_3$ des Niederschlags, ohne daß sich die Höhe des Wasserstandes in den letzten Jahren geändert hat. In den Anfangsjahren ging dieselbe dagegen allmählich bis auf ihr jetziges Niveau zurück. Von dem Waldbestande haben anscheinend bisher nur die Eichen gelitten, die übrigen Bestände sollen sich namentlich in den früher sumpfigen Teilen des Frankfurter Waldes gebessert haben. Über den Einfluß der Stollen auf den Waldbestand im Taunus werden in diesem Jahre größere Erhebungen gemacht.

## Einwirkung der einzelnen Stollen auf die Nachbarstollen.

Eine stärkere Einwirkung des Kreuzstollens auf den so nahe liegenden Schläferskopfstollen hat sich bisher nicht gezeigt. Der erstere schneidet infolge seiner schiefen Richtung zu dem Gebirgsstreichen nur die bei Beginn des Vortreibens des Schläferstollens angefahrenen Schichten an.

Die Einwirkung des Schläferskopfstollens und des Kellerskopfstollens auf die Wasserlieferung des zwischen beiden gelegenen Münzbergstollens scheint durch die niedrigeren Kurven der Wasserlieferung des Münzbergstollens im Jahre 1902 (s. Tafel) bei gleichem Absinken des Manometerstandes wie in den Vorjahren bestätigt. Genauere Angaben werden sich indessen erst nach längerer Beobachtungszeit gewinnen lassen.

Ebenso sollen nach den mir gewordenen Mitteilungen die Lieferungen des Braumann- und diejenige des Saalburgstollens seit dem Einbringen des Luthereichestollens um je $^1/_6$ abgenommen haben.

Es ist nach Obigem wahrscheinlich, daß eine gegenseitige Einrichtung von tief eingebrachten Wasserstollen sich auf Entfernungen von über 2 km fühlbar machen kann.

III.

## Einzelheiten der Schichtenaufnahme in den Stollen.

### 1. Kreuzstollen.

0— 30 m **Gebirgsschutt.**

30— 124 » **Stufe des Glimmersandsteins.** Wechsel von glimmerführendem Sandstein mit hellen, auch dunklen Tonschiefern und vereinzelten Quarzitbänken. Zwischen 75 und 85 m einige schwache Bänke von buntem Phyllit. Das Gebirge ist stark gestört, auch gebrochen und wechselt öfters im Fallen und Streichen. Bei 66 m ein 1 m mächtiger Quarzgang quer zum Streichen, bei 95 und 124 m quer-, bei 85—88 m streichende Klüfte. Gebirgsstreichen bis 85 m etwa Stunde 3½, von 85—95 m Stunde 5, von 95—124 m Stunde 9 (demnach wiedersinnig). In den Schichten fand sich viel aufgestautes Wasser, das seitdem auf mäßige Quellen zurückgegangen ist. Südlich vom Ansatzpunkt des Kreuzstollens tritt die Stufe der bunten Phyllite wieder in großer Breite auf (guter Aufschluß mit den unterlagernden Schichten des Gédinniens im Einschnitt der Schwalbacher Bahn oberhalb der Station Chausseehaus).

124— 996 » **Stufe des bunten Phyllits** [$P_2$, $P_3$ (e. p.) $P_4$ und $P_5$ KOCHS]. Wechsel von violetten und grünen, vielfach gebleichten, vereinzelt auch dunklen Phylliten mit quarzitischen Bänken, die oftmals in dichte Quarzite übergehen. Einfallen im Allgemeinen 55—70° NW, Streichen Stunde 3—4. In obigem Komplexe bei 270 und 445 m streichende Klüfte, bei 445 Muldung, bei 500 streichende Kluft, bei 520 Querkluft[1]), 528 st. K., bei 576 m 0,50 m breite mit Ton ausgefüllte q. K., von 617—19 steiler Sattel mit Sattelbrüchen. Bei 670 kommt aus dem vorderen Stoß eine daselbst 1 m breite, mit Schutt ausgefüllte Kluft heraus, die in der Stollenrichtung verläuft und bei 715 auf 0,30 m verschmälert an einer q. K. abschneidet. Längs der ersterwähnten Kluft ist der rechte (nördliche) Stoß des Gebirges eingebogen, demnach wohl etwas hinaufgepreßt. Auch die beiderseits der Kluft anstehenden Schichten sind nicht immer die ganz gleichen. Bei 728 erscheint dann aus dem rechten Stoß wieder eine streichende Kluft von 0,75 m Breite, die bei 740 in den linken Stoß einzieht. Ist dies die gleiche Kluft wie die vorhergehende, so ist das Gebirge an der Querkluft etwas nach Norden verschoben. Bei 795 st. K., bei 817 q. K., bei 864 mehrere schwache q. K. z. T. mit etwas mergeliger Ausfüllung, bei 870, 892 und 904 st. K., bei 911 kommt eine Kluft aus dem rechten Stoß, die bei 924 wieder in den gleichen Stoß zurückgeht, bei 992 und 996 st. K. Alle diese Klüfte, sogar die Querklüfte, geben wenig Wasser, was wohl ihrer Ausfüllung mit undurchlässigem Material (zersetztem Phyllit) zuzuschreiben ist. An der Verwerfungskluft von 996 schneidet die Stufe des bunten Phyllits ab.

996—1103 m Stufe des Glimmersandsteins. Anfangs finden sich darin stärkere Zwischenlagen von violetten Phylliten und dunkelgrauen, glimmerführenden Tonschiefern, wie sie meist in der unteren Abteilung dieser Stufe beobachtet wurden. Einfallen im

[1]) Der Einfachheit halber wird streichende Kluft mit dem Zeichen st. K., Querkluft mit q. K. bezeichnet.

Allgemeinen 50—60°, Streichen Stunde 4—4½, bei 1027 Einfallen 80°, dahinter nach einer streichenden Kluft wieder 50° — die Schichten sind hier etwas gebrochen — bei 1083 und 1090 starke st. K. mit reichlichem Wasserzufluß. Die geringe Mächtigkeit der Glimmersandsteinstufe dürfte wohl durch Verwerfungen an den streichenden Klüften zu erklären sein.

1103—1340 m Stufe des Taunusquarzits. Das Streichen und Fallen der Schichten war anfangs im Allgemeinen wie vorher, bei 1127 st. K. mit wenig Wasser, bei 1150 starke q. K. mit reichlichem Wasser, von 1194—1200 steilstehender Sattel, der an einem etwas quer zur Schichtung streichenden, ca. 1 m mächtigen Quarzgang abgeschnitten ist, hier wieder stärkerer Wasserzufluß. Hinter dem Quarzgang flaches Einfallen mit 30° NNW., die Schichten sind anfangs etwas zerbrochen, von 1290 bis 1310 Einfallen 45—50° NNW., von 1310—1340 ist das ganze Gestein wie zermalmt (in kleine Stücke zerbrochen) und wird von einer Reihe von q. K. mit außerordentlich starkem Wasserzudrang durchsetzt, bei 1335 besonders starke q. K.; anscheinend liegt hier die Hauptverwerfung vor, die zwischen dem Schläferskopf und der Hohen Wurzel durchgeht.

1340—1490 » (Schluß des Vortreibens) Stufe des Glimmersandsteins. Anfangs zeigten sich darin stärkere quarzitische Zwischenlagen, später namentlich von 1460—1490 reiche Einschaltungen von Tonschiefer, dabei auch bei 1462 eine Bank von violettem Phyllit (zunächst obere, dann untere Zone der Stufe). Nach 1340 m wurde das Gebirge wieder fest, bei 1378 und 1379 schwache q. K., bei 1385 eine 0,35 m breite, mit Gesteinstrümmern ausgefüllte q. K., die stärkeren Wasserzufluß brachte, welcher aber seither dauernd zurückging. Das Einfallen der Schichten schwankt zwischen 58 und 60° NNW. und ist nur an den Verwerfungen bei 1378 und 1385 m etwas steiler.

### 2. Schläferskopfstollen.

Die Einzelheiten über Gesteine, Einfallen, Verwerfungen u. s. f. wurden in dem Jahrbuch der Königl. Geol. Landesanstalt für 1901, Bd. XXII, Heft 3 angegeben.

### 3. Münzbergstollen.

Nach der Gesteinssammlung und einzelnen ihr beiliegenden Notizen waren die angetroffenen Schichten:

0— 40 m Gebirgsschutt.

40— 110 » Sericitgneisse KOCHS, dabei namentlich ein Handstück von 80 m Teufe, welches dem von W. SCHAUF aufgestellten Typus der noch erkennbaren, veränderten Quarzporphyre entspricht. Bei 75 und 107 m Quarzgänge, ersterer mit Brauneisenstein.

110— 139 » Grünlich-weiße und grau-violette, sericitisch-phyllitische Schiefer; einzelne Stücke enthalten auch fragliches Eruptivmaterial — sch KOCHS (s. geolog. Teil d. Abh.)[1]).

139— 154 » Sericitgneiß.

154— 169 » Phyllite wie von 110—139 m.

169— 264 » Stark geschieferter Sericitgneiß.

264— 341 » Helle, dünnspaltige, quarzitische und vereinzelt auch sandige Schiefer mit Zwischenlagen von dünnblättrigen, dunkeln, graphitischen oder grünlichen Phylliten. Die graphitischen Schiefer führen vielfach Schwefelkies. Von hier ab bis 491 m werden der Wichtigkeit halber alle vorhandenen Handstücke angeführt.

[1]) Vielleicht sind die betreffenden Handstücke auch nur schwächeren Zwischenlagen aus dem Sericitgneiß entnommen.

bei 341 m sandiger, grauer, phyllitischer Schiefer, auf den Schichtflächen sericitisch.
» 367 » ebenso, aber mehr flaserig.
» 373 » wie vorher, aber quarzitischer.
» 381 » violetter, etwas sandiger Phyllit.
» 389 u. 405 m wie bei 341 m.
» 410 m grauer und gelber Tonschiefer.
» 425 » dichter, heller, konglomeratischer Schiefer.
» 452 » wie 367.
» 471 » wie 410, aber dichter und phyllitischer.
» 475 » violetter Phyllit } auf den Schichtflächen etwas
» 478 » grüner Phyllit } sericitisch.
» 482 » wie 425.
» 486 » heller, glimmerführender Quarzit.
» 491 » grauer, glimmerführender, etwas sandiger Quarzit.

491—2100 » Stufe des bunten Phyllits, in welchem nach den Handstücken bei 512, 524, 530, 543, 548, 568, 616, 620, 625, 630, 663, 719, 739, 790, 802 und 1087 m mehr oder weniger quarzitische oder auch konglomeratische Schichten vorkommen, in den letzten fünfzig Metern einige Sandsteinbänke zwischen den Phylliten, demnach regelmäßiger Übergang der Stufe in die nächsthöhere. Nach einer im Mineralienschrank liegenden Notiz wurden beobachtet: bei 572 m ein »Einbruch« (wohl offene Kluft), bei 780 m ein Quarzgang, bei 1311 m Kontakt (wohl geschlossene Kluft). Es müssen in dieser ausgedehnten Zone aber wohl noch weitere Störungen und Faltungen durchfahren worden sein.

2100—2225 » Stufe des Glimmersandsteins. Anfangs noch vereinzelte Zwischenlagen von grauen und violetten Phylliten. Die durch Zwischenlagen von Quarziten gekennzeichnete obere Abteilung der Stufe fehlt jedoch; die Grenze gegen den Taunusquarzit dürfte daher durch eine Verwerfung gebildet werden, umsomehr als nach früheren Mitteilungen hier große Wassermengen einbrachen [1]).

2225—2460 m Stufe des Taunusquarzits [2]).

2460—2660 » Stufe des Glimmersandsteins; auch hier sind von 2600 m an wieder stärkere Zwischenlagen von grauschwarzen und violetten Phylliten vorhanden, die Grenze gegen die folgenden bunten Phyllite scheint demnach eine regelmäßige zu sein.

2660—2909 » (Schluß des Vortreibens) Stufe des bunten Phyllits; bei 2887 m ist, wie es zwei Handstücke zeigen, eine breite, mit Schutt und Ton ausgefüllte Kluft vorhanden, die angeblich größere Wassermengen brachte.

### 4. Kellerskopfstollen.

0— 75 m Sericitgneisse Kochs, seinen Typen se1 und se2 angehörend.

75— 162 » dünnblättrige, auf den Schichtflächen seidenglänzende, mehr oder weniger graphitische Schiefer mit Einschlüssen von Quarzlinsen [3]), auch etwas Schwefelkies. Das Gestein wird von kleinen, z. T. mit Kalkspat ausgefüllten Klüften durchsetzt.

162— 246 » Schiefer wie vorher, wechselnd mit helleren Bänken, auch grauen Quarzitschiefern. Bei 164 m eine etwas arkosige Bank. Auch hier sind die Klüfte wieder mit Kalkspat ausgefüllt.

246 - 268 » wie von 75—162 m.

268 - 328 » Wechsel von grauem, ganz dünnplattigem Quarzit mit schwarzen, auch schwarzgrauen, etwas phyllitischen Schiefern. Klüfte wieder wie vorher mit

---

[1]) Diese Verwerfung hat sich auch bei der Revisionsaufnahme an der Oberfläche ergeben.

[2]) Von hier ab sind weniger Handstücke in der Sammlung vorhanden.

[3]) Vorkommen identisch mit demjenigen im alten »Goldbergwerk« südlich von Wildschsen i T.

Kalkspat ausgefüllt, nur bei 300 m offene Kluft mit etwas Wasser.

328— 385 m wie von 162—246 m; bei 370 m stärkere, dichte, graue Quarzitbank. Einfallen der gesamten Schichtenfolge bis hierher etwa 60—70° NNW. Sattelungen scheinen in größerer Menge vorhanden zu sein, doch konnten dieselben bei dem dichten, von vielen Klüften durchsetzten Gesteinsmaterial nicht mit Sicherheit festgelegt werden.

385— 400 » Schichten wie vorher, aber stark zerbrochen und von Klüften durchsetzt; dieselben gaben beim Anschlagen viel Wasser, das indessen allmählich auf kleinere, dauernde Quellen zurückging.

400— 440 » Tiefste Schichten des Gédinniens. Wechsel von grünlichgrauen, auch sandigen Quarzitbänken mit graugelben und grünlichen Tonschiefern; kleine Sattelungen mit Sattelbrüchen.

440— 580 » wie vorher, Schiefer jedoch etwas phyllitisch, auch glimmerführend; bei 452 m eine etwas arkosig-konglomeratische Bank.

580— 653 » dichtere Quarzite mit Zwischenlagen von graugrünen und violetten Phylliten (Übergang der tiefsten Schichten des Gédinniens in die nächsthöhere Stufe). Einfallen von 385 m bis hierher 45—50° NNW.; im Allgemeinen geringer Wasserzufluß, ausgenommen an einer streichenden Kluft bei 650 m.

653—1728 » Stufe der bunten Phyllite. Die grünen Phyllite gehen öfters als sonst in dieser Stufe in graue Schichten über. Quarzitische und konglomeratische Zwischenlagen sind ganz vereinzelt. Bei 775 m Quarzgang in N 35° W.-Richtung; Schichteinfallen bis hierher 50—60° NNW., dann bis 832 m viele kleine, mit Kalkspat ausgefüllte st. K., bei 832 m Quarzgang quer zum Streichen. Das Einfallen ist hier steiler, 60—70° NNW. Bei 858 m offene st. K., die beim Anschlagen viel Wasser brachte, welches aber seitdem auf eine mäßig starke, regelmäßige Quelle zurückging. Diese Kluft ist offenbar eine Verwerfung, da das Einfallen der Schichten an derselben auf kurze Erstreckung wechselt. Bei 872 und 874 m etwas winklig zum Streichen verlaufende Klüfte, die sich dann vereinigen; zwischen beiden liegt ein Keil von Quarziten der Phyllitzone, während beiderseits Phyllite anstehen. An der Kluft bei 874 m ist das Einfallen widersinnig (SSO.), dann folgt Saigerstellung und nach weiteren 20 m wird das Einfallen wieder regelmäßig 70° NNW., demnach liegt hier eine Gebirgsstörung an einer Sattelung vor. Bei 922, 926, 931 und 935 m st. K. mit etwas Wasser, bei 962 m breite st. K., in welcher ein Keil von Phylliten eingesunken ist, während beiderseits Quarzite anstehen. Bei 1026 m isoklinaler Sattel; Einfallen immer noch 70° NNW.; bei 1150 m isoklinale Einmuldung von Quarzit im Phyllit mit st. K. Bei 1185, 1200 und 1220 m st. K., bei 1220 m isoklinale Einmuldung von violettem in graugrünem Phyllit. Bei 1300 und 1315 m etwas winklig zum Streichen verlaufende Klüfte; an beiden zeigt sich, daß der nördliche Gebirgsteil abgesunken ist. Bei 1310 und 1380 m q. K., bei 1390 m st. K., das Einfallen ist immer noch etwa 70° NNW. Bei 1440 m ein 0,40 m mächtiger streichender Quarzgang; zwischen 1470 und 1485 m offene, 0,20 m breite q. K. (Streichen hora 9—10) starker Wasserzufluß; an dieser Kluft sind die Schichten anscheinend gegeneinander verschoben, der Phyllit wird von kleinen Quarzeinlagerungen durchschwärmt. Von 1520—1548 m folgt der Stollen einer anderen, etwa 0,30 m breiten, teilweise mit Detritus ausgefüllten q. K., an der die Schichtköpfe ebenfalls gegeneinander verschoben wurden. Der hier anfangs recht bedeutende

Wasserzufluß ist seither auf eine mäßige Quelle zurückgegangen. Bei 1550 m st. K., von welcher das Einfallen bis zu 1620 m etwas flacher, 40—50°, aber ebenfalls nach NNW. gerichtet ist. Bei 1630 m Querverwerfung mit stärkerem Wasserzutritt. Bei 1635 und bei 1645 m isoklinale Sättel mit zwischenliegender Mulde, bei 1650, 1670, 1677 und 1689 m mit Ton und Detritus ausgefüllte st. K., von denen die erste 0,50, die letzte 2 m Breite hat. An der vorletzten der angeführten Klüfte zeigt die Aufpressung der Schichten an der Nordseite, daß die letztere — wie hier in der Regel — abgesunken ist. Bei 1728 m eine 0,30 m breite, mit Detritus ausgefüllte st. K. mit Wasserzufluß, das Einfallen des Gebirges ist 60—70° NNW. Wie es sich bei der Revisionsaufnahme an der Oberfläche gezeigt hat, ist die Kluft bei 1728 m die große streichende Verwerfung, an welcher weiter nach O. zuerst der Glimmersandstein, dann weiterhin auch der Taunusquarzit verschwindet.

Wie aus den jeweiligen Anmerkungen bereits hervorgeht, erklärt sich der trotz der vielen Klüfte verhältnismäßig schwach bleibende Wasserzutritt bis hierher dadurch, daß die Klüfte anfangs meist mit Kalk verfestigt und weiterhin vielfach dicht mit Ton und Detritus ausgefüllt sind.

1728—1800 m Stufe des Glimmersandsteins. Da hier bei Beginn die gewöhnlichen Übergangsschichten (zwischengelagerte violette und dunkle Schiefer) fehlen, scheint es, daß die untere Abteilung der Stufe an der Verwerfungskluft bei 1728 m in die Tiefe abgesunken ist. Gegen die Grenze des Taunusquarzites stellen sich dagegen im Glimmersandstein quarzitische Zwischenlagen ein, welche anzeigen, daß der Übergang hier ein regelmäßiger ist. Bei 1755 m tritt aus dem linken Stoß eine quer zum Gebirgsstreichen verlaufende, bis zu 0,50 m breite, nur teilweise mit Schutt ausgefüllte Verwerfungskluft, die bei 1780 m wieder in den linken Stoß zurückgeht. Die Schichten gehen mehrfach nicht gleichmäßig durch und bei 1755 m zeigt sich sogar eine Gleitfläche. An der Kluft machte sich anfangs starker Gebirgsdruck bemerkbar, auch lieferte dieselbe sehr große Quantitäten von Wasser, dessen Zufluß seither jedoch etwas zurückgegangen ist. Das Schichteinfallen steigt bis zur Kluft allmählich von 25° auf 55° NNW. an, längs der Kluft ist dasselbe unregelmäßig NNO. gerichtet und geht dann bis zur Quarzitgrenze allmählich wieder auf 25° NNW. zurück. Die hier angetroffene große Querkluft gehört ebenso wie diejenige, welche weiterhin (s. u.) im Taunusquarzit angeschnitten wurde, zu einem System von Querklüften, an welchen der vordere Zug des Taunusquarzites im östlichen Teil des Blattes Platte allmählich nach Süden vorgeschoben wird. Die betreffende Verwerfung wurde bei der Revision der Oberflächenaufnahme bereits gefunden, aber etwas östlicher eingezeichnet. Vielleicht hängt solches mit dem Einfallen der Kluft nach der Tiefe zusammen. —

1800—2015 m (Schluß des bis April 1903 aufgenommenen Vortreibens) Stufe des Taunusquarzits, anfangs mit ganz vereinzelten Zwischenlagen von Tonschiefern, bei 1900 m von dünnbankigen Quarziten, die bei 1936 m wieder durch dickbankige abgelöst werden, bei 1970, 1975, 1982 und 2004 m wieder schwache Zwischenlagen von dunkelgrauen Tonschiefern. Bei 1836 m kommt eine 0,30—1 m breite, teilweise mit Schutt ausgefüllte, quer zum Streichen verlaufende Verwerfungsspalte aus dem linken Stoß (möglicherweise Fortsetzung der Querkluft im Glimmersandstein?), um bei 1858 m an einer streichenden Verwerfung abzusetzen. Bei 1870 m kommt die Querkluft wieder aus dem linken Stoß hervor, sie wurde daher an der streichenden Spalte nach Westen verschoben. Bei 1897 m geht sie in den rechten Stoß ein. Von 1943—1955 m wurde eine weitere, beinahe NS. streichende Querkluft angefahren. Bei 1805 m Mulde, bei 1909 m steiler Sattel mit st. K., bei 1970 und 1995 m weitere Mulden mit st. K. Das Streichen und Fallen der Gebirgsschichten wechselt vielfach an den großen Querverwerfungen. Einfallen von 1780—1800 m NNW.—NW. 20—40°, von 1810—1830 m NNO. bis NO. 70—80°, von 1950—1990 m SW. 55—70° und bei 2015 m 60° beinahe S. Im ganzen scheint der Quarzit eine große Mulde zu bilden.

### 5. Unterer Königsteiner Wasserstollen.

0— 81 m Glimmersandstein mit einzelnen Zwischenlagen von violetten und dunkelgrauen Schiefern. Die Glimmersandsteine sind hier etwas quarzitisch (möglicherweise sekundär verkieselt).

81— 85 » stark zersetzter Kersantitgang, welcher das hauptsächliche Wasser liefert.

85— 152 » Fortsetzung des hier weniger verkieselten Glimmersandsteins. Derselbe hat stärkere Zwischenlagen von hellen und geröteten Tonschiefern.

### 6. Oberer Königsteiner Stollen.

0— 20 m Schutt und zersetzte Schichten.

20— 280 » Stufe des Glimmersandsteins; auch hier finden sich mehrfach sekundär verkieselte Schichten, sodann bis 42 m Zwischenlagen von einigen, für den unteren Teil der Stufe bezeichnenden, dunkelgrauen und violetten Schiefern, darauf gerötete Glimmersandsteine mit vereinzelten Zwischenlagen von geröteten Tonschiefern und Quarziten. Einfallen bis 100 m 40—50° NNW., bei 110 m flache Mulde, bei 118 m Einfallen wieder 50° NNW., von da bis 150 m ist das Einfallen längs der streichenden Klüfte gestört, dann bis 240 m 50—60° und bis 280 m 60—70° im allgemeinen NNW. Bei 90 m streichende Kluft mit Quelle, von 120—150 m folgt der Stollen einer weitern streichenden Kluft, die namentlich nach der Niederschlagszeit reichliches Wasser gibt. Bei 150 m geht die Kluft in den rechten Stoß, von 170—173 m wieder st. K. mit etwas Wasser. Bei 205 und 215 m q. K. (NNW.—SSO.), an denselben ist das Gestein stark zerbrochen und gibt viel ziemlich gleichbleibendes Wasser; bei 235 m 0,35 m breite, dicht mit sandigem Ton ausgefüllte und daher beinahe trockne q. K. Bei 255, 275 und 280 m wieder NNW.—SSO. verlaufende Klüfte mit dauerndem starkem Wasserzufluß. Die Querklüfte von 205—280 m sind wohl Seitenspalten der großen an der Westseite des Altkönigs durchgehenden Verwerfung, die sich nordwärts bis zum Westhang des großen Feldberges verfolgen läßt. Hierdurch erklärt sich auch die durch das ganze Jahr, trotz der geringen Gebirgsüberlagerung, ziemlich gleichmäßig bleibende Wasserlieferung des Stollens.

**7. Wasserstollen und Vorstollen nebst Rösche für die Heilanstalt Falkenstein.**

0— 140 m Perlgraue, auch hellviolette und graugrünliche, sericitische Phyllite mit schwachen Zwischenlagerungen von stark zersetztem, porphyritischem Eruptivgestein (Gänge?). Diese Schichten stimmen im allgemeinen lithologisch mit den bei Homburg in starker Entwicklung vorkommenden überein und haben anderseits auch große Ähnlichkeit mit einzelnen Teilen der von KOCH unter der Bezeichnung »Bunte Sericitschiefer seh« untergebrachten Gesteine. Im zentralen und westlichen Taunus sind diese Schiefer etwas fester als bei Falkenstein, in Homburg aber eher noch weicher. Das Vorkommen bei Falkenstein bildet einen vollkommenen Übergang. KOCH, dem an dieser Stelle keine genügenden Aufschlüsse zu Gebot standen, hat wohl auf einige daselbst gefundene Phyllitstücke hin hier die Stufe des bunten Phyllits eingezeichnet und dann auf Abhangsschutt hin den Taunusquarzit (s. Blattgrenze Königstein und Feldberg).

140— 200 m Unterste Schichten des Gédinniens. Graue und gelbe, vereinzelt auch violette, phyllitische Schiefer mit einigen quarzitisch-sandigen und starken konglomeratischen Zwischenlagen. Letztere bestehen aus Schieferfetzen mit gerundeten Quarzkörnern[1]). Das ziemlich reichliche Wasser entstammt diesen Schichten.

### 8. Wasserstollen der Stadt Cronberg.

0— 10 m Gebirgsschutt.

10— 125 » (ganze Länge) Stufe des bunten Pphyllits. Das Einfallen wechselt mehrfach, ist aber im Ganzen 60—70° SSO. gerichtet. Der Stollen hat eine Reihe von kleinen streichenden Klüften angefahren, welche Wasser bringen. Anscheinend sammelt es sich großenteils in dem vom Steilhang des Altkönigs herunterkommenden, aus Quarzitblöcken und zersetztem Glimmersandstein betstehenden Gehängeschutt, welcher den Stollen überlagert. Einige Quellen, die in dem Schutt versiegen, sorgen auch für die Speisung in der trocknen Jahreszeit. Eine der stärkeren dieser Quellen ist

[1]) Beim Bau der etwas westlich von hier gelegenen Villa Bernus haben sich sogar noch etwas gröbere Konglomerate gefunden.

der Schirnborn, der ungefähr 90 m höher als der angeführte Stollen liegt. Derselbe wurde durch einen Schurf und einen kleinen anschließenden Stollen gefaßt:

0— 8 m Schurf im Gehängeschutt,

8— 43 » Stollen im Glimmersandstein. Durch denselben wurde eine offene, SW.-NO. streichende Kluft angefahren, welche anfangs 300 cbm Wasser per Tag gab. Dasselbe ist jedoch seitdem auf 45 cbm zurückgegangen. Die betreffende Kluft hat sich auch bei der Oberflächenaufnahme festlegen lassen; sie bildet hier die Grenze zwischen dem Glimmersandstein und dem Taunusquarzit und an derselben ist der größte Teil der erstgenannten Stufe in die Tiefe gesunken. Möglicherweise hat diese streichende Verwerfung auch Verbindung mit den Querverwerfungen, die zwischen dem Altkönig und der Weißen Mauer liegen.

### 9. Wasserstollen für Schloß Friedrichshof.

0— 42 m etwas Gebirgsschutt, dann Stufe des bunten Phyllits.

42— 270 » Stufe des Glimmersandsteins, anfangs mit Zwischenlagen von dunklem und violettem Phyllit.

270— 300 » Taunusquarzit. Das Einfallen ist im allgemeinen steil nach SSO. gerichtet. Im Taunusquarzit wurde bei 300 m eine breite, offene, streichende Kluft mit so stark gespanntem Wasser angefahren, daß die Arbeiter sich kaum rechtzeitig in Sicherheit bringen konnten. Auch jetzt liefert diese Kluft noch reichliches Wasser. Die kleinern Klüfte wurden s. Z. nicht aufgenommen.

### 10. Luthereichestollen.

0— 134 m Infolge des anfangs sehr wenig ansteigenden Terrains ergab diese Strecke nur ganz allmählich aus der Sohle hervortretende Schichtköpfe von zersetztem (gelblich entfärbtem) Schiefer, dessen obere Grenze sich gegen den aus tonigem Lehm mit vereinzelten Gesteinsfragmenten bestehenden Gebirgsschutt nicht scharf abhob. Bei 80 und 120 m wurden anscheinend zwei streichende Klüfte angefahren, an welchen der nördliche Teil des Gebirges etwas abgesunken ist, da an der ersteren Kluft der Phyllit in der Auffahrung des Stollens wieder von Gebirgsschutt bedeckt war.

134—215 m Wechsel von weichen, perlgrauen mit grauvioletten und graugrünen (z. T. gelblich entfärbten), etwas sericitischen Phylliten (s. oben: Vorstollen des Falkensteiner Wasserstollens). Einfallen bis 175 m 40—45° NNW., von da ab wird es steiler bis zu einer bei 184 m durchfahrenen liegenden Mulde mit Kluft, an welcher sich das Einfallen ca. 40° nach SSO. richtet. Bei 200 m eine mit 75° einfallende, etwa hora 4 st. K.

215—230 » Sericitgneiß, etwas steiler stehend. Einfallen 60—70° SSO, von 223—228 m ein flach einfallender, etwa hora 5 streichender Quarzgang.

230—296 » gleiches Vorkommen wie von 134—215 m. Einfallen im allgemeinen 45° SSO.—SO. Von 234 (linker Stoß) bis 282 m (rechter Stoß) ein quer zum Schichtstreichen verlaufender Quarzgang mit Verwerfung, an der beiderseits nicht die gleichen Schichten anstoßen. Bei 296 m wechselt das Gebirge an einer st. K., die Schichten sind hier etwas verbogen, auch zerrissen.

296—322 » Stufe der bunten Phyllite. Dichte, bunte Phyllite mit einigen Zwischenlagen von sandigen und dichteren, glimmerführenden Quarzitbänken. Einfallen etwa 40° SSO.—SO.

322—380 » gleiches Vorkommen, jedoch werden die Quarzitbänke mächtiger. Einfallen bis 360 m 40—50° SSO., dann aber steiler, bei 360 m 70⁰, hier st. K. mit Wechsel des Einfallens nach NNW.; die Kluft bringt stärkere Wassermengen. Bei 380 m etwas winklig zum Streichen verlaufende Verwerfungskluft, an welcher das Gebirge gestaut erscheint und das Einfallen wieder nach SSO. wechselt. Die bunten Phyllite verschwinden an der Kluft und eine plötzliche, starke Zunahme des Wassers stellte sich ein (s. Tabelle).

380— 425 m Unter-Coblenzstufe. Schwarze, auch blauschwarze, anfangs gelblich entfärbte Tonschiefer mit stärkeren Zwischenlagen von Grauwacken und etwas quarzitischen Bänken. Einfallen unsicher, anscheinend im allgemeinen SSO. — SO. Die Schichten sind so stark zerbrochen und lieferten von der Verwerfungskluft bei 380 m mit dem weiteren Vortreiben so viel Wasser, daß das Ort zu Bruch ging. In den bereits etwas entwässerten Schichten von 425 m an wurde dann ein Umbruchsort getrieben. Seither ($1^1/_2$ Jahre) ist die Wasserlieferung an dieser Stelle von ca. 350 cbm per Tag auf etwa 80 cbm zurückgegangen, auf welchem Stande sie sich jedoch dauernd zu halten scheint.

425— 480 » Schiefer wie vorher, doch weniger entfärbt und vielfach glimmerführend, mit Zwischenlagen von flaserigen Grauwacken, auch einzelnen plattigen Quarziten. Einfallen SO. — SSO. 45 — 50⁰, bei 460 m liegender Sattel mit Kluft, bei 445 und 480 m st. K. mit Wasser.

480— 547 » Tonschiefer wie vorher, teilweise zersetzt und entfärbt, mit Zwischenlagen von Grauwacken und einzelnen Quarzitbänken, stärkere Bank bei 490 m; bei 496 m liegende Mulde, bei 527 m ebensolcher Sattel mit Kluft. Das Einfallen wird allmählich steiler, von 45⁰ SSO. steigt es auf 60⁰ SSO. bei 545 m.

| | |
|---|---|
| 547— 602 m | Gleiche Schiefer und Grauwacken, jedoch beinahe ohne Quarzitbänke; die Schiefer sind auf den Schichtflächen vielfach gefältelt. Einfallen 60—70° SSO.—SO., bei 565 m st. K., bei 590 m Einmuldung von grauer quarzitischer Grauwacke in den Schiefern. |
| 602— 625 » | Ebensolches Gestein, jedoch mit etwas mehr in Quarzit übergehenden Grauwackenbänken. In einer solchen Bank, fanden sich bei 607 m ein Fischrest und unbestimmbare Konchylienreste. Im Quarz, der kleine Klüfte ausfüllt, kommt etwas Schwefelkies vor; in größerer Menge findet er sich auf einer Kluft an einer 0,50 m mächtigen Quarzitbank bei 624 m; er geht hier auch auf den Tonschiefer über. |
| 625— 640 » | Dunkelgrauer, dünnspaltiger Schiefer mit Seidenglanz auf den Schichtflächen; Schwefelkies wie vorher auf kleinen Quarzklüften. Bei 635 m 0,40 m mächtige graue Quarzitbank, bei 640 m st. K. mit stärkerem Wasserzufluß. Einfallen stets 50—60° SSO.—SO. |
| 640— 692 » | Das Gebirge nimmt wieder mehr den Charakter der Grauwacke an. In teilweise sandigen, blaugrauen Schiefern — zwischen 690 und 692 m — fanden sich die im geologischen Teil dieser Arbeit angeführten Versteinerungen der Untercoblenzstufe. |
| 692— 780 » | Schiefer wie zwischen 625—640 m, mit wenig Grauwackenbänken. Auf kleinen, meist mit Quarz erfüllten Klüften ziemlich reichlicher Schwefelkies, namentlich bei 720 und 774 m. Eine Gesteinsprobe bei 720 m ergab nach einer Analyse der Frankfurter Gold- und Silberscheideanstalt 20 g Silber und 0,8 g Gold per Tonne, also kein abbauwürdiges Erz [1]). Bei 755 m 0,80 m, bei 772 m 0,40 m mächtige, etwas grobkörnige Quarzitbänke. |

[1]) Dies ist das Vorkommen, von welchem einige Zeitungen sprachen.

780— 800 m etwas hellere Tonschiefer als vorher, darin bei 780 und 795 m 0,50 und 0,80 m mächtige, gelbliche, grobkörnige, plattig abgesonderte Quarzitbänke, bei 800 m quer zum Streichen verlaufender Quarzgang. Einfallen 55—60° SO.

800— 885 » wieder dunklere Schiefer mit etwas Grauwacken, bei 824 und 830 m 0,50 m mächtige Quarzitbänke. Von 880 m an ist der Schiefer stark verbogen, auch zerbrochen, bei 885 m folgt dann eine 1½ m breite, mit sandigem Ton und Gebirgsschutt ausgefüllte st. K. mit starkem Wasserzufluß. Einfallen bis zur Kluft 50—60° SO., unmittelbar hinter der Kluft SSW.

885— 945 » Dichter, bankiger, z. T. glimmerführender, heller Quarzit (wohl schon Taunusquarzit) mit einzelnen Zwischenlagen von grauem und gerötetem Tonschiefer. Einfallen bis 905 m SSW. 35—40°, wechselt dann allmählich nach SSO. und wird bei 935 m steiler, etwa 60°.

945— 997 » Quarzit wie vorher mit etwas mehr Tonschieferzwischenlagen, letztere z. T. etwas flaserig. Bei 940 m Einfallen 50° SSO., bei 945 m starke, WNW. streichende Kluft, bei 957 m Einfallen 40° SSO., bei 960 m Sattel mit Sattelbruch, bei 980 m Druckfaltung, bei 990 m Einfallen 35° SSO.

997—1001 » offene (nur teilweise mit Gebirgsschutt ausgefüllte) Kluft, welche viel Wasser brachte; die Lieferung des Stollens stieg an einem Tag um 200 cbm.

1001—1008 » stark zerbrochene Bänke von glimmerführendem Quarzit, auf den Schichtflächen auch Sericitbildung.

1008—1020 » heller, aber dünnplattiger, glimmerführender Quarzit. Einfallen 30—40° SSW.

1020—1070 » heller, auch etwas bläulicher oder geröteter Quarzit, in Bänken von 0,30—0,50 m abgesondert. Anfangs einige Zwischenlagen von Tonschiefer, der meist hell entfärbt ist. Das Einfallen stieg bis 1050 m auf 80° S., bei 1030 und 1040 m st. K., bei 1070 m Einfallen 35° SSO. Starker Wasserzudrang aus dem Gestein selbst sowie aus den Klüften.

1070—1185 m Taunusquarzit wie vorher, aber frei von Schiefereinlagerungen. Einzelne streichende Klüfte (stärkere Kluft bei 1102), an denen das Schichtstreichen allmählich wechselt; bei 1150 m Einfallen 40° SSW. Die Wasserlieferung steigt anhaltend von 1728 cbm bei 1100 m auf 2800 cbm bei 1158 m.

1158—1196 » Der Quarzit wird wieder etwas dünnbankiger und hat vereinzelte Zwischenlagen von Tonschiefer. Bei 1160 m dreht das Einfallen wieder über S. nach SSO.

1196—1231 » etwas dickbankigerer, teilweise klüftiger Quarzit ohne Zwischenlagen von Tonschiefern. Bei 1214 m schlecht erhaltene Versteinerungen des Taunusquarzits, Einfallen bis zum Schlusse des Vortreibens ca. 30°. SSO. bis SO. Auch hier stieg die Wasserlieferung anhaltend bis auf 3250 cbm, um nach dem Einstellen der Arbeiten auf etwas unter 3000 cbm zurückzugehen. Letzteren Stand hat sie bisher ungefähr eingehalten, er dürfte aber nach den Erfahrungen bei den übrigen Stollen allmählich noch etwas zurückgehen.

## II. Braumannstollen.

0— 35 m Schutt und zersetztes Gebirge.

35—307 » Stufe der bunten Phyllite. Dichte, vielfach dünnspaltige, bunte Phyllite (auch graue Bänke) mit Zwischenlagerungen von konglomeratischen- und Quarzitbänken bei 36—40, 130, 180, 210, 250 und 274 m. Die Schichten zeigen öfters Andeutungen von Sattelungen. Einfallen bis 65 m 60° SSW., hier stehen die Schichten dann saiger und sind von winklig zum Streichen verlaufenden Quarzgängen durchsetzt, das Einfallen wechselt nach SSO. 60—45°; bei 90 m wieder Quarzgänge, an denen das Einfallen 80° SSO. beträgt. Bei 198 und 260 m weitere Quarzgänge, Einfallen von 120—230 m SSO.—S., von 230—260 m beinahe S., von 260—290 m OSO. Die Schichten bringen an den Quarzgängen ziemlich Wasser, dessen Menge jedoch im Sommer und Herbst stärker zurückgeht. Vor und hinter der bei 307 m liegenden Verwerfungskluft sind die Schichten stark zertrümmert; daselbst ging das Ort auch nachträglich zu Bruch. Derselbe mußte wieder aufgewältigt und mit verstärkter Mauerung versehen werden. Die Kluft sowie die Bruchschichten geben ziemlich viel dauerndes Wasser.

307—401 m dunkelgraue, auch blauschwarze, vielfach dünnplattige und dann auf den Schichtflächen seidenglänzende, etwas glimmerführende Tonschiefer mit Zwischenlagen von Grauwacken und Quarzitbänken, namentlich von 320—322, 340—370 und bei 385 m. Einfallen von 315—360 m 30—40° SW., dann wieder regelmäßig 40—50° SSO.—SO., bei 361, 384 und 401 m Klüfte mit stärkeren Quellen. An der Kluft von 401 m war das Gebirge neuerdings stärker zerbrochen.

401—507 » Gebirge wie vorher, aber mit etwas stärkeren Zwischenlagen von Quarziten, so namentlich zwischen 429 und 440 m, bei 450, 472 und 483 m; Einfallen bis 483 m SSO. 50—60°, dann von einer Kluft aus nach OSO. gedreht. Bei 507 m wieder stark zerbrochenes Gebirge mit reichlichem Wasserzufluß, welcher aber den allmählichen Rückgang des aus den vorderen Schichten kommenden nicht decken konnte.

507—575 m graue, auch helle, ziemlich dickbänkige, z. T. sandige Quarzite, anfangs mit nur schwachen, später mit stärkeren Zwischenlagen von Tonschiefern und Grauwacken. Bei Beginn ist das Einfallen SO., wechselt aber dann mehrmals an Sätteln zwischen 530 und 542 m, ebenso an einer breiten, mit Ton ausgefüllten Kluft bei 555 m. Bei 565 m winklig zum Streichen verlaufender Quarzgang. An diesem und an den Klüften starker neuer Wasserzutritt, der aber allmählich wieder zurückging.

575—597 » Gebirge wie vorher, nur nehmen die Quarzite ab, Einfallen SSO.—SO. Bei 508 m st. K., wenig neues Wasser.

597—632 » auf den Schichtflächen etwas seidenglänzende, dunkelgraue, vielfach entfärbte, auch gerötete Tonschiefer. Bei 624 m war das Gebirge stärker zerbrochen und gab etwas Wasser.

632—687 » Gebirge wie vorher, jedoch mit Zwischenlagen von teilweise sandigen Quarziten; bei 643 m starke Kluft, an welcher das Einfallen auf kurze Entfernung NW. wird, um sich dann nach SW. zu drehen; bei 652 m Sattelungen mit Spalten, bei 687 m streichende Kluft, an welcher das Einfallen flach wird und das Gebirge wechselt. Hier ziemlicher Wasserzufluß, der aber allmählich nachließ.

687—712 » heller, auch geröteter, aber dünnbankiger Taunusquarzit mit einer schwachen Zwischenlagerung von Tonschiefer. Das anfangs etwas steilere Einfallen verflacht sich allmählich auf 30° SO. Die Schichten lieferten ziemlich reichliches neues Wasser.

## 12. Saalburgstollen [1]).

| | |
|---|---|
| 0— 50 | m Gebirgsschutt und zersetzte Schichten. |
| 50— 80 | » rotviolette, auch graugrüne und graue, teilweise zersetzte Phyllite mit einer dichten Quarzitbank bei 65 m; Einfallen 50° SO. Bei 80 m sind die Schichten an einer Kluft (Verwerfung) stärker zerbrochen und geben etwas Wasser. |
| 80—140 | » grauer, etwas glimmerführender, auf den Schichtflächen vielfach seidenglänzender Tonschiefer mit Zwischenlagen von grauem, glimmerführendem, dünnplattigem, teilweise etwas sandigem Quarzit, Einfallen 60—70° SO. |
| 140—180 | » Quarzit wie vorher, mit starken Zwischenlagen von Tonschiefern, so namentlich bei 155 und 170 m. Bei 170 m Quarzgang, bei 175 m st. K. mit anfangs reichlichem Wasserzufluß. |
| 180—300 | » Gebirge wie vorher, doch auch mit stärkeren Zwischenlagen von flaserigen Schiefern und Grauwacken, in denselben mehrfach Spuren von unbestimmbaren (zu schlecht erhaltenen) Versteinerungen. Einfallen 60—70° SO., bei 300 m streichende, mit tonigem Detritus ausgefüllte Kluft. Der Wasserzufluß aus den Schichten selbst mehrt sich stetig seit dem Antreffen der Schichten hinter 180 m. |
| 300—385 | » Tonschiefer wie vorher. |
| 385—425 | » Quarzit mit Tonschiefer und etwas Grauwacken; das Streichen des Gebirges ist mehr nach O. gedreht, die Schichten sind stark gefaltet; bei 428 m Kluft mit reichlichem Wasserzufluß. |
| 425—440 | » Tonschiefer wie vorher. |

[1]) Die Aufnahme der Schichten im Braumann- und Saalburgstollen ist vom Verfasser viel weniger eingehend gemacht worden, als diejenige des später eingebrachten Luthereichestollen, doch liegt für den Saalburgstollen auch eine nach Fertigstellung gemachte Aufnahme von Herrn A. Leppla zum Vergleich vor.

440—512 m hellgraue, meist dichte, feinkörnige, teilweise glimmerführende Quarzite mit schwachen Zwischenlagen von Tonschiefern. Bei 460 m Mulde, Einfallen 50—60° OSO.; viele st. K. mit stärkerem Wasserzudrang; an einer st. K. bei 493 m wechselt das Streichen, das Einfallen beträgt hier 40° NO., um sich bei 500 m wieder nach SO. zu drehen; bei 502 m Sattlungen; bei 510 m richtet sich das Schichtstreichen nach N., Einfallen steil SSW.

512—560 » Quarzite wie vorher, mit stärkeren Zwischenlagen von blauschwarzen Tonschiefern und Grauwackenbänken; das Gebirge hat viele Klüfte, die vorübergehend bedeutende Wassermengen gaben. Bei 518 m Sattel; das Streichen bleibt bis zu 550 m beinahe NS. (Einfallen 40—55°) und dreht dann wieder nach SW.—NO.; bei 560 m Einfallen 50° SO.

560—677 » Wechsel von Quarziten und Tonschiefern wie vorher, bei 592 m Kluft mit Quelle, Einfallen bis 639 m 50—60° SSO., hier dann Klüfte, an denen der Fallwinkel wechselt und die etwas Wasser geben. Bei 655 m Quarzgang.

677—720 » hellgrauer, auch blaugrauer, dickbankiger, teilweise sandiger Quarzit mit schwächeren Tonschiefereinlagerungen. Bei 686 m Klüfte, an denen das Gestein z. T. saiger steht, bei 694 m Einfallen 40° SO., hier folgen kleine, etwas winklig zum Streichen verlaufende Quarzgänge mit neuem Wasser.

720—805 » Gestein wie vorher. Einfallen normal SSO.—SO., bei 765 m Sattel von Schiefer im Quarzit, bei 793 m Quarzitsattel; die Wasserlieferung nimmt stetig zu.

805—858½ » blauschwarze Tonschiefer mit schwachen Zwischenlagen von z. T. sandigem Quarzit. Einfallen normal bis 845 m, von hier an ist das Gebirge gestaut und zerbrochen bis zu der bei 858 1/2 m auftretenden NS.-Verwerfung, Einfallen SW.

858 1/2—900 m fester, dichter, aber dünnbankiger Taunusquarzit mit einer Tonschieferbank bei 895 m. Auch bis 863 m ist das Gestein stärker zertrümmert; das Ort ging von 850 m ab zu Bruch, so daß von 839 m an ein Umbruchsort getrieben werden mußte, von welchem ab der Stollen seine jetzige Länge erreichte. Bei 882 m streichender Quarzgang; bei 890 m führt der Quarzit auf kleinen Klüften Brauneisenstein, Einfallen SO. Die Wasserlieferung stieg hinter der Kluft um 800 cbm per Tag, im ganzen auf 1700 cbm, ging aber dann verhältnismäßig rasch wieder auf 950—1000 cbm Gesammtlieferung zurück, welche bis Ende 1902 im Durchschnitt gleichmäßig erhalten blieb, um dieses Jahr auf 750—800 cbm zu sinken.

# I. Tabelle.

## Wasserlieferung des Saalburg- und Braumannsstollens zu verschiedenen Zeiten.

**Zeichen-Erklärung:**
o = Stautüre offen.
eo = Stautüre etwas offen.
g = Stautüre geschlossen.

### Messungen des Braumanns-Stollens.

| | 30.4.01. | 18.5. | 3.6. | 18.6. | 27.6. | 1.7. | 8.7. | 31.7. | 15.8. | 24.8. | 2.9. | 1.10. | 1.11. | 8.1.02. | 30.5. | 14.6. | 15.7. | 31.7. | 15.8. | 30.8. | 2.10. | 3.11. |
|---|---|---|---|---|---|---|---|---|---|---|---|---|---|---|---|---|---|---|---|---|---|---|
| cbm | 259 | 259 | 576 | 432 | 960 | 540 | 1108 | 411 | 392 | 480 | 454 | 144 | 105 | — | — | 617 | 664 | 576 | 480 | 480 | 832 | 247 |
| | g | g | eo | eo | o | eo | o | eo | eo | eo | eo | g | g | — | — | eo | ? | o | o | o | o | eo |

Die Vergleichung der obigen Resultate ist dadurch erschwert, daß bei etwas offener Stautüre nur das als nötig entnommene Quantum gemessen wird, selberedend nicht das hinter der Stautüre befindliche Wasser.

Nachstehend folgen weitere Ergebnisse aus früheren Jahren und zwar bei offener Stautüre (mit einzelnen Ausnahmen).

### Ergebnisse im Braumannsstollen und Saalburgstollen.

| Messung am | 1895 | 1896 | 1897 | 1898 | 1899 | 1900 | 1901 | 1902 | |
|---|---|---|---|---|---|---|---|---|---|
| 22. Juni | 480 o | 454 o | — | 576 o | 131 eo | 664 g | 960 o | 864 o | Braumannsstollen |
| | 864 | 1080 o | — | 864 | 1234 o | 785 eo | 785 eo | 864 eo | Saalburgstollen |
| 20. Juli | 617 o | 411 o | — | 664 o | 376 o | 480 o | 184 g | 576 o | Braumannsstollen |
| | 785 | 1080 o | — | 617 | 1720 o | 864 eo | 386 g | 1460 o | Saalburgstollen |
| 18. August | 576 o | 360 o | 576 o | 576 o | 785 o | 393 eo | 480 eo | 480 o | Braumannsstollen |
| | 1440 o | 1080 o | 970 eo | 1728 o | 1234 o | 230 g | 1866 o | 1234 o | Saalburgstollen |
| 3. September | 478 o | 375 o | — | 393 o | 576 o | 346 o | 454 eo | 480 o | Braumannsstollen |
| | 1080 o | 1080 o | — | 825 eo | 1157 o | 962 o | 1046 o | 1234 o | Saalburgstollen |
| 1. Oktober | 845 g | 875 o | — | — | 99 eo | 84 g | 108 g | 332 o | Braumannsstollen |
| | 1020 o | 1080 o | — | — | 1080 o | 316 g | 188 g | 1080 o | Saalburgstollen |
| 15. Mai | 617 g | 507 g | — | — | 110 g | 185 g | 259 g | 298 g | Braumannsstollen |
| | 1080 o | 1234 o | — | — | 1234 o | 576 g | 561 g | 664 g | Saalburgstollen |

Die Messungs-Daten stimmen nicht genau, da in den verschiedenen Jahren nicht stets am gleichen Tage gemessen wurde; allerdings handelt es sich immer nur um eine Differenz von wenigen Tagen.

Homburg v. d. H., den 13. März 1903.

gez. Wilh. Eacke.

## II. Tabelle.
## Wasserlieferung während des Vortriebs der 3 Homburger Stollen.
### 1. Luthereichestollen.

| Datum | Erreichte Gesamtlänge m | Gesamtwasserlieferung pro Tag cbm | Gesteinsbeschaffenheit | Bemerkungen |
|---|---|---|---|---|
| 7. Juli 1901 | 70 | wenige Tropfen | Schutt und zersetzte Phyllite | Sommer, daher im Schutt kein Wasser. |
| 25. » » | — | 11¼ | | |
| 30. » | — | 32 | | |
| 3. Aug. » | 140 | 41 | Sericitische Phyllite | |
| 12. » » | — | 76 | | |
| 15. » » | — | 108 | | |
| 17. » » | 166 | 99 | | |
| 20. » » | — | 108 | | |
| 25. » » | — | 162 | | |
| 28. » » | — | 144 | | |
| 31. » » | 193 | 129 | | |
| 2. Sept. » | — | 129 | | |
| 13. » » | — | 129 | Sericitgneiße | |
| 14. » | 228 | 144 | | |
| 28. » » | 260 | 144 | Sericitische Phyllite | |
| 3. Okt. » | — | 162 | | |
| 8. » » | — | 185 | | |
| 12. » » | 283 | 185 | | |
| 15. » » | — | 216 | | |
| 25. » » | 305 | 259 | Bunter Phyllit | |
| 9. Nov. » | 334 | 222 | | |
| 18. » » | 368 | 304 | Bunter Phyllit mit mehr Quarzit | |
| 23. » » | 380 | 508 | | Starke Verwerfungskluft. |
| 26. » » | — | 664 | Tonschiefer mit einigen Quarzitbänken | Bruchzone. |

| Datum | Erreichte Gesamtlänge m | Gesamtwasserlieferung pro Tag cbm | Gesteinsbeschaffenheit | Bemerkungen |
|---|---|---|---|---|
| 10. Dez. 1901 | — | 540 | | |
| 13. » » | 406 | 540 | Tonschiefer mit einigen Quarzitbänken | Bruchzone. |
| 17. » » | — | 540 | | |
| 31. » » | 425 | 664 | | Ort ging zu Bruch und wurde umfahren. |
| 8. Jan. 1902 | 410 | 664 | | Neues Ort. |
| 12. » » | — | 617 | Wie oben | |
| 16. » » | 422 | 540 | | |
| 27. » » | — | 508 | | |
| 30. » » | 433 | 508 | | |
| 6. Febr. » | — | 508 | | |
| 13. » » | 438 | 617 | Wie oben | |
| 22. » » | — | 785 | | Kluft. |
| 27. » » | 455 | 720 | | |
| 13. März » | 478 | 785 | | |
| 20. » » | — | 864 | Tonschiefer | Kluft. |
| 27. » » | 505 | 912 | | |
| 5. April » | — | 960 | Tonschiefer mit etwas Quarzit und Grauwacke | |
| 10. » » | 525 | 1080 | | |
| 17. » » | — | 960 | | |
| 24. » » | 557 | 864 | | |
| 6. Mai » | — | 864 | Tonschiefer mit einigen Quarzitbänken, auch Grauwacken | Kluft und Faltungen. |
| 8. » » | 587 | 785 | | |
| 15. » » | — | 864 | | |
| 22. » » | 611 | 864 | | |
| 27. » » | — | 960 | Tonschiefer und Grauwacken | |
| 30. » » | — | 1080 | | |
| 5. Juni » | 640 | 1234 | Tonschiefer und Quarzit | Wasser an starker Kluft. |
| 14. » » | — | 1234 | | |
| 19. » » | 673 | 1234 | Grauwacke | |
| 25. » » | — | 1157 | | |
| 8. Juli » | 700 | 1234 | | |
| 10. » » | — | 1080 | Mehr phyllitischer Tonschiefer | |
| 17. » » | 725 | 960 | | |
| 26. » » | — | 960 | | |

| Datum | Erreichte Gesamtlänge m | Gesamtwasserlieferung pro Tag cbm | Gesteinsbeschaffenheit | Bemerkungen |
|---|---|---|---|---|
| 3. Aug. 1902 | 765 | 960 | Hellere Tonschiefer und einige Quarzitbänke | |
| 14. » » | 798 | 960 | | |
| 28. » » | 829 | 960 | Etwas phyllitische Tonschiefer mit einigen Quarzitbänken | |
| 5. Sept. » | — | 960 | | |
| 11. » » | 860 | 864 | | |
| 25. » » | 892 | 960 | Quarzit mit einzelnen Schieferbänken | Bei 885 m streichende Kluft mit Wasser. |
| 9. Okt. » | 918 | 960 | | |
| 23. » » | 944 | 864 | | |
| 1. Nov. » | — | 864 | | |
| 11. » » | 976 | 785 | Wechsel von Tonschiefer mit Quarzit | |
| 25. » » | 1000 | 960 | Mit Schutt ausgefüllte Kluft | Starker neuer Zufluß aus Kluft von 997—1001 m. |
| 3 Dez. » | 1002 | 1020 | | |
| 15. Jan. 1903 | 1005 | 1080 | Quarzit | Zertrümmertes Gebirg mit starkem Wasserzufluß. |
| 17. » » | — | 1440 | | |
| 2. Febr. » | 1030 | 1728 | Quarzit mit etwas zersetzten Tonschieferbänken | Das Gestein selbst liefert viel Wasser, außerdem bei 1030 und 1040 m Klüfte mit Wasser. |
| 6. » » | — | 1944 | | |
| 14. » » | 1045 | 1440 | | |
| 28. » » | 1075 | 1440 | Quarzit, etwas klüftig | |
| 12. März » | — | 1728 | | |
| 14. » » | 1100 | 2160 | | |
| 19. » » | — | 2880 | | Bei 1102 m starke Kluft mit viel Wasser, außerdem war das ganze Gestein wasserführend. |
| 31. » » | 1125 | 2880 | | |
| 15. April » | 1136½ | 2880 | | |
| 30. » » | 1155 | 2880 | | |
| 28. Juli » | 1231 | 3250 | | |
| 30. Sept. » | 1231 | 3000 | | |

## 2. Braumannstollen.

Tabelle nur von 360 m an vorhanden.

| Datum | Erreichte Gesamtlänge m | Gesamtwasserlieferung pro Tag cbm | Gesteinsbeschaffenheit | Bemerkungen |
|---|---|---|---|---|
| 7 Febr. 1892 | 320 | 216 | Tonschiefer mit einigen Quarzitbänken und Grauwacken | |
| 5. März » | 360—385 | 362 | | Wasserzufluß anfangs bei Kluft von 361 m günstig, nahm dann stark ab. |
| 30. April » | 401 | 360 | | Das Wasser im Vorderstollen hat stark abgenommen, das Bruchgebirge bei 401 m lieferte dagegen viel neues Wasser. |
| 28. Mai » | 418 | 344 | | |
| 2. Juni » | 419 | 360 | | |
| 15. Okt. » | — | 216 | | Das Vortreiben war eingestellt, der Einfluß der regenarmen Spätsommermonate zeigt sich. |
| 5. Nov. » | — | 191 | | |
| 12. » » | — | 205 | | |
| 10. Dez. » | 428 | 222 | Tonschiefer mit anfangs schwachen, dann stärkeren Quarzitbänken, auch Grauwacken | |
| 10. Jan. 1893 | 441 | 262 | | |
| 4. Febr. » | 450 | 288 | | Es wurden neue Wasserzuflüsse angefahren, Lieferung 72 cbm mehr als Febr. 1892 auf 72 m Länge. |
| 4. März » | — | 360 | | Der Einfluß der Schneeschmelze beginnt sich zu zeigen, das Gebirge selbst ist wasserarm. |
| 1. April » | 472 | 325 | | |
| 15. » » | 483 | 345 | | |
| 29. » » | — | 308 | | Wenig neues Wasser. |
| 13. Mai » | 490 | 277 | | |
| 27. » » | — | 298 | | |
| 9. Dez. » | — | 222 | | Der Stollenvortrieb war eingestellt, Ende Februar zeigte sich die Wasserzunahme, die dann im Spätsommer wieder stark zurückging. |
| 29. Jan. 1894 | — | 268 | | |
| 13. Febr. » | — | 308 | Wechsel von Tonschiefer mit Quarzit, letzterer herrscht vor | |
| 26. » » | — | 360 | | |
| 3. März » | — | 376 | | |
| 28. Sept. » | 492 | 210 | | |
| 15. Okt. » | — | 206 | | |
| 26. » » | 507 | 216 | | |

| Datum | Erreichte Gesamtlänge m | Gesamt-wasser-lieferung pro Tag cbm | Gesteinsbeschaffenheit | Bemerkungen |
|---|---|---|---|---|
| 11. Nov. 1894 | — | 247 | | Das stark gebrochene Gebirge nach 507 m gab größeren Wasserzufluß. |
| 23. » » | 520 | 262 | | |
| 8. Dez. » | — | 266 | | |
| 21. » » | — | 288 | | |
| 5. Jan. 1895 | 530 | 320 | | Das Gebirge gibt nicht viel neues Wasser, ebenso auch die breite mit Letten ausgefüllte Kluft bei 555 m. |
| 18. » » | — | 320 | | |
| 2. Febr. » | 542 | 275 | Quarzite mit Zwischenlagen von Tonschiefern und Grauwacken | |
| 15. » » | — | 275 | | Stärkeres Wasser geben die Quarzgänge bei 565 m, auch macht sich dann im Stollen der Einfluß der Winterfeuchtigkeit geltend. |
| 2. März » | 555 | 275 | | |
| 15. » » | — | 375 | | |
| 30. » | 565 | 540 | | |
| 10. April » | — | 574 | | |
| 27. » » | 575 | 508 | | |
| 10. Mai » | — | 616 | | |
| 25. » » | 584 | 508 | Wechsel von Quarziten und Tonschiefern | Wenig neues Wasser außer bei einer streich. Kluft bei 480 m, das aber rasch abnahm. |
| 7. Juni » | — | 455 | | |
| 7. Juli » | 592 | 456 | | |
| 20. » » | 597 | 456 | | |
| 27. Aug. » | — | 345 | | Der Stollenvortrieb war vom 20. Juli bis 8. Oktober eingestellt. Am 12. Okt. ging der Stollen bei 305 m zu Bruch und wurde wieder aufgewältigt. |
| 25. Sept. » | — | 345 | | |
| 12. Okt. » | 602 | 345 | | |
| 8. Nov. » | 613 | 345 | Phyllitische Tonschiefer | |
| 7. Dez. » | 623 | 360 | | Kein neues Wasser außer bei 624 m an zersetztem (offenbar auch gebrochenem) Gebirge. |
| 4. Jan. 1896 | 625 | 455 | | |
| 1. Febr. » | 632 | 455 | | |
| 29. » | 642 | 455 | | |
| 28. März » | 652 | 576 | | Bei 643 m starke Kluft mit Wechsel des Einfallens, viel Wasser, es macht sich übrigens auch im ganzen Stollen der Einfluß der Winterfeuchtigkeit bemerkbar. |
| 25. April » | 664 | 540 | Wechsel von Quarzit mit Tonschiefern | |
| 23. Mai » | 674 | 508 | | |
| 20. Juni » | 687 | 464 | | Bei 687 m Spalte mit stärkerem Wasserzutritt, welche die Abnahme im Vorderstollen beinahe ausgleichen konnte. |
| 18. Juli » | 690 | 411 | Quarzite mit Einlagerung von faserigem Tonschiefer | |

| Datum | Erreichte Gesamt-länge m | Gesamt-wasser-lieferung pro Tag cbm | Gesteins-beschaffenheit | Bemerkungen |
|---|---|---|---|---|
| 15. Aug. 1896 | 695 | 393 | Quarzite mit Einlagerung von flaserigem Tonschiefer. | Der Zutritt an neuem Wasser konnte die Herbstabnahme im Stollen nicht ausgleichen. |
| 12. Sept. » | 699 | 375 | | |
| 10. Okt. » | 702 | 375 | | |
| 7. Nov. » | 701 | 375 | | |
| 5. Dez. » | 709 | 392 | | |
| 1. Jan. 1897 | 712 | 430 | | |

### 3. Saalburgstollen.

Eine Zusammenstellung ist nur von 463 m an vorhanden.

| Datum | Erreichte Gesamt-länge m | Gesamt-wasser-lieferung pro Tag cbm | Gesteins-beschaffenheit | Bemerkungen |
|---|---|---|---|---|
| 6. Febr. 1892 | 463 | 720 | Quarzite mit wenig Tonschiefer-zwischenlagen. | |
| 1. März » | — | 864 | | |
| 5. » » | — | 665 | | |
| 5. April » | 475 | 665 | | |
| 12. » » | — | 574 | | |
| 30. » » | 481 | 540 | | |
| 28. Mai » | 487 | 508 | | |
| 25. Juni » | 493 | 508 | | |
| 23. Juli » | 500 | 455 | | |
| 20. Aug. » | 501 | 432 | | |
| 17. Sept. » | — | 412 | | |
| 15. Okt. » | — | 432 | | Betrieb zeitweilig eingestellt. |
| 12. Nov. » | 504 | 410 | | |
| 10. Dez. » | — | 393 | | |
| 7. Jan. 1893 | 511 | 393 | | |

| Datum | Erreichte Gesamtlänge m | Gesamtwasserlieferung pro Tag cbm | Gesteinsbeschaffenheit | Bemerkungen |
|---|---|---|---|---|
| 4. Febr. 1893 | — | 576 | | Nach plötzlicher Schneeschmelze 2 m starke Wasserzunahme im vordern Stollen, namentlich von 270—310 m. Es wurde kein neues Wasser angeschnitten. |
| 15. » » | — | 1080 | | |
| 26. » » | — | 1300 | | |
| 4. März » | 528 | 864 | | |
| 30. » » | 541 | 576 | Wechsel von Quarziten mit phyllitischen Tonschiefern | Die Wasserzuflüsse im vorderen Stollen gingen rasch zu Ende, dagegen wurden neue wasserführende Schichten angeschnitten (beim Vortrieb). |
| 4. April » | — | 576 | | |
| 15. » » | — | 508 | | |
| 29. » » | 549 | 508 | | Der vordere Stollen wird immer trockner, dagegen werden beim Vortreiben neue Quellen erschürft. |
| 13. Mai » | — | 508 | | |
| 24. » » | — | 480 | | |
| 27. » » | 560 | 480 | | |
| 8. Juni » | — | 450 | | |
| 24. » » | 573 | 432 | | |
| 14. Juli » | — | 432 | | |
| 22. » » | 583 | 432 | | |
| 4. Aug. » | — | 454 | | |
| 11. » » | — | 432 | | |
| 19. » » | 592 | 432 | | Neue Quelle an Kluft. |
| 24. » » | — | 432 | | |
| 15. Sept. » | 608 | 432 | | Neue Quellen. |
| 14. Okt. » | 620 | 508 | Wechsel von Quarzit mit Tonschiefern | |
| 1. Nov. » | — | 576 | | |
| 8. » » | — | 617 | | |
| 11. » » | 630 | 664 | | Neue Quellen. |
| 24. » » | — | 784 | | |
| 6. Dez. » | 639 | 785 | | An Klüften bei 639 m Wasserzufluß. Das starke Steigen der Wasserlieferung wird indessen auf das Einlaufen des hochangefüllten Kirdorfer Bachs in die den Stollen überlagernden Geröllschichten zurückgeführt. |
| 22. » » | — | 960 | | |
| 9. Jan. 1894 | 646 | 864 | | |
| 19. » » | — | 785 | | Frostwetter. |
| 3. Febr. » | 655 | 960 | | Tauwetter. |

| Datum | Erreichte Gesamtlänge m | Gesamtwasserlieferung pro Tag cbm | Gesteinsbeschaffenheit | Bemerkungen |
|---|---|---|---|---|
| 16. Febr. 1894 | — | 1080 | Wechsel von Quarzit mit Tonschiefern | |
| 3. März » | 666 | 960 | | |
| 16. » » | — | 1080 | | |
| 31. » » | 677 | 965 | | |
| 13. April » | — | 864 | | |
| 28. » » | 686 | 960 | Quarzit mit etwas Tonschiefereinlagerungen | |
| 11. Mai » | — | 864 | | |
| 22. » » | — | 1080 | | Die Klüfte bei 686 m und die Quarzgänge bei 694 m gaben sehr reichliches neues Wasser. |
| 26. » » | 694 | 1020 | | |
| 8. Juni » | — | 864 | | |
| 23. » » | 702 | 786 | | |
| 6. Juli » | — | 786 | | |
| 21. » » | 710 | 786 | | Die großen Zuflüsse bis 830 m sind zeitweise meist versiegt, aber durch die neuen Wasserlieferungen ersetzt. |
| 27. » » | — | 786 | | |
| 3. Aug. » | — | 720 | | |
| 18. » » | 721 | 720 | | Neues Wasser. |
| 15. Sept. » | 731 | 720 | | |
| 13. Okt. » | 746 | 665 | Wechsel von Quarzit mit Tonschiefern | Wenig neues Wasser. |
| 26. » » | — | 785 | | |
| 10. Nov. » | 758 | 864 | | |
| 23. » » | — | 960 | | |
| 10. Dez. » | 765 | 960 | | |
| 18. » » | — | 960 | | |
| 6. Jan. 1895 | 772 | 1080 | | Kein neues Wasser. Zunahme im vorderen Stollen. |
| 18. » » | — | 1080 | | |
| 2. Febr. » | 783 | 1080 | | Kein neues Wasser. |
| 15. » » | — | 960 | | |
| 1. März » | 793 | 960 | | |
| 15. » » | — | 960 | | |
| 30. » » | 805 | 2160 | | Nach Tauwetter, Regen und Hochwasser im Kirdorfer Bach. |
| 10. April » | — | 1080 | Tonschiefer mit wenig Quarzitzwischenlagen | |
| 27. » » | 816 | 1080 | | |
| 10. Mai | — | 1080 | | |

| Datum | Erreichte Gesamtlänge m | Gesamtwasserlieferung pro Tag cbm | Gesteinsbeschaffenheit | Bemerkungen |
|---|---|---|---|---|
| 25. Mai 1895 | 826 | 960 | | Neues Wasser an Quarzitbänken. |
| 7. Juni „ | — | 960 | | |
| 22. „ „ | 837 | 864 | Tonschiefer mit wenig Quarzitzwischenlagen. | Neues Wasser an Quarzitbänken |
| 4. Juli „ | — | 785 | | |
| 22. „ „ | 850 | 785 | | |
| 2. Aug. „ | — | 785 | | |
| 17. „ „ | 859 | 1234 | | Bei 858 1/2 m an der Verwerfung große neue Wassermengen, das Gestein war zerbrochen und das Ort ging zu Bruch. Der Betrieb wurde eingestellt und im Dez. 1895 wurde ein Umbruch begonnen. |
| 18. „ | — | 1610 | | |
| 30. „ „ | — | 1234 | | |
| 14. Sept. „ | — | 1080 | | |
| 20. Dez. „ | — | 1728 | Fester Quarzit mit einer Tonschieferzwischenlage bei 895 m. | |
| 5. Jan. 1896 | 868 | 1728 | | |
| 29. Febr. „ | 875 | 1748 | | |
| 28. März „ | 882 | 1728 | | Stets auch neues Wasser, namentlich an den Quarzgängen bei 882 m. |
| 25. April „ | 890 | 1728 | | |
| 23. Mai „ | 896,20 | 1728 | | |
| 23. „ „ | — | 1284 | | Die Wasserlieferung bei 858 m und auch vorn im Stollen nimmt ab, hält sich dann aber auf 1080 cbm. |
| 28. „ „ | — | 1080 | | |
| 12. Juni „ | — | 1080 | | |

## III. Tabelle.

### Wasserlieferung des Münzbergstollens
vom 1. Januar 1892 bis 31. Dezember 1902.

| Zeiten | Wasser vor dem Verschluß von 0,0—1,9 kg cbm | Wasser hinter dem Verschluß von 1,9—2,9 kg cbm | Gesamt-Wasser-lieferung cbm |
|---|---|---|---|
| 1892 | 244 000 | 499 952 | 743 952 |
| 1893 | 226 500 | 715 462 | 941 962 |
| 1894 | 306 000 | 453 033 | 759 033 |
| 1895 | 310 000 | 579 198 | 889 198 |
| 1896 | 320 000 | 642 812 | 962 812 |
| 1897 | 398 500 | 686 195 | 1 084 695 |
| 1898 | 338 000 | 1 036 703 | 1 374 703 |
| 1899 | 288 000 | 676 192 | 964 192 |
| 1900 | 304 000 | 731 072 | 1 035 072 |
| 1901 | 270 000 | 763 219 | 1 033 219 |
| 1902 | 283 000 | 295 798 | 578 798 |
| Im Mittel pro Jahr | 298 909 | 643 557 | 942 467 |
| Im Mittel pro Tag | 818 | 1 763 | 2 581 |
| Im Mittel pro Tag und Meter Stollen | 0,43 | 1,735 | 0,89 |

Digitized by Google

# Abhandlungen

der

# Königlich Preufsischen

# Geologischen Landesanstalt.

**Neue Folge.**

**Heft 43.**

**BERLIN.**

In Vertrieb bei der Königlichen Geologischen Landesanstalt und Bergakademie.
Berlin N. 4, Invalidenstr. 44.

1904.

Digitized by Google

# Vorwort.

Die vorliegende Abhandlung, im Verein mit Bearbeitungen einzelner Arten, die ich in dem Lieferungswerke »Abbildungen und Beschreibungen fossiler Pflanzenreste [1])« veröffentliche, soll eine Grundlage dafür bieten, die kohlig erhaltenen Sigillarienreste für die Stratigraphie des Carbons in einer Weise heranzuziehen, die ihrer Häufigkeit entspricht. Wie aus der im nächsten Kapitel folgenden historischen Übersicht sich ergibt, sind Bearbeitungen in dieser Richtung wünschenswert, während Beschreibungen der spärlichen botanisch interessanten Reste (Blüten und anatomisch untersuchbare Stämme) in der Literatur ausreichend vorhanden und leicht zu finden sind. Überhaupt soll die vorliegende Arbeit keine Monographie liefern, sondern, neben einer kurzen kritischen Übersicht der in der Literatur beschriebenen Arten, die Ergebnisse zusammenfassen, die ich aus Beobachtungen an Material aus folgenden Sammlungen machen konnte: Sammlung der Königl. Geol. Landesanstalt zu Berlin (S. B.[1]); der Bochumer Bergschule; von mir selbst in Westfalen, sowie auf meine Veranlassung gesammelte Stücke; Königl. Museum für Naturkunde in Berlin (S. B.[2]); einige geliehene Stücke der Straßburger und Pariser Museen. Bei den eigenartigen Schwierigkeiten, die eine Systematik kohlig erhaltener Baumstämme mit sich bringt, und den recht verschiedenen Gesichtspunkten, von denen dabei bisher ausgegangen wurde, müssen wir zunächst eine allge-

[1]) Herausgegeben von der Königl. Preuß. Geolog. Landesanstalt durch Herrn Landesgeologen Prof. Dr. Potonié. In den drei ersten Lieferungen sind Sigillarien enthalten unter No. 18—20, 32—37, 52—60.

meine Auseinandersetzung vorausschicken. Am Schluß sollen dann die für die Geologie wichtigsten Ergebnisse zusammengefaßt werden.

Herrn Prof. Dr. POTONIÉ, der mich zu der Arbeit angeregt und in entgegenkommendster Weise dabei unterstützt hat, spreche ich meinen herzlichsten und ergebensten Dank aus.

Den Herren Direktoren und Beamten, die mir das oben angegebene Material zugänglich machten, sowie den Herren Paläobotanikern und Geologen, die mich durch Auskunft über Fundorte, über in ihren Sammlungen befindliche Stücke etc. unterstützten, bin ich ebenfalls sehr zu Danke verpflichtet.

## Historischer Überblick besonders über die deutsche Literatur mit Einleitung[1]).

Die ältesten Beschreibungen und Abbildungen von Sigillarien sind bereits im achtzehnten und am Anfang des neunzehnten Jahrhunderts unter verschiedenen Namen gegeben worden. Da sie in den Synonymlisten erwähnt sind und an dieser Stelle nur das wichtigste herausgehoben werden soll, können wir zu der ersten in wissenschaftlichem Sinne unternommenen Bearbeitung von BRONGNIART übergehen, der nach kleineren Vorarbeiten (1822, 1824, 1828) in seiner Histoire des végétaux fossiles[2]) zahlreiche »Spezies« unterschieden hat. Diese haben für die Bearbeitungen des nächsten halben Jahrhunderts die Grundlage abgegeben, mußten allerdings später sehr modifiziert werden.

Nachdem in den nächsten Jahren nur eine Anzahl sachlich unbedeutender Arbeiten erschienen war (z. B. SAUVEUR, 1848, Abbildungen belgischer Reste ohne Beschreibungen) erschien ein zusammenfassendes Werk von GOLDENBERG (Fl. saraep. f. 1855, 1857). In der Art und Weise der Speziesunterscheidung kam er aber nicht wesentlich über BRONGNIART hinaus. Die Blattstellung,

---

[1]) Eine Aufzählung der gesamten benutzten Literatur würde zu umfangreich ausfallen; auch wird diese in einem bibliographischen Werk über die paläobotanische Literatur enthalten sein, das von der Königl. Preuß. Geolog. Landesanstalt oder unter Mitwirkung dieser Anstalt vom United States Geological Survey herausgegeben werden wird; daher können wir hier im allgemeinen abgekürzt zitieren, was aber stets mit Angabe der Jahreszahl des Erscheinens geschieht.

[2]) Im folgenden zitiert als »Brongn.« »1836« bezw. »1837«.

die er als neuen Gesichtspunkt heranzog, hat für die Sigillarien nicht die Bedeutung, wie er glaubte (vergl. S. 34, 35). Geinitz hat sächsische Sigillarien bearbeitet und einige neue Arten aufgeführt. Auch Göppert hat einzelne Sigillarien beschrieben, ohne zu einer Monographie, die er für nötig hielt und beabsichtigte (1852), zu kommen. Roemer führte 1860 (Paläont. 9) neue »Arten« vom Harzrande und vom Piesberge an. v. Röhl brachte 1868 eine Bearbeitung westfälischer Sigillarien, ohne daß er genügende Definitionen der von ihm angeführten Spezies gegeben hätte. In den sechziger Jahren wurde auch in Amerika von Dawson eine Anzahl neuer »Arten« beschrieben, von denen ein Teil, die devonischen, nicht zu den Sigillarien gehört (vergl. im Anhang). Ebenso wurden von Lesquereux amerikanische Arten beschrieben. Eine Zusammenstellung gab er 1879/83. (Coal Flora of Pennsylvania and throughout the U. S.)

Inzwischen wurde eine Übersicht über Sigillarien - »Spezies« von Schimper in seinem »Traité« gegeben unter willkürlicher Vereinigung von Arten aus ganz verschiedenen Horizonten. In den siebziger Jahren stellte Stur einige neue Arten aus Schlesien und Böhmen auf, z. T. ohne Beschreibung und Abbildung. Dann wurden die französischen Reviere eingehender bearbeitet. Zunächst wurden 1876 von Boulay Sigillarien aus dem Norden beschrieben und abgebildet. 1879 wies er darauf hin, daß größere Stücke erhebliche Abweichungen ihrer verschiedenen Teile böten und die früheren Autoren auf Grund ihrer einzelnen kleinen Fragmente zu einer viel zu großen Zahl von Arten gelangt seien. Wie aber die Arten gefaßt werden müßten, führt er nicht genauer durch. Über die geologische Verbreitung macht zum ersten Male Zeiller nähere Angaben in der Explication de la carte géologique de France (1878—80). Auch schaffte er über die viel umstrittene systematische Stellung der Sigillarien, die Grand' Eury sogar als das wichtigste Problem der Paläobotanik bezeichnet hatte, Klarheit durch die Beschreibung der »Cônes de fructification de Sigillaires«. (1884, Ann. Sc. nat. 6. sér. Bot., T. XIX.)

In seinem großen Werke »Flore fossile du Bassin houill. de Valenciennes[1])« versuchte ZEILLER als erster planmäßig verschieden erscheinende Formen zu größeren Arten zusammenzufassen. Außerdem führte er durch exakte Beschreibungen und Abbildungen gegenüber den älteren Autoren einen gewaltigen Fortschritt herbei.

Inzwischen hatte E. WEISS die preußischen Sigillarien zu bearbeiten angefangen und einige Notizen veröffentlicht, z. B. in der Flora der jüngsten Steinkohlenf. und des Rotliegenden, wo er den Artbegriff sehr weit faßt und in: »Aus der Steinkohle«, 1881. Das Werk des Markscheiders ACHEPOHL zur selben Zeit bringt auf den Ergänzungsblättern einige brauchbare Abbildungen westfälischer Sigillarien, mit neuen Speziesnamen, z. T. für schon beschriebene Arten.

Zu der Zeit, in der ZEILLERS grundlegendes Werk erschien, gab auch in Deutschland E. WEISS die erste eingehende Bearbeitung einer Gruppe der Sigillarien heraus; der »Favularien«[2]). Durch Genauigkeit der Beobachtung zeigte er, welche ungeheure Formenmannigfaltigkeit bei den Sigillarien vorkommt. In der Art, wie er diese systematisch verwertete, steht er aber durch enge Fassung des Speziesbegriffs in schroffem Gegensatz zu ZEILLER.

In den folgenden Jahren wurde in Bezug auf eine Art, die man infolge ihrer Häufigkeit besonders gut kennen lernte, *Sigillaria Brardi*, ein bedeutender Fortschritt erzielt (s. S. 62 u. f.). Nachdem WEISS hier Übergangsreihen gefunden hatte, die *cancellate* und *leioderme* Formen verbanden, fand ZEILLER die Extreme auf ein und demselben Rindenstück vereinigt.

In dem nach WEISS' Tode von STERZEL herausgegebenen Werke »Die Gruppe der Subsigillarien«[3]) wurden viele Formen, die man früher zu einer Anzahl verschiedener Spezies gerechnet hatte, zu einer Art gestellt und durch Abbildungen veranschaulicht. POTONIÉ brachte 1893/94 (Wechselzonenbildung der Sigillariaceen) diese Verhältnisse unter allgemeine Gesichtspunkte. Auch KIDSTON erkannte 1896 die Zusammengehörigkeit der von WEISS-STERZEL

[1]) Zitiert als ZEILLER 1886 bezw. 1888.
[2]) WEISS, 1887. Abhandl. . . . Bd. VII, Heft 3.
[3]) WEISS-STERZEL, 1893.

abgebildeten Formen an. Somit war für eine Sigillarienart die Zusammengehörigkeit sehr verschieden erscheinender Formen allgemein angenommen.

Über das Vorkommen englischer Sigillarien wurden zahlreiche Notizen in den letzten 20 Jahren von KIDSTON veröffentlicht, während in den französischen Revieren ZEILLER und GRAND' EURY unsere Kenntnisse förderten. Auch russische Sigillarien wurden, wesentlich durch ZALESSKY, bekannt.

Außer den genannten Autoren veröffentlichten noch eine Anzahl anderer zahlreiche Notizen in geologischen Werken, Zeitschriften etc. wobei die Zahl der beschriebenen »Arten« auf weit über 300 anschwoll. Recht häufig, auch in neuerer Zeit, wurden Arten auf schlecht erhaltene Stücke gegründet, an denen die unterscheidenden Merkmale entweder nicht mehr vorhanden waren, oder doch von den Autoren und deren Zeichnern nicht bemerkt wurden. Ziemlich häufig kam es auch vor, daß ein schon vergebener Artname wieder und wieder verwandt wurde. Die Aufstellung einer neuen Art war kaum möglich, ohne daß man bei der Zersplitterung der Literatur Gefahr lief, daß sie bereits beschrieben war.

Ohne eine Übersicht über die bisher beschriebenen Arten konnte also eine Bearbeitung der Sigillarien der preußischen Reviere nicht erfolgen. Diese Gründe hatten Herrn Professor POTONIÉ veranlaßt, eine solche nach dem Tode von E. WEISS zunächst ruhen zu lassen. Eine Reduktion der Zahl der »Arten« sei vor allem erforderlich. Wollte ich aber die vielen Spezies, die sich in der Literatur fanden, auf die richtige Zahl reduzieren, so war Klarheit über die zweckmäßigste Fassung des Speziesbegriffs nötig. Die Ansichten der Autoren darüber gingen sehr weit auseinander, und auch die Autoren, die sich länger mit Sigillarien beschäftigten, haben über die Auffassung des Artbegriffs bei Sigillarien oder doch über die Begrenzung einzelner Arten ihren Standpunkt öfters wesentlich geändert (z. B. WEISS, 1879, 1887, 1893). Mein Material war wohl geeigneter, diesen Fragen näher zu treten, als dasjenige, das den meisten Autoren bisher zu Gebote stand, da es mehrere große Reviere und alle Sigillarien-führenden Horizonte umfaßt. Um allerdings die größtmögliche Sicherheit zu erlangen, müßte man noch ein sehr viel größeres Material bearbeiten können, das sich nur durch jahrelange Bemühungen beschaffen ließe. Doch können immerhin die Sigillarien schon jetzt zur floristischen Gliederung des Carbons herangezogen werden, da sich zeigte, daß viele der jetzt unterschiedenen Arten oder Formen sich in bestimmten Schichtenkomplexen ausschließlich oder besonders häufig finden.

## Ziel und Methoden der Artabgrenzung.

Wir können die Einteilung, speziell die Artabgrenzung, entweder auf Grund beliebig herausgegriffener Merkmale vornehmen oder eine Annäherung an die natürlichen Arten im Sinne der rezenten Botanik zu erreichen suchen. Hierzu wäre eine Kenntnis der gesamten Pflanze, vor allem der Blüten, notwendig, während wir für die Systematik der Sigillarien bis jetzt auf Rindenreste angewiesen sind. Blüten und anatomische Struktur sind zu selten überliefert, als daß sie verwendet werden könnten.

In der Erkenntnis der Unmöglichkeit einer Aufstellung wirklich natürlicher Arten glaubte E. WEISS (1887), die »*Favularien*« nur rein künstlich einteilen zu können und die Formen, zwischen denen sich mit der Lupe deutlich Unterschiede erkennen ließen, als »Arten« unterscheiden zu müssen. Das entgegengesetzte Prinzip, d. h. die Zusammenziehung verschiedener Formen, wenn sie zur selben Art zu gehören schienen, wurde von ZEILLER bei der Bearbeitung der Carbonflora von Valenciennes vertreten. Trotzdem die gewöhnlichen Mittel der Unterscheidung natürlicher Arten nicht anwendbar sind, strebt er doch danach, eine Annäherung an solche zu erreichen und zu ermitteln, welche Formen von Blattnarben und Polstern wahrscheinlich zu einer Art gehören (wozu in erster Linie Abänderungen der Skulpturen an ein- und demselben Stamme zu verwenden sind). Abgesehen davon, daß dies Ziel vom rein wissenschaftlichen Standpunkte aus am erstrebenswertesten ist, müssen wir die Frage in den Vordergrund stellen, welches Verfahren am ersten bei einer geologischen Altersbestimmung der Schichten Verwendung finden kann.

Es hat sich ergeben, daß die Weiss'schen »Arten« hier weniger Vorteile bieten. Z. B. gibt Weiss seine *S. cumulata* aus einem hohen und einem tiefen Horizont Westfalens an (Ibbenbüren — Flötz Mausegatt), nicht aber aus den dazwischen liegenden Schichten trotz reichlichen daraus vorhandenen Materiales. Das Vorkommen sehr zahlreicher ähnlicher Arten in demselben Horizont, wie es Weiss angab, macht für den Geologen die Übersicht schwierig und kann leicht zu falschen Vorstellungen führen; denn wenn z. B. von 2 Fundpunkten 10 gemeinsame Arten angegeben werden, so gibt das ein anderes Bild, als wenn sie nur eine Art gemeinsam haben, mit 10 verschiedenen Ausbildungsformen der Skulpturen. Auch sind die künstlichen Arten kaum zu bestimmen. An den meisten Stücken findet man irgend eine Abweichung von der beschriebenen Art und könnte sie nicht unterbringen, trotz der großen Artenzahl. Zu welchen Konsequenzen diese Auffassung führen kann, zeigt auch eine Notiz von Seward (Woodwardian Laboratory, Notes I. Specific Variation in Sigillariae), der drei Weiss'sche »Arten« auf einem und demselben Stück angab.

Bei den gerippten Sigillarien würde man nach ähnlichen Prinzipien wohl eine noch größere Artenzahl an einem einzelnen Vorkommen erhalten. Wenn man auf alle ersichtlichen Unterschiede Arten gründen wollte, würde deren Zahl in's ungemessene wachsen.

Wie haben sich dagegen die Zeiller'schen Prinzipien bewährt? Er war in der Lage (1894, Westphalien), die Sigillarien, wenn auch in sehr beschränktem Maßstabe, bei der Gliederung des französischen Carbons zu benutzen. Auch überzeugte mich mein Material davon, daß ein Versuch, eine Annäherung an natürliche Arten nach den unten erörterten Methoden zu erreichen, die besten Ergebnisse bei der geologischen Gliederung ergibt.

Außerdem hat auch Weiss sein Prinzip später selbst aufgegeben; denn die oben erwähnte Zusammenziehung verschiedener Formen zu *Sig. Brardi* (bei Weiss *S. mutans*) erfolgte doch nur, weil diese zur selben natürlichen Art zu gehören schienen. Allerdings beruhigte sich Weiss damit, daß die Variabilität eine spezifische Eigentümlichkeit gerade dieser Art sei. Für die übrigen

*Subsigillarien* wurde das veränderte Prinzip nicht mehr ganz durchgeführt. Wir sind also vielfach gezwungen, auch die von WEISS bereits bearbeiteten Gruppen neu einzuteilen. Für jede einzelne Art müssen ähnliche Untersuchungen wie für *S. Brardi* ausgeführt werden, soweit Material dazu vorhanden ist, wenn möglich in noch größerem Maßstabe. Für *Eusigillarien*, besonders *rhytidolepe*, ist dies bisher noch so gut wie nicht geschehen.

Wir dürfen aber nicht vergessen, daß immer nur eine — oft nicht sehr große — Annäherung an den natürlichen Artbegriff möglich ist und daher die Abgrenzung einer Spezies viel unsicherer und subjektiver ist als in der rezenten Botanik. Gibt es doch keine Art, die von mehreren Autoren genau übereinstimmend abgegrenzt würde. Jede Artdiagnose hat nur den Wert einer Hypothese, die verändert werden muß, sobald man findet, daß noch bisher unbekannte oder zu einer anderen Spezies gerechnete Formen von Blattnarben und Polstern zu einer Art gehören. Außerdem können ja auch bei zwei verschiedenen Arten gleiche Rindenskulpturen vorgekommen sein.

## Methoden zur Ermittelung der spezifischen Zusammengehörigkeit verschiedener Rindenskulpturen.

Zur Einteilung unserer Reste müssen wir uns Methoden heraussuchen, die der Botaniker nicht anzuwenden pflegt, weil ihm weit sicherere zur Verfügung stehen.

Die größte Beweiskraft hat selbstverständlich das Vorkommen verschiedener Skulpturen auf demselben Rindenstücke. Bei fast jedem größeren Stücke wird man kleinere Abweichungen der Blattnarben und Polster wahrnehmen können, oft aber auch größere. Bei Besprechung der einzelnen Merkmale wird dies durch zahlreiche Beispiele belegt werden. Findet man zwei bisher zu verschiedenen Arten gerechnete Skulpturen auf demselben Stück, so wird man sie vereinigen können, besonders wenn der Fall öfters eintritt. Ein Irrtum ist aber dabei nicht ausgeschlossen. Denn wenn z. B. eine

Art gewöhnlich etwas anders gestaltete Blattnarben hat als eine andere, so kann sie doch vielleicht auch einmal einige Blattnarben entwickeln, die denen der anderen Art zum Verwechseln ähnlich sind und so eine Vereinigung wirklich verschiedener Arten veranlassen. Z. B. können Formen aus der Magerkohlenpartie Westfalens, die sich von *S. mamillaris* durch kein wesentliches Merkmal unterscheiden, zu der anders aussehenden *S. fossorum* W. gehören, mit der sie zusammen vorkommen und durch Übergänge verknüpft sind. (Vergl. auch *Sig. Boblayi* und *tessellata*).

Die zweite wichtige Methode, die auch bereits in einzelnen Fällen schon von Zeiller angewandt worden ist, bietet sich uns durch Übergänge von Stück zu Stück, durch die zwei verschiedene Formen verbunden werden. Bei reichlichem Material finden sich aber derartige Übergangsreihen in solcher Anzahl, daß sich kaum noch Spezies scharf unterscheiden lassen. Je nach dem Material, das die verschiedenen Autoren besaßen, haben sie denn auch die einzelnen Arten in der verschiedensten Weise abgegrenzt. Wir können also nicht auf jede Übergangsreihe hin ohne weiteres 2 Spezies vereinigen, wenn wir nicht überhaupt alle Sigillarien zu einer Art stellen wollen, sondern wir müssen einige Einschränkungen gebrauchen: Wenn mehrere Ausbildungsweisen bei einer Spezies häufiger vorkommen, so werden sie überall da sich finden, wo viel Material von der Spezies gesammelt wurde. Das konstante Zusammenvorkommen zweier Formen läßt also den Verdacht aufkommen, daß sie zur selben Spezies gehören. Lassen sich die Abweichungen durch Wachstumverhältnisse, soweit diese bekannt sind, erklären und ist außerdem eine Übergangsreihe beobachtet, so können wir sie in der Regel vereinigen.

Insbesondere sind wir zu Zusammenziehungen berechtigt, wenn eine große Anzahl von Formen in demselben Horizonte eines Reviers oder gar an derselben Stelle vorkommt. Auf einem so gleichförmige Existenzbedingungen bietenden Standort, wie einem carbonischen Waldmoore, können wir, nach Analogie mit heutigen Verhältnissen, nicht eine große Anzahl nahe verwandter Arten erwarten, sondern nur ganz wenige. Außerdem ist die Unterscheidung vieler »Arten« in demselben Horizont für die Geologen unübersichtlich oder gar irreführend (vergl. S. 14). Kommen die typischen Vertreter zweier Arten jedoch nur in verschiedenen Revieren, niemals aber zusammen vor, so ist wahrscheinlich, daß sie zu verschiedenen Arten oder doch Varietäten gehören. Wir müssen sie also getrennt halten, auch wenn einzelne Formen der einen eine Annäherung an solche der anderen zeigen. Dies Verfahren läßt sich nur bei reichlichem Material, nicht aber bei Einzelfunden anwenden. In einem Falle wie bei *Sig. rugosa*, bei der die f. *cristata* (Liefr. I, 18. Fig. 1, 2) zwar in Oberschlesien mit der typischen zusammen, in Westfalen aber für sich allein vorzukommen scheint, ist man allerdings ziemlich ratlos. In solchen zweifelhaften Fällen ist es wohl am besten, die in der wichtigsten Literatur angenommene Auffassung beizubehalten. Kommen zwei typische Formen zwar im selben Reviere zuweilen auch zusammen vor, ist aber jede in einem besonderen Horizont vorwiegend vertreten, so werden wir sie spezifisch trennen oder doch wenigstens als »Formen« unterscheiden. Bei Übergangsformen kommt man dann allerdings zuweilen in die Lage, nicht unterscheiden zu können, zu welcher von beiden sie gehören.

Es ergibt sich auch, daß die Bestimmung eines allein gefundenen Fragmentes häufig kaum möglich ist. Da die Sigillarien sich in größerer Menge zusammen zu finden pflegen, hängt die Beschaffung von mehr Material ja meist nur vom Sammler ab. Dann findet sich in der Regel eine Anzahl von Stücken, die in vielen Merkmalen übereinstimmen und durch Übergänge mit einander verbunden sind, also zusammen gerechnet werden können. Innerhalb eines Reviers, dessen Sigillarien man kennt, kann man auch nach einzelnen Fragmenten leichter die Art feststellen.

Einige allgemeine Erwägungen über Konstanz der Merkmale mögen hier noch Platz finden. ZEILLER hat im allgemeinen den Grundsatz, man könne die Veränderungen bei einer fossilen Art als möglich annehmen, die bei rezenten Arten nahe verwandter Familien beobachtet sind. Für die Sigillarien lasse sich aber dieser Grundsatz aus Mangel analoger rezenter Familien nicht anwenden. Die *Lepidodendren* und *Bothrodendren* als nächste fossile Verwandte könnte man jedoch zum Vergleich heranziehen, wenn sie einmal genauer durchgearbeitet sind. Das Prinzip kann uns aber in folgender Umformung von Nutzen sein: Die Veränderungen, die wir bei einer Sigillarien-Spezies als möglich erkannt haben, können auch bei anderen vorkommen. Doch enthält dieser Satz nur eine gewisse Wahrscheinlichkeit. Keineswegs dürfen wir ihm schematisch allgemeine Gültigkeit zuschreiben. Wir sind nie sicher davor, daß ein Merkmal bei einer Art konstant, bei einer anderen aber variabel ist; dies soll bei der Besprechung der einzelnen Merkmale durch einige Beispiele belegt werden.

Um uns überhaupt einen Begriff von dem Verhalten der Blattnarben bei rezenten Pflanzen zu machen, sei als Beispiel die Gattung *Abies* herangezogen. Die Blattnarben (in denen sich übrigens rechts und links von der Blattspur bei den meisten Arten, wenn günstig erhalten, zwei Höcker finden, äußerlich ähnlich denen bei *Lepidophyten* besonders *Bothrodendren*) zeigen eine ungefähr querovale Gestalt bei der ganzen Gattung so konstant, daß man, wenn man sie fossil fände, nur mit Mühe einige Arten unterscheiden könnte, die sich mit dem wirklichen nur wenig decken würden. Die Blattnarben haben, trotz des abweichenden Aussehens des Querschnitts der Nadeln, niemals spitze Seitenecken, sondern diese sind entweder angedeutet, oder ganz abgerundet. Die Form kann fast kreisrund werden; gewöhnlich sind sie aber, vorwiegend auf Kosten des unteren Teils, erniedrigt. Doch haben die einzelnen, schon zu Lebzeiten der Zweige zwischen den Nadeln entstandenen Narben eine andere Gestalt, als diejenigen, die an toten Zweigen durch Entfernung der Nadeln entstehen. Die letzteren sind mehr verlängert, besonders im oberen Teil.

# I. Die epidermale Oberfläche.

## Die einzelnen Merkmale.

## Beobachtungen über ihre Veränderlichkeit.

## Terminologie.

Blattnarben (B.-N.), die Abbruchsstelle des Blattes, von einer meist deutlichen Linie umgrenzt. Die Form der B.-N. lässt sich auf das Sechseck zurückführen. Ist die Höhe (= Länge) der B.-N. gering im Verhältnis zur Breite (dem Abstande von einer Seitenecke zur anderen), etwa gleich der Hälfte und darunter, so nennen wir sie breit-sechseitig, ist sie höher als breit: langsechsseitig; bei dazwischen liegenden Stadien sechsseitig ohne weiteren Zusatz. Während die oberen und unteren Ecken meist mehr oder minder abgerundet sind, sind die seitlichen meist deutlich und oft dadurch, daß die Seiten über und unter ihnen ausgeschweift sind, in eine Spitze ausgezogen. Die ideale Verbindungslinie beider Seitenecken teilt die B.-N. in einen oberen und einen unteren Teil.

Der obere Teil ist nur selten niedriger als der untere, häufig höher. In diesem Falle kann der untere sich einem flachen Kreisbogen nähern und die ganze B.-N. annähernd trapezförmig werden, oder, wenn die Seitenecken stumpf sind, birnförmig. Häufig sind aber auch in diesem Falle die Seitenecken spitz, wodurch der obere Teil ein glockenförmiges Aussehen erhält.

Zeiller bemerkt mehrfach, daß die Gestalt der B.-N. nur in geringen Grenzen variiere und daher zu den am besten zur Artunterscheidung zu verwendenden Merkmalen gehöre. Für die

1*

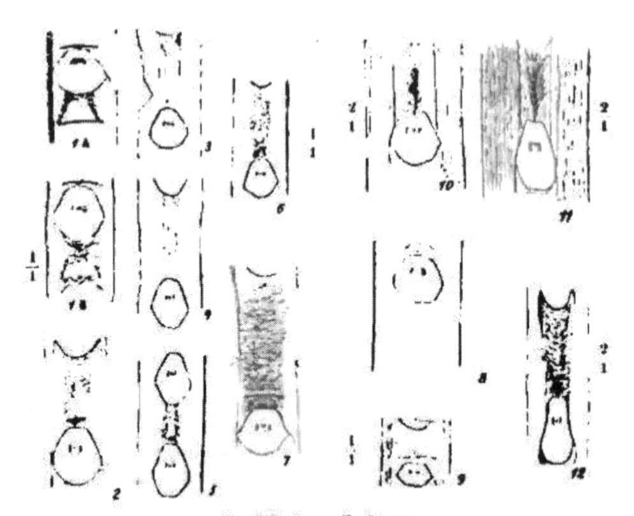


Fig. 1—12.

Fig. 1 A und 1 B. *Sigillaria* aff. *Berendti*. A und B von demselben Rindenstück: Abdruck, die linke Ecke ist durch Gesteinsmasse verdeckt.
Westfalen: Zeche Krone bei Hörde — Magerkohlenpartie.

Fig. 2. *Sigillaria* mit Runzelbüschel.
Fundort wie bei Fig. 1.
Die drei Figuren zeigen die Dehnung des Stammes, verbunden mit Auflösung der Querfurche und Entstehung des Runzelbüschels.

Fig. 3, 4, 5. *Sigillaria* typ. *ovata*.
Drei verschiedene Rindenstücke, auf einem Gesteinsstück.
Westfalen: Zeche Heinrich Gustav, Flötz 6 — Fettkohlenpartie.

Fig. 6. *Sigillaria scutellata*.
Etwas schematisiert wegen ungenügender Erhaltung.
Westfalen: Zeche Heinrich Gustav bei Gelsenkirchen (leg. Weiss, 1879).

Fig. 7. *Sigillaria scutellata*.
Westfalen: Zeche Holland bei Wattenscheid.
Zu Fig. 6 und 7 findet sich je ein Pendant vom selben Fundort, welches das Vorspringen des Unterrandes der B.-N. aufweist (vergl. S. 25).

Fig. 8. *Sigillaria* aff. *tessellata*.
Westfalen: Bohrung Piesberg, Teufe 590 m.

Fig. 9. *Sigillaria* typ. *transversalis.*
Westfalen: Zeche Gottessegen.
Das Stück trägt außer den gezeichneten noch stärker vorspringende, sonst ähnliche B.-N.

Fig. 10. *Sigillaria* typ. *Schlotheimiana.* 2 : 1.
Westfalen: Zeche Westfalia. Flötz P, leg. STERN, 1892.

Fig. 11. *Sigillaria rugosa* f. *cristata.* 2 : 1.
Fundort wie Fig. 10.

Fig. 12. *Sigillaria* »*elongata*«. 2 : 1. Vergl. S. 42.
Westfalen (»Witten«, ded. WEDEKIND, 1880).

bekannteste Art, *S. Brardi*, ist dies unbedingt richtig; hier beschränken sich die Veränderungen auf die Polsterung und sind, wenn man die Gesamtheit der Sigillarien betrachtet, nicht sehr bedeutend. Auch bei manchen *Eusigillarien* ist die Narbenform recht konstant, z. B. bei *S. cancriformis*. Instruktive Veränderungen konnte ich aber an einer Reihe von Stücken beobachten, z. B. Fig. 1; vergl. auch Liefr. I No. 19 Fig. 7 A und B, wo ich die Contouren zweier recht verschiedener B.-N. von einem Rindenstücke zeichnete. Ferner Fig. 4 in No. 35 von *S. mamillaris*; die eine der dort gezeichneten B.-N. hat eine entfernte Ähnlichkeit mit der von *S. Brardi*, die andere aber ist eine Form, die bei dieser Art nach den bisherigen Erfahrungen nicht vorkommt, ein Beispiel dafür, daß bei einer Art Variationen möglich sind, die bei einer anderen nicht vorkommen.

Besonders wird das Aussehen der B.-N. durch das Verhältnis der Höhe zur Breite beeinflußt. Dies variert (besonders bei Sigillarien aus der Verwandtschaft der *mamillaris*) ziemlich stark[1]). In Fig. 1 und Liefr. II, No 35, Fig. 5, ist ein Beispiel dafür gegeben. (Vergl. auch Liefr. I, No. 19, Fig. 7.) Besonders bei *S. Boblayi* habe ich derartigen Wechsel bei einer ganzen Anzahl von Stücken wahrgenommen. Vergl. Liefr. III, No. 57 (besonders dort meine Skizze Fig. 8). Ein sehr instruktiver Fall, den ich bei *S. principis* beobachtete, ist in No. 59, Fig. 2, veranschaulicht.

Häufig, aber durchaus nicht immer, stehen diese Verhältnisse mit dem Auftreten von Blütennarbenquerzeilen im Zusammenhang.

[1]) Nicht durch sekundäres Dickenwachstum.

Den Grad der Abweichung müssen wir aber für jede Art besonders feststellen. Ein gewisses Verhältnis scheint bei den meisten Arten besonders häufig und somit in gewissem Sinne charakteristisch zu sein. Ein gutes Beispiel ist *S. Boblayi* l. c. Hier sind häufig die B.-N. etwa so breit wie hoch, niedrige können auch vorkommen, aber anscheinend seltener, längere, z. T. stark verlängerte, sind nicht selten. Besonders müssen wir auch beachten, was mit den übrigen Merkmalen bei der Abänderung dieses Verhältnisses stattfindet.

A. Bei geringer Höhe sind die Seitenecken in der Regel spitz.

Abgerundete Seitenecken kommen nur sehr selten in diesem Falle vor. (*S. cumulata, lalayana, Lorwayana.*) Die diesbezüglichen Angaben sind aber dadurch unsicher, daß die Seitenecken zuweilen infolge schlechter Erhaltung schwer- oder unkenntlich geworden sind.

B. Bei mittlerer Höhe der B.-N. können die Seitenecken einen charakteristischen Unterschied bedingen. (Man vergleiche Fig. 7 und 8.)

Besonders wichtig ist dies für die *Sigillaria tessellata* im Saargebiet. Meist hat sie, wie ich Liefr. I, 20, S. 4 angab, abgerundete Seitenecken. Niemals konnte ich in eine Spitze ausgezogene dort in Verbindung damit auffinden. Auf diesen Umstand war bisher nicht geachtet worden. Es erscheint zweckmäßig, solche als »Narbenform von *Tessellata*-Typus« zu bezeichnen. Bei den Formen der *S. tessellata* vom Piesberg und aus dem Département Pas-de-Calais des Reviers von Valenciennes scheint die Abrundung weniger häufig aufzutreten, als bei denen des Saargebietes.

Bei *S. laevigata* kann Zeiller in der Abrundung der Ecken keinen wesentlichen Unterschied erblicken (S. 521). Sehr spitze Seitenecken pflegt aber diese Art überhaupt nicht zu haben.

Die starke Ausschweifung unterhalb der Seitenecken konnte ich bei den von mir als *S. Schlotheimiana*, Liefr. I, 19 beschriebenen oberschlesischen Stücken so häufig beobachten, daß sie mir als für Speziesbestimmungen beachtenswert erscheint. Ist noch der obere Rand, wie dies häufig beobachtet, länger als der untere und ausgerandet, so bezeichnen wir solche als B.-N. vom *Schlothei-*

*miana*-Typus. Ähnlich sind auch die B.-N. von *S. Brardi*, die noch besonders dadurch gekennzeichnet sind, daß die Seitenecken stets spitz sind und niemals abgerundet werden.

Ein anderer Typus entsteht, wenn die obere Seite etwas reduziert ist, wobei oft der obere Teil höher ist als der untere. Da dies häufig bei *S. elegantula* vorkommt, bezeichnen wir sie als B.-N. vom *Elegantula*-Typus. Allerdings kann man hier regelmäßig sechsseitige B.-N. nicht zur spezifischen Trennung gegenüber den eben beschriebenen benutzen.

C. Verlängerte B.-N.

Hier kommt besonders das Verhältnis des oberen Teiles zum unteren für das Aussehen der B.-Narben in Betracht. Dies kann aber an demselben Stücke wechseln, z. B. in Fig. 7 in L. I, No. 19, auch bei Fig. 4 in No. 35 (*S. mamillaris*), besonders auch bei Fig. 15 in No. 57 (*S. Boblayi*). Häufig ist mit der Verlängerung eine Abstumpfung und Abrundung der Seitenecken verbunden. Dies zeigt sehr schön an demselben Stück meine Zeichnung von *S. Boblayi*, Fig. 8 in No. 57. Auch durch das mehrfache Zusammenvorkommen niedrigerer, spitzeckiger und höherer stumpfeckiger Formen wird die Zusammengehörigkeit beider in vielen Fällen wahrscheinlich. (Man vergl. Fig 10 und 11 auf Seite 20.) Es treten bei diesen langen Formen neben abgerundeten gelegentlich noch spitze Ecken auf, z. B. bei Zeiller, 1886. Taf. 81, Fig. 5.

Wir können also lange B.-N. mit stumpfen Ecken und kurze mit spitzen Ecken spezifisch vereinigen, während für die Vereinigung stumpf- und spitzeckiger Formen von gleicher, geringer Höhe keine Unterlagen sich finden. Daß *S. Davreuxi* in dieser Weise aus *S. mamillaris* entsteht, ist nach meinem Material aus dem Saargebiet nicht unwahrscheinlich. Bei *S. scutellata* finden sich auch bei verlängerten B.-N. noch spitze Seitenecken anscheinend konstant.

Eine Reduktion der unteren Seite der B.-N. kann stattfinden, sodaß die B.-N. unten spitz und im ganzen von fünfeckiger Gestalt wird. Daß dies Merkmal aber nicht so grosse Bedeutung hat, wie Zeiller 1888 annahm, geht aus einigen Beobachtungen hervor,

z. B. L. I, No. 19, Fig. 7a und b, vergl. auch L. III, *S. fossorum* No. 55 und *S. Boblayi*, No. 57.

Eine Ausrandung der oberen Begrenzung der B.-N. kommt bei vielen Arten vor und ist bei mehreren ziemlich konstant.

Die absolute Größe der B.-N. pflegt zwar bei den einzelnen Arten in der Nähe eines gewissen Durchschnitts zu bleiben, kann aber doch sehr schwanken. Z. B. kommen bei *S. Brardi* B.-N. vor, die größer sind als sie die Abbildungen bei Weiss-St., 1893, zeigen. Andererseits ist kaum daran zu zweifeln, daß auch Stücke mit sehr kleinen B.-N. zu dieser Art gehören.

Ein Stück, an dem sich verschieden große B.-N. befinden, ist auf S. 65 bei *S. Brardi* erwähnt. Auch bei *S. Boblayi* fand sich ein Belegstück dafür. (L. III, No. 57, Fig. 3.) Besonders interessant ist auch ein Stück von Anzin (S. B.[2], einen Wachsabdruck übergab ich der S. B.[1]). Ohne daß die Rippen sich verschmälern, wechselt die Größe der B.-N. Die kleinste ist nur 4 mm hoch, die größeren sind 7 mm hoch, haben also etwa 3 mal soviel Flächeninhalt, da die Contouren ungefähr »ähnlich« geblieben sind. Manche Arten haben auch nur kleine B.-N., z. B. beim Typus *Eugenii*. Im allgemeinen haben bei den *Eusigillarien* die geologisch älteren Arten kleinere B.-N. als die jüngeren.

In dem oberen Teile der B.-N. finden sich drei Närbchen, das mittlere der Blattspur entsprechend, die seitlichen 2 Parenchymsträngen (»Parichnosstränge«). Die seitlichen Närbchen sind, wie man besonders an Wachsabdrücken der Abdrücke sehen kann, von einem schmalen Wulst rings umgebene elliptische Vertiefungen. Was das mittlere Närbchen anbetrifft, so bildet sein Negativ, wie eins unserer Belegstücke (*S. sol.*) mit wohl erhaltenem Abdruck der Närbchen zeigt, einen Höcker mit einer Vertiefung am oberen Rande, die bis zur Zweiteilung führen kann.

Die Stellung der Närbchen scheint bei fast allen etwa auf $^1/_3$ der Höhe der B.-N. von oben zu sein. Doch fiel mir bei S. *Schlotheimiana* auf, daß sie oft ungewöhnlich tief stehen. Bei Brongniart's Abbildung dieser Art (Taf. 152, Fig. 4) sind sie teils höher, teils tiefer gezeichnet; doch dürfte die Zuverlässigkeit der Zeichnung nicht so groß sein, daß man darauf Gewicht legen könnte. Ich selbst habe einen so bedeutenden Wechsel in der Höhe der Närbchen ein und desselben Stückes nie beobachten können. Bei *S. scutellata* kommen ebenfalls tiefstehende Närbchen vor (BRONGNIART, Taf. 150, Fig. 3; ZEILLER, Taf. 82, Fig. 4). Da aber sonst bei sehr ähnlichen Formen Närbchen in der gewöhnlichen Höhenlage sich finden, so ist kein genügender Grund vorhanden, deswegen Formen spezifisch abzutrennen. Zur sicheren Entscheidung reichen die Beobachtungen noch nicht aus. — Bei der Figur von *Sigillaria Moureti* (ZEILLER 1880, Corrèze, Taf. V, Fig. 4) stehen die Seitennärbchen auffallend hoch. SEWARD hat darauf als einen Unterschied gegen *Sigillaria Brardi* hingewiesen. (Geol. Mag., 1890, S. 217.)

### Vorspringen des Unterrandes der Blattnarben.

An einem Stück von *S. mamillaris* (L. II, No. 35, Fig. 3) springt auf der einen Seite des Stückes der Unterrand stark vor, auf der anderen nicht. Auch an dem Original zu Fig. 9 wechselt das Vorspringen. Das Merkmal ist also nicht konstant. Dies ergab sich auch aus Beobachtungen an *S. scutellata*. Das von mir in Fig. 6 auf S. 20 skizzierte Stück zeigt das von ZEILLER als Charakteristikum dieser Art betrachtete Vorspringen nicht, während ein sonst damit übereinstimmendes Stück desselben Fundortes (Bochumer Bergschulsammlung. Abdruck davon Belegstück 4) dies stark aufweist. Ebenso existiert zu dem in Fig. 7 skizziertem Stück ein Pendant mit vorspringendem Unterrand. Ähnlich wie bei *S. scutellata* kann auch bei *S. Canobiana* nach KIDSTON's Beobachtungen der Unterrand vorspringen oder nicht (a. S. 49 a. O.), KIDSTON führt dies auf verschiedene Erhaltung zurück.

Also braucht bei den Arten, wo Vorspringen des Unterrandes vorkommt, dies nicht immer der Fall zu sein, doch ist es bei mehreren Spezies seltener oder garnicht beobachtet, sodaß es zur Erkennung der Art doch beitragen kann.

### Veränderungen der Polster und des Zwischenraums.

Über Veränderungen der Polster wurden von H. POTONIÉ, 1894 eine Anzahl von Beobachtungen mitgeteilt. (Wechselzonenbildung der Sigillariaceen, Jahrbuch für 1893.) Auf diese sei hier verwiesen und es sollen nur deren Hauptergebnisse sowie Ergänzungen dazu gebracht werden.

Die B.-N. stehen bei den anscheinend primitivsten *Eusigillarien* und einigen Formen von *Subsigillarien* auf sechsseitigen Polstern; diese stehen wie die Bienenwaben nebeneinander, weswegen STERNBERG sie als *Favularia* bezeichnete. In zahlreichen Fällen konnten bei *Eusigillarien* solche dicht übereinanderstehende B.-N. mit in senkrechter Richtung auseinander gerückten auf demselben Stücke beobachtet werden. Bei *Sigillaria elegantula* wechselt z. B. die Höhe des Polsterfeldes unterhalb der B.-N. sehr vielfach; die B.-N. bleibt hier stets im oberen Teil des Polsters. Ist das untere Polsterfeld sehr niedrig, so steht die B.-N. zentral. Nach dem von POTONIÉ l. c. und dem hier gesagten sind also hierauf kaum Spezielunterschiede zu gründen und die Einteilung der Favularien hiernach, die WEISS 1887 vornahm, indem er die *Favulariae centratae* und *F. contiguae* den *F. eccentrae* gegenüber stellte, kann nicht aufrecht erhalten werden und hat leider veranlaßt, daß zuweilen ganz nahe verwandte Formen auseinander gerissen wurden.

Bei der Vergrößerung des Zwischenraumes[1]) gehen die stark zickzackförmigen Längsfurchen in wellige oder ganz gerade über (vergl. H. POTONIÉ l. c.). Auch ohne daß die B.-N. einen größeren Zwischenraum bilden, kann sich eine Furche gerade strecken. (Vergl. *S. elegantula*, Liefr. III, No. 52.)

Wellige und fast gerade Furchen beobachtete auch ZEILLER (1888, S. 544, Taf. 88, Fig. 5) an demselben Stücke. Daß das Aussehen des Zickzacks der Furchen mit der Erhaltung wechselt, wird auf S. 42, 43 durch ein Beispiel erläutert. Die Übergänge sind so allmählich, daß wir häufig gezwungen sind, Formen mit zickzackförmigen, welligen und geraden Furchen spezifisch zu vereinigen.

Wesentlich anders verhalten sich die Subsigillarien (*S. Brardi* und Verwandte); bei ihnen werden keine Rippen durch Dehnung

[1]) Zwischenraum ist die Entfernung vom oberen Rande einer B.-N. zum unteren der senkrecht darüber stehenden: wir messen den Zwischenraum in der Regel durch die Länge der B.-N.

des Stammes erzeugt, sondern es findet eine mehr oder minder vollständige Auslöschung der Furchen statt (ev. auch infolge von Dickenwachstum), wenigstens auf der epidermalen Oberfläche. Daher sind die »Gattungen« *Clathraria* BRONGN. und *Leiodermaria* (GOLDENBERG) RENAULT nicht zu trennen.

Doch kommt es auch bei Eusigillarien ausnahmsweise vor, daß die Furchen ganz ausgeflacht und durch Längsrunzelung ersetzt werden (z. B. *S.* typ. *tessellata*. Bohrloch Woschczyty I, 431 m). Auch werden durch das Dickenwachstum zuweilen die Furchen der Eusigillarien ausgelöscht (vergl. S. 34), was geschehen kann, ehe die B.-N. ganz verschwinden. So befindet sich in der S. B.[1] eine Sigillaria von Westfalen (Zeche Helene, Flötz Billigkeit) als *S. obliqua* (*Subsigillaria*) bestimmt.

Periodische Veränderungen des Zwischenraumes der B.-N. (Wechselzonenbildung) wurden von H. POTONIÉ, l. c., S. 30 u. f., behandelt. Dort wurde darauf hingewiesen, daß solche besonders häufig in Verbindung mit Blütennarben-Zonen vorkommen, in der Weise, daß unter diesen der Zwischenraum ein besonders geringer ist, über ihnen wieder zunimmt. Hier ist auch eine Beobachtung erwähnenswert, die bereits 1824 von ARTIS (Antediluvian Phytology) gemacht wurde. Er fand bei einem Sigillarienstamm unten einen geringeren, oben einen größeren Zwischenraum der B.-N. Das Längenwachstum wurde also an dem jüngeren Teile des Stammes ausgiebiger.

Ferner wurde von POTONIÉ bemerkt, daß nur bei *cancellaten*, nicht bei *leiodermen* Subsigillarien-Resten Blütennarbenzeilen vorkommen. In Bezug auf die Eusigillarien beobachtete Verfasser, daß bei *favularischer* Skulptur besonders häufig Blütennarben sich finden (z. B. bei *S. elegantula*). Bei den gerade-gefurchten Eusigillarien kommen zwar auch Blütennarben vor, aber nie, wenn der Zwischenraum der B.-N. ein bedeutender ist.

## Ligularnärbchen.

Oberhalb der B.-N. findet sich häufig ein Närbchen, das man als die Spur der Ligula ansieht. Ich möchte es als Ligularnärbchen bezeichnen, nicht wie üblich als Ligulargrube, da es öfters einen deutlichen Höcker bildet, z. B. an dem Belegstück 1 von *S. laevigata* (S. 54), an dem ein rundlicher Höcker mit einer Vertiefung in der Mitte zu sehen ist. Im Hohldruck im Gestein markiert sich das Närbchen auch als Höcker, also auf einem Wachsabdruck eines solchen als Grube. Das Ligularnärbchen liess sich bei Vertretern aller Haupttypen der Sigillarien auffinden; es scheint also ein Merkmal der Familie zu bilden. In den Fällen, wo es sich nicht erkennen läßt (z. B. bei vielen »Favularien«), dürfte dies auf Erhaltung zurückzuführen sein. Zur Speziesunterscheidung konnte Verfasser das Merkmal nur in so weit heranziehen, als es bei manchen Arten, z. B. *S. laevigata*, recht deutlich und konstant sich findet. Vergl. außerdem auch bei »Runzelbüschel«.

### Querfurche und Runzelbüschel.

Die Querfurche, die bei den oben erwähnten favularischen Formen die in einer Orthostiche stehenden Polster trennt und sich noch oberhalb des Ligularnärbchens befindet, ist gewöhnlich etwa so lang wie die B.-N. breit. Sie kann in die Längsfurchen einmünden oder schon vorher verlöschen. Jedenfalls reicht sie nie auf die Dilationsstreifen (vergl. unten). Sie kann gerade sein oder gebogen (nach oben konvex). Auf diesen Umstand spezifische Unterschiede zu gründen, wie ZEILLER (1888) wollte, ist schwer, da beides an ein und demselben Rindenstück vorkommen kann, z. B. L. II, No. 35, Fig. 5.

Das Verhalten der Querfurche bei weiterem Wachstum kann ein sehr verschiedenes sein. Bei *Subsigillarien* verschwindet sie, sobald auch die Längsfurchen ausgelöscht werden. Bei *Eusigillarien* bleibt sie zwar in vielen Fällen dicht über der B.-N. erhalten (*S. elegantula*). Nicht selten rückt sie aber auch weiter ab.

Der Raum zwischen der Querfurche und dem Oberrand der B.-N. kann fast glatt sein, abgesehen vom Vorhandensein des Ligularnärbchens. Es können aber auch von diesem Runzeln ausgehen oder ein förmliches Runzelbüschel entstehen, in dem das Ligularnärbchen nicht mehr erkennbar ist (Fig. 12 = Belegstück 1). Das in den übrigen Merkmalen übereinstimmende Belegstück 2

(Zeche Vollmond bei Essen) zeigt die Querfurche noch weiter abgerückt. Dicht über der B.-N. ist eine von dem Ligularnärbchen ausgehende V-förmige Vertiefung zu sehen, darüber eine Anzahl etwa V-förmiger übereinander stehender Runzeln. Noch weiter abgerückte Querfurche zeigt Belegstück 3 vom selben Fundort; hier ist zugleich die Querfurche stärker konvex (nach oben), die Schenkel der V-förmigen Zeichnungen stehen steiler. Belegstück 3 hat auch größeren Zwischenraum als 2, 2 größeren als 1. Ein weiteres Stadium zeigen die Figuren 1 und 2 in Lieferung II, No. 18, wo noch eine schwache Andeutung der Querfurche vorhanden ist, ebenfalls vom selben Fundort. (Siehe auch Fig. 11). Dieselben Verhältnisse zeigt Belegstück 4 (auf demselben Gesteinstück wie 1).

Endlich verschwindet die weit heraufgerückte Querfurche völlig. In dem Raum zwischen ihr und dem Oberrand der Narbe ist ein solches Runzelbüschel entstanden, wie es die nicht seltene f. *cristata* der *S. rugosa* zeigt. Ganz dicht über der B.-N. zeigt sich

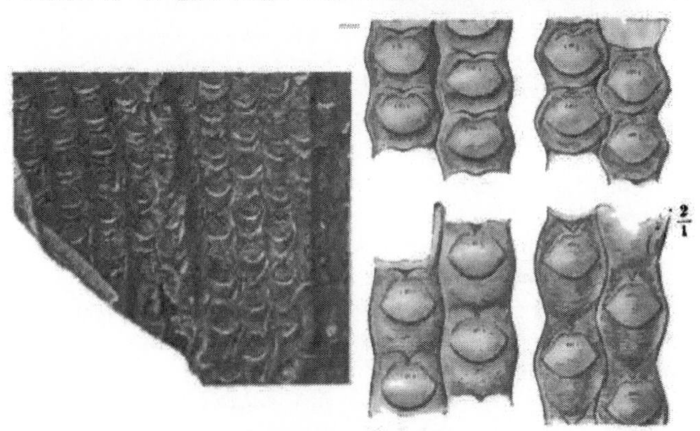


Gezeichnet von W. Straack.

Fig. 13.
Entstehung des Runzelbüschels von dem Ligularnärbchen aus, unterhalb der verschwindenden Querfurche, bei *Sigillaria* typ. *Canobiana*. Etwas schematisiert gezeichnet.
Westfalen: Zeche Bruchstraße.

bei einem Stücke dieser Art eine kleine, wohl sekundäre Querfurche, das Runzelbüschel darüber ist zwar nicht sehr deutlich, aber doch vorhanden (Zeche Vollmond). Die etwas schematisiert gezeichnete Detailfigur, Fig. 13, zeigt die Entstehung eines Runzelbüschels, das hauptsächlich aus zwei ein V bildenden Einsenkungen besteht. Augenscheinlich liegt es in dem Raum zwischen Querfurche und Oberrand der darunter liegenden B.-N.

Ähnlich verhält sich Belegstück 5 (Zeche Ringeltaube bei Annen); hier fällt auf dem Abdruck ein scharfer Querwulst über der B.-N. auf, der etwas eingeknickt bis stumpfwinklig-V-förmig ist. Ein Höcker, der augenscheinlich dem Ligularnärchen entspricht, ist wenigstens an einigen B.-N. deutlich unterhalb dieses Wulstes zu erkennen; 2 kleine ein V bildende Wülste gehen von ihm aus. Denken wir uns das Positiv, so könnte man glauben, daß der Querwulst der normalen Querfurche entspräche, diese also selbst V-förmig würde. Da sich aber darüber durch eine Einsenkung der Oberrand der Querfurche markiert, scheint sich die V-förmige Furche innerhalb der eigentlichen Querfurche herausgebildet zu haben. Die in Fig. 1 und 2 skizzierten Stücke zeigen, wie mit der Dehnung des Stammes eine Auslöschung der Querfurche und Entstehung eines Runzelbüschels Hand in Hand geht. Ein Stück, das zugleich Querfurchen über den B.-N. bei geringem Zwischenraum zeigt (an *S. fossorum*) und an anderen Stellen Runzelbüschel und größeren Zwischenraum (*S.* aff. *Schlotheimiana*), ist leider so ungenügend erhalten, daß wir die Details daran nicht feststellen können (Concordiagrube bei Landeshut, Niederschlesien).

Sehr merkwürdig ist Belegstück 6 (Zeche ver. Wallfisch bei Witten, Westfalen): Es findet sich hier eine Querfurche weit oberhalb des Büschels, schon dicht unterhalb der nächsten B.-N.

Bei manchen Arten entwickelt sich aber kein deutliches Runzelbüschel, z. B. *S. principis*, Liefr. III; hier wird die Querfurche bei Dehnung des Stammes sehr schwach. Ein Beispiel dafür, daß die Querfurche durch stärkeres Längenwachstum ausgelöscht werden kann, ohne daß ein Runzelbüschel sich bildet, bietet das von Potonié (Wechselzonenbildung, Taf. IV, Fig. 1) abgebildete Stück.

Es kann auch vorkommen, daß statt der Querfurche eine Anzahl umgekehrt V-förmige Runzeln übereinander stehen, was wir kurz als »dachsparrenstellige« Runzelung bezeichnen im Anschluß an BRONGNIART (1836, S. 459, »rugosités disposées en chevron à angle supérieur«). Sie kommt vor bei *S. scutellata* (S. 45), bei *S. subrotunda* u. a. m.

Nach allen Beobachtungen kann man nicht ohne weiteres auf das Vorhandensein oder Fehlen der Querfurche einen Artunterschied gründen.

### Male unterhalb der Blatt-Narben.

H. POTONIÉ hat (Wechselzonenbildung 1893/94, Taf. III, Fig. 2) eine *rhytidolepe* Sigillaria abgebildet, bei der sich unterhalb der B.-N. Male finden, die auf dem Positiv (Wachsabdruck) elliptische flache Gruben bilden, wie die »Transpirationsöffnungen« der *Lepidodendren*. Teils stehen sie wie bei diesen zu Zwei in einiger Entfernung unterhalb des Randes der B.-N., teils sind sie, die eine mehr, die andere weniger davon entfernt. Wenn auch also, wie POTONIÉ l. c., S. 27, gezeigt hat, diese Male weitgehende Analogien mit den Transpirationsöffnungen der *Lepidodendren* zeigen, können sie nicht wie bei diesen durch die Parichnosstränge hervorgerufen sein, die, soweit bis jetzt bekannt, bei den *Sigillarien* ganz anders verlaufen als bei den *Lepidodendren* (vergl. S. 74).

### Kanten und Querrunzelung.

Unter der B.-N. finden sich bei vielen Arten 2 Kanten, die aus den unteren Ecken herablaufen. Ihre Deutlichkeit wird naturgemäß durch den Erhaltungszustand beeinflußt. Daß man Stücke, bei denen sie fehlen, nicht deswegen spezifisch trennen kann, habe ich bei *S. mamillaris* und *S. elegantula* in den Lieferungen erläutert. Sehr häufig sind die Kanten quergerunzelt. Bei gedehnteren Stämmen finden sich dementsprechend 2 Reihen von Querrunzeln (Beispiel: L. I, No. 19, Fig. 4). Unterhalb der B.-N. dehnt sich die Runzelung gern so weit aus, daß sie die ganze Mitte auch erfüllt. (Beispiel: ibid., Fig. 5). Der Mittelstreifen, der die B.-N.

trägt, kann überhaupt ganz und gar mit Querrunzeln bedeckt sein. Auch dies Merkmal ist von der Erhaltung abhängig, auf sein Fehlen können nicht ohne weiteres spezifische Unterschiede basiert werden. Doch ist zu bemerken, daß es »Arten« gibt, z. B. *S. laevigata*, wo Runzelung konstant fehlt, während sie z. B. bei *S. tessellata* äußerst selten, bei *S. scutellata* ganz gewöhnlich ist. Ähnliches gilt für die Kanten.

Bei Subsigillarien fehlen die Kanten in der Regel, daher ist es bemerkenswert, wenn sie doch auftreten, z. B. bei *S. Mc Murtriei*. Ein Mediankiel ist bei den Arten, wo die Kanten vorkommen, auch eine nicht seltene Erscheinung, z. B. *S. cancriformis*, vergl. auch *S. rugosa*, Liefr. I, No. 18, S. 7, *S. Schlotheimiana*, *S. Boblayi* f. *subcontigua*.

2 erhabene Linien gehen oft von den Seitenecken aus. Auf ihren Verlauf wurde von Zeiller, 1888, für die Artunterscheidung wert gelegt. Ihre Deutlichkeit kann aber wechseln (No. 59).

### Einfluß des sekundären Dickenwachstums.

Da Dickenwachstum bei Sigillarien nachgewiesen ist, scheint es zunächst selbstverständlich, daß dabei die B.-N. in die Breite gezogen werden. Da sich hierfür in der rezenten Pflanzenwelt, so in *Theophrasta imperialis*, Beispiele finden, vermutete Potonié dies auch (Wechselzonenbildung, S. 48, Lehrbuch, S. 250). Auch Scott (Studies in f. Bot., 1900, S. 189) gibt an:

»As the stem increased in diameter with age, the scars not only became more widely separated, but were also themselves stretched out in the horizontal direction.«

Die Beobachtungen zeigen aber, daß bei Sigillarien andere eigenartige Verhältnisse vorliegen. Wenn die ganze Rinde gleichmäßig sich ausdehnte, müßte das Verhältnis der Breite der Rippe zu der der B.-N. annähernd konstant sein. Nun findet man aber Narben von derselben Form und Breite auf Stücken mit sehr verschieden breiten Rippen, auch wenn diese Stücke nach allen übrigen Merkmalen zu derselben Art gehören. Vergl. Liefr. I, 18, Fig. 4, 5, 6, No. 19; Liefr. III, *S. Voltzi*, No. 58. Wenn auf manchen breiten Rippen die Blattnarbe doch noch ziemlich schmal ist

(L. I, No. 18, Fig. 2, 3, 4), so müßte sie also in der Jugend äußerst schmal gewesen sein, wofür keinerlei Beispiele bekannt sind. Es ist vielmehr zweifellos, daß eine Verbreiterung der B.-N. nicht in demselben Maße erfolgt, wie die der Rippe, wie auch aus den folgenden Angaben hervorgeht.

Bereits HELMHACKER hat 1874 (Berg- u. Hüttenm. Jahrb. d. k. k. Berg-A. Leoben und Pribram) an den Sigillarien der Dombrauer Flötze dies beobachtet. S. 44: »Da die B.-N. und das Mittelfeld mit zunehmendem Alter des Stammes nicht breiter werden, wie die Rippen selbst, so nimmt die Breite derselben mit zunehmendem Alter einen geringeren Teil der ganzen Rippenbreite ein.«

KIDSTON hat ebenfalls beobachtet (Ann. a. Mag. Nat. Hist. S., 1885, S. 362) bei *S. laevigata* BRONGN., daß, obwohl die Rippen mit dem Alter an Breite zunehmen, die B.-N. wenig oder gar keine Vergrößerung erfahren, hiernach scheine es, daß die Größe der B.-N. im Verhältnis zur Breite der Rippe von geringem spezifischen Wert ist.

ZEILLER vertritt dieselbe Ansicht. Er sagt (1888, S. 525, übersetzt): »Die Breite der Rippen ändert sich merklich gemäß dem Alter der Stämme, wie es ein Vergleich der Figuren 4, 7, 5 und 6 der Tafel 79 zeigt, bei denen sie von einer zur anderen zunimmt. Was den Zwischenraum und die Form der Blattnarben selbst anbetrifft, so sind die Variationen, welche sie erleiden, anscheinend unabhängig vom Alter und außerdem sind sie in ziemlich engen Grenzen eingeschlossen.«

Meine Beobachtungen stimmen durchaus mit denen der drei genannten Autoren überein (man vergl. oben und bei *S. rugosa*, *S. Schlotheimiana*, *S. Voltzi*). Wir müssen noch in betracht ziehen, daß auch gleich bei der Anlage B.-N. angelegt werden können, die nicht die ganze Breite der Rippe einnehmen; z. B. zeigt das auf S. 24 erwähnte Stück der S. B.? einzelne B.-N., die bedeutend kleiner sind als die übrigen und dadurch einen weit geringeren Bruchteil der nicht verschmälerten Rippe einnehmen. An dem in No. 18, Fig. 6 abgebildeten Stücke zeigt die neu einsetzende schmälere Rippe auch etwas schmälere B.-N., als die unteren breiten Rippen. Doch ist das Verhältnis von Rippenbreite zur Blattnarbenbreite bei diesen etwas größer als bei jener; die Seitenstreifen haben also vermutlich bereits eine geringe Dilatation erfahren.

In der Regel werden also die breiten Seitenstreifen durch ein Dickenwachstum erzeugt, an dem der Mittelstreifen nicht oder nur in geringem Maße teilnimmt. Sie tragen meist starke Längsstreifung.

Anatomische Beobachtungen, die über ihre Entstehung Aufschluß geben könnten, sind mir nicht bekannt. Doch müssen sie wohl als Dilatationsstreifen (De Bary) dienen. — Von rezenten Beispielen ließe sich vielleicht auch *Picea excelsa* heranziehen. Hier nehmen die B.-N. ebenfalls nicht am Dickenwachstum teil, sondern werden durch dieses einfach auseinander geschoben.

Bei weiterem Dickenwachstum geht die epidermale Oberfläche schließlich verloren. Die dadurch entstehenden Oberflächen sind den erst durch Fossilisation entstandenen subepidermalen Erhaltungszuständen sehr ähnlich und werden deshalb bei diesen behandelt.

## Blattstellung.

Verbindet man eine B.-N. (A im nebenstehenden Schema) mit den sechs nächst benachbarten (B, B', C, C', D, D'), so erhält man drei Linien, die E. Weiss (1893, S. 21) als die drei Hauptreihen bezeichnete. Wie bereits Weiss bemerkte, ist bei normalen Sigillarien eine dieser Reihen (D, A, D') die Orthostiche. Nur bei »*S. camptotaenia*« sind alle drei Reihen schief, wie z. B. auch bei *Bothrodendron*, einer der Gründe dafür, die erwähnte Art von den Sigillarien zu entfernen.

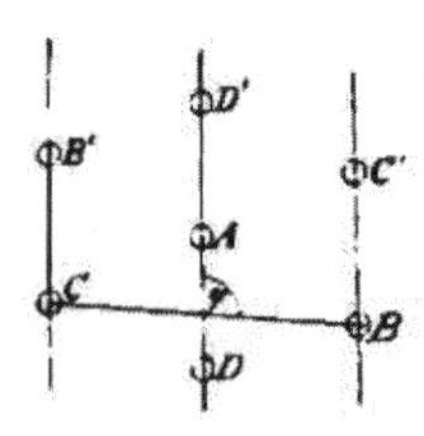


Die Linie C B bildet einen, einem Rechten angenäherten Winkel mit der Richtung der Orthostiche (Winkel $\varphi$ rechts oben). Ist der Winkel $\varphi$ spitz, so erhalten wir die flachste Spirale von außen gesehen nach rechs aufsteigend, ist er stumpf, nach links aufsteigend (bei Abdrücken ist natürlich rechts und links zu vertauschen). Daß $\varphi$ stumpf ist, ist, soweit ich feststellen konnte, etwas häufiger. Es ließ sich aber bisher nicht nachweisen, daß die Richtung oder die Steilheit der Linie CB für einzelne Arten charakteristisch ist. Der Winkel $\varphi$ muß durch das Dickenwachstum sich 90° nähern.

Die Divergenz festzustellen ist sehr schwierig, da ringsum erhaltene Sigillarienstämme selten sind, und die flach zusammengefallenen Stämme vor oder bei der Einbettung meist so verdrückt wurden, daß keine sicheren Resultate zu erzielen sind. Goldenberg (1857, S. 2. u. f.) glaubte ein Verfahren gefunden zu haben, auch aus Bruchstücken die Divergenz berechnen zu können, wie bereits WEISS bemerkte, mit Unrecht. STUR (Culm-Fl. . . . . . 1875, S. 296) konstruierte für einen rings erhaltenen Sigillarien-Steinkern ein ähnliches Bild wie für *Lepidodendron Volkmannianum* mit der Divergenz $\frac{89}{233}$. Die Orthostichen sollen nur scheinbar solche sein, in Wirklichkeit Parastichen mit der Differenz 21.

Diese Berechnungen verlieren aber sehr dadurch an Wert, daß die Divergenzen an einem Sigillarienstamm sich ändern. Es können sich nämlich neue Orthostichen nach oben zu einschieben, was ziemlich häufig sich beobachten läßt. Von den zahlreichen mir bekannten Beispielen seien hier folgende, die durch Abbildungen veranschaulicht sind, herausgegriffen: Liefr. I, No. 18, Fig. 6. — Liefr. III, *S. loricata*, Fig. 2. — ZEILLER, 1886, Taf. 78, Fig. 3. — WEISS, Aus der Steink., 1881, Fig. 12. — WEISS, Fl. d. j. Steink. u. d. Rothl., 1869/72. *S. mamillaris*, Taf. 15, Fig. 1, 2. — Durch das sekundäre Dickenwachstum wurden die Orthostichen auseinander gerückt. Sollten nun die Blätter im oberen Teil des Stammes nicht weiter auseinanderstehen, was bei ihrer schmalen Gestalt unvorteilhaft gewesen wäre, so mußten neue Orthostichen sich einschieben.

Anomale Stellung der B.-N., wie sie BRONGNIART's Fig. 1 auf Taf. 147 (H. v. f., 1836) zeigt, wo unmotiviert einzelne B.-N. eingeschaltet sind, rührt vermutlich davon her, daß verschiedene Rindenfetzen übereinander gefallen sind. Um sich dies glaubhafter zu machen, vergleiche man, wie in unserer Fig. 1 in Liefr. III, No. 56, die beiden umgekehrt orientierten Stücke sich an einander gelegt haben.

## Blütennarben.

Vergleiche auch S. 21 und 27 sowie die Abbildungen bei *S. elegantula* in Liefr. III, Fig. 5. Die Blütennarben stehen gewöhnlich in Querzeilen und haben rundliche oder ovale Gestalt mit einem runden Närbchen in der Mitte.

ZEILLER gab 1888 als Charakteristikum seiner *S. tessellata* vom Département Pas-de-Calais an, daß die B.-N. nicht in Querzeilen, sondern in Längszeilen in den Furchen ständen. Bei Vertretern

3*

dieser Art im Saargebiet beobachtete ich allerdings nur Querzeilen. Bei einem Stück in der Bochumer Bergschulsammlung (Prosper II, Fl. 5) fand ich aber die Längszeilen, wie sie Zeiller angibt. Doch handelt es sich vermutlich nur um Unregelmäßigkeiten bei einer Anhäufung mehrerer Quirle übereinander.

## Systematik.

### Sigillaria Brongniart verändert.

*Sigillaria* Brongn., 1822, S. 209, No. 6: S. 222, gegründet auf *S. scutellata*.

Bekanntere Synonyme sind:

*Clathraria* Brongn., ibid., S. 209, No. 7: S. 222, gegründet auf *Clathraria* (= *Sigillaria*) *Brardi*.

*Rhytidolepis* Sternb., I, 2, 1823, S. 26, gegründet auf *Palmacites variolatus* Schloth. (siehe unten), *Palmacites oculatus* und *Rhytidolepis ocellata* Sternb. Nach Sternberg »wegen der mit dicken Runzeln gefurchten Rinde«. Mit Runzeln meint er wahrscheinlich die Rippen.

*Favularia* Sternb., 1825/26, S. XIII, gegründet teils auf *cancellate* Subsigillarien (z. B. *S. Brardi*) teils auf favularische Eusigillarien, teils auf noch andere »Arten«.

Alle genügend bekannten Arten müssen zur Gattung *Sigillaria* selbst gestellt werden. (Andere problematische, ev. zu der Familie der *Sigillariaceae* zu stellende Gattungen siehe unten.) Die Gattung, wie sie Brongniart zuerst aufstellte, umfaßte noch nicht die Subsigillarien; diese wurden von Brongniart erst 1828 (Prodr.) dazu gezogen, und die Gattung auch auf gewisse Farne ausgedehnt, die wir ebenso wie eine Anzahl der von anderen Autoren dazu gerechneten Spezies ausschalten müssen (vergl. im Anhang). Die nicht auf die epidermale Oberfläche, sondern auf tiefere Erhaltungszustände gegründeten Arten folgen unten.

Die Aufstellung neuer Arten habe ich unterlassen, weil jedenfalls ein großer Teil der jetzt nicht unterzubringenden Formen als bloße Ausbildungsweisen schon beschriebener Arten sich herausstellen wird.

Die Gruppierung der Spezies soll hier in der Weise vorgenommen werden, daß hinter eine der besser bekannten Arten die ihr ähnlichen oder mit ihr durch Übergänge verbundenen angefügt werden. Es soll mit den ältesten Formen begonnen werden.

Es ergeben sich 2 Sektionen.

## I. Eusigillaria Weiss.

*Sigillaria* Brongn., 1822, l. c.
*Rhytidolepis* Sternb. l. c.
*Sigillariae costatae* Sterzel, Erl. z. geol. Spezialk. d. Königr. Sachsen, Blatt 113, 1881, S. 90 (*Favularia* et *Rhytidolepis*). Ohne weitere Definition.
*Eusigillariae* Weiss, 1889, Zeitschr. d. Deutsch. geolog. Gesellsch., Bd 41, S. 379.

Die B.-N. stehen entweder auf sechsseitigen Polstern oder diese verschmelzen zu Längsrippen, die durch gerade Furchen getrennt sind, d. h. Skulptur favularisch oder rhytidolep (Ausnahmen siehe S. 27). Eine Abtrennung der Formen mit favularischer Skulptur scheint nicht zweckmäßig, da zu viele Spezies sowohl favularische als rhytidolepe Skulptur aufweisen (vergl. S. 26), wenn auch einige nur die eine oder die andere zu haben scheinen.

Die Unterabteilungen, die Weiss bei seiner Bearbeitung der Favularien aufstellte, sind zu künstlich, als daß wir sie beibehalten könnten. Daß die *Favulariae eccentrae* nicht als Gruppe aufrecht erhalten werden können, wurde bereits S. 26 erwiesen. Daß Formen der *Favulariae eccentrae decoratae* teils mit solchen der *F. ecc. laeves*, teils mit *F. contiguae*, teils *F. centratae* verwandt sind, ergiebt sich aus Bemerkungen bei *S. elegantula*, L. III, 52, bei *S. loricata*, L. III, 54 und bei *S. canceriformis*, S. 38, vergl. auch bei *S. hexagonalis*, S. 42.

Falls man doch eine Teilung innerhalb der Eusigillarien vornehmen wollte, müßte man dabei vor allem die Form der B.-N. und die anderen Merkmale daneben auch noch benutzen. Man könnte vielleicht von den Eusigillarien i. e. S. eine Gruppe abtrennen, die *S. inferior, bicuspidata, Eugenii, canceriformis* etc., event. auch *S. elegantula*, umfasst. Die Beobachtungen reichen aber dazu noch nicht aus.

### Sigillaria bicuspidata, Liefr. II, 32.

### Sigillaria inferior, Liefr. II, 33.

### Sigillaria Eugenii.

Stur, Culmfl., 1877, S. 296, Taf. 25, Fig. 2, 3.

Narben sechsseitig, oben stark ausgerandet, klein, Seitenecken spitz, oberer Rand lang. Furchen zickzackförmig, Zwischenraum meist unter B.-N.-Länge.

Wenn auch die Abbildung Sturs nicht ganz hinreicht, kann doch die von Potonié, Wechselzonenbildung, Taf. IV, Fig 1 abgebildete *Sigillaria* damit identifiziert werden. Diese zeigt, wie der Zwischenraum wächst, die Querfurche sich auslöscht und die Längsfurchen fast gerade gestreckt werden. Mit *S. inferior* und *S. bicuspidata* ist die Art sehr nahe verwandt. Andererseits schließen sich die als Anhang aufgeführten Formen eng daran an. Wir erhalten dadurch Übergänge zum Typus *elegantula*. *S. elegantula* selbst ist durch die Verschmälerung der B.-N. nach oben unterschieden, *S. fossorum* durch bedeutendere Größe; *S. loricata* könnte event. damit vereinigt werden, hat aber gewöhnlich stärkeren Zickzack der Furchen.

Niederschlesien: Liegend-Zug. Oberschlesien: Randgruppe: Peterswald, Eugen-Schacht.

Anhang. *S. canceriformis* Weiss, 1887, S. 50, Fig. 90, 91, 92. (= *S. Bismarckii* ibid., S. 22, Fig. 10.)

Untere Seite der B.-N. mit aufgesetzter Spitze, untere Ecken abgerundet oder deutlich. 3 Kanten unterhalb der B.-N. meist deutlich, oder statt dessen Querrunzelreihen. Außer von den von Weiss angegebenen Fundorten auch z. B. vom Bismarckschacht: Belegstück No. 1 und 2, dieses aus dem Hangenden der Niederbank des Sattelflötzes. — Die 3 Kanten sind an diesem Stück zwar mit Mühe, aber doch deutlich zu erkennen. Vom selben Bismarckschacht 1 und gleichem Flötz stammt der Abdruck, der das Original zu *S. Bismarckii* bildet. Er stimmt im übrigen ganz mit Belegstück 2 überein, nur fehlen die drei Kanten nach Weiss. Ferner vom Hermannsschacht, Gr. Grf. Laura, Hg. d. Blücherflötzes.

*S. acarifera* Weiss, 1887, S. 49, Fig. 89. Seitenecken nicht so deutlich wie bei *S. canceriformis*, Original ungünstig erhalten.

*S. Fannyana* Weiss, 1887, S. 35, Fig. 51, 52. Steht sowohl *S. Eugenii* als *S. fossorum* nahe.

*S. trapezoidalis* Weiss, 1887, S. 27, Fig. 23, 24. Fig. 23 steht durch ihre Kleinheit mehr *S. Eugenii* nahe, die größere Fig. 24 ist von *S. fossorum* nicht zu trennen.

Vorkommen.

Der Typus *Eugenii* gehört der Rand- und Sattelflötzgruppe Oberschlesiens und dem Liegendzuge Niederschlesiens an.

## Sigillaria Youngiana

KIDSTON, Fossil Plants from Lower carbonif. rocks of Scotland, 1893/94, S. 262, Taf. VI, Fig. 2.

Blattnarben ähnlich denen von *S. Schlotheimiana* (L. I, 19), aber unter den Seitenecken sehr stark ausgeschweift, oben stark ausgerandet. Seitenecken sehr spitz, aus jeder läuft eine Linie herab. Runzelbüschel über der B.-N. hauptsächlich durch 2 ein V mit einander bildende Linien vertreten. Närbchen wie bei *S. Schlotheimiana*. Zwischenraum groß. Furchen sehr stark wellig. Die B.-N. nehmen nicht die ganze Breite der Rippen ein und stehen etwas über den Erweiterungen. Durch die regelmäßige starke Wellung der Furchen, die bei keiner jüngeren Sigillarie in dieser Weise wiederkehrt, bildet die Art einen Typus für sich. Sie hat eine nicht geringe Ähnlichkeit mit *Lepidodendron Volkmannianum*. Die Abbildung dieser Art in POTONIÉS Lehrbuch (S. 222, links unten) zeigt sogar eine V-förmige Vertiefung über der B.-N. Die Übereinstimmung mit echten Sigillarien ist aber zu groß (vergl. Liefr. I, 19, Fig. 1, sowie *S. Canobiana*), als daß man sie von diesen abtrennen könnte.

Vorkommen: Schottland. Carboniferous Limestone Series; Possil Ironstone Group: Robroystone bei Glasgow, Lanarkshire (nach KIDSTON). — Unsere Art und *S. Canobiana* sind die ältesten britischen Sigillarien.

## Sigillaria microrhombea WEISS, Liefr. III, 53.
## Sigillaria loricata WEISS, Liefr. III, 54.
## Sigillaria elegantula WEISS, Liefr. III, 52.

Anhang. *Sigillaria subquadrata* WEISS, 1887, S. 21, Fig. 9, *S. typ. elegantula*, mit Marksteinkern. Oberschl. Kattowitz, Ferdinandsgrube.

*Sigillaria Scharleyensis* WEISS, 1887, S. 34, Fig. 42, *S. typ. elegantula*. Oberschl. Radzionkaugrube bei Scharley.

*Sigillaria parvula* WEISS, 1887, S. 20, Fig. 7, *S. typ. elegantula*. Niederschles. Carl-Georg-Victor-Grube bei Neu-Lässig.

*Sigillaria densifolia* Brongn., H. v. f., 1836, S. 423, Taf. 158, Fig. 3 (= *Aspidiaria Brongniartii* Presl in Sternb., 1838, S. 182) — ? Erhaltungszustand von *S.* typ. *elegantula* (Berghaupten, Baden).

*Sigillaria doliaris* Weiss, 1887, S. 31, Fig. 37. B.-N. sechsseitig, klein; Zwischenraum gering. Bei der Erhaltung nicht erkennbar ob *S. elegantula* oder *S. cumulata*. — Dortmund: Zeche Fürst Hardenberg. 5 cm im Hang. v. Flötz 5 (wohl über Flötz Zollverein).

*Sigillaria bicostata* Weiss, 1887, S. 46, var. *emarginata*, Fig. 80 (var. *integra*, Fig. 79: an *S. elegantula*). — Ähnlich *S. elegantula* f. *rhenana*, aber B.-N. mehr vom *Schlotheimiana*-Typus, Kanten sehr deutlich.

## Sigillaria fossorum Weiss, Liefr. III, 55.

### Anhang.

*Sigillaria subrecta* Weiss, 1887, S. 39, Fig. 61. Das ziemlich schlecht erhaltene Stück zeigt an mehreren Stellen noch deutliche Seitenecken. Die Figur bei Weiss ist also falsch. Mit *S. fossorum* mindestens nahe verwandt. — Westfalen: Zeche Alteweib b. Hörde.

*Sigillaria Branconis* Weiss, 1887, S. 20, Fig. 6: *S.* typ. *fossorum*, wenig schön erhalten. Niederschlesien, Fundort unbekannt.

*Sigillaria Berendti* Weiss, 1887, S. 36, Fig. 53.

Die B.-N. ähneln im unteren Teil des wohlerhaltenen Abdrucks denen von *S. fossorum* f. *elongata*. Im oberen Teil, wo der Zwischenraum etwas größer, nähern sie sich aber denen von *S. mamillaris*, ja durch ihre Größe sogar von *S. Boblayi*; von dieser jüngeren Art muß unsere, der Magerkohlenpartie angehörige, nach Möglichkeit unterschieden werden; sie hat nicht die breiten Seitenstreifen, die bei *S. Boblayi* so häufig sind, auch die Narbenform weicht etwas ab. Vermutlich verwandt mit den in Fig. 1 gezeichneten *Rhytidolepen* der Magerkohle vom selben Fundort: Westfalen. Krone bei Hörde.

*Sigillaria germanica* Weiss, 1887, S. 38 (Fig. 57, 58, 59). Drei unter sich ziemlich verschiedene der Übergangsformen zwischen *S. fossorum* und *S. mamillaris* wurden unter diesem Namen von Weiss vereinigt. Seine var. *Ebertiana* kann man wohl noch mit *S. fossorum* vereinigen. Die var. *Loretziana* steht der *S. fossorum* f. *elongata* recht nahe, ähnelt aber andererseits *S. mamillaris*. Die var. *Datheana* ist jedenfalls nur eine Form von *S. barbata*, mit der sie zusammen vorkommt (Liefr. III, 56, vergl. auch S. 16).

## Sigillaria semipulvinata

KIDSTON. Foss. Fl. Yorkshire Coal Field. Trans. R. Soc. Edinburgh., 1897, S. 57, Taf. III, Fig. 1—5. — B.-N. ähnlich denen von *S. elegantula*, darunter zwei quergerunzelte Linien. Zickzack der Furchen stark, auch bei größerem Zwischenraum. — Middle Coal Measures.

Ein Stück aus Westfalen, Zeche Schleswig-Holstein b. Dortmund, könnte wohl hierher gestellt werden, wenn auch die Polsterbegrenzung nicht so dicht an den beiden Seiten des oberen Teils der B.-N. entlang läuft, wie es bei KIDSTONS Stücken der Fall zu sein scheint.

## Sigillaria mamillaris, Liefr. II, 35.

Anhang. **Sigillaria Davreuxii** BRONGN. Prodr., 1828, S. 64. II. v. f. 1836, S. 464, Taf. 148.

= *Sigillaria stenopeltis* BOULAY, T. h. Nord de la France, S. 45, Taf. 4, Fig. 6.

B.-N. sehr langgestreckt; vergl. *S. mamillaris*, L. II, 35 und *S. Boblayi*, L. III, 57. Auch von *S. elongata* schwer zu trennen. Vergl. noch ZEILLER, 1886, Taf. 86, Fig. 7—10; 1888, S. 569.

Nord-Frankreich, vorwiegend in der mittleren Zone, nach ZEILLER.

Saargebiet: Liegender, auch mittlere Flötzzüge, wenigstens nach den Stücken der S. B.[1].

*Sigillaria pyriformis* BRONGN., 1828, S. 65; 1836, S. 448, Taf. 153, Fig. 3, 4, auf schlechte Stücke gegründet (ZEILLER, 1888, S. 572).

*Sigillaria affinis* KÖNIG (non SCHLOTH.), Ic. foss. Teil II, Taf. XIV, Fig. 165, *S.* typ. *Davreuxi*; B.-N. birnförmig, Querfurche.

*Sigillaria oblonga* SAUVEUR (. . . Belge), 1848, Taf. 57, Fig. 2. Typ. *Davreuxi*.

**Sigillaria Gräseri** BRONGN., Hist., 1836, S. 454. 1837, Taf. 164, Fig. 1.

*Sigillaria gracilis* BRONGN., ibid.. S. 462, Taf. 164, Fig. 2.
*Sigillaria minuta* SAUVEUR, Taf. 55, Fig. 2.

B.-N. birnförmig, klein, ohne Seitenecken. Närbchen über der Mitte, Furchen wellig. Zwischenraum circa Blatt-Narbenlänge. Zwischen den B.-N. Querrunzelung.

Zeiller rechnet beide erstgenannten Arten zu *S. elongata*, indem er sie an seine Fig. 8, Taf. 81, anschließt. Ob diese aber zu *S. elongata* gehört, erscheint nach meinen Beobachtungen zweifelhaft. (Mit ihr identisch ist unsere Fig. 12.) Andererseits ist die Annäherung an *S. mamillaris* f. *Brasserti* sehr groß. So gehört Goldenbergs Abbildung von *S. Gräseri*, 1857, Taf. VIII, Fig. 14 (aus Dudweiler) höchst wahrscheinlich dazu.

Brongniart gibt an, es sei bei *S. Gräseri* nur ein Närbchen vorhanden; da seine Abbildung l. c. aber alle drei Närbchen zeigt, die von *S. gracilis* aber nur eins, so hat er dabei beide verwechselt. Jedenfalls beruht das Vorhandensein von nur einem Närbchen auf schlechter Erhaltung.

Vorkommen: Aachener Revier: Eschweiler nach Brongniart l. c., S. 454 und S. 462. — Saargebiet: Goldenberg gibt l. c., S. 33 *S. Gräseri* (an *S. mamillaris*) von Dudweiler und Sulzbach an. *S. gracilis* (S. 462) komme nicht vor.

Oberschlesien: vergl. bei *S. mamillaris*.

*Sigillaria Feistmanteli* Geinitz, N. Jahrb. f. Min. 1865, S. 392, Taf. III, Fig. 4. — B.-N. eiförmig, oben stark verschmälert, Furchen wellig. Zwischenraum gering, Querrunzelung. — Radnitzer Becken: Bras. Nach Bergmeister Feistmantel genannt.

**Sigillaria decorata** Weiss, 1893, S. 207, Taf. 27, Fig. 105. = *Sigillaria subornata* Weiss, 1893, S. 209, Taf. 27, Fig. 106.

B.-N. sechsseitig mit sehr spitzen Seitenecken, Seiten des Oberteils ziemlich stark konvergent; oben ausgerandet; von einer zu den Eusigillarien zu rechnenden Form. Zwischenraum gering. Furchen zickzackförmig, Querfurche gerade und durchgehend. — Oberschlesien: Agnes-Amanda-Grube bei Kattowitz; Leopoldgrube bei Orzesche.

**Sigillaria hexagonalis** Achepohl, 1881, Blatt 21, Fig. 10, S. 72.

Die Art wurde von Zeiller zu *S. Boblayi* gestellt. Doch ist das, wenn auch nicht ausgeschlossen, so doch noch zu erweisen. Das von Weiss, 1887, S. 23, Fig. 13 hierhergestellte Exemplar unterscheidet sich von *S. Boblayi* durch kräftigeren Zickzack der Längsfurchen. Dies Merkmal ist allerdings nicht leicht ganz sicher zu konstatieren, besonders am Abdruck. Z. B. zeigen die Originale zu Weiss' Fig. 63 und 64 (*S. campanulopsis*) breite Zickzackfurchen.

Will man aber eine feine Linie (die im Abdruck leicht abgerieben wird) als eigentliche Furche auffassen, so macht diese einen schwach welligen Eindruck, wie in den Detailfiguren. — Soweit ACHEPOHLS Figur erkennen läßt, ist das Stück mit WEISS' Fig. 13 spezifisch gleich.

Während WEISS *S. hexagonalis* zu den *Favulariae contiguae* stellt, weil rechts und links von der B.-N. noch ein Stückchen Polster frei bleibt, so stellt er *Sigillaria major* WEISS, Fig. 8, S. 21 zu den *F. centratae*. Da sich der ganze Unterschied aber durch ein geringes Dickenwachstum erklären läßt, kann er kaum zur spezifischen Trennung dienen. An dem Original der eben erwähnten Art bekommen viele B.-N. durch Ausschweifung oberhalb der Seitenecken ein mehr oder minder glockenförmiges Aussehen. Auch finden sich unter einzelnen B.-N. bereits Querrunzeln. So ist kein großer Sprung zu dem zu den *F. eccentrae decoratae* als *S. campanulopsis* var. *subrugosa* WEISS, S. 40, Fig. 63 gestellten Stücke vorhanden.

Hier ist auch der Zwischenraum ein klein wenig größer als bei voriger Art. Noch etwas größer ist er bei *S. campanulopsis* var. *barbata* WEISS, Fig. 64. Dies Stück ist aber von *S. mamillaris* in keinem wesentlichen Punkte verschieden, während wiederum ein ähnliches Stück desselben Fundortes mit geringerem Zwischenraum der *S. capitata* WEISS (= *S. fossorum*) durchaus entspricht. An Stücken von Zeche König Ludwig, die übrigens z. T. einen Mediankiel aufweisen, zeigt sich ebenfalls, daß sehr geringer Zwischenraum die Stücke *S. fossorum* ähnlich macht, während vom selben Fundort eine schlecht erhaltene *S.* cfr. *mamillaris* mit Zwischenraum fast gleich 1 vorliegt.

Vorkommen des Typus *hexagonalis*: Westfalen: Zeche Bruchstraße; Zeche Ruhr und Rhein. Hg. v. Fl. Magdalene (*S. hexagonalis*), Zeche Neu-Essen IV bei Altendorf (*S. major*), Zeche Vollmond (*S. campanulopsis*), König Ludwig bei Bruch (Untere Fettk., leg. W. KOEHNE, August 1903).

*Sigillaria Bretonensis* DAWSON, Geol. Soc. XXII, 1866, S. 148, Taf. VII, Fig. 27, 27d. B.-N. sechsseitig mit spitzen Seitenecken; gerade Querfurche mit Ligularnärbchen. Kleiner als *S. mamillaris*. — Neu-Schottland, Cape Breton. »Middle Coal formation«.

*Sigillaria eminens* Dawson, 1866, S. 148, Taf. VI, Fig. 24, 24 A. B.-N. birnförmig, Furchen gerade, Querfurche, Zwischenraum gering. Dimensionen für eine Rhytidolepe außerordentlich klein. Fundort wie *S. Bretonensis*.

*Sigillaria obovata* Lesq., 1858, S. 872, Taf. XIV, Fig. 4. B.-N. birnförmig, nach oben verjüngt. Zwischenraum über 1, Rippen flach, breiter als bei der vorigen, viel breiter als die B.-N., fast glatt. — Trevorton Coal, low beds.

*Sigillaria Lescuroei* Schimper, 1870—74, II, S. 85. (= *S. Lescurii* Lesquereux, 1879—1880, S. 485, Taf. 72, Fig. 7, 8). Fig. 7 ähnelt *S. mamillaris*, Fig. 8 ähnelt *S. scutellata* oder auch *S. principis*. Gegründet auf die Fig. 1 und 2 (non 3), Taf. II bei Lesqu., 1858 (Cat. Pottsv. Sci. Ass.) die er »by error in explanation of the plate« zu *S. attenuata* stellte.

*Sigillaria Weissii* Zeiller, 1886, B. h. de Val. Atlas, Taf. LXXXIII, Fig. 5; 1888, S. 542. — B.-N. regelmäßiger sechsseitig, Rippen schmaler, Närbchen höher als bei *S. scutellata*. Ob *S. undulata* bei Weiss (Aus d. Steink., S. 5, Taf. 2, Fig. 12) damit identisch ist, wie Zeiller ohne weiteres annimmt, ist sehr zweifelhaft.

## Sigillaria Micaudi

Zeiller, 1886, Taf. LXXVI, Fig. 11, 12; 1888, S. 576.

B.-N. sechsseitig, durch starke Ausschweifung unter den Seitenecken denen von *S. Schlotheimiana* ähnlich. Furchen gerade oder schwach wellig, Querfurchen gerade. Zwischenraum gering. Unter den B.-N. zwei quergerunzelte Kiele. Nähert sich *S. mamillaris* (Fig. 4 B in 35), durch die Form der B.-N. hiervon unterschieden. Ähnlich ist auch, wie Weiss bemerkte, *S. bicostata* W., was vielleicht aber nur auf Konvergenz beruht. Auch Formen von *S. Boblayi* (f. *Carnapensis*) nähern sich ihr und stehen ihr vielleicht am nächsten. — Vorkommen: Gebiet von Valenciennes: Zone supérieure: Dép. Pas-de-Calais.

## Sigillaria barbata, Liefr. III, 56.
## Sigillaria Boblayi, Liefr. III, 57.

*Sigillaria massiliensis* Lesqx., . . . . . Illinois, 1870, S. 446, Taf. XXV, Fig. 3, 4. B.-N. groß, unten spitz, sonst ähnlich *S. Boblayi*, Zwischenraum 1, Furchen tief; Rippen flach, längsgestreift, breiter als die B.-N.: Illinois: Sandstone at Marseilles.

*Sigillaria hexagona* Lesqx. (non Brongn.), 1880, S. 483. Taf. 72, Fig. 1. Schlecht kenntlich, wohl *S. Boblayi* oder *S. tessellata*.

**Sigillaria sol** KIDSTON, Yorkshire Coal Field, S. 56, Taf. III, Fig. 6.

B.-N. sechsseitig, sehr groß, obere und untere Ecken abgerundet, seitliche Ecken bei niedrigeren B.-N. deutlich vorhanden, bei etwas höheren abgerundet. Närbchen groß. Querfurche an unserem Belegstück teils deutlich, teils nicht erhalten, Furchen gerade, Zwischenraum über 1, Rippen sehr breit. Unter den B.-N. 2 Querrunzelreihen. Verwandt mit *S. Boblayi* und *S. principis*. — Westfalen: Zeche Zollverein bei Altenessen, Flötz A, Hangendes. — Yorkshire. Middle Coal Measures. Hor. Barnsley Thick Coal. Kilnhurst Pit. Rotherham.

## Sigillaria scutellata BRONGNIART.

?? *Phytolithus notatus* STEINHAUER, Am. phil. trans., 1818, I, Taf. VIII, Fig. 3.
*Sigillaria scutellata* BRONGN., Class., 1822, S. 239, Taf. I (12), Fig. 4.
*Rhytidolepis scutellatus* (BRONGN.) STERNB., I, 1825, S. XXIII.
?? *Rhytidolepis Steinhaueri* STERNB., l. c., S. XXIII.
(?) *Sigillaria pachyderma* BRONGN., 1828, S. 65; 1836, S. 452, Taf. 150, Fig. 1.
?? *Sigillaria notata* (STEINHAUER) BRONGN., Prodr., 1828, S. 65.
*Sigillaria scutellata* BRONGN., Hist., 1836, S. 455, Taf. 150, Fig. 2, 3. — Non? Taf. 163, Fig. 3.
" *notata* BRONGN., l. c., S. 449, Taf. 158, Fig. 1.
? *Sigillaria elliptica* var. γ. l. c., S. 417, Taf. 163, Fig. 4.
?? *Sigillaria tessellata* SAUVEUR (non BRONGN.), 1848, Taf. 53, Fig. 3.
? *Sigillaria undulata* SAUVEUR (non *Rhytidolepis undulata* STERNB., non *S. undulata* GÖPPERT), 1848, Taf. LVIII, Fig. 4.
*Sigillaria duacensis* BOULAY, T. b. Nord de la France, 1876, S. 48, Taf. II, Fig. 3.
" *elliptica* bei ZEILLER, T. b. de la France, 1880, Taf. 173, Fig. 1, 1878, S. 129.
" *Cortei* bei ZEILLER, ibid., Taf. 174, Fig. 4, S. 128.
" *rotunda* ACHEPOHL, 1880, S. 119, Taf. 37, Fig. 1.
(?) *Sigillaria Tremonia* ACHEPOHL, ibid., Ergänzungsblatt IV, Fig. 41.

B.-N. trapezoidal bis glockenförmig, Seitenecken spitz, unterer Teil ein flacher oder stärker gekrümmter Bogen. Närbchen normal oder ziemlich tief stehend. Furchen wellig bis gerade. Zwischenraum über Narbenlänge, kann sehr groß werden. Aus den Seitenecken laufen zwei Kiele herab. Die B.-N. lassen neben sich meist zwei Längsstreifen frei. Mittelstreifen stark quergerunzelt. Doch kommen auch fast glatte Stücke vor, die man nicht gut spezifisch trennen kann. Über der B.-N. das Ligularnärbchen; darüber eine stark gekrümmte Querfurche mit Querrunzelung, oft wenig tief. Belegstück 3 zeigt ganz dicht an der sehr deutlichen Ligularnarbe, manchmal mit ihr verschmolzen, einen feinen, gebogenen Querwulst, einige Millimeter darüber wird die Querfurche durch einen gebogenen Wulst nach oben abgeschlossen. Boulays Abbildung von *S. duacensis* zeigt dachsparrenstellige Runzelung statt der Querfurche.

Zeillers Abbildungen, Taf. LXXXII (B. h. de Valenciennes. Atlas, 1886) veranschaulichen die Art vorzüglich. Unsere Stücke stimmen gut damit überein. Brongniarts erste Abbildung zeigt sehr tiefstehende Närbchen, ebenso Zeillers Fig. 4 und unser Belegstück 1, das mit dieser fast genau übereinstimmt. Andere Stücke, mit normaler Stellung, z. B. Fig. 3 bei Zeiller und Belegstück 2, können unmöglich davon getrennt werden. Häufig sind auch Stücke wie Zeillers Fig. 1, 2 und 6.

Solche typischen Stücke sind leicht kenntlich, sonst ist aber die Art nicht scharf abzutrennen, besonders gegen *S. mamillaris* (Liefr. II, 35, S. 14). Zwischen beiden vermitteln Arten wie *S. Decheni* (l. c. S. 14), *S. polyploca Boulay*, *S. pachyderma* Brongn., *S. undulata* Sauveur.

Wenn auch die typischen Formen von *S. Boblayi* (Lief. III) mit denen von *S. scutellata* nicht zu verwechseln sind, da sie regelmäßiger sechsseitige B.-N., geringeren Zwischenraum und breitere Seitenstreifen haben, kommen doch schwer zu bestimmende Zwischenformen vor. Ähnlichkeit mit *S. Boblayi* hat u. a. die von Zeiller l. c. 1880 als *S. elliptica* abgebildete, 1888 als *S. scutellata* bestimmte Art. Während bei *S. Boblayi* bei Verlängerung der B.-N. sich die Ecken abrunden, bleiben sie bei *S. scutellata* spitz. Über *S. acuta* Zeiller vergl. bei *S. Boblayi*. Ein uns zugegangenes Stück vom Dép. Pas-de-Calais, das Zeiller als *S. elongata* bestimmte, würde ich hierher stellen.

Die nahe Verwandtschaft von *S. mamillaris*, *scutellata* und *Boblayi* beweisen Stücke von Zeche Friedrich der Große in Westfalen (Fettkohle, teils von mir unter Führung von Herrn Fahrsteiger Sommer, teils von diesem gesammelt, z. T. in der Bochumer

Bergschulsammlung, z. T. in der S B.[1]). Teils sind *S. campanulopsis*-ähnliche Formen vorhanden, aus denen jedenfalls durch Dehnung des Stammes *S. mamillaris* mit größeren Zwischenräumen (ca. 1) hervorgegangen ist. Stücke mit noch größerem Zwischenraum müßten nach bisherigem Gebrauche als *S. scutellata* bestimmt werden. Andererseits sind auch zu *S. Boblayi* gehörige Stücke vorhanden, z. B. ein typisches (bis auf ganz schwach wellige Längsfurchen) und ein anderes, das etwas kleinere, mehr glockenförmige B.-N. hat, aber noch den geringen Zwischenraum und die breiten Rippen von *S. Boblayi* aufweist.

Synonymie:

Über *Sigillaria notata* (Steinhauer) Brongn. schreibt Wood 1866, S. 442: die spitzen Ecken mit ihren Verlängerungen, die Brongniart als charakteristisch für *S. notata* erwähnt, existieren weder auf Steinhauers Abbildung noch an Stücken im Besitz der Akademie, die höchst wahrscheinlich Steinhauers Originale sind.

*S. Tremonia* Achepohl (von Zeche Dorstfeld, Flötz Elise) hat unten zugespitzte B.-N. — Sein 1880 als *S. elliptica* Brongn. bestimmtes Exemplar hat Zeiller selbst 1888 zu unserer Art gestellt. Seine frühere *S. Cortei* stellte er zu *S. elongata*.

Vorkommen: Westfalen: Gas- und Gasflammkohlenpartie z. B. Holland bei Wattenscheid (Belegstück 4, vergl. S. 25 u. 20)

Wormrevier z. B. Grube Goulay b. Aachen; Grube Anna, Wilhelmschacht, Flötz 12 (Belegstück 1 auf einem Stück mit *Mariopteris muricata* f. *nervosa*), Flötz 5 (Belegstück 2).

Nordfrankreich. Vorwiegend mittlere Zone, auch obere Zone, nach Zeiller, 1888, S. 533.

Saargebiet. Nicht selten in dem Liegenden Flötzzug (z. B. Skalleyschächte, Halden, Belegstück 3) seltener in den mittleren.

Bassin du Gard. Gagnières et au Mazel, nach Grand'Eury, 1890/92, S. 255, Taf. XII, Fig. 4 und 5; da die Querfurche nicht angegeben wird, ist die Identität nicht ganz sicher.

Niederschlesien. Ein Stück von der Rubengrube ist ähnlich Zeillers Abbildung von 1880, Taf. 173, mit noch größeren B.-N. — Xaveri-Stollen, Liegender Zug, Schwadowitz.

Klein-Asien. Eregli: Étage de Coslou; nach Zeiller, B. d'Héraclée, 1899, Taf. VI, Fig. 18 (?).

Anhang. **Sigillaria polyploca** Boulay, T. h. du Nord de la Fr., S. 47, Taf. II, Fig. 8. — Zeiller, Ann. sc. nat. 6ᵉ sér. Bot., XIX, S. 264, Taf. 11, Fig. 2. — B. h. de Val., 1888, S. 540, Taf. LXXXII, Fig. 7, 8. Der Unterschied gegen die vorige Art, daß die B.-N. nach unten zugespitzt sind, ist unbedeutend. Närbchen stehen etwas höher, die Querfurche ist gerader als bei *S. scutellata*.

*Sigillaria coriacea* Kidston, 1885. (On . . . . fossil Lycopods . . .) Ann. et Mag. Nat. Hist., S. 5, Vol. 15, S. 360, Taf. XI, Fig. 2. — B.-N. sehr groß, oberer Teil trapezoidal-bogig, Seitenecken spitz, unterer Teil unter diesen ausgeschweift, ebenso hoch wie der obere Teil. Von den Seitenecken gehen zwei divergierende Kiele aus. Närbchen hoch, Furchen wellig. Zwischenraum über 1. Querrunzelung.

*Sigillaria Cortei* Brongn., 1836, S. 467, Taf. 147, Fig. 3, 4. Von Zeiller zu *S. elongata* gezogen. Fig. 4 scheint *S. scutellata* zu sein. Fig. 3 zeigt keine Querfurche.

*Sigillaria Sillimanni* Brongn., 1828, S. 65; 1836, S. 459, Taf. 147, Fig. 1. Über der B.-N. erst Querrunzelung, dann fiederstellige Runzeln. Über die Stellung der B.-N. siehe S. 35. Nord-Amerika: Wilkesbarre, Pa. — Goldenb., 1857, S. 35, Taf. IX, Fig. 4, meint mit dieser Art wohl *S. rugosa*.

*Sigillaria attenuata* Lesqx., 1858, Cat. Pottsv. Sci. Ass., S. 17, Taf. II, Fig. 3 (non 1, 2 = *S. Lescuroei* Sch.). — B.-N. etwa birnförmig, wohl mit Seitenecken, darüber und darunter Querrunzelung. Furchen gerade. Zwischenraum groß.

*Sigillaria Williamsii* Lesqx., 1880, S. 468. — 1884, S. 801, Taf. 107, Fig. 15 = ? *S. leptoderma* Lesqx., 1880, S. 489, Taf. LXXII, Fig. 10. Die beiden Arten unterscheidet der Autor nach den *Syringodendron*-Malen. B.-N. bei der zweiten trapezoid, oben ausgerandet, darüber dachsparrenstellige Runzeln. Furchen gerade, Zwischenraum groß, breite Seitenstreifen. Fig. 15 weicht erheblich ab, nach Angabe des Autors ist der Oberrand der B.-N. falsch gezeichnet. Pa. Plymouth, F-vein.

*Sigillaria Baeumleri* v. Röhl, Palaeont. 18, 1868, S. 113, Taf. IX, Fig. 3. Das vermutliche Original Röhls in der S. B.[1] hat niedrig trapezoidale B.-N. und ein in einer gut begrenzten Einsenkung liegendes Runzelbüschel mit deutlichem V. Zwischenraum groß, Furchen gerade, Rippen breit. Wülste darauf durch eingedrungenen Schlamm entstanden. Alter Stamm von *S. scutellata?* — Westfalen: Zeche Wittwe bei Dortmund.

*Sigillaria Polleriana* BRONGN., H. v. f., 1836, S. 472, Taf. 165, Fig. 2. B.-N. klein, trapezoidal, sehr breite Dilationsstreifen. — Saargebiet. St. Ingbert (nach BRONGN.).

*Sigillaria Leveretti* LESQX., Coal Fl. III, 1884, S. 800, Taf. CVIII, Fig. 4, 5. Abbildungen umgekehrt. Fig. 4 scheint ein alter Stamm einer *S.* typ. *Boblayi*, Fig. 5 scheint eine sehr große *S.* typ. *scutellata*.

*Sigillaria diploderma* CORDA, 1845, S. 29, Taf. LIX., Fig. 8—11. — B.-N. trapezförmig, klein, niedrig; spitze Seitenecken; unterer Teil ein flacher Bogen. Närbchen sehr tiefstehend. Furchen stark wellig, Rippen oberhalb der B.-N. „längsgefaltet“, darunter quergerunzelt. Von *S. scutellata* unterschieden, da die B.-N. kleiner, niedriger sind, die Querfurche fehlt. Böhmen: Kohlenschiefer von Radnitz und Wranowitz.

*Sigillaria formosa* GRAND' EURY. Gard. 1890/92, S. 254, Taf. X, Fig. 8, 9 (nicht 9, 10). — B.-N. in Fig. 9 abgerundetdreieckig, dicht übereinander. In Fig. 8 sehr viel länger und größer. Die Zwischenformen, die der Autor angibt, sind leider weder abgebildet noch beschrieben.

Ottweiler Stufe: Gagnières et au Mazel.

### Sigillaria Canobiana KIDSTON.

Foss. Plants of the Carb. R. of Canonbie etc. Trans. Roy. Soc. Edinb., Vol. XI, Part. IV, No. 31, 1903, S. 765, Taf. III, Fig. 26 (Detailfig. dazu Taf. IV, Fig. 29, 30), Taf. IV, Fig. 31 (Detailfig. 32), Fig. 33 (Detailfig. 34, 35), Taf. V, Fig. 45 (Detailfigur 46, 47).

B.-N. trapezoidal, unterer Teil ein mehr oder minder flacher Kreisbogen, unterhalb der spitzen Seitenecken ausgeschweift. Oberer Rand häufig ausgerandet. Närbchen in der Mitte. Furchen wellig, neben den B.-N. verbreitert, neben den Seitenecken und der Furche bleibt gar kein oder nur wenig Raum frei. Zwischenraum etwa 1 bis 2fache B.-N.-Länge. Über die Verzierungen gibt der Autor nur an: Querrunzelung besonders deutlich über den B.-N., aber nach oben zu allmählich weniger deutlich. Nach den Abbildungen lassen sich aber hier 2 Formen unterscheiden.

forma α Fig. 26 (29), 33 (34).

Über den B.-N. eine Querfurche.

forma β Fig. 31, 45 (46).

Über den B.-N. ein Runzelbüschel, oder wenigsten 2 ein V bildende Runzeln. — In Fig. 45 dürften die Runzeln ganz denen unserer Fig. 13 entsprechen.

Beziehungen. Die Art hat einerseits Ähnlichkeit mit *S. inferior*. Doch sind bei dieser die B.-N. noch kleiner, auch ist der Oberteil im Verhältnis zum unteren niedriger.

Forma β zeigt die größte Ähnlichkeit mit den oberschlesischen Formen von *S. Schlotheimiana* (Lief. I, 19). Die Narbenform ist zwar nicht die für diese Art typische; doch kommen bei dieser auch ganz ähnliche Formen vor (Fig. 7a); besonders auch mit den in unserer Lief. I, 19 nicht abgebildeten westfälischen Vertretern von *S. Schlotheimiana* hat sie große Ähnlichkeit. Ein weiteres westfälisches Stück, Fig. 13, scheint sogar zu der englischen Spezies zu gehören.

Schottland. Carboniferous Limestone Series. Canonbie (vulgo Canobie), schwarzer, kohliger Schieferton, rechtes Ufer des Esk, ca. 500 yards oberhalb foot of Byre Burn.

? Westfalen. Zeche Bruchstraße bei Langendreer.

**Sigillaria euxina**, Liefr. II, 34.

**Sigillaria Schlotheimiana** Brongniart erweitert, Liefr. I, 19.

**Sigillaria Voltzii** Brongn. erweitert, Liefr. III, 58.

**Sigillaria Deutschi** (*Deutschiana*) Brongniart.

1836, S. 475; 1837, Taf. 164, Fig. 3. Von Zeiller (1886, Taf. 80, Fig. 6—8; 1888, S. 554) erweitert. — B.-N. regelmäßiger sechsseitig (oder mehr fünfseitig) und meist kleiner als bei *S. rugosa*, ohne Büschel. Revier von Valenciennes. Obere Zone (Dép. Pas-de-Calais).

**Sigillaria rugosa**, Liefr. I, 18.

Anhang.

*Sigillaria canaliculata* Brongn., Prodr., 1828, S. 64; 1836, S. 477, Taf. 141, Fig. 4. — B.-N. wie in unserer Fig. 10 von *S. rugosa*, aber mit spitzeren Seitenecken. Dilationsstreifen sehr breit, neben dem stark vertieften Mittelfeld zwei Längserhebungen. GOLDENB. gibt 1857, S. 58, für Taf. VIII, Fig. 33 Dudweiler an (wohl doch nach BRONGN. kopiert?).

**Sigillaria Geinitzii** SCHIMPER, 1870—72, II, S. 91,

gegründet auf *S. intermedia* bei GEINITZ, 1855, Steinkohlenf. in Sachsen, S. 46, Taf. VII, Fig. 1, 1 A, 2.

B.-N. birnförmig, größte Breite unter oder auch in der Mitte; ziemlich klein. Zwischenraum bei Fig. 1 soweit B.-N. vorhanden sind, deren 1/2 bis 1fache Länge — im unteren Teile, wie die Male zeigen, viel größer. Furchen gerade. Mittelfeld häufig vertieft, »fein punktiert und undeutlich quergefurcht, zugleich aber auch feiner längsgestreift« als die mehr oder minder breiten Seitenstreifen. »Leitpflanze für die tiefen bei Zwickau und Niederwürschwitz auftretenden Flötze, welche dem Planitzer Flötze und dem Rußkohlenflötze entsprechen« (nach GEINITZ).

*Sigillaria ovata* ACHEPOHL (non SAUVEUR), 1880, S. 51, Ergänzungsblatt 3, Fig. 14. — B.-N. und Skulptur ähnlich *S. rugosa* f. *cristata*, aber Büschel über der B.-N. nach der Figur nicht vorhanden (= *S. elongata*?). Warum der Autor die Art als *S. ovata* ANDRAE bezeichnet, ist unerfindlich, da er sie als neue Species aufstellt. Hang. v. Fl. Röttgersbank, Zeche Sälzer und Neuack.

**Sigillaria aspera** GOLDENBERG, 1857, S. 35, Taf. IX, Fig. 2.

B.-N. trapezoidal-fünfeckig, obere Ecken abgerundet, aus der unteren läuft ein Kiel abwärts. Zwischenraum mehrfache Narbenlänge. Furchen wellig. Auf den Rippen befinden sich feine stechende Erhöhungen und (nach der Abbildung) Längsstreifung, die vielleicht infolge der sehr geringen Dicke der Rinde durchgedrückt ist. Unser Belegstück hat einen längeren Unterteil der B.-N., die dadurch denen von *S. rugosa* ähnlicher sind. Längsstreifung auf der äußerst dünnen Rinde deutlich. Die stechenden Erhöhungen auch auf dem Steinkern. — Saargebiet: Halde der Hirschbacher Grube (nach GOLDENBERG); Grube Gerhard (das erwähnte Belegstück).

**Sigillaria elongata** BRONGN., Ann. sc. nat. IV, 1824, S. 33, Taf. II, Fig. 3, 4. H. v. f., 1836, S. 473, Taf. 145, 146, Fig. 2.

Es ist möglich, daß die Art nur Ausbildungsstadien mit gestreckten B.-N. von verschiedenen Arten des Mittleren produktiven Carbons, die eine Querfurche besitzen, darstellt; diese ist zwar auf BRONGNIARTS Abbildungen nicht gezeichnet, an den Originalen

4*

nach freundlicher Mitteilung von Herrn Zeiller aber vorhanden.

Daß verlängerte B.-N. bei *S. Boblayi* vorkommen, wird durch unsere Abbildungen in Lief. III (z. B. Fig. 8) gezeigt. Die *S. elongata* in Potoniés Lehrbuch Fig. 242 ist diesen höchst ähnlich. Die Abbildungen Zeillers, 1886, Taf. LXXXI, S. 545 ähneln z. T. sehr *S. scutellata*, z. B. Fig. 9.

Von *S. rugosa* unterscheidet sie sich durch die Querfurche, gewöhnlich geringeren Abstand der B.-N., die stärker verlängert sind. Mit *S. Dacreuxi* ist sie durch Übergänge verbunden (Grube Dechen, Saarg.), zwischen beiden Arten steht auch *S. Dacreuxi* Sauveur (non Brongn.) 1848, Taf. LVI, Fig. 4 (nach Zeiller *S. elongata*).

*Sigillaria intermedia* Brongn., 1836, S. 474, 1837, Taf. 165, Fig. 1 wurde von Zeiller zu *S. elongata* gerechnet (1888, S. 549).

*Sigillaria elongata* Sauveur, 1848, Taf. 55, Fig. 2, 3 scheint kopiert nach Brongn. Figuren von 1824.

*Sigillaria dubia* Lesqx. (non Brongn., non *Rhyt. dubia* Sternb.) 1858, S. 872, keine Figur, Typus *scutellata*?

## Sigillaria Sauveuri Zeiller.

*Sigillaria alternans* Sauveur (non Sternberg), vég. foss. b. Belge, Taf. 55, Fig. 3.

» *Sauveuri* Zeiller, 1886, Taf. 84, Fig. 1—3. 1888, S. 559.

» *nemosensis* Grand' Eury, .... Gard, 1890 (92), S. 256, Taf. X, Fig. 4, 5.

B.-N. sechsseitig, oben meist ausgerandet, meist höher als breit. Zwischenraum wechselnd. Furchen gerade, Rippen mit breiten Seitenstreifen. Über der B.-N. scharfe Querfurche, unter ihr Runzeln in 2 Reihen.

Die Stücke aus der Gasflammkohlenpartie Westfalens stimmen mit der Abbildung bei Zeiller, Taf. 84 l. c., so überein, daß es gerechtfertigt erscheint, sie bei dieser Art unterzubringen. Die B.-N. sind zwar meist etwas länger; doch bildete Zeiller l. c., Fig. 1 bereits längere und niedrigere B.-N. auf demselben Stücke ab. Da an dieser Abbildung auch der Zwischenraum sehr wechselt, dürfte auch Grand' Eurys Fig. 5, bei welcher der Zwischenraum sehr viel größer ist als bei Fig. 4, dazu gehören. Letztere stimmt mit Zeillers Abbildung l. c. Fig. 3 überein. Verwandt ist die

Art mit *S. Boblayi*, *S. elongata*, *S. laevigata*, *S. scutellata* und *S. tessellata*. Von dieser unterscheidet sie sich hauptsächlich durch Querrunzelreihen und häufig spitze Seitenecken.

Vorkommen: Oberschlesien: Orzesche.

Valenciennes: Zone moyenne, Zone supérieur (nach ZEILLER).

Gard: Bessèges, nach GRAND'EURY.

Westfalen: Bismark i. W. Halde von Schacht 1. Obere Gasflammkohlenpartie (leg. W. KOEHNE, August 1903).

## Sigillaria tessellata BRONGN. (ZEILLER em.), Liefr. I, 20.

*Sigillaria alveolaris* BRONGN., Prodr., 1828, S. 65, gegründet auf *Lepidodendron alveolatum* STERNB., Versuch, 1820, S. 21, Taf. IX, Fig. 1 (= *L. alveolare*, ibid., S. 23 = *Cactites alveolatus* MARTIUS, 1822, S. 189 = *Favularia obovata* STERNB., 1825/26, S. XIII.) Abb. umgekehrt. B.-N. stärker vorspringend als bei *S. tessellata*. Kreis Beraun: Horzowitzer Gruben.

*Sigillaria alveolaris* KÖNIG, Icones etc. Taf. XIV, Fig. 166 = *S. tessellata* (oder *S. Davreuxi*?)

*Sigillaria propinqua* GRAND'EURY, Gard, 1890—92, S. 253. Weder Abbildung noch volle Diagnose. Vielleicht gleich *S. tessellata*.

## Sigillaria laevigata BRONGN., 1836, S. 471, Taf. 143.

(?) *Sigillaria laevis* SAUVEUR, 1848, Taf. L, Fig. 2.
? *Sigillaria distans* SAUVEUR, 1848, Taf. LV, Fig. 1.
? " *peltata* SAUVEUR, 1848, Taf. LI, Fig. 1.
*Sigillaria cycloidea* BOULAY, 1876, S. 41, Taf IV, Fig. 5.
? *Sigillaria tenuis* ACHEPOHL, 1880, Ergänzungsblatt IV, Fig. 42.

B.-N. sechsseitig, obere und untere Ecken mehr oder minder abgerundet. Seitenecken meist ziemlich deutlich. Stellung der Närbchen normal. Zwischenraum zwei- bis mehrfache B.-N.-Länge. Furchen gerade, Rippen meist viel breiter als die B.-N., aus deren Seitenecken zwei Kiele herablaufen. Keine Runzelung. Ligularnärbchen deutlich.

Ein der Figur BRONGNIARTS äusserst ähnliches Stück aus der Gasflammkohlenpartie Westfalens sah Verfasser in der Bochumer Bergschulsammlung. (Zeche Wilhelmine-Victoria, Flötz 20, leg. CREMER). ZEILLER hat 1886, Taf. 78, Fig. 1—4 (1888, S. 519). Stücke hierher gestellt, bei denen die aus den Seitenecken herablaufenden Linien z. T. schwächer sind. Unser Belegstück 1 zeigt diese noch schwächer, und hat ausserdem im Verhältnis zur B.-N. schmälere Rippen, ist also ein jüngeres Stück. Die Seitenecken sind teils mehr, teils minder abgerundet. Die Unterschiede gegenüber *S. ovata* sind ganz unbedeutend.

Vorkommen: Westfalen. Zeche Wilhelmine-Viktoria, Flötz 20, leg. CREMER. Zeche Zollverein bei Altenessen, Flötz 16 (Belegstück 1). Zeche Alma, Hg. v. Fl. 8 (nach ACHEPOHL S. 91, Bl. 30, Fig. 5). — Nordfrankreich. Obere und mittlere Zone, nach ZEILLER. — Saargebiet. Grube Geislautern (nach GOLDENB., 1855, Taf. VIII, Fig. 31).

*Sigillaria orbicularis* BRONGN., 1828, S. 65, 1836, S. 465, Taf. 152, Fig. 5. Typus *laevigata*, aber B.-N. runder, Zwischenraum geringer.

*Sigillaria nudicaulis* BOULAY., 1876. T. h. Nord de la France, S. 42, Taf. III, Fig. 4, 4 bis. B.-N. nach BOULAYS Figur anscheinend trapezoidal mit stark zerkrümmtem Unterrand. Zwischenraum groß, Furchen i. g. gerade. Keine Querrunzelung. Valenciennes: Obere Zone.

## Sigillaria principis WEISS, Liefr. III, 59.

Anhang: *S. polita* LESQX., Geol. of Penn'a., 1858, S. 872, Taf. XIV, Fig. 3. — 1880 (82), S. 490, Taf. LXXIII, Fig. 1.

— ? *Sigillaria Yardlei* LESQX., Cat. Pott. Sci. assoc., S. 17, Taf. II, Fig. 4; 1880 (82), S. 491, Taf. LXXIII, Fig. 2.

*S. Yardlei* unterscheidet sich nach dem Autor durch kleinere B.-N. bei breiteren Rippen, also nur in unwesentlichen Punkten. Bei Fig. 2 sind die B.-N. ähnlich denen von *S. principis* (sie halten die Mitte zwischen Fig. 1 und 6 in No. 59). Bei Fig. 1 ist der untere Teil ein sehr flacher Bogen; Querfurche, Ligularnärbchen und die aus den Seitenecken herablaufenden Linien fehlen. Da sie aber bei *S. principis* häufig auch schwach entwickelt sind und übersehen sein könnten, ist deren Identität mit *S. polita* nicht ausgeschlossen.

Pennsylvanien: Carbondale, Pottsville.

## Sigillaria Walchi SAUVEUR.

? *Ungulites carbonaria* WALCH, ex. p. Naturg. d. Verst., Teil I, 1771, Taf. Xc., Fig. 1, S. 144.

? *Euphorbites vulgaris* ARTIS, 1824, Antedil. Phytol., S. 15, Taf. 15 (BRONGN., Prodr., 1828, S. 65).

*Sigillaria Walchi* SAUV., 1848, Belge, Taf. 57, Fig. 8.

B.-N. abgerundet, dreiseitig, Furchen gerade. Querfurche schwach. Während bei SAUVEURS Abbildung die B.-N. fast die ganze Breite der Rippe einnehmen, hat KIDSTON 1885 (Ann. a. Mag. of. Nat. Hist, S. 5, 15, Taf. XI, Fig. 1, S. 361) eine Form dazu gestellt, die von *S. tessellata* (z. B. von Griesborn, L. I, 20) kaum zu unterscheiden ist, sie ist etwas größer. ZEILLER hat 1888, S. 527, Taf. 88, Fig. 3, ebenfalls Stücke mit breiten Rippen dazu gestellt, die sich sehr *S. principis* nähern, und sich von dieser durch die starke Konvergenz der Seiten nach oben hin unterscheiden.

*Sigillaria vulgaris* (ARTIS) BRONGN., die KIDSTON als Varietät von *S. mamillaris* aufzählt (1895/96) hat die dreiseitige Gestalt der B.-N. mit unserer Art gemein, aber aus den Seitenecken herablaufende Kiele und größeren Zwischenraum. — Bei WALCHS Figur kommt unter der Innenseite der kohligen Rinde eine rhytidolepe *Sigillaria* zum Vorschein: B.-N. trapezoidal. Zwischenraum ca. 2. Querrunzelung.

Nordfrankreich: Mittlere und obere Zone.

England: roof of turf-coal, Kilwinning, Ayrshire.

*Sigillaria ovata* SAUVEUR (ZEILLER emend.) 1848, Taf. LI. Fig. 2. — Vergl. Fig. 3—5 auf S. 20.

B.-N. abgerundet trapezoidal bis eiförmig oder auch fast kreisförmig. Närbchen hoch. Zwischenraum mehrfache B.-N.-Länge. Furchen gerade, Rippen meist breit. Keine aus den Seitenecken herablaufenden Kiele. ZEILLER hat 1888, S. 522, Taf. 79, Fig 3—7 die Art beschrieben. Seine Fig. 6 könnte zu *S. laevigata* gehören. Fig. 5 hat größte Ähnlichkeit mit einem Stücke von Woschczyty I, 390 m (gez. v. OHMANN), das aber mehr Runzeln hat und schon zu *S. rugosa* zu rechnen ist. Mit *S. principis* wird sie durch unsere Fig. 5 verbunden. Sie bildet also einen Beweis dafür, wie nahe sich die genannten Arten stehen.

Valenciennes. Häufig in der oberen Zone, auch in der mittleren.

*Sigillaria ovalis* LESQX., 1879—80, Taf. 71, Fig. 7, 8. Rippen ganz flach, ohne Querfurche, B.-N. eiförmig, Närbchen hoch.

## Sigillaria reniformis Brongniart 1824.

An. sc. nat. IV, S. 32, Taf. II, Fig. 2; 1836, H. v. f., I, S. 470, Taf. 142.
(Kopiert bei Weiss, A. d. Steink., Fig. 15.)

*Rhytidolepis cordata* Sternb., Versuch, I, 4, 1826, S. XXIII.
? *Sigillaria grandis* Sauveur, 1848, Taf. 57, Fig. 1 (aff. *Boblayi*).
*Sigillaria latecostata* Boulay, T. h. Nord France, 1876, S. 46, Taf. III, Fig. 2.

B.-N. breit-sechsseitig, oben ausgerandet, seitliche Ecken deutlich vorhanden oder etwas abgerundet; dann B.-N. annähernd nierenförmig. Zwischenraum 1 bis mehrfache B.-N.-Länge. Rippen breit. Querfurche vorhanden (nach Zeiller auch am Originale Brongniarts). Zeiller hat die Art näher beschrieben: Valenciennes, 1886, Taf. 84, Fig. 4—6, 1888, S. 556. Goldenberg stellt 1857, S. 50 den 1855 als *S. cactiformis*, Taf. IV, Fig. 1, abgebildeten Steinkern dazu, ohne dies durch Abbildungen zu belegen. Häufig wurden in der Literatur Erhaltungszustände hierzu gerechnet (vergl. unten bei diesen).

Vorkommen: Nord - Frankreich. Obere Zone nach Zeiller. Mines du Flénu près Mons, nach Brongniart.

Saargebiet: Rußhütte, nach Goldenberg, 1857, Taf. VIII, Fig. 31 (ob nach der Natur?).

*Sigillaria Browni* Dawson, Quart. Journ. Geol. Soc., Vol. XXII, 1866 (Cond. deposition of coal . . . Nova Scotia), S. 46, Taf. III, Fig. 2. B.-N. breit mit Seitenecken, klein. Keine Querrunzelung, Längsstreifung.

*Sigillaria planicosta* Dawson, 1866, ibid., S. 147, Taf. VI, Fig. 21. Abbildung undeutlich, typ. *laevigata*?, Querrunzelung.

*Sigillaria parallela* Unger. Über ein Lager vorweltlicher Pflanzen auf der Stangalpe in Steyermark. Steyermärkische Zeitschrift B. VI, I, 1842. Hat dem Verfasser nicht vorgelegen. Von Goldenberg zu *S. reniformis* gestellt.

## Sigillaria transversalis Brongniart.

Prodr. 1828, S. 65, 1836, I, S. 450, Taf. 159, Fig. 3.

B.-N. bei Brongniarts Abbildung sehr niedrig, mit spitzen Seitenecken; am oberen Rand ist bei mehreren eine starke Ausrandung gezeichnet. Bei Zeillers Abbildung (1886, Taf. 88, Fig. 1, 1888, S. 531) sind sie etwas höher, sonst ähnlich, oben ausgerandet. Zwischenraum 1 bis 2. Furchen gerade. Über der

B.-N. schwache Querfurche. Aus den Seitenecken laufen Kiele aus (nicht bei ZEILLERS Abbildung, wo die B.-N. die ganze Breite der Rippe einnehmen, also kein Platz dazu da ist). Das von mir skizzirte Stück Fig. 9 könnte damit identisch sein. POTONIÉS Abbildung (Wechselzonenbildung, Taf. III, Fig. 1) zeigt mit dieser Art am oberen Teile Ähnlichkeit. Hier werden bei größerem Zwischenraum die Querfurchen ausgelöscht, die Furchen etwas wellig. Ob BOULAYS var. *sparsifolia* (T. h. Nord . . . France, 1876, S. 47, Taf. 4, Fig. 4) dazu gehört, ist wohl unsicher; sie hat großen Zwischenraum, schwach wellige Furchen, B.-N. vom *Schlotheimiana*-Typus.

Eschweiler (nach BRONGN.).

## Sigillaria pentagona PUSCH.

(Polens Pal.). 1837, S. 5, Taf. II, Fig. 1, Abbildung umzukehren.

Oberer Teil der B.-N. glockenförmig, unterer ein ziemlich stark gekrümmter Bogen. Seitenecken sehr spitz; also Form der B.-N. ähnlich wie bei *S. trigona*, aber Furchen ganz gerade. Querfurchen nicht gezeichnet. Möglicherweise sind damit 2 Stücke spezifisch identisch, die ich bisher bei keiner Art unterbringen konnte. Belegstück 1 hat breit glockenförmige B.-N. mit spitzen Seitenecken und auf 1/3 der Höhe stehende Närbchen, dicht über der B.-N. fast gerade Querfurchen. Zwischenraum ca. 1/4 der Narbenlänge, soweit also ähnlich *S. trigona*, aber Furchen ganz gerade. Belegstück 2, das trotz ganz abweichenden Fundortes damit identisch zu sein scheint, hat nur etwas höheren Oberteil der B.-N. und ist der ja leider mangelhaften Abbildung bei PUSCH recht ähnlich. — Von ähnlichen Formen aus der Verwandtschaft der *S. mamillaris* unterscheiden sich diese Stücke dadurch, daß die B.-N. recht groß und trotz deren konstant glockenförmigem Aussehen die Furchen ganz gerade sind. Mit *S. vulgaris* (ARTIS) BRONGN. ist vielleicht Verwandtschaft vorhanden.

Vorkommen: Krakau, Alaunhütte zu Dabrowka (nach PUSCH).

Von den beiden vielleicht identischen Stücken der S. B.[1]:

Galizien. Bohrung Byczyna (leg. H. Potonié, IV, 1902), Belegstück 1. — Westfalen: Gasflammkohlenpartie. Bismarck, Halde (leg. W. Koehne, VIII, 1903), Belegstück 2.

## Sigillaria Cordigera Zeiller

(. . . Valenc.), 1886, Taf. 78, Fig. 5, 1888, S. 526.

B.-N. herzförmig, Ausrandung oben, groß. Furchen gerade. Mir ist nichts ähnliches sonst bekannt. Zeiller hat auch nur ein einziges Stück.

Nord-Frankreich. Mittlere Zone.

### Eigenartige Erhaltungsweisen mit eingerissener Epidermis.

Bei der Einbettung der Sigillarien kann zuweilen die Epidermis am unteren Teil der B.-N. einreissen. Im Abdruck ist dann der untere Teil der B.-N. nicht mehr erhalten und diese durch eine unnatürliche Linie nach unten begrenzt, z. B. an Stücken von Zeche Friedrich der Große in Westfalen. Ganz eigenartige, wunderbar regelmäßige Zeichnungen sind so bei dem in Fig. 15 abgebildeten Stücke entstanden. An einem Teil des Stückes fehlt aber die falsche untere Begrenzung der B.-N. und man kann einigermaßen erkennen, daß die B.-N. weiter nach unten reichten (rechts oben). Vermutlich ähnlich sind entstanden die Originale zu

*Sigillaria hippocrepis* Brongn., Ann. sc. nat., 1824, S. 82, Taf. II, Fig. 1, H. v. f., 1836, S. 467, Taf. 144, Fig. 3.

" *angusta* Brongn., 1836, S. 466, Taf. 149, Fig. 3.

B.-N. ein oben abgerundetes, aufrecht stehendes Rechteck. Rhytidolepe Sigillarien, bei denen vermutlich der untere Rand der B.-N. durch eingedrungenen Schlamm verdeckt oder abgeschnitten wurde.

Ein merkwürdiges Vordringen des Schlammes unterhalb der B.-N. zeigt Fig. 14, hier ist im Abdruck unterhalb der B.-N. eine sackförmige Anhäufung von Gesteinsmasse entstanden, die unter einigen B.-N. recht groß ist, unter anderen aber kleiner ist oder ganz fehlt.

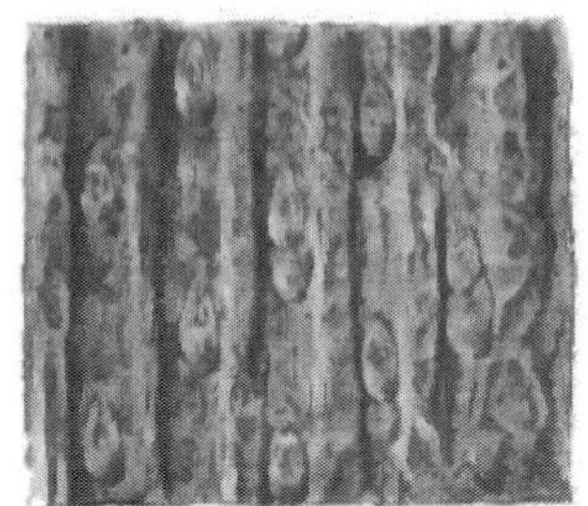

Gezeichnet von C. Tönnicks 1904.

Fig. 14. *Sigillaria* cfr. *scutellata*.
Eigentümlicher Erhaltungszustand (vergl. S. 58).
Klein-Asien: Revier von Eregli (Herakles): Amasry: Schynaly: 40"-Flötz.

Gezeichnet von C. Tönnicks 1904.

Fig. 15. *Sigillaria* cfr. *Mauricii*.
Eigentümlicher Erhaltungszustand (vergl. S. 58).
Saargebiet: Ensdorf: Eisenbahnschacht, Halde (leg. H. Potonié, 1902).

## Problematische Eusigillarien mit angeblich ovalen oder birnförmigen Blatt-Narben.

*Sigillaria arzinensis* Corda, 1845, S. 29, Taf. LIX, Fig. 12, umgekehrte Abb. B.-N. oval, groß. Närbchen hoch. Furchen gerade. Zwischenraum ca. 1. Längsgestreifte Seitenstreifen. Über den B.-N. Querrunzeln. Querfurche? — Böhmen, Kohlengruben von Arzin.

*Sigillaria oculata* (Schloth.) Brongn., 1828, Prodr., S. 64.
= *Palmacites oculatus* Schloth., 1820, S. 394, Taf. 17, Fig. 1. B.-N. birnförmig, oben eingekerbt. Zwischenraum ca. 1. Furchen fast gerade. Schmale Seitenstreifen, Längsstreifung auf den Rippen. — Vogesen. Lach im Wieler Tal.

*Sigillaria oculata* Lindl. u. H., 1832. — Nach Kidston, 1891, Abb. schlecht, vielleicht *S. ovata* Sauv.

*Sigillaria oculata* Geinitz, 1855, Taf. V, Fig. 10—12, S. 45. — Vielleicht verwandt mit *S. Boblayi*. B.-N. groß, birnförmig.

*Sigillaria Guerangeri* Brongn., Bull. soc. géol. France. 7. 1850, S. 769. — B.-N. elliptisch, Furchen wellig. — Sablé, Sarthe.

*Sigillaria elliptica* var. *ovata* Eichwald, Lethaea rossica, 1860, S. 194, Taf. XVI (non XV), Fig. 4. — Eusigillaria vom Typus *Boblayi*. — Jekaterineburg. Kamenskaja.

*Sigillaria notata* Sauv. (non Brongn.), 1848, Taf. 58, Fig. 2. — B.-N. groß, oval. Furchen gerade.

*Sigillaria lenticularis* Sauv., 1848, Taf. 58, Fig. 3. — B.-N. rundlich-birnförmig. Furchen gerade. Sonst Typ. *scutellata*?

*Sigillaria rhytidolepis* Corda, Beiträge . . . 1845, Taf. LIX, Fig. 13, S. 29. B.-N. birnförmig. Furchen wellig. Zwischenraum groß. Querrunzelung. — Böhmen: Chomle bei Radnitz, Kohlensandstein bei Swina, Tonschiefer von Wranowitz (nach Corda).

*Sigillaria coarctata* Goldenb., 1855, S. 28, 1857, S. 36, Taf. IX, Fig. 3. Ähnlich der vorigen. Zwischenraum geringer. Furchen stark wellig. — St. Ingbert.

*Sigillaria contracta* Brongn., 1836, S. 459, Taf. 147, Fig. 2. — Rippen im Gegensatz zum üblichen Verhalten neben den B.-N. verengert. Diese lang-birnförmig. Runzeln dachsparrenstellig.

*Sigillaria subrotunda* Brongn., 1836, S. 458, Taf. 147, Fig. 5. 6. — B.-N. angeblich fast kreisförmig. Zwischenraum groß. Rippen neben den B.-N. verengert. Über den B.-N. dachsparrenstellige Runzelung.

*Sigillaria regmostigma* Goldenb., 1857, S. 41, Taf. 9, Fig. 9. B.-N. groß, birnförmig, Zwischenraum ca. 1/2. Furchen fast gerade.

*Sigillaria Pittstoniana* Lesqx., 1880/82, Coal-Fl., S. 493, Taf. 71, Fig. 4. — Typus *rugosa*?

*Sigillaria solenotus* Wood, 1860, Taf. 4, Fig. 5. *S. rugosa*? Soll vielleicht dasselbe sein wie *S. solanus*, ibid. S. 237.

## II. Subsigillaria Weiss ex. p.

*Clathraria* Brongn., l. c., erweitert.
*Leiodermaria* Goldenb. ex. p., Fl. saraep. f., 1857, S. 7, 8.
*Semapteris* Unger ex. p., 1869, Anthracit-Lager in Kärnthen, S. 788.
*Sigillariae ecostatae* Sterzel ex. p., 1881, Blatt 113, S. 90.
*Subsigillariae* Weiss, 1889, Zeitschr. d. Deutsch. geol. Gesellsch., Bd. 41, S. 379.

Annähernd rhombische Polster (d. h. cancellate[1]) Skulptur), die niemals zu Längsrippen verschmelzen, vielmehr bei anderen Wachstumsverhältnissen ausgelöscht werden können und dann leiodermer Skulptur Platz machen. Da manche cancellaten Formen favularischen sehr ähnlich werden können, scheint es mir ungerechtfertigt, die Subsigillarien zu einer besonderen Gattung zu erheben, wenn sie auch in unseren Revieren erst später auftraten, als von den Eusigillarien nur noch stark von den Subsigillarien abweichende Formen vorhanden waren; auch sind zeitlich und geographisch zusammenhängende Übergangsreihen nicht erwiesen. Bemerkenswert, und die Schwierigkeiten, die sich einer phylogenetischen Ableitung der einzelnen Sigillariengruppen entgegenstellen, beweisend, ist die Annäherung der Polsterung mancher dieser jüngeren Sigillarien an *Lepidodendron* (vergl. S. 71 und im »Anhang«).

Die leioderme Form *S. camptotaenia* (= *Asolanus*), die von Goldenberg und anderen Autoren zu *Leiodermaria* gerechnet wurde, und die Weiss mit zu den Subsigillarien stellte, müssen wir aber ausschließen. Sie stände unter diesen ganz isoliert da. Cancellate Skulptur ist von ihr nicht bekannt. Sie findet sich auch schon in den Saarbrücker Schichten, wo gar keine Cancellaten vorkommen, während die leiodermen Sigillarien erst von der Ottweiler Stufe auftreten und von cancellaten Formen begleitet werden. Ihre Blattstellung ist eine andere (vergl. oben S. 34), es sind nämlich keine Orthostichen vorhanden. Ferner finden sich in Wechselzonen mit den gewöhnlichen B.-N. strichförmige, cordaitiforme, die Potonié (1894, l. c., S. 50) mit solchen der Niederblätter der Cycadaceen vergleicht. Recht niedrige B.-N. kommen allerdings auch bei *S. Brardi* in Wechselzonen mit gewöhn-

[1]) Das Adjectivum »cancellat« behalten wir in Anlehnung an den von Weiss (1869—72, S. 158) für *Clathrariae* als sachlich zutreffenden eingesetzten Abteilungsnamen »*Cancellatae*« bei.

lichen vor (GRAND' EURY . . . . Gard, Taf. 11, Fig 1), doch kommt das nur vor, wenn die Blätter infolge geringen Zwischenraumes sich nicht frei entfalten können, während bei *Asolanus* die B.-N. bei demselben Zwischenraum, bei dem auch gewöhnliche B.-N. vorkommen, strichförmig werden (l. c., Taf. 22, Fig. 1). Die beiden seitlichen Närbchen weichen von denen bei Sigillarien ab. Meist sind sie nicht deutlich zu beobachten. Nach WHITE (1899, Missouri, S. 230) sind sie schmal und lang und haben Neigung oben und unten zu einem Ringe zusammzuschließen. Ferner hat die Art knorrioide Erhaltungszustände, die sehr von denen der Sigillarien abweichen. Über ihre Beziehungen zu *Bothrodendron* siehe unter »auszuschließende Spezies«.

## Sigillaria Brardi BRONGN.

Synonymenliste (mit einigen kritischen Bemerkungen, weitere unten).

?? *Unguella carbonaria* WALCH ex. p., Naturgesch. d. Verst., 1771, Teil III, S. 119, Taf. *a* 2, Fig. 3. (Mangelhaft kenntlich.)

? *Palmacites verrucosus* SCHLOTH., Petrefactenkunde, 1820, S. 394. Verst., 1820, Taf. XV, Fig. 4, scheint ein umgekehrt abgebildeter Erhaltungszustand unserer Art zu sein (aus Wettin).

*Palmacites quadrangulatus* SCHLOTH. l. c., 1820, S. 339, Taf. XVIII (vergl. POTONIÉ, 1893, Fl. d. Rotl. . . . ., S. 192).

» *affinis* SCHLOTH. l. c., 1820, S. 395, Taf. XIX, Fig. 1 (vergl. POTONIÉ l. c., S. 192).

*Clathraria Brardi* BRONGN., Ann. sc. nat. IV, 1822, S. 222, Taf. 12, Fig. 5.

*Filicites quadrangulatus* (SCHLOTH.) MARTIUS, 1822, Denkschr. der Königl. Bayr. bot. Gesellsch. Regensb. II, S. 127.

? *Lepidodendron tetragonum* STERNB., I, 3, 1823, S. 27, IV, 1825/26, S. XII, Taf. LIV, Fig. 2. — Auf ein Stück aus SCHLOTHEIM's Sammlung gegründet, das STERNB. mit *Palmacites quadrangulatus* vergleicht. Abbildung unzureichend.

(?) *Favularia elegans* STERNB., 1825/26, S. XIV, S. 43, Taf. LII, Fig. 4. (Copiert bei WEISS, Favularien, 1887, Taf. 9, Fig. 5.)

*Favularia Berardi* (BRONGN.) STERNB., 1825/26, S. XIV.

*Lepidodendron quadrangulare* (SCHLOTHEIM) KÖNIG, Centuria II, Taf. XIII, Fig. 163. Copie aus SCHLOTH.

?? *Lepidodendron aquense* KÖNIG, II, Taf. XIV, Fig. 164. — Wohl umgekehrte schlechte Abbild.

*Sigillaria Brardi* (BRONGN.) BRONGN., Prodr., 1828, S. 65. — 1836, S. 430, Taf. 158, Fig. 4. (Wieder abgebildet bei WEISS-ST., 1893, Fig. 82.)

(?) *Sigillaria elegans* (Sternb.) Brongn., Prodr. 1828, S. 65 (non 1836, Taf. 146, Fig. 1).
*Sigillaria Menardi* Brongn., Prodr., 1828, S. 65. — 1836, S. 430, Taf. 158, Fig. (5?) 6.
*Lepidodendron Ottonis* Göppert, Foss. Farnkräuter, 1836, S. 462, Taf. 42, Fig. 2, 3. (Wieder abgebildet von W.-St., Fig. 65).
*Sigillaria rhomboidea* Brongn., 1836, S. 425, Taf. 157, Fig. 4. — Vergl. W.-St., S. 117. (Bei Goldenb., 1857, Taf. 6, Fig. 6 falsch wiedergegeben.)
? *Sigillaria lepidodendrifolia* Brongn., 1837, S. 426, Taf. 161, Fig. 3 (1, 2?). Vergl. S. 70.
*Aspidiaria Schlotheimiana* Presl in Sternb. (non *S. Schlotheimiana* Brongn.), 1838, S. 181, Taf. LXVIII, Fig. 10 (vergl. Potonié, l. c., S. 193).
» *Menardi* (Brongn.) Presl in Sternb., ibid., S. 182.
*Sigillaria elegans* Brongn., 1839, Structure intér. du *Sigillaria elegans*.
» *spinulosa* Germar, Verst. d Steink. v. Wettin und Löbejün, 1848, S. 58, Taf. XXV, Fig. 1, 2. (Wieder abgebildet von W.-St., Taf. X, Fig. 50.
» *stellata* Lesqx., 1858, S. 871, Taf. XIV, Fig. 2. Vergl. S. 70.
» *Preuiana* Roemer, 1862, S. 42, Taf. XII, Fig. 7 (nach Sterzel gleich *S. Menardi*, vergl. W.-St., S. 167).
? *Lepidodendron sexangulare* Eichwald (non Göppert), Lethaea rossica, 1860, Taf. V, Fig. 8.
? *Asolanus camptotaenia* Wood, 1860, Contr. Carb.-Fl. U. S., Taf. 4, Fig. 2.
*Sigillaria denudata* Göppert, Palaeont. 12, Permfl. 1864/65, S. 200, Taf. 34, Fig. 1. (Wieder abgebildet von W.-St., Fig. 39.)
» *Ottonis* (Göppert) Göppert, 1864/65, l. c., S. 201.
*Lepidophloios platystigma* Dawson exp., Quart. J. Geol. Soc., Vol. 22, 1866, S. 164, Taf. X, Fig. 48 (non 47). — Von Weiss (Flora), S. 161, als *Sigillaria platystigma* zitiert.
? *Semapteris tessellata* Unger (non Brongn.), 1869, S. 790, Taf. III, Fig. 2.
(?) *Sigillaria rimosa* bei Weiss ex. p. (Fl. d. j. Steink. u. d. Rotl.), Taf. XIV, Fig. 5.
? *Sigillaria obliqua* Lesqx. (. . . Penns. . .), Taf. 73, Fig. 18 (vergl. S. 69).
? » *reticulata* Lesqx., 1880 (non 1860) Coal-Fl., Taf. 73, Fig. 19, 19a.
? ? *Sigillaria aquensis* (König) Kidston, Catalogue, 1886, S. 181.
(?) *Sigillaria Grasiana* Brongn., dem Verfasser nur durch Grand' Eury's Angaben bekannt, siehe unten.
*Sigillaria Wettinensis* Weiss, Zeitschr. d. Deutsch. geol. Gesellsch., 1888, S. 569, Fig. 3.
» *quadrangulata* (Schloth.) Grand' Eury, (. . . Gard), 1890/92, S. 250, Taf. XII, Fig. 1.
? *Sigillaria minutissima* Grand' Eury (non Göppert), 1890/92, S. 251. Taf. XI, Fig. 7.
*Sigillaria mutans* Weiss, 1893, Abhandl. d. Königl. Preuß. Geol. Landesanstalt. Neue Folge, Heft 2, S. 84—171, Fig. 39, 42—78, 80 bis 82, Textfigur auf S. 102.

*Sigillaria subrhomboidea* Weiss, ibid., S. 86 = *S. mutans* f. *subrhomboidea*, ibid., S. 118.

» *subleioderma* Weiss, ibid., S. 43 = *S. mutans* f. *subleioderma*, ibid., S. 120.

» *glabra* Weiss, ibid., S. 81, Fig. 37.

» *palatina* Weiss, ibid., S. 82, Fig. 38.

» *ambigua* Weiss et St., ibid., S. 172, Taf. 20, Fig. 79.

(?) *Sigillaria Renaulti* Sterzel, ibid., S. 229. Gegründet auf Taf. I, Fig. 3 und 4 bei Renault: Rech. s. les vég. silic. d'Autun. Étude du Sigillaria spinulosa par Ren. et Grand' Eury. 1875, Mém. acad. sciences, T. 22, No. 9. — Die abgebildeten B.-N. des anatomisch untersuchten Stückes lassen die genaue Gestalt der B.-N. nicht erkennen.

(?) » *Grand' Euryi* Sterzel (non Lesqx.), ibid., S. 230. Gegründet auf Fig. 2 am bei voriger Art angeführten Orte. — Die epidermale Oberfläche ist offenbar nicht sehr gut erhalten.

Eine Diagnose erübrigt sich, da die preußischen Vertreter der Art von Weiss-Sterzel 1893 durch Abbildungen und Beschreibungen ausführlich dargestellt wurden. (Unter dem Namen *S. mutans* wurden 41 Stücke abgebildet und 43 Formen bezw. »Varietäten« unterschieden). Die Belege dafür, daß es gerechtfertigt ist, einerseits kleinnarbige Formen wie *S. Menardi*, andererseits auch leioderme wie *S. denudata* und *lepidodendroid* gepolsterte wie *S. Ottonis* der cancellaten Urform von *S. Brardi* zuzurechnen, wurden dort gegeben, nachdem schon vorher Weiss (Zeitsch. d. Deutsch. geol. Gesellsch., 1888, S. 565) und Zeiller (Sur les variations de formes du *Sigillaria Brardi* Brongn., Bull. S. G. Fr., 1889, S. 603, Taf. 14) Beweise für die Zusammengehörigkeit von »Cancellaten« und »Leiodermen« erbracht hatten; vergl. auch weiter Potonié (Wechselzonenbildung, 1893/94) und Kidston (On *Sigillaria Brardii* and its variations, 1896). Dieser Autor bemerkt auch sehr richtig S. 237, daß die Form der B.-N. bei unserer Art verhältnismäßig wenig variiert.

An *S. Menardi* schließen sich auch favularische Formen an; so beobachtete E. Weiss (Zeitschr. d. Deutsch. geolog. Gesellsch., 1888, S. 569), daß zu einem Stamme mit echten *S. Brardi*-Polstern ein Zweig gehörte mit B.-N. und Polstern, die von »Favularien-narben und Polstern nicht unterschieden werden können. Ein Bruchstück von solcher Stelle würde sehr leicht als *S. elegans* gelten können«. Das interessante Stück ist in Fig. 61, 1893 bei WEISS-ST. veröffentlicht. Den großnarbigen Formen schließt sich an *S. ichthyolepis* (STERNB.) CORDA, die ebenfalls ganz favularisch werden kann.

Gabelung kommt vor, z. B. RENAULT, Autun et Ep., 1896, Taf. 35, Fig. 1.

Synonymie: Kurze Bemerkungen wurden schon in der Liste eingefügt. Daß der Name *S. Brardi* zu wählen sei und keiner der älteren, wurde von POTONIÉ (Fl. d. Rotl. v. Thüringen) 1893, S. 193 begründet. Der von WEISS für *S. Brardi* eingeführte neue Name *S. mutans* wurde, als mit den Prioritätsgesetzen in Widerspruch stehend, zurückgewiesen, z. B. von KIDSTON (l. c.), der auch sonst mit der STERZEL'schen Nomenclatur nicht einverstanden ist.

An dem Original zu *S. glabra* WEISS sind nur im oberen Teil des Stückes deutlichere B.-N. erhalten (im Abdruck), hier sind auch Andeutungen der üblichen Runzelung zu sehen; im übrigen ist der Erhaltungszustand des Stückes ein sehr ungünstiger in grobem Sandstein. — Das Original zu *S. palatina* WEISS vom selben Fundort zeigt die B.-N. wie bei *S. Brardi* und die Runzelung an recht vielen Stellen durchaus deutlich. WEISS gibt dagegen glatte, nicht dekorierte Oberfläche an, was ihn wohl zur Abtrennung der Spezies bewogen hat.

*S. rhomboidea* wurde von ZEILLER 1889, l. c., S. 608 zu unserer Art gestellt, mit Recht.

Als *S. Grasiana* BRONGN. wurden von GRAND' EURY 1890/92 (. . . . Gard.) Taf. X, Fig. 11, 12 bestimmt, die sich durch kleinere B.-N. und größeren Zwischenraum von *S. spinulosa* (= *S. Brardi*) unterscheiden sollen. Ein entliehenes französisches Stück (von dem ein Wachsabdruck gemacht wurde) zeigt aber zuunterst eine echte lepidodendroid gepolsterte *S. Brardi*, darüber viel kleinere B.-N. bei geringem Zwischenraum, endlich kleine B.-N. von größerem Zwischenraum auf ganz leiodermer Rinde. Das berechtigt uns, sogar auch *S. minutissima* GRAND' EURY einzuziehen.

*S. Menardi* wurde von STERZEL 1878 zu *S. Brardi* als var. *subquadrata* gestellt. Das Original ist nach einer brieflichen Mitteilung ZEILLER's an WEISS nicht mehr vorhanden.

*Favularia elegans* Sternb. [= *S. elegans* (Sternb.) Brongn. 1828] gehört höchst wahrscheinlich zu den mit der Eusigillarie *S. elegantula* Weiss (= *S. elegans* vieler Autoren) leicht zu verwechselnden Formen von *S. Brardi* (vergl. oben). Brongniart bestimmte 1836 eine *S. elegantula* als *S. elegans*, — 1839 dagegen eine Subsigillaria. Renault (Comptes rendus 1885) wies deren Übereinstimmung mit *S. Menardi* nach und überzeugte auch durch eine übersandte Photographie E. Weiss davon (Gesellsch. naturf. Freunde, Mai 1886), der vorher auf Grund der Brongniart'schen Abbildung an der Identität des Stückes mit echten *Favularien* festgehalten hatte (ibid. Februar 1886).

Zwischen derartige Formen fügt sich *S. ambigua* ein, deren Abbildung auch Weiss zwischen solche von *S. Brardi* eingeschaltet hatte.

Vorkommen.

Niederschlesien: Radowentz, Flöz 7.

Bei der Wiederabbildung des Originals von *S. denudata* gibt W.-St. (Fig. 89) Tannhausendorf in Niederschlesien an, statt, wie Göppert, Permischen Stinkkalk von Böhmen.

Böhmen: Stinkkalk des Rotliegenden von Ottendorf (nach Göppert: *S. Ottonis* und *S. denudata*) — Studniowes bei Schlan, Hg. des oberen Flözes.

Königreich Sachsen: Sektion Hohenstein-Limbach, Beharrlichkeitsschacht, über dem 1. Flöz (ob. Stufe des mittl. Rotl.) nach Sterzel: Pflanz. R. d. Rotl. v. Sektion Hohenstein-Limbach.

Wettin: Catharinaschacht, Mittel im Dreibankflöz. — Brasserschacht.

Ilfeld: Poppenberg (W.-St., Fig. 76) — »Neustadt a. Harz« (W.-St., Fig. 75).

Thüringen: Öhrenkammer, Manebach (nach Potonié l. c., Taf. XXVII, Fig. 1, 2).

Saargebiet: Ottweiler Schichten: Grube Hirtel (Weiss' Flora . . ., Taf. 16, Fig. 1). Grube Labach, Kreis Saarlouis (f. *denudata*: Weiss' Flora . . ., S. 159, Taf. XVI, Fig. 3). Schwalbach, Schwalbacher Schacht, Wahlscheider Flöz. — Rotliegendes (unteres): Guttenbacher Hof bei Alsenz [nach Weiss, Gesellsch. naturf. Fr., Februar 1886 (= W.-St., Fig. 78) f. *Menardi*].

**Vogesen**: Triembach [*S. rhomboidea* BRONGN. l. c.; nach BOULAY (. . T. h. . . Vosges, 1879, S. 35) nur dies eine Stück gefunden].

**Frankreich** (Zentralplateau). Becken von Autun und Epinac: zahlreiche Fundorte (RENAULT, 1896). — Loire-Gebiet: zahlreiche Fundorte (GRAND'EURY, 1877). — Gard-Gebiet: z. B. Champclauson, Grande Combe (nach GRAND'EURY . . . . Gard, Taf. XI, Fig. 1—4, Taf. X, Fig. 11, 12). — Terrasson: Mines de Lardin (nach ZEILLER, 1889, l. c.). — Nièvre: Mines de la Machine, près de Decize [nach ZEILLER . . . T. h. France, 1880, Taf. 174, Fig. 1 (Wechselzone!) S. 135]. — Tarn: Mines de Carmaux (nach ZEILLER, ibid., Taf. 174, Fig. 2, S. 137: *S. rhomboidea*).

**England**: Middle Coal-Measures: (Cope's Marl Pit, Longton, North Straffordshire (nach KIDSTON, 1896, l. c., Taf. 7, Fig. 2). — Upper Coal-Measures: Eisenbahneinschnitt, Florence Colliery, Longton, North Straffordshire (nach KIDSTON, 1896, l. c., Taf. 7, Fig. 1).

**Nord-Amerika**: — ? Neu-Schottland: Middle Coal-Measures: Joggins, Sydney (nach DAWSON, *Lepidophloios platystigma*). — Anthracit-Gebiet: »Upper strata« (nach LESQX., 1880/82, S. 479, Taf. 73, Fig. 8—16 nicht recht typisch). — Apalachisches Gebiet: SW. Penn'a. Washington: Washington Coal, Hangendes, (nach FONTAINE a. WHITE, 1880, S. 97). — (Wilkesbarre in Penn'a, nach BRONGN., 1836, Taf. 158, Fig. 5?).

?? **Südafrika**: Sandstein von Vereeniging: Der Erhaltungszustand der von SEWARD (Assoc. of *Sigillaria* and *Glossopteris* in South Afrika: Qu. J. Geol. Soc., 1897, S. 326, Taf. XXIII, Fig. 2, Taf. XXII, Fig. 3, Textfigur 2a-p, 3) als *S. Brardi* angegebenen Reste ist nicht so, daß man die Stücke sicher identifizieren kann. Vielmehr ist es wahrscheinlich, daß es sich nicht um Sigillarien-, sondern *Lepidodendraceen*-Reste handelt. SEWARD sucht sich das Vorhandensein einer V-förmigen Zeichnung durch den Verlauf der Parichnosstränge bei den Lepidodendren zu erklären, ohne zu berücksichtigen, daß nach allen bisherigen Beobachtungen diese bei den Sigillarien anders verlaufen (cfr. S. 74). Eine V-förmige Zeichnung findet sich unter den B.-N. bei einem *Lepidodendron*

5*

aus der Königin-Luise-Grube (auf den mich Herr Prof. Potonié aufmerksam machte).

**Sigillaria ichthyolepis** (Sternb.) Corda. Liefr. II, 36.

**Sigillaria biangula** Weiss. Jahrb. d. Königl. Preuß. Geol. Landesanstalt für 1885, S. 360 mit Holzschnitt. — 1893, S. 75, Fig. 31, 32. — B.-N. etwa querelliptisch, Seitenecken spitz, ähnlich denen von *S. ichthyolepis*. Zwischenraum bedeutend. Längsrunzelung. — Saargebiet: Dach des Schwalbacher Fl.

**Sigillaria Defrancei** Brongn. Prodr., 1828, S. 66 — 1836, S. 432, Taf. 159, Fig. 1. Der Oberteil der B.-N. ist ganz hoch, der untere ganz flach, eventuell könnte das Stück umgekehrt abgebildet sein. Polster breit-rhombisch. Die von W.-St. hierher gestellten Stücke des Saargebiets habe ich zu *S. ichthyolepis* gestellt. — Frankreich: Gard-Gebiet, nach Grand' Eury (1890/92, S. 250) nur étage inférieur, anders als *S. Brardi*.

*Sigillaria Defrancei* var. **delineata** Grand' Eury (... Gard, 1890/92, Taf. XI, Fig. 6, S. 250) hat rhombische B.-N. in der Mitte der Polster und 2 Kanten unter den B.-N. Der Autor gibt an, es seien Übergänge zu dem (recht abweichenden) Originale Brongniart's vorhanden.

**Sigillaria Biercei** Newberry. Annals of Science, vol. 1. Cleveland, 1853: No. 8, Februar, S. 96. — No. 14, Mai, S. 164, Fig. 2, S. 165. — B.-N. und Polster sehr regelmäßig sechsseitig und nicht rhombisch, sonst wie vorige Form. — Nord-Amerika: Ohio, Coshocton [Allegheny-(ev. Pottsville-) Series, nach freundlicher Mitteilung von Herrn David White in Washington].

**Sigillaria Mc Murtriei** Kidston (On some new ... Lycopods ...) 1885, S. 358, Taf. XI, Fig. 3—5.

= *Sigillaria Eilerti* Weiss, Gesellsch. naturf. Freunde, 1886, No. 2, S. 12, Fig. 3.

Mit 2 Kanten unter der B.-N. und einem Mediankiel, der auch schwach sein oder fehlen kann. Eine Anzahl verschiedener Formen gehört hierher. Zwei Stücke, die Weiss von Kidston erhalten, sind auf Taf. XXVI, Fig. 100, 101, bei W.-St., 1893, abgebildet.

*S. Eilerti* WEISS ibid., Fig. 99 (ohne Mediankiel) paßt in die Reihen der englischen Formen hinein. — Saargebiet: Untere Ottweiler Schichten: Schwalbacher Flöz: Ensdorfer Schacht. — England: Upper Coal Measures: Radstock Series.

**Sigillaria Zeilleri** POTONIÉ (Fl. d. Rotl. . .), 1893, S. 194, gegründet auf *S. quadrangulata* ZEILLER (non SCHLOTH.), 1885 (. . . Grand' Combe . . ., Bull. S. Geol. France, 3, XIII, S. 142, Taf. IX, Fig. 3, 4. — Sehr ähnlich der Fig. 59 von *S. Brardi* bei W.-ST., 1893: unterscheidet sich nach ZEILLER (a. S. 64 a. O.), 1889, S 609, von dieser Art durch von geraden Linien begrenzte, rhombische Polster und feine Erhebungen, die der Rinde ein chagriniertes Aussehen geben. — Frankreich: Grand' Combe.

**Sigillaria Danziana** GEINITZ, 1861, Sigillarien in der unteren Dyas. Zeitschr. d. Deutsch. Geol. Gesellsch. XIII, S. 692, Taf. XVII, Fig. 1 (wiederabgebildet bei W.-ST., Fig. 36, S. 80). Von *S. Brardi* durch Dekorationen unterschieden, nämlich radiale Runzeln auf der B.-N. und auch schwächer auf einem diese umgebenden, konzentrischen Hof. Übrige Rinde unregelmäßig gerunzelt.

Thüringen: Unterrotliegendes, Stollnbachswand bei Klein-Schmalkalden (mit *Walchia* zusammen).

**Sigillaria Fritschii** WEISS, 1893, S. 175, Taf. 21, Fig. 83. — Abdruck in grobem Sandstein; die Zeichnung, die nach einem Abzug in Fließpapier des in Halle befindlichen Originals angefertigt wurde, läßt eine genauere Bestimmung des zum Typus *Brardi* gehörigen Stückes nicht zu. »Werderscher Steinbruch bei Rothenburg a. d. Saale (Ottweiler Schichten)«.

**Sigillaria ornata** BRONGNIART, 1836, S. 431, Taf. 158, Fig. 8 (7?). — *S.* typ. *Brardi?*

**Sigillaria obliqua** BRONGN., 1836, Taf. 157, Fig. 1, 2, S. 429. — Zeigt einen Verlauf der Runzelung, der an *Asolanus camptotaenius* erinnert. — Pennsylvania: Wilkesbarre.

**Sigillaria sculpta** LESQUEREUX, Pennsylvania, 1858, S. 871, Taf. 13, Fig. 3. B.-N. rhombisch. Längsrunzelung vom *Asolanus*-Typus. — Neu-Philadelphia: The gate vein. — Von FONT. u. WHITE aus Lower coal-measures angegeben.

**Sigillaria dilatata** LESQX., ibid., S. 871, Taf. 13, Fig. 4. — B.-N. klein, breit, oben ausgerandet. Hat einige Ähnlichkeit mit *Asolanus*, aber auf dem Steinkern nur je 2 Närbchen, wellige Längsstreifung, keine *Knorria*-Wülste.

**Sigillaria obliqua** LESQUEREUX (non BRONGN.), Penn'a, 1880/82, Taf. 73, Fig. 18.

*Sigillaria pesa* Lesqx., 1858, S. 871, Taf. 13, Fig. 4. — Letztere Art, die nur ein Närbchen haben soll, ist wohl nur ein schlecht erhaltenes Exemplar von ersterer. Diese steht *S. Brardi* nahe, zu der sie von Potonié l. c., gestellt wurde. — B.-N. oben stark ausgerandet. — Pennsylvania: Muddy Creek.

**Sigillaria stellata** hat sternförmig von den B.-N. ausstrahlende Linien; wurde von Fairchild 1877 zu *S. Brardi* gezogen (siehe S. 63).

**Sigillaria Schimperi** Lesqx., 1858, S. 871, Taf. XIV, Fig. 1. — Höchst wahrscheinlich hat Lesqx. ein mangelhaft erhaltenes Stück umgekehrt. Es mag ihm eine sehr großnarbige Form vom Typus der *S. Brardi* vorgelegen haben, fast *leioderm*, mit vorspringendem Unterrand der B.-N.

Sektion: **Mesosigillaria** Grand'Eury, 1890/92, S. 247. Die Grenze zwischen *Eusigillarien* und *Subsigillarien* ist vielleicht keine scharfe. Grand' Eury führte obenstehenden Namen für solche Formen ein, bei denen die epidermale Oberfläche zwar glatt, eine tiefere Rindenschicht aber deutlich gefurcht ist. Er stellte hierher *S. lepidodendrifolia*, *S. Mauricii*. Es ist aber wohl möglich, daß bei allen Subsigillarien *rhytidolepe* Erhaltungszustände vorkommen können (vergl. S. 81).

## Spezies, deren Stellung zu den Eu- oder Subsigillarien nicht ganz gesichert ist.

**Sigillaria lepidodendrifolia** Brongn., 1837, Taf. 161, Fig. 1 A und 2. Die Stücke erwecken nach Zeiller den Verdacht, die Art habe mehr oder minder gerippte Rinde (1888, S. 540). Brongniart bezeichnet sie als leioderm mit »quelques plis longitudinaux qui paraissent accidentels«. Demnach wäre sie gleich *S. Brardi* (besonders Fig. 3). — Frankreich: St. Etienne.

*Sigillaria cuspidata* Brongn., Prdr., 1828, S. 65. — 1836, Taf. 153, Fig. 2. — Das Original von St. Etienne hat Zeiller geprüft (1888, S. 540). Die Figur ist ungenau und das Stück wohl eine schwach *rhytidolepe S. lepidodendrifolia*.

**Sigillaria Mauricii** Grand' Eury (. . . Gard . ., 1890/92) S. 248, Taf. V, Fig. 10, 11, Taf. X, Fig. 1, Taf. XI, Fig. 8, Taf. XIII, Fig. 3, 4, 5, 7 B. — B.-N. sechsseitig, deutliche Seitenecken. Polster in Taf. V ähnlich wie bei *S. trigona*, in Taf. XI ausgelöscht, in Taf. XIII rhytidolep. B.-N. auf Taf. V mit zugespitzten Seitenecken; auf Taf. X mit abgerundeten; auf Taf. XI wie bei *S. Boblayi*, unter den B.-N. 2 Kanten.

**? Sigillaria trigona** (Sternb.) Brongn., 1828; Weiss em., 1887, S. 36, 53, Taf. V, Fig. 54.

= *Lepidodendron trigonum* Sternb., 1820, Taf. 11, Fig. 1 = *Cactites trigonus* (Sternb.) Martius, 1822, S. 189 = *Favularia trigona* (Sternb.) Sternb. 1825 26.

B.-N. glockenförmig, sehr groß, auf sechsseitigen Polstern. Vergl. auch *S. pentagona* Pusch.

**Sigillaria Moureti** Zeiller, 1880, Pl. foss. du perm. de la Corrèze, S. 210, Taf. VIII, Fig. 3, 4. — Brive, 1892, Taf. XIV, Fig. 4.

B.-N. groß, breit-sechseckig, mit sehr spitzen Seitenecken. Närbchen sehr weit oben stehend, seitliche groß. Zwischenraum über 1. Längsfurchen wellig, schwach, runzelig. Taf. VIII, Fig. 3 macht den Eindruck einer *Eusigillaria*, Fig. 4 mit längerem Unterteil der B.-N. den einer *Subsigillaria*: eine spezifische Trennung beider ist aber ausgeschlossen. — Das schlecht erhaltene Stück von W.-St. (Fig. 102) könnte dazu gehören. Vielleicht ist die Art die *leioderme* Form zu *S. ichthyolepis* oder *S. Mc Murtrici*.

Frankreich: Brive: Mine de Cublac.

*Lepidodendron costatum* Lesqx., 1866, Geol. Rep. Illinois, S. 453, Taf. 44, Fig. 7. Die Abbildung zeigt eine *Sigillaria* (aff. *Moureti*?), deren B.-N. Lesqx. für die Gefäßspur eines *Lepidodendron* hält.

**Sigillaria cumulata** W. Liefr. III, 60.

### Lepidodendron-ähnliche Spezies.

**Sigillaria halensis** Weiss, 1893, S. 83, Taf. VIII, Fig. 40, 41. — Könnte für ein Lepidodendron mit sehr schwachen Polstern gehalten werden, wenn nicht die Närbchen über der Mitte der B.-N. ständen. — Wettin: Catharinaschacht.

*Sigillaria Serlii* Brongn., Prdr., 1828, S. 66. — 1836, S. 433, Taf. 158, Fig. 9, 9A. — (= *Lepidodendron Serlii* (Brongn.) Presl in Sternb., 1838, S. 177). B.-N. querrhombisch. Polster rhombisch (nicht hexagonal), sehr lepidodendroid, jedoch nach der Beschreibung kein Mediankiel, den aber eine B.-N. der Abbildung zeigt. — Sommersetshire.

**Sigillaria reticulata** Lesqx., Bot. a. Pal. rep. of Arkansas, 1860, S. 310, Taf. III, Fig. 2.

B.-N. mit sehr spitzen Seitenecken, oben ausgerandet, auf der Abbildung teils mit langer oberer Seite (*Schlotheimiana*-Typus), teils mit kürzerer gezeichnet. B.-N. nicht in genauen Orthostichen.

Unter den B.-N. Querrunzelung, sonst Längsrunzelung, wie bei Exemplaren von *Lepidodendron Volkmannianum*, bei denen durch Dickenwachstum die Polster ausgelöscht wurden (vergl. FISCHER, Abh. Neue Folge, Heft 39, S. 13). Ein Exemplar, das ZEILLER, 1886, Taf. 88, Fig. 2 abbildete, hat niedrigere B.-N, die in der Detailfigur stark ausgerandet sind; bei der Hauptfigur ist aber das nicht der Fall: Vergl. die 3. B.-N. von unten in der rechten Reihe. Diese ähnelt sehr den B.-N. von *Lepidodendron Volkmannianum*, bei dem ebenfalls Einkerbungen des Oberrandes vorkommen, z. B. an einem von G. HOFFMANN gezeichneten Stücke aus Niederschlesien. — Ein solches *Lepidodendron* der S. B.[1] war von POTONIÉ als »An *Sigillaria reticulata*« bestimmt. Das von W.-ST., 1893, Fig. 33, 34 abgebildete Stück ist ebenfalls sehr *Lepidodendron*-ähnlich, besonders durch die *Aspidiopsis*-ähnlichen Wülste auf dem Steinkern, die bei Sigillarien nicht bekannt sind.

LESQUEREUX' Abbildung von 1882 weicht erheblich von den bisher besprochenen Stücken ab (Coal-Fl., Taf. 73, Fig. 19, 19a). Sie wurde von POTONIÉ (1893, Pl. d. Rotl. . .) zu *S. Brardi* gestellt, was aber sehr unsicher ist.

*Sigillaria Lorenzi* LESQX., 1880/82, S. 473, soll sehr nahe stehen, ist aber nicht abgebildet.

Niederschlesien: Hangend-Zug, Paulineschacht. — Département Pas-de-Calais. — Nordamerika: Arkansas.

## Problematische Subsigillarien.

*Sigillaria venosa* BRONGN., 1836, S. 424, Taf. 157, Fig. 6 (= *S. laevigata*, 1828, S. 66 und S. 172, non S. 64). — B.-N. ähnlich wie bei *S. Boblayi*, sechsseitig-birnförmig. *Leioderm* mit unregelmäßiger Runzelung. — Unteres produktives Carbon. Dép. Loire inf., Montrelais.

*Sigillaria leioderma* BRONGN., 1836, S. 422, Taf. 157, Fig. 3. — Große ovale B.-N. in Schrägzeilen in geringem Abstand auf der glatten Rinde. Närbchen 1. — ??

*Sigillaria Beneckeana* WEISS, 1893, S. 205, Taf. 27, Fig. 103 und 104. B.-N. birnförmig, im Quincunx sich berührend. Nur 1 Närbchen. Daher Zugehörigkeit zu *Sigillaria* zweifelhaft.

## II. Das Innere der Stämme.

### Die Rinde, ihre Erhaltungsweisen an alten Stämmen und im fossilen Zustande, und ihre Steinkerne.

Es sei vorausgeschickt, daß die anatomisch untersuchbaren Reste fossiler Pflanzen in der Regel nicht alle Teile gleichmäßig enthalten, vielmehr vor ihrer Mineralisierung schon eine Mazeration erlitten haben, die die weicheren Gewebe mehr oder minder zerstörte. Infolgedessen sind an verkieselten etc. Stämmen, diejenigen Teile am vollständigsten erhalten, die auch an kohligen Resten den Hauptanteil haben.

Bei den anatomischen Untersuchungen von *Sigillaria*-Rinden durch BRONGNIART, RENAULT, WILLIAMSON etc. hat sich gezeigt, daß der innere Teil der Rinde meist aus einem wenig widerstandsfähigen Gewebe besteht, von dem entweder gar nichts oder nur undeutliche Fetzen sich vorfinden. Was fossil zusammenhängend erhalten ist, ist nur ein äußerer Teil, den wir als Außenrinde (nicht synonym mit *Periderma)* bezeichnen wollen. Sie besteht in der Regel wieder aus zwei Schichten.

Der innere Teil ist wohl in der Mehrzahl der Fälle aus derben, langgestreckten, prosenchymatischen, radial angeordneten Zellen gebildet. — Bei *S. spinulosa* zeigte er *Dictyoxylon*-Struktur, worunter man eine von unregelmäßig verlaufenden, Maschen bildenden Lamellen festerer Beschaffenheit (nach RENAULT Kork) durchsetzte Rindenschicht versteht.

Über dieser festen Rindenschicht konnte noch eine zweite parenchymatische, aus isodiametrischen Zellen bestehende, nachgewiesen werden (vergl. besonders Williamson, Memoir II, 1871, S. 210–214).

Die Blattspur verläuft in der Außenrinde fast senkrecht zur Oberfläche, wie Renault angibt, was die Figur Williamson's, l. c., Taf. XXIX, Fig. 42 zeigt und was man an allen kohlig erhaltenen Außenrinden wahrnehmen kann. Die Parichnosstränge verlaufen, wie die Blattspur, senkrecht zur Oberfläche durch die Außenrinde hindurch, während sie bei *Lepidodendron* zur Oberfläche zurückbiegen. Dies Verhalten bedingt bedeutende Unterschiede in den Erhaltungszuständen der beiden Familien.

Die kohlig erhaltenen Rindenreste, die also die Außenrinde repräsentieren, sind häufig nicht weiter in Schichten geteilt. (Nach Williamson werden sie durch »the firm layer of bast tissue that occupies its inner surface« zusammengehalten.) Zuweilen trennen sich aber 2 kohlige Schichten. Häufig ist dann nur die innere erhalten, während die äußere verschwunden ist. Jedenfalls ist es die parenchymatische Schicht, die dabei fortgeht; während die prosenchymatische innere als widerstandsfähigster Teil des ganzen Stammes erhalten bleibt. Der Kürze halber soll die vermutliche Außenfläche dieser Schicht mit i, die unten zu definierende Syringodendron-Oberfläche mit s, die epidermale Oberfläche mit a bezeichnet werden, die entsprechenden Negative mit a', i', s'.

Es kann als sicher gestellt gelten, daß durch das Dickenwachstum die Umrisse der Blattnarben schließlich, wenn auch erst nach längerer Zeit, verschwinden, während die seitlichen Närbchen zu sehr großen Malen werden.

Nach seinen Untersuchungen bei verkieselten Subsigillarien schildert Renault den Vorgang folgendermaßen:

(Renault-Zeiller, Commentry, 1888, S. 543.) Wenn die Dicke der Außenrinde, die Renault als Couche subéreuse bezeichnet, 1 cm nicht übersteigt, erkennt man daran deutlich die B.-N. der Sigillarien. Wenn aber die Dicke mehrere Zentimeter erreicht, werden die B.-N. undeutlich und die Polster bieten zahlreiche Spalten und sind teils oder ganz losgelöst. Auf noch dickeren Rinden bleibt keine Spur der Polster, die Blattspur verschwindet, nur 2, den beiden seitlichen Närbchen entsprechende Male sind zu sehen, die gemäß der Ausdehnung der Rinde außerordentlich anwachsen. — Diesen Zustand bezeichnet man als *Syringodendron*.

### Hilfsgattung Syringodendron.

STERNBERG, I, 1, 1820, S. 23, 24, Taf. XIII, Fig. 2 (non Fig. 1). — III, 1824, S. 38, 39, Taf. 37, Fig. 5. — IV, 1825/26, S. XXIV, Taf. 58, Fig. 2.

Von den beiden von STERNBERG zuerst mit diesem Namen belegten Stücken läßt das eine, Taf. XIII, Fig. 1, wohl keine ganz sichere Deutung zu, das andere, Fig. 2, ist die Innenseite der kohligen Rinde einer rhytidolepen Sigillaria. Diese haben wir als *Syringodendron* im ältesten Sinne zu bezeichnen. GRAND' EURY nannte sie *Pseudosyringodendron* Später hatte nämlich STERNBERG die Gattung erweitert (1824), indem er die Basis eines Stammes, bei der die B.-N. in der eben geschilderten Weise verschwunden waren, als *Syringodendron boghalense* bezeichnete; näheres über den Zustand der Male läßt sich nicht erkennen. Diese sind auf Taf. 58 bei *Syringodendron alternans* zu sehen, der in dieselbe Kategorie gehört. Da es aber nicht immer sicher ist, ob ein *Syringodendron* in die eine oder die andere Gruppe gehört, empfiehlt es sich, den gemeinsamen Namen beizubehalten.

Beide Kategorien sind längsgestreift. Die Male können zusammenfließen zu »Gesamtmalen«. Z. B. sind sie an einem Stücke der S. B.[1] (Alte Halde, Rischbach, St. Ingbert, leg. H. POTONIÉ, 27. Oktober 1901) z. T. durch einen senkrechten Schlitz getrennt, teils bewirkt dieser nur oben und unten eine Einkerbung, während in der Mitte oder dem oberen Rande etwas näherstehend eine Vertiefung sich findet. Ferner ist das Stück dadurch merkwürdig, daß unten an das Gesamtmal sich noch in der Mittellinie ein kleineres, hoch-elliptisches Mal anschließt[1].

Die zusammengeflossenen Male können den B.-N. von *S. elongata* entfernt ähnlich sehen. Das hat die durchaus irrige Annahme FEISTMANTEL's (1873, Verb. d. k. k. geol. R.-A., S. 127) veranlaßt, diese Art sei ein »Decorticationsstadium.«

[1]) Abbildungen von Erhaltungszuständen bleiben dem Lieferungswerk vorbehalten.

### A. Vermutlich von der Basis großer Stämme.

Male groß, meist höher als breit, getrennt oder mehr oder minder verschmolzen; in Orthostichen. Öfter von einem Wulst umgeben, nach Renault, l. c., S. 547, »correspondant au tissu formé de cellules vasiformes qui entoure l'organe sécréteur«. Furchen häufig undeutlich, in die Breite gezogen oder ganz fehlend.

Höchst instruktiv ist ein von Artis abgebildeter Stamm, an dem dieser Autor bereits 1825 mit großem Scharfblick seine Beobachtungen anstellte (Antedil. Phyt., S. 15). Am oberen Teil des Stammes sind noch die B.-N. erhalten. An dem unteren Teil, der viel dicker ist als der obere, sind die Furchen sehr breit geworden; auf den Rippen stehen die beiden rundlichen Male in horizontaler Richtung weit von einander getrennt.

Die Oberfläche ist manchmal auch unregelmäßig, *Lyginodendron*-ähnlich, also dann wohl durch *Dictyoxylon*-Struktur veranlaßt. Z. B. zeigt ein Stück von Zeche Westfalia, Flöz S. (leg. F. Kaupe) *Lyginodendron*-ähnliche Oberfläche mit einem ganz dünnen Kohlehäutchen. Sie trägt Orthostichen von etwa brillenartig-aussehenden Anschwellungen, die aus je zwei rundlichen, erhabenen Malen (Durchmesser etwa 4 mm) bestehen, zwischen denen sich häufig noch ein unregelmäßiger Höcker befindet. Während es sich bei dem genannten Stücke um grobe Skulpturen handelt, zeigt ein anderes auf dünner Kohlenrinde zahlreiche feine, (höchstens $^1/_2$ mm breite) unregelmäßig längsverlaufende, anastomosierende erhabene Linien, in deren Maschen noch feinere verlaufen. Die beiden Male sind lanzettlich, zwischen ihnen ein Höcker (Ruhr-Revier, Eickel).

In der Bochumer Bergschulsammlung befindet sich eine Anzahl von Cremer gesammelter, nach der Etikette zusammengehöriger Stammoberflächenbruchstücke (von Zeche Westfalia, Fl. F.). Während einige noch den Abdruck einer *S. typ. Schlotheimiana* erkennen lassen, sind bei anderen zwar noch die B.-N. zu sehen, aber sonst unregelmäßige Längsrunzeln und Vertiefungen, diese z. T. da, wo die Furchen sein müßten. Ein anderes zeigt unregelmäßige Längsrunzelung und statt der B.-N. Paare von Malen (Wachsabdruck vom Verf. gemacht, in der S. B.[1]). Die beiden Male sind schmal und von einander ca. 8 mm entfernt. Nach der Etikette befand sich die »runzelige Rinde unten am Stamm«.

### *Syringodendron alternans.*

STERNBERG, 1825, S. XXIV, Taf. 58, Fig. 2, 1826, S. 45.
*Sigillaria alternans* (STERNB.) LINDLEY a. HUTTON, 1832, S. 159, Taf. 56.
*Syringodendron approximatum* RENAULT-ZEILLER, Commentry, 1888, S. 548, Taf. 63, Fig. 5.

Male getrennt, linsenförmig bis elliptisch. Furchen undeutlich, oder statt einer Furche mehrere, die sekundäre Rippen zwischen sich lassen.

Bei LINDLEY a. HUTTON sind die Male sehr groß. RENAULT rechnet 1888, l. c., Fig. 2, 3, auch Stücke mit verschmolzenen Malen dazu, während er solche mit getrennten als *Syr. approximatum* bezeichnet.

E. WEISS bildet 1881, Fig. 17, ein Stück mit erhaltener kohliger Rinde ab.

### *Syringodendron bioculatum* GRAND'EURY.

Gard. 1890/92, S. 244, Taf. X, Fig. 3, Taf. XIII, Fig. 8.

Male sehr groß, rund, getrennt, keine Furche, Orthostichen ca. 7 cm auseinander.

*Syringodendron defluens* GRAND'EURY. Gard. 1890/92, S. 244, Taf. X, Fig. 2. — Male getrennt, sehr groß, rund, länger als breit; divergierende Längsstreifung.

*Sigillaria irregularis* ACHEPOHL (non SCHIMPER) 1880, S. 96, Blatt 33, Fig. 1 — *Syr.* typ. *alternans*.

*Syringodendron gracile* RENAULT (non DAWSON), Fl. de Commentry, 1888, S. 548, Taf. 63, Fig. 4. — Typus *alternans*, Male kleiner, ziemlich weit getrennt.

*Sigillaria antecedens* STUR, Culmflora, 1877, S. 294, Taf. XXIV, Fig. 4. 5.

Male je 2, länglich, von Fig. 4 größer und weiter auseinandergerückt. Zuweilen noch Reste von Blattspurmalen sichtbar. Zwischenraum über 1; Zwischenraum der Orthostichen groß. Furchen nicht zu erkennen.

*Sigillaria cactiformis* GOLDENBERG, 1855, S. 28, Taf. IV, Fig. 1. — Typus *alternans*, keine Furchen, Male ziemlich klein. — Das bekannte kegelförmige Stück.

*Sigillaria pes-equi* QUENST., Petrefaktenk., 3. Auflage, 1885, S. 1115, Taf. 94, Fig. 7.

Gesamtmale groß, oben eingekerbt, in mehrere Zentimeter von einander entfernten Orthostichen.

## B.

Meist ist es recht unsicher, ob eine *Syringodendron*-Skulptur an der Basis zu Lebzeiten der Pflanze entstand, oder ob sie von einer die B.-N. tragenden Rinde bedeckt war, die erst am Fossil verloren ging. So besonders bei den folgenden:

*Sigillaria antiqua* Sauveur, 1848, Taf. 54, Fig. 1,
= *Sigillaria gigantea* Sauveur, 1848, Taf. 54, Fig. 2.

Gesamtmale groß, elliptisch, Furchen am Grunde winklig, flach. Rippen längsgestreift.

Stücke an denen bei so großen Malen eine Einkerbung in der Mediane fehlte, sind mir nicht bekannt. Vermutlich ist die Abbildung ungenau. Ein Stück von Orzeche, S. B.[1], zeigt in ähnlicher Weise die Male mehr oder minder verschmolzen, auf der Innenseite einer dicken Kohlenrinde, die aber auf ihrer anderen Seite keine B.-N., sondern nur undeutliche Skulpturen zeigt.

*Sigillaria catenulata* Lindl. a. Hutt., 1832, S. 162, Taf. 58. — Gesamtmale hoch linsenförmig, ziemlich groß. Kein Zwischenraum, Furchen gerade, Rippen breit.

*Syringodendron pulchellum* Sternb., 1825, S. XXIV, 1826, S. 43, Taf. 52, Fig. 2.
= ? *Sigillaria pulchella* (Sternb.) Roemer, 1860, S. 41.

Male ziemlich weit getrennt, kleiner, durch regelmäßige Furchen von *Syringodendron gracile* Renault unterschieden.

*Syringodendron bistriatum* Wood, Proc. Ac. N. Sci. vol. XII, 1860, S. 521. — Trans. Amer. Phil. Soc. 1869, S. 342 (= *Sigillaria bistriata* Wood, l. c., 1869, Taf. IX, Fig. 9). — 2 Male getrennt. Nach dem Text keine Furchen.

## C. Echte Erhaltungszustände,

d. h. Innenseite s' der die B.-N. tragenden Außenrinde oder der Abdruck s dieser Innenseite, bezw. auch i und i' (siehe S. 74).

Daß es sich um Erhaltungszustände handelt und nicht um besondere Pflanzengattungen, wurde schon von Artis 1825 erkannt (Antedil. Phytol., S. 15; auch S. 9 bei *Rhytidolepis fibrosa* vermutete er es). Spätere Autoren verwechselten aber sehr häufig Erhaltungszustände mit epidermalen Oberflächen.

a) Verhalten der Blattspur und der Parichnosstränge.

Auf der Innenseite der Kohlerinde erscheinen die seitlichen Male meist als 2 längliche Wülste, die Blattspur als rundlicher Höcker. Die 3 Male können auch zusammen auf rundlichen Erhebungen stehen, die seitlich durch die Wülste etwas schärfer begrenzt werden. Das Original zu Fig. 5 von *S. mamillaris* in No. 35 zeigt eine solche Erhebung, an der noch ein Höckerchen in der Mitte sehr deutlich ist. Indem die Längsstreifung oberhalb und unterhalb des Gesamtmals konvergiert, entstehen über und unter diesem Vertiefungen. Dasselbe Stück zeigt auch Male, die sich mehr der gewöhnlichen Ausbildung nähern. Das Verhalten, daß die Blattspur inmitten eines solchen Ringes steht ist bei *S. tessellata* häufig, worauf ZEILLER (1888, S. 563) aufmerksam macht.

Zuweilen ist auch nur ein rundlicher Höcker statt der 3 Male vorhanden, z. B. bei *S. elegantula*.

Auf dem Steinkern s können den Wülsten und der Blattspur Vertiefungen entsprechen, die sehr scharf begrenzt sein können (z. B. *S. Boblayi*, No. 57). Die Entstehung solcher Vertiefungen durch das weiche Parichnosgewebe ist nicht leicht erklärlich. Vielleicht ist die Scheide aus »*cellules vasiformes*«, die RENAULT angibt (vergl. S. 76 oben), dabei beteiligt. Dafür spricht, daß

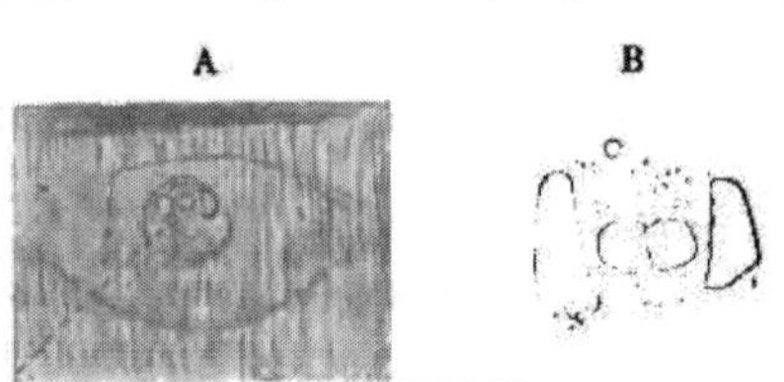


Fig. 16.

Gesamtmal mit den Malen auf dem Original zu *Sigillaria Goldenbergi* v. RÖHL.
Fig. 16 A. ca. 2 : 1. Der Rand der B.-N. hat sich so durchgedrückt, daß er bei sorgfältiger Beleuchtung rings herum sichtbar wird, er mußte in der Zeichnung übertrieben dargestellt werden, um überhaupt deutlich zu werden.

Fig. 16 B. Gesamtmal, stärker vergrößert.

Westfalen: Zeche Margarethe bei Aplerbeck.

bei genauerer Betrachtung die seitlichen Male sich oft als in Vertiefungen liegende Wülste zeigen. Erhabene Male auf dem Steinkern kommen auch vor (vergl. Fig. 16). Das Stück zeigt um die Male mit verschiedener Deutlichkeit eine runde Erhöhung (das Gesamtmal), die unter der Lupe fein punktiert ist. Hier war also wohl die Blattspur von einem parenchymatischen Mantel umgeben (vergl. Williamson, l. c., Fig. 42).

### b) Erhaltungszustände mit durchgedrückten Skulpturen.

Auf der Innenseite der Kohlenrinde sind häufig noch die gröberen Skulpturen der Außenseite erhalten (durchgedrückt?). So sind die Furchen stets, die Querfurchen oft deutlich vorhanden, die Kontour der B.-N. erscheint nicht als scharfe Linie, sondern als abgerundete, verschwommene. Doch ändern sich die Verhältnisse je nach der Erhaltung; z. B. können bei favularischer Oberflächenskulptur auf der Innenseite s' Längsfurchen vorhanden sein oder nicht (No. 54). (Übrigens sind bei »Favularien« die Furchen auf dem Steinkern s häufig tiefer als auf der Oberfläche.)

Besonders deutlich sind solche durchgedrückten Skulpturen bei *S. Boblayi*, häufig auch bei *S. mamillaris*. Wenn man einen besonderen Namen dafür einführen wollte, würde *Hexagonon* (s. unten) in Betracht kommen. Bei cancellaten Subsigillarien können sich die schrägen Furchen durchdrücken: *Lineolaria*-Zustand.

Literatur:

Einen Erhaltungszustand von *S. elegantula*, der, an einem gebrannten Stück, die Skulpturen der Oberfläche besonders deutlich durchgedrückt zeigt, und der von Weiss als *S. margaritata* als neue Spezies aufgestellt wurde, habe ich in No. 52 beschrieben.

*Hexagonon carbonarium* Walch, Naturgesch. d. Verst., Teil I, 1771, S. 144, Taf. X a, Fig. 1. Erhaltungszustand von *S. mamillaris* mit durchgedrückten Skulpturen.

*Sigillaria simplex* Achepohl, 1881, Ergänzungsblatt I, Fig. 2. — Ein Erhaltungszustand einer *S.* typ. *elegantula* mit durchgedrückten Skulpturen und verschmolzenen Malen: Westfalen: Hauptflöz. Zeche Rudolph.

*Sigillaria lineolaris* Sauveur, 1838, Ann. . . . . . Lyon, S. 308, 357, Taf. 13, B, B'. — Erhaltungszustand einer cancellaten *Subsigillaria*, an dem die Gitterfurchen und die Male der seitlichen Närbchen, z. T. auch das der Blattspur, noch vorhanden sind (Sektion *Lineolaria*, S. 358).

*Palmacites variolatus* Schlotheim, 1820, S. 395, Taf. XV, Fig. 3a, b.
*Favularia variolata* (Schloth.) Sternb., 1825, S. XIII.
? Non *Aspidiaria variolata* (Schloth.) Presl in Sternb., 1838, S. 181, Taf. LXVIII, Fig. 12.

Erhaltungszustände teils von *S. elegantula*, teils von *S. Brardi*. — Essen und Wettin.

*Sigillaria nodulosa* Roemer, 1862, S. 42, Taf. XII, Fig. 4, 5, 6. — Wohl Erhaltungszustände einer Subsigillarie von Ilfeld. Fig. 4 und 5 mit Anschwellungen an Stelle der B.-N.; Fig. 6 zeigt 2 Male, schwache Längsfurchen.

### c) Die gewöhnlichen gerippten Erhaltungszustände.

Wenn auf der Oberfläche keine scharfen Skulpturen außer den Rippen vorhanden waren oder infolge der Dicke der Rinde sich nicht durchdrücken konnten, so erscheinen die Erhaltungszustände der rhytidolepen Sigillarien als längsgestreifte Rippen mit je zwei oder einem Male. Statt der Blattspur ist häufig nur ein kleines Pünktchen vorhanden. Gegenüber dem typ. *alternans* unterscheiden sich diese durch kleinere Male und schmalere Rippen mit deutlichen Furchen. Die Male erscheinen auf dem Steinkern oft als zwei in Vertiefungen gelegene Wülste. An demselben Stücke können sie getrennt oder vereinigt sein.

Derartige Syringodendren scheinen auch bei Subsigillarien vorzukommen, z. B. Taf. XI, Fig. 4 bei Grand' Eury (Gard, 1890/92). Es dürften also die gerippten Syringodendren, die sich in Schichten finden, in denen kaum noch Eusigillarien vorkommen, auf Subsigillarien zu beziehen sein, so die Abbildung bei Roemer, Taf. XII, Fig. 6 (vergl. oben Zeile 9) von Ilfeld und die *Sigillaria (Rhytidolepis)* sp. bei Beyschlag und Fritsch (Abh. d. Königl. Preuß. Geol. Landesanstalt. Neue Folge. Heft 10, 1899, S. 63) aus der Bohrung Schladebach (IV, 3. f.), Wettiner Schichten.

Auch eine Anzahl der als *S. reniformis* zitierten Reste gehört wohl hierher.

Für die von Geinitz aus dem mittleren Rotliegenden des Beharrlichkeitsschachts angegebene *S. intermedia* (eine *Eusigillaria*) ist kein Belegstück mehr vorhanden. Vermutlich ist es ein *Syringodendron* einer Subsigillarie (nach Sterzel, Pflanzl. Reste d. Rotl. v. Sektion Hohenstein-Limbach, 1901).

Hierher gehören:

*Syringodendron sulcatum* (SCHLOTH.) STERNB.

*Palmacites sulcatus* SCHLOTHEIM, 1820, Petref., S. 396, Taf. 16, Fig. 1.
*Syringodendron sulcatum* (SCHLOTH.) STERNBERG, 1825, S. XXIV.
*Euphorbites sulcatus* (SCHLOTH.) MARTIUS, 1822, S. 141.
? *Palmacites canaliculatus* SCHLOTH., l. c., S. 396, Taf. XVI, Fig. 2.
*Sigillaria sulcata* EICHW., Géognosie de la Russie, S. 422.

Male 2, kommaförmig, klein Furchen gerade.

Von GEINITZ (1854, S. 46, Taf. VII, Fig. 1) im Zusammenhange mit »*S. intermedia*« gefunden. An seinem Stücke sind die Male z. T. zusammengerückt oder verschmolzen.

*Palmacites canaliculatus* hat nur etwas schmalere Rippen. — »Aus dem Quadersandstein des roten Steinbruchs bei Gotha«. Unter den Stücken der SCHLOTHEIM'schen Sammlung in der S. B.[1] von diesem Fundort (Keuper), war das Original nicht zu finden, wohl aber *Schizoneura*, die der SCHLOTHEIMschen Abbildung bis auf das Fehlen der Paare von Malen ähnlich ist; entweder sind diese willkürlich ergänzt oder es ist SCHLOTHEIM bei der Ähnlichkeit der Reste eine Fundortsverwechselung untergelaufen.

[*Holcodendron* erwähnt QUENSTEDT, Petref., 2. Aufl., 1867, S. 867, Taf. 82, Fig. 4, im Anschluß an *Sigillaria*, gibt aber an, daß diesem aus dem Lettenkohlensandstein stammenden Reste Male fehlen. *Calamites (Schizoneura) Meriani* soll scharfkantigere Rippen haben.]

*Sigillaria reniformis* (»decorticated«) bei LINDLEY a. HUTTON, 1832, S. 161, Taf. 57. — Male sich seitlich berührend; regelmäßige, breite Furchen.

*Sigillaria catenoides* DAWSON, 1866, S. 147, Taf. VI, Fig. 22. — Gesamtmale oval, auf breiten Rippen. — Wahrscheinlich ein Erhaltungszustand einer breitrippigen Sigillarie.

*Sigillaria discoidea* LESQX., 1858, S. 873, Taf. XIV, Fig. 5. — Male zusammengeflossen zu einer oben und unten eingekerbten Ellipsen- oder Kreisform; dicht über einander. Furchen nach der Beschreibung entfernt und unregelmäßig, tief und runzelig.

*Sigillaria fibrosa* (ARTIS) BRONGN., 1828, S. 66. — Gesamtmale auf schmalen Rippen, Längsstreifung oberhalb und unterhalb der Male convergierend und diese so umschließend. (Vergl. S. 78.)

*Syringodendron complanatum* STERNBERG, 1824, S. 36, 39, Taf. XXXI, Fig. 1. — Gesamtmale rund, erhaben?, mit runder Vertiefung oder senkrechtem Schlitz. Längsstreifung. Furchen unregelmäßig, mit Wulst von eingedrungener Gesteinsmasse. — Saargebiet: St. Ingbert.

*Sigillaria Goldenbergi* v. RÖHL, 1868, S. 115, Taf. VI, Fig. 9. — Male auf rundlichen Erhebungen des Steinkerns. An dem auf der Etikette als Original zu *S. Goldenbergi* bezeichneten Stück sind noch die Kontouren der B.-N. schwach angedeutet. Ein gut erhaltenes Gesamtmal ist in Fig. 16 auf S. 79 gezeichnet.

Die Divergenz der Streifung ist nur z. T. so stark wie auf v. RÖHL's (umgekehrter) Figur, z. T. aber äußerst schwach. Die Gesamtmale sind sehr verschieden erhalten.

*Syringodendron striatum* BRONGN., Classif., 1822, S. 220, Taf. I, Fig. 3. — Gesamtmale ungefähr rundlich, nicht genügend zu erkennen. Furchen tief, Rippen schmal.

*Syringodendron pes-capreoli* STERNB., I, 1, 1820, S. 22, 24, Taf. XIII, Fig. 2. — KNORR, Taf. X, b. Fig. 1. — MORAND, Taf. VI, Fig. 1, 2. — Innenseite der Kohlenrinde, schmale Rippen. Gesamtmale klein, länglich. — Böhmen, Radnitz.

***Sigillaria decora*** (STERNB.) GÖPPERT in BRONN, 1848.

*Catenaria decora* STERNB., 1825, S. XXV; 1826, S. 43, Taf. 52, Fig. 1, wieder abgebildet bei GERMAR, Verst. . . . Wettin und Löbejün, 3. Heft, 1845, Taf. 11, Fig. 3.

Paare von Malen in Orthostichen; auch Blütenmale. — Unter diesem Namen hat GRAND' EURY (. . . Gard, 1890/92), S. 250, Taf. XI, Fig. 4, einen bemerkenswerten Rest abgebildet:

Die Innenseite s' der Außenrinde zeigt das Negativ schmaler Rippen, auf diesen die Male als je 2 Wülste. Darunter i' mit rundlichen Vertiefungen anstelle der Male. Darunter befindet sich der Abdruck a' einer der *S. elegantula*-ähnlichen Formen von *S. Brardi*.

Bei W.-ST., 1893, ist in Fig. 64 eine *S. Brardi* mit teilweis abgeschundener Rinde (dann etwa der Fläche i' (im Negativ) des GRAND' EURY'schen Originals entsprechend aussehend) abgebildet; mit Blütenmalen.

*Syringodendron Porteri* LESQX., 1870, S. 448, Taf. XXVII, Fig. 4, 5, 6. — 1880, S. 502, Taf. LXX, Fig. 1, 1b. — Gesamtmale klein, querelliptisch mit Centralpunkt. Zwischenraum sehr gering. Längsstreifung, keine Furchen. Wegen der sehr geringen Dimensionen ist die Zugehörigkeit zu Sigillaria zweifelhaft.

## Syringodendron Brongniarti (GEINITZ) GRAND' EURY.

(?) *Syringodendron pachyderma* BRONGN., 1836/37, S. 479, Taf. 166, Fig. 1. (Non *Sigillaria pachyderma* BRONGN.)

*Sigillaria Brongniarti* GEINITZ, Steink. Sachsens, 1855, S. 47, Taf. VII, Fig. 3, 4.

" *bidentata* GOLDENB., 1857, S. 53, Taf. VIII, Fig. 28.

*Syringodendron Brongniarti* (GEIN.) GRAND' EURY (. . . Gard, 1890/92), S. 247, Taf. XII, Fig. 7.

Die innere prosenchymatische Schicht (i—s') der Kohlenrinde allein erhalten (vergl. S. 74). Ihre in Rippen geteilte Oberfläche i zeigt die seitlichen Male sich oben und unten oder nur unten berührend, in der Mitte die Blattspur; im ganzen wird eine ovale Figur gebildet, ähnlich wie S. 79 für einen Fall geschildert. Der unter der Kohlenschicht zum Vorschein kommende Steinkern s trägt ungeteilte längliche Vertiefungen, als die Abdrücke der völlig verschmolzenen Male auf der Innenseite s' der Kohlenrinde.

Bei *Syringodendron francicum* Grand' Eury (l. c., S. 247, Taf. V, Fig. 7) sind die Male auf s' nicht verschmolzen, sondern berühren sich nur in der Mitte, bilden also ein H oder X mit einander.

Die Anschauung älterer Autoren, daß derartige Reste die epidermale Oberfläche besonderer Sigillarien bilden, wird durch Grand' Eury's Abbildung, l. c., Taf. XII, widerlegt. Hier zeigt sich die Innenseite s' der inneren Schicht der Außenrinde mit länglichen Wülsten. Unter dieser kommt die Fläche i' zum Vorschein. Ihre Skulptur ist ein Abdruck der oben für i geschilderten. Zu unterst kommen die Abdrücke der B.-N. deutlich zum Vorschein (a').

Auch Abdrücke der Oberfläche i im Gestein kommen vor. Sie zeigen das Negativ der Furchen; die Male erscheinen als rundliche Höcker mit einer Vertiefung in der Mitte.

Die Längsstreifung ist nicht immer parallel. Bei Geinitz' Fig. 4 ist sie oberhalb und unterhalb der Male konvergierend. Bei Grand' Eury's Abbildung dagegen divergiert sie vom Oberrand und vom Unterrand des Mals aus, was bei Brongiart vermutlich übertrieben dargestellt ist.

*Sigillaria microstigma* Brongn., 1836, S. 478, Taf. 149, Fig. 2. — Ähnlich der vorigen, Male auf s rundlich, auf i Streifung stark divergent.

*Sigillaria organon* Lindley u. H. (non Sternb.), Taf. 70. — Oberfläche s und i.

## *Syringodendron cyclostigma* Brongniart, 1836/37, S. 480, Taf. 166, Fig. 2, 3.

*Sigillaria cyclostigma* (Brongn.) Goldenberg, 1857, S. 52, Taf. VIII, Fig. 29. — Wie *Syr. Brongniarti*; auf der Lage s' die Male V-förmig. Die Längsstreifen konvergieren etwas an den Malen, und grenzen so in dem Raum zwischen zwei senkrecht über einander stehenden Malen ein Feldchen ab.

Einen ähnlichen Eindruck können auch schlecht erhaltene Oberflächen von gerippten Sigillarien mit stark markiertem Oberrand der B.-N. machen; z. B. ein Stück aus Oberschlesien, bestimmt als *Sig.* cfr. *cyclostigma* GOLDENB. (leg. KOSMANN, 1881), zeigt bei flüchtigem Hinsehn eine Zeichnung wie diese Art, bei genauerem aber, daß der untere Rand des vermeintlichen Males dem oberen der Blattnarben entspricht. Sein oberer Rand wird durch eine kleine Querfurche hervorgerufen; das Ligularnärbchen kann event. auch ein zentrales Närbchen vortäuschen.

### Weitere Namen für Erhaltungszustände, z. T. problematisch.

*Rhytidolepis ocellata* STERNB., I, 1823, Taf. XV, Fig. 1, 2, S. 23, 26, 32.
= *Rhytidolepis undulata* STERNB., I, 4, 1826, S. XXIII.

Erhaltungszustand einer gerippten *Sigillaria*. Nach der Abbildung vom Profil der Rippe von *S. mamillaris*, die Male sind aber auf der Abbildung nicht recht zu deuten. Fig. 2 (umzukehren) zeigt Närbchen, dürfte zu *S. mamillaris* oder *S. scutellata* gehören.

*Sigillaria ocellata* (STERNB.?) v. RÖHL, 1869, S. 100, ist nach dem mir vorliegenden Original zu Taf. 26, Fig. 10 ein *Syringodendron* von *S. scutellata*.

*Solenoula psilophloeus* WOOD, 1860, S. 288, Taf. 4, Fig. 3. Möglicherweise *Syringodendron* eines alten *Sigillaria*-Stammes mit breiten Furchen (im Abdruck). — Milnes Mine, St. Clair. Position, body of Mammoth Vein.

*Sigillaria flexuosa* L. et H., Vol. 3, 1837, S. 147, Taf. 205. — Die Anordnung der Längsstreifung deutet auf einen Erhaltungszustand.

*Sigillaria carinata* ROEMER, Palaeont. 9, 1862, S. 42, Taf. XII, Fig. 2. (= *Sigillaria subsulcata* ROEMER, ibid., Taf. XII, Fig. 3?) Nach STERZEL: Centralblatt f. Min., 1901, S. 594, wohl Erhaltungszustände von Subsigillarien.

*Sigillaria magnifica* WOOD, 1860, S. 238.
= *Syringodendron magnificum* WOOD, 1869, S. 343.
2 Male, ohne Rippe, Zwischenraum unter 2.

*Euphorbites cicatricosus*, MARTIUS, 1822, S. 141. Wohl *Syringodendron* mit fast verschmolzenen Malen. Zum Gattungsnamen vergl. auch S. 82 u. 54.

*Syringodendron organum* STERNB., 1820, S. 22, 24, Taf. XIII, Fig. 1. — Hat unregelmäßige, nicht durchgehende Furchen und linsenförmige einzelne Male.

*Sigillaria Oweni* LESQX., 1870, Geol. Rep., Illinois, Vol. IV, S. 498.
= *Didymophyllum Oweni* LESQX., 1880, S. 507, Taf. LXXIV, Fig. 10, 10b; — 1884, S. 801, Taf. 92, Fig. 11. — Unterer Teil eines Stammes mit *Syringodendron*-Skulptur, mit unterirdischen Organen daran.

*Syringodendron valde-flexuosum* GRAND'EURY (. . . Loire, 1877), S. 166. — 2 Male. »Sidons flexueux interrompus et rejetés au niveau des cicatrices d'une manière très-remarquable.«

*Syringodendron provinciale* Grand' Eury (. . . . Gard, 1890/92), S. 245. Auf s' »linéaments réticulés« sehr abweichend von denen auf i. Auf s' »des glandes géminées subrectangulaires«, denen auf i viel kleinere »glandes convergentes« entsprechen.

*Sigillaria pachyderma* L. et H., 1832 (non Brongn.), unklar, vergl. Kidston (Pal. sp. mentioned in Fossil Flora), 1891, S. 361.

*Sigillaria monostachya* L. et H., Taf. 70. Nach Kidston (l. c., S. 363), der *S. monostigma* schreibt, eine Rippe eines *Syringodendron*.

*Syringodendron esnostense* Renault, 1897, Nouvelle Diploxylée, S. 23, Taf. V, Fig. 1. Anatomisch untersuchtes Stück, dessen Zugehörigkeit zu *Sigillaria* nicht erkennbar ist.

*Sigillaria sydnensis* Dawson, Qu. J. Geol. Soc. XXII, 1866, S. 147, Taf. VII, Fig. 28. — Je 2 lange Närbchen, Form der B.-N. nicht angegeben.

*Sigillaria striata* Dawson (non Brongn.), ibid. S. 147, Taf. VI, Fig. 23. — Schmale Rippen, Fläche i.??

*Undulatum carbonarium* Walch, Naturgesch. d. Verst., Teil III, 1771, S. 119, Taf. ω 2, Fig. 2. — Echter Erhaltungszustand mit 2 Malen (von *S. Brardi* ?).

*Organon carbonarium* Walch, Naturg. d. Verst., Teil III, 1771, S. 89.

= *Unguella carbonaria major* Walch, ibid., Teil I, 1773, S. 144, Taf. Xa, Fig. 3: *Syringodendron*, Male je 1, groß. — Xb, Fig. 1: *Syr.* mit Furchen, Male sich berührend. Fig. 2: Echter Erhaltungszustand. Xc, Fig. 2, 3, 4 ebenfalls.

*Unguella carbonaria minor* Walch, Naturgesch. d. Verst., Teil I, 1771, S. 144, Taf. Xa, Fig. 2: *Syr.* typ. *alternans*, Male je 1, groß, rundlich.

Die von Rost, »De Filicum ectypis«, 1839, S. 14, 15, aufgestellten Spezies sind wertlos, sie werden hier nur der Synonymie halber aufgeführt: *Syringodendron approximatum*, *latum*, *ovatum*, *profundatum*, *ternatum*.

## Der Holzkörper und das Mark[1]).

Anatomische Untersuchungen hierüber, die sich meist auf Subsigillarien beziehen, wurden von Brongniart, Renault, Williamson, Bertrand und Scott ausgeführt. Von Angaben über Eusigillarien ist wenig vorhanden; doch beschrieb in neuerer Zeit Bertrand ein Stück, leider noch ohne Abbildungen, die aber, wie der Autor die Liebenswürdigkeit hatte, mir mitzuteilen, noch geliefert werden sollen.

Es hat sich ergeben, daß der Holzkörper zuinnerst aus einem Ring zentripetaler Leitbündel besteht, die getrennt oder verschmolzen sein können. An diesen dünnen Ring (Korona) schließt sich der

[1]) Die Literatur hierzu ist z. T. in Liefr. II, No. 87, angegeben, sonst meist auch in Scott's »Studies in fossil Botany« zu finden.

sehr viel mächtigere sekundäre, zentrifugale Holzkörper an, aus Treppentracheiden bestehend. Von Interesse für das Verständnis der kohlig erhaltenen Holzkörper ist es, daß die Trennungsfläche der beiden Partien aus Riefen und Rillen besteht (wie bereits in Liefr. II, 37 dargelegt). Von den Riefen (wenn man sich die Trennungsfläche von innen gesehen denkt) gehen die Leitbündel zu den Blättern, von Markstrahlen begleitet.

Nach RENAULT (. . . Autun et Epinac, 1896) S. 244 haben die »Sigillaires cannelés« (Eusigillarien) ein mächtigeres Primärholz als die »Sigillaires à ecorce lisse« (Subsigillarien). Bei den ersteren sollen die Leitbündel der Blätter nur aus Primärholz bestehen, bei den anderen aus Primär- und Sekundärholz (diploxyl), wie bei den *Cycadeen*.

Als *Diploxylon* wurden anatomisch untersuchte Stämme mit doppeltem Holzkörper bezeichnet, deren Stellung zu Lepidodendren oder Sigillarien nicht ohne weiteres zu bestimmen ist. Z. B. fand DAWSON (1877, Quart., Journ. Geol. Soc.) einen aufrechten Stamm, in dem der Holzkörper den 1 cm dicken Marksteinkern umgab und noch Struktur zeigte. Die innere Rinde war völlig verschwunden, die äußere bestand aus strukturloser Kohle und zeigte keine bestimmbaren Oberflächenskulpturen mehr.

An den gewöhnlichen fossilen Stämmen wurde der Innenraum, den das Mark erfüllte, mit Gesteinsmasse ausgefüllt, während ein Rest des Holzkörpers häufig noch als dünnes, kohliges Häutchen diesen »Marksteinkern« umgibt.

Beide sind in Liefr. II, No. 37, von mir beschrieben und mit den ähnlichen Marksteinkernen von *Stigmariopsis*, die SOLMS beschrieben hat, verglichen worden.

# Anhang.

## Hilfsgattung: Sigillariostrobus.

SCHIMPER, Traité de pal. vég. II, 1870, S. 105.

Die Blüten, deren Zugehörigkeit zu unserer Gattung man an den auf den Blütenstielen befindlichen B.-N. erkennen kann, sollen hier nicht weiter behandelt werden, da Verfasser keine eigenen Untersuchungen darüber machen konnte. — Nach GRAND' EURY sollen die Blüten der Subsigillarien denen von *Lepidodendron* ähnlicher sein, als die der Eusigillarien.

Da es sich empfiehlt, die für die Hilfsgattung *Sigillariostrobus* aufgestellten Speziesnamen auch bei *Sigillaria* nicht zu verwenden, seien sie hier angeführt:

*Sigillariostrobus ciliatus*, *rhombibrachiatus* KIDSTON, 1897.
» *mirandus*, *rugosus* GRAND' EURY, 1877.
» *fastigiatus* (GÖPPERT) GRAND' EURY, 1877.
» *Laurenzianus* LESQX., vergl. WHITE, 1899, S. 235.
» *Goldenbergi*, *nobilis*, *Souichi*, *strictus*, *Tieghemi* ZEILLER, 1884.
» *pedicellifolius* GRAND' EURY, 1892, S. 258.
» *Cordai* O. FEISTM., *Feistmanteli* GEIN. Siehe FEISTMANTEL, 1871, Abh. d. k. Böhm. Ges. d. W.
» *gravidus* O. FEISTM., Verh. d. k. k. geol. R.-A., 1873, S. 82.

In *Sigillariostrobus bifidus* GEIN., handelt es sich um Sporophylle von *Gomphostrobus*, nicht von Sigillarien.

## Hilfsgattung: Sigillariocladus.

GRAND' EURY (. . . Loire, 1877), S. 158. — (. . . Gard. 1890/92), S. 257.

So bezeichnete GRAND' EURY, 1877, die in Wirteln stehenden *Sigillariostrobus*-ähnlichen Anhänge, deren Blätter noch nicht in Sporophylle umgewandelt waren. Sie sollen zu *Sigillaria Brardi* gehören. Am proximalen Teile dieser Gebilde sind die Blätter abgefallen. Die entstehenden B.-N. und Polster sind auf Taf. XI, Fig. 3, 3B von GRAND' EURY, 1890/92, dargestellt. Sie stimmen überein mit denen von *Sigillodendron frondosum* (GÖPPERT) WEISS (Jahrb. d. Geolog. Landesanst. 1888, Taf. II, Fig. 1, S. 159) einem Reste, den GRAND' EURY mit den besprochenen Gebilden identifiziert.

## Blätter.

Die Blätter der Sigillarien waren sehr lang (nach GRAND EURY, 1890/92, S. 257, bis 3 m). Sie trugen auf der Oberseite eine Furche, auf der Unterseite einen Kiel in der Mitte, der zwei Spaltöffnungen tragende Furchen trennte (RENAULT, Sur l'organisation comparée des feuilles des Sigillaires et des Lépidodendrons. Compt. rend., 1887).

Durch die Furche auf der Oberseite dürfte die bei den B. N. sich so häufig findende Ausrandung sich erklären, während dem Kiel auf der Unterseite die aufgesetzte Spitze an dem Unterrande vieler B.-N. und der sich von dieser auf das Polster in einer Anzahl von Fällen erstreckende Mediankiel zuzuschreiben sind.

Kohlig erhaltene Sigillarienblätter finden sich isolirt sehr häufig und können dann mit denen der Lepidodendren ververwechselt werden. Nicht selten sieht man sie auch in der Richtung von der Oberfläche der Rinde aus sich in das Gestein erstrecken. Ein deutlich von der B.-N. ab zu verfolgendes Blatt beobachtete ZEILLER, 1886/88, bei *S. laevigata*: Taf. 78, Fig. 2. Bei einem Stück der S. B.[1]. (*S. mamillaris*, Grube Dechen) sieht man sie ebenfalls, wenn auch nicht ganz so deutlich, von der B.-N. abgehen.

Sie wurden mit dem eventuell auch Lepidodendron-Blätter bezeichnenden Namen *Cyperites* L. et H. (Taf. 48, Fig 1, 2) belegt. Nach KIDSTON, 1890, S. 359, hat *C. bicarinata* L. et. H. nicht 2 Adern, sondern nur eine, welche auf jeder Seite eine Leiste trägt.

. Eventuell könnte das Vorhandensein dieser 2 Leisten mit der häufig zu beobachtenden Zweiteilung des der Blattspur entsprechenden Närbchens in Zusammenhang zu bringen sein.

GRAND' EURY bezeichnete die Blätter (1877, S. 257) als *Sigillariophyllum*..

### Unterirdische Organe.

Über *Stigmaria* vergleiche Potonié: Lehrb., S. 209 und besonders Fig. 205; über *Stigmariopsis*, ibid., S. 215. Zu der Angabe Potonié's (in Engler-Prantl, Natürl. Pflanzenfam, S. 743), das Vorkommen von *Stigmariopsis* auch in den unteren Saarbrücker Schichten spreche dafür, daß *Stigmariopsis* nicht nur zu *Sub-*, sondern auch *Eusigillarien* gehöre, ist zu bemerken, daß *Stigmariopsis* ja auch bei *Asolanus* vorkommt, der sich in den unteren Saarbrücker Schichten findet. Demnach ist die Zugehörigkeit von *Stigmariopsis* zu *Eusigillarien* noch nicht festgestellt.

Als Spezies werden hierher gestellt: *Stigmariopsis inaequalis* (Grand'Eury), *rimosa* (Goldenberg), *Eveni* (Lesqx.).

### Spezies von zweifelhafter systematischer Stellung (vergl. auch S. 71, 72, 85, 86).

*Sigillaria tumida* (Bunbury) Kidston, Ann. a. Mag. Nat. H. 5, Vol. 15, S. 359. Von Kidston und Schimper (Traité, II, S. 52) zu *Sigillaria* gestellt, obwohl die Merkmale bei Bunbury nicht klar gemacht sind. Soll *S. Mc Murtriei* Kidston sehr ähnlich sein.

*Sigillaria xylina* Brongn. wird von Renault und Grand' Eury (Étude du *S. spinulosa*) mit *Dictyoxylon* für identisch erklärt.

*Sigillaria vascularis* Binney wurden anatomisch untersuchte Stämme mit doppeltem Holzkörper genannt, die zu *Lepidodendron* (oder *Sigillaria*?) gehören.

*Sigillaria Wiśniowskii* Raciborski, Permokarbonska Flora . . ., 1891, S. 32, Taf. VI, Fig. 10, 11. — Steht nach der Abbildung *S. Defrancei* möglicherweise nahe. Die Närbchen sind sehr eigenartig, vergl. W.-Sr., S. 228. — *Lepidodendron*?

### *Archaeosigillaria* Kidston.

*Sigillaria Vanuxemi* Göppert, Foss. Fl. d. Übergangsgeb., 1852, S. 249, gegründet auf die Abb. von Vanuxem, 1842, Geol. of New-York, III, Fig. 51, S. 184.

*Archaeosigillaria Vanuxemi* (Göppert) Kidston, Transact. Nat. Hist. Soc. of Glasgow, 1899/1900. Carb. Lycopods and Sphenophylls. Separat-Ausgabe, 1901, S. 39.

B.-N. in Spiralen, bei älteren Stämmen sechseckig und sich berührend. Ein Närbchen über der Mitte. Die Abbildung von Dawson (1862, Fl. of the Devon. Period) ist kopiert bei Weiss, 1887, Taf. XV, Fig. 30.

England: Unterkarbon: Shap Toll-bar, Westmoreland. — New-York: Ober-Devon (Chemung Group).

## Alphabetische Liste unklarer Reste.

*Favularia pentagona* STERNB., 1826, S. XIII, ohne Abb.
*Rhytidolepis dubia* (STERNB.) STERNB., I, 4, 1825/26, S. XIII.
= *Lepidolepis syringioides* STERNB., I, 3, S. 36, Taf. 31, Fig. 2.
= *Lepidolepis dubia* STERNB., I, 3, S. 39, Taf. 31, Fig. 2.
Von STERNB. fälschlich für = *S. elongata* erklärt. *Syringodendron?*
*Sigillaria bohemica* STUR, 1873, Verh. d. k. k. geol. Reichsanstalt, S. 152, 153. »Wundervoll«, ohne Beschreibung.
» *Brochantii* BRONGN., 1836, S. 442, Taf. 159, Fig. 2. — Eschweiler.
» *dubia* ACHEPOHL (non BRONGN.), 1880, S. 91, Bl. 29, Fig. 8. Abb. unkenntlich.
» *geminata* GOLDENB., 1855, S. 27, ohne Abb., unzureichende Beschreibung eines Stückes von St. Ingbert.
» *Horovskyi* STUR, Reiseskizzen, 1878, S. 16. — Ohne Beschreibung.
» *interrupta* EICHW., Leth. ross., 1860, S. 200, Taf. 9, Fig. 2. — ??.
» *lentigera* KÖNIG, Taf. XV, Fig. 182: *Rhytidolep.*
» *marineria?* BRONGN., von GÖPPERT in BRONN, 1848, zitiert.
» *muralis* ROEMER, Pal. IX, 1862, S. 44, Taf. 8, Fig. 15.
» *Murchisoni* L. et H., 1833-35, Taf. 149. — *Rhyt.*, unklar.
» *plana* GEINITZ, 1854 (Hainichend. . . .), S. 61, Taf. 13, Fig. 2, 3.
» *protracta* TONDERA, 1889, Krakau, Taf. 13, Fig. 2, S. 35. — Nicht näher zu bestimmende Abb. einer *Rhyt.*
» *Rhodeana* KÖNIG, Taf. XV, Fig. 182. Schlechte Abb.
» *Samarskii* EICHW., Lethaea ross., 1860, S. 196, Taf. 16, Fig. 2, 3 (*Lepidiopsis?*), 5, 6. ?.
» *striata* BRONGN., 1836, S. 428, Taf. 157, Fig. 5, auf einen kleinen Rest unbekannter Herkunft gegründet.
» *striata* O. FEISTM., Jahrb. k. k. Geol. R.-A., 1873, S. 272, ohne Beschreibung.
» *? Verneuilleana* BRONGN., Bull. soc. géol. France, 7, 1850, S. 769. — Leioderm. B.-N. halbkreisförmig, nach unten konvex. 3 Närbchen. — ?.

*Sigillaria subelegans* wird von GRAND'EURY, Loire, 1877, S. 878, aufgeführt ohne Autor als »à Ostrau«. Mir unbekannt. — *S. subrugosa*, *S. pseudocanaliculata* GRAND'EURY, ibid., sind nur im Index, S. 312, zu finden. *S. sub-Knorri*, S. 418, ist unzureichend beschrieben.

Folgende Spezies blieben mir unbekannt, da die Annals of science of Cleveland, in denen sie von NEWBERRY beschrieben sind, nicht zu erhalten waren (Vol. 1, 1853). *S. acuminata*, *S. dentata* l. c., S. 165, *S. pulchra* NEWBERRY.

### Von den Sigillariaceae auszuschließende Spezies.

*Sigillaria Sternbergii* Münster ist *Pleuromeia*, die Potonié in Engler-Prantl, S. 754, zu einer eigenen Familie erhob (vergl. auch Liefr. II, No. 38, 39). Dazu gehört auch *S. oculina* Blankenhorn (Foss. Fl. des Buntsandsteins . . . Gommern. Palaeont., 1886). Letzte Nachzügler der *Lepidophyta*.

### *Bothrodendraceae.*

Die Gattung *Bothrodendron* wurde von Weiss-Sterzel, 1893, zu *Sigillaria* als Untergattung gestellt, aber von Potonié (1901: Silur- und Culm-Fl., und 1902: in Engler-Prantl, I, 4, S. 739), mit *Cyclostigma* zum Typus einer eigenen Familie erhoben, und zwischen die *Lepidodendraceae* und *Sigillariaceae* eingeschaltet.

Daß die bisher zu *Sigillaria* gestellte Spezies *Asolanus camptotaenia* Wood von dieser erheblich abweicht, wurde auf S. 61 dargelegt. Von *Bothrodendron* ist sie im wesentlichen durch ihre größeren B.-N. unterschieden. Sie hat mit dieser Gattung die knorrioiden Erhaltungszustände gemein (z. B. Lesqx., Coal-Fl., 1880/82, Taf. 73, Fig. 3—6), sowie *Aspidiopsis*-ähnliche. Mit ihren *leiodermen* Formen wurden keine *cancellaten*, wohl aber *lepidodendroide* Polster im Zusammenhang gefunden (*Sig.-camp. lepidendroides* Grand' Eury [. . . . Gard., 1890/92], Taf. IX). Diese kommen auch bei *Bothrodendron* vor (W.-St., Fig. 3).

### *Asolanus.*

*Leiodermarias* Goldenb. ex. p., 1857, Fl saraep. f. II, S. 7.
*Asolanus* Wood, Proc. Ac. Nat. Sc. Philad., 1860, S. 237.
*Semapteris* Unger ex. p., Anthracit-Lager in Kärnthen, 1869, S. 788.
*Pseudosigillaria* Grand' Eury, Loire, 1877, S. 142.
*Subsigillariae* Weiss ex. p., Zeitschr. d. Deutsch. geol. Gesellsch., 1889, S. 379.

Die Vertreter aus preußischen Revieren der wichtigsten Art, *Asolanus camptotaenia* Wood = *Sigillaria rimosa* Goldenb., sind von W.-St., 1893, bekannt gegeben, Taf. IV, V, S. 66 u. f. — Eine Untersuchung darüber, ob noch weitere Spezies unterschieden werden müssen, geht über den Rahmen dieser Sigillarien-Arbeit hinaus. — Die im folgenden aufgeführten Speziesnamen empfiehlt es sich, zur Vermeidung von Synonymen, für Sigillarien nicht mehr zu verwenden.

*Asolanus camptotaenia* WOOD, l. c., Juni 1860, S. 238, Taf. IV, Fig. 1.
» *ornithicnoides*, ibid., Fig. 6. — ??.
*Lepidodendron barbatum* ROEMER, Palaeont., IX, 1860, S. 40, Taf. VIII, Fig. 12.
*Pseudosigillaria dimorpha* GRAND' EURY (Gard. 1890/92), Taf. IX, Fig. 7, 8; Taf. XXII, Fig. 1.
» *lepidendroides*, ibid., Taf. IX, Fig. 10.
» *monostigma* (LESQX.) GRAND' EURY (Loire, 1877), S. 144.
» *protea* GRAND' EURY, 1877, S. 148.
» *striata* bei GRAND' EURY, 1877, S. 144.
*Semapteris carinthiaca* UNGER, 1869, S. 788, Taf. III, Fig. 1. — Hat verhältnißmäßig große B.-N. Blattstellung 18 : 47.
*Sigillaria aequabilis* GOLDENB., 1857, S. 28, Taf. VI, Fig. 13. — B.-N. rhombisch, mit spitzen, quer auslaufenden Seitenecken, größer als bei *S. rimosa* und dichter stehend. — Ungenügend kenntlich.
» *camptotaenia* (WOOD) WOOD, Oktober 1860, S. 442.
*Sigillaria-camp. gracilenta* GRAND' EURY (Gard. 1890/92), S. 262, Taf. IX, Fig. 6; Taf. XXII, Fig. 1.
» » *lepidendroides*, ibid., S. 262, Taf. IX, Fig. 10.
*Sigillaria Grand' Euryi* LESQX., Coal-Fl., III, 1884, S. 795.
» *monostigma* LESQX., 1866, II, S. 449, Taf. 42, Fig. 1—5. — 1870, IV, S. 446, Taf. XXVI, Fig. 5. — 1879—81, S. 468, Taf. LXXII, Fig. 3—6.
» *rimosa* GOLDENB., 1857, S. 22, Taf. VI, Fig 1—4.
» *sigillarioides* (LESQX.) WHITE (. . . . Missouri, 1899), S. 289, Taf. 70, Fig. 2 (= *Lepidophloios sigillarioides* LESQX.).
» *tricupis* hat nach GRAND' EURY, 1890/92, S. 262, BRONGNIART einige Exemplare von *A. camptotaenia* etikettiert.

## *Bothrodendron.*

*Rhytidodendron* ist nach ZEILLER und W.-ST. gleich *B.* Von WEISS-ST. werden als *Sigillaria*, Untergattung *Bothrodendron*, aufgeführt: *B. Kidstoni* W., *lepidendroides* W., *minutifolia* BOULAY, *parvifolia* W., *punctata* L. et H., *punctiformis* W., *pustulata* W., *semicircularis* W., *sparsifolia* W., *Wuekianum* KIDSTON.

## Vermutliche *Lepidodendraceae, Aspidiopsis* etc.

*Sigillaria oculus-felis* ABBADO, 1899 = *Lep. dichotomum* nach FISCHER[1]), S. 55.
» *Fogolliana* ABBADO, 1899 } Nach ZEILLER, Note sur la Fl. houill. du
» *polymorpha* ABBADO, 1899 } Chansi, S. 12, gleich *Lepidod.*

[1]) FRANZ FISCHER: »Zur Nomenclatur von Lepidodendron und zur Artkritik dieser Gattung« (Abh. d. Königl. Preuß. Geol. Landesanstalt. Neue Folge. Heft 39, 1904).

*Sigillaria plana* ARBADO, 1899 (non GEIN.), nach ZEILLER, l. c., zu schlecht erhalten, um zu bestimmen, ob *Sig.* oder *Lepidodendron*.

» *obliqua* ACHEPOHL (non BRONGN.), 1880, Ergänzungsblatt I. Fig. 15. — *Lepidodendron*.

» *appendiculata* (STERNB.) BRONGN., 1828, S. 64, *Lep.*-Erhaltungszustand.

» *corrugata* LESQX., 1870, S. 445, Taf. XXIV, Fig. 4: ?? — Taf. XXV, Fig. 5: *Lepidodendron*?

» *distans* GEINITZ (Hainichend. . . . . 1854), S. 61, Taf. 13, Fig. 4—6. — (Sachsen . . ., 1855) Taf. VIII, Fig. 4 gleich:

*Syringodendron magis-minusve-distans* GRAND'EURY (Loire, 1877), S. 166. —: *Aspidiopsis*.

*Sigillaria notha* UNGER, 1854, S. 8: *Bergerioid* nach FISCHER.

» *culmiana* ROEMER, 1860, S. 10: *Bergeria* nach FISCHER.

» *dubia* BRONGN., Prodr., 1828, S. 66 —: RHODE, 1820, Taf. IV, Fig. 1. — Umgekehrt, *Bergeria*-Erhaltungszustand.

*Favularia dubia* STERNB, 1826: *Bergeria* nach FISCHER.

*Sigillaria nodulosa* (EICHWALD) EICHW., 1860, Lethaea ross., Taf. 5, Fig. 16—18?

## *Ulodendron*

Bei *Ulodendron*-Stämmen mit großen, schüsselförmigen Blütennarben kommen auch Sigillarien-ähnliche Blatt-Narben vor, weswegen KIDSTON solche zu den Sigillarien (z. B. Trans. Geol. Soc. Glasgow, Mai 1886, S. 64) stellte, zu denen sie auch WEISS-ST. als Untergattung rechnete. ZEILLER und POTONIÉ trennten sie ab. Sie gehören teils zu *Lepidodendraceae*, teils *Bothrodendraceae*.

»*Sigillaria discophora*« (KÖNIG) KIDSTON.

Ann. a. Mag. N. Hist., Vol. XVI, 1885, S. 123 (On . . . . *Ulodendron* . . . *Lepidodendron* . . . *Bothrodendron* . . . *Sigillaria*).

*Sigillaria Menardi* LESQX. (nec BRONGN.) . . . Illinois, 1866, II, S. 450, Taf. 43. — Nach ZEILLER, 1888 = *Ulodendron discophorum* = *Ulodendron majus* et *minus*. Vergl. auch ZEILLER, 1886, Bull. S. geol. Fr. 14, S. 168 u. f.

» *perplexa* WOOD. 1860, S. 237. — 1869, Taf. 8, Fig. 7. — Nach KIDSTON, 1886, Catal., S. 178 = *S. discophora*.

» *(Ulodendron) major* (L. et H.).

*Sigillaria? (Ulodendron) subdiscophora* W.-St., 1893.

*Sigillaria Taylori* (CARR.) KIDSTON, 1885, l. c., S. 257, Taf. IV, Fig. 6. — Mit *Ulodendron*-Narben.

## Angebliche präcarbonische Sigillarien.

*Protostigma sigillarioides* Lesqx., Plants in Silurian rocks, 1877, S. 169, Taf. I, Fig. 7, 8. Von Lesqx. für verwandt mit *Sigillaria* gehalten, wofür keine Anhaltspunkte vorhanden sind. — Cincinnati Group.

*Sigillaria minutissima* Göppert, Bronn u. Leonhard's N. J., 1847, S. 683. — Foss. Fl. d. Übergangsgeb., 1852, S. 248, Taf. 23, Fig. 5, 6. — Der Rest läßt keinerlei Merkmale erkennen, die seine Zugehörigkeit zu den Sigillariaceen bewiesen. — Jüngste Grauwacke von Bögendorf bei Schweidnitz (nach Göppert, 1860, S. 545).

*Syringodendron gracile* Dawson, Quart. Journ. Geol. Soc., 1862. Devonian plants, S. 308, Taf. XIII, Fig. 14. Närbchen senkrecht übereinander. Keine Sigillariacee.

*Sigillaria palpebra* Dawson, ibid., S. 307, Taf. XIII, Fig. 12. — »B.-N.« breit und niedrig. »Abdruck, sehr unvollkommen.« Nach Heer vielleicht anorganisch.

*Sigillaria simplicitas* Vanuxem, Rep. Geol. New-York, S. 190. Fig. 54. — Nach Dawson (1862, S. 308). B.-N. undeutlich.

*Sigillaria Hausmanniana* Göppert, 1860, Taf. 45, Fig. 1. — Die organische Natur dieses Restes wurde von Heer und Roemer angezweifelt, von Göppert noch 1881 festgehalten. Solms und Potonié, der das Original geprüft hat, schlossen sich der Ansicht an, daß es sich nur um eine Wellenfurche handelt.

Daß ein von Schaffhausen für eine *Sigillaria* gehaltener Abdruck im Kieselschiefer bei Jülich einem *Spatangiden* zuzuschreiben sei, bemerkt Schlüter: Verh. naturh. Ver. d. Rheinl. u. Westf., 1892, S. 50.

*Sigillaria clypeata* Sandberger, 1842, N. Jahrb. f. Min., S. 387: »Eine kleine, zierliche, neue Sigillaria«, ohne Beschreibung. — Devon, Villmar.

## Auszuschließende Spezies, Varia.

*Sigillaria irregularis* Sismonda, 1838, Ann. . . . Lyon, S. 308, 856, Taf. 14 — ist *Stigmaria*.

*Sigillaria lineata* Weiss, Flora . . ., Taf. XV, Fig. 5. Weiss gibt S. 244 an, er habe sich nachträglich überzeugt, daß das Stück *Calamites approximatus* sei.

Brongniart stellte eine Anzahl *Filices* als Sektion *Caulopteris*, 1836, zu *Sigillaria*: *S. Cistii, macrodiscus, Lindleyi, peltigera, punctata*.

# Zusammenfassung über die geologische Verbreitung[1].

## Silur und Devon.

Keine *Sigillaria*, sondern von Lepidophyten Bothrodendraceen und Lepidodendren. Eine Anzahl angeblicher Sigillarien wurde auf Seite 95 zusammengestellt. Z. B. zeigen die von LESQUEREUX aus der Cincinnati-Gruppe angegebenen (Am. Journ. of sc. 1874, No. 37, S. 31) Stücke, trotzdem der Autor sie sogar mit bestimmten Spezies vergleicht, keine Charaktere, die ihre Zugehörigkeit zu den Sigillarien wahrscheinlich machten. *Archaeosigillaria Vanuxemii* (GÖPPERT) KIDSTON ist ebenfalls nicht klar gestellt. POTONIÉ führt in der Silur- und Culm-Flora . . . . (Abh., Heft 36, 1901) auch noch einige angeblichen Sigillarien an.

## Unter-Carbon

(Kohlenkalk und Culm).

Keine *Sigillaria* aus zweifellos untercarbonischen Schichten ist bekannt.

Die von STUR zum Culm gerechnete Flora der Ostrauer und Waldenburger Schichten, die einige Sigillarien enthält, gehört besser zum Obercarbon.

[1]) Die Literatur zu den hier aufgeführten Arten ist, soweit sie nicht angegeben wird, schon im systematischen Teil und in den Lieferungen zitiert (vergl. auch S. 9—12). Auch werden dort noch mehr einzelne Lokalitäten angegeben, auch von Arten, die hier fortgelassen wurden, da diese Übersicht das für die floristische Gliederung wichtigste hervorheben soll.

2 Sigillarien, die BRONGNIART aus Baden (von Berghaupten: *S. densifolia*, und Zundsweier: *S. Voltzi*) angegeben hatte, wurden von STUR und anderen Autoren als culmische zitiert. Die betreffenden Schichten werden aber von ECK (Geogn. Karte d. Umg. von Lahr, S. 35—51) im Anschluß an GEINITZ an die Basis des produktiven Carbons gestellt.

Der Fundort zweier weiteren als culmisch zitierten Sigillarien von Montrelais im Departement Basse-Loire, gehört, wie Herr ZEILLER mir freundlichst mitteilte, dem Niveau der Ostrau-Waldenburger Schichten an. (Vergl. S. 72 und Liefr. III, No. 52.)

Die von GÖPPERT aus dem »Übergangsgebirge von Landeshut in Schlesien« angegebene *Sigillaria undulata* stammt (nach POTONIÉ, Lehrb. S.371, Anm.) vermutlich aus Grenzschichten zwischen unterem und mittlerem produktiven Carbon, nämlich den Reichhennersdorf (-Hartauer) Schichten = Weißensteiner Schichten DATHE = »Großes Mittel«.

Was Großbritannien anbetrifft, so haben wir, wenn wir *Ulodendron* etc. von *Sigillaria* ausschalten noch die Carboniferous Limestone series in Schottland in Betracht zu ziehen; von YOUNG and GLEN werden hier aus den »Possil coal and ironstone series« aufrecht stehende Sigillaria-Stämme angegeben (Notes on a section of carb. strata containing erect stems . . . . Glasgow, 1888 aus d. »Transact Geol. Soc. Glasgow«). KIDSTON erwähnt aber l. c. S. 17 dazu, es sei wahrscheinlicher, daß die Stämme Lepidodendren seien. Gerippte Sigillarien seien fast unbekannt im Unter-Carbon Groß-Britanniens. Später gab er aber aus der Possil-Ironstone-group 2 Sigillarienspezies an. Die Zugehörigkeit dieser Schichten zum Untercarbon ist aber nicht bewiesen, da die Yoredale Series Englands, der man sie gleichstellt, von HIND (Geol. Mag. 1897, S. 159) zum Teil zum Obercarbon gerechnet wird, und POTONIÉ bereits 1896, (Florist. Glied. d. deutsch. Carbon und Perm, S. 57) angegeben hat, daß KIDSTON's Lower Carboniferous die Flora der Waldenburger Schichten mit umfaßt.

Das Auftreten von echten Sigillarien spricht überall für jüngere Schichten als Untercarbon.

## Ober-Carbon (und Perm).

Die Sigillarien waren offenbar eng an die klimatischen Bedingungen gebunden, die zur Steinkohlenbildung führten. Sie kommen oft in der Nähe der Flöze in sehr großer Häufigkeit vor, die anderen Pflanzen verdrängend. Doch können sie an Stellen, wo man sie dem Alter der Schichten nach erwarten sollte, fehlen, namentlich da, wo Calamariaceen-Reste häufig sind, was Potonié in Oberschlesien und im Saargebiet beobachtete und bei der Rekonstruktion seiner Landschaft der Steinkohlenzeit berücksichtigte; dasselbe beobachtete Sterzel (a. S. 102 a. O.) in Sachsen und der Verfasser in Westfalen.

Innerhalb eines Reviers finden sich zwar meist dieselben Formen in einem bestimmten Niveau überall wieder, so daß man sie zur Altersbestimmung verwenden kann. Ein Vergleich der Arten verschiedener Reviere stößt aber auf Schwierigkeiten. Man findet zwar häufig in gleichalterigen Schichten ähnliche Arten, die aber doch in der Entwickelung ihrer Rindenskulpturen etwas abweichende Formen häufiger zeigen. Daher ist es auch sehr schwer nach der Literatur fremde Arten zu identifizieren, wenn nicht gleich eine ganze Gemeinschaft von Formen, Variationen auf ein- und demselben Stücke etc., bekannt gegeben sind.

### Eusigillarien-Flora.

Unteres und mittleres Obercarbon (Flora II—V, Potonié).

Sudetische Stufe (Waldenburger Schichten) und Saarbrücker Stufe (Schatzlarer Schichten, Westphalien).

Die Sigillarien treten an der Basis des produktiven Carbons noch selten auf und zwar mit den Eusigillarien, die im oberen Teil der Sudetischen Stufe (Flora III) häufiger werden und in der Saarbrücker Stufe (IV und V) ihre größte Entfaltung und Formenmannigfaltigkeit erreichen. Man kann hier einen älteren Typus der Flora unterscheiden und einen jüngeren. Die Hauptvertreter des ersteren sind *S. Eugenii* und *S. elegantula*. Außer durch die noch einförmigere Gestalt der B.-N. sind diese

Typen durch das häufigere Auftreten wohlbegrenzter, sechsseitiger Polster charakterisiert.

Bei dem jüngeren Typus kommen nicht nur kleine niedrige B.-N. mit spitzen Seitenecken vor, sondern es treten auch längere, birnförmige, abgerundete etc. auf. Sechsseitige Polster entwickelt noch nicht selten die häufige Spezies *S. mamillaris*, während im übrigen Arten mit gerader Furchen vorherrschen. Die jüngsten Eusigillarien, die mit den Subsigillarien zusammen vorkommen, sind mit diesen auf S. 105 u. f. aufgeführt.

Die Verteilung in den einzelnen Revieren ist wie folgt:

## Westfalen.

Mittleres produktives Carbon incl. Grenzschichten gegen das untere.

In der unteren Magerkohlenpartie (unter Mausegatt) sind Sigillarien noch selten. Im Hangenden des Flözes Mausegatt werden sie aber sehr häufig. Besonders ist der Typus *elegantula* mit *Sigillaria loricata*, *microrhombea* und *fossorum* vertreten; während *Sigillaria elegantula* WEISS (= *S. elegans* bei vielen Autoren) zwar auch schon vorhanden ist, ihre größte Häufigkeit aber erst im Hangenden des Flözes Sonnenschein erreicht. Diese favularischen Formen besitzen oft gerippte Steinkerne, die sich häufig finden. Außerdem sind Übergangsformen zu *Sigillaria mamillaris* vorhanden. Ferner kommt von rhytidolepen Resten *Sigillaria Schlotheimiana* BRONGN. erweitert in enger Verbindung mit »Favularien« vor, sowie eine in Fig. 1 und 2 auf S. 20 skizzierte Art.

*Sigillaria elegantula*, die im Hangenden des Leitflözes Sonnenschein sehr häufig ist, wird bald seltener und geht anscheinend nicht über die Fettkohlenpartie hinaus. Dafür findet sich *S. hexagonalis* und verwandte Formen. Von der Fettkohle an wird die ältere Sigillarienflorula durch die oben erwähnte zweite abgelöst und es werden wichtig als Leitformen *Sigillaria Boblayi*, sowie *S. mamillaris* und *S. rugosa* f. *cristata* u. a. m.

In der Gaskohlenpartie sind *S. Boblayi* und *S. scutellata* reichlich vorhanden.

In der Gasflammkohlenpartie ist *S. Boblayi* mit zahlreichen

7*

Formen vertreten. Daran schließen sich eng solche von *S. tessellata* an, auch *S. laevigata* und Verwandte sind hier typisch. Außerdem *S. Saueuri*, *S. mamillaris* f. *Brasserti*, *S. sol*, *S.* cfr. *pentagona* PUSCH.

Von den Vorkommen im Norden Westfalens ist das von Piesberg durch *S. principis* WEISS erw. und *S. tessellata* BRONGN. (ZEILLER em.) charakterisirt. (Vergl. auch unter »Nordfrankreich«.) Von Ibbenbüren stammt *S. tessellata* und die eigenartige *S. cumulata* WEISS.

### Inde-Worm Revier.

(Dieselben Schichten wie in Westfalen.)

*Sigillaria elegantula* kommt häufig vor z. B. auf Grube Goulay Flöz Merl, auf der Königsgrube und Grube Centrum. Ferner liegen jüngere Arten vor z. B. *Sigillaria Boblayi* und *S. scutellata* (Grube Anna: Wilhelmschacht).

### Belgien.

Vom Hasard werden von FIRKET (1883/84, Ann. Soc. geol. de Belgique, S. XCIX) angegeben aus Couche chapelet *Sigillaria Davreuxi*, »*elegans*«, *pachyderma*, *reniformis*, aus couche Léonie *S. mamillaris*.

In der S. B.[2] ist eine *S. rugosa* f. *cristata* von »Lüttich« vorhanden.

### Nordfrankreich.

(Revier von Valenciennes.)

Dieselben Schichten wie in Westfalen.

In der unteren Zone (Magerkohle im Dép. du Nord) ist der Typus *elegantula* (den ZEILLER 1888 als *S. elegans* bezeichnet) häufig. Er kommt auch in der mittleren Zone, aber nicht im Dép. Pas-de-Calais vor.

In der mittleren Zone des Reviers sind *Sigillaria scutellata*, *rugosa* und *Boblayi* wichtig, also im wesentlichen dieselben Arten, die unsere Fett- bis Gasflammkohlenpartie kennzeichnen.

In der oberen Zone im Département du Pas-de-Calais sind *S. laevigata*, *principis* und *tessellata* häufig. Unsere Formen letzterer beiden Arten vom Piesberg stimmen damit gut überein. (Für die Farne wurde Ähnliches durch CREMER, »Glückauf« 26. Januar 1892, nachgewiesen). Allerdings ist nicht eine so reichhaltige Sigillarienflorula vom Piesberg gesammelt wie von Pas-de-Calais. *S. cumulata* von Ibbenbüren ist jedoch von Pas-de-Calais nicht bekannt.

### Saar-Gebiet.

Mittleres productives Carbon, (über das obere prod. Carbon, vergl. S. 106).

Die ältesten der hier bekannten Spezies dürften denen der Fettkohlenpartie des Westfälischen Reviers entsprechen, während *S. elegantula*, die dort noch im Hangenden des Flözes Sonnenschein sehr häufig war, ganz zu fehlen scheint. Besonders häufig ist im liegenden Flözzuge *Sigillaria mamillaris* mit großer Fülle der Formen, ferner *S. Dacreuxi*, *S. scutellata*, *S. rugosa* und nahe verwandte Formen; *S. euxina*, *S. aspera*.

In den mittleren Flözzügen ist noch *S. rugosa* vorhanden, *S. mamillaris* seltener, *S. tessellata* mit breiten flachen Rippen und mit abgerundeten Seitenecken der B.-N. häufiger.

### Vogesen.

Von St. Pilt stammt das Original zu unserer Figur 1 in No. 58 von *S. Voltzii*. Leider ist nicht genug Material (im Museum zu Straßburg) vorhanden, die Flora genauer festzustellen. Ein Stück gehört zum Typ. *elegantula*.

Aus den sehr viel jüngereren Schichten von Lach im Wieler Tal wird angegeben *S. lalayana* SCH., *S. oculata* (SCHLOTH.) BRONGN.

### Baden.

Von Zundsweier bei Lahr stammt das Original zu *S. Voltzii* BRONGN., von Berghaupten ein Erhaltungszustand (von *S. elegantula*?, vergl. S. 40 oben).

## Königreich Sachsen.

Erzgebirgisches Becken. (Mittleres prod. Carbon.)

Nach Sterzel (Erl. z. geol. Sp. d. K. Sachsen, 1881 Bl. 113, 1901 Bl. 111) kommen nur Eusigillarien vor. Sie dürften zu typ. *rugosa (S. Geinitzi)* und typ. *tessellata* gehören, sind also den jüngeren unter den Eusigillarien zuzurechnen. Im Zwickauer Revier sind, wie es auch sonst öfters vorkommt, die Sigillarien in den untersten und obersten Flözen seltener, in den mittleren am häufigsten. Im Gebiet von Lugau-Oelsnitz dominieren im Grundflöze im westlichen Teile die Sigillarien über alle anderen Pflanzen, während sie im östlichen durch Annularien-Reste völlig verdrängt werden. Im Vertrauenflöze erreichen sie nochmals gewaltige Häufigkeit; sie sind auch in den oberen Flözen stellenweise reichlich vorhanden.

## Nieder-Schlesien.

(Unteres und mittleres produktives Carbon.)

Im Liegendzuge finden wir Sigillarien vom Typus der *S. Eugenii* Stur. (Die Form der B.-N. ist eine einförmige, niedrig, mit spitzen Seitenecken, während die Skulptur favularisch oder wellig-rhytidolep sein kann).

Im Hangendzuge sind mit *Sigillaria mamillaris* und *S. Boblayi* verwandte Formen *(S. barbata)* vorhanden, auch *S. rugosa*.

Im Xaveri-Stollner Flötzzug: *S. scutellata*.

## Ober-Schlesien.

(Unteres und mittleres produktives Carbon.)

In der Randgruppe sind der *S. Eugenii* nahestehende Formen vertreten *(S. inferior, S. bicuspidata)*.

Formen der Sattelflözgruppe z. B. *S. cancriformis* schließen sich daran an. Es findet ein allmählicher Übergang zum Typus *elegantula* statt. Ferner ist im Sattelflözzuge als charakteristische Form *S. Schlotheimiana* f. *communis* vertreten. Von dieser leitet als eine ununterbrochene Formenreihe *Sigillaria Voltzi* zu *S. rugosa* über. *S. Schlotheimiana* und *Voltzi* sind in der Bohrung Oheim in Teufen über 567 m (Rudaer Sch.) häufig, wo auch der Typus *Eugenii* und *elegantula* sich noch findet. Eine ähnliche Sigillarienflorula (*S. Voltzi*, *Schlotheimiana*) wie in Bohrung Oheim findet sich bei Mährisch-Ostrau in den Dombrauer Flözen, soweit dies aus HELMACKERS Angaben hervorgeht.

In der Muldengruppe ist *S. rugosa* besonders mit großnarbigen B.-N. häufig, außerdem *S. Boblayi* und *S. Sauveuri*, wodurch Beziehungen zur Gasflammkohlenpartie Westfalens erkennbar werden.

## Galizien.

Von der Bohrung Bycyna stammt eine *S.* cfr. *pentagona* PUSCH (siehe S. 57, 58).

## Krakau.

Von der Alaunhütte zu Dabrowka wird *S. pentagona* von PUSCH angegeben.

## Böhmen

(Vergl. S. 107).

Siehe *S. diploderma*, *rhytidolepis*, *arsinensis*. Aus dem Pilsener Becken z. B. vom Steinoujezd Schacht führte FEISTMANTEL (Jahrb. K. K. geol. R.-A. 1873, S. 272) Eusigillarien an.

## Rußland [1].

(Mittleres produktives Carbon.)

Donetz-Becken. Die von ZALESSKY 1902 beschriebenen und abgebildeten Sigillarien von Pavlowka gleichen denen des liegenden Flözzuges im Saargebiete (IV) z. B. *S. mamillaris*, *S. scutellata* und *S. rugosa*. Herr ZALESSKY war so freundlich dem Verfasser eine Liste seiner Fundorte von Sigillarien zur Verfügung zu stellen, nach der sich dieser das folgende Bild von der Verteilung der Sigillarien dort machen konnte. Die eben besprochenen Stücke entstammen dem Schichtenkomplex $C_2^?$ TSCHERNYSCHEW's (Guide des excursions du VII Congrès géolog. XVI) also der mittleren Stufe des dortigen produktiven Carbons. In der Nähe findet sich der calcaire No. 56 (l. c. S. 13) mit *Productus semireticulatus*, *Spirifer mosquensis* und calcaire No. 51 (l. c. S. 14)

---

[1]) Vergl. auch über eine soeben erschienene Arbeit S. 109.

mit *Productus Konincki*, *Spirifer mosquensis* etc. Ferner findet sich eine ähnlich zusammengesetzte Sigillarienflorula in $C_2^3$.

Auch in der oberen Stufe ($C_3^1$) kommen Sigillarien vor. Nach den Artnamen, die mir Herr Zalessky angab, möchte ich vermuten, daß sie das Alter der Piesberger Sigillarien (S. 100) haben.

Wir sind also über das Alter der Sigillarien im Verhältnis zu den dortigen marinen Fossilien ziemlich gut orientiert.

Aus der Gegend von Jekaterineburg ist von Eichwald eine Eusigillaria vom Habitus derer der Saarbrücker Schichten abgebildet (Siehe S. 60).

**Großbritannien.**

(Unteres und mittleres produktives Carbon.)

Eine genaue Vergleichung der englischen Sigillarienvorkommen mit den unserigen war mir nicht möglich Die Sigillarien Englands scheinen, soweit aus der Literatur[1]) zu entnehmen ist, von denen Deutschlands und Frankreichs etwas abzuweichen. Die ältesten Sigillarien sind die eigentümliche *S. Youngiana* und *S. Canobiana* (aus der Possil Ironstone group Schottlands, vergl. S. 97), die aber mit den ältesten bei uns bekannten Arten sich nicht identifizieren lassen.

In den Middle coal Measures kommt z. B. *S. semipulvinata* vor, und speziell im Horizont Barnsley Thick Coal kommt *S. rugosa* und die großnarbige *S. sol* vor. Über *S. Brardi* vergl. S. 108. In den lower series der Upper coal measures findet sich *S. principis*.

**Spanien.**

Asturien. Von Zeiller (Mém. soc. géol. Nord. I, 3, 1882) werden einige Eusigillarien angegeben, aus dem Zentral-Becken von Mieres: *S. Candollei* und *S. tessellata*, — aus den Bassins septentrionaux: von Santo-Firmo: *S. transversalis*, *Schlotheimiana*, *conferta*, *hexagona*. Auch hier ist *S. tessellata* jünger.

Von Arnao wird durch Geinitz (N. J. f. Min. 1867, S. 283) *S. Brardi* und *mamillaris* zusammen angegeben. Doch mag dieses auffallende Zusammentreffen der beiden Arten nur von unsicherer Bestimmung oder Fundortsangabe herrühren.

[1]) Vor allem zahlreiche Angaben Kidston's.

### Klein-Asien.

Gebiet von Eregli [Herakleа].

Stufe von Coslou: Von *Sigillaria euxina* ist ein Exemplar hier, ein zweites im Saargebiet gefunden worden. In derselben Stufe kommt noch vor *S. Schlotheimiana*, eine *S. aff. fossorum* (von ZEILLER als *S. germanica* bestimmt), *S. Schlotheimiana* u. s. m., Formen, die Anklänge an einige der älteren westfälischen zeigen.

Aus der Stufe der Caradons wird *S. tessellata* von ZEILLER angegeben.

Siehe auch unsere Fig. 14 auf S. 59.

### Nord-Amerika.

Von Neu-Schottland sind kleine Formen, wie *S. Bretonensis*, *S. eminens* bekannt gegeben.

Die Formen von Pennsylvanien wie *S. rugosa*, *S. massiliensis*, *S. Williamsii*, *S. polita* gehören dem jüngeren Typus der Eusigillarien an.

*S. Brardi* kommt in den Coal-Measures der U. S. nach FONTAINE a. WHITE nicht vor. Vergl. auch S. 108.

Aus Missouri werden von WHITE 1899[1]) trotz des Hinweises auf die Übereinstimmung mit europäischen Floren nur 2 Eusigillarien angegeben, leider ohne Abbildungen: *S. ovata* und »*S. tessellata*« (= *cumulata!*)

## Subsigillarien-Flora.

### Oberes Ober-Carbon und Perm.

In der Ottweiler Stufe (Stephanien) (VI) treten die Subsigillarien zu den Eusigillarien hinzu (»Mischflora«). Während sie auch im Rotliegenden noch vorhanden sind, kommen hier Eusigillarien höchstens äußert selten vor. Die Form der Blattnarben der Subsigillarien ist im großen und ganzen der der älteren Eusigillarien aus den Waldenburger Schichten ähnlicher als der der jüngeren.

[1]) U. S. Geological Survey. Monographs. XXXVII. Fossil Flora of the Lower Coal Measures of Missouri, S. 241—243.

### Saargebiet.

In den unteren Ottweiler Schichten bei Griesborn tritt noch häufig die Eusigillarie *S. tessellata* auf, auch *S. rugosa*. Außerdem ist von Subsigillarien sehr häufig *S. ichthyolepis* (Griesborn), ferner kommt vor *S. Mc Murtriei* f. *Eilerti*; *S. Brardi* ist ebenfalls in den Ottweiler Schichten verbreitet (z. B. Grube Labach).

Höchst auffallend ist, daß in der Rheinpfalz in den Ottweiler Schichten Arten der Saarbrücker Stufe auftreten, (*S. mamillaris* Lief. II, No. 35, S. 15; auch *S. alveolaris* wird zitiert: vergl. Weiss 1869, S. 168), während hier *S. Brardi* im Rotliegenden gefunden wurde.

### Vogesen.

*S. Brardi* (*S. rhomboidea*) von Trienbach, Weilertal. Die Schichten gehören nach Boulay a. S. 67 a. O. zum alleroberstenCarbon. Nach Zeiller 1894 wurden dort Pflanzen vom Alter der Cuseler Reste gefunden.

### Centralplateau von Frankreich.

An vielen Stellen z. B. im Loire-Becken, dem von Autun etc. wurde *S. Brardi* gefunden (vergl. S. 67).

### Das Gebiet von Gard[1])

ist besonders interessant dadurch, daß hier noch viele rhytidolepe Eusigillarien mit Subsigillarien vereint vorkommen, in Schichten, die jünger sind als die Nordfrankreichs.

In der älteren Stufe des Reviers, der von Bességes, wird besonders *S. tessellata*, *S. elliptica* und *S. Defrancei* angegeben. Soweit ich aus den Beschreibungen Grand' Eury's entnehmen konnte, dürfte ein großer Teil dieser Formen mit unserer *S. tessellata* und *S. ichthyolepis* aus den unteren Ottweiler Schichten übereinstimmen. Doch ist die größere Häufigkeit und Mannigfaltigkeit der Eusigillarien bemerkenswert. Unter dem Namen *S. Candolleana* wird eine mit unserer *S. rugosa* von Orzesche übereinstimmende Abbildung (Taf. X, Fig. 7) gegeben.

[1]) Géologie et Paléontologie du Bassin Houiller du Gard, par M. C. Grand' Eury, 1890—92.

Aus der darüber folgenden Étage Charbonneux de la Grand' Combe et de Gagnières wird *S. rugosa* angegeben. Die Abbildung (Taf. XII, Fig. 2) ähnelt unserem aus den unteren Ottweiler Schichten stammenden Stücke (Lief. I, No. 18, Fig. 10).

Endlich verschwinden in der Stufe von Portes die Eusigillarien völlig, auch *S. Defrancei* ist nicht mehr vorhanden, sondern *S. Brardi* und *S. lepidodendrifolia*.

In noch höherem Niveau, dessen Flora der der oberen Schichten des système stephanien ähnlich ist, verschwinden die Sigillarien.

## Mitteldeutsche Vorkommnisse.

In den Wettiner Schichten von Wettin und Löbejün ist *S. Brardi* außerordentlich häufig. Über rhytidolepe Reste, die aber wohl nur Erhaltungszustände von Subsigillarien darstellen, vergl. S. 81.

Von Eusigillarien-Arten werden von Löbejün angegeben von Andrä (Jahresber. d. naturw. Ver. Halle 1850, S. 121) *S. Dournaisii* und *reniformis*, von Stur (Verh. k. k. g. R. A. 1873, S. 270) *S. elongata*; da keine Beschreibung vorhanden ist, läßt sich nichts sicheres feststellen, zumal die beiden letzten Arten auch mit Erhaltungszuständen öfters verwechselt worden sind.

Wie aus der Fundortsliste auf S. 66 hervorgeht, kommt *S. Brardi* im Rotliegenden bezw. obersten Carbon am Harzrande, in Thüringen, Sachsen, Niederschlesien und Böhmen vor. Im Rotliegenden bei Stockheim (nördlich von Kronach) wurde auch noch eine Eusigillarie, *S.* aff. *laevigata*, gesammelt. (Potonié, Fl. d. Rotl. Thür. 1893, Taf. 27, Fig. 3).

## Erzgebirgisches Rotliegendes.

Lycopodiaceen fehlen gänzlich nach Sterzel 1881, Blatt 113, S. 169.

## Böhmen.

(Vergl. S. 103.)

Von Corda wird eine von ihm als *S. elegans* bestimmte Subsigillaria aus der Steinkohlenformation bei Radnitz angegeben. Aus dem Kohlensandstein von Radnitz stammt *S. ichthyolepis* (Sternb.) Corda.

## Alpen.

Die Angaben bei Heer, »Fl. foss. Helv., Steinkohlenper.« sind so unzureichend, daß sich nur das Vorkommen sowohl von Subsigillarien als Eusigillarien im Anthracit-Gebiet der Alpen erkennen läßt; besonders in der Dauphiné.

## Pyrenäen.

Unbestimmbare rhytidolepe Reste können nach Zeiller (Bull. S. Geol. France 1895, S. 486) nicht dagegen sprechen, daß es sich um jüngere Schichten handelt (vergl. S. 81).

## Großbritannien.

Als aus dem Middle coal measures stammend wird ein Exemplar einer zweifellos echten *S. Brardi* von Kidston angegeben. Ferner kommt diese Art in den Upper coal measures vor. In diesen findet sich auch *Sigillaria Mc Murtriei*, zu der eine verwandte Form in einem Exemplar aus den unteren Ottweiler Schichten des Saargebiets vorliegt. Eine früher von Kidston als »*S. tessellata* var.« bezeichnete Form, die er erst später abbildete, ist von dem was Zeiller und wir unter dieser Art verstehen, verschieden; Kidston identifizierte sie später mit *S. cumulata* Weiss (von Ibbenbühren); vermutlich ist sie eine *Subsigillaria*.

## Nord-Amerika.

### Anthracit-Feld.

In den oberen Schichten des Anthracit-Beckens von Pennsylvanien soll nach Lesquereux (1880/82) *S. Menardi* (= *S. Brardi*) häufig sein.

### Appalachisches Feld.

Fontaine a. White geben aus den Upper Barrens von S. W. Penns. nur Subsigillarien an (keine Eusigillarie). *S. Brardi* soll in W. Virginia nicht vorkommen, wo sich noch *S. ichthyolepis* (*S. approximata*) findet.

Über *S. Biercei* von Coshocton Ohio vergl. S. 68.

### Süd-Afrika[1].

Daß *Sigillaria Brardi* mit *Glossopteris* zusammen vorkommt, wie SEWARD angibt, ist, wie S. 67 ausgeführt wurde, unbewiesen.

### Trias.

Keine Sigillaria mehr, aber die verwandten Pleuromeiaceen. Über *Palm. canaliculatus* aus dem Keuper, s. S. 82.

## Nachtrag.

### Am Schlusse der Drucklegung erschienene Arbeit.

Am 1. Oktober 1904 erhielt ich eine Arbeit mit 50 trefflichen Abbildungen von Eusigillarien: M. ZALESSKY: »Végétaux fossiles du terrain carbonifère du Bassin du Donetz. I. Lycopodiales.« Mém. com. géolog. Nouv. série, Livr. 13, 1904.

ZALESSKY hat 7 neue Spezies aufgestellt: Über *S. Antoninae, Lutugini, Schmalhauseni* werde ich Bemerkungen in mein allerdings schon im April abgeschlossenes Manuskript für Lief. III einschalten.

*Sigillaria scutiformis* (l. c., S. 113, Taf. X, Fig. 3) hat B.-N. vom *Schlotheimiana*-Typus (vergl. S. 22) aber Querfurche und ähnelt den von ZALESSKY zu *S. transversalis* gestellten Formen; auch mit *S. Micaudi* und *S. scutellata* in Beziehung zu bringen. — Vorkommen: $C_2^3$.

*Sigillaria limbata* (l. c., S. 122, Taf. XIII, Fig. 11) ist *S. decorata* (S. 42): $C_2^3$.

*Sigillaria depressa* (l. c., Taf. X, Fig. 2, S. 111) dürfte *S. nudicaulis* (bezw. nach *S. Voltzi*) nahe stehen: $C_2^4$.

*Syringodendron Tschernyschewi* (l. c., Taf. XIV, Fig. 1, S. 123) ist auf S. 77 hinter *Syr. alternans* einzuschalten: $C_2^3$.

Die abgebildeten Formen gehören in mir aus den preußischen Revieren wohlbekannte Formenkreise hinein. Die älteren Typen fehlen; etwa denen der Gas- und Gasflammkohlenpartie bis Piesberger Schichten in Westfalen entsprechen die Formen im Alter: vergl. S. 103. 104.

[1]) Am Schlusse der Drucklegung erhielt ich 2 Lepidophyten-Abdrücke aus »Sandstein über der Kohle. Vereeniging, Transvaal«, leg. Pinhert 1903. Die Abdrücke im Sandstein lassen keine genügenden Details erkennen. Obwohl die Möglichkeit, daß es sich um Überreste von *Sigillaria Brardi* handeln könnte, nicht völlig ausgeschlossen ist, so ist es meines Erachtens ungerechtfertigt, vorderhand Schlüsse über das Alter der Schichten aus diesen Resten zu ziehen.

# Register[1])

zugleich für die Sigillarien in Lieferung I—III.

## Namen von Gattungen, Sektionen etc.



[1]) Damit alles für die Synonymie wichtige beisammen zu finden ist, sollen hier sämmtliche mit Sigillarien in Verbindung gebrachte Speziesnamen hinter einander in alphabetischer Reihenfolge mit Angabe des Autors aufgeführt werden, ganz gleich, ob sie zu Sigillaria selbst oder zu einer der Hilfs- oder synonymen Gattungen gestellt wurden. Es ist dringend zu empfehlen, keinen der hier genannten Namen wieder für Sigillariaceen-Spezies zu verwenden.

## Speciesnamen.

Digitized by Google

Digitized by Google

Digitized by Google

Digitized by Google

Bearbeitung der fossilen Hölzer in dem Sinne einer »art-«gemäßen Fixierung noch nicht gegeben werden konnte; es wird dies später geschehen und zwar zunächst in dem Lieferungswerk: Abbildungen und Beschreibungen fossiler Pflanzen von H. POTONIÉ.

Der jetzige Zustand der Xylopaläontologie erfährt am besten eine Beleuchtung aus ihrer Geschichte. Besonders nachdem A. SCHENK in Leipzig sich des Studiums fossiler Hölzer angenommen hatte, war in den achtziger und Anfang der neunziger Jahre des vorigen Jahrhunderts eine Art Blütezeit für diesen Zweig der Paläobotanik angebrochen — wenigstens was die Zahl der Publikationen anlangt —; außer den Arbeiten der Schüler SCHENK's (FELIX, H. VATER u. a.) fallen in diese Periode auch die Arbeiten von CONWENTZ, SCHRÖTER, BRUST u. a. Seitdem sind eingehendere Abhandlungen auf diesem Gebiet nicht mehr zu verzeichnen. Man kann sich des Eindrucks nicht erwehren, als ob die verständigen Autoren die Zwecklosigkeit eines weiteren Arbeitens ohne eine durchgreifende, monographische Aufarbeitung des vorhandenen Materials eingesehen hätten. Es ist dies auch der einzige Weg, auf dem Besserung geschaffen werden kann, wozu die folgenden Kapitel eine Vorarbeit bilden sollen. Die mannigfachen Änderungen, die an dem alten System nötig wurden, und die Merkmale, nach denen die Einteilung der Gymnospermen auf Grund von holzanatomischen Gesichtspunkten zu erfolgen hat, sind am Schluß in Form einer, so weit möglich, analytischen Tabelle zusammengestellt.

Schließlich sei mir gestattet, den Herren, die mich bei der Ausführung der vorliegenden Arbeit — sei es durch Zuweisung von Holzproben lebender Gymnospermen, sei es durch Übersendung von Dünnschliffen fossiler Hölzer — unterstützt haben, meinen verbindlichsten Dank auszusprechen. Es sind dies Herr Geheimrat ENGLER (Berlin), Herr Professor C. SCHRÖTER (Zürich), Herr Professor NATHORST in Stockholm, Herr Professor Graf ZU SOLMS-LAUBACH in Straßburg (Elsaß), Herr Ökonomierat SPÄTH in Baumschulenweg und Professor STERZEL in Chemnitz; vor allem aber schulde ich meinem hochverehrten Lehrer und Förderer, Herrn Professor POTONIÉ, Dank, der mir seine Unterstützung stets in selbstlosester Weise zu Teil werden ließ.

---

# Historisches.

Die fossilen Hölzer haben wegen ihrer meist schon äußerlich zu Tage tretenden Holzstruktur seit langer Zeit das Interesse erregt; schon PLINIUS, vielleicht schon THEOPHRAST waren sie bekannt. Eine ausführliche Geschichte unserer Kenntnis von den fossilen Hölzern bietet GÖPPERT in seiner Monographie der fossilen Koniferen (1850, S. 71 ff.), und zwar auch ausführlich für die Zeit vor WITHAM OF LARTINGTON, des Vaters der wissenschaftlichen Xylopaläontologie. Wir werden uns im Folgenden genauer nur mit der nach-WITHAM'schen Zeit beschäftigen, in der das Mikroskop die Untersuchung fossiler Hölzer auf wissenschaftlichen Boden stellte.

Bereits vor der Benutzung dieses unentbehrlichen Hülfsmittels begegnen wir Versuchen, eine Nomenclatur der fossilen Hölzer — naturgemäß nur nach der äußeren Beschaffenheit — einzuführen. Schon bei GESNER, einem Zeitgenossen des berühmten AGRICOLA (um 1550), finden wir Namen wie *Elatides*, *Phegites*, *Drytes* etc. Das später vielbenutzte Wort *Lithoxylon* findet sich zuerst bei LUIDIUS (1699). Ausführliche Listen fossiler Hölzer nebst Fundpunktsangabe finden sich in SCHEUCHZER's Herbarium diluvianum (1709), der ebenfalls den Namen *Lithoxylon* oder *Lignum fossile* gebraucht. Auch bei LINNE ist ein Fortschritt nicht zu verzeichnen, und die folgenden Forscher, die sich mit dem Studium fossiler Hölzer befaßten (u. a. VOLKMANN, WERNER, SCHLOTHEIM, CHR. F. SCHULTZE (1770), der zwei sich speziell auf den Versteinerungsprozeß bei fossilen Hölzern beziehende Schriften veröffentlichte, STERNBERG) kamen und konnten nicht viel über ihre Vorgänger

1*

hinauskommen, so lange sich eine Untersuchung auf das Äußere beschränkte.

Der erste, der unter Verwendung von Dünnschliffen nach NICOL's Vorgang das Mikroskop anwandte, war der schon genannte WITHAM OF LARTINGTON, dessen 1833[1]) erschienenes Werk: »Internal structure of fossil vegetables« den Beginn des wissenschaftlichen Studiums der fossilen Hölzer bezeichnet.

Bereits vor WITHAM oder zugleich mit ihm hatten 1828 B. SPRENGEL und 1832 COTTA (die Dendrolithen) den Weg der mikroskopischen Untersuchung versteinter Stammreste beschritten, aber diese gehörten Archegoniaten (Psaronien u. a.), *Cycadofilices (Medullosa)* und Monocotyledonen (Palmen) an; überdies ist die ausgedehnte Anwendung von Dünnschliffen und damit die Beobachtung in durchfallendem Licht, die allein verläßliche Resultate liefern, zuerst von WITHAM geschehen[2]).

Nach WITHAM war es vornehmlich GÖPPERT, der sich bereits sehr früh mit dem Studium fossiler Gymnospermenhölzer befaßte und dafür sein ganzes Leben hindurch eine Vorliebe bewahrte. Er erkannte bald, daß ohne eingehende Kenntnis der anatomischen Systematik der lebenden Gymnospermenhölzer für die Bestimmung fossiler nichts Ersprießliches zu hoffen war. Als Frucht dieser Studien erschien 1841 das grundlegende »De coniferarum structura anatomica«, über dessen Resultate wir — wenn auch unleugbar mancher Fortschritt gemacht worden ist — im Allgemeinen auch heute noch nicht viel hinaus sind. Dies gilt insbesondere für die von GÖPPERT aufgestellten »Gattungen«, d. h. in diesem Falle: Sammelnamen, denn diese »Gattungen« begreifen in sich z. T. eine

[1]) Bereits im Jahre 1830, dann 1831 hatte WITHAM über seine Untersuchungen berichtet; das bekannteste, 1833 erschienene, obengenannte Werk, eine Erweiterung der »Observations on fossil vegetables« von 1831, enthält jedoch erst die Aufstellung seiner anatomisch begründeten »Genera« und seine Classification, weshalb wir mit Recht das Jahr 1833 das Geburtsjahr der wissenschaftlichen Xylopaläontologie nennen können.

[2]) Die von späteren Forschern, wie GÖPPERT und KRAUS, vielfach angewandte Splittermethode vermag zwar in keiner Weise die Dünnschliffe zu ersetzen, liefert aber, wie auch Verfasser dieser Arbeit sich überzeugte, manchmal — namentlich orientierungsweise — sehr brauchbare Resultate.

sehr große Anzahl von wirklichen Genera, deren Holzbau — namentlich gilt das für die Cupressineen — von einer erstaunlichen Gleichförmigkeit ist und offenbar auch früher gewesen ist. Dasselbe Zeugnis kann man ihm jedoch nicht in der Begrenzung der Arten in seinen zahlreichen späteren Publikationen[1]) über fossile Hölzer ausstellen, und dies muß um so mehr Wunder nehmen, als von ihm selbst die häufige Unmöglichkeit der Unterscheidung von Arten der lebenden Hölzer wohl erkannt und ausgesprochen war. Vielfach werden Erhaltungszustände als »Arten« beschrieben, oder er legt sonst unwesentlichen Merkmalen unterscheidenden Wert bei. Eine Übersicht seiner Einteilung ergibt sich aus folgender Tabelle:

1. Hoftüpfel quincuncial gestellt, meist infolge gedrängter Stellung gegenseitig abgeplattet:
   **Forma Araucariae** (*Araucarites*).
2. Hoftüpfel nicht gedrängt, und, wenn mehrreihig, meist gleich hochstehend (opponiert).
   α) Holzparenchym (verticales) vorhanden. Harzgänge fehlend:
   **Forma Cupressinearum** (*Cupressinoxylon*).
   β) Harzparenchym fehlend.
   αα) Harzgänge fehlend,
   **Forma Pini s. lat.** } *Pinites*.
   ββ) Harzgänge vorhanden,
   **Forma Pini s. str.** } *Pinites*.
3. Tracheïden mit Spiralenverdickung:
   **Forma Taxi** (*Taxites*).

Über *Physematopitys* und *Spiropitys* siehe S. 58 und 69.

Außer GÖPPERT hat sich UNGER, dann ENDLICHER mit dem Studium fossiler Hölzer beschäftigt, beide ohne einen Fortschritt gegen GÖPPERT zu erreichen; sie acceptierten übrigens dessen Nomenclatur nicht, sondern hatten eigene Benennungen, z. T. von SCHLEIDEN[2]) entnommen: *Dadoxylon* ENDL. statt *Araucarites* GÖPP., *Peuce* SCHLEIDEN, *Thujoxylon* UNGER und *Taxoxylon* UNGER u. a. Es sei hier auch eine Arbeit THEODOR HARTIG's erwähnt (Bot.

[1]) Am bekanntesten seine »Monographie der fossilen Coniferen« 1850.

[2]) Über die Natur der Kieselhölzer, V, Programm des physiolog. Instit. zu Jena, 1855. Diese Schrift habe ich bisher trotz mehrfacher Bemühungen auch aus Jena nicht erlangen können.

Ztg. 1848, S. 122 ff.), in der dieser eine Systematisierung tertiärer Hölzer versucht. Die Merkmale, die er benutzt, sind jedoch, wie schon GÖPPERT betonte, zur Diagnostik größtenteils unbrauchbar, und so ist diese Arbeit in der zahlreichen Litteratur sozusagen verschollen.

Eine sorgfältige und eingehende Abhandlung erschien im Jahre 1855 von MERCKLIN (*Palaeodendrologicon rossicum*), die, wenngleich sie im Wesentlichen nichts Neues zu Tage förderte, doch wegen der Gewissenhaftigkeit des Autors einen bleibenden Wert behalten wird; seine Angaben machen wenigstens eine Nachkontrolle möglich.

Im Jahre 1864 erschien dann die Arbeit von GREGOR KRAUS (Mikroskop. Untersuchungen über den Bau lebender und vorweltlicher Nadelhölzer, Würzburg. naturw. Zeitschr. Bd. V, 1864, S. 144 ff., 1 Tafel), der noch einmal eine große Anzahl lebender Hölzer untersuchte, auf GÖPPERT's Fehler nachdrücklich hinwies und später in SCHIMPER's Traité de paléont. végétale (Bd. 2, S. 363 bis 385) eine Klassifizierung der fossilen Gymnospermenhölzer bot, auf der alle späteren wichtigen Abhandlungen über unsern Gegenstand mehr oder weniger basieren. Die von ihm (l. c. S. 369/70) gebotene Einteilung ist folgende:

A. Cellulae prosenchymatosae aporae[1]) *Aporoxylon* UNGER.
B. Cellulae prosenchymatosae porosae.
  I. Pori uniseriales distantes vel oppositi.
    a) Cellulae prosench. sine spiralibus.
      1. Cellulis parenchymatosis (d. h. verticalem Holzparenchym) resiniferis nullis.
        α) Radii medullaris cellulae in sectione transversa rotundae.
          *Physematopitys* GÖPPERT (cf. S. 58).
        β) . . . . . oblongae.
          *Cedroxylon* KRAUS.
          (*Pinites* GÖPP. ex p., *Peuce* UNG. ex p.)
      2. Cellulis parenchymatosis (resiniferis) creberrimis.
          *Cupressoxylon* KRAUS.
          (*Cupressinoxylon* GÖPP., *Thujoxylon* UNG.)

[1]) Die »Aporosität« des *Aporoxylon* ist inzwischen längst als von UNGER zu Unrecht behauptet erkannt worden (von GÖPPERT, RENAULT u. a.); es ist ein gewöhnlicher *Araucarites* GÖPPERT.

3. . . . . . crebris ductibusque resiniferis.
*Pityoxylon* KRAUS.
(*Pinites* GÖPP. ex p., *Peuce* UNG. ex p.)
b) Cellulae prosench. poroso-spirales.
1. Radiis medullaribus porosis.
*Taxoxylon* KRAUS.
(*Taxites* GÖPP., *Taxoxylon* UNG.)
2. Radiis medullaribus poroso-spiralibus (?)
*Spiropitys* GÖPP. [1]).
II. Pori uniseriales contigui vel spiraliter dispositi pluriseriales.
a) Pori rotundi, vel contiguitate polygoni.
1. Radiis medullaribus simplicibus (uniserialibus).
*Araucar(i)oxylon* KRAUS.
(*Araucarites* GÖPP., *Dadoxylon* ENDL.)
2. Radiis medullaribus compositis.
*Pissadendron* ENDL.
(*Palaeoxylon* BRONGNIART).
b) Pori compressi, oblongi.
*Protopitys* GÖPPERT.

Hierzu ist zu bemerken, daß *Pissadendron* z. T. (SCHENK, 1890, S. 855) und *Protopitys* (SOLMS-LAUBACH, 1893, S. 197—210) als Archegoniaten (betr. letzterer wohl besser: *Cycadofilices*) entlarvt sind.

Die obige Klassifikation ist seitdem von den allermeisten Autoren als Grundlage benutzt worden (weshalb KRAUS das durch Priorität vorberechtigte *Cupressinoxylon* GÖPPERT durch *Cupressoxylon* ersetzt, ist nicht begründet; abgesehen von der Priorität ist die GÖPPERT'sche Bezeichnung besser, denn sie besagt: Holz von Cupressineen, *Cupressoxylon* dagegen: Holz von *Cupressus*); nach KRAUS' Vorgang wurde von späteren Autoren die Endung — *xylon* gewissermaßen als Kennzeichen für eine auf Grund von Holzresten bestimmte »Spezies« verwandt und zugleich die GÖPPERT'sche Endung — *ites* aus der Holznomenclatur fast verbannt und auf Blatt- und Zapfenreste beschränkt.

KRAUS erkannte weiterhin auch bereits, daß einige lebende Gattungen in ihrem Holzbau in eigentümlicher Weise charakte-

[1]) Diese »Gattung« GÖPPERT's ist von KRAUS als spiralgestreiftes *Cupressoxylon* angesprochen worden (1892, S. 75): die Spiralen werden allerdings kaum den Markstrahlzellen angehört haben (cf. S. 69); nach der Abbildung ist es aber ein spiralgestreiftes *Pityoxylon*, kein *Cupressoxylon*!

risiert sind (für *Ginkgo* hatte das schon GÖPPERT bemerkt, woher seine *Physematopitys*), nämlich *Glyptostrobus* und *Phyllocladus* (für beide jedoch, wie später gezeigt werden wird, irrtümlich, vergl. die große Tabelle); er schlug für solche Fälle vor, den Namen des lebenden Genus für das Holz zu verwenden; den Anfang machte er mit seinem *Glyptostrobus tener* (1864, S. 195, Fig. 12). Seinem Beispiel folgten später SCHRÖTER (1880), der auf Holzreste hin eine *Ginkgo* und *Sequoia* (letztere allerdings zu Unrecht), A. SCHENK (1890), der einen *Phyllocladus Mülleri*, CONWENTZ (1890), der seine *Pinus succinifera* aufstellte u. a. Dies ist natürlich nur dann allenfalls statthaft, wenn man nach den Befunden an lebendem Material die Überzeugung gewonnen hat, daß die betreffende Struktur wirklich ausschließlich der betreffenden Gattung zukommt, und auch dann ist noch Kritik von Nöten! *Pinus* läßt sich (entgegen CONWENTZ, MAYR u. a.) holzanatomisch sogar sensu stricto (cf. Tabelle) erkennen, *Ginkgo* wohl desgleichen. Betreffs seines *Glyptostrobus tener* hat KRAUS übersehen, daß *Cunninghamia* ebenso gebaut ist, desgleichen SCHENK bei seinem *Phyllocladus Mülleri*, daß die *Phyllocladus*-Struktur (abgesehen von *Sciadopitys verticillata*, siehe Tabelle), soweit ich bisher sah, auch *Podocarpus andina* und *spicata*, *Dacrydium Franklini* (wie auch KLEEBERG, Bot. Ztg. 1885 S. 723), *Microcachrys tetragona* und *Pherosphera Hookeriana* zukommt; nach BEUST (1884, S. 35) würde auch *Octoclinis Backhousi* HILL. so gebaut sein.

Ein weiteres Verdienst von KRAUS ist es, nach dem Vorgange HUGO VON MOHLS (Bot. Ztg. 1862 S. 225 ff.) auf die Unterschiede zwischen Ast-, Stamm- und Wurzelholz hingewiesen zu haben; CONWENTZ (1880) und FELIX (1882) haben diese Verhältnisse weiter klar gelegt, und CONWENTZ schlug für die Wurzelhölzer die Vorsilbe *Rhizo-*, FELIX für Stamm- und Asthölzer die Vorsilben *Cormo-* und *Clado-* vor, ein undurchführbares Verfahren, da es einerseits nicht angängig ist, bewußt verschiedene Teile einer und derselben Pflanze mit verschiedenen Namen zu belegen, andererseits die Übergänge zwischen den Extremen so allmählich sind, daß man meist nur vermutungsweise seine Ansicht äußern kann. Es sei hier gleich vorgreifend bemerkt, daß selbst die

Unterscheidung von Stamm- und Wurzelholz, die noch am ersten durchführbar ist, auf schwachen Füßen steht, da die Stammpartien über der Wurzel noch längere Zeit hindurch Wurzelholzbau zeigen; ja, selbst im Astholz tritt dieser unter gewissen Verhältnissen in typischer Ausbildung auf, und dies dazu an Ästen vollständig normal gewachsener Bäume (»Hängezweige« von *Pinus silvestris*: vergleiche S. 18, 19). —

In der Kompilation der bis dahin beschriebenen fossilen Holz-»Spezies« in SCHIMPERS Traité de paléont. végét. unternahm KRAUS im Anschluß an seine Klassifikation, die beschriebenen Arten bei seinen Typen unterzubringen, wobei er meist die »Spezies« betreffs ihrer Haltbarkeit unangetastet ließ. Die wertvollste Zusammenstellung aus neuerer Zeit lieferte SCHENK in ZITTEL's Handbuch der Paläontologie II (S. 848—879); von einer Identifizierung der Arten sieht jedoch auch dieser Autor ab, von denen, wie schon KRAUS betonte, nur die allerwenigsten haltbar sein können. Zu den gewissenhaftesten und verläßlichsten Beobachtern gehört ohne Zweifel auch SCHMALHAUSEN, dessen sorgfältige Angaben und Abbildungen wir noch mehrfach später zu würdigen haben werden. Anfänge zur Verringerung der Zahl der aufgestellten Arten finden sich bei mehreren Autoren (KRAUS, FELIX, CONWENTZ u. a.), ohne daß indeß ein konsequentes Weitergehen in dieser Richtung bemerkbar würde; es fehlt dazu eben an einer monographischen Bearbeitung der lebenden wie der fossilen Gymnospermenhölzer. Dies ist allerdings ein schwieriges und zeitraubendes Unternehmen, da, wie schon gesagt, nicht einmal die lebenden Gymnospermen anatomisch hinreichend bekannt sind. Dieser Ansicht scheint allerdings J. FELIX nicht zu sein, wenn er (Studien über foss. Hölzer, 1882 S. 3) einleitend bemerkt: »Bei den Coniferenhölzern werde ich mich auf wenige Bemerkungen beschränken können, da die anatomischen Verhältnisse durch die Arbeiten eines GÖPPERT, HARTIG, SANIO, KRAUS u. a. fast allseitig klargestellt sind[1].« Wie wenig diese Ansicht gerechtfertigt ist, wird sich im Verlaufe unserer Untersuchungen von selbst ergeben.

[1]) Diese Ansicht ist um so bemerkenswerter, als dieser Satz jedenfalls von SCHENK, unter dessen Leitung FELIX's Arbeit entstanden ist, sanktioniert worden ist.

Es ist nun noch kurz auf die Arbeiten der Amerikaner hinzuweisen, von denen DAWSON, PENHALLOW und KNOWLTON zu nennen sind; von diesen folgte der erste der UNGER-ENDLICHERschen Nomenklatur (*Dadoxylon* ENDL.). PENHALLOW und KNOWLTON schlossen sich später an KRAUS und FELIX an. PENHALLOW veröffentlichte 1896 auch eine vergleichend-anatomische Studie über (lebende) amerikanische Coniferen und Taxaceen; die von ihm gemachten Unterschiede sind jedoch zum großen Teil unbrauchbar. KNOWLTON gab u. a. 1900 eine »Revision of the Genus *Araucarioxylon* of KRAUS« heraus, in der er eine Benennung der *Araucarioxyla (Dadoxyla)* nach FELIX'schen Prinzipien (cf. S. 13) durchzuführen versuchte. Von der im Titel weiterhin angekündigten »partial synonomy of the species« sieht man jedoch im Text nichts, er ignoriert sogar die wenigen Winke in der Literatur gänzlich, die er gleichwohl zitiert.

Betreffs der sonstigen zahlreichen Arbeiten muß auf den Katalog (cf. S. 101) verwiesen werden; dieselben finden sich in den verschiedensten Zeitschriften zerstreut, teils als Teile größerer geologisch-paläontologischer Schriften.

Im Folgenden werden nun zunächst die *Dadoxyla* kritisch gesichtet werden, alsdann die übrigen. Obwohl infolge der mangelhaften Kenntnis der lebenden Hölzer auf diese meist noch das Schwergewicht gelegt werden mußte, sind bemerkenswerte fossile Hölzer möglichst schon berücksichtigt. Wie schon im Vorwort (S. 2) gesagt, sind die holzanatomischen Unterschiede in einer größeren Tabelle zusammengestellt, an der es bisher überhaupt noch fehlt. Die Tabellen bei SCHENK, SCHRÖTER u. a. sind zu wenig ausführlich — abgesehen von etwaigen Fehlern. Die Tabelle von MÖLLER (Denkschr. der Akad. der Wiss. in Wien 1876 Bd. 36 S. 308/9) ist unbrauchbar; sie zeigt, daß der Autor die xylopaläontologische Literatur nicht kennt (in der über die systematische Anatomie unserer Hölzer sich weit mehr Data finden als in der rein botanischen).

Weiter habe ich versucht, die Frage der »Spiralstreifung« zu lösen, über die (auch bei den Nicht-Paläobotanikern) noch immer keine Klarheit herrscht, die sogar noch immer mit der Spiralverdickung von *Picea*-Typus (cf. S. 61) verwechselt wird.

In einer weiteren kleinen Tabelle ist ein neues System der fossilen Gymnospermenhölzer zusammengestellt, das aus der großen Tabelle abgezogen ist; es weist erhebliche Abweichungen von dem alten System von GÖPPERT-KRAUS ab, das, wie sich im Verlauf der Untersuchungen ergab, modifiziert werden mußte. Inwieweit das neue System bei den fossilen Hölzern anwendbar sein wird, muß sich bei der Bearbeitung dieser von selbst ergeben.

# Araucarioxylon KRAUS und Cordaioxylon FELIX (Cordaixylon GRAND' EURY).

Kennzeichen: Hoftüpfel meist klein (in der Regel nur 9—12 μ hoch), quincuncial gestellt; wenn einreihig, sich oben und unten, wenn mehrreihig, sich allseits (zu Polygonen) abplattend; Porus meist, bei einigen Formen stets schräg elliptisch, sich mit dem des Gegentüpfels kreuzend[1]); Markstrahlen einreihig bei den lebenden und geologisch jüngeren, mehrreihig oft bei den älteren Typen, bei den ersteren ziemlich niedrig, bei den letzteren oft recht hoch (30 und mehr Zellen). Jahrringbildung, auch bei den lebenden, zumeist auffallend undeutlich. Markstrahltüpfel, soweit bisher eruierbar, rund, mit schräg-elliptischem Porus (dieser weit deutlicher als der »Hof«), meist zu mehreren (3—11, auch selbst mehr) pro Kreuzungsfeld (d. h. für die oblonge Fläche, die für das Auge durch Kreuzung einer Markstrahlzelle mit einer Hydrosteride[2]) entsteht). Holzparenchym (verticales) fehlt bei den lebenden (nach SCHENK (1890, S 857) soll solches vorkommen); Tangentialtüpfel fehlend oder sehr spärlich.

[1]) Bei den übrigen Coniferen ist dies nur im Spätholz der Fall: stark araucarioïd sind in dieser Beziehung *Ginkgo*.

[2]) Da in der sonst üblichen Nomenclatur als Tracheïden sowohl die reinen Hydroïden, als auch die Holzzellen der Gymnospermen, welche sowohl wasserleitende als festigende Elemente sind, bezeichnet werden, so werde ich im Folgenden für diese Zellen stets den von POTONIÉ (1884, S. 11) vorgeschlagenen Ausdruck Hydrostereïden gebrauchen, der nach der SCHWENDENER'schen physiologisch-anatomischen Schule den Funktionen dieser Zellen allein gerecht sind.

## I. Nomenclatur und Hoftüpfelreihenzahl.

Was die Nomenclatur anbetrifft, so hat hier, wenn wir von dem WITHAM'schen, heute nicht mehr brauchbaren *Pinites* absehen, der *Araucarites* Göppert (non PRESL) 1845 die Priorität. Dieser Name ist indes zu verwerfen, da er bereits von PRESL in STERNBERG's Versuch (II. S. 203, 1838) für Zweig- und Zapfenreste vergeben war[1]). Aus diesem Grunde führte ENDLICHER sein *Dadoxylon* ein (Synops. Conif. 1847); KRAUS (Sitzungsberichte d. naturf. Gesellsch. zu Halle 1882, S. 45) stellte dann sein *Araucarioxylon* auf, das von den meisten späteren Autoren — zu Unrecht — acceptiert wurde. FELIX (Unters. üb. d. inn. Bau westfäl. Carbonpfl. 1886, S. 56) suchte beide Bezeichnungen zu retten, indem er *Dadoxylon* ENDL. (ex p.) für die Hölzer des Palaeozoikums, *Araucarioxylon* KRAUS für die jüngeren Epochen gebrauchen wollte, mit dem Hinweis darauf, daß »die in den palaeozoischen Formationen sich findenden Hölzer mit der Struktur der Araucarien nicht zu dieser Familie gehören, da letztere erst in der jurassischen Periode, und wenn man die Gattung *Albertia* dazu rechnet, allerdings schon im Buntsandstein, aber jedenfalls erst im mesozoischen Zeitalter auftritt« (l. c., S. 57). Ganz abgesehen davon, daß die Nichtzugehörigkeit der rotliegenden *Walchia* zu den Araucarieen nicht erwiesen, vielmehr das Gegenteil wahrscheinlich ist, daß ferner manche Hölzer des produktiven Carbons, selbst des Culms sich von den auf die Walchien bezogenen mit *Tylodendron*-Markform (vergl. H. POTONIÉ, die fossile Pflanzengattung *Tylodendron* 1888) nicht unterscheiden lassen, wie deutlich GÖPPERT's *Araucarites Rhodeanus* zeigt, der von ihm selbst aus dem Carbon und Rotliegenden angegeben wird, kommt man mit diesem Vorschlag erst garnicht durch, wenn man Geschiebehölzer vor sich hat, über deren Alter nichts zu ermitteln ist. Gleichwohl hat sich die FELIX'sche Nomenclatur bereits weitgehenden Eingang in der Literatur verschafft.

[1]) Um so weniger verständlich ist es, wie GÖPPERT immer wieder *Araucarites* PRESL et GÖPPERT schreiben konnte.

Nachdem ferner durch die Untersuchungen RENAULT's und GRAND'EURY's sich ergeben hatte, daß die Cordaiten Araucaritenbau besaßen, war man bemüht, das Holz dieser eigentümlichen Gymnospermen von der Menge der übrigen *Araucarioxyla-Dadoxyla* zu trennen, und FELIX glaubte die Lösung auch dieses Problems gefunden zu haben. (Üb. d. verst. Hölzer von Frankenberg i. S., 1883, S. 5 ff). Er stützte sich dabei auf RENAULT's Angaben und Abbildungen (Structure comparée de quelques tiges . . . 1879, S. 285 ff., Taf. 15, 1—6), nach denen bei diesen Hölzern die Hoftüpfel stets die ganze Radialwand der Holzzellen bedeckten, sodaß oft bei größeren Zellen eine Hoftüpfelreihenzahl resultiert, wie sie bei den lebenden Araucarieen, die auch nie eine vollständige Bedeckung der Radialwand durch die Hoftüpfel aufweisen, nicht oder höchstens in der Wurzel vorkommt; bei diesen sind gewöhnlich 1—2, in altem und namentlich im Wurzelholz auch 3—4 Tüpfelreihen zu beobachten (vergl SCHACHT, Bot.-Ztg. 1862, S. 409 seq., Taf. 13, 14, WINKLER, ibid. 1872, S. 584, Taf. 7). Man muß hierbei bedenken, daß die Zahl der Tüpfelreihen z. T. von der Breite der Zellwand abhängig ist und daß das ältere Holz mehr Tüpfelreihen aufweist. Zum Teil mag daher die Vielreihigkeit der Hoftüpfel der fossilen Hölzer auf Rechnung ihrer größeren Dimensionen zu setzen sein; vielleicht erreichen die lebenden Araucarien nicht die Dicke der mächtigen Stämme z. B. des Rotliegenden; das riesige *Megadendron (Araucarioxylon) saxonicum* mißt nach STERZEL (Gruppe verkieselter Araucaritenstämme etc. 1900, S. 11) ca. $1^1/_2$ Meter im Durchmesser, wobei die Rinde noch garnicht mitgemessen ist, während nach BEISSNER (Handb. d. Nadelholzk. S. 203) *Araucaria imbricata* nur bis 1 Meter Durchmesser erreicht; *A. brasiliensis* soll dagegen bis $2^1/_2$ m dick werden (zu bedenken ist jedoch, daß so dicke Stämme, wie es scheint, noch garnicht untersucht sind. SCHACHT's Material (l. c.) war fünfzig-, WINKLER's (l. c.) nur dreißigjährig). Fast noch erheblichere Dimensionen besitzt ein neuerdings in Chemnitz aufgefundener Stamm (STERZEL, Ein verkieselter Riesenbaum aus d. Rotl. von Chemnitz, 1903, S. 23—41, 2 Tab.) von ungefähr gleichem Umfang; auch dieser ist entrindet.

Gleichwohl aber müssen wir zugeben, daß — wie mit Zentrum erhaltene Stücke beweisen — viele Hölzer der älteren Formationen an sich mehr Tüpfelreihen als die lebenden besessen haben. Schwierig ist es dann oft, bei größerer Tüpfelreihenzahl zu entscheiden (namentlich bei Verschiebung der Zellwände), ob die Tüpfel die ganze Radialwand bedecken oder nicht, indem man an manchen Stellen dieses sieht, an andern wieder nicht, was dann auf Schwund(?) der Randtüpfel beruhen kann. Schon hierdurch ist es oft unmöglich, zu sagen, ob man *Cordaioxylon* FELIX vor sich hat oder die andere Form. Wenn man sich aber die Angaben der Autoren über diesen Gegenstand genauer ansieht, so findet man, daß z. B. GRAND'EURY (Flore carbonifère d. Dép. d. l. Loire, S. 257) das die *Artisia*-Markkerne umgebende Holz schlechthin als *Dadoxylon* bezeichnet und aus den Diagnosen, die er von seinem *Dadoxylon stephanense* und *subrhodeanum* gibt, die er doch auch als Cordaitenhölzer betrachtet, kann man nicht entnehmen, daß diese den Bau des FELIX'schen *Cordaioxylon* besitzen, zumal er von seinem *Dadoxylon subrhodeanum* die Ähnlichkeit mit *Araucarites Rhodeanus* GÖPP. ausdrücklich hervorhebt, der als Typus der nicht cordaioxyloïden Araucariten betrachtet werden kann.

Die Vermutung, daß FELIX in der Aufstellung seines *Cordaioxylon* etwas verfrüht verfahren ist, wie auch VATER (die foss. Hölzer aus den Phosphoritlagern Braunschweigs. 1884, S. 783) meint, liegt daher nahe. Trotzdem haben sich viele Autoren FELIX unbedenklich angeschlossen und sind sogar soweit gegangen, Hölzer von *Cordaioxylon*-Bau schlechtweg als *Cordaites* zu bezeichnen, z. B. GÖPPERT-STENZEL (Nachträge z. Kenntnis der Coniferenhölz. d. paläoz. Format. 1888), KNOWLTON (A Revision of the Genus *Araucarioxylon* of KRAUS etc., 1890) u. a. Dies Verfahren ist nur dann zulässig, wenn das betreffende Holz mit *Artisia*-Mark gefunden ist; für diesen Fall mag dem Sammelnamen *Dadoxylon*, der die Spezies als auf Grund von Holzresten bestimmt kennzeichnet, in Klammern *Cordaites* zugefügt werden.

Sehr berechtigte Zweifel an der Möglichkeit der Unterscheidung von *Cordaioxylon*[1]) müssen dem unparteiischen Beobachter ferner bei dem *Araucarites (Cordaites) medullosus* GÖPP. aufsteigen, der mit *Artisia*-Mark gefunden ist und dessen Cordaiten-Natur daher außer Zweifel ist (GÖPPERT-STENZEL, l. c., Taf. II, Fig. 15, 23); niemand würde auf Grund der Hydrostereidentüpfelung in diesem Holz einen Cordaiten vermuten (vergl. die Schliffe im Arboretum fossile). Die letzten Zweifel in dieser Frage jedoch beseitigte ein glücklicher Zufall, der mir eine *Artisia* mit anhaftendem Holzkörper in die Hände spielte, dessen Hoftüpfel die Radialwand nicht bedeckten (Fig. 1a). Das Stück stammt von Buchau in Schlesien; das Holz, das von so guter Erhaltung ist, daß auch die Markstrahltüpfel noch sehr deutlich wahrnehmbar sind, stimmt allerdings mit dem von dort angegebenen sogenannten *Araucarites Rhodeanus* nicht überein, soweit die Abbildungen und Schliffe GÖPPERT's (Arb. foss.)

Fig. 1.

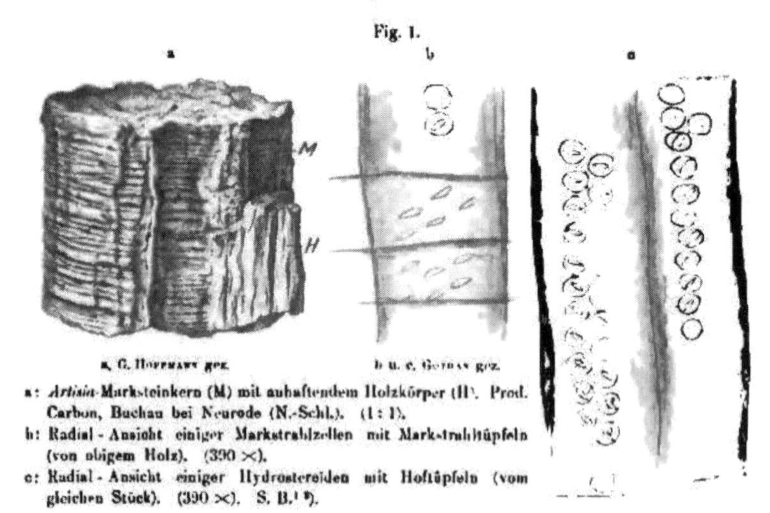


a. G. HOFFMANN gez. b u. c. GOTHAN gez.

a: *Artisia*-Marksteinkern (M) mit anhaftendem Holzkörper (H). Prod. Carbon, Buchau bei Neurode (N.-Schl.). (1 : 1).
b: Radial-Ansicht einiger Markstrahlzellen mit Markstrahltüpfeln (von obigem Holz). (390 ×).
c: Radial-Ansicht einiger Hydrostereiden mit Hoftüpfeln (vom gleichen Stück). (390 ×). S. B.[1] [2]).

[1]) Ich will nicht unterlassen, zu bemerken, daß auch Herr Prof. STERZEL in Chemnitz mir seine Zweifel (in litt.) in dieser Frage ausgedrückt hat.

[2]) S. B.[1] bedeutet: Sammlung der Königl. Preuß. Geolog. Landesanstalt in Berlin.

sehen lassen, ist aber, wie Fig. 1b und c zeigt, keinesfalls als *Cordaioxylon* FELIX zu bestimmen. Es ist hierdurch erwiesen, daß die Cordaiten dadoxyloiden und cordaioxyloiden Bau besaßen, daß mithin eine Trennung von *Dadoxylon* und *Cordaioxylon* unmöglich ist. Auffällig bleibt indeß die unverhältnismäßig hohe Hoftüpfelreihenzahl mancher Cordaiten in ganz jungem Holz.

Wir hatten gesehen, wie schwierig es oft ist, die cordaioxyloide Bettüpfelung von dem andern Typus zu unterscheiden. Da nun bekanntlich die Zellen des Wurzelholzes infolge ihrer meist größeren Dimensionen mehr Tüpfelreihen besitzen als typisches Stamm- und Astholz, so könnte man denken, daß zu einem (scheinbar?) araucarioid getüpfelten Stammholz ein cordaioxyloides als Wurzelholz gehören könnte. Diese Vermutung fand ich in unverhoffter Weise bestätigt an Schliffen, die mir von Herrn Prof. Grafen zu SOLMS-LAUBACH in liebenswürdiger Weise zur Verfügung gestellt wurden. Es handelt sich um Stücke des *Araucarites Beinertianus* GÖPP. (ex p.), (*Calamopitys beinertiana* SCOTT) von Falkenberg in Schlesien, der durch seine Markstrahlen in ausreichender Weise charakterisiert ist. Unter den Schliffen befinden sich u. a. solche von unzweifelhaften Wurzeln (vergl. SOLMS über *Protopitys*, 1893, S. 208); ihr geringer Durchmesser (ca. 1 Zentimeter) läßt auf ein nicht hohes Alter schließen. An den Stammschliffen nun kann man sich von dem Vorhandensein der *Cordaioxylon*-Tüpfelung, die SCOTT (Primary structure of certain pal. stems. 1902, Taf. IV, Fig. 11) abbildet (daß SCOTT die Zugehörigkeit eines Teiles des *Araucarites beinertianus* zu *Calamopitys* UNGER, also den *Cycadofilices*, nachgewiesen hat, macht für unsere Betrachtungen nichts aus), nicht überzeugen, die auch die Abbildungen von GÖPPERT und STENZEL (1888, Taf. 4, Fig. 38) verneinen; in überaus typischer Weise ist diese jedoch bei dem Wurzelholz vorhanden, wie ich mich an einem zum Glück sehr schiefen Querschliff durch eins der Wurzelstücke überzeugte. Ob nun im Stammholz die randlichen Tüpfel geschwunden waren oder ob die sichtbare *Dadoxylon*-Tüpfelung ursprünglich war, läßt sich nicht entscheiden; da indeß SCOTT's Abbildung (l. c. Taf. IV,

Fig. 11) aus Stammholz stammt, ist wohl ersteres der Fall, was ja auch an sich schon wahrscheinlich ist.

Eine neue Complizierung erfahren diese Verhältnisse angesichts der Unmöglichkeit, Wurzel- und Stammholz bei diesen Hölzern (ohne Erhaltung des Zentrums) zu unterscheiden, zumal da Jahresringe fehlen. Schon bei Hölzern mit typischen Jahresringen ist die Unterscheidung von Wurzel- und Stammholz — von Astholz ganz zu schweigen — dadurch unmöglich, daß die unteren Stammpartien noch ganz typischen »Wurzelholzbau« zeigen. Sehr schön zeigten dies Querschnitte aus den Stammstrünken der Senftenberger Braunkohlengruben, ferner Stümpfe von abgehauenen *Thuja*-Sp., die mir Herr Obergärtner STRAUSS aus dem Berliner Königl. botanischen Garten besorgte; nach der Jahrringbeschaffenheit (gänzliches Fehlen der Mittelschicht des Jahrrings) würden die Hölzer nach dem allgemeinen Usus als »Wurzelhölzer« bezeichnet werden müssen. Auch JEFFREY (The comparative Anatomy etc., Part. I. The Genus *Sequoia*. Mem. of the Boston Soc. of nat. Hist. Vol. V, 10, 1903, Taf. 68, Fig. 1) bildet hierzu ein schönes Beispiel ab, allerdings unbewußt; er hält den Wurzelholzbau für ein Charakteristikum von *Sequoia gigantea* (sic!). Nach KNY (Anatomie von *Pinus silvestris*, S. 204) zeigen auch die äußeren Jahrringe des Stammholzes Wurzelbau.

Dieses ist indeß nur ein Spezialfall der Tatsache, daß Verminderung des Wachstums oder Störung desselben »Wurzelholzbau« zu erzeugen scheint. Ein Stamm von *Picea excelsa* von den Hirschhörnern (nahe dem Brocken i. H.) mit sehr engen Jahresringen zeigt durchweg Wurzelholzbau. (Vergl. auch M. ROSENTHAL, Über die Ausbildung der Jahresringe an der Grenze des Baumwuchses in den Alpen, 1904 und GOTHAN, Naturw. Wochenschr. 1904, Nr. 55, S. 872—874.) Ja selbst Äste zeigen diesen Bau unter geeigneten Bedingungen in durchaus typischer Ausprägung. An lang herab hängenden Zweigen der Kiefer, die offenbar durch ihre widernatürliche Lage in ihrer Wachstumsintensität geschmälert wurden, wie schon die Enge der Jahresringe und die geringe Dicke beweist, zeigte sich das mit großer Deutlichkeit. Die Zweige (die ich durch die Freundlichkeit von Herrn

Forstmeister DÖRSBERG in Gr.-Mützelburg (Pommern) erhielt) wuchsen zunächst nach oben und sanken dann mehr und mehr in die hängende Lage. Die innersten Jahresringe zeigen nun Astholzbau, die dann folgenden Stammholzbau, der überwiegend zahlreichere Rest Wurzelholzbau (Fig. 2). Es

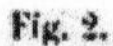

Fig. 2.

GOTHAN phot.

Teil des Querschnitts durch einen Hängezweig von *Pinus silvestris* mit Wurzelholzbau in den äußeren Schichten. Vergr. 30 mal.

geht hieraus hervor, daß sich bloß auf Grund der Jahrringbeschaffenheit überhaupt keine Antwort auf die Frage, ob Wurzel- oder Stamm- oder Astholz, geben läßt.

Für die Araucariten ergibt sich also, daß die Tüpfelreihenzahl — ohne Kenntnis des Alters des Holzes und der Herkunft desselben (ob Ast-, Stamm- oder Wurzelholz) — diagnostisch in den meisten Fällen unbrauchbar ist.

## II. Hoftüpfelgröße.

KRAUS (Beiträge zur Kenntnis fossiler Hölzer II 1886, S. 22) versuchte die Größe des Tüpfelhofes (vertikal gemessen) in die Diagnostik einzuführen; für die lebenden Araucarien ergeben sich

2*

hier keine Unterschiede. Dagegen besitzt z. B. der Hoftüpfel von *Araucarites Tchihatcheffianus* GÖPP. fast konstant die geringe Höhe von 8—9 μ (nach den Präparaten im Arboretum fossile); auch STENZEL (1888, l. c. S. 36) gibt dieselbe Größe an. Bei der großen Konstanz einer so auffallenden Kleinheit ist dieselbe diagnostisch brauchbar. Ein Gleiches ist zu sagen von dem Unterschied zwischen MORGENROTH's (die foss. Pflanzenreste im Diluv. von KAMENZ, 1883, S. 38 u. 40) *Cordaioxylon Credneri* (18,5 μ radial gemessen) und *C. Schenkii* (12 μ); dagegen ist der Unterschied zwischen seinem *C. Credneri* (18,5 μ) und *C. Brandlingii* (17,2 μ) zu minimal, um irgendwie diagnostische Bedeutung zu haben. Denn, wenn auch feststehen dürfte, daß die kleinen Hoftüpfel der Araucarienhölzer nicht so enormen Schwankungen unterliegen, wie die der Abietineen und ähnl., die nach KRAUS z. B. bei *Larix* im 1. Jahresring 14,7, im 90. 21,5 μ groß sind [bei den Bernsteinbäumen schwankt sie nach CONWENTZ (Monogr. d. balt. Bernsteinb. 1890 S. 41) zwischen einem Minimum von 13,3 und einem Maximum von 22,5 μ], so darf man natürlich nicht wieder in das Extrem verfallen, jeden kleinen Größenunterschied diagnostisch gebrauchen zu wollen, und dies hier um so weniger, als wir nach dem vorigen Abschnitt Wurzelholz und Stammholz nicht unterscheiden können.

Im Folgenden habe ich eine Tabelle von Hoftüpfelmessungen (verticaler; radiale Messung ist zu verwerfen) nach eigenen Untersuchungen und STENZEL (1888, l. c. p. 15) zusammengestellt; die Zahlen hinter den einzelnen Namen beziehen sich auf Schliffnummern von GÖPPERT's Arboretum fossile.

| | | |
|---|---|---|
| *Araucarites keuperianus* . . . . . . . . . . | bis | 16 μ |
| » *cupreus* (60) . . . . . . | etwas | kleiner |
| » » (57) . . . . . . . . . . | | 12 μ |
| » *medullosus* (54) . . . . . . . | bis | 15 μ |
| » *saxonicus* (47) . . . . . . | meist | 12 μ |
| » » (44) . . . . . . . . . | » | 12 μ |
| » *Schrollianus* (35) . . . . . . . | ca. | 14 μ |

| | |
|---|---|
| *Araucarites carbonaceus*[1]) | 14 μ |
| » *Brandlingii* | 14 μ |
| » *Tchihatcheffianus* | 8—9 μ |
| » *Rhodeanus* (29) | 12—14 μ |
| *Beinertianus* (20) | 12—14 μ |
| » *Thannensis* (14) | 14—16 μ |
| » sp. von Buchau | 12—15 μ |
| » sp. von Erbstadt | 12—15 μ |
| » » » » | 12 μ |
| *Araucaria excelsa* | 9 μ |
| *Araucaria imbricata* | 10—12 μ |
| *Dammara australis* | 10—12 μ |

Hiernach lässt sich nicht verkennen, dass manche Araucariten älterer Perioden höhere Hoftüpfel hatten als die lebenden. Die der jüngeren Formation nähern sich in dieser Beziehung den lebenden. Einige besitzen auffallend kleine Hoftüpfel, was wir schon von *Araucarites Tchihatcheffianus* sahen; ebenso scheint es mit *Dadoxylon Richteri* UNGER (Der verst. Wald von Kairo, 1858, S. 24, Fig. 6—8) zu sein, wenigstens, wenn man das in gleicher Vergrösserung darüberstehende *D. Rollei* damit vergleicht. Auch FELIX giebt (Studien üb. foss. Hölzer 1882, S. 81) von einem Holz aus Neu-Süd-Wales auffallend kleine Hoftüpfel an, leider ohne Maßangabe.

Jedenfalls sind die Hoftüpfelhöhen, wie wir sehen, in geeigneter Weise diagnostisch brauchbar.

## III. Erhaltungszustände der Hoftüpfel.

Einer näheren Erörterung bedarf noch die Form des Hoftüpfels und des Porus, da diese durch Erhaltungszustände sehr oft so

---

[1]) Bei Gelegenheit der Nennung dieser »Spezies« mag einmal besprochen werden, auf was für Merkmale GÖPPERT's Spezies sich oft gründen. Das Charakteristikum des *A. carbonaceus* (der, wie auch aus den Angaben STERZEL's (1888, S. 58) hervorgeht, wegen seines schlechten Erhaltungszustandes als unbestimmbar zu bezeichnen ist) besteht darin, daß er als Holzkohle in den Steinkohlenflötzen vorkommt (!). Auch STERZEL (l. c.) läßt ihn als Art bestehen.

verändert werden, daß ihre ursprüngliche Form nicht ohne Weiteres ersichtlich ist; es hängt dies mit dem Versteinerungsprozeß zusammen. Bekanntlich zeigt die das Zelllumen erfüllende Gesteinsmasse oft andre Färbung als die die Zellwände selbst versteinernde. Es rührt dies wohl von der zeitlichen Verschiedenheit der Ausfüllung der Lumina und der Versteinerung der Zellwände her, da in der das Versteinerungsmaterial führenden Flüssigkeit färbende Bestandteile jeweils in wechselnder Menge vorhanden sind. Diese Verhältnisse bedingen eine Reihe eigentümlicher Erhaltungszustände der Hoftüpfel.

Der Hohlraum, den die den Tüpfelhof bildenden Zellwandpartien umschließen, wird sich ebenso verhalten wie die größeren Zelllumina. In dem Tüpfelraum setzt sich wie in diesen die Versteinerungsmasse schichtenweise an den Wänden ab, hierbei die Innenform desselben zunächst in Gestalt zweier aufeinander gelegter Uhrgläschen darstellend (Fig. 3a, S. 23). Sehr schön zeigt dies ein *Cedroxylon (?)* aus einer Serie von Schliffen, die mir von Herrn Prof. STERZEL in Chemnitz freundl. zur Verfügung gestellt wurden, sowie der *Cordaïtes medullosus* GÖPPERT (Arboretum fossile), nach dem Fig. 3b und c gefertigt sind. Man sieht die schwarz gefärbten Tüpfelausgüsse (Fig. 3b), die im Tangentialschnitt wie kleine Schälchen mit einem »Loch« im Boden erscheinen (Fig. 3c). Sie sind vielfach zerbrochen (Fig. 3b bei a), die Oeffnung groß bis sehr klein. Hiernach scheint es, daß vom äußersten Rande des Hofraumes ausgehend, die dunkle Ausfüllungsmasse nach dem Zentrum der »Schale« zu anwuchs, hierbei eine bald große, bald kleinere »Öffnung« in der Mitte der Schale zurücklassend. Daß der »Porus« oder besser gesagt, die den Tüpfelkanal erfüllende Masse sehr oft, wie auch hier, sehr wenig gefärbt erscheint, hat wohl darin seinen Grund, daß diese Löcher bis zu ihrer Verstopfung Zirkulationswege für die Versteinerungsflüssigkeit bildeten, da ja in diesen die Flüssigkeit am längsten in Bewegung bleibt und dort erst relativ spät feste Substanz niedergeschlagen wird, zumal zunächst keine feste Wand da ist, wo diese haften könnte; aus demselben Grunde wird die versteinernde Masse sich an den äußersten Rändern des Tüpfelraumes, wo relativ größere Ruhe in der Flüssigkeit herrscht, zunächst absetzen und je nach der Zeit, die bis zur Sistierung der Zirkulation vergeht, eine mehr oder weniger große runde oder elliptische »Öffnung« zurücklassen. Wie stark die Zirkulation der Flüssigkeit in den Hoftüpfeln gewesen sein muß, sieht man an der Auftreibung der infolge des Verwesungsprozesses aufgeweichten Membranen, wie

Fig. 3.

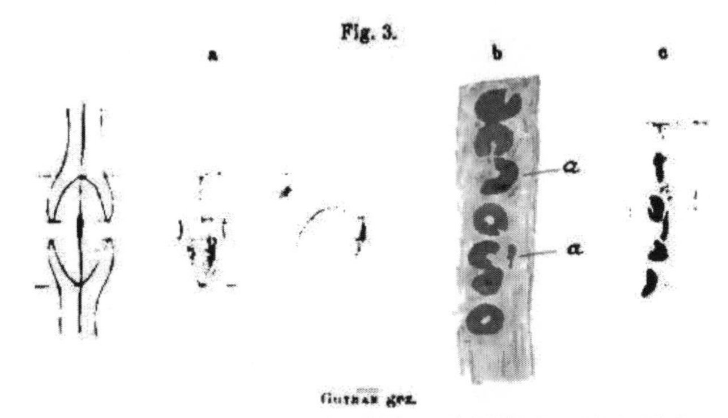


a: Idealer Hoftüpfelausguß eines Hoftüpfels mit schräg-elliptischen Porus.
b: Radiale Ansicht einer Hydrostereïde von *Araucarites medullosus* Göpp.
c: Desgl. tangentiale Ansicht. (b und c 390 ×).

Fig. 4b zeigt; es muß diese Auftreibung erst ziemlich spät erfolgt sein, da sonst die »Tüpfelsteinkerne«, wie wir in der Folge die Ausfüllungen des Tüpfelhohlraumes nennen wollen, nicht ihre normale Form und Lage haben könnten (Fig. 4b bei t).

Man vermag demnach nach der sichtbaren Form der »Pori« über ihr ursprüngliches Aussehen nur mit Vorsicht zu urteilen; der größte Teil der paläozoischen Araucariten scheint stets schräg-elliptischen Porus besessen zu haben; *Artisia*-Holz mit rundlichen Pori ist nicht bekannt. Bei der erwähnten *Artisia* von Buchau ist der Porus oft auffällig horizontal gestellt, eine Erscheinung, die sich bemerkenswerter Weise sonst bei den Hoftüpfeln vieler *Cycadofilices* (*Calamopitys*, *Lyginodendron*) findet. Auf die Abbildungen der Autoren kann man sich in dieser Hinsicht meist gar nicht verlassen; die runden Pori, die GÖPPERT von *Araucarites saxonicus*

(Permflora Taf. 55, Fig. 4) abbildet, sind sicher falsch, wie man sich an den Schliffen im Arboretum fossile leicht überzeugt. Die runden Pori, die er von *Araucarites Tchihatcheffianus* (in Voyage dans l'Altai orientale par P. de Tchihatcheff 1845, t. 34, Fig. 21) abbildet, hat er selbst korrigiert; unrichtig ist jedoch auch die zum Vergleich herbeigezogene Abbildung von *Araucaria Cunninghami* auf Taf. 35.

Auf diese Verhältnisse hat vor kurzem T. STERZEL (Ein ver-

Fig. 4.

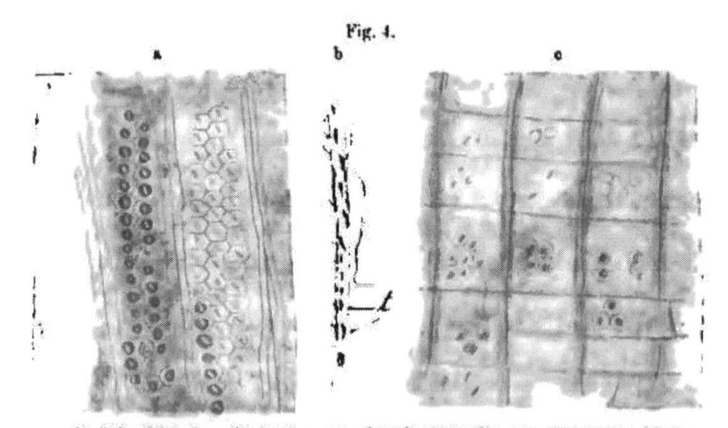


a: Radialansicht eines *Dadoxylon* aus dem Rotliegenden von Chemnitz (Zeisigwald). (220 ×).
b: Aufgetriebene Zellmembranen mit eingelagerten Hoftüpfelsteinkernen von demselben Stück (390 ×).
c: Radiale Ansicht eines Markstrahls von demselben Stück mit scheinbaren Hoftüpfeln (220 ×).
Original in der naturwissenschaftlichen Sammlung der Stadt Chemnitz.

kieselter Riesenbaum aus dem Rotliegenden von Chemnitz, XV. Bericht d. naturw. Ges. zu Chemnitz, 1900—1903, S. 23—42) hingewiesen; mir kam das Heft erst in die Hände, nachdem diese Zeilen längst geschrieben waren. Er fand (vergl. unsere Fig. 4a), wie am Schliff No. 47 des Arb. foss., innerhalb des Hoftüpfelumrisses eine schwarze rundliche Scheibe, innerhalb deren man den schlitzförmigen Porus sieht. Auch STERZEL ist, wie es scheint, der Ansicht, daß die runden Pori hier als Erhaltungszustände aufzufassen sind. Öfters sieht man auch die schwarzen Scheibchen ohne sekundäre Umrisse. STERZEL meint nun, daß diese »Scheibchen« vielleicht Reste des »Torus« der Tüpfelschließhaut seien, und suchte dies damit zu erhärten, daß er (l. c. S. 37) angibt, beim Wegschleifen der Zellwand diesseits des Porus verschwände dieser, beim Weiterschleifen käme der Porus des Gegentüpfels zum Vorschein. Dieser Gedanke erscheint zunächst annehmbar, zumal bei fossilen Hölzern oft schon ein geringer Gehalt an organischer Substanz infolge Humifizierung Färbung hervorruft. STERZEL's Annahme ist je-

Fig. 5.

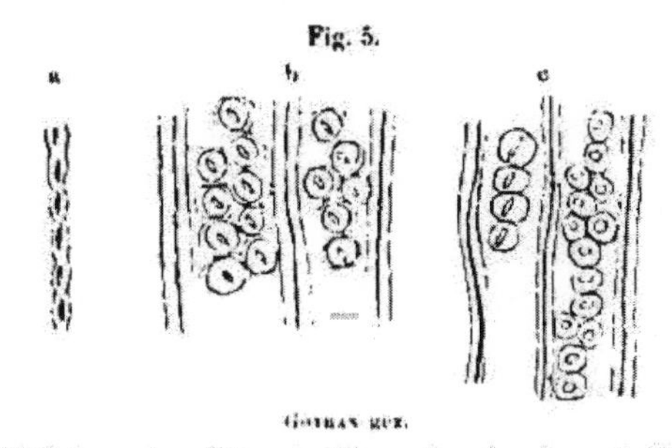


GOTHAN gez.

a Hoftüpfelsteinkerne eines *Cedroxylon (?)* aus der naturwissenschaftlichen Sammlung der Stadt Chemnitz, Tangentialansicht (220 ×).
b: Runde Innenkontur der Hoftüpfel von *Agathis australis* (390 ×).
c: Angeschnittene Hoftüpfel von *Agathis australis* (220 ×).

doch aus mehreren Gründen nicht haltbar. Da bei den Schliffen, um die es sich handelt (ich habe solche infolge der Freundlichkeit des Autors einsehen können), die ganze Holzmasse — bis auf die Hoftüpfel — farblos versteint ist, wie soll man da annehmen können, wo von den dicken, verholzten Hydrostereiden nichts humifiziert erhalten ist, daß von dem dünnen Torus das der Fall ist? Ganz unwahrscheinlich wird jedoch diese Annahme durch den Umstand, daß bei vielen Hölzern auch die Markstrahltüpfel ganz ähnliche Erhaltung zeigen, wo natürlich von der Wirksamkeit eines Torus gar keine Rede sein kann. Fig. 4c und Fig. 6a zeigen deutlich die Tüpfelsteinkerne, die stellenweise herausgeschliffen sind (Fig. 6a bei a) und den Schlitz [Vergleiche auch die Figur von G. STENZEL (Breslau) Taf. I Fig. 8, 1888]. Allein befriedigend ist auch hier nur die Annahme von Tüpfelsteinkernbildung. Das auf S. 22 erwähnte *Cedroxylon*, das bei den größeren Dimensionen der Hoftüpfel eine bequeme Beobachtung dieser Verhältnisse zuläßt, zeigt im Tangentialschnitt die Tüpfelhohlräume vollständig von den Steinkernen ausgefüllt (Fig. 5a). —

Ebenso, wie bei den lebenden Araucarien-Hölzern ein teilweiser Anschnitt des Hoftüpfels einen großen runden Porus erzeugt (Fig. 5b von *Dammara australis*), kann natürlich auch bei fossilen durch Anschleifen der Tüpfelwand ein solcher erzeugt werden; seine Inconstanz läßt indeß das wahre Verhältnis bald erkennen.

Häufig beobachtet man an den Hoftüpfeln »Schwunderscheinungen«. Man findet öfters an demselben Schliff alle Übergänge von der vollkommensten bis zur unvollkommensten Erhaltung; bald sind die Tüpfel nur halb so groß wie die wirklichen, bald ist selbst nur der Porus sichtbar, der dann mit Markstrahltüpfeln verwechselt werden kann (Fig. 6d bei b). Zum großen Teil wird schiefer Anschliff der Zellwand die Ursache dieses Verhaltens sein; wo diese Erklärung nicht ausreicht, kann es sich vielleicht um eine Nichtversteinerung der Zellwandstruktur oder um nachträgliche Wiederauflösung etwa schon fertiger Tüpfelsteinkerne handeln. Daß diese wirklich schon fertig gebildet sein können, wo die übrige Holzmasse noch weich und plastisch war, läßt der schon S. 22 erwähnte *Araucarites medullosus* erkennen; bei diesem finden sich die Tüpfelsteinkerne nur auf wenigen Zellwänden, was für ein Cordaitenholz sehr merkwürdig ist, und zudem sind sie, wenn auch vielleicht nur wenig, transportiert und zerkleinert worden, was bei einer nicht plastisch-weichen Umhüllungsmasse unverständlich wäre. Bei dem Transport ist ein Teil davon wieder aufgelöst oder aufgearbeitet worden, wodurch das so zerstreute Vorkommen der Hoftüpfel seine Erklärung findet.

Die oft rein runde Form der äußeren Hoftüpfelkonturen fossiler Araucariten hängt gleichfalls mit dieser Steinkernbildung zusammen. Sucht man sich nämlich auf einem Radialschnitt z. B.

Fig. 6.

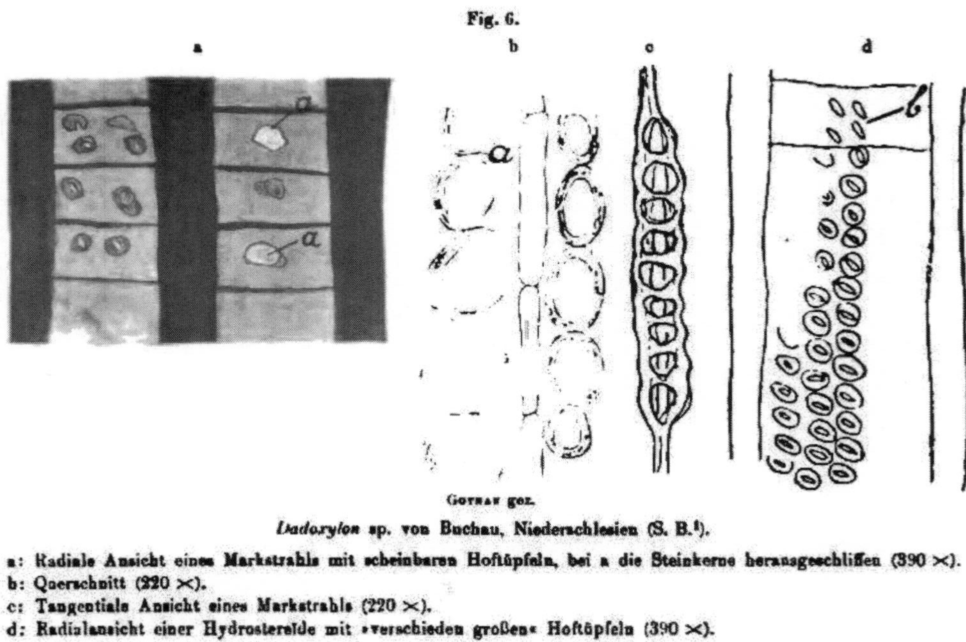


Gothan gez.

*Dadoxylon* sp. von Buchau, Niederschlesien (S. B.[1]).

a: Radiale Ansicht eines Markstrahls mit scheinbaren Hoftüpfeln, bei a die Steinkerne herausgeschliffen (390 ×).
b: Querschnitt (220 ×).
c: Tangentiale Ansicht eines Markstrahls (220 ×).
d: Radialansicht einer Hydrosteride mit »verschieden großen« Hoftüpfeln (390 ×).

von *Agathis australis* Hoftüpfel heraus, die grade radial längs halbiert sind (diese sind leicht daran zu erkennen, daß der den andern kreuzende Porus des Gegentüpfels fehlt), so sieht man, besonders leicht, wenn die noch vorhandene Tüpfelhälfte nach unten liegt, daß die Innenkontur desselben rundlich ist, nicht polygonal (Fig. 5 b). Ein Ausguß dieser Form wird natürlich ebenfalls rundlich sein. Ist die Außenkontur der Hoftüpfel nun nicht mehr vorhanden, so wird man nur die Steinkerne sehen und geneigt sein, diese für die Hoftüpfel selbst zu halten.

Hieraus folgt nun weiter, daß man bei Maßangaben über die Hoftüpfel vorsichtig sein muß. Wenn nun auch bei araucarioiden Hölzern bei der stets gedrängten Tüpfelstellung und leichten Rekonstruierbarkeit etwa nicht mehr sichtbarer Tüpfelkonturen ein Fehler nur in untergeordneter Weise gemacht werden kann, so ist die Gefahr um so größer bei Hölzern mit zerstreuten Tüpfeln, wenn Steinkernbildung vorliegt, über deren Vorhandensein in der Regel am besten der Tangentialschnitt Auskunft gibt (Fig. 5 a). Steinkernbildung und Erhaltung der vollen Membranskulptur kommen natürlich auch kombiniert vor (Fig. 4 a); bei Hölzern mit nicht polygonalem Tüpfelumriß ist die Erscheinung lange nicht so auffallend; ihre Wahrnehmbarkeit hat natürlich immer hervortretende Andersfärbung oder Andersbeschaffenheit der Tüpfelausfüllungsmasse gegenüber dem Gesamtversteinerungsmaterial zur Voraussetzung.

Am Schlusse dieses Kapitels sei noch darauf hingewiesen, daß gewisse araucarioid getüpfelte Stämme des Paläozoikums, wie *Calamopitys* UNG., sich ohne Kenntnis der markständigen oder das Sekundärholz durchlaufenden Gefäßbündel von cordaioxyloid getüpfelten Araucariten nicht oder kaum unterscheiden lassen; ich habe hierbei die *Calamopitys fascicularis* SCOTT im Auge (1900 t. III, 4, 5; IV, 6), wogegen *C. Beinertiana* SCOTT[1]) durch ihre Markstrahlbeschaffenheit hinreichend charakterisiert ist.

[1]) Es ist indeß zu bemerken, daß nicht alles, was GÖPPERT unter seinem *Araucarites Beinertianus* begriff, mit der SCOTTschen *Calamopitys*-Art identisch ist.

Ziehen wir nun aus allem über die Verhältnisse der Hoftüpfel Gesagten das für die Diagnostik Wichtige heraus, so erhalten wir folgende Resultate:

1. Alle araucarioiden fossilen Hölzer sind mit *Dadoxylon* zu bezeichnen.

2. Unterscheidbar bleiben 2 Gruppen, die jedoch nicht zu einer Zweiteilung in *Dadoxylon* und *Cordaioxylon* im Sinne von FELIX berechtigen, indem der Holzbau der Cordaiten sich aus beiden Gruppen rekrutiert:

a) Hölzer mit gänzlicher Bedeckung der Radialzellwand durch die Hoftüpfel;

b) Hölzer mit nur teilweiser Bedeckung der Radialwand durch die Hoftüpfel.

3. Die Reihenzahl der Hoftüpfel ist ohne Kenntnis des Alters und der Herkunft des Holzstücks zur Unterscheidung unbrauchbar, wobei — infolge der meist überaus schlechten Jahrringausbildung — besonders die Unmöglichkeit ins Gewicht fällt, Stamm- und Wurzelregion zu erkennen.

4. Araucariten mit rein runden Hoftüpfelkonturen gibt es nicht; es sind dies Erhaltungszustände (Hoftüpfelsteinkerne); runde Hoftüpfelpori sind bei paläozoischen Typen seltener. Bei der Beurteilung ihrer Form ist wiederum wegen der häufigen modifizierenden Erhaltungszustände Vorsicht nötig. Manche, namentlich paläozoische Hölzer, zeigen, wie manche *Cycadofilices*, auffällig horizontalstehende Pori.

5. Die Größe (d. h. Höhe) der Hoftüpfel ist manchmal diagnostisch brauchbar.

In folgender Tabelle sind die Unterschiede übersichtlich zusammengestellt, und einige charakterisierende, bekannte »Spezies«, die die betreffenden Eigentümlichkeiten zeigen, genannt.

A. Hoftüpfel die Radialwand ganz bedeckend, meist vielreihig (1—4).

I. Hoftüpfel von gewöhnlichem Ausmaß (12 μ und mehr) z. B. *Dadoxylon Brandlingii* LINDL. und HUTT. sp.

II. Hoftüpfel ungewöhnlich klein (kaum über 9 μ hoch) z. B. *Tchihatcheffianum* GÖPP. sp. (ob auch *Dadoxylon Richteri* UNG.?)

B. Hoftüpfel die R. nicht ganz bedeckend.

I. Hoftüpfel von gewöhnlichem Ausmaß (bis 12 μ und mehr); die Reihenzahl ist meist gering; bei manchen auffallend oft runder Porus; z. B. *Dadoxylon Rhodeanum* GÖPP. sp. und viele andere.

II. Hoftüpfel auffällig klein (ob *Dadoxylon angustum* FELIX sp.?)

?III. Hoftüpfel zwischen I und II die Mitte haltend? Lebende (und geologisch jüngere?) Formen.

## III. Die Markstrahlen.

### a) Allgemeines.

Bei den lebenden Araucariten bieten die Markstrahlen keinerlei Unterschiede. Sie sind stets einreihig (unter »Reihigkeit« ist die Zahl der Zellen neben einander, und »Stöckigkeit« die Zahl derselben übereinander zu verstehen), selten (in älterem Holz) eine Zelle hoch zweireihig; die Markstrahlen dann nur unwesentlich verbreitert. Sie sind relativ niedrig; über 15-stöckige kommen selten vor, häufig sind ca. 7-stöckige, in älterem Holz sind 10-stöckige garnicht selten. (Diese Angaben sind insofern mit Reserve aufzunehmen, als die Untersuchung ganz alter Araucarienstämme noch aussteht (cf. S. 14).) Obwohl diese Zahlen, wie im allgemeinen, je nach dem Alter der Bäume erheblichen Schwankungen unterliegen[1], so scheinen diese bei den Araucarien doch nicht einen so hohen Grad zu erreichen. ESSNER (diagnostischer Wert der Anzahl und Höhe d. Markstrahlen b. d. Coniferen 1882, S. 33) hat keinen über 10 Stock hohen Markstrahl gesehen, KLEEBERG l. c. gibt bis 15-stöckige an; das Höchste, was ich sah, waren 17 Stock (an *Araucaria Cunninghami* im Arboretum fossile).

[1]) Als Beispiel diene *Sequoia gigantea*, für die BRUST (Fossile Hölzer aus Grönland, 1884, Tabelle III) 1—12 (meist 5—9), KLEEBERG (Die Markstrahlen d. Conif. Bot. Ztg. 1885 S. 673 seq.) bis 20-stöckige angibt; MERCKLIN (Palaeodendr. ross. 1850, S. 71) gibt an einem 1000-jährigen Stamm bis 35-stöckige an.

So dürfen wir wohl annehmen, daß so hohe Markstrahlen wie bei fossilen — namentlich paläozoischen — Hölzern vorkommen, den lebenden Typen fremd sind; für Markstrahlhöhen, wie 30—50-stöckig und noch mehr, dürfen wir das wohl mit Sicherheit behaupten.

Eine weitere Eigentümlichkeit der fossilen Hölzer — wiederum namentlich der paläozoischen — ist die hervorstechende Neigung zur Mehrreihigkeit in den Markstrahlen, die bei den jetzt lebenden Formen etwas Außergewöhnliches ist. Wenn auch sicher ist, daß die meisten Araucariten der Hoftüpfelgruppe A (S. 29) mit vielreihigen Markstrahlen zu Calamiten (?) oder mehr noch zu *Cycadofilices* (*Pitys* WITHAM, *Pissadendron* ENDL., *Paläoxylon* BRONGN.) gehören, so ist doch eine Grenze zwischen diesen und den Araucariten, wie wir gleich sehen werden, schwer zu ziehen, umsomehr, da die *Cycadofilices* (*Calamopitys fascicularis* SCOTT) hin und wieder auch nur 1- bis 2-reihige Markstrahlen besitzen.

Die Mehrreihigkeit der Markstrahlen geht in der Regel bei den Araucariten nicht über zwei Reihen hinaus, erstreckt sich aber häufig über einen beträchtlichen Teil des ganzen Markstrahls. DAWSONS *Dadoxylon Ouangondianum* (foss. Plants of the Canadian and upper Silurian Formations of Canada, 1871, S. 12), das *Artisia*-Mark besitzt und nicht einmal von einem alten Baum stammen kann, hat indes auch 3-reihige Markstrahlen. Solche mit ? gibt ferner STERZEL (Flora des Rotliegenden im Plauenschen Grunde, 1893, S. 133) an: dieselben zeigt auch ein Schliff aus GÖPPERT's Arboretum fossile No. 45 (*Araucarites Saxonicus* GÖPP.), obwohl dieser in der Permflora (1864, S. 215) für diese »Art« nur »radii medullares uniseriales« angibt! Ein weiteres Beispiel liefert noch MORGENROTH's *Cordaioxylon compactum* (1883, S. 39). Mit der Dreireihigkeit scheint für die Cordaiten und Araucariten die Grenze erreicht zu sein, wenigstens kennt man kein solches Holz, das mehr Markstrahlreihen besäße.

Angesichts so vieler Uebergänge ist es naturgemäß sehr schwer, eine Grenze zwischen den Einzelfällen zu ziehen; man wird gut tun, sich auf den Boden einer Art Konvention zu stellen, wie man das auch sonst tut, um gewisse Formen im

Extrem und Mittel festzuhalten. Bei der Zuweisung zu den nachfolgend zusammengestellten drei Typen hat man sich vorerst möglichst über das Alter des vorliegenden Holzstücks zu orientieren, worüber man bei kleineren Bruchstücken häufig durch den Grad der Krümmung der »Jahresringe« oder konzentrischen Zonen, ferner durch den Grad der Konvergenz der Markstrahlen (cf. S. 19) einigermaßen Auskunft erhält. Man könnte so unterscheiden:

I. Hölzer mit nur einreihigen, meist niedrigen Markstrahlen; Zweireihigkeit jedenfalls außergewöhnlich.

II. Hölzer mit z. T. recht hohen Markstrahlen; Zweireihigkeit derselben hervorstechend.

III. Hölzer mit häufig (?) auch dreireihigen Markstrahlen, ein einzelner solcher sporadisch auftretender dürfte kaum unterscheidenden Wert haben.

### b) Markstrahlzellform.

Die Höhe der Markstrahlzellen, seltener an sich als im Vergleich mit der Breite (im Tangentialschnitt gesehen), ergibt manchmal diagnostisch recht Brauchbares, wie das Folgende lehrt.

| | Höhe einer Markstrahlzelle in μ. |
|---|---|
| 1. Lebende Typen (*Araucaria* und *Agathis*) . . | 20—26. |
| Aus dem Arboretum fossile (die Zahlen hinter den Namen = Schliffnummern): | |
| 2. *Araucarites Beinertianus* (20) . . . . . . . . | 28—60[1]. |
| 3. *Araucarites Bein.* ? *Thannensis* . . . . . . | 25—28. |
| 4. *A. Tchihatcheffianus* (23) . . . . . . . | bis 30 (Zerrung?) |
| 5. *A. Brandlingii* (26) . . . . . . . . | ca. 25. |
| 6. *A. Rhodeanus* (29) . . . . . . . . . . . | 20—24. |
| 7. *A. Schrollianus* (35) . . . . . . . . | 24—28. |
| 8. *A. Saxonicus* (47) . . . . . . . . . | ca. 20—26. |
| 9. *A. cupreus* (57) . . . . . . . . | ca. 20—26. |
| 10. *A. keuperianus* (63) . . . . . . . . . | ca. 20—26. |
| 11. *A.* sp. von Erbstadt (Wetterau, Rotlieg.) . | ca. 28. |

[1]) Diese grossen Markstrahlzellen zeichnen *Calamopitys beinertiana* (Görr.) Scott aus; der von Göppert als Subspecies davon betrachtete *A. Thannensis* hat mit *Beinertianus* gar nichts gemein (S. 28).

Die Differenzen bleiben im Allgemeinen, wie man sieht, völlig innerhalb der Grenzen, die sich durch das verschiedene Alter und die verschiedene Herkunft des Holzes (aus Wurzel, Stamm und Ästen) ergeben. Die Höhenmessungen stellt man am besten am Radialschliff an, wo man Täuschungen, die durch Zerrung der Zellwände entstehen, am besten erkennen kann.

Weiterhin ist die Form der Markstrahlzellen im Querschnitt diagnostisch brauchbar, zu deren Beobachtung man den Tangentialschnitt betrachtet. Auch hier ist die *Calamopitys beinertiana* SCOTT durch ihre plumpen, sehr grossen Markstrahlzellen sehr leicht kenntlich. Von andern Hölzern besitzen die Markstrahlzellen der lebenden Araucarien ca. 20—25 μ Breite, sind daher fast isodiametrisch, ähnlich wie die von *Ginkgo* (S. 57) sowie *Cunninghamia*; der *Araucarites* sp. von Erbstadt (Nr. 11, S. 32) hat solche von 16—20 μ Breite bei 28 μ Höhe, die darum ein ganz anderes Bild ergeben. Die schmalsten Zellen fand ich bei einem Araucariten aus Deutsch-Süd-West-Afrika, nämlich nur ca. 8 μ (!), bei 25 μ Höhe; vielleicht ist dieser mit *Dadoxylon angustum* FELIX sp. (1881, S. 81) aus Neu-Süd-Wales ident, der dieses nach den auffallend schmalen Markstrahlzellen benannt hat.

Bei der Wichtigkeit, die dieses bequeme Merkmal besitzt, muß wieder auf einige Erhaltungszustände hingewiesen werden, die zu Täuschungen über die Form des Markstrahlquerschnitts Veranlassung geben können.

An Schliffen eines von Buchau in Schlesien stammenden Holzes (cf. S. 27) zeigten die Markstrahlzellen eine vertikal zusammengedrückte bis isodiametrische Form, die jedoch weiter nichts als ein Erhaltungszustand war. Über diesen klärte jedoch zunächst nicht der Tangentialschnitt, sondern der Querschnitt auf. An diesem bemerkt man nämlich (Fig. 6b bei a), daß die dicken Holzzellwände von den eigentlichen Markstrahlzellwänden wie weggezerrt erscheinen, wodurch die Zellwände der markstrahlanliegenden Hydrostereiden weiter von einander entfernt scheinen, als sie in Wahrheit waren. Sieht man sich nun hieraufhin den Tangentialschnitt an (Fig. 6c), so erkennt man bei genauem Hinsehen, daß innerhalb der »Markstrahlzellen« vielfach je zwei sehr feine »Querwände« (in der Figur übertrieben dick gezeichnet) von oben nach unten verlaufen. Sie entsprechen den auch auf dem Querschnitt sichtbaren wirklichen Markstrahlzellwänden[1]). Die Isodiametrie des Markstrahlzellquerschnitts ist also lediglich Erhaltungszustand, hervorgerufen durch teilweise Lockerung des Zellzusammenhangs vor Eintreten der Versteinerung.

### c) Die Markstrahltüpfel.

Ein wichtiges Merkmal geben ferner die sogenannten Markstrahltüpfel her, die ja überhaupt bei den Coniferenhölzern eines der wichtigsten Diagnostica bilden. Man sieht von ihnen bei oberflächlichem Hinsehen nur den schräg elliptischen Porus, der von einem rundlichen, weniger deutlichen Hof umgeben ist. Die Tüpfel stehen zu mehreren unregelmäßig, aber gedrängt (wie bei *Ginkgo*, S. 58) auf dem Kreuzungsfeld, je nach dem vorhandenen Platz zu 4—11, selbst noch mehr.

Für die fossilen Hölzer, bei denen die Verhältnisse im Ganzen ebenso liegen, muß hierbei leider gleich bemerkt werden, daß die Markstrahltüpfel hier in nur zu vielen Fällen nicht mehr erkannt werden können, und vielen darüber in der Literatur gebenden Angaben muß man a priori skeptisch gegenüberstehen.

Wenn man einen — wie es scheint, durchaus berechtigten —

[1]) Anm. So schwer es auch vorstellbar erscheint, wie sich die zarten Markstrahlzellwände so gut erhalten konnten, wo nicht einmal die widerstandsfähigen Holzzellwände einwandfrei konserviert sind, so läßt doch der Befund keinen Zweifel an der Tatsache. Vielleicht haben wir hier Ähnliches vor uns, wie G. Stenzel (*Rhizodendron oppoliense*, 1886, S. 7) von den Luftwurzeln eines fossilen Baumfarns berichtet. Bei diesen ist nämlich die innere Sclerenchymschicht der Rinde sehr häufig zerstört, während Epidermis und Parenchym erhalten sind. Er versucht dies so zu erklären, daß er annimmt, die zwar zarten, aber leicht durchtränkbaren Parenchymzellen wären bereits von der Versteinerungssubstanz durchdrungen gewesen, als die zwar festen, aber schwierig imbibierbaren Bastzellen der Durchtränkung noch widerstanden; diese seien daher der Verwesung anheimgefallen. Ein besseres Licht noch hierauf scheint mir die Erhaltung von Gewebsresten in Torflagern zu werfen (vergl. auch Früh, Jahrb. d. geolog. Reichsanstalt in Wien, 1885, S. 696, 706 u. a.). Man findet hier häufig farblose, z. T. verkieselte Epidermen und Parenchymfetzen, während Hydroiden von Farnen, Coniferen u. s. w. in eine dunkelbraune Masse umgewandelt sind (»ulmificiert« Früh), ein Befund, der mit Stenzel's Annahme durchaus stimmt.

Analogieschluß von den lebenden Araucariten auf die fossilen machen darf, so kann man die Behauptung der Autoren, die »Hoftüpfel« als Markstrahltüpfel angeben, als irrtümlich bezeichnen. Die Markstrahltüpfel gehören hier allein der Hydrostereidenwand an[1]; sie bilden in derselben einen sich nach der Markstrahlzellwand hin erweiternden Kanal, der durch jene abgeschlossen wird, die Markstrahlzellwand aber ist ungetüpfelt. Die Erweiterung des Kanals läßt die »Behöfung« entstehen, die auch bei den Markstrahltüpfeln vieler anderer Hölzer (*Ginkgo*, Podocarpeu, Cupressineen u. s. w.) sichtbar ist. In diesem Sinne kann man nun auch hier von »behöften« Markstrahltüpfeln sprechen, ohne daß natürlich von wirklichen Hoftüpfeln die Rede sein könnte; wären diese wirklich vorhanden, so hätten wir Araucariten mit Quertracheiden, eine Tatsache, die mit den Verhältnissen bei den lebenden Coniferen in gar keinem Einklang stehen würde, da Quertracheiden nur bei Abietineen, und bei diesen scheinbar um so ausgeprägter vorkommen, je moderner die Typen sind.

Der Grund für die Angaben der Autoren ist wohl darin zu suchen, daß die Tüpfelsteinkernbildung (S. 23) — wie nach der Structur nicht anders zu erwarten — auch bei den Markstrahltüpfeln vorkommt (S. 25); diese Steinkerne sehen aber dann (Fig. 6a) — namentlich, wenn, wie bei manchen Hölzern, die Markstrahltüpfel nicht allzuviel kleiner als die Hoftüpfel sind — äußerlich Hoftüpfeln sehr ähnlich und es gehört manchmal geübte Beobachtung dazu, sie von durchscheinenden Hoftüpfeln zu unterscheiden (vergl. auch SCHENK l. c. S. 243). Sehr schön sieht man diese Verhältnisse auch an einem Schliff eines Araucariten aus dem naturwissenschaftlichen Museum der Stadt Chemnitz (von Herrn Prof. STERZEL freundlichst übersandt), (Figur 4c) und anderen, z. B. Figur 6a; bei dieser ist an manchen Stellen der Steinkern herausgeschliffen, dabei ein rundes Loch hinterlassend (vergl. hierzu auch STENZEL's Fig. 8 (1885) auf Taf. I von *Araucarites Thun-*

[1]) Immer scheint das nicht der Fall zu sein, so z. B. nicht bei den Hölzern mit Abietineen-Tüpfelung (cf. S. 43), für die es auch SCHENK (Paläophytologie, S. 862, 866), abbildet, seine Abbildung von *Cephalotaxus* (l. c. S. 867) ist jedoch in dieser Beziehung unrichtig. Die ganze Frage bedarf einer Neuuntersuchung.

3*

*nensis* und Taf. X, Fig. 76 von *A. cupreus*; auch an den Schliffen im Arbor. foss. kann man dasselbe ganz gut wahrnehmen). Auf einer ähnlichen Täuschung wird wohl auch PENHALLOW's Angabe (Transact. and Proc. Royal Soc. of Canada, 1900, S. 67) beruhen, der das betreffende Stück nicht einmal abbildet.

Einige — namentlich palaeozoische (ob nur solche?) — zeigen eine auffällig geringe Anzahl von Markstrahltüpfeln pro Kreuzungsfeld, meist nur 1—2, die dann + in der Mitte des Feldes stehen. Dieser Umstand bietet ein sehr brauchbares Diagnosticum; nach den in der Literatur befindlichen Abbildungen gehören zu diesem Typus u. a.: *Araucarites Thannensis* GÖPP. (STENZEL, 1888, Taf. I, 8), *A. cupreus* GÖPP. (ibid., Taf. X, 76); *Dadoxylon Vogesiacum* UNGER (in: KÖCHLIN, SCHLUMBERGER und SCHIMPER, 1862, Taf. XXX, Fig. A 1), wohl auch *Araucarioxylon Heerii* BEUST (1884, Taf. I, Fig. 3), letzteres an sekundärer Lagerstätte im Tertiär Grönlands. Ein in S. B.[1] befindliches Holz aus dem Zwickauer Carbon gehört gleichfalls hierher; alle die eben genannten Hölzer zeigen auch eine auffallend geringe Anzahl von Hoftüpfelreihen und z. T. runde Hoftüpfelpori; sie bilden so eine gut umgrenzte Gruppe.

Bei andern (wohl den meisten) nähert sich die Markstrahltüpfelzahl den heutigen Verhältnissen an; so zahlreiche Markstrahltüpfel, wie STENZEL (1888, Taf. V, 50) von *Araucarites Tchihatchefjianus* GÖPP. abbildet, kann man an den Schliffen im Arboretum nicht sehen. Es zeigen sich zwar an verschiedenen Stellen ähnliche Bilder, man kann sich jedoch nicht von der Markstrahltüpfelnatur dieser »Tüpfel« überzeugen; vielmehr scheinen diese die Pori von angeschliffenen Hoftüpfeln zu sein, deren rundliches Aussehen eben dieser partiellen Anschleifung ihrem Ursprung verdankt.

## IV. Kritisches über verschiedene andere Diagnostica der Autoren.

GÜRICH (Zeitschr. d. D. geol. Ges. 1885 S. 433—440) versuchte, das Längenverhältnis der Markstrahlzellenlänge zum radialen Holzzellendurchmesser diagnostisch zu verwerten, ein Verfahren, über das Ähnliches zu sagen ist wie über den verfehlten Versuch

THEODOR HARTIG's (Bot. Ztg. 1848, 7. Stck. seq., vergl. S. 5, 6) der das Verhältnis des Querschnitts der Holzparenchymzellen zur Länge derselben diagnostisch verwenden wollte. Bezeichnend für den Wert der von GÖRICH auf sein Merkmal gegründeten »Spezies« (*Araucarioxylon armeniacum* GÖRICH) ist der Umstand, daß nicht einmal die Hydrostereiden-Hoftüpfel wegen des schlechten Erhaltungszustandes deutlich zu erblicken waren (!).

An dieser Stelle sei auch der Versuch STENZEL's (Nachträge zur Kenntnis der Koniferenhölzer etc. 1888, S. 15) erwähnt, der das Verhältnis der Hoftüpfelhöhe zur Markstrahlzellhöhe als Merkmal benutzen möchte. Selbst wenn sich bei näherer Untersuchung herausstellen sollte, daß die Hoftüpfelhöhe in konstantem Verhältnis mit der Höhe der Markstrahlzelle wächst (wozu sehr umständliche Untersuchungen erforderlich wären), scheint das Resultat einer solchen Arbeit in keinem Verhältnis zu der aufgewandten Mühe zu stehen, zumal diejenigen Typen, die sich nach STENZEL's Tabelle (l. c. S. 15) besonders herausheben würden, auch ohnedies ausreichend charakterisiert sind.

Von CASPARY (Über einige fossile Hölzer Preußens, Abhandl. der Königl. geol. Landesanstalt 1889, S. 81, T. XIV, Fig. 20, bearbeitet von TRIEBEL) ist auf Grund des Vorhandenseins von sehr spärlichem und zerstreutem Holzparenchym eine besondere »Gattung« *Araucariopsis* aufgestellt worden. Obwohl in der Regel beim lebenden und fossilen Araucaritenholz das Harzparenchym fehlt, kann es doch offenbar hin und wieder vorkommen, ohne daß besonderer Wert darauf zu legen ist. Ich habe allerdings noch bei keinem Araucariten solches gesehen, dagegen SCHENK (1890 S. 857) hat es beobachtet und beseitigt mit Recht die Gattung. Das nach des Autoren eigener Angabe nur sehr sporadisch vorkommende Parenchym dürfte kaum spezifisch unterscheidend brauchbar sein.

Schließlich noch einige Worte über *Pinites latiporosus* CRAMER, ein jurassisches Holz von sehr merkwürdigem Bau, das am besten bis auf Weiteres hier besprochen wird. Es zeichnet sich durch große Markstrahleiporen und sehr große Hoftüpfel aus (wie sie etwa im Wurzelholz von Abietineen u. a. vorkommen), die einreihig stehen und sich infolge dichter Stellung ständig unten und oben stark abplatten. Aus diesem Grund ist das Holz von KRAUS und SCHENK als *Araucarioxylon* bezeichnet worden. Die Abplattung der Hoftüpfel ist aber auch alles, was an dem Holz araucarioid ist. Ich habe durch die Freundlichkeit der Herren Proff. NATHORST und CONWENTZ das CRAMER'sche Originalstück erhalten, und die davon entnommenen Schliffe zeigten die Richtigkeit der Angaben und Zeichnungen CRAMER's (in HEER's Flora fossilis arctica, 1868, S. 176, Taf. 40), zugleich aber auch, daß das von CONWENTZ 1882 als *Araucarioxylon latiporosum* bestimmte Holz nicht mit dem CRAMER'schen identisch ist, worüber an anderer Stelle mehr. Jedenfalls ist zu sagen, daß die Beschaffenheit der Markstrahltüpfel, die enorme Größe der Hoftüpfel und die sich nie kreuzenden Pori die Meinung CRAMER's, der es als *Pinites* bestimmte (SCHRÖTER bezeichnete es später näher als *Cedroxylon*), weit eher gerechtfertigt erscheinen läßt als die Ansicht von KRAUS und SCHENK. In Wirklichkeit ist die Struktur dieses Holzes unter den lebenden und fossilen Gymnospermenhölzern ohne Analogon, am ehesten ist vielleicht noch an Taxaceen zu denken, und zwar wegen der Markstrahl-Eiporen (cf. S. 55), sodaß ich es vorziehe, den Typus durch den Namen *Xenoxylon* aus der Menge der großenteils unbrauchbaren »Spezies« von *Araucarioxylon*, mit denen es den Mangel an Harzparenchym teilt, herauszuheben.

Die vorstehende Untersuchung ergibt, daß sich nur eine sehr geringe Anzahl von den zahlreichen (ca. 100) beschriebenen Araucaritenspezies aufrecht erhalten lassen, ein Resultat, über das sich kein Eingeweihter wundern kann. Wenn manchem die diagnostisch verwandten Merkmale teilweise zu subtil erscheinen, so muß darauf bemerkt werden, daß sich ohne diese eben gar nichts bestimmen läßt. Ein zu schlecht erhaltenes Holz läßt sich ebensowenig bestimmen wie sonst ein schlechterhaltenes Fossil; man kann nicht alles bestimmen wollen.

# Über Cedroxylon KRAUS und Cupressinoxylon GÖPP. (Cupressoxylon KRAUS).

Mit dem Sammelnamen *Cupressinoxylon* hatte GÖPPERT 1850 die fossilen Hölzer mit Cupressineen-ähnlichem Bau bezeichnet, d. h. solche, die »einfache Harzgänge (GÖPPERT)«, besser gesagt: Harzparenchym (Holzparenchym) in vertikaler Erstreckung im Holzkörper aufweisen, und zwar vornehmlich im Spätholz. Diese Zellen verraten sich bei fossilen Hölzern (namentlich in den braunkohlig erhaltenen) meist ziemlich leicht, da das in ihnen enthaltene Harz sich gut erhält und stark nachdunkelt; um eine Verwechselung mit harzführenden Hydrostereiden (in die es häufiger nachträglich eindringt) zu verhüten, ist das Auffinden der horizontalen Querwände der Holzparenchymzellen unerläßlich. Diese Harzzellen finden sich in sehr wechselnder Anzahl bei Cupressineen, Taxodieen und Podocarpeen, von denen im Großen und Ganzen[1]) die ersteren beiden fast gleichen Holzbau besitzen; die Podocarpen lassen sich entgegen der bisherigen Annahme davon trennen. Obwohl die Übereinstimmung zwischen den meisten Cupressineen und Taxodieen so groß ist, sind in der Gruppe *Cupressinoxylon* die meisten »Arten« fossiler Hölzer beschrieben worden, eine Tatsache, die für den wissenschaftlichen Wert vieler Publikationen über fossile Hölzer bezeichnend ist.

Die Gruppe der *Cedroxyla*, die *Abies*-ähnlichen Hölzer umfassend, die KRAUS (1870—72 in SCHIMPER, Traité, p. 370) von dem *Pinites* GÖPPERT abspaltete, der sowohl die harzgangführenden

[1]) Die charakteristischen Ausnahmen werden wir später kennen lernen.

als die harzganglosen Abietineen umfaßte, wurde durch Fehlen des Harzparenchyms gekennzeichnet, sollte im übrigen ebenso gebaut sein wie die *Cupressinoxyla*. Bisher ist denn auch ausschließlich das Vorhandensein oder Fehlen des Holzparenchyms als für beide Typen unterscheidend benutzt worden.

Wenn man die Abhandlungen über fossile Hölzer durchsieht, so muß man den Eindruck bekommen, daß das *Cedroxylon* (d. h. das abietoide Holz) dem *Cupressinoxylon* näher stehe als den Harzgänge im Holz führenden Abietineen (*Pinus*, *Picea*, *Larix*, *Pseudotsuga*); diese Tatsache würde, wenn richtig, auf die systematische Bedeutung der Anatomie ein trauriges Licht werfen. Zum Glück ist das nun nicht so, vielmehr besitzen alle Abietineenhölzer ein durchgreifendes, nicht zu übersehendes Merkmal.

Bevor wir indes hierauf näher eingehen, soll noch kurz auf die Mängel der bisherigen Unterscheidung von *Cupressinoxylon* und *Cedroxylon* hingewiesen werden, die sich beim Gebrauch des Harzparenchyms als ausschließliches Diagnostikum von selbst ergeben.

Schon bei Cupressineen stößt man bei der Prüfung auf die genannten Verhältnisse auf Schwierigkeiten, indem z. B. bei verschiedenen *Juniperus*-Spezies, bei *Thuja*, *Thujopsis* u. a. die die Holzparenchymzellen in so geringer Anzahl auftreten, daß man Mühe hat, selbst beim Durchsuchen mehrerer Jahrringe (auf dem Radialschnitt!) dieselben aufzufinden (vergl. auch Dippel, Mikroskop 1896, S. 427). Andererseits findet sich auch bei *Abies*-Spezies Harzparenchym hin und wieder; ich habe solches u. a. bei *Abies bracteata* und *magnifica* gesehen (vergl. Mayr, die Waldungen Nord-Amerikas, Taf. IX, Fig. oben links und Dippel, Mikroskop. II, S. 425, Fig. 288). Von *Abies Webbiana* (*α typica*)[1])

[1]) Übrigens zeigt *A. Pindrow* Spach (= *A. Webbiana β Pindrow* Brandis) analoges Verhalten, wie ich mich mehrfach überzeugte. Die Zuzählung von *Abies Webbiana* zu *Cupressinoxylon* durch frühere Autoren (nebst der Behauptung, *Pinus longifolia* sei wie *Picea* gebaut; vergl. S. 64) veranlaßte Solms (Palaeophytol. 1887, S. 85) zu der Bemerkung: »Wie soll man, wenn das wahr ist, noch die Hoffnung hegen, aus dem anatomischen Bau der Hölzer allein einen irgendwie berechtigten Schluß auf deren Zugehörigkeit zu bestimmten Sippen unseres Systems ziehen zu können«. Ganz so schlimm ist man, wie die obigen Auseinander-

ist sogar schon lange bekannt (seit KRAUS 1864, S. 176), daß sie ständiges Holzparenchym besitzt. Bei dieser ist überhaupt öfter eine fast einzig dastehende Tendenz zur Holzparenchymbildung vorhanden (auch im Frühholz!); selbst die Markstrahlen sind öfters zweireihig, dann von anormalem Aussehen (vergl. BEUST, 1884, Taf. VI, Fig. 1). Weit unsicherer und komplizierter werden diese Verhältnisse jedoch noch dadurch, daß gewisse Hölzer (*Tsuga*, *Cedrus*, *Pseudolarix*, auch *Larix* und *Pseudotsuga* seien hier gleich genannt) am Ende des Jahrrings (d. h. als Endzellen), auch noch innerhalb der Spätholzzone ständig, abwechselnd mit den Hydrostereiden, Holzparenchym besitzen. Von *Larix* und *Cedrus* war das schon GÖPPERT (Monogr. d. foss. Konif., S. 48) bekannt; er glaubte jedoch, diesem Merkmal keinen Wert beilegen zu dürfen, weil es, wie er meinte, bei fossilen Hölzern sich zu schlecht erhalten würde. Dem ist jedoch nicht so; SCHMALHAUSEN (Tertiäre Pflanzen d. Insel Neu-Sibirien, 1890, S. 17) hat daraufhin eine *Larix* ganz richtig bestimmt. Auch FELIX (1886, S. 486) gibt von einem harzgangführenden Abietineenholz Holzparenchym an; aus der Stelle scheint mir indes hervorzugehen, daß ihm die einschlägigen Verhältnisse bei den lebenden Hölzern nicht ausreichend bekannt waren. Da sich die Holzparenchymzellen bei diesen Hölzern immer vornehmlich am äußersten Ende des Jahrrings, also im Spätholz finden, das sich fossil meist am besten erhält, so ist das Parenchym sicher entgegen GÖPPERT's Annahme ganz gut wahrzunehmen. Warum sollte es auch hier schlechter zu beobachten sein, da es doch GÖPPERT u. a. bei den Cupressineen als Hauptdiagnosticum benutzt! Zu seiner leichten Auffindung betrachtet man oft zweckmäßig zunächst den Querschnitt; das Auftreten zahlreicher Harzzellen (das Harz ist oft dunkel gefärbt!) weist fast immer mit Sicherheit auf Holzparenchym, dessen Natur man, nunmehr darauf aufmerksam geworden, durch Auffinden der horizontalen Querwände erhärtet, um Verwechslungen mit harzführenden

setzungen zeigen, nun mit der Holzanatomie doch nicht daran; insofern bleibt jedoch SOLMS' Bemerkung zu Recht bestehen, als sich, z. B. bei Cupressineen und Taxaceen, Gattungen nicht oder nur ausnahmsweise bestimmen lassen.

Hydrostereiden zu vermeiden, die übrigens als anormale Bildungen durch ihr regellos-zerstreutes Vorkommen sich dem geübten Beobachter charakterisieren. Im Radialschnitt unterscheiden sich die Holzparenchymzellen von den Hydrostereiden durch das Fehlen der bei diesen Hölzern zahlreich vorhandenen kleinen Tangential-Hoftüpfel. Im Übrigen besitzen — was Weite und Form anbelangt — diese Holzparenchymzellen dasselbe Aussehen wie die umgebenden Hydrostereiden, nur daß sie auf der Radialwand keine Hoftüpfel, sondern den Markstrahltüpfeln ähnliche Tüpfel haben. Da sie wegen ihrer Schmalheit im Radialschnitt leicht übersehen werden, empfiehlt sich oft zunächst die Betrachtung des Querschnitts daraufhin. Bei Hölzern mit schlechterer Jahresringbegrenzung, wo auch die letzten Hydrostereiden des Jahrrings noch ziemlich weit sind (z. B. *Cedrus*, *Pseudolarix*), sind auch die Holzparenchymzellen weiter, besonders habe ich das an *Pseudolarix Kaempferi* ausgeprägt gefunden, wo sie auch im Radialschnitt sofort so in die Augen fielen, daß dieses Holz — fossil erhalten — unfehlbar als *Cupressinoxylon* (!) bestimmt worden wäre. Daß der KRAUS'sche Name *Cedroxylon* eigentlich recht unglücklich gewählt ist (da gerade auch *Cedrus* zu den stets holzparenchymführenden »*Cedroxyla*« gehört), mag noch erwähnt sein.

Die Unsicherheit der bisherigen Unterscheidung von *Cedroxylon* und *Cupressinoxylon* geht aus diesen Tatsachen zur Genüge hervor. In typischen Fällen bietet ja das Holzparenchym ein ganz gutes Charakteristikum; bei *Taxodium*, dann bei *Sequoia*, vielen Podocarpeen z. B. ist es, soweit ich sehen konnte, meist häufig (entgegen DIPPEL, l. c., S. 427, wonach *Sequoia (Wellingtonia)* sehr spärliches Holzparenchym besitzen soll; jedoch mag es auch hier hin und wieder selten sein). Das Holzparenchym der Cupressineen unterscheidet sich oft von dem der abietoiden Hölzer dadurch (abgesehen von *Abies Webbiana*), daß es meist nicht als Endzellen des Jahrringes auftritt, sondern auch im Frühholz oft noch häufig genug ist: im Spätholz ist es (Radialschnitt!) oft viel weitzelliger als die umgebenden, englumigen Hydrostereiden.

In zweifelhaften Fällen — bei Seltenheit des Holzparenchyms — ist bei der bisherigen Bestimmungsmethode aus den im Vorigen genannten Gründen die Frage, ob *Cupressinoxylon* oder *Cedroxylon*[1]), überhaupt nicht zu beantworten. Es ist daher nötig, sich nach einem weiteren — möglichst durchgreifenden — Merkmal umzusehen, das eine Verwechselung beider Typen ein für allemal ausschließt. Ein solches besitzen wir in der **Markstrahlzellenwandtüpfelung**. Bei abietoiden Hölzern *(Cedroxylon)* bietet die Markstrahlzelle im Radialschnitt durchweg ein Bild wie Fig. 7a;

Fig. 7.

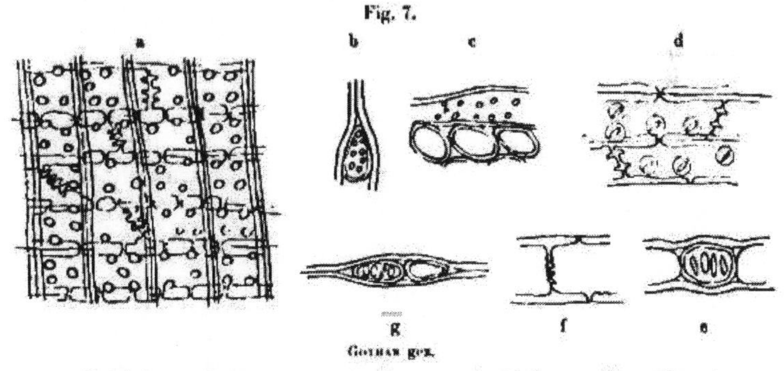


a: Frühholz von *Cedrus atlantica* mit »Eiporen« und Abietineentüpfelung (390 ×).
b u. c: Abietineentüpfelung im Tangentialschnitt (b) und Querschnitt (c) bei *Abies homolepis* (390 ×).
d: *Juniperus*-Tüpfelung bei *J. Sabina*, Radialschnitt (390 ×).
e: Desgl. bei *J. virginiana*, Tangentialschnitt (390 ×).
f: Desgl. bei *Fitzroya patagonica* (radial). (390 ×).
g: Desgl. Tangentialschnitt (390 ×).

es sind **sowohl die horizontalen als die vertikalen Wände stark getüpfelt**; die Tüpfelung zeigt sich in der Aufsicht (Fig. 7b und c), also im Quer- oder Tangential-Schnitt des Holzes, meist als **lochporig**, d. h. die Tüpfel sind kreisrund. Der Kürze wegen werden wir im folgenden diese Tüpfelung als **Abietineen-Tüpfelung** bezeichnen. Diese findet sich bei *Abies*,

[1]) Daher sind die *Pinites*- und *Cedroxylon*-Spezies aus den älteren Formationen für das Vorkommen von Abietineen nichts weniger als beweisend, wie denn überhaupt die *Pinites* etc. im Verhältnis zur rezenten Systematik einen ± vagen Begriff bilden.

*Tsuga*, *Cedrus*, *Larix*, *Picea*, *Pseudolarix* u. s. w. in fast ganz gleicher Ausprägung und rückt das *Cedroxylon* verwandtschaftlich weit näher an *Pityoxylon* Kraus (siehe S. 60, seq.) als an *Cupressinoxylon* (vergl. S. 65), wie die Systematik es auch fordert. Sie findet sich nur in den parenchymatischen Markstrahlzellen, nicht in den bekannten, hofgetüpfelten Quertracheiden. Die Stärke der Tüpfelung erfährt bei den eiporigen *Pinus*-Spezies eine Reduktion; Näheres hierüber im Kapitel über *Pityoxylon*.

Entgegen dem besitzen die Cupressineen (mit Ausnahme der nachher zu besprechenden Spezies von *Juniperus*, *Libocedrus decurrens* und *Fitzroya*) durchweg glatte Markstrahlzellwände. Die Abbildung, die Mayr (l. c. Taf. IX, Fig. unten links) giebt, wonach *Cupressus*, *Thuja*, *Sequoia*, *Taxodium*, *Chamaecyparis* verdickte (getüpfelte) Markstrahlwände besitzen sollen, ist unrichtig, wenigstens habe ich an den zahlreichen, daraufhin untersuchten Spezies der genannten Gattungen dies nie gesehen. Es mag ausnahmsweise hin und wieder vorkommen, ist jedoch sicher dann sehr selten; auch bei *Thuja gigantea*, für die es Beust (1884, T. VI, 4, 5) abbildet, habe ich nichts davon gesehen. Mayr's Abbildung stimmt nur für *Juniperus* (oder *Libocedrus*), von denen später die Rede sein wird.

Daran, daß das neue Merkmal durchgreifend ist, kann gar kein Zweifel bestehen, eine andere Frage ist, ob es nicht zu subtil ist, um in erfolgreicher Weise auf die fossilen Hölzer angewandt zu werden. Es ist dieses zum Glück nicht so. Schmalhausen (l. c. Taf. II, Fig. 37–39, 43, 48), Kraus (1882, Taf. I, Fig. 2), Cramer in Heer, Flora foss. arct., 1868, Taf. XXXVI, Fig. 2, 4) bilden Markstrahlzellwandtüpfelung ab, ohne indeß darauf Wert zu legen[1]), auch Conwentz (1890, Taf. IX, Fig. 1, 4). Sicher darf man behaupten, daß sie noch öfter gesehen worden wäre resp. ist und auch gezeichnet wäre, wenn die Autoren Wert darauf gelegt hätten. Aus eigenen Beobachtungen kann ich hinzufügen, daß

[1]) Göppert's Abbildungen (Monographie d. foss. Conif. Taf. 25, 1, 6; Taf. 51, 2, 5) wage ich nicht anzuführen, da die Zeichnungen unverläßlich und oberflächlich sind.

das Merkmal an den oft so wunderbar erhaltenen tertiären Braunkohlenhölzern sich oft genug wahrnehmen läßt, ebenso an vielen verkieselten Hölzern von König Karls-Land, die schon bei Anwendung der Splittermethode die Abietineentüpfelung in schönster Weise zeigten. Ich erhielt diese Hölzer durch die Güte von Herrn Prof. NATHORST in Stockholm. Neben der Abietineentüpfelung mag ergänzend — wenn nötig — das bisherige Merkmal des Holzparenchyms benutzt werden. Es empfiehlt sich vielleicht oft, zu seiner Auffindung zuerst den Quer- und Tangential-Schnitt zu betrachten, wo die weniger leicht zu übersehende Lochporigkeit die Tüpfelung verrät (Fig. 7b und c); darauf untersucht man auch den Radialschnitt danach.

Es mag noch bemerkt werden, daß *Abies Webbiana*, die wegen ihres zahlreichen Holzparenchyms (S. 40, Fußnote) bisher als *Cupressinoxylon* betrachtet werden mußte, nun ebenfalls auf Grund der Abietineentüpfelung zu *Cedroxylon* rückt.

Die Ungetüpfeltheit der Markstrahlzellwände als Charakteristicum der Cupressineen ist durchgreifend, nur wenige Ausnahmen sind zu verzeichnen, die aber wiederum eine weitere Zerteilung und Erkennung unter den *Cupressinoxyla* erlauben. Es sind dies Spezies von *Juniperus*, *Libocedrus decurrens* und *Fitzroya patagonica* und *Archeri*, die eine der Abietineentüpfelung ähnliche Markstrahlzellwandtüpfelung besitzen. Sie ist jedoch schwächer (Fig. 7d und f), und zeigt sich in der Aufsicht meist nicht als lochporige, sondern leiterförmige bis netzförmige Verdickung (Fig. 7e und g). Bei *Juniperus* und *Libocedrus decurrens* ist sie am deutlichsten und ziemlich stark ausgeprägt, bei *Fitzroya* subtiler. Die Anzahl der »Höcker« im Radialschnitt ist bei den beiden ersteren oft nur gering, selbst nur eins, bei *Fitzroya* viel größer (Fig. 7e und f). Zum Unterschied von der Abietineentüpfelung sind bei all diesen ferner die horizontalen Markstrahlzellwände nur wenig getüpfelt, wie man am bequemsten im Querschnitt sogleich erkennt. Der Kürze wegen wollen wir diese Art der Tüpfelung als *Juniperus*-Tüpfelung bezeichnen. Diese Tüpfelung ist bei den meisten (13 von 17) von mir untersuchten *Juniperus*-Spezies ziemlich gleich gut ausgeprägt, nur bei *Juniperus procera*, *sabinoides* und einigen andern war sie nur schwierig nachzuweisen.

*Libocedrus decurrens* und *Fitzroya patagonica* und *Archeri* unterscheiden sich von *Juniperus* dadurch, daß bei ersterer die ziemlich kleinen Markstrahltüpfel, die immer sehr gedrängt stehen, in jungem Holz sehr häufig zu 3, selbst zu 4 auf dem Felde übereinander stehen; bei *Fitzroya* sind dieselben noch kleiner und stehen oft zu 4—5 übereinander, wie ich das auch bei *Widdringtonia* (und *Arthrotaxis!*) fand, die indeß der *Juniperus*-Tüpfelung entbehren. Anfangs glaubte ich, daß auch in älterem Holz die Verhältnisse der Zahl der Markstrahltüpfel übereinander nur wenig Modifikation erleiden würden. Leider hat sich das nicht bestätigt. In älterem Holz, das ich von *Fitzroya* und *Widdringtonia* untersuchte, war die Markstrahl-Tüpfelzahl übereinander fast wie bei den übrigen Cupressineen (1,2—3), sodaß mit diesem Merkmal wenig anzufangen ist.

---

Nach der Tüpfelung zu urteilen, ist *Cupressinoxylon neosibiricum* SCHMALHAUSEN (l. c. Taf. II, Fig. 48) ein *Juniperus*; die Fig. 48 zeigt trefflich den Unterschied zwischen der Abietineentüpfelung der Figuren 36—39 und 43 *(Pityoxylon)* und der *Juniperus*-Tüpfelung (Fig. 48). Mit *Glyptostrobus*, der diese nicht zeigt, bringt SCHMALHAUSEN das Holz (auf Grund der Markstrahltüpfel, worüber S. 50) irrtümlich in Verbindung. —

Wie schon oben gesagt, lassen sich die Podocarpeen entgegen der bisherigen Meinung, gut von dem Gros der *Cupressinoxyla* trennen; sie bilden zusammen mit anderen Taxaceen (z. B. *Dacrydium, Phyllocladus, Sciadopitys*) eine gut umgrenzte Gruppe, worüber wir später noch Weiteres hören werden. Das Holzparenchym ist namentlich bei gewissen Podocarpen und einigen Dacrydien zahlreich, weshalb sie bislang auch immer unter den *Cupressinoxyla* angeführt wurden. In diesem Harzparenchym liegt auch keine Möglichkeit der Unterscheidung beider Typen, sondern in den Markstrahltüpfeln, d. h. in den den Hydrostereiden angehörigen Tüpfeln, die auftreten, wo Markstrahlzellwand an Holzprosenchym-

[1]) *Libocedrus chilensis* zeigt merkwürdigerweise keine *Juniperus*-Tüpfelung und dürfte daher kaum bloß auf Grund des Holzes erkannt werden können *Lib. Doniana* desgl., hat nur hin und wieder schwache Verdickungen.

zelle stößt, also den sogenannten »Markstrahltüpfeln«, unter welchem Namen auch in Zukunft stets diese Art der Tüpfel verstanden sein sollen. Im Spätholz sind sie bei Cupressineen und Podocarpeen[1]) gleich; man sieht die rundliche Hofbegrenzung

Fig. 8.

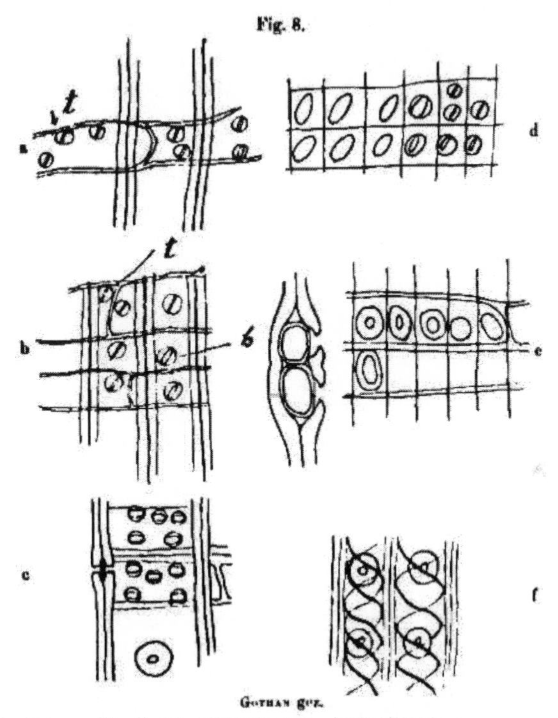


Gothan gez.

a u. b: Podocarpoide Markstrahltüpfel bei *P. salicifolia* (390 ×).
c: Markstrahltüpfel im Frühholz von *Taxodium distichum* (390 ×).
d: »Eiporen« von *Podoc. andina* (390 ×).
e: »Eiporen« von *Sciadopitys verticillata*, rechts Radial-, links Tangentialschnitt (390 ×).
f: Spiralen in den Hydrostereïden von *Taxus baccata* (390 ×).

[1]) Es ist hier nur von den Podocarpeen die Rede, die keine Eiporen besitzen; cf. S. 55.

deutlich, viel deutlicher aber den zunächst allein ins Auge fallenden Porus, der von schmal elliptischem Umriß und stark vertikal gerichtet ist. Im Frühholz treten aber sofort die Unterschiede hervor: Bei cupressoiden Hölzern wird der Porus breiter elliptisch und stellt sich um so mehr horizontal (Fig. 8c), je typischer das Frühholz ausgebildet ist (sehr schön u. a. bei *Taxodium* und *Sequoia*, bei der es PENHALLOW (Transact. and Proc. Roy. Soc. of Canada, 1896, S. 49) bemerkte, aber fälschlich für diese als charakteristisch betrachtete, bei Podocarpeen bleibt der Porus schmal (fast lineal) elliptisch und vertikal gerichtet (Fig. 8a und b); in welchem Verhältnis diese Tüpfelung, die wir der Kürze wegen als podocarpoide bezeichnen werden, zu den zahlreichen eiporigen Taxaceen steht, werden wir später sehen. Mit diesen teilen sie die geringe Anzahl (1—2, sehr selten mehr) pro Kreuzungsfeld, was schon BEUST (1884, S. 37) und KLEEBERG (1885, S. 711) richtig erkannten. Den anderen Tüpfelungstypus werden wir cupressoide Tüpfelung nennen, diese charakterisiert also die Taxodieen und Cupressineen (auch *Juniperus* u. s. w.). Über Weiteres ist die Tabelle am Schluß zu vergleichen.

Eine Frage von großer Schwierigkeit bietet die Abtrennung der Taxodieen von den *Cupressinoxyla*; in dieser Richtung haben sich besonders SCHMALHAUSEN, VATER und FELIX bemüht, ohne indeß zu einem ersprießlichen Resultat zu kommen. FELIX glaubte das Wurzelholz von *Taxodium* erkennen zu können und bestimmte ein fossiles Holz als *Rhizotaxodioxylon*, das SCHENK (1890, S. 872) jedoch mit Recht ablehnt. Nach meinen Untersuchungen lassen sich die Taxodieen als solche nicht von dem Gros der *Cupressinoxyla* trennen, indem die Merkmale letzterer auch die ersteren sind. Nur *Taxodium*, *Sequoia sempervirens* lassen sich erkennen und zwar mit Hülfe der Markstrahltüpfel. Diese stehen auch im Frühholz, wo bei vielen Cupressineen und Taxodieen oft nur 1—2 Tüpfel auf dem Felde stehen, gedrängt zu 3—6, auch mehr; wichtiger als dieses Merkmal ist aber das Verhalten des Porus, das am besten im Zusammenhang mit *Glyptostrobus* (und *Cunninghamia*) besprochen wird. Verfolgt man auf einem Radialschnitt dieser Hölzer die Markstrahltüpfel vom Spätholz bis zum Frühholz, so sieht man, daß die Tüpfel bald cupressoid werden, schließlich aber der Porus an Größe immer mehr zunimmt und die Größe der Behöfung erreicht, daß mithin »Eiporen« entstehen. *Taxodium*, das hierin seine Verwandtschaft mit dem anatomisch immerhin sofort unterscheidbaren *Glyptostrobus* documentiert, bildet ein Mittelding zwischen den cupressoiden und glyptostroboiden Markstrahltüpfeln[1]), indem der Porus sich wie bei *Glyptostrobus* stark erweitert, ohne daß es indeß zur Eiporenbildung kommt (Fig. 31). Auf Grund dieses Merkmals gelang es mir, einige bekannte fossile »Spezies«, von denen aus GÖPPERT's Nachlaß etwas in den Besitz der Königl. geologischen Landesanstalt gekommen ist, als Taxodieen zu entlarven. Es sind dies zunächst: *Pinites* (!) *Protolarix* GÖPP. (von SCHRÖTER u. a. richtig zu *Cupressinoxylon* gestellt), *Taxites* (!) *ponderosus* GÖPP. (von KRAUS 1892 als *Cupressinoxylon* angesprochen) und vielleicht *Calloxylon Hartigii* ANDRAE (*Cupressinoxylon H.* KRAUS). Zweifellos ist überhaupt ein großer Teil der bei uns im Tertiär vorkommenden *Cupressinoxyla* zu Taxodieen zu ziehen; die auf Grund von Holzresten bestimmten Taxodieen werde ich als *Taxodioxylon* bezeichnen. *Taxodium* unterscheidet sich von *S. sempervirens* durch die auffallend starke Verdickung der Holzparenchymquerwände, die man im Tangentialschnitt betrachtet.

Betreffs *Glyptostrobus*, dessen Sonderstellung schon KRAUS (1864, S. 195, Fig. 12) erkannte, ist zu bemerken, daß *Cunninghamia* ebenso gebaut ist, daß daher *Glyptostrobus tener* KRAUS nicht in diesem Sinne bestehen bleiben kann. Es ist als Gattungsname *Glyptostroboxylon* CONWENTZ erw. (Sobra algunas arboles etc., Buenos-Ayres, 1885, S. 15) anzuwenden, der in dem Sinne wie *Phyllocladoxylon* (S. 55) zu verstehen ist. Zur Erkennung der glyptostroboiden Tüpfelung wie überhaupt der Markstrahltüpfelverhältnisse ist übrigens das Fehlen der Spiralstreifung erwünscht, da hierdurch ein etwa vorhandener Porus leicht undeutlich wird;

[1]) Es muß indeß bemerkt werden, daß dieses Verhältnis bei *Taxodium* (und mehr noch bei *S. sempervirens*) nur in genügend altem Stamm- oder Wurzelholz typisch ist; zu junges Astholz ist mehr oder weniger rein cupressoid. Merkwürdig ist, daß *Sequoia gigantea* im Bau dem Gros der Cupressineen folgt und sich von *Sequoia sempervirens* (cf. S. 61) abweichend verhält, was übrigens auch SCHWALBACHSEN (1883, S. 812) bemerkt.

einer solchen Täuschung dürfte SCHMALHAUSEN zum Opfer gefallen sein, dessen *Cupressinoxylon (Glyptostrobus?) neosibiricum* ein *Juniperus* sein dürfte (cf. S. 46). Eine Täuschung können übrigens auch angeschnittene cupressoide Markstrahltüpfel hervorrufen, die durch den Anschnitt glyptostroboid werden.

Bei vielen cupressoiden Hölzern bemerkt man eine auffällige Tendenz zur Bildung zweireihiger Markstrahlen; diese Erscheinung ist selbst im jüngeren Holze oft so häufig, daß die landläufige Behauptung von der Einreihigkeit der Coniferen-Markstrahlen modifiziert werden muß. Ich habe 2-reihige Markstrahlen an Spezies von *Thuja*, *Chamaecyparis* (Fig. 9 rechts), *Cupressus*, *Taxodium*, *Sequoia* u. a. gesehen; BEUST (1884, S. 37) gibt sogar Fälle von 3-reihigen Markstrahlen bekannt, nach EICHLER (Nat. Pflanzenfam. II, 1, S. 35) sind bei *Cupressus thurifera* sogar alle Markstrahlen 2-reihig. Bei fossilen Hölzern ist diese Mehrreihigkeit — die indeß nur, wenn sehr auffallend, diagnostisch brauchbar ist — vielleicht noch häufiger. Bei den *Cedroxyla* ist diese Erscheinung seltener; von *Cedrus* gibt KRAUS (1864, S. 173) 2-reihige an, ich habe solche ebenfalls hin und wieder gesehen; ganz gewöhnlich waren sie dagegen merkwürdigerweise in einem Zapfenstiel von *Cedrus Deodara*, der höchstens 3-jährig sein konnte. In altem *Larix*-Holz habe ich auch einige 2-reihige Markstrahlen gefunden[1]).

Schließlich noch einiges über *Cedroxylon*. Dieser also die lebenden Gattungen *Abies*, *Cedrus*, *Pseudolarix*, *Tsuga*, *Keteleeria* umfassende Bau zeigt außer durch die Abietineentüpfelung noch dadurch Annäherung an die *Pityoxyla*, daß bei *Cedrus*, besser noch bei *Tsuga*, Quertracheiden auftreten, bei *Cedrus* jedoch erst im älteren Holze, früher bei *Tsuga*. Auch von *Abies balsamea* werden Quertracheiden angegeben. *Cedrus* und *Pseudolarix*, die mit *Tsuga*, wie schon S. 41 betont, das Holzparenchym gemein

[1]) Anm. Es scheint mir eine gewisse Gesetzmäßigkeit in dem Auftreten 2-reihiger Markstrahlen derart zu bestehen, daß diese namentlich bei Harzparenchym führenden Hölzern auftreten: fast bei allen derartigen Hölzern, *Cupressinoxyla*, *Cedrus*, *Larix*, *Pseudotsuga*, *Abies Webbiana* habe ich sie in genügend altem Holze immer gesehen, während man bei harzparenchymlosen *Abies*, *Picea*, *Pinus* vergebens darnach sucht.

haben, besitzen im Frühholz eine hervorstechende Tendenz zur Eiporigkeit (Fig. 7a); sie nehmen unter den *Cedroxyla* vielleicht eine analoge Stellung ein wie *Glyptostrobus* und *Cunninghamia* [1]) unter den cupressoiden.

## Zusammenfassung.

1. Das unterscheidende Moment zwischen dem Holzbau der Abietineen und der cupressoiden (*Cupressinoxylon*) besteht in der Markstrahlzellwandtüpfelung (Abietineen-Tüpfelung), die in zweifelhaften Fällen allein Auskunft geben kann, da auch einige *Cedroxyla* Holzparenchym besitzen, namentlich als Jahresring-Endzellen abwechselnd mit Hydrosteriden. Im Übrigen kann das Holzparenchym (mit Vorsicht) neben der Markstrahlzellwandtüpfelung weiter als Diagnosticum gebraucht werden (vergl. aber z. B. *Abies Webbiana*).

2. Die Podocarpeen lassen sich von den *Cupressinoxyla* auf Grund der Markstrahltüpfel abtrennen.

3. Unter den *Cupressinoxyla* lassen sich auf Grund der »Juniperustüpfelung« nur *Juniperus, Libocedrus decurrens* und *Fitzroya* erkennen. Die Hoffnung, weitere Gattungen auf Grund des Holzes bestimmen zu können, muß auf Grund unserer bisherigen Kenntnisse aufgegeben werden.

4. *Glyptostrobus* und *Cunninghamia* (S. 48) sind auf Grund der Markstrahltüpfel unterscheidbar; als Mittelding zwischen diesen und den typisch cupressoiden Hölzern läßt sich *Taxodium* und *Sequoia sempervirens* erkennen.

Die Zahl der Hoftüpfelreihen ist als von der Breite der Holzzelle abhängig, die wiederum nach Wachstumsbedingungen u. s. w. sich richtet, diagnostisch unbrauchbar und im Vorigen nicht weiter erwähnt worden.

[1]) Die anatomische Übereinstimmung dieser beiden Genera (in älterem Holz) läßt die Stellung von *Cunninghamia* zu den Taxodieen, wie Eichler will, berechtigter erscheinen als die zu den Araucarieen, wie Beissner (Handb. d. Nadelholzk., S. 196).

# Taxaceen und Ginkgoaceen.

Die Umgrenzung oder Abteilung der Familie der Taxaceen gegen die *Cupressinoxyla* (vergl. S. 46) galt bisher als unmöglich. Eine Unterscheidung glaubte man nur bei den wenigen, mit Spiralenverdickung in den Hydrostereiden versehenen Gattungen durchführen zu können. (Es sind dies die Spezies von *Taxus*, *Torreya* und *Cephalotaxus*.) Dieses Merkmal ist in der Tat so auffallend, daß es unmöglich übersehen werden kann. UNGER hat bei fossilen Hölzern für diesen Bau den Namen *Taxoxylon* angewandt, indem er den Gebrauch des GÖPPERT'schen *Taxites* aus gleichen Gründen ablehnen mußte wie ENDLICHER 1847 GÖPPERT's *Araucarites*. Die Taxaceen-Spiralen haben nun, zu vielen Verwechselungen mit der Spiralstreifung Anlass gegeben, so daß GRAND' EURY und RENAULT sogar paläozoische (!) Taxaceen gefunden zu haben glaubten (vergl. S. 69). Wie S. 68 gesagt, ist das einzig haltbare *Taxoxylon*, d. h. Taxaceenholz mit Spiralverdickung *Taxoxylon scalariforme* GÖPP. sp., alle übrigen sind spiralgestreifte Araucariten, *Cupressinoxyla* u. s. w. Übrigens hätte schon das Vorhandensein von Harzparenchym GÖPPERT auf seinen Irrtum aufmerksam machen können; er gibt zwar (Monogr. d. foss. Conif. S. 243) solches bei *Taxites* überhaupt als vorhanden an, jedoch habe ich bisher keines sehen können, auch KRAUS (1892, S. 74) leugnet sein Vorkommen. Jedenfalls muß es, wenn überhaupt vorhanden, sehr selten sein.

Der Wichtigkeit halber mag auch hier auf die Unterschiede der Taxaceen-Spiralen und der Spiralstreifung sowie der Spiralverdickung in den Spätzellen piceoider Hölzer (Vergl. unter: *Pityoxylon*) hingewiesen werden.

Die Taxaceenspiralen stehen im Spätholz dicht, horizontal, die Tüpfelpori sind hier stark aufwärts gerichtet (Fig. 9 links bei a); im Frühholz werden die Spiralen steiler, weit lockerer, die Tüpfelpori rundlich. Es kommt dies, wie bekannt, von dem starken Längenwachstum der Frühzellen, wodurch die Spiralen auseinander gezogen werden, während hierzu bei den zuletzt abgeschiedenen Zellen keine Gelegenheit mehr vorhanden ist. Spiralstreifung kommt bei

Fig. 9.

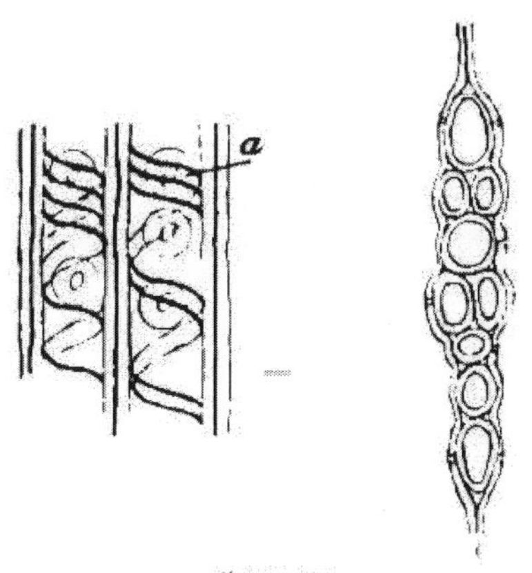


Gothan gez.

Links: Spiralen in den Hydrostereïden von *Torreya nucifera* (390 ×).
Rechts: Zweireihiger Markstrahl von *Chamaecyparis Lawsoniana* (390 ×).

Taxaceen mit Spiralverdickung nicht vor (S. 75), höchstens Tüpfelrisse[1]).

Die Spiralstreifung ist vornehmlich auf die Mittelschicht des Jahresrings beschränkt, ist stets mehr vertikal gerichtet und stets mit den (zuerst auftretenden) Tüpfelrissen vergesellschaftet, die natürlich mit ihr gleichsinnig verlaufen. Daß die »Streifung«

[1]) Dieses Verhältnis sah ich sehr schön an einem Zweig von *Torreya grandis*, der auf der Unterseite gelb gefärbt war. Die helle Oberseite zeigte keine oder ganz sporadische, die Unterseite überall Tüpfelrisse. Auch an dem mächtigen, roten Kern von *Taxus baccata* ist dieselbe Erscheinung zu sehen.

mit der Verkernung zusammenhängt (abgesehen von anderen Einflüssen, wie Pilztätigkeit und Vermoderung), wird später gezeigt werden.

Die Spiralenverdickung der piceoiden Hölzer ist (außer bei *Pseudotsuga* cf. S. 62) auf das Spätholz beschränkt und bei starker Ausbildung von der Taxaceenverdickung in den letzten Jahrringzellen kaum zu unterscheiden. Die Hoftüpfelpori verhalten sich ebenso wie bei dieser. Die Spiralen sind zuweilen etwas stärker gegen die Horizontale geneigt, ein Auseinandertreten in vertikaler Richtung findet aber nur wenig statt. Sie sind wie die Taxaceenspiralen ein kambiales Produkt.

Von den drei Taxaceen-Genera, die durch diese Verdickungsform ausgezeichnet sind, sind *Taxus* und *Cephalotaxus* gleich gebaut, *Torreya* (Untersucht: *T. nucifera*, *californica* und *grandis*) zeigt, wie auch Mayr (l. c. S. 425, T. IX) angibt (als einziger!), die Spiralen zu mehreren zusammengruppiert (Fig. 9 links); diese Erscheinung tritt im Frühholz besonders deutlich zu Tage; Harzparenchym fehlt diesen Genera, wie schon oben gesagt.

Nicht so leicht, wie bei dieser überaus scharf abgeschiedenen Gruppe, gelingt eine Abtrennung der übrigen Taxaceen von dem Gros der hier allein in Frage kommenden *Cupressinoxyla*, mit denen die nachfolgend zu besprechenden Typen (zum Teil) das Harzparenchym gemein haben.

Es ist bereits S. 48 die »podocarpoide Tüpfelung« genannte Markstrahltüpfelform als von der cupressoiden verschieden hervorgehoben worden. Die geringe Anzahl der Markstrahltüpfel pro Kreuzungsfeld, der schmal lineale, auch im Frühholz mehr vertikal stehende Markstrahltüpfelporus bilden das Charakteristikum der podocarpoiden Tüpfelung (Fig. 8a und b). Diese ist indes nur, wie es scheint, bei wenig Formen in dieser Weise vorhanden. Bereits bei den typischen Fällen (solche sind: *Podocarpus salicifolia* und *neriifolia*) bemerkt man da, wo die Markstrahltüpfel angeschnitten sind, eine + intensive Neigung zu »Eiporigkeit«, die bei anderen Spezies nun mehr oder weniger hervortritt. Es muß darum, um nicht einer Verwechselung zu unterliegen, der Beobachter unter allen Umständen eine größere Anzahl Markstrahlen beobachten, wobei immer auf das Frühholz das Schwergewicht zu legen ist. Es stellt sich dann bald heraus, ob etwa gesehene Eiporen wirklich solche sind, oder nur angeschnittene Markstrahltüpfel. Der Grund für diese Neigung zur Eiporigkeit liegt in der starken und schnellen Erweiterung des Markstrahltüpfelkanals. Ein geringes Anschneiden der Markstrahltüpfel hat ein mehr cupressoides Aussehen derselben im Gefolge (Fig. 8b bei h).

Eine ganze Anzahl Taxaceen (vielleicht die Mehrzahl) zeigt nun (im Frühholz!) schon von Natur wirkliche Eiporen. Es ist dies keineswegs nur eine Eigentümlichkeit von *Phyllocladus*, wie KRAUS dies (1864) vermutet und SCHENK (1890) als sicher hingenommen hatte, vielmehr ist diese Eiporigkeit (und die Tendenz dazu) eine charakteristische Eigentümlichkeit der spiralenlosen Taxaceen (von den eiporigen *Pinus*-Spezies, die sich durch andere Merkmale ja genügend unterscheiden, wird hier natürlich abgesehen). Zweifellose Eiporigkeit zeigen: *Podocarpus andina* (Fig. 8d), *spicata* (nach GÖPPERT (1850 S. 51) auch wohl *Phyllocladus Billardieri*), *Dacrydium Franklini*, *Westlandicum* (minder gut, nämlich mehrere Eiporen pro Kreuzungsfeld: *D. cupressinum*), *Phyllocladus trichomanoides*, *Sciadopitys verticillata*, *Microcachrys tetragona*, *Pherosphera Hookeriana*. Von den letztgenannten sind *Podocarpus andina*, *spicata*, *Dacrydium Franklini* (von diesem gibt schon KLEEBERG, Bot. Ztg. 1885, Eiporigkeit an), *Phyllocladus trichomanoides* u. s. w. ganz und gar gleich gebaut[1]). Hieraus ergibt sich ohne weiteres die Unhaltbarkeit des fossilen *Phyllocladus Mülleri* SCHENK (l. c. S. 873), da der in Frage stehende Bau keineswegs *Ph.* allein zukommt. Dieser Typus mag *Phyllocladoxylon* genannt werden, d. h. wie *Ph* gebautes aber durchaus nicht notwendigerweise damit identisches Holz. SCHENK's Holz muß also heißen: *Phyllocladoxylon Mülleri* SCHENK sp.

Über *Sciadopitys* muß noch Einiges gesagt werden Es ist kaum begreiflich, wie sich die von GÖPPERT (Monogr. d. foss. Con. S. 52) aufgebrachte Behauptung, daß *Sciadopitys* anatomisch einer

[1]) Nach BEUST (l. c. 1884 S. 35) würde auch *Octoclinis Backhousi* HILL. so gebaut sein. Es ist dies ziemlich unwahrscheinlich, da keine der von mir untersuchten *Frenela*-Arten dies zeigte.

zackenzelligen *Pinus* (etwa *Laricio*) mit großen Eiporen gleiche, so lange hat halten können. Es wäre dies, wenn die Angabe stimmte, sicher ein ganz trauriges Zeugnis über den systematischen Wert anatomischer Verhältnisse. Von GÖPPERT entnahm es KRAUS (1864, S. 179); SCHRÖTER (1880 S. 11) ändert an dem Tatbestand nichts. Schon die Durchsicht der Koniferen, die GÖPPERT (l. c.) in seiner Tabelle als gleichgebaut angibt (neben zackenzelligen *Pinus* sp. mit großen Eiporen unsere *Sciadopitys* und *Phyllocladus Billardieri* (!), muß den Wert seiner Angaben ins richtige Licht setzen. Das Einzige, was *Sciadopitys* mit den *Pinus*-Spezies gemein hat, sind die Eiporen, die aber zudem recht verschieden von den großen *Pinus*-Eiporen und denen von *Phyllocladus* etc. sind. Von Harzgängen, vertikalen wie horizontalen, ist nichts zu erblicken, ebenso nichts von den Zackenzellen, die auch GÖPPERT (l. c. T. II, Fig. 7) gar nicht abbildet.

Das Aussehen der »Eiporen« von *Sciadopitys* zeigt Fig. 8e. Sie zeichnen sich durch Ungleichmäßigkeit im Aussehen und einen weiten Hof auch im Frühholz aus, der den *Phyllocladoxyla* sonst fehlt. Ueberhaupt sind bei diesen die Eiporen viel typischer als bei *Sciadopitys*, bei der sie öfters »Hoftüpfeln« ähnlich sehen; ein Anschnitt erweitert den Porus sofort beträchtlich (Fig. 8e), was aus dem Tangentialschnitt (Fig. 8e) sogleich verständlich wird. Im Spätholz nehmen die Markstrahltüpfel der eiporigen Taxaceen mehr oder weniger podocarpoides Aussehen an, indem der Porus schmallineal wird.

Was nun die Uebergänge zwischen den echt podocarpoid getüpfelten Formen (z. B. *Podocarpus salicifolia* und *neriifolia*) anlangt, so folgen hier zunächst einige halb podocarpoide, halb eiporige (z. B. *Podocarpus falcata*, *Mannii*; *Dacrydium elatum*), die sich schon durch auffallende Tendenz zur Eiporigkeit auszeichnen; dann etwa Formen wie *Dacrydium cupressinum* und *Podocarpus Sellowii*, *Totara* mit mehreren Eiporen pro Kreuzungsfeld im Frühholz, dann die *Phyllocladoxyla* mit meist je einer Eipore im Frühholz; *Sciadopitys* zeichnet sich unter den letzteren noch aus.

Auf Grund der Markstrahltüpfel von *Cupressinoxylon* nicht oder kaum zu trennen ist *Saxegothaea conspicua*. Diese zeigt aber eine sehr eigentümliche Töpfelung der **horizontalen** Markstrahlzellwände, wie auch BRUST (l. c. S. 38) richtig angibt, und zwar deutlich nur bei mehrstöckigen Markstrahlen (Fig. 10b). Im Querschnitt bietet sich ein der Abietineentüpfelung ähnliches Bild (Fig. 10a), nur sind die Poren weiter und weniger deutlich; die **Markstrahltangentialwände** sind **glatt** (ungetüpfelt). Die übrigen Merkmale, die BRUST (l. c.) von *Saxegothaea* angibt, wird man wohl kaum als stichhaltig anerkennen können. Unter diesen Merkmalen befindet sich häufige araucaroïde Abplattung der Hoftüpfel oben und unten. Nachdem ich dasselbe auch an verschiedenen

Fig. 10.

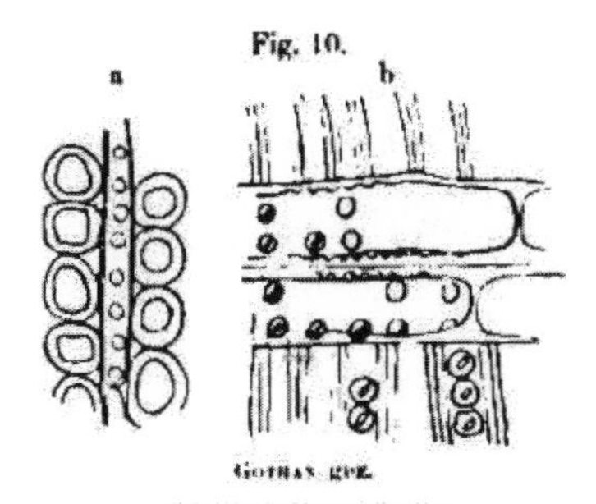


*Saxegothaea conspicua.*

a: Querschnitt, die »lochporige« Verdickung der Markstrahlhorizontalwände zeigend (390 ×).
b: Dasselbe im Radialschnitt (390 ×).

Dacrydien, u. a. *(D. Colensoï, laxifolium)* bemerkt habe, wo sich **bei zweireihigen Hoftüpfeln sogar Alternanz** einstellte (also ganz araucaroïd!), glaube ich, hierauf noch besonders hinweisen zu müssen. Die Markstrahltüpfel der genannten beiden Dacrydien sind ebenfalls sehr Araucarien ähnlich (cf. *Ginkgo*)! Gleichwohl ist eine Verwechselung mit Araucarieenholz ausgeschlossen, da man zahlreiche Stellen findet, wo die Hoftüpfel entfernt stehen, was sie bei Araucarieen nie tun. Harzparenchym ist vorhanden.

Es bleiben nun noch einige Worte über *Ginkgo* zu sagen. GÖPPERT hatte (1850 S. 53) sie als durch stark aufgebauchte, große Markstrahlzellen charakterisiert; für die fossilen Hölzer dieser

Art wandte er den Namen *Physematopitys* an; auf Grund dieses Merkmals haben auch SCHRÖTER (1880 S. 32 ff, Taf. III, Fig. 27 bis 29) und FELIX (1894 S. 107, Taf. IX, 3) *Ginkgo*-Hölzer bestimmt. Dieses Merkmal ist auch entschieden zutreffend, wie folgende Tabelle zeigt (Zahlen-Höhe mal Breite der Markstrahlzelle, im Tangentialschnitt gemessen):

*Ginkgo biloba* (älterer Ast) 32/28; 24/24; 28/28; 36/28; 28/28 μ.
» » (jüng. Zweig) 32/20; 28/28; 32/20; 28/20; 20/16 μ.
*Thuja orientalis*: 16/16; 16/12; 16/12; 20/12; 12/12 μ.
*Cupressus pseudosabina*: 24/12 (ausnahmsweise hohe Zelle); 20/16; 16/16 μ.

Zur größeren Sicherheit ist aber ergänzend die Benutzung der auch im Frühholz in hervorstechender Weise gekreuzten Hoftüpfelpori anzuraten, wie auch GÖPPERT's Figur (1850 Taf. IX) richtig zeigt, sowie die zahlreichen, dichtgedrängten Markstrahltüpfel mit schräg-linealem Porus, die ein lebhaft an die Araucarien erinnerndes Bild gewähren. Noch größer wird die Araucarienähnlichkeit 1. durch stark gekreuzte Holztüpfelpori, 2. durch die öfters gedrängt stehenden und sich dann abplattenden Hoftüpfel, die zuweilen auch alternieren, und 3. durch die bereits erwähnte bauchige Markstrahlzellenform, die die Araucarien ebenfalls besitzen. [Diese Markstrahlzellenbeschaffenheit zeigt übrigens auch *Cunninghamia* (immer?)]. Alles in Allem ist das *Ginkgo*-Holz eins der Araucarienähnlichsten, das existiert, eine Tatsache, die insofern Beachtung verdient, als ja der araucarioide Bau die Hölzer der älteren geologischen Perioden charakterisiert und *Ginkgo* in seiner Fremdartigkeit gewissermaßen ein herübergerettetes Relict der früher so zahlreichen ginkgoartigen Bäume repräsentiert, deren Holz wohl in früheren Epochen z. T. araucarioiden Charakter gehabt haben wird.

### Zusammenfassung.

I. Die Taxaceen zerfallen anatomisch in 2 scharf geschiedene Gruppen:

a) Hölzer mit Spiralverdickung (*Taxus*, *Torreya* und *Cephalotaxus*): *Taxoxylon* UNGER ex p.

b) Hölzer ohne Spiralen, mit podocarpoider bis eiporiger Markstrahltüpfelung.

| | |
|---|---|
| 1. Hölzer mit podocarpoiden (oder araucarioiden) Markstrahltüpfeln,<br>2. desgl., mit mehr hervortretender Tendenz zur Eiporigkeit,<br>3. mit mehreren Eiporen pro Kreuzungsfeld (im Frühholz!), | *Podocarpoxylon* GOTHAN |
| 4. mit einer Eipore pro Kreuzungsfeld (*Ph. Mülleri* SCHENK sp.) | *Phyllocladoxylon* GOTHAN, |

5. »Eiporen(?)« unregelmäßig, öfters hoftüpfelartig, aber stark behöft. *Sciadopitys*.

II. *Saxegothaea* hat eine eigentümliche Tüpfelung der Markstrahlhorizontalwände (ähnl. *Abies*), Tangentialwände glatt.

III. *Ginkgo biloba* ist durch sehr große, bauchige Markstrahlzellen und auch im Frühholze auffallend oft gekreuzte Hoftüpfelpori ausgezeichnet (araucarioide Charaktere).

# Pityoxylon KRAUS.

Die Hölzer dieses Typus, die im Übrigen durch die Abietineentüpfelung (und den Besitz von Quertracheiden, die auch bereits bei einigen *Cedroxyla* [*Cedrus*, *Tsuga*] auftreten sowie hin und wieder in altem Holz von *Sequoia gigantea*, wo ich sie von ganz ähnlichem Aussehen wie diejenigen von *Picea*, *Larix* etc. fand, nicht von so abnormem, wie MAYR (l. c. Taf. IX) von *Thuja gigantea* abbildet) sich als Abietineen erweisen, zeichnen sich vornehmlich durch den ständigen Besitz von Harzgängen im Holzkörper (und zwar vornehmlich im Spätholz) vor den übrigen Abietineen aus. Es mag hier gleich bemerkt werden, daß bei den eiporigen *Pinus*-Arten (d. h. denjenigen, die hoflose Markstrahltüpfel im Frühholz[1]) besitzen, sogenannte »Eiporen«) die Stärke der Abietineentüpfelung um so mehr reduziert erscheint, je größer die Eiporen sind; bei den große Eiporen besitzenden *Pinus* (etwa der Sectio *Strobus*) ist diese Tüpfelung kaum noch wahrnehmbar.

Von lebenden Coniferen zeigen diesen Bau die Spezies von *Picea*, *Larix*, *Pseudotsuga* und *Pinus*[2]), die — soweit ich bis jetzt sehen konnte — entgegen den Autorenangaben von einander holz-

[1]) Hier sei noch einmal bemerkt, daß sich die Beschaffenheit der Markstrahltüpfel nur im typischen Frühholz einwandfrei erkennen läßt.

[2]) Nach EICHLER (Nat. Pflanzenfam. II, 1. S. 37) soll auch *Abies firma* ständige Harzgänge besitzen; an Zweigen von verschiedenen Exemplaren habe ich keine sehen können. Nach KRAUS (1864, S. 178) soll auch *Abies Pindrow* SPACH (*Abies Webbiana β Pindrow* BRANDIS) welche besitzen; ich habe sie bei dieser Spezies nicht finden können; bei der stellenweise überaus starken Harzparenchymhäufung wie bei *Abies Webbiana α typica* kann es leicht zu abnormen Bildungen kommen. *Abies Webbiana* tendiert stark zu Markfleckbildung, die häufig Harzgangbildung im Gefolge hat. Vielleicht steht es auch mit der Angabe EICHLER's über *Abies firma* so; bei *Cedrus* habe ich ebenfalls einmal einen Harzgang gesehen, zweifellos ebenfalls als derähnliche Bildung. Über *Sciadopitys verticillata* cf. S. 56.

anatomisch gut unterscheidbar sind. Für die fossilen Hölzer ist es ein Glück, daß sich die Unterscheidungsmerkmale z. T. am Spätholz erkennen lassen, das meist infolge der Dickwandigkeit der Zellen am besten konserviert ist.

*Picea* besitzt dickwandig-verholztes Harzgangepithel (Fig. 11),

Fig. 11.

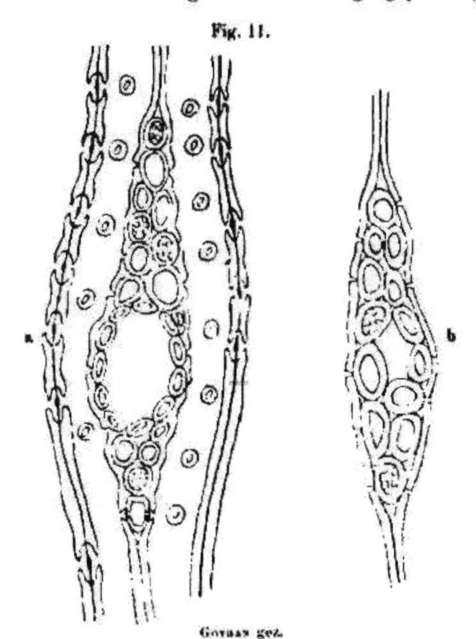


Gothan gez.

Harzgangführende Markstrahlen von *Picea*-Arten mit dickwandigem Epithel (390 ×).
a: *P. excelsa*. b: *P. obovata*.

niemals Eiporen, im Spätholz starke spiralige Verdickung (S. 54); Quertracheiden ohne Zacken.

*Larix* ist ähnlich *Picea* gebaut, hat aber am Ende des Jahrrings (als Endzellen) ständig schmales Holzparenchym. Die Spiralen des Spätholzes sind etwas lockerer; die Markstrahlen sind im älteren Holz stellenweise 2-reihig.

*Pseudotsuga* ist wie *Larix* gebaut, aber die **Spiralverdickung geht hier durch den ganzen Jahrring**, wodurch *Ps.* unfehlbar zu erkennen ist. Anfangs glaubte ich, die Spiralen im Frühholz seien sehr schwach, jedoch ist dem nicht so; der Irrtum kam daher, daß ich zunächst nur ein schon lange in Canadabalsam liegendes Präparat benutzen konnte, bei dem die Spiralen infolge der geringen Verschiedenheit der Brechungsexponenten der Membran und des Einbettungsmediums so schlecht sichtbar geworden waren, daß ich sie ohne MAYR's Angabe (die Waldungen Nord-Amerikas, S. 302, Taf. IX) hier überhaupt übersehen hätte. Indeß überzeugte ich mich am frischen Holz, das mir von Herrn Ingenieur O. HÖRICH in Steglitz übergeben wurde, daß die Spiralverdickung fast so stark wie bei *Taxus* ist, sodaß ihre diagnostische Benutzung auch für fossile Hölzer gefordert werden muß. Die Harzgänge scheinen bei *Pseudotsuga* spärlicher zu sein als bei *Picea* und *Larix*; Harzparenchym wie bei *Tsuga*, *Larix*, *Cedrus* etc. (*Larix* zeigt sich in letzterer Hinsicht mit *Cedrus* und *Pseudolarix* verwandt). Nach MAYR (l. c. S. 279, Taf. IX) soll *Pseudotsuga macrocarpa* MAYR auch in den Quertracheïden Spiralverdickung haben. — Ein Merkmal, das *Picea*, *Larix* und *Pseudotsuga* gemein haben, ist das Auftreten zahlreicher Tangentialtüpfel im Spätholz[1]).

*Pinus* ist ausgezeichnet durch den Besitz **dünnwandigen Harzgangepithels**, das beim Schneiden sehr leicht zerreißt und bei Vermoderung (auch schon bei bloßer Eintrocknung) oft ganz collabiert (Fig. 12a). Auch wenn vollständig erhalten, bietet es ein ganz anderes Bild, wie der regelmäßige Kranz von verholztem Epithel von *Picea* und ähnlichen (Fig. 12b). Bei den fossilen

[1]) Nach dem Gesagten sind die Unterschiede zwischen *Larix* und *Picea* ganz einfach und handgreiflich. BURGERSTEIN (vergl. anat. Untersuch. des Fichten- und Lärchenholzes, Denkschriften d. Akad. d. Wissensch. in Wien, 1893, Bd. IX, S. 395—432) gibt andere Unterscheidungsmerkmale, die ich nicht benutzt habe, weil sie — abgesehen von ihrer Umständlichkeit — zu relativ sind. Das Holzparenchym bei *Larix* (der einzige, der dieses Merkmal verwertet, ist SCHMALHAUSEN (1890, S. 17); bekannt war es schon GÖPPERT (Monograph. d. foss. Conif., S. 48), der es jedoch nicht weiter benutzt hat) hat er offenbar garnicht bemerkt, außerdem verwechselt er Spiralverdickung und Spiral-treifung (cf. S. 54); wenn man alle Coniferenhölzer nach BURGERSTEIN's Methode untersuchen wollte, würde man wohl überhaupt nicht fertig werden.

Hölzern wird sich — ohne besondere Umstände, wie Verharzung etc. — kaum ein *Pinus*-Epithel erhalten können, dagegen um so leichter ein piceoides; man sehe nur einmal Figuren wie bei GLÜCK

Fig. 12.

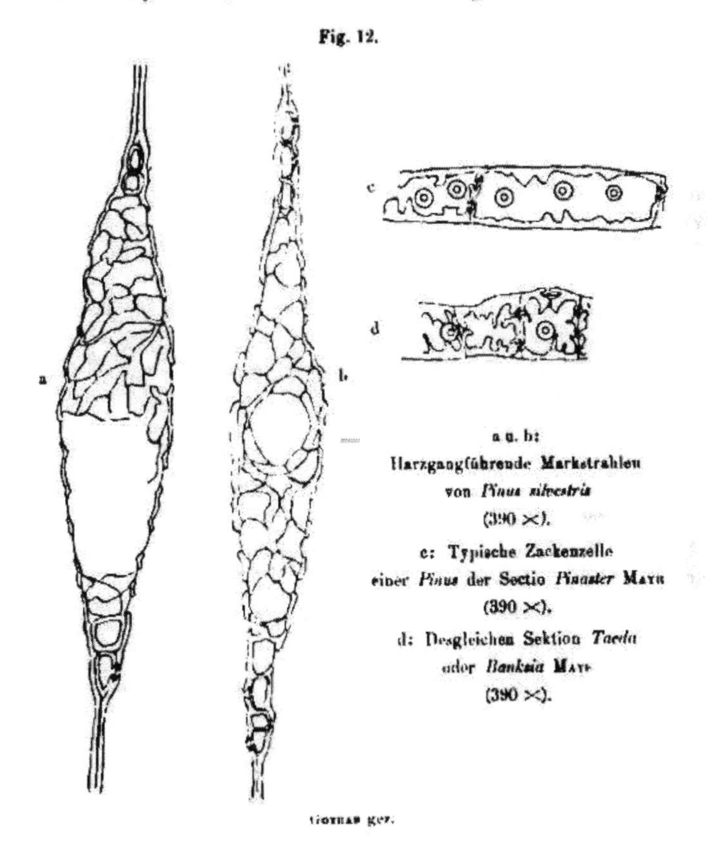


a u. b: Harzgangführende Markstrahlen von *Pinus silvestris* (390 ×).

c: Typische Zackenzelle einer *Pinus* der Sectio *Pinaster* MAYR (390 ×).

d: Desgleichen Sektion *Taeda* oder *Banksia* MAYR (390 ×).

(Eine fossile Fichte aus dem Neckartal, 1902, Taf. VI, Fig. 17, 20) und SCHMALHAUSEN (Tertiäre Pflanzen der Insel Neu-Sibirien, 1890, Taf. V, 38) an; ohne Zweifel hat man es hier mit piceoidem Epithel zu tun. Nach MAYR (l. c. S. 427/28, Taf. IX) sollen die

*Pinus* seiner Sektionen *Parrya*, *Balfouria* und *Sula* [1]) (*P. longifolia*, von der es schon GÖPPERT 1850 behauptet hatte) dickwandiges Harzgangepithel besitzen, wie *Picea* u. s. w. Ich kann das nicht bestätigen; es ist zwar etwas dickwandiger als bei anderen *Pinus*, läßt sich aber mit piceoidem Epithel garnicht vergleichen. Aber selbst, wenn dem so wäre, so wären die *Pinus*-Spezies noch durch zwei Merkmale von *Picea* zu unterscheiden. *Pinus* zeigt niemals Spiralenverdickung im Spätholz oder sonst irgendwo, sondern höchstens Streifung (Vergl. das Kapitel: Spiralstreifung); ferner haben alle *Pinus* im Frühholz Eiporen, die *Picea* und ähnliche nicht, oder nicht in demselben Maße besitzen. Als Eiporen sollen hier alle — wenn auch sonst kleinen — Markstrahltüpfel verstanden sein, die keine Behöfung zeigen. Auch die kleineiporigen *Pinus* (Sectio *Parrya* und *Balfouria* MAYR) lassen sich auf Grund dieses Merkmals allein schon als *Pinus* erkennen. So dürfte auch *Pinus succinifera* CONWENTZ wohl kaum als *Pinus sensu latiore* zu fassen sein; die Eiporigkeit und Beschaffenheit des Harzgangepithels nebst dem Fehlen der Spiralverdickung im Spätholz weist entschieden auf *Pinus s. str.* hin. CONWENTZ (Monographie d. balt. Bernst.-Bäume, S. 62) erklärt zwar die Eiporigkeit für ein relatives Merkmal, man sieht indeß nicht ein, worauf sich dies gründet. Zumal bei der unverkennbar deutlichen Ausprägung der Eiporen bei den Bernsteinbäumen (Vergl. CONWENTZ l. c. T. IX, Fig. 1) darf man die Eiporen nicht als relatives Merkmal bezeichnen.

Ohne hier noch näher auf die weitere Zerlegung der Gattung *Pinus s. str.* einzugehen, die aus der Tabelle zu ersehen ist, mag hier noch auf einige allgemeine Gesichtspunkte hingewiesen sein.

Die *Pinus* mit zackenförmig verdickten Quertracheiden (Sectio *Pinaster*, *Taeda*, *Banksia*, *Pseudostrobus*, *Khasia* MAYR) besitzen, wie es scheint, wenigstens im Stammholz keine Tangentialtüpfel, oder diese sind höchst selten. Die stärksten Zacken zeigen Typen der

[1]) Obwohl ich noch nicht alle von MAYR (l. c.) aufgeführten Spezies untersuchen konnte, ist es mir doch zweifellos, daß das nachfolgend Gesagte auch für den Rest zutrifft. Untersucht habe ich *P. Balfouriana*, *aristata*, *edulis*, *monophylla*, *Gerardiana*, *Parryana* und *longifolia*.

Sektionen *Taeda* und *Banksia* (Fig. 12 c u. d), während einige Spezies der Sectio *Pinaster* (auch *Taeda: Pinus Jeffreyi* und *palustris*, und *Sula: P. longifolia*) schwache Zacken zeigen, z. B. *Pinus Pinea, Pinaster, brutia* und *halepensis*. Diese zeigen zugleich mehrere Eiporen pro Kreuzungsfeld, wie die *Pinus* der Sectio *Taeda* und *Banksia*, sodaß MAYR's u. a. Angabe, daß die *Pinus* der Sectio *Pinaster* sämtlich große (je eine pro Feld) Eiporen besäßen, zu modifizieren ist. Eigentümlich genug ist, daß gerade die *Pinus*, die sich unter den anatomisch von dem Gros abweichenden befindet, zur Benennung der ganzen Section benutzt worden ist. Was die Markstrahltüpfel- und Quertracheiden - Beschaffenheit anbelangt (abgesehen vom Harzgangepithel), so sind *Pinus Pinea, halepensis* und *palustris* vielleicht die piceoidesten *Pinus*-Species, die ich sah (da nur im Frühholz die Eiporigkeit typisch hervortritt), jedenfalls ebenso *Picea* ähnlich als die *Pinus* der Sectio *Balfouria* und *Parrya*, deren Holz MAYR fälschlich als mit *Picea* ident bezeichnet. Die Sectionen *Pinaster* und *Taeda* erscheinen, obwohl im Großen und Ganzen auch anatomisch charakterisiert, Übergänge zu besitzen. *Pinus longifolia*, die für MAYR eine Section für sich (*Sula*) bildet und von der schon GÖPPERT behauptet hatte, sie sei wie *Picea* gebaut, hat Markstrahltüpfel ähnlich den Arten der Sectionen *Taeda* und *Banksia* und in den Quertracheiden schwache Zacken, hin und wieder Tangentialtüpfel; sie ist natürlich mit *Picea* u. a. ebenfalls nicht zu verwechseln.

Betreffs der Abietineen-Tüpfelung ist schon S. 60 das Sachverhältnis angedeutet worden; bei den *Pinus* der Sectionen *Balfouria* und *Parrya* mit den kleinsten Eiporen ist sie noch stark und deutlich, bei den taedoiden *Pinus*-Arten (auch den klein-eiporigen *Pinus* der Sectio *Pinaster*) noch *Juniperus*-artig (cf. S. 45), bei den groß-eiporigen Arten der Sectio *Pinaster* und *Strobus* kaum noch wahrnehmbar. Um so deutlicher ist sie bei *Picea, Larix* und *Pseudotsuga* ausgebildet, wo sie ganz und gar wie bei den harzganglosen Abietineen erscheint.

## Zusammenfassung.

1. Ständige Harzgänge — vertikal und horizontal, in den Markstrahlen verlaufende — besitzen nur die Spezies von *Picea*,

*Larix*, *Pseudotsuga* und *Pinus*. Bei andern Coniferen — namentlich *Abies*- und *Cedrus*-Arten — kommen sie höchstens als abnormale Bildungen vor.

2. Die vier genannten Genera lassen sich, entgegen der bisherigen Meinung gut von einander trennen, vergl. folgende kurze Tabelle.

A. Ständiges Holzparenchym am Ende jedes Jahrrings; Spiralverdickung stets vorhanden, nur bei Spiralstreifung fehlend. Harzgangepithel dickwandig, verholzt.

I. Spiralen nur im Spätholz. *Larix*.

II. Spiralen im ganzen Jahresring. *Pseudotsuga*.

B. Ständiges Holzparenchym am Ende des Jahrrings fehlend.

I. Stets Spiralverdickung im Spätholz. Niemals Eiporen; Harzgangepithel wie bei A. *Picea*.

II. Spiralverdickung im Spätholz stets fehlend. Stets ± große Eiporen (im Frühholz!). Harzgangepithel dünnwandig, nur zuweilen etwas dickwandiger. *Pinus*.

3. *Pinus succinifera* Conw. ist eine *Pinus* s. str.

## Schlußbemerkung.

Die aus dem bisher Gesagten sich ergebende Neueinteilung der fossilen Gymnospermenhölzer ist auf der kleineren Tabelle II zusammengestellt. Zur Orientierung über die Verhältnisse bei den lebenden Gymnospermen benutze man die große Tabelle I. Wie bereits mehrfach im Text betont, sind zum Teil andere Merkmale, als die früheren Autoren angewandt haben, zur Klassifikation benutzt worden, wie z. B. die Abietineentüpfelung als einzig natürliches Merkmal zur Zusammenfassung aller Abietineen, von denen bisher der harzganglose Teil holzanatomisch näher an die Cupressineen als an die übrigen Abietineen gerückt schien. Mag zwar infolge der vielleicht größeren Subtilität dieses und anderer Merkmale ein größerer Teil der fossilen Hölzer als nicht näher bestimmbar bezeichnet werden müssen, so darf dieser Umstand doch nicht den Beweggrund abgeben, die wirklich natürlichen Merkmale nicht zur Bestimmung verwenden zu wollen.

# Die Spiralstreifung des Gymnospermenholzes.

## I. Allgemeines.

Der »Spiralstreifung« im Spätholz der Coniferen ist von KRAUS (zur Diagnostik des Coniferenholzes, 1882, S. 26—28, auch 1892, S. 71—95) eine kurze Besprechung gewidmet werden, bei der er ihr jeden diagnostischen Wert abspricht, und dies, wie wir sehen werden, mit Recht. Seine Annahme indeß, daß dieselbe ohne Regel sporadisch bald hier, bald dort unberechenbar auftritt, ist unrichtig, wie das Folgende erweisen wird.

Es ist zunächst zu bemerken, wie auch KRAUS (l. c.) und SCHENK (Paläophytologie, S. 859) betonen, daß die sogenannte »Spiralstreifung«, die stets linksläufig und stark aufwärts geneigt ist (ca. 25° gegen die vertikale Zellwand) mit den Spiralen von *Taxus* und Verwandten (*Torreya* und *Cephalotaxus*) durchaus nichts gemein hat und sich von diesen, äußerlich schon durch ihren stark vertikalen Verlauf unterscheidet. Mit den *Taxus*-Spiralen ist dagegen nahe verwandt die »spiralige Faltung der Tertiärmembran« (wie SCHENK es nennt) bei Hölzern mit *Picea*-ähnlichem Bau (also *Picea*, *Larix* und *Pseudotsuga*), die ebenfalls horizontal verläuft; sich aber von der *Taxus*-Verdickung dadurch unterscheidet, daß sie (außer bei *Pseudotsuga*) im Frühholz fehlt, am typischsten im Spätholz vorhanden ist und daß sich die einzelnen Verdickungsspiralen nach dem Frühholz zu wenig von einander entfernen, wogegen die Taxaceen-Spiralen — deren Gesamtbild in den letzten Spätzellen des Jahrringes dem *Picea*-Typus recht ähnlich werden kann — auch im Frühholz vorhanden sind, hier jedoch — infolge des Längenwachstums — erheblich weit auseinandergezogen er-

5*

scheinen. Trotz dieser kaum übersehbaren Unterschiede sind die »Verdickungsspiralen« oft genug mit der Spiralstreifung verwechselt worden und werden — namentlich die *Picea*-Spiralen — immer wieder damit verwechselt. Diesen Vorwurf kann man leider auch der Arbeit von BURGERSTEIN (vergl. anatom. Untersuchungen des Fichten- und Lärchenholzes. Denkschr. d. Wiener Akademie, Bd. 60, 1893, S. 395—432) nicht ersparen; es ist nicht möglich, aus der Arbeit zu entnehmen, ob der Autor in dem einzelnen Falle Spiralverdickung oder Spiralstreifung (beide kommen bei diesen Hölzern vor! vergl. S. 61) meint; wenn er gegen KLEEBERG (l. c., S. 683) behauptet, von einer »schraubigen Verdickung« hätte er niemals eine Spur wahrgenommen, so ist damit wohl erwiesen, daß er die Verdickungen mit der Streifung verwechselt oder beide für dasselbe hält, da die »schraubige Verdickung« gerade ein Charakteristikum der Hölzer vom *Picea*-Bau ist, das ich noch bei keinem derselben vermißt habe. Es ist natürlich, daß ich bei dieser Sachlage die Angaben BURGERSTEIN's über das Vorkommen der Streifung nicht benutzen konnte.

Auch DIPPEL ist sich über diese Verhältnisse nicht klar geworden. Microscop. II. S. 187—188 (Fig. 117) spricht er die Spiralen der Fichte richtig als Verdickung an. S. 257 bildet er (Fig. 167, V) dasselbe ab, erklärt es aber für »spiralige Streifung«. Seite 424 erklärt er (betr: spiralige Verdickungsform): »Besonders schön findet sich diese Struktur in den Herbstholzzellen der Fichte, abnorm verdickten Partien des Holzes der Äste der Kiefer und der *Wellingtonia*«; bei den letzten beiden kommt indeß nur Spiralstreifung vor.

Auch die Taxaceenspiralen sind oft genug mit der Streifung verwechselt worden oder vielmehr diese mit jener, sodaß eine größere Anzahl gestreifter Hölzer als Taxaceen bestimmt worden sind; diese Verhältnisse hat bereits KRAUS (Kritik fossiler Taxaceen-Hölzer 1892, S. 71—75, 1. Tafel) klargelegt und gezeigt, daß von all den *Taxoxyla* und *Taxites* nur *Taxites scalariformis* GÖPP. einer Taxacee angehört, eine Ansicht, der man nach der Abbildung GÖPPERT's wohl beistimmen kann. Solchen Verwechselungen verdanken auch RENAULT's *Taxoxylon ginkgoides* (Cours de bot. foss.

IV, S. 163) und GRAND EURY's *T. stephanense* (Bass. houill. d. Gard, S. 317) [beide paläozoisch!] ihren Ursprung, die nichts anderes als spiralgestreifte Araucariten sein können! Nicht anders wird es wohl auch mit den versteinten Stämmen sein, die DARWIN in seiner »Reise eines Naturforschers um die Welt« (übersetzt von CARUS 1875, S. 381) erwähnt und von denen ROBERT BROWN sagte, daß das Holz »zur Familie der Fichten gehört, etwas vom Charakter der Familie der Araucarien hat, aber mit einigen merkwürdigen verwandtschaftlichen Beziehungen zur Eibe«.

Hier mag gleich noch die rätselhafte *Spiropitys Zobeliana* erwähnt werden (Monogr. d. foss. Conif. 1850, S. 217, t. 51, 4—6), bei der GÖPPERT spiralig gestreifte Markstrahlzellen angibt; KRAUS (l. c. 1892, S. 74) meint, daß die von GÖPPERT gesehene und abgebildete Streifung der Hydrostereidenwand angehört habe, und hierin kann man ihm nur beipflichten; jedenfalls wären spiralgestreifte parenchymatische Markstrahlzellen — denn nur solche bildet GÖPPERT ab — etwas Außerordentliches. Anders wäre es vielleicht, wenn die gestreiften Zellen Quertracheiden wären, in welchen MAYR (Die Waldungen Nord-Amerikas, 1890, S. 279, Taf. IX) bei *Pseudotsuga macrocarpa* (das einzige überhaupt bekannte Vorkommen) Spiralverdickung angibt (diese Spezies hätte also in den Quer- und Längs-Tracheiden Spiralenverdickung). An *Pseudotsuga* ist jedoch nach den abgebildeten »Eiporen« der Markstrahlen gar nicht zu denken, überdies bildet GÖPPERT gar keine Quertracheiden ab. Die *Spiropitys* ist wohl weiter nichts als eine *Pinus* der Sektion *Pinaster* oder *Strobus-Cembra*, nicht wie KRAUS merkwürdigerweise angibt, ein *Cupressinoxylon*. —

Die Umstände, die mich veranlaßten, der Spiralstreifung eine eingehendere Untersuchung zu widmen, ergaben sich bei der Untersuchung von Braunkohlenhölzern des Senftenberger Reviers; die dort noch zum Teil in situ anstehenden Stümpfe werden bekanntlich als von *Taxodium distichum* abstammend bezeichnet wegen der zahlreichen Vorkommnisse von *Taxodium*-Zweigen in den hangenden Schichten und der Ähnlichkeit der ganzen Formation mit den nordamerikanischen Swamps [vergl. H. POTONIÉ, Jahrbuch der Königlich Preußischen Geologischen Landesanstalt für 1895 (erschienen 1896)]. Der bei weitem größte Teil derselben — offenbar von den Stümpfen herrührend — zeigt das Charakteristikum des Wurzelholzes, nämlich Fehlen der mittleren Jahrringsschicht, ohne indes wirklich Wurzelholz zu sein (vergl. S. 18). Es folgt hieraus die gänzliche Verwerflichkeit der bisher befolgten Methode, alle derartig gebauten Hölzer als »Wurzelhölzer« zu bestimmen, da dieser Bau noch eine beträchtliche Strecke in den Stamm hinaufreicht. Kann man sich also nicht das Zentrum des Holzes verschaffen oder nach dem Äußeren eine Stütze über die Natur des Holzes erlangen (was wohl selten möglich sein wird), so ist eine Entscheidung unmöglich. Immerhin mag aber der Ausdruck »Wurzelholzbau« als kurze Bezeichnung für diese Art der Jahrringausbildung bestehen bleiben. Wie dieser dann zu verstehen ist, ergibt sich aus dem Vorigen. (Vergl. GOTHAN, Nat. Wochenschr. 1904, No. 55, S. 382—384.)

Bei den genannten »*Taxodium*«-Stümpfen fiel mir nun das gänzliche Fehlen der Spiralstreifung auf. Es mußte dies um so mehr Wunder nehmen, als *Taxodium distichum* (incl. var. *microphyllum*) nach meinen Beobachtungen eine außerordentlich starke Spiralstreifung der Spätzellen besitzt, vielleicht von allen Coniferen die stärkste. Die Annahme, daß bei den Baumstümpfen die Streifung durch Quellung, Maceration[1]) oder dergl. verschwunden sei, erschien mir um so weniger gerechtfertigt, als die Streifung bei zahlreichen fossilen Hölzern sich sehr schön findet und die Bedingungen, denen die Hölzer bei dem Vermoderungsprozeß ausgesetzt waren, eher dazu angetan scheinen, die Streifung nach Art gewisser chemischer Reagentien zu verdeutlichen als zu verwischen. Wenn ich mir nun auch nicht verhehlte, daß die in Frage stehenden Hölzer Wurzelholzbau aufwiesen und die Streifung in diesem nach CONWENTZ (Monogr. d. balt. Bernsteinb. 1890, S. 43) zu fehlen scheint, so war für mich die Sache doch so wenig geklärt, daß ich mich entschloß, ihr auf den Grund zu gehen.

Ein weiterer Grund hierzu war für mich, daß ich damals glaubte, in der Spiralstreifung ein Unterscheidungsmerkmal zwischen *Sequoia*

[1]) Vergl. VATER, Zeitschr. d. d. Geol. Ges. 1884. Bd. XXXVI, S. 818, Fußnote.

und *Taxodium* vor mir zu haben, indem mir bei ersterer die Streifung zu fehlen schien (DIPPEL's Angabe, Mikroskop. II, 1897, S. 424) der von *Wellingtonia* (= *Sequoia*) Streifung angibt, bemerkte ich leider erst nach Beendigung der folgenden Untersuchungen). In dieser Meinung konnten mich die Angaben der Xylopaläontologen nur bestärken. SCHRÖTER (Foss. Hölzer aus der arkt. Zone 1880, S. 17 seq.) gibt an, daß *Sequoia* von anderen *Cupressinoxyla* (»außer durch stets nur in einer Horizontalreihe stehende Markstrahltüpfel«, eine irrtümliche Annahme, wie bereits SCHENK (loc. cit., S. 861) bemerkt) »durch stetes Fehlen der Spiralstreifung und des lang-schwanzförmig ausgezogenen inneren Tüpfelkonturs« (l. c., S. 30) verschieden sei. BEUST (Untersuch. über fossile Hölzer aus Grönland 1884) gibt auf Tabelle III für *Taxodium* die Streifung als »deutlich«, für *Sequoia* als »fehlend« an. VATER (l. c., S. 814) äußert sich ähnlich: »Bei näherer Untersuchung erwies sich das Holz von *Taxodium distichum* (vielleicht mit Ausnahme zarter (?) Spiralstreifung der Tracheiden mit demjenigen von *Sequoia gigantea* vollkommen identisch«. Nur SCHMALHAUSEN, der auch *Taxodium* und *Sequoia* verglich (Beitr. z. Tertiärfl. Südwest-Rußlands 1883, S. 42) gibt *Sequoia gigantea* als »sehr schwach gestreift« an. Diese Angaben nebst meinen eigenen Beobachtungen, die zunächst das Gleiche ergaben, waren geeignet, eine weitere Prüfung dieses Diagnostikums — ein solches glaubte ich ja vor mir zu haben — lohnend erscheinen zu lassen, da namentlich unter den *Cupressinoxyla* die Diagnostika so sehr spärlich sind.

## II. Vorkommen der Spiralstreifung im einzelnen Jahresring.

Die Untersuchungen der Nicht-Paläobotaniker über diesen Gegenstand sind vornehmlich an der vielbenutzten *Pinus silvestris* ausgeführt (vergl. insbesondere DIPPEL, Mikroskop. II. Teil, S. 148 bis 165, wo auch die Literatur der Botaniker hierüber zusammengetragen ist). DIPPEL empfiehlt, zur Untersuchung die »rotgefärbten Stellen von Ästen der Kiefer« zu verwenden, wo in der Tat die Streifung sehr schön entwickelt ist und dies, wie wir noch sehen werden, auch sein muß. KRAUS (1882, S. 27) gibt im allgemeinen das Auftreten der Spiralstreifung als sehr sporadisch an, findet jedoch, sowohl bei *Pinus silvestris* als auch bei *P. Strobus* in den inneren Jahrringen die Streifung häufiger als in den äußeren, in denen sie nur höchst zerstreut und wenig ausgeprägt vorkomme. CONWENTZ (l. c. S. 43) gibt, wie schon oben (S. 70) bemerkt, sie für das Wurzelholz (besser »Holz von Wurzelholzbau«) als fehlend an. Wie sich diese Angaben mit den Resultaten der folgenden Untersuchungen vereinen, werden wir später sehen.

Was zunächst das Vorkommen der Streifung im einzelnen Jahrring selbst angeht, so ist die landläufige Angabe, daß sie sich im Spätholz finde, nur teilweise richtig. Der Träger der am stärksten ausgebildeten Streifung ist die Mittelschicht des Jahrringes, also diejenige Schicht, die aus im Querschnitt mehr polygonalen, betreffs des Grades der Wandverdickung meist zwischen den Grenzzellen und Frühzellen des Jahrringes die Mitte haltenden Zellen besteht. Dieses Verhältnis tritt um so deutlicher hervor, je ausgedehnter die Mittelschicht des Jahrringes ist.

Ist diese Angabe richtig, so wird man bei Wurzelholzbau a priori das Fehlen der Streifung annehmen können, da diesem die mittlere Jahrringschicht fehlt. Daher habe ich sie denn auch bei einer Wurzel von *Taxodium*, das sonst so stark gestreift ist, vergebens gesucht; es wurde nunmehr auch klar, daß die Senftenberger Braunkohlenhölzer (S. 70), als von Wurzelholzbau, keine Streifung zeigen konnten. Die Angabe von CONWENTZ stimmt hiermit ebenfalls vollständig überein.

Weiterhin leuchtet ein, daß, da im Astholz die Mittelschicht des Jahrringes ihre bedeutendste Ausbildung erreicht, ja stellenweise unter Unterdrückung der Jahrringabgrenzung [?] allein vorhanden ist, hier die Streifung ihre beste und schönste Ausbildung besitzen wird. Dies kommt dem Beobachter zuweilen recht unangenehm zum Bewußtsein, da man von seltenen Coniferen häufig genug zur Untersuchung nur kleine Zweigstücke erhalten kann, bei denen öfters kaum einige Zellen ungestreift sind, wodurch namentlich die richtige Struktur der Markstrahltüpfel oft bis zur

Unkenntlichkeit verändert wird (vergl. S. 49). Hier hilft allerdings ein Umstand, der später besprochen werden wird.

Nach KNY (Anatomie des Holzes von *Pinus silvestris*, S. 204) nehmen die äußeren Jahrringe oft Wurzelholzbau an, und so wird aus diesem Grunde die Streifung hier weniger hervortreten oder fehlen. Zur Untersuchung nimmt man am besten dickes Astholz (namentlich *Taxodium distichum* ist ganz ausgezeichnet); in zweifelhaften Fällen schafft ja der Querschnitt über die Zusammensetzung des Jahrringes leicht Gewißheit.

### III. Vorkommen der Streifung im Holzkörper.

Sieht man sich nicht zu junges Stammholz von *Juniperus occidentalis* auf einer radialen Durchschnittsfläche mit bloßem Auge an, so bemerkt man 3 von einander verschiedene Schichten: Der breite Splint erscheint ziemlich hell, von weißer Farbe, nach innen folgt eine dunklere bräunlich gefärbte Zone, die das rotgefärbte, eigentliche Kernholz umgibt. Nimmt man nun aus dem äußersten Splint und dem roten Kern je einen Radialschnitt, so beobachtet man unter dem Mikroskop, daß dem Splintstück die Spiralstreifung fehlt, im Kern dagegen in ausgezeichneter Weise vorhanden ist. Nimmt man weiterhin einen Schnitt aus der Übergangszone zwischen der zweiten (bräunlichen) Schicht und dem weißen Splint, so bemerkt man hier (meist) ebenfalls Spiralstreifung, erkennt jedoch leicht, daß sie nicht so stark ist, wie im Kern, daß man also ein Übergangstadium zwischen dem ungestreiften Splint und dem stark gestreiften Kern vor sich hat.

Bei anderen Objekten zeigen sich dieselben Verhältnisse, so z. B. bei *Thuja gigantea*, *Chamaecyparis Lawsoniana*, *Pinus silvestris*, *Larix europaea*, *Juniperus* Spezies diversae, u. a.; bei *Taxodium* liegen die Verhältnisse im Prinzip ebenso, nur ist hier zu beachten, daß dieses meist ein außerordentlich starkes Kernholz besitzt, und die Streifung hier auch im »Splint« öfters ziemlich stark zu Tage tritt (wenigstens war es bei den von mir benutzten dicken Aststücken so). Aber auch hier gelingt es unschwer, aus dem Splint streifungsfreie Schnitte zu erlangen, während der Kern stets gestreift ist und zwar weit stärker als etwa schon gestreifte Splintpartieen.

Bekanntlich besitzen nun die verschiedenen Coniferenspezies sehr verschiedene Neigung zur Verkernung; so z. B. verkernen viele *Picea* und *Abies* (besonders *P. excelsa* und *Abies alba*) schwerer als *Larix*; bei keinem einzigen der untersuchten Stücke von *Abies alba*, von denen das dickste ca. 7 cm Durchmesser aufwies, war eine Spur Spiralstreifung zu entdecken, während z. B. bei *Cedrus Deodara* dieselbe bei einem ganz jungen (ca. 3—4-jährigen) Zweig vorzüglich ausgebildet war (so auch bei *Cunninghamia sinensis*, *Frenela* sp., *Widdringtonia* u. anderen). Bei der genannten *Cedrus Deodara* lag die Sache noch etwas anders. Auf der Radial-Spaltfläche sah man deutlich, daß die eine Hälfte des Holzkörpers deutlich gelb gefärbt war, die auf der andern Seite des Marks ganz weiß war. Beim Schneiden merkte man einen Unterschied ebenfalls, in dem sich die gelbe Partie schlechter schnitt (wie etwa verharztes Kernholz) als die weiße splintige. Die gelbe (breitere, wohl geotropisch geförderte) Unterseite zeigte allenthalben starke Spiralstreifung, die der w e i ß e n, s p l i n t i g e n, s c h m a l e r e n S e i t e fehlte. Ein Gleiches konnte ich noch an andern Zweigstücken konstatieren, und der geübte Beobachter ist eigentlich ohne weiteres im Stande, auf diese Weise jeweils die Spiralstreifung im Holz vorherzusagen auf bloß makroskopisches Aussehen — vorausgesetzt, daß die Mittelschicht des Jahrrings in hinreichender Weise vorhanden ist. Der Vermutung, daß die gelb gefärbte Seite des Zweiges als verkerntes Holz zu betrachten ist, steht nichts im Wege; analog verhält sich das Rot- und Weißholz der Kiefer, soweit ich dies bisher habe untersuchen können; das typisch rote Kernholz von Kieferzweigen ist jedenfalls immer gestreift.

Bei den Hölzern von *Picea*-Holzbau, die im Spätholz die S. 62 erwähnte eigentümliche Spiralverdickung besitzen, habe ich Streifung an *Larix decidua*, *Picea polita* und *excelsa*, *Pseudotsuga* und vielen anderen gesehen; die Streifung tritt hier nun bemerkenswerter Weise nicht an den spiralverdickten Zellen auf, sondern da, wo diese fehlt; (wenn diese vorhanden ist, an den Übergangszellen zwischen Frühschicht und Mittelschicht des Jahresringes);

nie treten Streifung und Verdickung an derselben Zelle auf[1]. Dasselbe ist bei *Taxus baccata* der Fall, dessen Spiralen mit den der piceoiden Hölzer verwandt sind; hier treten die Spiralen in allen Zellen auf und es war überhaupt keine Spiralstreifung zu sehen, obwohl hier die Kernholzbildung so stark hervortritt (vergl. S. 53, Fußnote).

Nach diesem Befund kann kein Zweifel obwalten, daß die **Spiralstreifung eine Eigentümlichkeit des verkernten Holzes** (der Ausdruck: »Kernholz« als rein topographisch soll hier absichtlich vermieden werden) darstellt und an das Auftreten der Verkernung gebunden ist. Hierbei ist es gleichgültig, wo die Verkernung eintritt, ob, wie meist, im Zentrum oder an der Unterseite von Zweigen u. s. w.

Vergleicht man mit diesem überraschenden Resultat die wenigen brauchbaren Angaben über das Vorkommen der Streifung, so zeigen sich diese dem Gefundenen durchaus entsprechend. DIPPEL (l. c. S. 150) nahm für seine Untersuchungen »rotgefärbte Stellen der Äste von *Pinus silvestris*«, d. h. Holz, das man mit Fug und Recht als »verkernt« bezeichnen kann. Die Angaben von KRAUS (S. 71) über die Verhältnisse bei *Pinus Strobus* und *silvestris* passen ebenfalls ganz in unsern Befund. —

Nachdem das Vorkommen der Spiralstreifung in dieser Weise klargelegt war, gelang es auch, an *Sequoia* die Streifung aufzufinden. Diese neigt nicht so stark zu Verkernung wie das nahe verwandte *Taxodium distichum*, und so gelang es nur bei aufmerksamem Suchen, an einem 3 cm dicken Holzstück von *Sequoia gigantea* an einer Stelle in der Nähe des Marks eine leichte Bräunung aufzufinden, die wie beginnende Verkernung[2])

[1]) Um in Zukunft Verwechslungen beider vorzubeugen, sei noch einmal das Folgende bemerkt. Bei der Streifung, die stark vertikal verläuft, liegen die Längsachsen der schrägelliptischen Hoftüpfelpori in der Richtung der Streifen; bei der mehr horizontalen Verdickung sind jene deutlich mehr vertikal als die Spiralen; im ersteren Falle sind die Pori zudem in der Streifungsrichtung »lang-ausgezogen«, im letzteren nicht. (Ähnlich drückt sich STRASBURGER, Bau und Wachstum der Zellhäute, S. 56, aus).

[2]) Es ist selbstverständlich, daß nicht jede Bräunung resp. Andersfärbung als Verkernung anzusprechen ist; oft sind es stark harzhaltige Stellen, oft sonst irgendwie gefärbte Zonen.

aussah; unter dem Mikroskop zeigten davon entnommene Schnitte den Beginn der Spiralstreifungsbildung. Daß *Sequoia* Streifung zeigen müßte, war für mich nach der Erkenntnis der hier vorwaltenden Verhältnisse sicher, zumal MAYR (Die Waldungen Nordamerikas 1890, S. 343) für *Sequoia* ein schönes, rotes Kernholz angibt; es handelte sich nur noch darum, diese auch zu sehen. DIPPEL (Mikroskop II. Teil S. 424) gibt dieselbe auch an, was ich leider erst später bemerkte (cf. S. 71). —

Aus dem Umstande, daß die Spiralstreifung eine Eigentümlichkeit verkernten Holzes darstellt, dem Splint aber fehlt, erhellt ferner, daß sie, da das Kernholz eine sekundäre Bildung ist, ebenfalls eine solche sein muß. Mit dieser Erkenntnis fallen alle diejenigen Theorien, die die Streifung als Verdickungsbänder, d. h. vom Cambium angelegte Zellwandverdickungen ansprechen, wie es die Spiralen von *Taxus* und *Picea* sind; denn wie sollte man sich vorstellen, daß, wo die »Verdickungsbänder« im Splint, wo wenigstens noch die Markstrahlzellen lebend sind, nicht angelegt werden, dieselben in dem gänzlich toten, trockenen Kernholz entstünden?

Im Folgenden werden die einzelnen Theorien über die Streifung besprochen und versucht werden, die Entstehung der Streifung zu erklären.

## IV. Wesen und Entstehung der Spiralstreifung.

Die Untersuchungen über diesen Gegenstand reichen weit zurück; frühere Forscher waren der Ansicht, die Pflanzenmembran sei aus spiralig angeordneten Primitivfasern zusammengesetzt. Diese Auffassung findet sich schon bei GREW (Anatomie of plants; nach SCHACHT, Beiträge z. Anat. u. Physiol. d. Gewächse 1854, S. 222), dann bei MEYEN (Pflanzenphysiologie 1837, Bd. I. S. 19) und SCHLEIDEN (Flora 1839, S. 341, 342), später bei AGARDH (1852) und KRÜGER (1851). MOHL (Über d. Zusammensetzung d. Zellmembran aus Fasern, Bot. Ztg. 1853, 43 u. 44 Stck.) erkannte, daß die Streifung sich nach gehöriger Aufweichung der Membran durch mechanische Einwirkungen hervorrufen läßt. Er erklärt dieselbe für Risse, die immer in einer gewissen Richtung aufträten, und »die Andeutungen von einer ungleichförmigen, nach der Richtung einer Spirale geordneten Anordnung der Moleküle der Zellmembran« seien.

NÄGELI (Über den inneren Bau vegetab. Zellmembranen, Sitzgs.-Ber. d. Königl. bayer. Akad. d. Wiss. 1864, Bd. I, S. 282 seq.) erklärte die Streifung entstanden durch Wechsel des Wassergehalts, ähnlich wie er dies für die Schichtung der Stärkekörner annahm, eine Ansicht, die auch HOFMEISTER und SACHS vertraten. NÄGELI nahm auch irrtümlich an, die sich kreuzenden Streifungen gehörten einer und derselben Zellwand — ja sogar derselben Membranschicht — an, was für die Koniferenholzzellen weder in der ersten noch in der zweiten Form zutrifft, wie dies auch von CORRENS (Zur Kenntnis d. inn. Struktur d. vegetab. Zellmembranen. PRINGSHEIM's Jahrb. 1892, S. 254—338) und DIPPEL (Mikroskop. II, 2. Aufl., S. 162) hervorgehoben wird[1]).

WIGAND (Über die feinste Struktur u. s. w. Marburg 1856) leitet die Streifung nach NÄGELI (l. c. S. 286) bald »von einer Faltung oder wellenförmigen Biegung der Membran, in anderen Fällen von einer chemischen Differenz des Zellstoffs ab«. SCHACHT (l. c. S. 221 seq.) spricht die Streifung als Wandverdickung an, eine Ansicht, mit der u. a. auch noch DIPPEL 1898 (Mikroskop II, S. 150 seq.) im Ganzen übereinstimmt; S. 165 erklärt er, daß wir »in den dunkleren Streifen die unverdickten Stellen der Membran zu erblicken haben, welche nahe bis an die primäre Zellwand — die innerste dichte Schichtlamelle liegt noch dazwischen —, niemals aber über diese hinausreichen.« Die hellen Streifen sind nach ihm die verdickten Stellen der Membran CORRENS (l. c.) erklärt die Streifung durch Wellung des Innenhäutchens der Zellmembran entstanden (l. c. S. 321); die von diesen Rillen

1) Wenn CONWENTZ (Monographie d. balt. Bernsteinb. 1890, S. 43) meint, daß die Koniferenhydrostereiden (wie es z. B. die Bastfasern von Asclepiadaceen und Apocynaceen in der Tat zeigen) in der Membran zwei sich kreuzende Streifungssysteme besitzen (deren eines bei den Bernsteinbäumen nach seiner Meinung verschwunden ist), so ist das wohl kaum richtig; niemand hat bisher bei diesen Zellen dies beobachtet, auch SCHWENDENER (Sitzgs-Ber. d. Akad. d. Wiss. in Berlin, XXXIV. 1887. S. 668 seq.) nicht, auf dessen Arbeit er sich beruft.

nach innen laufenden schwarzen Streifen hält er (l. c. S. 325) für eine Folge verschiedenen Wassergehalts der Membran, so daß sich seine Ansicht z. T. mit DIPPEL, z. T. mit NÄGELI deckt.

Bei DE BARY (vergl. Anatomie) findet man über die Streifung nichts; HABERLANDT (Physiol. Pflanzenanat. 3. Aufl. 1904, S. 87) erklärt die Koniferenstreifung mit den meisten Autoren für Verdickung; STRASSBURGER (Über den Bau u. d. Wachstum d. Zellhäute 1882, S. 65) faßt die Streifung als eine schraubige Verdickung auf, deren einzelne Schraubenbänder einander bis zum Kontakt genähert seien; diese »Kontaktflächen« seien die dunklen Linien der Streifung. Die Ansicht WIESNER's (Organisation der Zellhaut. Sitzgs.-Ber. d. Königl. Akad. d. Wiss. in Wien, 1886, S. 71), der die Streifung auf das Vorhandensein von mit Wasser gefüllten Hohlräumen in der lebenden, mit Luft gefüllten in der trockenen Zellwand zurückführt, hat bereits CORRENS (l. c. S. 319) als irrig zurückgewiesen.

Im Folgenden soll nun versucht werden, die Streifungsfrage in befriedigender Weise zu lösen; die Frage, ob — was wahrscheinlich ist — sich die Streifung bei den Bastzellen der Asclepiadaceen, Apocynaceen und analogen Objekten ähnlich verhält, muß hier unerörtert bleiben, da eine solche Untersuchung über den Rahmen der vorliegenden Arbeit zu weit hinausgehen würde und es mir eigentlich nur darauf ankam, den diagnostischen Wert der Streifung zu prüfen.

Zunächst ist zu bemerken, daß die so vielbenutzte *Pinus silvestris* durchaus nicht das günstigste Objekt für solche Untersuchungen darbietet, daß vielmehr *Taxodium distichum* (wenigstens als Astholz) entschieden vorzuziehen ist, von dem schon H. v. MOHL (l. c. S. 774) eine »grobe spiralige Streifung« angibt; VATER's (l. c. S. 818) »zarte Streifung« ist wohl nur relativ zu verstehen, ich selbst muß sie als die gröbste von allen Koniferenhölzern bezeichnen. Fertigt man aus dem Kern eines Holzstücks von *Taxodium* einen dünnen Radialschnitt und sucht sich hier eine Stelle heraus, wo der Schnitt nur eine halbe Zelle dick ist, so zwar, daß die behaltene Wand der längshalbierten Zelle nach unten liegt, so überzeugt man sich unschwer (Fig. 13), daß die Zellmembran hier bis oder fast bis auf die Mittellamelle, niemals über diese hinaus, aufgerissen ist und wie zerschlitzt aussieht; man sieht ferner, daß die »dunklen Streifen« der Streifung je von einem der Risse ihren Ursprung nehmen, die »hellen Streifen« den zwischen den Rissen stehenden Membranstreifen entsprechen. Schon bei der angegebenen (390 mal), relativ schwachen Vergrößerung (DIPPEL hat bei *Pinus silvestris* 2000-fache angewandt!) sieht man ohne weitere Präparation — man beobachtet vorteilhaft in Luft — dies Verhältnis ganz deutlich. Es ist klar, daß, je »feiner« die Streifung ist, die Erkennung dieses Sachverhalts immer schwieriger wird. Bei beginnender Rißbildung (die, weil die Mittellamelle niemals affiziert wird, von dem Innenhäutchen der Zellmembran ihren Ursprung nimmt) werden zunächst nur »Rillen« mit davon nach der Mittellamelle gehenden »schwarzen Streifen« (CORRENS[1]) sich zeigen; diese »schwarzen Streifen« können zugleich nichts anderes sein als STRASSBURGER's »Kontaktflächen«.

Fig. 13.

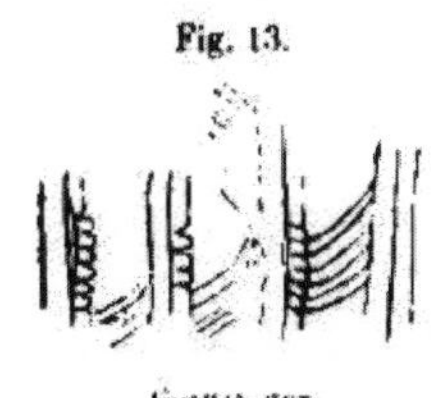

GOTHAN gez.

Spiralgestreifte Hydrostereiden aus verkerntem Astholz von *Taxodium distichum* (390 ×).

Die große Feinheit der Streifung in den Entstehungsstadien, die eine mikroskopische Auflösung kaum zuläßt, veranlaßte wohl NÄGELI, sie als gebildet durch Schichten verschiedenen Wassergehalts zu erklären; er erklärt es (l. c. S. 307) für gleichgültig, ob die Membran nach diesen Schichten aufrisse oder nicht; dieses war von seinem Standpunkt auch ganz konsequent, da eine solche Beschaffenheit der Membran ganz wohl Kohäsionsminima mit sich

[1]) Dieser erklärt übrigens (l. c. S. 329), daß für ihn die Entstehung der Streifung »völlig in Dunkel gehüllt« sei.

bringen konnte, die dann bei gewaltsamen Eingriffen in der bekannten Weise eine Zerfaserung der Membran bewirkten; daß jedoch innerhalb des Holzkörpers ohne wahrnehmbare Eingriffe eine solche einträte, hat er nicht gemeint. Mit der Tatsache, daß die Streifung dem verkernten Holz eigentümlich ist, fällt seine Annahme, da garnicht einzusehen ist, weshalb die Streifung nur in dem trockenen Kern, nicht aber in dem ja noch imbibierten Splint auftreten soll, welcher sie dann erst recht zeigen müßte. Dieser Ansicht war auch NÄGELI selbst, wie aus seiner Bemerkung (l. c. S. 299) hervorgeht, wonach »die Streifung beim Eintrocknen mehr oder weniger verloren geht«; dem kann man nun ganz und gar nicht beipflichten, wie schon oben bemerkt wurde und wie auch DIPPEL (l. c.) durch die Untersuchung gestreifter Zellen in verschieden lichtbrechenden Medien dargetan hat.

Wenn wir nun annehmen, daß, wie S. 79 gesagt, die Streifung nichts anderes als eine mehr oder minder starke **Rißbildung** in der Zellwand darstellt, so werden wir zu einer Erklärung der Entstehung dieser Risse im Holzkörper am leichtesten kommen, wenn wir uns fragen: Wie können wir eine solche Rißbildung an Zellen erzeugen, die sie noch nicht besitzen? Auf diese Frage gibt bereits MOHL (l. c. S. 775) eine Antwort (MOHL's Ansicht lernte ich allerdings erst kennen, als ich die nachher zu beschreibenden Versuche bereits angestellt hatte): **Die Risse entstehen durch chemische und darauf folgende mechanische Eingriffe.** Wenn das richtig ist, so muß sich auch (und zwar nicht bloß an einzelnen isolierten Zellen, wie das bisher immer geschehen) die Streifung unschwer künstlich hervorrufen lassen. Um dies zu erreichen, kochte ich ein Holzstückchen aus dem Splint der S. 75 erwähnten *Sequoia gigantea* in verdünnter Kalilauge und klopfte darauf das im Trockenschrank getrocknete Stück mit einem kleinen Hammer; davon entnommene Schnitte zeigten — namentlich in Luft beobachtet — **die Streifung in einer der natürlichen kaum nachgebenden Schönheit,** und zwar war es auch hier die Mittelschicht des Jahrrings, an der die Streifung besonders schön war. Die Richtung der Risse ist in allen Fällen die gleiche, stets links-schief, und wir werden kaum fehlgehen, wenn wir, wie bereits MOHL (l. c.), diesen Umstand mit der Lagerung der Moleküle (resp. Micellen NÄGELI) in Verbindung setzen, deren Anordnung ein in ganz bestimmter Weise vorhandenes Kohäsionsminimum bedingt.

Wir wenden uns nun der Frage zu, ob wir annehmen können, daß die genannten Faktoren — chemische und mechanische Eingriffe — bei der Verkernung (die, wie sich aus Vorigem ergibt, durchaus nicht immer an die zentralen Holzteile gebunden zu sein braucht) des Holzes in Tätigkeit treten, und wir können, wie es scheint, dies bejahen. Schon aus der oft intensiven Färbung des Kernholzes müssen wir schließen, daß in demselben bedeutende chemische Veränderungen Platz gegriffen haben. Aber noch andere Umstände bestätigen dies; man findet im verkernten Holz die Elemente oft schon von Natur mehr oder weniger maceriert, wie DIPPEL (l. c. S. 153) erwähnt. Künstlich rufen wir eine solche Maceration bekanntlich durch kräftige Reagentien, wie Chromsäure, Kalilauge, SCHULZE'sches Reagens und ähnl. hervor; wir können hieraus in der Tat entnehmen, daß die chemischen Umsetzungen bei der Verkernung des Holzes recht intensiver Natur sind, wobei allerdings die Länge der Einwirkungszeit ersetzen wird, was den natürlichen Reagentien an kräftiger Wirkung abgeht.

Was die zweite Frage anbetrifft, ob anzunehmen ist, daß mechanische, d. h. Zug, Schub oder dergl. erzeugende Wirkungen im Holzkörper ausgelöst werden, so scheint mir auch diese in bejahendem Sinne beantwortet werden zu müssen. Bereits eine ganz alltägliche Erscheinung, das sogenannte »Werfen« des Holzes, läßt ersehen, daß durch Austrocknung oder Anfeuchtung, d. h. Wasserimbibition, im Holze Kraftwirkungen zu Stande kommen, deren Größe recht erheblich ist. Betrachtet man einen trockenen Baumstumpf z. B. von *Pinus silvestris* im Walde, so sieht man, daß das Holz von oft recht tiefen, radialen Spalten durchzogen ist, zu deren Erzeugung wir eine erhebliche Kraft anwenden müßten.

Das Werfen des Holzes wird wahrscheinlich durch eine Torsion der Zellen beim Austrocknen hervorgerufen; SCHWENDENER (l. c. S. 670/671) hat nachgewiesen, daß — speziell bei »gestreiften« Zellen — eine Verkürzung derselben eine Torsion im Gefolge hat; wenn SCHWENDENER auch die Verkürzung durch Quellung mit Strukturänderung bewirkte, so dürfen wir doch wohl annehmen, daß jeder Volumschwund — also auch eine Zellverkürzung — mit einer Änderung der Streifungsneigung eine Torsion der Zellen erzeugt; nach CORRENS (l. c.) erreicht dieser Volumschwund die erhebliche Größe von 20—30 pCt. Ich war anfangs der Meinung, daß bloßes Austrocknen Spiralstreifung erzeugen könne, dem ist jedoch nicht so, wie die zahlreichen untersuchten, meist stark ausgetrockneten Koniferenhölzer zeigten. Immerhin zeigt sich an diesen schon eine eigentümliche Andeutung der Streifung, indem die Tüpfelpori im getrockneten Splint häufig »spaltenförmige Erweiterungen« zeigen. Untersucht man dagegen frischen, noch lebenden Splint, so sieht man diese Spalten nicht oder in weit geringerer Anzahl als in jenem. Diese Erscheinung läßt sich durch künstliche Befeuchtung nicht wieder rückgängig machen, denn wenn auch hierdurch wirklich eine Verengerung der Risse eintreten sollte, so bleiben diese als solche natürlich erhalten. Diese Risse, die von den Autoren (z. B. SCHMALHAUSEN, SCHRÖTER, BEUST) bald als »geschwänzte Poren«, »lang schwanzförmig ausgezogene innere Tüpfelkonturen« und dergl. bezeichnet werden, sind im Grunde weiter nichts als die Anfänge der Streifung. Denn es ist klar, daß die Hoftüpfelpori, d. h. Löcher in der Zellmembran, einen bequemen Ausgangspunkt für eine Rißbildung in der Zellwand bilden, und daß Risse immer zuerst hier entstehen werden. Man findet daher diese »Tüpfelrisse« unter geeigneten Bedingungen für sich allein, die eigentliche Streifung jedoch, d. h. also: Risse in der Zellmembran zwischen den über einander stehenden Hoftüpfeln, stets mit jenen vergesellschaftet, nie ohne sie; weiterhin ist klar, daß die »Tüpfelrisse« am breitesten von allen sein müssen, wie dem auch in der Tat ist, so daß die Autoren sie der Streifung gegenüber stets als etwas Besonderes betrachteten und sie mit besonderer Bezeichnung (»geschwänzte Poren« u. s. w. cf. oben) versahen.

Wir sehen aus dem eben Gesagten, daß ein bloßes Austrocknen des Holzes nicht genügt, um Spiralstreifung zu erzeugen, es muß vielmehr erst durch chemische Reactionen eine Auflockerung der Kohäsion der Membransubstanz erfolgen, wodurch nunmehr auch ein Aufreißen der Membran zwischen den übereinander stehenden Hoftüpfeln, d. h. die eigentliche Spiralstreifung, erzeugt werden kann. Beim bloßen, schnellen Austrocknen verhindert offenbar die Schnelligkeit, mit der dieses geschieht, ein Platzgreifen erheblicher chemischer Umsetzungen im Splint, diese vermögen aber bei der überaus allmählich erfolgenden Verkernung in ausgiebigem Maße aufzutreten und die Membransubstanz in ausreichender Weise zu lockern.

Solche chemischen Vorgänge können zuweilen auch äußeren Bedingungen, insbesondere den Atmosphärilien, ihren Ursprung verdanken; aus dem Berliner Königlichen botanischen Garten erhielt ich einen dicken Aststumpf von *Taxodium distichum* var. *microphyllum*, der nach Mitteilung des Herrn Ober-Gärtners Strauss »sicher schon über 20 Jahre« (in litt.) an dem Stamm nach Absägung des Astes gesessen hatte und dessen Holz durchgängig eine gelbliche, auf der Absägungsfläche eine graue Färbung zeigte; dieses Holz zeigte in allen Jahrringen schöne Spiralstreifung (von einer Tätigkeit von Pilzen oder von Vermoderung zeigt der Ast noch keine Spur, cf. S. 87).

Hier kann zweckmäßig eine Erscheinung besprochen werden, die Conwentz (Monographie d. balt. Bernsteinbäume S. 113) unter dem Namen »Vergrauung« behandelt; es handelt sich hier um Holzschindeln aus Tannen- oder Fichtenholz, die infolge des Einflußes der Atmosphärilien ein graues Aussehen angenommen haben. Es ist dies nach Conwentz die Folge der Isolierung der Holzzellen durch Zerstörung der Mittellamelle, wodurch ganze Zellkomplexe sich von dem Holzstück ablösen. Diese zeigen häufig Sprünge, die spiralig verlaufen und von den Tüpfeln ihren Ursprung nehmen; auch hier wird die chemische Lockerung der

Membransubstanz das Entstehen jener begünstigt und vorbereitet haben.

Die Rißbildung dürfte nun in folgender Weise erfolgen. Die durch die Austrocknung und den damit verbundenen Volumschwund entstehende Spannung im Holzkörper, (die in peripherischer Richtung offenbar viel größer als in radialer ist, so daß erstere nicht durch radiale Schrumpfung kompensiert werden kann) übt auf die einzelnen Zellen einen Zug aus, dem diese angesichts der Unmöglichkeit, infolge des gegenseitigen Zusammenhangs eine Torsion auszuführen, in der Weise nachgeben, daß ihre Membranen — infolge der Anordnung der Micellen nun in ganz gesetzmäßiger Weise — eine mehr oder weniger große Anzahl regelmäßiger Risse bekommen; die ersten, von den Tüpfelpori ausgehenden, sind die größten, die andern oft viel feiner, so fein, daß das Mikroskop eine Rißbildung nicht mehr nachzuweisen vermag; an diesen feinsten Rissen würde man sich daher vergebens bemühen, das Strukturverhältnis aufzuklären. Diese Unmöglichkeit hat wohl STRASBURGER (cf. S. 78) den Gedanken der »Kontaktflächen« aufkommen lassen. Wir haben jedoch alle nur denkbaren Übergänge von der feinsten bis zu der gröbsten Streifung, so daß wir gar keine Ursache haben, eine verschiedene Natur dieser Extreme anzunehmen, wie das bisher immer geschehen.

Sehr instruktiv sind betreffs der Rißbildung die Hölzer mit Spiralverdickung in den Hydrostereiden, nämlich *Picea*, *Larix*, namentlich aber *Pseudotsuga* und die betreffenden Taxaceen. Bereits S. 74 ist erwähnt, daß die spiralverdickten Zellen dieser Hölzer keine Spiralstreifung zeigen, ja sie zeigen nicht einmal die »Tüpfelrisse«, die Vorboten der eigentlichen Streifung; stets ist der Hoftüpfelporus scharf umgrenzt, was um so mehr hervortritt, da er meist stärker vertikal gerichtet ist als die Spiralen. Verfolgt man z. B. bei *Picea* in verkerntem Holz den Jahrring vom Spätholz nach dem Frühholz zu, so verschwindet bald die Spiralverdickung und nun tritt die Streifung auf. Bei *Pseudotsuga*, die im ganzen Jahrring Spiralverdickung zeigt, ist das Verhältnis noch weit auffallender; bei einem Zweig, der auf der einen Seite verkernt, auf der andern ganz splintig war, zeigte nur die letzte Spiralverdickung, die erstere Spiralstreifung und höchstens in den letzten Spätzellen Spiralverdickung — wo natürlich dann die Streifung fehlte. Bei *Taxus* und ähnlichen fand ich höchstens Tüpfelrisse, Streifung habe ich nicht gesehen. Es schließt somit die Spiralverdickung und -Streifung sich gegenseitig aus, indem erstere letztere verhütet. Der erwähnte *Pseudotsuga*-Zweig war auf der verkernten Seite bis zum Kambium verkernt und wohl infolge der frühen Rißbildung und Tötung der Zellen war es zu einer Anlegung der Spiralverdickungen garnicht gekommen.

Nach dem Vorigen können wir das »Kernholz«, wie schon S. 75 angedeutet, nicht mehr in dem bisher gebräuchlichen, rein topographischen Sinn gebrauchen. Wiewohl es zunächst noch unklar bleibt, weshalb z. B. bei Ästen die untere Seite oft fast bis zum Cambium verkernt[1]), die obere nicht oder nicht in dem Maße (bei hängenden Zweigen der Kiefer ist die Sachlage noch verwickelter, worüber später an anderer Stelle mehr), kann doch gar kein Zweifel durch die typisch vorhandene Spiralstreifung bleiben, daß die verkernten Stellen der Äste physiologisch mit dem »Kernholz« ident sind. In beiden Fällen findet eine mehr oder weniger intensive Verkienung (Verharzung) statt, deren Auftreten man leicht versteht, wenn man sich vergegenwärtigt, daß die Rißbildung eine Art Verwundung darstellt, deren Eintreten auch hier wie immer eine reichliche Harzausscheidung und Verharzung der Gewebe im Gefolge hat. Auch Gerbstoffe spielen hier, wiewohl bei den Koniferen wohl in geringerem Grade, eine Rolle (vergl. GAUNERSDORFER, Beiträge z. Kenntnis d. Eigensch. u. Entstehung des Kernholzes. Sitzgsber. Wien. Akad. 1882, S. 9—41). Bei der Kiefer ist die Verharzung bei dem reichlichen Vorhandensein von Harzgängen in der Regel stark, bei *Taxodium* u. a. meist aus erklärlichen Gründen geringer.

[1]) Vielleicht liegt dies an dem häufig exzentrischen Wachstum der Äste, das natürlich das Auftreten von Gewebespannungen begünstigt. Man findet andererseits regelmäßig gewachsene Stammhölzer, deren Kernholz keine Streifung zeigt. Demungeachtet ist natürlich die Streifung an das »Kernholz« gebunden.

Obwohl nun, wie aus dem Wesen der Streifung hervorgeht, diese eine Verringerung der Holzfestigkeit mit sich bringen muß, ist dies in praxi nicht der Fall. Die erhebliche Festigkeit des verkernten Holzes gegenüber dem splintigen hat ihre Ursache eben in der Verharzung bezw. Gerbung der affizierten Gewebeteile; sie ist es auch, die beim Schneiden mit dem Messer den Unterschied zwischen beiden Holzarten sofort aufzeigt.

Sehr auffällig bleibt bei alledem, daß die Streifung die Mittelschicht des Jahrings in ausgesprochener Weise bevorzugt, während man doch an eine Affizierung der Frühzellen zunächst denken wird. Vielleicht kann man sich diese Erscheinung erklären, wenn man annimmt, daß die dünnwandigen und relativ elastischen Frühzellen nachgiebig genug sind, um einen starken Zug ohne Einreißen zu ertragen, die letzten Spätzellen dickwandig genug sind, um die Rißbildung zu verhüten, die sich somit vornehmlich auf die innerhalb dieser Zellkomplexe liegende Mittelschicht beschränken würde; diese Auffassung würde auch mit den Verhältnissen bei Wurzelholzbau stimmen, wo ich weder Kern noch Splint gestreift fand.

## Zusammenfassung.

1. Die Spiralstreifung tritt nicht sporadisch im Holzkörper auf, wie bisher angenommen, sondern ist dem verkernten Holz eigentümlich, gleichgültig ob dieses das Zentrum oder sonstige Partien im Holzkörper einnimmt; innerhalb der einzelnen Jahresringe gehört die Streifung vornehmlich der Mittelschicht des Jahrrings an.

2. Die Streifung ist weder eine Differenzierung der Membran in wasserärmere und -reichere Schichten noch eine Membranverdickung, sondern eine, durch die Lagerung der Mizellen stets gleichsinnig erfolgende, ± starke Rißbildung, deren erstes Stadium die »Tüpfelrisse« sind.

3. Die Rißbildung entsteht durch chemische und mechanische Einwirkungen; jene erleichtern diese, welche durch den Volumschwund des Holzkörpers beim Trocknen u. a. m. hervorgerufen werden.

## V. Diagnostischer Wert der Streifung.

Wir würden nun vielleicht für die lebenden Koniferenhölzer in der Streifung ein immerhin annehmbares diagnostisches Merkmal gewinnen, wenn wir bedenken, daß die Neigung zu Verkernung bei verschiedenen Baumarten verschieden ist (*Taxodium* und *Sequoia*; *Picea excelsa* und *Larix europaea*); in anderen Fällen aber scheint Verkernung so unberechenbar aufzutreten, daß Grund zu ihrer Entstehung kaum ersichtlich ist; so ist es zum Beispiel bei den Asthölzern[1]), die oft zur Hälfte verkernen, zur Hälfte splintig bleiben (Rot- und Weiß-Holz der Kiefer, Weiß-, Gelb- und Braunfärbung bei vielen Hölzern etc.); in noch andern Fällen sind einzelne Partien mitten im Holz verkernt, wozu eine Ursache zunächst garnicht zu ersehen ist. Erscheint somit schon bei lebenden Hölzern ein diagnostischer Gebrauch der Streifung kaum anwendbar, so gilt das für die fossilen Hölzer in erhöhtem Grade; denn der Natur stehen in der Vermoderung und ähnlichen Prozessen Mittel zu Gebote, die Streifung noch nachträglich im Holz hervorrufen: Hierbei kommen ihr noch die Feinde der Bäume, die Pilze, zu Hilfe, die eine Zerfaserung der Membran in der Spiralstreifung ähnlichem Sinne hervorrufen (Vergl. R. HARTIG, Lehrbuch der Baumkrankheiten, 1882, S. 86, 87). In ausgiebiger Weise hat die Tätigkeit der Pilze CONWENTZ an den Bernsteinkiefern erkannt (Monog. der balt. Bernst. 1890, S. 116 seq.). Wenn nun auch die Pilze sich meist durch die Hyphen oder doch die Löcher in den Zellwänden verraten, so ist an einen diagnostischen Gebrauch der Streifung um so weniger zu denken, als Holz von Wurzelholzbau keine Streifung zeigt, man also mit solchen Stücken betreffs der Streifung nichts anfangen könnte.

**Es muß daher der Streifung diagnostischer Wert ganz abgesprochen werden.**

[1]) Für diese hat inzwischen eine Arbeit von SONNTAG (mechanische Zweckmäßigkeiten im Bau der Äste unserer Nadelhölzer. Schrift. d. nat. Ges. in Danzig. N. F. XI. Bd., 1. u. 2. Heft. Danzig 1903/4) soweit Klärung geschaffen, daß man für den obigen Fall die Entstehung der Streifung auf den Druck zurückführen kann, den die Astunterseite durch das Eigengewicht der Äste erleidet.

# Jahresringe und geologische Formationen[1].

Es ist eine unleugbare Tatsache, daß die Araucariten des Palaeozoikums schlechtweg keine Jahresringe besitzen. Man bemerkt zwar sehr gewöhnlich konzentrische Zonen, die makroskopisch Jahresringen ähneln, dem Mikroskop halten sie aber nicht stand. Man sucht vergebens nach einem Absatz zwischen englumig-dickwandigen Spätzellen und dünnwandig weitlumigen Frühzellen. FELIX (Studien über fossile Hölzer, 1882, S. 25) gibt zwar von einem Exemplar eines Araucariten (von ihm als *Araucarioxylon Schrollianum* bezeichnet) auch mikroskopische Wahrnehmbarkeit von Jahresringen an, es vermag dies jedoch, wenn richtig beobachtet, nichts an der allgemeinen Tatsache zu ändern[2]. Ich selbst kenne kein palaeozoisches Holz mit Jahresringen.

Da eine »Jahresringbildung« durchaus nicht immer einem Klimawechsel ihre Entstehung verdankt, sondern überhaupt jede Störung resp. Sistierung der cambialen Tätigkeit zur Bildung von »Spätzellen« Veranlassung gibt, so z. B. gewaltsame Entlaubung, wie namentlich UNGER und KNY dargetan haben, so können hin

[1]) In der Nat. Wochenschr., (1904, No. 58, S. 913—917) habe ich bereits den obigen Gegenstand kurz behandelt.

[2]) Ob der *Pinites Conwentzianus* GÖPP., der auf einer Halde des Waldenburger Reviers gefunden wurde und unleugbar echte Jahresringe besitzt, ins Karbon oder überhaupt das Palaeozoikum gehört, erscheint mir höchst zweifelhaft; ganz abgesehen von den Jahrringen erscheint doch die Tatsache, daß die *Pityoxyla* (ein solches ist dieses Holz) sonst erst im Tertiär auftreten und überhaupt nur dies eine Exemplar bekannt ist, so befremdend, daß die Zurechnung dieses Stückes zum Palaeozoikum mit einem gerechten Fragezeichen versehen werden muß, zumal es garnicht unter Tage gefunden worden ist.

und wieder auch andere als klimatische Faktoren »Jahrringbildung« vortäuschen. Es gehen indeß solche Jahresringe fast nie um den ganzen Umfang herum, und so ist es CONWENTZ möglich gewesen, bei den Bernsteinbäumen solche »Pseudo-Jahresringe« nachzuweisen (Monogr. d. balt. Bernsteinb., S. 139). Obwohl die Araucariten nun auch heute noch sich durch eine oft sehr mangelhafte Jahrringbildung von anderen Koniferen auszeichnen (vergl. KRAUS, 1864, S. 146, DE BARY, Vergl. Anat., S. 528) und wohl von jeher Standorte mit geringen jährlichen Klimaschwankungen bevorzugt zu haben scheinen, geben sie doch, als durch alle Formationen bis auf die Jetztzeit hindurchgehend, das passendste Material zu vergleichenden Untersuchungen über das Auftreten der Jahrringe in den geologischen Formationen her.

Wir können uns nun leider auf diesbezügliche Angaben in der Literatur, namentlich älterer Autoren, wenig verlassen[1]), die auch im Palaeozoikum häufig genug »strata concentrica distincta, minus distincta« u. s. w. angeben; meist sind es nur Färbungszonen, zusammengeschobene Zellkomplexe, die oft mit einer geradezu wunderbaren Regelmäßigkeit in konzentrischen Lagen verlaufen. Lediglich der mikroskopische Befund hat hier zu entscheiden, und es ist hierbei gleichgültig, ob man makroskopisch »Zuwachszonen« sieht; auch für rezente Hölzer gilt dies. Häufig und typisch erst mit der Jura-Zeit tritt in unseren Breiten eine Jahresringbildung auf; im Tertiär hat sich bei uns bisher kein einziger Araucarit gefunden, dagegen sind aus den Tropen solche aus dieser Formation bekannt, woraus wir wohl schließen dürfen, daß schon damals die Araucariten bei uns verschwunden waren. Wie die Verhältnisse betreffs der Jahrringbildung in der Trias lagen, bedarf noch einer weiteren Untersuchung; das Material aus dieser Formation ist relativ spärlich, ein Holz aus dem Keuper in der hiesigen Sammlung scheint solche zu haben.

Obwohl, wie wir oben gesehen haben, Jahrring-ähnliche Bildungen auch durch andere als klimatische Faktoren hervor-

[1]) Dies tut z. B. leider SEWARD, Fossil plants as tests of climate, 1892, S. 84 ff.

gerufen werden können, so kann man sich doch der Einsicht nicht verschließen, daß eine regelmäßig periodische Jahrringbildung nur auf regelmäßige periodische Klima-Schwankungen zurückgeführt werden kann, seien dies nun Wärme und Kälte, oder Feuchtigkeit und Trockenheit; denn man kann sich schlechterdings nicht vorstellen, wie andere Verhältnisse, wie Insektenfraß, Entlaubung, Blitzschlag u. s. w. regelmäßige Periodizität besessen haben sollen, was ja auch heute nicht der Fall ist.

Wenn wir nun also berechtigt sind, aus regelmäßig periodischer Jahrringbildung auf periodische Klimaschwankung zu schließen, so ist damit offenbar auch ein Schluß auf das geologische Alter der Hölzer gestattet, wenigstens bei Funden in solchen Breiten, die heute nicht mehr während des ganzen Jahres gleichmäßiges Wachstum der Bäume zulassen. Weitaus die meisten Araucariten aus unseren und nördlichen Breiten aus der Jura- und Kreideformation zeigen deutlich periodische Jahresringe, in höherem Grade noch die Hölzer der Tertiärzeit. Obwohl im Tertiär in unseren Gegenden noch ein recht tropisches Klima geherrscht haben muß, sind die Jahrringe in dieser Formation so deutlich wie heute. Die Jahrringbildung ist also ein sehr empfindliches Reagens auf Klimaschwankungen, überhaupt auf alles, was Schwankungen im Dickenwachstum der Bäume hervorruft.

In tropischen Breiten liegt die Sache anders. An den von Dr. Dantz in Ostafrika gesammelten Hölzern (wahrscheinlich aus der Kreide) sucht man vergebens nach Jahresringen; wären sie in gleicher Formation bei uns gewachsen, so würden wohl Jahrringe da sein.

Der von Tchihatcheff (1845) zum Unterkarbon gerechnete *Araucarites Tchihatcheffianus* Göpp. vom Altai (an sekundärer Lagerstätte gefunden) mit unzweifelhaft periodischen Jahresringen hat sich nach den sonst dort gefundenen Pflanzenresten als jurassisch herausgestellt (vergl. Schmalhausen, Beiträge zur Juraflora Rußlands, 1879). Zeiller (Remarques sur la flore foss. de l'Altaï, 1896) sprach zwar die betreffenden Schichten als permisch an, doch hat dann wiederum Potonié (Pflanzenreste aus der

Juraformation (in: Durch Asien, herausgeg. v. FUTTERER, 1903, S. 123) für das jurassische Alter dieser Reste sich ausgesprochen. Die vorzüglichen Jahresringe des genannten Holzes, das übrigens weder von SCHMALHAUSEN und POTONIÉ, noch von ZEILLER erwähnt ist, sprechen entschieden für mesozoisches Alter. Ebenso ist die Angabe von FELIX (Studien üb. foss. Hölzer, S. 81), der einen Araucariten mit periodischen Jahresringen aus New-Süd-Wales dem Culm zurechnet, kaum richtig; wenn, wie hier, keine näheren Aufschlüsse über die geologische Herkunft des Holzes zu erlangen sind, bietet die Jahrringbildung immer noch einen Fingerzeig.

Für uns entsteht nun die Frage: Welchen Wert haben die Jahresringe für die Diagnostik? GÖPPERT empfahl (1850, S. 173) die diagnostische Verwendung der Jahresringbreite, insofern nach ihm die Abietineen in der Regel weitere Jahrringe besitzen als die Cupressineen. Dies ist aber nur dann (wenn überhaupt!) möglich, wenn die betreffenden Bäume unter gleichen Bedingungen gewachsen und das vorliegende Holz gleich alt ist. Über beides kann man sich an fossilen Hölzern nur zu oft nicht orientieren. Welchen Trugschlüssen man bei Akzeptierung dieses Vorschlags unterliegen kann, mag folgendes Beispiel erläutern. Eine im Garten der Berliner Tierärztlichen Hochschule gewachsene Kiefer von ca. 55 Jahren hat einen Stammdurchmesser (ohne Rinde) von 17 cm, eine solche aus einem Hochmoor bei Trakehnen von 53 Jahren nur $5^3/_4$ cm; ein »Hängezweig« der Kiefer (z. T. mit Wurzelholzbau, vergl. S. 18) von wenigstens über 30 Jahren nur 1,2 cm Holzdurchmesser. Letzterer stammt von einer normalen Kiefer (!) und verdankt die Engigkeit und den Bau seiner Jahrringe nur seinem erzwungenen geotropischen Wachstum. Und zwischen diesen Extremen existieren zweifellos alle möglichen Übergänge. Es ergibt sich hieraus, daß eine diagnostische Verwendung der Jahrringbreite völlig ausgeschlossen ist.

Anders steht es mit der diagnostischen Verwendung des Vorkommens der Jahrringe überhaupt. Nachdem im Vorigen über das Auftreten der Jahresringe Gesagten deckt sich diese Frage

z. T. mit derjenigen, ob und inwieweit das Vorkommen in verschiedenen geologischen Formationen ein Grund zur Unterscheidung sein kann. Diese Frage ist schwierig zu beantworten, da wir manche Typen durch eine Reihe von Formationen unverändert hindurchgehen sehen, deren einzige Verschiedenheit eben das geologische Vorkommen ist. Dieser Umstand hat schon vielen Autoren Schwierigkeiten bereitet; KRAUS erklärt z. B. (Einige Bemerkungen über die verkieselten Stämme des fränkischen Keupers, 1866—67, S. 67, Anm.) *Araucarites keuperianus* GÖPP. nur durch die Formation für haltbar. KNOWLTON vermag aus einem Araucariten der Potomac-Formation Amerikas (Geological Survey 1889, No. 56, S. 52) nur dadurch eine neue Spezies zu machen, daß er sich auf das geologische Vorkommen stützt. FELIX versucht sich mit dieser Schwierigkeit dadurch abzufinden, daß er bemerkt (Untersuch. üb. foss. Hölzer, III. Stck. Z. d. d. G. G. 1887, S. 518), er vertrete den Standpunkt, »daß es zweckmäßiger ist, fossile Hölzer verschiedener geologischer Perioden im allgemeinen daraufhin als verschiedene Arten zu betrachten, selbst wenn ihre Struktur übereinstimmt. Bei anderem Verfahren kann es vorkommen, daß ein und dieselbe Spezies durch eine ganze Reihe von Formationen angeführt werden wird«, u. s. w. Ich weiß nicht, ob FELIX meint, sicherer zu gehen, wenn er nur die der Struktur nach gleichen Hölzer aus einer und derselben Formation als eine »Spezies« beschreibt; man braucht sich nur an die Verhältnisse bei den lebenden Cupressineen zu erinnern, bei denen eine Unzahl von Spezies und Gattungen denselben Holzbau besitzen, um einzusehen, wie wenig man auf diese Weise der Wirklichkeit nahe kommt. Zudem ist der FELIX'sche Standpunkt ein ganz willkürlicher, denn die einzelnen Arten sterben ja keineswegs pünktlich mit Schluß einer Formation aus, ebensowenig treten immer mit der neuen Formation neue Arten an die Stelle der alten. Wenn man überhaupt zu einem ersprießlichen Resultat bei der Bestimmung fossiler Gymnospermenhölzer gelangen will, so muß man die Holzreste ganz für sich betrachten und von allem andern absehen, zumal auch über die Zusammengehörigkeit mit etwa gefundenen Laub- und Zapfenresten fast nie etwas herauszubringen ist. Auf diese Weise kann zwar von den zahllosen beschriebenen »Spezies« nur wenig übrig bleiben, es bleibt jedoch kein anderer Weg; mit den zahllosen Geschiebehölzern, über deren Herkunft man oft nichts weiß, ist überhaupt nur so fertig zu werden.

Es mag übrigens betreffs des FELIX'schen Standpunkts noch bemerkt werden, daß derselbe für die Koniferen auch an und für sich unberechtigt ist. Wie wenig unterscheidet sich z. B. das tertiäre *Taxodium distichum* und die Sequoien von den heutigen? Der Unterschied ist so gering, daß POTONIÉ in seinem »Lehrbuch der Pflanzenpaläontologie« einfach die rezenten Objekte abbildet; da wir ferner z. B. bei den Cupressineen innerhalb der einzelnen Gattungen anatomisch so wenig Unterschiede haben, dürfen wir solche auch bei geologisch früheren Gattungen und Spezies kaum erhoffen. Dies gilt z. B. von der Gattung *Callitris*, von der eine sichere Art schon in der Kreide bekannt ist (*Callitris Reichii* ETTINGSH. sp. in KRASSER, Kreideflora von Kunstadt, 1896, S. 126) und von dem der lebenden *Arthrotaxis cupressoides* DON. so ähnlichen *Echinostrobus Sternbergi* SCHIMP. aus dem Malm von Solnhofen (vergl. POTONIÉ, Lehrb. d. Pflanzenpal. S. 305 u. 317).

Es erhellt aus dem Gesagten, daß das Vorhandensein von Jahresringen zuweilen, meist aber nur unterstützungsweise, diagnostisch brauchbar ist, d. h. wenn schon andere Gründe eine Abtrennung des betreffenden Stücks als »Spezies« notwendig zu machen scheinen. Ein Schluß auf das geologische Alter des Holzes ist oft auf Grund des Vorhandenseins von Jahresringen berechtigt. Es ist aber stets zu berücksichtigen, daß ein und dieselbe Spezies, selbst in rezent-systematischem Sinne, je nach den vorhandenen Bedingungen Jahresringe zeigen kann oder nicht. So zeigt z. B. eine *Cedrus atlantica* vom Atlas in Algier die gewöhnliche Beschaffenheit des Cedernholzes, d. h. die Jahresringe zeigen fast nur die Mittelschicht und sind schlecht abgegrenzt; eine solche dagegen, die bei Zürich kultiviert wurde, zeigt auch typisches Früh- und Spätholz. Wenn nun auch der Mensch in früheren Zeiten noch keine Verpflanzungen vornahm und überhaupt die natürliche Flora veränderte, so können auch so auf irgend eine Weise Bedingungen, wenn auch ganz allmählich, eingetreten sein, die eine schärfere Abgrenzung der Jahrringe herbeiführten. Es fehlt uns über diese Verhältnisse zumeist jede Kontrolle. KRASSER (vergl. anatom. Untersuch. foss. Hölzer, 1895, S. 31) geht daher zu weit, wenn er *Cedrus* durch die Jahrringbeschaffenheit charakterisiert.

# Morphogenetisches.

Bekanntlich nimmt man an, daß die Hoftüpfelverdickung sich von der als einfacher anzusehenden Spiral- oder Ringverdickung ableite, eine Auffassung, die durch die Verhältnisse am Primärholz (Protoxylem) wesentlich unterstützt wird, wo sich — nach der bekannten Tatsache, daß in jungen Entwicklungsstadien der Individuen bei den Vorfahren vorhanden gewesene Charaktere wiederholt werden — zu innerst ring- oder spiralverdickte Zellen befinden, die über einige mit Treppen- oder Netz-artiger Verdickung versehenen Elemente sehr bald in die hofgetüpfelten übergehen. Es sei nun an Hand der folgenden tabellarischen Zusammenstellung darauf hingewiesen, daß sich an fossilen (palaeozoischen) Hölzern die Reihe: Spiralverdickung bis Hoftüpfel sehr vollständig aufzeigen läßt, Verhältnisse, die wenigstens verdienen, einmal dargelegt zu werden.

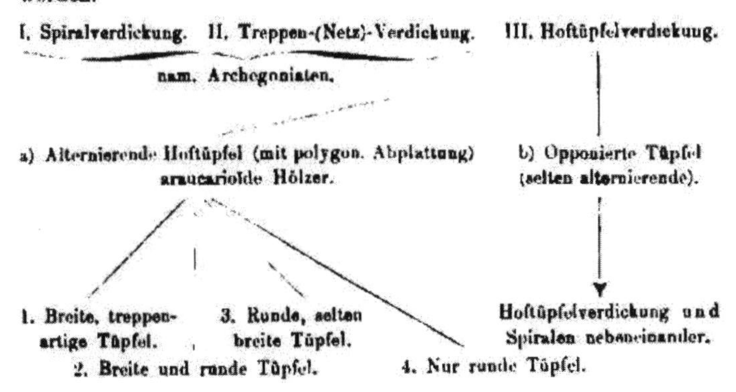

Zu III. a). 1. Als Beispiel zu 1. ist zu nennen:

*Protopitys Buchiana* GÖPP., bei der meist breitgezogene Hoftüpfel mit fast horizontal stehendem Porus vorkommen, die demgemäß noch außerordentlich an Treppenverdickung erinnern (vergl. die Figuren bei SOLMS, Bot. Ztg. 1893, Taf. VI, Fig. 2 u. a.).

2. Ein ausgezeichnetes Beispiel hierfür bietet *Dadoxylon protopityoïdes* FELIX (Innere Structur westfäl. Carbonpfl., 1886, S. 58, Taf. V, Fig. 4), dessen Original ich eingesehen habe; man findet an derselben Zelle breite, treppenähnliche Verdickungen, die mit (runden) Hoftüpfeln abwechseln.

3. Für diesen Fall ist ein Cordaitenholz (durch anhaftende *Artisia* sicher ein solches!) interessant, bei dem meist die gewöhnlichen, araucarioïden Hoftüpfel sichtbar sind; gar nicht selten schiebt sich jedoch ein breiter, ein *Protopitys* erinnernder Tüpfel ein. [Übrigens soll Ähnliches, wenn ich WINKLER recht verstehe (Bot. Ztg. 1872) auch noch an lebenden Araucarienhölzern vorkommen.] Das obige Cordaïtenholz zeigt zudem eine sehr starke Entwicklung des spiralverdickten Primärholzes.

4. Hierunter fallen alle araucarioïden Hölzer, die die genannten Abweichungen nicht zeigen, also die allermeisten *Dadoxyla* und entsprechenden lebenden Hölzer.

III. b). In diese Rubrik fällt der Rest der Gymnospermen; es ist bemerkenswert, daß auch bei diesen Hölzern, die bei Auftreten von mehreren Hoftüpfelreihen die Hoftüpfel opponiert zeigen, gelegentlich Alternanz vorkommt, besonders auffallend bei einigen Dacrydien (cf. S. 57).

Was schließlich die Hölzer anbetrifft, die neben den Hoftüpfeln noch Spiralverdickung in derselben Zelle haben (*Taxus*, *Torreya*, *Cephalotaxus*; *Picea*, *Larix*, *Pseudotsuga*), so muß man wohl annehmen, daß die Spiralenbildung bei diesen eine spätere Errungenschaft ist, die vielleicht zur weiteren Festigung der Zellen erwünscht war. Bei paläozoïschen und mesozoïschen Hölzern is eine solche Bildung unbekannt; die von GRAND'EURY und RENAULT angegebenen *Taxoxyla* sind, wie auch SCHENK meint, spiralgestreifte Hölzer. Die Abbildung SCHMALHAUSEN's (Pflanzenreste der artinsk. und Perm. Ablager. im Osten . . . . Rußlands, 1887, Taf. VII, Fig. 38), der einen spiralverdickten (?) Araucariten abbildet, ist unklar; man müßte das Original sehen, um Näheres sagen zu können. Das älteste Taxaceenholz mit Spiralverdickungen ist, wie S. 68 gesagt, *Taxoxylon scalariforme* (GÖPP.) KRAUS aus dem Tertiär.

## I. Tabelle zum Bestimmen lebender Gymnospermenhölzer (mit Ausschluß der Cycadaceen und Gnetaceen).

A. Hoftüpfel alternierend, klein, gedrängt, abgeplattet: wenn mehrreihig, allseits (polygonal) abgeplattet. (Hoftüpfelpori fast stets schräg-elliptisch und daher gekreuzt, Markstrahltüpfel zahlreich und gedrängt auf dem Felde, deren Porus schräg-elliptisch. Markstrahlzellen tangential gesehen wie aufgeblasen). — *Araucaria* u. *Agathis* (Einige Dacrydien u. *Ginkgo* sind bis auf die Alternanz der Hoftüpfel ähnlich gebaut).

B. Hoftüpfel meist bedeutend größer, rundlich, meist ± entfernt stehend, wenn mehrreihig, opponiert (gegenständig).

I. Alle Hydrostereïden mit Spiralenverdickung.

a) Spiralen zu Gruppen zusammenstehend (nur im Frühholz zu sehen!). — *Torreya.*

b) Spiralen einzeln . . . . . . . . . . . . — *Taxus* und *Cephalotaxus*

II. Hydrost. ohne Spiralverdickung (nur bei einigen Harzgänge führenden Abietineen solche)

✳ Abietineentüpfelung stets vorhanden, nur bei den großeiporigen *Pinus*-Sp. reduciert resp. fehlend. Harzparenchym meist fehlend. (Alle Abietineen.)

a) Harzgänge, vertikale und horizontale (in den Markstrahlen) vorhanden.

1. Harzgangepithel dickwandig, verholzt: Markstrahltüpfel nicht eiporig (nur im Frühholz der Holzparenchym führenden kleineiporig; dies nur bei genauem Hinsehen bemerkbar). Spiralverdickung im Spätholz oder Spät- und Frühholz. Quertracheïden vorhanden, ohne Zacken. Zahlreiche Tangentialtüpfel im Spätholz.

α) Spiralverdickung nur im Spätholz.

α₁ Harzparenchym am Ende des Jahrrings ständig vorhanden. — *Larix.*

α₂ Dieses fehlend . . . . . . . . *Picea.*

| | |
|---|---|
| β) Spiralverdickung durch den ganzen Jahrring (bei Vorhandensein von Spiralstreifung fehlend). Harzparenchym wie bei *Larix*. (Nach MAYR (1890) hat *Pseudotsuga macrocarpa* MAYR auch in den Quertracheiden Spiralenverdickung.) | *Pseudotsuga.* |
| 2. Harzgangepithel dünnwandig, nur selten etwas dickwandiger. Markstrahltüpfel stets Eiporen (auch die kleinsten), wenigstens im Frühholz. Quertracheiden mit oder ohne Zacken. Harzparenchym am Jahrringende stets fehlend, ebenso Spiralverdickungen. Abietineentüpfelung nur bei den klein-eiporigen ± deutlich (cf. ✳). | *Pinus* s. str. |

Unterabteilung der Gattung *Pinus*.

| | |
|---|---|
| I. Eiporen (die Markstrahltüpfel sind stets im Frühholz zu betrachten!) groß, meist nur eine pro Feld. Abietineentüpfelung fehlend oder nur noch angedeutet. | |
| a) Quertracheiden mit Zacken. Tangentialtüpfel fehlend. | Sectio *Pinaster* max. part. |
| b) Quertracheiden ohne Zacken. Tangentialtüpfel zahlreich. | Sectio *Strobus* und *Cembra*. |
| II. Eiporen kleiner, zu 2—6 pro Feld. Abietineentüpfelung ± deutlich. | |
| a) Zacken sehr stark . . . . . | Sectio *Taeda* und *Banksia* MAYR max. part. |
| b) Zacken schwächer, wie Sectio *Pinaster*, bei einigen fast verschwindend (am schwächsten u. a. bei *Pinus Pinea*!) Sectio *Sula* MAYR (*Pinus longifolia*) hat (entgegen MAYR) schwache Zacken. Tangentialtüpfel fehlend (stets ?). | Sectio *Pinaster* z. T. Sectio *Taeda* (und *Banksia*?) z. kleinen Teil. Sectio *Sula* MAYR. Sectio *Pseudostrobus* MAYR. |
| III. Eiporen (sehr) klein, zahlreich, fast piceoid. Abietineentüpfelung deutlich bis stark. Harzgangepithel etwas dickwandiger. | Sectio *Balfouria* MAYR und *Parrya* MAYR. |

b) Harzgänge fehlend (höchstens als abnormale Bildungen vorhanden). Tangentialtüpfel zahlreich. Abietineentüpfelung sehr stark.

| | |
|---|---|
| 1. Am Ende jedes Jahrringes Harzparenchym. Oft hervorstechende Tendenz zur Eiporigkeit im Frühholz. In älterem Holz z. T. Quertracheïden. Markstrahlen nicht zu selten zweireihig. | *Cedrus* und *Pseudolarix* |
| 2. Harzparenchym wie vorher. Tendenz zur Eiporigkeit fast = 0. Quertracheïden früher als bei 1. erscheinend. | *Tsuga*. |
| 3. Harzparenchym fehlend oder sporadisch: (bei einigen wenigen jedoch stark gehäuft; Markfleckteudenz? *Abies Webbiana*). *Abies balsamea* nach KRAUS u. a. mit Quertracheïden, sonst diese fehlend. | *Abies*, *Keteleeria*. |

* * Abietineentüpfelung fehlend, bei einigen jedoch *Juniperus*-Tüpfelung (S. 45). Harzparenchym meist vorhanden, oft auch fehlend.

a) *Juniperus*-Tüpfelung (S. 48, Fig. 7d) vorhanden; Markstrahltüpfel cupressoïd (S. 48).

| | |
|---|---|
| 1. *J.*-Tüpfelung ziemlich stark (Fig. 7d), meist nur wenige Poren übereinander: Markstrahltüpfel (Frühholz!) kaum mehr als 2 übereinander (nur bei *Juniperus nana* mehr (?)). | *Juniperus*, *Libocedrus decurrens* (nicht *chilensis* und *Doniana*!). |
| 2. *J.*-Tüpfelung bedeutend subtiler, + vielporig (Fig. 7f u. g); Markstrahltüpfel häufig zu 2—5 (?) übereinander, sehr klein. | *Fitzroya patagonica* und *Archeri*. |
| b) Markstrahltangentialwände glatt, aber horizontale bei mehrstöckigen Markstrahlen stark getüpfelt (Fig. 10). Markstrahltüpfel klein, mehr podocarpoïd, zu 2—3 pro Feld. | *Saxegothaea conspicua*. |

c) Markstrahlhorizontal- u. Tangentialwände glatt. Markstrahltüpfel cupressoïd, podocarpoïd oder eiporig.

1. Markstrahltüpfel »cupressoïd« (typisch) bis glyptostroboïd: Harzparenchym fast immer + häufig, Tangentialtüpfel + zahlreich; Markstrahlen oft auffällig zur 2-Reihigkeit neigend.

| | |
|---|---|
| α) Markstrahltüpfel typisch cupressoïd. | *Sequoia gigantea*, *Cryptomeria*, *Thuja*, *Chamaecyparis*, *Callitris*, *Thujopsis*, *Cupressus*, *Frenela* (?), *Libocedrus* z. T. |

β) Markstrahltüpfel glyptostroboid.

*Glyptostrobus* und *Cunninghamia* (diese mit (stets?) aufgeblasenen Markstrahlzellen, ähnlich *Ginkyo*.

γ) Markstrahltüpfel ein Mittelding zwischen beiden, gedrängt-zahlreich (öfters über 6 pro Feld, je nach dem Platz) (nur in altem Holz deutlich sichtbar!).

*Taxodium* und *Sequoia sempervirens*

2. Markstrahltüpfel sehr klein, zu drei, vier, selbst mehr übereinander (?).

*Widdringtonia* (*Arthrotaxis* u. *Frenela* (?)[1])

3. Markstrahltüpfel podocarpoid oder eiporig (Rest der Taxaceen), meist nur 1—2 pro Feld.

α) Markstrahltüpfel typisch podocarpoid (S. 48, Fig. 8a, b) resp. araucaroid (S. 57).

*Podocarpus* z. kl. T. (z. B. *neriifolia* und *salicifolia*; *Dacrydium laxifolium*).

β) Markstrahltüpfel typisch eiporig. meist 1 Eipore pro Feld.

*Podocarpus andina*, *spicata*, *Phyllocladus*, *Dacrydium Franklini*, *Microcachrys*, *Pherosphera*.

γ) Markstrahltüpfel unregelmäßig eiporig, meist 1 Eipore pro Feld (Fig. 8).

*Sciadopitys verticillata*

δ) Mischtypus von α) und β), d. h. Eiporigkeit deutlich im Frühholz, meist 2 (3) pro Feld.

*Podocarpus* z. T. (z. B. *Sellowii*, *falcata*), *Dacrydium* z. T. (*cupressinum*, *elatum*)

## II. Einteilung der fossilen (und recenten) Gymnospermenhölzer.

A. Hoftüpfel klein, alternierend, oben und unten abgeplattet, wenn mehrreihig, allseits (polygonal abgeplattet).

*Dadoxylon* Endl. ex. p. (*Araucarioxylon* Kraus, *Cordaïoxylon* Felix, *Cordaïxylon* Grand' Eury, *Araucarites* Göppert, *Cordaïtes* div. Auct.).

* Über *Ginkyo biloba* siehe Anmerkung am Schluß der Tabelle.

[1]) *Frenela*, *Widdringtonia* und *Arthrotaxis* lassen sich auch durch die Markstrahltüpfelzahl übereinander wohl kaum von dem Cupressineen-Gros unterscheiden.

B. Hoftüpfel rundlich, größer, nicht gedrängt; wenn mehrreihig, meist gleichhochstehend.

I. Alle Hydrostereiden mit starker Spiralverdickung. } *Taxoxylon* Unger ex p. (*Taxites* Göppert)

II. Hydrostereiden ohne diese (nur bei einigen Harzgänge führenden Abietineen solche, aber schwächer).

a) Abietineentüpfelung vorhanden, nur bei den gross-eiporigen *Pinus*-Arten fehlend: Harzparenchym bei einigen stets im Spätholz, sonst fehlend.

1. Harzgänge, horizontale und vertikale, regelmäßig vorhanden.

α) Harzgangepithel dickwandig, verholzt; Markstrahltüpfel nicht eiporig: Spiralverdickung im Spätholz (selten auch im Frühholz: *Pseudotsuga*). Zahlreiche Tangentialtüpfel im Spätholz. Quertracheiden vorhanden, ohne Zacken. Abietineentüpfelung sehr deutlich. } *Piceoxylon* Gothan (*Pityoxylon* Kraus ex p.; *Pinites* Göpp. ex p.)

β) Harzgangepithel dünnwandig, nur selten etwas dickwandig; Markstrahltüpfel (Frühholz!) stets eiporig. Spiralverdickung im Spätholz stets fehlend, ebenso Harzparenchym. Quertracheiden mit oder ohne Zacken. Abietineentüpfelung bei den groß-eiporigen fehlend bezw. reduziert. } *Pinuxylon*[1] Gothan (*Pityoxylon* Kraus e. p.; *Pinites* Göppert ex p.)

2. Harzgänge fehlend. Tangentialtüpfel im Spätholz häufig. Harzparenchym bei einigen ständig am Ende des Jahresrings, bei diesen (ob auch sonst? *Abies balsamea*?) Quertracheiden vorkommend. } *Cedroxylon* Kraus em. (*Pinites* Göpp. ex p.)

b) Abietineentüpfelung fehlend. Holzparenchym + regelmäßig vorhanden.

1. Markstrahltüpfel cupressoid (Frühholz!).

α) *Juniperus*-Tüpfelung vorhanden. } *Cupressinoxylon* Göppert ex p.

β) diese fehlend. }

[1]) Der nächstliegende Name »*Pinoxylon*« ist leider von Knowlton (Geolog. Survey 1898/99 II, S. 420) schon vergeben und zwar leider in ganz unbrauchbarer Weise, da er bei seinem Holz zusammengesetzte (harzgangführende) Markstrahlen als fehlend angibt (!). In dieser Not, und um nicht das alte Kraus'sche *Pityoxylon* wieder benutzen zu müssen, schien mir den besten Ausweg der Umstand zu bieten, daß *Pinus* im Lateinischen zufällig nach der 2. wie nach der 4. Deklination flektiert wird. Daher wählte ich *Pinuxylon*.

| | |
|---|---|
| 1a. Markstrahltüpfel glyptostroboid; gedrängt | *Glyptostroboxylon* Conw. erw. |
| 1b. Markstrahltüpfel ein Mittelding zwischen beiden (nur in ausgewachsenem älterem Holz typisch!): gedrängt in + großer Anzahl auf dem Felde (oft mehr als 6). | *Taxodioxylon* Gothan |
| 2. Markstrahltüpfel podocarpoid bis typisch groß-eiporig (Rest der Taxaceen). Meist nur 1—2 Tüpfel pro Kreuzungsfeld. Harzparenchym + häufig. | |
| α) Markstrahltüpfel podocarpoid bis teilweise eiporig. | *Podocarpoxylon* Gothan |
| β) Markstrahltüpfel typisch eiporig. | *Phyllocladoxylon* G. |

Anmerkung. *Ginkgo biloba*, die durch das Holz als Gattung zu erkennen ist, läßt sich nur schwer in die Tabelle einreihen; das Holz hat Charaktere von *Cupressinoxylon* und *Dadoxylon*; sieht man von der Nichtalternanz der Hoftüpfel ab, so überwiegen die araucarioiden merklich, wenigstens von den lebenden Typen aus gesehen: Zahlreiche Markstrahltüpfel mit kleinen, schräg-elliptischem Porus auf dem Feld, häufiges Kreuzen der Hoftüpfelpori, »Auftreibung« der Markstrahlzellen (tangential gesehen). Über *Dacrydium laxifolium* etc. siehe S. 57.

## III. Alphabetische Liste sämtlicher untersuchter lebender Coniferenhölzer.

*Abies alba*
» *bracteata*
» *concolor*
» *firma*
» *Fraseri*
» *homolepis*
» *magnifica*
» *Nordmanniana*
» *Pindrow*
» *Pinsapo*
» *sibirica*
» *subalpina*
» *umbellata*
» *Webbiana*
*Actinostrobus acuminatus*
» *pyramidalis*
*Araucaria Cunninghami*
» *excelsa*
» *imbricata*
*Arthrotaxis cupressoïdes*
» *selaginoides*
*Callitris juniperoides*
» *quadrivalvis*
*Cedrus atlantica*
» *Deodara*
» *Libani*
*Cephalotaxus Harringtonia*
*Chamaecyparis Lawsoniana*
» *nutkaënsis*
» *pisifera*
*Cryptomeria japonica*
*Cunninghamia sinensis*
*Cupressus Lindleyi*
» *macnabiana*
» *macrocarpa*
» *Pseudosabina*
» *sempervirens*
*Dacrydium Bidwilli*
*Dacrydium Colensoï*
» *cupressinum*
» *elatum*
» *Franklini*
» *Kirkii*
» *laxifolium*
» *Westlandicum*
*Dammara australis*
» *orientalis*
*Fitzroya Archeri*
» *patagonica*
*Frenela australis*
» *Gunnii*
» *rhomboïdea*
» *robusta*
*Ginkgo biloba*
*Glyptostrobus heterophyllus*
*Juniperus barbadensis*
» *chinensis*

*Juniperus communis*
» *drupacea*
» *excelsa*
» *foetidissima*
» *macrocarpa*
» *nana*
» *occidentalis*
» *oxycedrus*
» *pachyphloea*
» *phoenicea*
» *procera*
» *Sabina*
» *sabinoïdes*
» *tetragona*
» *thurifera*
» *virginiana*
*Keteleeria Fortunei*
*Microcachrys tetragona*
*Larix dahurica*
» *decidua*
» *leptolepis*
*Libocedrus chilensis*
» *decurrens*
» *Doniana*
*Pherosphaera Hookeriana*
*Phyllocladus alpina*
» *trichomanoïdes*
*Picea ajanensis*
» *alba*
» *bicolor*
» *excelsa*
» *hondoënsis*
» *nigra*
» *obovata*
» *omorika*
» *orientalis*
» *polita*
» *pungens*
» *p.-argentea*
» *sitchensis*
*Pinus australis*
*Pinus Balfouriana-aristata*
» *brutia*
» *canariensis*
» *Cembra*
» *chihuahuana*
» *clausa*
» *contorta*
» *Coulteri*
» *densiflora*
» *edulis*
» *excelsa*
*excelsa-Peuce*
» *flexilis*
» *Gerardiana*
» *glabra*
» *halepensis*
» *Jeffreyi*
» *inops*
» *insignis*
» *Lambertiana*
» *Laricio-austriaca*
» *Laricio-pallasiana*
» *longifolia*
» *Massoniana*
» *mitis*
» *monophylla*
» *Montezumae*
» *monticola*
» *Mughus*
» *muricata*
» *occidentalis*
» *palustris*
» *Parryana*
» *parviflora*
» *patula*
» *Pinaster*
» *Pinea*
» *ponderosa*
» *Pseudostrobus*
» *Pumilio*
» *rigida*
*Pinus Sabiniana*
» *serotina*
» *silvestris*
» *Strobus*
» *Taeda*
» *Thunbergi*
» *Torreyana*
» *tuberculata*
*Podocarpus andina*
» *dacrydioïdes*
» *elongata*
» *falcata*
» *ferruginea*
» *latifolia*
» *Mannii*
» *neriifolia*
» *nivalis*
» *salicifolia*
» *Sellowii*
» *spicata*
» *Thunbergii*
» *totara*
*Pseudolarix Kämpferi*
*Pseudotsuga Douglasii*
*Saxegothaea conspicua*
*Sciadopitys verticillata*
*Sequoia gigantea*
» *sempervirens*
*Taxodium distichum*
*Taxus baccata*
*Thuja gigantea*
» *occidentalis*
» *orientalis*
*Thujopsis dolabrata*
*Torreya californica*
» *grandis*
» *nucifera*
*Tsuga canadensis*
» *Pattoniana*
*Widdringtonia cupressoïdes*
» *juniperoïdes*

Anmerk. Von der Anfertigung eines besonderen Literaturverzeichnisses wurde abgesehen, da die zitierte Literatur in dem von der Palaeobotanischen Abteilung der Königl. Geol. Landesanstalt in Aussicht genommenen Katalog ausführlich aufgeführt werden wird.

# Register.

[Die im Text (S. 1—103) nicht besonders aufgeführten Arten der Liste S. 103 und 104 sind im Register fortgelassen.]

Seite

# Abhandlungen

der

# Königlich Preufsischen Geologischen Landesanstalt und Bergakademie.

Neue Folge.
Heft 45.

BERLIN.
Im Vertrieb bei der Königlichen Geologischen Landesanstalt und Bergakademie,
Berlin N. 4, Invalidenstr. 44.
1905.

Digitized by Google

verschiedener Fossilien zu danken. Die meisten zur Untersuchung gelangten Stücke sammelte ich selbst und übergab sie dem geologischen Museum zu Göttingen. Kurz vor Abschluß der Arbeit stellte mir Herr Dr. G. MÜLLER das von ihm gesammelte Material an Crustaceen und Mollusken aus dem Valanginien von Gronau freundlichst zur Verfügung. Darunter befanden sich manche Arten, die infolge ihres günstigen Erhaltungszustandes mehrere Stücke aus Schaumburg-Lippe in trefflicher Weise ergänzen. Es schien daher angebracht zu sein, die besser erhaltenen Exemplare einiger neuer Arten nochmals auf der Ergänzungstafel XI mit abbilden zu lassen.

Die vorliegenden Fossilien sind in der Regel in Form von mehr oder weniger scharfen Steinkernen und Abdrücken, oft aber auch mit der Schale erhalten. Sie finden sich teils platt gedrückt im geschichteten Ton, teils mehr oder weniger verdrückt in den das Gebirge in Abständen von 1—2 m durchsetzenden Toneisensteingeoden.

Bei der Anfertigung der Tafeln, die ich persönlich übernahm, wurde ich von den Herren OLZHAUSEN und BORRMANN in Clausthal unterstützt, denen ich auch an dieser Stelle bestens danken möchte. Da die angewendete Methode allgemeineres Interesse besitzt, mag sie kurz erwähnt werden. Als Unterlage zu den Zeichnungen dienten photographische Bilder auf mattem Toulacopierpapier. Das verhältnismäßig billige und schnell mit jedem Entwickler gute Bilder erzielende Papier besitzt eine rauhe, körnige, dem Zeichenpapier ähnliche Oberfläche. Die lichtempfindliche Schicht ist im Wasser unlöslich. Diese Vorzüge ermöglichen es, sowohl mit Bleistift und Kreide, als auch mit Wasserfarben die Abzüge zu retouchieren; und jeder Autor wird selbst ohne Schwierigkeiten die charakteristischen Merkmale, welche er hervorzuheben wünscht, einzeichnen können. Zur Erzielung kontrastreicher Licht- und Schattenwirkungen empfiehlt es sich in vielen Fällen, die Schatten der photographischen Bilder durch Auftragen eines leichten rotbraunen Farbentones zu vertiefen, weil durch dieses Verfahren die auf der Photographie etwa vorhandenen feineren Strukturzeichnungen bei der Reproduktion durch Lichtdruck nicht verloren gehen.

Die Bivalven und Gastropoden des deutschen Neokoms wurden erst kürzlich von WOLLEMANN[1]) monographisch beschrieben. In den Fällen, wo ich an dem mir vorliegenden Materiale keine besonderen Beobachtungen machen konnte, habe ich mich daher darauf beschränkt, den Literaturnachweis und die Fundorte der betreffenden Arten anzugeben. Das Gleiche gilt von den in das Valanginien hinaufgehenden Wealdenfossilien. Sodann liegt noch eine größere Anzahl von Spezies vor, die wegen ihres ungünstigen Erhaltungszustandes eine genaue Bestimmung nicht zuließen.

Die Litteratur über die Fauna der unteren Kreide ist stark zerstreut und findet sich meist in kurzen Aufsätzen und Notizen verschiedener Zeitschriften. Zur leichteren Orientierung ist am Schluß ein Verzeichnis der wichtigsten von mir benutzten Abhandlungen angefügt.

## Einige Bemerkungen über die stratigraphischen und tektonischen Verhältnisse.

Eine ausführlichere Darstellung der Stratigraphie und Tektonik habe ich in meiner Dissertation[2]) gegeben, es mögen hier nur einige neue Beobachtungen nachgetragen werden. Die beigefügte Übersichtskarte und ein Querprofil (Taf. XII) durch die Mulde haben den Zweck, die Lagerungsverhältnisse zu veranschaulichen und ein Bild über die Verteilung der einzelnen Horizonte und der wichtigsten Versteinerungsfundpunkte zu geben.

In meiner früheren Arbeit hatte ich nachgewiesen, daß der Wealden in der dem Wesergebirge nördlich vorgelagerten Mulde sich überall konkordant auf die obersten Jurabildungen legt und vom untersten Valanginien überlagert wird. Daraus hatte ich in Übereinstimmung mit A. v. KOENEN[3]) den Schluß gezogen, daß

[1]) A. WOLLEMANN, Die Bivalven und Gastropoden des deutschen und holländischen Neokoms. Abh. d. Kgl. Preuß. Geol. Landesanstalt, N. F., Heft 31.

[2]) l. c. S. 60–90.

[3]) v. KOENEN, Über das Alter des norddeutschen Wäldertons. Nachr. d. Kgl. Ges. d. Wiss. Göttingen 1899. S. 313.

er als Äquivalent der Berriasstufe anzusehen ist. Die neueren Beobachtungen G. MÜLLER's[1]) westlich der Ems haben jedoch ergeben, daß der Wealden auch in Deutschland ähnlich wie in England[2]) höhere Stufen des marinen Neokoms (z. B. das Ob. Hauterivien) vertreten kann, sodaß meine verallgemeinerte Schlußfolgerung verfrüht war und zunächst nur für das Wealdenbecken nördlich vom Wesergebirge zutrifft. Es ist von vornherein wahrscheinlich, daß eine brackische Faziesbildung wie der Wealden, die obendrein nach G. MÜLLER (l. c. S. 197) westlich der Ems und im südlicheren Hannover ganz allgemein weithin transgredierende Lagerung zeigt, zu verschiedenen Zeiten sich wiederholen konnte.

Von neueren Aufschlüssen lieferte die Tongrube am Bahnhof Lindhorst nach freundlicher Mitteilung des Herrn SALCHOW in Bückeburg im wesentlichen die Fauna der Keyserlingischichten von Jetenburg, der Kanal nördlich von Nordholz einige Formen des oberen Hauterivien: *Crioceras semicinctum* A. ROEM., *Belemnites pistilliformis* BLV., *Belemn. jaculum* PHILL. *Crioceras semicinctum* A. ROEM. wurde von Herrn SALCHOW ferner bei einer Brunnenanlage in Berenbusch nordwestlich von Bückeburg, einer Kellerausschachtung in Queetzen und beim Brückenbau über die Gehle bei Volksdorf gefunden und Unteres Hauterivien beim Fasanenhofe zwischen Bückeburg und Meinsen durch *Hoplites longinodus* NEUM. et UHL., aus einem Brunnen stammend, nachgewiesen. Von besonderem Interesse ist ein neuer Aufschluß im untersten Valanginien auf dem nördlichen Muldenflügel bei Sachsenhagen, wo in den hangendsten Schichten *Polyptychites diplotomus* v. KOEN., in den tieferen Lagen *Oxynoticeras heteropleurum* NEUM. et UHL., *O. Gevrili* D'ORB., *O. Marcoui* D'ORB. und *O. inflatum* v. KOEN. gesammelt wurden.

Die Lagerung der obersenonen Kreideschichten über den Schiefertonen des Hauterivien am Stemmerberge läßt sich nach

[1]) G. MÜLLER, Lagerungsverhältnisse der unteren Kreide westlich der Ems und Transgression des Wealden. Jahrb. d. Kgl. Preuß. Geol. Landesanstalt 1903, **24**, S. 191.

[2]) Bis zum Aptien hinaufreichend. Vergl. PAVLOW, Quart. Journ. geol. soc. 1896, **52**, S. 548.

neueren Untersuchungen wohl nur durch die Annahme erklären, daß wir es mit einer von der Denudation verschont gebliebenen Scholle einer ehemaligen, weit verbreiteten und transgredierenden Senondecke zu tun haben. Die weitere Verbreitung des transgredierenden Senon über Neokomtonen im nördlichen Hannover ist letzthin durch mehrere Tiefbohrungen nachgewiesen[1]).

## Bionomisches und Biologisches.

Am Ende der Jurazeit erfolgte im Gebiete des Wesergebirges ein Rückzug des Meeres, durch den isolierte Seebecken abgeschnitten wurden, in denen das Wasser starker Verdunstung ausgesetzt war. Die Fauna verkümmerte allmählich[2]) und mit zunehmender Konzentration der Minerallösungen erfolgte ein Niederschlag von Gips[3]) und Steinsalzablagerungen, sowie die Bildung der weit verbreiteten Pseudomorphosen nach Steinsalz in den fossilarmen Münder Mergeln. Über letzteren stellen sich im Gebiete von Bückeburg mächtige, oft stark bituminöse, auch wohl mergelige Tone und Blättertone des unteren Wealden ein mit zwischengelagerten Toneisensteingeoden und einer brackischen, aus Cyrenen und Melanien bestehenden Fauna.

Der Charakter dieser Fauna, sowie das Vorhandensein von großen Mengen von Bitumen und Eisenoxydulkarbonat lassen darauf schließen, daß sich stagnierende Ästuarien mit ausgesüßtem, wenig bewegten und darum sauerstoffarmen Wasser gebildet haben müssen. Es erfolgte darauf eine Ablagerung von Sanden (Sandstein des mittleren Wealden) und eine stellenweise Verlandung des Gebietes, sodaß sich eine Vegetation ansiedeln konnte, die zur Bildung der jetzigen Steinkohlenflötze Veranlassung gab. Auf

---

1) E. Harbort, Über die stratigraphischen Ergebnisse von zwei Tiefbohrungen durch die Untere Kreide bei Stederdorf und Horst im Kreise Peine. Jahrb. d. Kgl. Preuß. Geol. Landesanstalt 1905, S. 27.

2) v. Koenen, Über das Alter des norddeutschen Wäldertones, l. c. S. 312.

3) J. Schlunck, Jurabildungen der Weserkette bei Lübbecke und Pr. Oldendorf, Jahrb. d. Kgl. preuß. geol. Landesanstalt 1904, 25, S. 90.

die autochthone Entstehung derselben weisen die von mir unter den Kohlenflötzen im Sandstein wiederholt beobachteten, senkrechten Röhrichtwurzeln hin[1]. Vom Ästuarium her fand dann gelegentlich eine zeitweilige Überflutung der Vegetationsflächen (Moore) statt und brachte Conchylien, Saurier und Fische mit sich, deren Reste häufig in der »Dachplatte« der Flötze zu finden sind. Aus der Wiederholung dieser Vorgänge läßt sich die Entstehung der verschiedenen Flötze erklären. Über den Kohlenflötzen folgen wiederum 200 m bituminöse Tone mit eingelagerten Bänken von Toneisensteingeoden. Das Ästuarium hat das Terrain dauernd überflutet und bringt die mächtigen, faulschlammartigen Tone zur Ablagerung. Nach oben hin nimmt der Bitumengehalt ab, die Humussubstanzen werden durch sauerstoffreicheres Wasser oxydiert.

Gleichzeitig stellen sich nach und nach immer mehr Meeresbewohner, Cephalopoden, Bivalven und Gastropoden ein, vermischen sich zunächst mit der brackischen Fauna und verdrängen diese schließlich ganz. Eine Zeitlang vermögen die Cyrenen und Melanien sich den veränderten Lebensbedingungen (in erster Linie steigender Salzgehalt) anzupassen, verschwinden jedoch bereits in der Zone des *Polyptychites Keyserlingi* vollständig. Die *Ostracoden (Cyprideen)* dagegen fanden noch eine Zeit lang in dem seichten Wasser auf dem Schlickboden reichliche Nahrung.

Betrachten wir nunmehr die Fauna der höheren Valanginien- und Hauterivienschichten, so fällt zunächst die Seltenheit von *Coelenteraten*, *Echinodermen* und Brachiopodenresten auf. Abgesehen von Lingula[2], welche stellenweise häufiger ist, wurde nur an einer Stelle *Terebratula Moutoni* d'ORB. im Hauterivien gefunden. Es beweist diese Tatsache, daß auch zur Zeit des Valanginien und Hauterivien die norddeutsche Kreidebucht noch keine normale Meeresfauna enthielt.

Andere ausgesprochene Byssusträger, die Aucellen, welche

[1] H. POTONIÉ, Zur Frage nach den Ur-Materialien der Petrolea. Jahrb. d. Königl. preuß. geol. Landesanstalt 1904, 25, S. 365.

[2] Nach A. v. ZITTEL (Handbuch der Paläontologie, I. Abt., 1. Bd., S. 656) seichtes Wasser und schlammigen Boden bevorzugend.

nach POMPECKY[1]) in litoraler Flachsee lebten, machen es andererseits wahrscheinlich, daß die norddeutsche Neokombucht auch mit den russischen, westdeutschen etc. Neokommeeren eine Verbindung gehabt haben muß, da die Gattung bekanntlich einen Formentypus von Arten repräsentiert, deren ausgedehnte horizontale Verbreitung nur durch weite Wanderungen erklärt werden kann. Sie dürften als echte Byssusträger etwa an Treibholz oder Ammoniten geheftet gleich den Cirripeden als Plankton in die norddeutsche Kreidebucht verschleppt sein.

Die Bivalven und Gastropoden kommen zum großen Teil im Valanginien und Hauterivien gleichzeitig vor und können daher schwerlich als Leitformen verwendet werden, doch scheinen die einzelnen Horizonte unter gleichen Faziesbedingungen immer eine bestimmte charakteristische Zusammensetzung, einen gewissen Habitus in der Gesamtheit ihrer Fauna zu besitzen.

Sehr auffällig ist das plötzliche Verschwinden der Gruppe des *Oxynoticeras heteropleurum* NEUM. et. UHL. Verschwindet die Gruppe ganz unvermittelt, um einer neuen Platz zu machen, oder entwickelt sie sich duch das *Oxynoticeras Markoui*-Stadium hindurch zu einer Formenreihe mit Nabelknoten und weiterhin mit Rippenverzierungen? Entwicklungsgeschichtliche Studien über diese Frage könnten von Wert sein, dürften jedoch erst möglich werden, wenn ein größeres Material vorliegt.

Von den Crustaceen scheinen die Macrúren einigermaßen horizontbeständig aufzutreten. Im oberen Wealden fanden sich Vertreter der Astaciden, die auch heute noch der Wealdenformation ähnliche Faziesbedingungen zu ihrem Gedeihen beanspruchen. Es sind diese Funde in den brackischen Wealdenbildungen für die Beurteilung der Stammesgeschichte der Makruren insofern von Interesse, als sie vermuten lassen, daß sich die Übersiedelung der Makruren in die süßen Gewässer vielleicht schon während der Kreidezeit vollzogen hat.

In der Zone des *Oxynoticeras heteropleurum* erlangt die *Meyeria rapax* n. sp. nicht nur in unserm Gebiete, sondern auch

[1]) POMPECKY, Über Aucellen und Aucellen-ähnliche Formen. N. Jahrb. f. Min. Beil. Bd. XIV, S. 349.

in gleichem Horizonte von Gronau, vom Deister etc. eine außerordentlich große Verbreitung und Fülle der Individuen. Vielleicht hat sie bei der Faziesveränderung der brackischen in marine Gewässer besonders reichliche Nahrung an den absterbenden Organismen gefunden. *Meyeria ornata* M'Coy. scheint für das Hauterivien charakteristisch zu sein.

Die Dekapodenfauna besteht insgesamt in unserem Gebiete aus breiten, gut bedornten und sonst wohl bewehrten Formen, die ihrer ganzen Organisation nach dem litoralen Benthos zuzurechnen sind.

# Palaeontologischer Teil.

## A. Vertebrata.

### Reptilia. Plesiosaurus CONYB.

**Plesiosaurus sp. (n. sp.?).**

Im untersten Valanginien fand sich bei Müsingen in einer Toneisensteingeode der Schwanzwirbel eines Plesiosaurus mit wohlerhaltener Knochenstruktur. Nach einer brieflichen Mitteilung des Herrn Dr. v. HUENE in Tübingen, dem ich eine Skizze dieses Wirbels schickte, gehört er wahrscheinlich einer anderen Art an, als der von KOKEN (Palaeont. Abhandl. von DAMES u. KAYSER, 1896, S. 122 ff.) *Plesiosaurus Degenhardti* genannten, welche aus dem oberen Wealden von Obernkirchen in der Schaumburg-Lippeschen Kreidemulde stammt.

### Pisces.

Von Fischresten fanden sich zwar gut erhaltene, aber nicht zusammenhängende Skeletteile eines nicht näher bestimmbaren Knochenfisches im unteren Valanginien von Müsingen: Zähne, Flossenstachel, Wirbel mit Gräten und Schädelfragmente.

## B. Arthropoda. Malacostraca.

## Ord. Dekapoda. Abt. Reptantia (Macrura).

### I. Loricata.

### Fam. Glyphaeidae.

### Meyeria M'Coy.

#### Meyeria ornata Phill.

Taf. I, Fig. 2a—b.

1835. *Astacus ornatus* Phill., Geol. Yorks., tab. III, fig. 2.
1840. *Glyphaea ornata* Roem., Kreidegeb., S. 105, Taf. XVI, Fig. 23a—c.
1849. *Meyeria ornata* Phill., M'Coy, Annals Nat. Hist., vol. IV, p. 333.
1850. » » » Bronn u. Roemer, Lethaea geogn., tab. 33, fig. 14.
1862. » » » Bell, Fossil Malacostr. Crust. Palaeontogr. Soc., 1862, p. 33, tab. IX, fig. 9—11.
1868. » » » Schlüter, Neue Fische u. Krebse a. d. Kreide von Westfalen, Palaeontogr. XV, S. 296.
1881. » » » Zittel, Handb. d. Palaeont., III, S. 692.
1890. » » » Wermbter, Gebirgsbau des Leinethales etc., S. 43.
1896. » » » G. Müller, Untere Kreide im Emsbett, Jahrb. d. kgl. preuß. geol. Landesanst., 1895, S. 65.
1904. » » » Andrée, Teutoburger Wald bei Iburg, S. 84.

Im allgemeinen kann ich auf die Beschreibungen bei Römer, Bell und Zittel verweisen, welche diese leicht kenntliche kleine Art eingehend behandeln. Neue Beobachtungen konnte ich nur an dem Telson eines gut erhaltenen Stückes aus dem Eisenbahneinschnitt der Mindener Kreisbahn im Heisterholze machen. Die Lappen der Schwanzflossen sind nicht, wie die Abbildungen bei Römer und Phillips angeben, auf ihrer ganzen Oberfläche mit gekörnelter Skulptur versehen, sondern etwa das hintere Drittel derselben ist durch eine Naht abgetrennt und mit zarten, am Rande zum Teil dichotomierenden Radialrippchen verziert. Leider gelang es auch mir nicht, die Extremitäten dieser Art zu Gesicht zu bekommen.

Es hat den Anschein, als ob *Meyeria ornata* PHILL. in Norddeutschland charakteristisch ist für die Ablagerungen des Hauterivien. In der Schaumburg-Lippeschen Kreidemulde wenigstens scheint sie ausschließlich darauf beschränkt zu sein und kommt hier ziemlich häufig vor. Auch sonst wurde sie immer nur mit Formen des Hauterivien von Bredenbeck, vom Osterwald, Teutoburgerwald etc. angeführt. Fundstellen in dem behandelten Gebiete sind:

| Fundstelle | Horizont |
|---|---|
| Stadthagen, SCHÖNFELD's Zgl. Tongrube | Unteres Hauterivien. |
| Todtenhausen, Zgl. Tongrube | |
| Zgl. Tongrube im Heisterholz südw. Petershagen | |
| Bahneinschnitt südl. Petershagen | |

### Meyeria rapax n. sp.

Taf. I, Fig. 12; II, Fig. 1—4; III, Fig. 1—2; XI, Fig. 1—2.

*Glyphaea* n. sp. HARBORT, Schaumburg-Lippe'sche Kreidemulde, S. 79.

Es lagen mir zur Untersuchung etwa 120 Exemplare dieser 20—25 cm Länge erreichenden Art vor, darunter etwa 50 Exemplare aus dem unteren Valanginien von Müsingen, eine große Anzahl aus dem gleichen Horizonte von Gronau in Westfalen, sowie mehrere Stücke vom Nordabhange des Deisters.

Der Hinterleib ist länger, als der Cephalothorax. Letzterer ist annähernd doppelt so lang als hoch, das Verhältnis ist jedoch bedeutenden Schwankungen unterworfen. Der Querschnitt des Cephalothorax ist elliptisch, doch sind die meisten mir vorliegenden Kopfschilder mehr oder weniger platt gedrückt und dann in der Medianlinie oft in gerader Linie aufgebrochen, so daß der Anschein einer medianen Rückennaht erweckt wird. Hierdurch irre geführt hatte ich in meiner früheren Arbeit die vorliegende Art zur Gattung *Glyphaea* gestellt. Einzelne später erhaltene Exemplare zeigten jedoch unzweifelhaft, daß eine mediane Rückennaht nicht vorhanden ist.

Das Rostrum ist schmal und ziemlich lang; es erreicht $^1/_6$ der Gesamtlänge des Cephalothorax. Etwa von der Mitte des Rückens zieht sich schwach S-förmig gebogen nach dem vorderen

Unterrande zu eine tiefe Nackenfurche, erreicht diesen jedoch nicht, sondern biegt plötzlich etwa auf dem ersten Drittel der Wangenhöhe in scharfem Bogen zum Vorderrand hin um. Die durch die Nackenfurche abgetrennte vordere Partie des Cephalothorax wird von 7 scharfen, stark hervorragenden, horizontalen Längskielen durchzogen. Der mittlere, schwächere läuft allmählich in das Rostrum aus, die beiden folgenden konvergieren schwach nach vorn und tragen am Außenrande des Cephalotorax kurze Spitzen. Darunter folgen in zunehmenden Abständen zwei weitere Kiele, welche dem oberen parallel verlaufen. Zwischen den vorderen Endigungen der mittleren Kiele liegt die Ausbuchtung für die Augenhöhle. Die Kanten der Längskiele sind mit einer Reihe sägenartig angeordneter, scharfer, schmaler Zähnchen besetzt. Sonst ist die Oberfläche des von der Nackenfurche abgegrenzten Feldes glatt und nur selten tritt noch eine Körnchenreihe zwischen den Längskielen auf.

Von der Stelle, wo die Nackenfurche nach vorn umbiegt, verläuft in schwach S-förmig geschwungener Linie über die Kiemenregion ein Kiel schräg aufwärts nach der Ecke, die Ober- und Hinterrand bilden. Der Hinterrand des Cephalothorax ist zur Aufnahme des Abdomens mit einem Ausschnitt versehen und von einem Randwulst umsäumt, welcher von einer glatten Saumfurche begleitet wird, die auf dem Rücken nur schmal ist, nach den Flanken zu an Breite und Tiefe zunimmt. Der Unterrand des Rumpfschildes bildet einen gegen die Rückenlinie schwach konvexen Bogen. Die ganze Oberfläche des hinteren Teiles vom Cephalothorax ist mit einer ziemlich dichten und regelmäßigen gekörnelten Skulptur bedeckt; auf dem S-förmigen Kiele sind die Höckerchen etwas stärker ausgebildet, in der Nähe der Ränder schwächer, aber zahlreicher.

Von den präoralen Gliedmaßen sind die Augenstiele an keinem mir voliegenden Exemplare vorhanden, an einem im Ton von Gronau abgedrückten Individuum ist ein Fühler des ersten Paares (Antennula) und der Außenfühler des zweiten Paares (Antenne) erhalten (vergl. Taf. XI, Fig. 1). Letzterer setzt sich zusammen aus einem verhältnismäßig dicken Schafte und der eigentlichen

Geißel. Die drei Glieder des Schaftes sind normal gebildet und frei beweglich, das letzte zeigt eckige, mit Dornen besetzte Kanten. Auch von Mösingen liegt ein wohl erhaltenes Bruchstück einer Geißel vor.

Von den Maxillen konnten gelegentlich nur Bruchstückchen beobachtet werden, die bei weiterer Präparation leider zerstört worden sind.

Die lokomotorischen Pereiopoden sind normal in der bekannten Fünfzahl der Beinpaare ausgebildet. Das erste Gliedpaar ist außerordentlich lang und kräftig gebaut im Vergleich zu allen übrigen. Es erreicht etwa die Länge des Gesamtkörpers und endigt mit einem Klauengliede. Die hinteren Glieder sind zusammengedrückt und mit scharfen Kanten versehen, die mit einer Reihe spitzer Dornen besetzt sind.

Skulptur von *Meyeria rapax* n. sp.
Mikroskopisch vergrößert.

Das zweite Paar der Gehfüße ist plump gebaut. Das Coxalglied, der Trochanter primus und Tr. secundus, sind verkürzt, klein und gedrungen. Das Femur ist stärker und länger ausgebildet, als alle übrigen Glieder, seitlich komprimiert und auf dem dadurch entstandenen oberen und unteren Kiele mit Dornen bewaffnet. Das folgende, kurze, fünfte Glied (Carpus) verbindet das Femur mit einer stark verbreiterten Endklaue, deren schmale bewegliche Kralle von dem umgebildeten siebenten Gliede gebildet wird. Die Oberfläche des festen Fingers ist unregelmäßig gekörnelt und randlich mit vereinzelten Dornen besetzt. Das Taf. II, Fig. 2a abgebildete Exemplar läßt außerdem noch bis 3 mm lange, büschelförmige Borsten wahrnehmen.

Die drei letzten Pereiopodenpaare sind zierlicher gebaut, der Querschnitt ihrer Glieder ist kreisrund. Coxalglied und Trochanteren sind wieder verkürzt, Femur ist verlängert und durch gedrungenen Carpus mit dem lang keulenförmigen 6. Gliede verbunden. Das Endglied ist nicht erhalten. Die Oberfläche dieser Fußpaare ist unregelmäßig gekörnelt.

Die Pleopoden des Postabdomens liegen selten frei, meist ragen nur Stümpfe von ihnen aus dem Gestein hervor. Auf einem im Göttinger Museum befindlichen Gesteins-Abdruck von Jetenburg sind die Schwimmfüße jedoch derart erhalten, daß man Basipodit, Exopodit und Endopodit wohl unterscheiden kann.

Der Hinterleib (meist bauchwärts eingekrümmt erhalten), ist länger als das Kopfbrustschild, halbzylindrisch und bald mehr, bald weniger breit gebaut, was vermutlich auf sekundäre Geschlechtscharaktere zurückzuführen ist. Von den sieben Segmenten ist das erste sehr klein und selten erhalten. Der zweite Abschnitt ist im Verhältnis zu den vier folgenden recht breit und besitzt stumpfer abgerundete Epimeren.

Die Seitenlappen der Segmente 2–6 sind scharf zitzenförmig zugespitzt, ihre Ränder geschwungen und mit feinen Zähnchen besetzt. Die sechs ersten Segmente sind in der Dorsalgegend fein gekörnelt, ihre Epimeren zeigen gröbere, unregelmäßig verteilte Höckerchen und sind mit 1—2 kräftigen Mitteldornen bewehrt. Die Seitenränder der Epimeren werden von einem glatten Saume begleitet, an welchen sich die glatten, spangenförmigen Dorsalringe anschließen.

Das sechste Segment ist länger, als die drei vorhergehenden. Ihm sind die zu Schwimmflossen umgebildeten Glieder des letzten Pleopoditenpaares durch ein kurzes Zwischenglied angeheftet. Die äußeren Schwimmflossen werden durch eine Quernaht in zwei Teile getrennt. Das obere, größere Stück wird durch ein paar kräftige Längsrippen gefestigt und ist randlich mit mehreren scharfen Spitzen besetzt (Taf. II, Fig. 1c). Der distale, kleinere Teil ist halbkreisförmig gestaltet und wird von zahlreichen, radialstrahligen, feinen Rippchen durchzogen, welche sich gegen den Außenrand hin meist gabeln.

Das siebente Segment, die Schwanzplatte, hat länglich spatenförmige Gestalt und besitzt eine unregelmäßige, grobgranulierte Oberfläche.

Die vorliegende Art steht der *Meyeria vectensis* BELL aus dem Greensand von Atherfield sehr nahe, unterscheidet sich von ihr jedoch einmal durch die spitzen Epimeren, welche bei der englischen Art sanft gerundet erscheinen, durch eine feinere und viel dichtere Skulptur und etwas abweichenden Verlauf der Nuchalfurche. Mit Rücksicht auf die beiden ersten Punkte bildet *M. vectensis* BELL einen Zwischentypus zwischen unserer Art und der *Meyeria ornata* A. ROEM.

*Meyeria rapax* n. sp. ist im untersten Valanginien von Müsingen und Gronau in Westf. recht häufig. Bei Müsingen sind besonders einige Toneisensteinbänke im unmittelbaren Hangenden des Wealden durch häufigeres Auftreten dieser Art ausgezeichnet. Auch sind hier einige Exemplare im obersten Wealden beobachtet worden. Einige Fragmente eines Krusters aus dem oberen Wealden der Wieggrefe'schen Tongrube bei Deinsen gehören mit großer Wahrscheinlichkeit auch hierher.

Vereinzelte Exemplare stammen aus der Zone des *Polyptychites Keyserlingi* von Jetenburg und Lindhorst, in einem höheren Horizonte wurde die Art bislang nicht beobachtet; auch mehrere Exemplare vom Osterwald und Deister dürften aus dem unteren Valanginien stammen.

## II. Nephropsidea.

### Eryma v. MEYER.

#### Eryma sulcata n. sp.

Taf. I, Fig. 11a—b; Taf. XI, Fig. 4a—c.

Es liegt ein kleiner 28 mm langer Cephalothorax mit daran sitzenden Femura des vorderen Pereiopoditenpaares aus dem Hauterivien der KUHLMANN'schen Tongrube bei Stadthagen vor. Das Rostrum ist beschädigt und wird ergänzt durch den vorderen Teil eines größeren, gut erhaltenen Kopfbrustschildes aus dem Hauterivien der SCHÖNFELD'schen Ziegeleitongrube nördlich Stadthagen. Ferner sind dazu gehörig noch ein Scheerenballen mit dem beweglichen Finger und ein Paar Schwimmfüße vorhanden.

Der Cephalothorax ist zylindrisch geformt, von elliptischem Querschnitt. Die wenig gebogenen seitlichen Ränder werden von einem schwach aufgewulsteten Saume eingefaßt, welcher von einer seichten Furche begleitet ist. Dieser Saum wird von vorn nach hinten zu etwas kräftiger. Der Hinterrand, welcher wohl nur schwach verdickt war, besitzt eine seichte Einbuchtung zur Aufnahme des Abdomens und geht in scharfem Bogen in die Seitenränder über, während letztere in den Vorderrand allmählicher einlenken.

Etwa von der Mitte des Panzers fällt eine tiefe, S-förmig geschwungene Nackenfurche zu den Seitenrändern ab und mündet auf dem unteren Viertel der Höhe, in halbkreisförmigem Bogen nach vorn umbiegend, unterhalb der Augenbucht. Das Rostrum setzt sich rückwärts in ein schlank spindelförmiges sogenanntes »Schaltstückchen« fort, welches links und rechts von einer flachen Furche begrenzt wird und eine Reihe stärkerer Dornen trägt. Es reicht etwa bis zur Mitte des Abstandes von Rostrum und Nackenfurche. Von diesem Punkte ab teilt eine mediane Rückennaht den Panzer in zwei Hälften.

Vom letzten Viertel der Mediannaht ziehen zwei ein wenig flachere Furchen schräg abwärts nach vorn und vereinigen sich etwa auf der Mitte der Seiten zu einer tieferen, schwach S-förmig gewundenen Furche, welche sich bis zum Unterrande hinabzieht. Unterhalb der Vereinigungsstelle der beiden Rückenfurchen verlaufen in horizontaler Richtung zwei parallele Furchen zur Nackenfurche hinüber. Hierdurch wird ein erhabenes Feldchen herausmodelliert, von dem nochmals durch eine kurze vertikale Furche ein vorderes, kleineres Feld abgetrennt ist. Die Augenränder bilden einen schwach gebogenen Ausschnitt und tragen an ihrem unteren Ende je einen stark entwickelten Orbitaldorn.

Vom Rostrum ziehen sich nach hinten zwei kleine kammartige, von Dornen gebildete, divergierende Erhebungen hinab. Ihre vorwärts gerichteten Dornen nehmen von vorn nach hinten an Größe ab.

Die Skulptur ist auf dem ganzen Cephalothorax ziemlich gleichmäßig ausgebildet und besteht aus spitz konischen bis dornartigen, nach vorn gerichteten Warzen, vor denen kleine Vertiefungen liegen. Es erinnert die Skulptur an die Oberfläche einer Holzraspel.

Die Skulptur der ersten vier Glieder des vorderen Pereiopoditenpaares besteht aus kleinen Vertiefungen. Das Femur erscheint seitlich zusammengedrückt und trägt auf der Unterseite zwei scharfe Kanten, die mit einer dichten Reihe dornartiger Warzen besetzt sind. Der kurze, gedrungene Scheerenballen (*digitus fixus*) ist plump zylindrisch gestaltet, von elliptischem Querschnitt. Die Skulptur stimmt mit der des Cephalothorax überein. Auffallend klein und zierlich im Vergleich zum Scheerenballen ist das Dactylopodit (Taf. XI, Fig. 4c).

Ein Paar Schwimmfüße besitzt einen rundlichen Querschnitt und läßt deutlich Endo- und Exopodit erkennen.

Skulptur von *Eryma sulcata* n. sp.
Mikroskopisch vergrößert.

Am nächsten vergleichbar mit der vorliegenden Art ist *Eryma elegans* Opp. var. *gracilis* Krause [1]) aus der Zone der *Ostrea Knorri* von Weenzen. Doch sind in der Anordnung der Furchen und in der Gestalt des »Schaltstückchens«, sowie des Propoditen des ersten Pereiopoditenpaares wesentliche Unterschiede vorhanden.

## Fam. Astacidae.

### Hoploparia M'Coy.

#### Hoploparia (Homarus) aspera n. sp.

Taf. II, Fig. 5—6.

Ein eingekrümmtes Exemplar dieser Art stammt aus dem

1) P. G. Krause, Decapoden des norddeutschen Jura, Zeitschr. d. deutsch. geol. Gesellsch. 1891, S. 199. Taf. XIII, Fig. 2a—c.

oberen Valanginien von Ottensen, nordwestlich Stadthagen, welches in ausgestrecktem Zustande eine Länge von etwa 10 cm erreicht haben dürfte. Das Rostrum und der vor der Nuchalfurche gelegene Teil des Cephalothorax ist fortgebrochen. Außerdem liegt ein kleineres $2^1/_2$ cm langes Kopfbrustschild von Bredenbeck a./D. vor, welches in der Gestalt und im Verlauf der Furchen mit dem Stück von Ottensen übereinstimmt und sehr wahrscheinlich derselben Art angehört. Beide Exemplare ergänzen sich gegenseitig sehr gut insofern, als das letztere die Gestalt vollkommener, das erstere die Skulptur erkennen läßt.

Der Cephalothorax zeigt die charakteristischen Merkmale der Astaciden. Die zylindrische Gestalt besitzt einen elliptischen Querschnitt. Das Rostrum ist breit, die Spitze desselben ist fortgebrochen, sie scheint ziemlich lang gewesen zu sein. Vom Rostrum laufen zwei kurze, divergierende Kiele rückwärts aus. Etwa auf der halben Wangenhöhe ist jederseits ein anderer kurzer Kiel angedeutet, welcher am Vorderrande in eine Spitze ausläuft. Zwischen dieser und dem Rostrum liegt der Ausschnitt der Augenhöhle, hinter dem ein deutlicher Postorbitaldorn aus dem Panzer hervorspringt. Vom hinteren Teile des Rückens ($^2/_5$ der Gesamtlänge der Medianlinie) läuft eine tiefe, breite Nackenfurche in nach vorn gewendetem Bogen dem Unterrande zu, verschwindet aber bereits etwas unterhalb der halben Höhe der Wangen. Dicht vor dem Ende dieser Furche fällt von der Mitte der Wangen auf dem vorderen Teile des Cephalothorax eine zweite, tiefe und breite Furche steil zum Unterrand, die sich an ihrem unteren Ende in der Weise gabelt, daß die Gestalt eines λ nachgeahmt wird. Vom unteren Teile der Nackenfurche zweigt sich eine seichte, dem Hauptaste der λ-Furche parallel verlaufende Rinne ab, erreicht den Unterrand jedoch nicht, sondern biegt vorher nach vorn hin um und vereinigt sich mit dem hinteren, tiefen Gabelungsaste der λ-Furche. Der Hinterrand des Cephalothorax ist oben mit einem Ausschnitt zur Aufnahme des Abdomens versehen und wird von einem glatten, verdickten, 1 mm breiten Randsaume eingefaßt, den eine vom Rücken nach den Flanken an Breite zunehmende Furche begleitet. In der Nähe des Unterrandes verschwindet letztere wieder. Die ganze Oberfläche des Cephalothorax ist granuliert und wird von dicht gedrängt stehenden Wärzchen bedeckt, vor denen sich kleine Vertiefungen befinden. Unter der Lupe erscheint der Panzer rauh, raspelartig.

Die Abdominalsegmente sind bis auf das sechste und siebente ziemlich vollständig erhalten. Das erste Glied ist kürzer und schmaler als die übrigen und wird auf dem hinteren Drittel von einer tiefen, breiten Querfurche eingeschnitten. Das zweite, dritte, vierte und fünfte Segment besitzen etwa gleiche Länge. Die Epimeren des zweiten Gliedes sind breit und stumpf abgerundet, die der letzten Segmente sind zugespitzt, mit geschwungenen Seitenrändern versehen und laufen nach hinten in eine Spitze aus. Von der Schwanzplatte sind nur Fragmente vorhanden; nach dem Abdruck, den sie auf dem Gestein hinterlassen, zu urteilen, ist sie spatelförmig gestaltet und verhältnismäßig lang gewesen. Das erste Drittel der Segmente 2—6, welches im ausgestreckten Zustande des Tieres von der vorhergehenden Platte bedeckt wurde, wird durch eine breite, tiefe Furche abgegrenzt. Diese verläuft vom Rücken bis etwa zur Mitte des Vorderrandes der Seitenlappen, wird nun bedeutend seichter und schmaler, durchzieht im halbkreisförmigen Bogen den unteren Teil der Epimeren und steigt dann, sich allmählich verlaufend, nahe am Hinterrande der Segmente noch eine Weile an. Die Ränder der Segmente werden von einem schmalen, glatten Saum eingefaßt. Ihre Oberfläche zeigt überall die Skulptur des Cephalothorax. Auf den Epimeren ist die Granulation etwas stärker ausgebildet als in der Dorsalgegend.

Von den Scheeren der ersten Pereiopoden ist nur ein verdrücktes Glied (Taf. II, Fig. 5c) erhalten, es läßt erkennen, daß die Kanten mit spitzen Dornen besetzt waren. Die Oberfläche ist granuliert. Die hinteren Pereiopoden sind zierlicher gebaut und ebenfalls nur in Fragmenten oder aus dem Gestein hervortretenden Stümpfen vorhanden. Ihre Oberfläche ist anscheinend glatt.

Am nächsten vergleichbar mit der vorliegenden Art ist *Hoploparia Beyrichii* SCHLÜT. aus dem Senon. Diese unterscheidet sich jedoch erheblich von ihr durch abweichenden Verlauf der Nuchalfurchen, Skulptur und Gestalt der Epimeren.

Die von M. DE TRIBOLET [1]) auf schlecht erhaltene Fragmente von Beingliedern gegründeten Arten aus dem Neokom können unmöglich zum Vergleich herangezogen werden.

## Astacus FABR.

### Astacus (Potamobius) antiquus n. sp.

Taf. I, Fig. 1a—b; Taf. XI, Fig. 3a—g.

C. SCHLÜTER beschrieb 1868 [2]) aus einer Toneisensteingeode der unteren Kreide von Ochtrup in Westfalen den ersten kleinen fossilen Kruster aus der Gattung *Astacus* ohne genauere Horizontangabe. Vermutlich stammt das Stück aus dem oberen Wealden oder unteren Valanginien; beide Formationsglieder gehen bei Ochtrup zu Tage [3]).

Einige nicht sehr günstig erhaltene Macruren, von denen das größere etwa 10 cm Länge besitzt, fanden sich in Toneisensteingeoden des obersten Wealden der Wieggrefe'schen Tongrube bei Deinsen nördlich Bückeburg, welche ebenfalls die typischen Merkmale der Gattung *Astacus* erkennen lassen.

Mehrere besser erhaltene Exemplare der gleichen Art wurden von Herrn Dr. G. MÜLLER im oberen Wealden von Gronau in Westfalen gesammelt und mir freundlichst zur Bearbeitung übergeben.

Der Cephalothorax besitzt zylindrische Gestalt mit elliptischem Querschnitt. Der Hinterrand bildet einen seichten Ausschnitt zur Aufnahme des ersten Abdominalsegmentes, die Unterränder verlaufen im flachen Bogen zu den Ausschnitten der Augenhöhlen. Hinter- und Unterränder werden von einer schmalen Saumfurche umrandet. Etwa von der Mitte des Rückens zieht sich eine tiefe Nackenfurche zum Unterrande. Sie verläuft anfangs in einem

[1]) TRIBOLET, Crust. du terrain néocomien du Jura Neuchâtelois et Vaudois. Bull. soc. géol. France, 3. sér. II, p. 350; III, p. 72 ff.

[2]) Palaeontographica XV. S. 302.

[3]) Vergl. KOSMANN, Zeitschr. d. deutsch. geol. Gesellsch. 1898, Bd. 50, S. 127 ff.

Bogen nach vorn, biegt sich etwa auf der Mitte der Wangenhöhe S-förmig zurück und wendet sich schließlich wieder in scharfem Bogen nach vorn. Vor der Nuchalfurche erhebt sich in der medianen Rückenlinie ein Kiel, welcher anfangs von zwei weiteren parallelen Kielen begleitet wird, die jedoch bald wieder verschwinden. Der mediane Kiel setzt sich in das dreieckig gestaltete Rostrum fort. Von den Basisecken des Rostrums ziehen sich oberhalb der Augenhöhlen zwei deutliche Kiele nach hinten, erreichen die Nuchalfurche jedoch nicht, sondern verschwinden plötzlich schon auf halbem Wege. Die Skulptur des Cephalothorax und auch des gesamten Postabdomens besteht in einer dichten, feinen und sehr gleichmäßigen Punktierung, welche durch kleine Vertiefungen in der Oberfläche des Panzers gebildet wird. Diese, sowie die feinere mikroskopische Struktur gibt die Abbildung auf Taf. XI, Fig. 3g wieder.

Obschon die Antennen fortgebrochen sind, kann man an mehreren Exemplaren im Querbruche wahrnehmen, daß kräftige äußere Fühler mit einem dicken Schaft und kleinere innere Geißeln vorhanden waren.

Von den fünf Pereiopodenpaaren ist das erste durch Größe und plumperen Bau vor den übrigen ausgezeichnet und trägt am Ende eine Scheere, deren Propodit Taf. XI, Fig. 3e abgebildet ist. Die Oberfläche der Glieder ist stark granuliert. Die Endglieder der vier hinteren, zierlicheren Fußpaare sind nicht bekannt. Auch von den Pleopoden ragen nur Stümpfe aus dem Gestein heraus.

Die Segmente des Postabdomens greifen dachziegelförmig übereinander. Das erste ist klein, das zweite bis sechste etwa von gleicher Größe, das siebente (Telson) spatenförmig, stark verlängert. Die Epimeren sind abgerundet von halbkreisförmiger Gestalt, die Skulptur stimmt mit der des übrigen Panzers überein.

Von den vier beweglichen, kräftigen Schwanzflossen wird durch eine Quernaht ein unteres halbkreisförmiges Stück abgetrennt, welches feine Radialstreifen trägt. Durch die Mitte der Schwanzflosse zieht eine kräftige, breite Rippe, welche noch über die Quernaht hinübergreift.

Das letzte Abdominalsegment scheint zwar keine eigentliche

Quernaht zu haben, doch dürfte das Tier die Fähigkeit besessen haben, das äußere Ende desselben willkürlich zu bewegen, da die meist eingekrümmte Lage bei den vorliegenden Stücken auf leichte Biegsamkeit schließen läßt.

Die vorliegende Art unterscheidet sich von *Astacus politus* SCHLÜT. durch die gedrungenere Form des Cephalothorax, durch abweichende Gestalt der Epimeren und Schwanzplatten. Außerdem besitzt sie eine ausgezeichnete Skulptur, während die SCHLÜTER'sche Art vollkommen glatt sein soll.

Es sind keine Merkmale vorhanden, die mich zwingen, diese Form von den echten Astaciden abzutrennen. Zudem ist es auffällig und interessant, daß sämtliche Exemplare (insgesamt etwa fünfzehn) in den brackischen Wealdenbildungen gefunden wurden.

**Macruren-Spezies.**

Ein kleiner Hinterleib von 2 cm Länge aus der Zone des *Olcostephanus Keyserlingi* bei Jetenburg unweit Bückeburg hat eine schlanke, längliche Gestalt, ähnlich unsern gewöhnlichen rezenten Sandgarneelen. Die Schwanzplatte ist sehr spitz und lang. Die Schale ist dick, an der Oberfläche glatt; beim Präparieren zersprang sie zum größten Teil. Über die generische Stellung des kleinen Krusters läßt sich nichts aussagen, nur soviel kann erkannt werden, daß er zu keiner der vorhin beschriebenen Arten gehört. Möglicherweise bildet er aber nur das Nauplius-Stadium irgend einer größeren Art.

## Entomostraca.

### Ord. Cirripedia.

### Archaeolepas ZITT. (Pollicipes LEACH)

**Archaeolepas decora n. sp.**

Taf. I. Fig. 3—10.

*Pollicipes* n. sp. HARBORT, Schaumburg-Lippe'sche Kreidemulde S. 79.

Im untersten Valanginien bei Müsingen fand ich unmittelbar über der Cucullaeabank in einer Toneisensteingeode einen 20 cm

Durchmesser erreichenden *Oxynoticeras inflatum* v. KOENEN, auf den eine ganze Kolonie von großen und kleinen Individuen gut erhaltener Cirripedier aus der Familie der Lepadiden aufgewachsen war. Sie gehören der Gattung *Archaeolepas* an, welche durch A. v. ZITTEL von *Pollicipes* abgetrennt wurde und sich von letzterer durch das Fehlen der *Lateralia* unterscheidet. Sämtliche Tafeln des Capitulums sind bei mehreren Exemplaren mit dem Stiel verbunden noch in der ursprünglichen Lage erhalten geblieben.

Das Capitulum besteht aus 6 Hauptplatten, je zwei Scuta und Terga, einer Carina und dem Rostrum.

Das Scutum (Fig. 6a—b) ist hoch deltoidisch gestaltet, seine Spitze zum Tergalrand hin gekrümmt. Der Tergalrand ist schwach konkav, der Schließrand konvex gebogen. Die Basalränder bilden einen Winkel von 150°, welcher aber noch gestreckter erscheint, da die Ränder etwas gebogen sind. Von der Spitze verläuft zum Schnittpunkt der Basalränder eine stumpfe Kante, von der aus die Schale nach den Seiten hin abfällt. Das Scutum ist im ganzen nur sehr schwach gewölbt und mit feinen, von der Spitze ausgehenden Radiallinien verziert. Dazu kommt eine feine Anwachsstreifung, welche sich in verschieden gefärbten Bändern, die den Basalrändern parallel verlaufen, zu erkennen gibt.

Das Tergum (Fig. 7—8) ist fünfseitig, die Höhe des größten Exemplares beträgt 18 mm. Bei einem anderen erreicht die Höhe 14 mm, die größte Breite 13 mm. Der Basalrand, die Basis des Fünfseites, bildet mit dem Carinalrande einen Winkel von nahezu 90°, mit dem Tergalrande einen Winkel von 110—120°. Letzterer ist länger als der Carinalrand. Die Scheitelränder sind schwach konvex gebogen und bilden mit einander einen Winkel von circa 120°. Das Tergum ist ebenfalls nur flach gewölbt. Von der Scheitelspitze zieht sich zum oberen Ende des Tergalrandes eine seichte Depression, wodurch die obere, randliche Partie der Schale ein wenig faltenförmig aufgebauscht erscheint. Ferner verlaufen von der Scheitelspitze zu den Endpunkten des Basalrandes zwei deutliche Kanten, die bei älteren Exemplaren kielartig hervortreten können. Die Skulptur besteht auch hier aus feinen, vom Scheitel ausstrahlenden Radiallinien, die selbst auf Steinkernen deutlich zu sehen sind. Diese werden von zarten konzentrischen Anwachsringen geschnitten, welche hier ebenfalls durch schön weiß und blau gefärbte Bänder noch augenfälliger hervortreten. Sie gehen von den Scheitelrändern aus und verlaufen den übrigen Rändern derart parallel, daß sie allemal auf den Längskanten scharf in die andere Richtung umbiegen. Das Tergum hat eine entfernte Ähnlichkeit mit dem von CH. DARWIN[1]) aus dem Oxford als *Pollicipes planulatus* abgebildeten.

Die Carina (Fig. 4—5) hat die Gestalt eines halben Kegelmantels; Basisdurchmesser zur Höhe verhält sich wie 1 : 2. Die Spitze ist schwach hornförmig nach innen gebogen. Die Oberfläche wird von feinen Radiallinien geziert. Hierzu kommen schwache konzentrische Anwachsringe, welche auf der Mitte der Carina aufwärts zur Spitze hin gebogen sind; in gewissen gleichmäßigen Abständen tritt ein kräftigerer Anwachsstreifen auf.

Das Rostrum (Fig. 9a—b, 10a—b) ist sehr klein im Verhältnis zu den übrigen Platten. Es hat die Gestalt eines nahezu gleichschenklig rechtwinkligen Dreiecks, das in seiner Höhenlinie dachartig unter einem rechten Winkel geknickt ist. Die Skulptur ist dieselbe, wie die der Carina.

Der Stiel kann die dreifache Länge des Tergums erreichen; er ist dick, nach oben hin erweitert und mit serialen Schuppenreihen bedeckt. Die Schuppen haben regelmäßige, flach sechsseitige Gestalt und legen sich dachziegelförmig über einander. Die einzelnen Täfelchen sind kräftig längsgestreift, weniger starke und dicht stehende Linien verlaufen senkrecht dazu, also parallel der Längsaxe des Stieles.

Von den aus anderen Formationen beschriebenen Arten unterscheidet sich die vorliegende sowohl durch die Gestalt, wie auch durch die abweichende Skulptur der Platten des Capitulums.

[1]) CH. DARWIN, A Monograph of the fossil Lepadidae or pedunculated Cirripedes of Great Britain. Palaeontograph. Soc. 1851, p. 78, tab. IV, fig. 11.

# Ostracoda.

## Cypridea Bosquet.

Die Ostracoden des Wealden haben sich den veränderten Lebensbedingungen beim Beginn der Neokomzeit anzupassen gewußt und lebten noch lange Zeit zusammen mit den rein marinen Formen des unteren Valanginien. In dem Profil von Müsingen sind sie noch in den obersten Schichten, wenn auch nicht ganz so häufig, wie im oberen Wealden vorhanden. Ich beschränke mich darauf, im folgenden nur die wichtigste Litteratur für die einzelnen Arten anzugeben und kurz ihr Vorkommen zu behandeln.

### Cypridea granulosa Sow.

1836. *Cypris granulosa* Sow. Fitton, Observat. pl. XXI, fig. 4.
1839. » » » Roemer, Ool.-Geb. Nachtr. S. 52, Taf. 20, Fig. 24.
1846. » » » Dunker, Wealdenbild. S. 60, Taf. 13, Fig. 31 a—b.
1880. » » » Struckmann, Wealdenbild. S. 56.
1883. » » » Grabbe, Schaumb. Lipp. Wealdenmulde S. 31.

Verbreitung: Im Serpulit und ganzen Wealden; seltener im unteren Valanginien bei Müsingen.

### Cypridea valdensis Sow.

1836. *Cypris valdensis* Sow., Fitton, Observat. pl. XXI, fig. 1.
1839. » » » Roemer, Ool.-Geb., Nachtrag, Taf. XX, Fig. 20, a, b.
1846. » » » Dunker, Monogr. d. nordd. Wealdenb., S. 60, Taf. 13, Fig. 31a — b.
1862. » » » R. Jones, Fossil Estheriae. Palaeontogr. Soc., 1862, p. 127, tab. V, fig. 26—30.
1880. » » » Struckmann, Wealdenbild., S. 56.
1883. » » » Grabbe, Schaumb.-Lipp. Wealdenmulde, S. 31.
1904. » » Andreä, Teutoburger Wald bei Iburg, S. 18.

Im nördlichen Deutschland verbreitet im Serpulit und Wealden. Häufig im obersten Wealden und unteren Valanginien bei Müsingen.

### Cypridea laevigata Dkr.

1846. *Cypris laevigata* Dkr., Dunker, Monogr. d. nordd. Wealdenb., S. 59, Taf. XIII, Fig. 25.
1880. » » » Struckmann, Wealdenbild., S. 56.

| Laufende Nummer | Name | Hauterivien ob.: Zone des Crioceras capricornu | Hauterivien unt.: Zone des Hoplites noricus | Valanginien ob.: Zone des Crioceras curvicosta | Valanginien unt.: Zone des Polyptychites Keyserlingi | Valanginien unt.: Zone des Oxynoticeras heteropleurum | Fundort |
|---|---|---|---|---|---|---|---|
| | **a. Dibranchiata:** | | | | | | |
| 1. | *Belemnites subquadratus* A. Roemer | × | × | × | × | — | Pollhagen, Stadthagen, Jetenburg, Nordsehl, Ottensen, Haßlage, Niedermehnen, Harienstedt. |
| 2. | — cf. *lateralis* Phill. | — | — | — | × | — | Jetenburg, Lindhorst. |
| 3. | — *iaculum* Phill. | × | — | — | — | — | Kanal u. Nordholz. Nordsehl. |
| 4. | — *pistilliformis* Blv. | × | — | — | — | — | |
| | **b. Tetrabranchiata:** | | | | | | |
| 1. | *Nautilus pseudoëlegans* d'Orb. | — | × | × | — | — | Stadthagen. |
| 2. | *Phylloceras* aff. *Winkleri* Kilian | — | × | — | — | — | |
| 3. | *Oxynoticeras heteropleurum* Neum. et Uhl. | — | — | — | ×? | × | Müsingen, Schacht Georg, Neuer Kanal bei Delmsen, Sachsenhagen. |
| 4. | — *Gevrili* d'Orb. | — | — | — | — | × | Müsingen, Delmsen, Sachsenhagen. |
| 5. | — *Marcoui* d'Orb. | — | — | — | — | × | Müsingen, Sachsenhagen. |
| 6. | — *inflatum* v. Koen. | — | — | — | — | × | Müsingen, Schacht Georg, Sachsenhagen. |
| 7. | *Polyptychites Keyserlingi* Neum. et Uhl. | — | — | — | × | — | Jetenburg, Lindhorst. |
| 8. | — *Brancoi* Neum. et Uhl. | — | — | — | × | — | Jetenburg, Lindhorst. |
| 9. | — *laticosta* v. Koen. | — | — | — | × | — | |
| 10. | — *bullatus* v. Koen. | — | — | — | × | — | |
| 11. | — *latissimus* Neum. et Uhl. | — | — | — | × | — | |
| 12 | — *diplotomus* v. Koen. | — | — | — | — | × | Müsingen, Sachsenhagen. |
| 13. | — *marginatus* Neum. et Uhl. | — | — | — | × | — | Jetenburg. |
| 14. | — *bidichotomus* Leym. | — | — | × | — | — | Stadthagen, Haßlage. |
| 15. | — *biscissus* v. Koen. | — | — | × | — | — | Stadthagen, Pollhagen, Haßlage. |
| 16. | — *terscissus* v. Koen. | — | — | × | — | — | Stadthagen. |
| 17. | — *obsoletecostatus* Neum. et Uhl. | — | — | × | — | — | |
| 18. | — n. sp.? v. Koen. | — | — | × | — | — | |

| Laufende Nummer | Name | Hauterivien ob. Zone des *Crioceras capricornu* | Hauterivien unt. Zone des *Hoplites noricus* | Valanginien ob. Zone des *Crioceras curvicosta* | Valanginien unt. Zone des *Polyptychites Keyserlingi* | Valanginien unt. Zone des *Oxynoticeras heteropleurum* | Fundort |
|---|---|---|---|---|---|---|---|
| 19. | — sp. Joy. *an gradatus* v. Koen. | — | — | — | × | — | Jetenburg. |
| 20. | — *perovalis* v. Koen. | — | — | × | — | — | |
| 21. | — *polytomus* v. Koen. | — | — | × | — | — | Stadthagen. |
| 22. | — *ramulosus* v. Koen. | — | — | × | — | — | Stadthagen. |
| 23. | — *Hauchecornei* Neum. et Uhl.? | — | — | × | — | — | Stadthagen. |
| 24. | — n. sp. | — | — | × | — | — | Stadthagen. |
| 25. | — *Grotriani* Neum. et Uhl. | — | — | × | — | — | Stadthagen. |
| 26. | — *tardescissus* v. Koen. | — | — | × | — | — | Stadthagen, Haßlage. |
| 27. | — *euomphalus* v. Koen. | — | — | — | × | — | Jetenburg. |
| 28. | — *polyptychus* Keyserl.? | — | — | — | × | — | Jetenburg. |
| 29. | — aff. *Beani* Pavlow | — | — | — | × | — | Jetenburg. |
| 30. | — *Pavlowi* v. Koen. | — | — | — | × | — | Jetenburg. |
| 31. | *Astieria Astieri* d'Orb. | — | × | — | — | — | Stadthagen. |
| 32. | — aff. *psilostoma* Neum. et Uhl. | — | × | — | — | — | Stadthagen. |
| 33. | — *convoluta* v. Koen. | — | × | — | — | — | Stadthagen. |
| 34. | *Hoplites noricus* Röm. | — | × | — | — | — | Stadthagen, Hartenstedt, Kleifriehe, Niedermehnen. |
| 35. | — *radiatus* Brug. | — | × | — | — | — | Stadthagen. |
| 36. | — *longinodus* Neum. et Uhl. | — | × | × | — | — | Stadthagen, Fasanenhof, Haßlage. |
| 37. | — *spiniger* v. Koen. | — | × | — | — | — | Stadthagen. |
| 38. | — *neocomiensis* d'Orb. | — | × | — | — | — | Stadthagen. |
| 39. | — *hystrix* Bean? | — | × | — | — | — | Stadthagen. |
| 40. | — cf. *hystricoides* Uhl. | — | — | × | — | — | Stadthagen, Haßlage. |
| 41. | — *Ottmeri* Neum. et Uhl. | — | — | × | — | — | Ottensen. |
| 42. | *Hoplitides* cf. *gibbosus* v. Koen. | — | × | — | — | — | Stadthagen. |
| 43. | *Crioceras curvicosta* v. Koen. | — | — | × | — | — | Stadthagen, Haßlage. |
| 44. | — cf. *hildesiense* v. Koen. | — | — | × | — | — | Stadthagen. |
| 45. | — *semicinctum* . . . . [1] | × | — | — | — | — | Nordsehl, Kanal n. Nordholz, Berenbusch, Quetzen, Volksdorf. |

[1] Eine Anzahl in letzterer Zeit gefundener Arten wird Herr Geheimrat v. Koenen in einem Nachtrag zu seiner Arbeit beschreiben.

1883. *Cypris laevigata* DKR., GRABBE, Schaumb.-Lipp. Wealdenmulde, S. 31.
1893. *Cypridea* » » GABEL, Beitr. z. Kenntn. d. Wealden etc., Jahrb. d. kgl. preuß. geol. Landesanst., 1893, S. 158.

Sehr häufig im obersten Wealden bei Müsingen; zusammen mit *Cypridea valdensis* SOW., ebendort im unteren Valanginien.

## C. Cephalopoda.

Von den Cephalopoden wurden die Ammonitiden aus unserem Gebiete durch A. v. KOENEN[1]) in seiner umfassenden Monographie eingehend beschrieben. Die Belemniten beabsichtigt Herr Dr. MÜLLER in Berlin in einer ausführlichen Abhandlung mit zu bearbeiten. Ich gebe daher der Vollständigkeit halber nur ein Verzeichnis der in unserem Neokomgebiet gesammelten Cephalopodenarten mit Fundortsangabe (S. 26 u. 27).

## D. Mollusca.

### Lamellibranchiata.

#### Ostrea LINNÉ.

**Ostrea Germaini** COQUAND.

1869. *Ostrea Germaini* COQUAND, Genre Ostrea, p. 191, tab. 66, fig. 14—16.
1871. » » » PICTET et CAMP., Terr. crét. Ste. Croix. IV, p. 295, tab. 189.
?1883. » *Walkeri Keeping*, UPWARE, and BRICKHILL, p. 103, tab. IV, fig. 4a—c.
1891. » *distorta* (non SOW.) STRUCKMANN, Wealdenb. von Sehnde, S. 122.
1900. » *Germaini* COQ., WOLLEMANN, Die Bivalv. d. nordd. Neoc, S. 18, Taf. I, Fig. 4 u. 5.
1903. » *Germaini*, COQ., G. MÜLLER, Untere Kreide westl. d. Ems, S. 193.

Im untersten Valanginien und im obersten Wealden von Müsingen finden sich einige Schichten erfüllt mit Austernschalen, welche mit den von C. STRUCKMANN aus dem unteren und oberen

[1]) v. KOENEN, Die Ammonitiden des norddeutschen Neokom. Abh. d. Kgl. Preuß. Geol. Landesanst., N. F., Heft 24. Berlin 1902.

Wealden von Sehnde als *Ostrea distorta* Sow. angeführten sehr gut übereinstimmen. Eine Anzahl Exemplare von Sehnde konnte ich untersuchen, und es stellte sich heraus, daß sie zu *Ostrea Germaini* Coq. aus dem unteren Valanginien gehören dürften und kaum zu der schlecht charakterisirten und nur flüchtig beschriebenen *Ostrea distorta* Sow. aus dem englischen Purbeck zu stellen sind.

In der Gestalt sehr variabel, kommen bald Formen vor, die mehr in die Länge gestreckt sind, bald solche, bei denen die Höhenausdehnung vorwiegt. Überhaupt kann diese Auster durch unregelmäßige Fortsätze die wunderlichsten Gestalten annehmen. Die Schale ist wenig dick, auf der Oberfläche gegen den Wirbel hin ziemlich glatt, sonst mit zahlreichen runzligen Anwachslamellen bedeckt, die hauptsächlich an den Schalenrändern deutlich hervortreten. Die in der Literatur angegebenen »radialen, rippenähnlichen Falten«, welche bisweilen auftreten sollen, waren an dem untersuchten Material nicht vorhanden.

Beide Klappen sind nur wenig gewölbt, eine von ihnen ist gewöhnlich aufgewachsen gewesen. Das Schloß wird von einer mehr oder weniger ausgedehnten, dreieckigen Fläche gebildet. Vom Wirbel verläuft zur Basis des Dreiecks eine Ligamentgrube. Der verhältnismäßig große Muskeleindruck kann verschieden gestaltet sein, halbkreis- bis kreisförmig, und liegt in den meisten Fällen dem Schalenrande genähert.

Letzthin fanden sich Exemplare dieser Art auch in der Zone der *Polyptychites Keyserlingi* bei Jetenburg.

### Ostrea n.? sp.

Eine Austernschale von Müsingen unterscheidet sich erheblich von den beschriebenen Arten. Die Gestalt ist unregelmäßig vierseitig, der Wirbel sehr spitz. Unter ihm liegt eine dreieckige Platte, welche mit einer vom Wirbel ausgehenden Furche zur Aufnahme des Ligamentes versehen ist. Unterhalb des Wirbels wird das Innere der Schale von einer leistenförmigen Anschwellung durchquert. Der Muskeleindruck liegt subcentral.

Ob die Auster einer neuen Spezies angehört, oder nur eine

abnorme Form einer bekannten Art repräsentiert, wird sich erst feststellen lassen, wenn mehrere Exemplare davon gefunden werden sollten.

## Exogyra Says.

### Exogyra Couloni Defr.

1821. *Gryphaea Couloni* Defrance, Dict. des sc. nat., Bd. XIX, p. 534.
1822. » *sinuata* Sowerby, Min. Conch. pl. 336.
1834. *Exogyra aquila* Goldfuss., Petref. Germ. tab. 87, Fig. 3.
1836. *Ostrea falciformis* Roemer, Ool.-Geb. S. 59.
1841. *Exogyra undata* und *sinuata* Roemer, Kreidegeb., S. 47.
1842. » *subsinuata* Leymerie, Mém. soc. géol. de France V. p. 17, pl. 12, fig. 4–7.
1842. » *sinuata* Sow., Leymerie ibd., pl. 12, fig. 1–2.
1845. *Gryphaea* » » Forbes, Quart. Journ. geol. Soc. vol. I, p. 250.
1846. *Ostrea aquila* d'Orbigny, Pal. franç. Terr. crét. III, p. 698, tab. 466 u. 467, fig. 1–3.
1853. *Exogyra Couloni* Studer, Geologie der Schweiz. Taf. II, S. 286.
1854. » » v. Strombeck, Zeitschr. d. d. geol. Ges. VI. S. 264
1861. » » de Loriol, Mont. Salève, p. 110.
1868. » » id.: Monogr. des couches de l'étage val. d'Arzier, p. 51.
1868. » » Pictet et Campiche, Ste. Croix IV. pag. 287 und 313, pl. 187, 188 u. 192, fig. 1.
1869. » » Coquand, Monogr. Ostrea p. 180, pl. 65, 71, 74 u. 75.
1869. *Ostrea aquila* d'Orb. id. ibd. p. 158, pl. 61, fig. 4–9.
1888. *Exogyra Couloni* Defr. Keeping, Upware and Brickhill, p. 75 u. 100.
1884. » » » Weerth, Neocomsandstein, S. 55.
1895. » » » Maas, Subherc. Quaders, S. 270.
1896. » » » Wollemann, Hilsconglomerat, S. 831.
1900. » » » ders. Die Bivalven etc. d. norddeutsch. Neok., S. 8, Taf. I, Fig. 1.
1900. » » » Dim. J. Anthula, Kreidefossilien des Kaukasus, S. 76.

Diese im ganzen Neokom weit verbreitete und variable Art kommt auch in unserem Gebiete in allen Horizonten vor. Besonders häufig ist sie in der Zone des *Olcostephanus Keyserlingi* bei Jetenburg, wo sie in den Schiefertonen förmliche Austernbänke bildet, die in gewissen Abständen von einander in größerer Anzahl aufgeschlossen sind. Es kommen hier Exemplare vor, die 150 mm hoch sind.

Im übrigen kann ich auf die Beschreibung bei Wollemann verweisen. Bemerken möchte ich nur, daß bei sehr guter Erhaltung die kleine Klappe außer den konzentrischen Anwachslamellen noch feine Radialrippen zeigt, die besonders deutlich in der Nähe des Wirbels hervortreten. An einigen Stücken aus den obersten Schichten von Müsingen und dem oberen Valanginien von Ottensen waren sie besonders gut zu beobachten. Die von WOLLEMANN unterschiedenen Variationen, var. *alta*, var. *longa* sind bei Jetenburg mit allen Übergängen vorhanden, var. *alta nodosa* fand sich nur im Hauterivien von Stadthagen, auch ist dort häufiger var. *longa*.

Fundorte:

Müsingen, Rusbend, Forsthaus Rusbend, } Unteres Valanginien.

Jetenburg, Neuer Kanal bei Deinsen, Lindhorst, } Zone des *Olcostephanus Keyserlingi*.

Ottensen, Stadthagen, } Ob. Valanginien.

Kanal u. Nordholz, Stadthagen, } Unt. Hauterivien.

## Exogyra spiralis GOLDF.

1834. *Exogyra spiralis* GOLDFUSS, Petr. Germ., II, p. 38, tab. 86, fig. 4a—h.
1835. » » » A. ROEMER, Ool. Geb., S. 65, z. T.
1841. » *undata* Sow., A. ROEMER, Kreidegeb., S. 47.
1846. » TOMBECKI d'ORBIGNY, Pal. fr. terr. crét., III, p. 701, tab. 467, fig. 4—6.
1869. » COQUAND, Genre Ostrea, p. 182, tab. 66, fig. 8—10.
1895. » *spiralis* GOLDF., MAAS, Subherc. Quaders, S. 270.
1896. » TOMBECKI, d'ORB., WOLLEMANN, Hilsconglomerat, S. 832.
1900. » » » ibid., Die Bivalven etc. d. norddeutsch. Neok. S. 11.

Diese kleine, zierliche Auster, fand sich häufig in den obersten Schichten mit *Oxynoticeras heteropleurum* gelegentlich der Ausschachtung des neuen Kanals bei Deinsen, ferner im ganzen unteren Valanginien von Müsingen. Hinsichtlich der Beschreibung und Unterscheidung von verwandten Arten verweise ich auf die Arbeiten von WOLLEMANN.

Ich habe nur zu erwähnen, daß dem GOLDFUSS'schen Namen die Priorität gebühren dürfte. Er sowohl, wie später A. ROEMER führen *Exogyra spiralis* aus dem Elligserbrink-Ton, also aus dem Hauterivien an. Inwieweit die zu dieser Art gestellten Vorkommnisse aus dem oberen Jura ident sind, vermag ich nicht zu entscheiden, da mir kein ausreichendes Material zum Vergleich vorliegt.

### Exogyra cf. Etalloni PICT. et CAMP.

1868. *Ostrea Etalloni* PICTET et CAMPICHE, Terr. crét. Ste. Croix, IV, p. 286, tab. 186, fig. 12—15.

Aus den unteren Valanginien-Schichten von Müsingen stammt eine etwa 8 cm lange *Exogyra*, die am nächsten der *Exogyra Etalloni* PICT. et CAMP. aus dem Valanginien von St. Croix vergleichbar ist. Die Schale ist länglich oval, ziemlich stark gewölbt. Vor dem hinteren Rande verläuft eine deutliche Kante, hinter welcher die Schale fast senkrecht abfällt. Der zierliche Wirbel ragt wenig hervor und ist stark eingekrümmt. Die Schale ist ziemlich dick, ihre Oberfläche fast glatt. Die Skulptur besteht nur aus sehr feinen vom Wirbel auslaufenden Spirallinien und schwachen konzentrischen Anwachsstreifen. Erstere treten auf unserem Exemplar viel deutlicher hervor, als in der Abbildung bei PICTET et CAMPICHE angegeben ist.

Auch sonstige kleine Unterschiede sind wohl vorhanden. Ob diese jedoch konstant sind, läßt sich an dem einzigen mir vorliegenden Exemplare nicht feststellen.

## Anomia LINNÉ.

### Anomia laevigata SOW.

1836. *Anomia laevigata* SOW., FITTON, Transact. geol. soc. ser. 2, vol. IV., p. 338. tab. XIV, fig. 6 a—b.
1847. » » » d'ORBIGNY, Pal. fr. Terr. crét., III, p. 755. tab. 489. fig. 4—6.
1851. » » » ADICH, Zeitschr. d. D. geol. Gesellsch., III, S. 30.
1854. » » » MORRIS, Cat. Brit. Fossils, ed., 2, S. 161.
1867. » » » EICHWALD, *Lethaea rossica*, S. 412.
1899. » » » H. WOODS, Monogr. of the cret. Lamellibr. of England, Pal. Soc. vol. LIII, part I, p. 29, tab. 5, fig 6—9.

1900. *Anomia laevigata* Sow., Dim. J. Anthula, Kreidefossilien d. Kaukasus, S. 75.
1900. » » » G. Müller, Versteinerungen d. Jura u. d. Kreide aus Deutsch-Ost-Afrika, S. 561, tab. XXV, fig. 3, 4.

Müsingen: Durchmesser des größten Exemplares 17 mm.

Die Schale ist dünn, die Gestalt kreisförmig. Der kleine Wirbel liegt nahe dem oberen Rande. Die Schalen sind sehr flach, glatt und nur mit schwachen, welligen Anwachsstreifen bedeckt.

Diese aus dem Lower Greensand von Punfield und dem Néoc. inf. von Frankreich angeführte Art findet sich auch bei uns selten im unteren Valanginien. Mehrere Exemplare stammen von Müsingen und Jetenburg.

## Anomia pseudoradiata d'Orb.

Taf. III, fig. 6 u. 7a—b, Taf. V, fig. 3a—b.

1836. *Anomia radiata* Sow., Fitton, Transact. geol. soc. ser., 2, vol. IV, p. 338, tab. XIV, fig. 5.
1850. » *pseudoradiata*, d'Orbigny, Prodrome de Pal, vol., II, p. 84.
1854. » *radiata* Sow., Morris, Cat. Brit. Foss. ed., 2, p. 161.
1899. » *pseudoradiata* Woods., Monogr. of the cret. Lamellibr. of England. Pal. Soc. vol., LIII, part. I, p. 27, tab. V, fig. 1—3.
1903. » » Sow., G. Müller, Untere Kreide westl. d. Ems, S. 193.

| | | |
|---|---|---|
| Müsingen: | Höhe 25 mm; | Länge 25 mm. |
| Jetenburg: | » 13 » | » 12 » |
| » | » 24 » | » 24 » |
| » | » 22 » | » 21 » |

Die Gestalt ist oval bis kreisförmig, der Wirbel liegt nahe dem oberen, ziemlich geraden Rande. Die linke Klappe ist mäßig gewölbt, mit zahlreichen vom Wirbel auslaufenden, abwechselnd kräftigeren und schwächeren Radialstreifen bedeckt, welche auf dem jüngeren Teile der Schale weniger deutlich hervortreten, nach den Rändern hin sich unregelmäßig hin und herwendend stärker werden.

Die linke Schale ist flach. Die Radialrippen beider Klappen werden von schwachen welligen Anwachsstreifen gekreuzt.

Mehrere Exemplare dieser aus dem Lower Greensand von England beschriebenen Art stammen aus dem Valanginien von Jetenburg und Müsingen. Auch wurde die Art letzthin von G. MÜLLER im gleichen Horizont bei Gronau i. Westf. gefunden.

**Anomia? (Ostrea?) sp.**

In den Schiefertonen des oberen Wealden und des untersten Valanginien bei Müsingen finden sich kleine, kreisförmige, durchsichtig dünne Austernschalen mit kurzem, geraden Schloßrand. Die Oberfläche zeigt scharfe, oft lamellenartige konzentrische Anwachsringe. Ob die Stücke zur Gattung *Anomia* gehören oder nur embryonale Stadien von *Ostrea* sp. vorstellen, ließ sich nicht mit Bestimmtheit feststellen. Der gerade Schloßrand spricht für *Anomia*. Auch glaube ich an einem Exemplare mehrere Muskeleindrücke erkannt zu haben.

## Avicula KLEIN.

**Avicula vulgaris n. sp.**

Taf. IX, Fig. 1 u. 8.

Müsingen: Höhe 34 mm, Länge des Schloßrandes 17 mm.

Die Art ist in ihrer Gestalt sehr variabel. Die Schale ist ungleichklappig und ungleichseitig, von schief ovalem Umriß; der Schloßrand lang und gerade. Beide Klappen sind ziemlich stark gewölbt, die linke etwas mehr, als die rechte. Der Wirbel steht weit nach vorn gerückt und ragt ein wenig über den Schloßrand hervor, und zwar jener der linken Klappe am stärksten. Das vordere Ohr ist klein, das hintere sehr groß und flügelartig verlängert. Unter letzterem befindet sich ein tiefer Ausschnitt. Der Schloßrand zeigt unter den Wirbeln einen zahnartigen Höcker in der einen, eine entsprechende Vertiefung in der anderen Klappe. Das äußere Ligament liegt in einer langen, schmalen Grube, welche dem Schloßrande parallel verläuft.

Die Skulptur der Schalenoberfläche besteht aus undeutlichen Anwachsstreifen. Auf Steinkernen deuten bisweilen schwache Radiallinien die Beschaffenheit der inneren Schalenskulptur an.

Unsere Art stimmt in Gestalt und Skulptur mit *Gervillia*

*arenaria* A. ROEM. aus dem oberen Jura und Wealden überein. DUNKER beschreibt Steinkerne aus dem Wealden als *Avicula arenaria* ROEM. (Monographie der norddeutschen Wealdenbildungen, S. 24, Taf. XIII, Fig. 20a). Doch gibt C. STRUCKMANN mit aller Bestimmtheit an, das Schloß dieser Spezies als zur Gattung Gervillia gehörig deutlich gesehen zu haben, sodaß ich die vorliegenden Exemplare nicht mit ihr vereinigen kann. [C. STRUCKMANN, die Wealden-Bildungen der Umgegend von Hannover S. 62]. Die STRUCKMANN'schen Originale im Provinzialmuseum zu Hannover waren mir nicht zugänglich. Auch *Avicula cenomaniensis* D'ORB. erinnert im äußeren Umriß an die oben beschriebene Form.

*Avicula vulgaris* n. sp. kommt in ungeheurer Fülle der Individuen im oberen Wealden und unteren Valanginien der Schaumburg-Lippe'schen Kreidemulde vor, z. B. bei Müsingen, Jetenburg, Lindhorst und Sachsenhagen. Besonders häufig, aber plattgedrückt ist sie in den Schiefertonen der Zone des *Oxynoticeras heteropleurum*.

## Avicula sp.

Taf. IX, Fig. 2a—b.

Mehrere Exemplare aus den Keyserlingischichten von Jetenburg weichen in ihrer Gestalt beträchtlich von der vorhergehenden Art ab. Die Schale ist weniger ungleichseitig, der Wirbel liegt mehr nach der Mitte des Schloßrandes gerückt, hinteres und vorderes Ohr sind nahezu gleich groß. Die Skulptur besteht aus deutlicheren, gröberen konzentrischen Anwachsringen.

Ich vermag die Formen vorläufig mit keiner bekannten Art aus dem Neokom zu identifizieren.

## Avicula Cornueli D'ORB.

1835. *Avicula macroptera* A. ROEMER, Ool. Gebirge, S. 86, Taf. 4, Fig. 5.
1836. » *pectinata* Sow, FITTON, Observat. p. 359, tab. 14, fig. 5
1841. » *macroptera* A. ROEMER, Kreidegebirge, S. 64.
1845. » *Cornueliana* D'ORBIGNY, Pal. fr. Terr. crét. III. p. 471, tab. 389, fig. 3—4.
1845. » *pectinata* Sow, D'ORBIGNY, ibd. p. 473, tab. 391, fig. 1—3.
1869. » *Cornueliana* D'ORBIGNY, PICTET et CAMPICHE, Terr. crét. Ste. Croix IV, p. 66, tab. 152, Fig, 1—4.
1883. » » » KEEPING, UPWARE and BRICKHILL. p. 109, tab. 5, Fig. 2.

1884. *Avicula Cornueliana* D'ORBIGNY, WERTH, Neokomsandst., S. 50.
1895. » » » MAAS, Subhercyn. Quader, S. 267.
1896. » » » WOLLEMANN, Hilsconglomerat, S. 842.
1900. » » » Ders. Die Bivalven und Gastropoden des deutschen und holländ. Neokoms, S., 52.
1903. » » » G. MÜLLER, UntereKreide westl. der Ems, S. 193.

Einige Formen von Jetenburg, Lindhorst und Müsingen, die in der Gestalt etwa mit der *Avicula vulgaris* n. sp. übereinstimmen, unterscheiden sich von dieser durch abweichende Skulptur. Die Schale trägt abwechselnd etwas stärkere und schwächere Rippen. Dazu kommt eine jedesmal auf 2—3 Radialstreifen senkrecht stehende, zarte und regelmäßige Querschraffierung. Ich stelle die vorliegenden Exemplare hauptsächlich aus dem Grunde zu *Avicula Cornueli* D'ORB, weil die flache Klappe, welche ganz abweichende Skulptur trägt, in besserer Erhaltung bei Müsingen und Lindhorst gefunden wurde und ganz gut mit der Abbildung bei D'ORBIGNY übereinstimmt.

Gut erhaltene Exemplare dieser weit verbreiteten zierlichen Art fanden sich kürzlich im oberen Valanginien bei Stadthagen in der W. MÖLLER'schen Tongrube.

## Pecten KLEIN.

### Pecten cinctus Sow.

1822. *Pecten cinctus* SOWERBY, Min. Conch. IV., p. 96. tab. 371.
1839. » *crassitesta* A. ROEMER, Oolithengebirge, Nachtrag, S. 27.
1841. » *cinctus* ROEMER, Kreidegebirge, S. 50.
1846. » *crassitesta*, ROEMER, D'ORBIGNY, Pal. fr. Terr. crét. III, p. 584, tab. 430, fig. 1—3.
1870. » » PICTET et CAMPICHE, Terr. crét. Ste. Croix; Mat. Pal. Suisse V, p. 212.
1884. » » » WERTH, Neokomsandstein, S. 53.
1884. » *Roemeri*, WERTH, ibid., S. 54.
1895. » *crassitesta* ROEM., MAAS, Subhercyn. Quader, S. 299.
1895. » » » F. VOGEL, Holländ. Kreide, S. 54.
1896. » » » WOLLEMANN, Hilsconglomerat, S. 838.
1900. » » » WOLLEMANN, Die Bivalven und Gastropoden des deutschen und holländ. Neokoms, S. 39.
1902. » *cinctus* Sow, WOODS, Monogr. cret. Lamellibr. Palaeontographical Soc. LVI, p. 152, tab. 23.

Jetenburg: Höhe zu Länge = 13,6 cm : 15,2 cm,
» » » = 15,0 cm : 16,0 »
» » » = 3,6 cm : 3,1 »

Neben Formen, bei denen die Länge größer ist, als die Höhe, kommen Individuen vor, bei denen sich das Verhältnis umkehrt. Die Wölbung der Schalen ist sehr variabel und kann bisweilen so stark werden, daß die Entfernung von den Punkten der größten Wölbung die halbe Höhe der Muschel erreicht. Bei jungen Exemplaren ist die eine Klappe nur schwach gewölbt oder völlig eben. Die Schale der mir vorliegenden Stücke ist meist gut mit allen Einzelheiten erhalten. Neben breiten konzentrischen Anwachsringen besteht die Skulptur aus feinen Linien, die dicht nebeneinander senkrecht zu den Anwachsringen stehen und in die Schalen eingeschnitten erscheinen, aber niemals über die Anwachsringe hinausgehen. Diese Verzierung ist über die ganze Oberfläche verbreitet und findet sich auch auf den Ohren. Besonders an Jugendexemplaren tritt sie sehr scharf hervor. Es kann indessen die Skulptur der rechten Klappe von jugendlichen Individuen der Skulptur von *Pecten striato-punctatus* A. Roem. recht ähnlich werden. Im Übrigen verweise ich auf die Beschreibung bei Woods.

Diese gewöhnlich unter dem Namen *P. crassitesta* Roem in der Literatur angeführte Art ist nach Woods Untersuchungen zu *P. cinctus* Sow. zu stellen, übrigens auch schon von Roemer selbst (Kreidegeb., S. 50) damit vereinigt.

*Pecten cinctus* Sow. findet sich in allen Horizonten des Neokoms in der Schaumburg-Lippe'schen Kreidemulde.

Fundorte:

| | |
|---|---|
| Jetenburg (Häufig)<br>Lindhorst<br>Sachsenhagen<br>Müsingen? | Valanginien. |
| Heisterholz b. Petershagen<br>Todtenhausen b. Petershagen<br>Stadthagen | Hauterivien. |

## Pecten (Camptonectes) cf. Cottaldinus D'ORB.

1846. *Pecten Cottaldinus* D'ORBIGNY, Pal. fr. Terr. crét. III, p. 590, tab. 431, fig. 7—11.
1861. » » » DE LORIOL, Mont. Salève, p. 103, tab. 13, fig. 3?.
1868. » » » PICTET, Mél. pal. III, p. 261, tab. 40, fig. 6—7.
1868. » » » PICTET et CAMPICHE, Terr. crét. Ste. Croix. IV, p. 197, tab. 67, fig. 3.
1900. » » » G. MÜLLER, Verstein. d. Jura u. d. Kreide von Deutsch-Ost-Afrika, S. 551, Taf. XXIV, Fig. 5, 6.
1902. *Camptonectes Cottaldinus* D'ORBIGNY, WOODS, Monograph cret. Lamellibr. Palaeontogr. Soc. LVI. p. 156, tab. XXIX, fig. 1—8.

Müsingen: Höhe 39 mm; Breite 30 mm,
Probsthagen: » 17 » ; » 14 ».

Zu dieser von PICTET et CAMPICHE aus dem Hauterivien und Valanginien angeführten Art gehören mit großer Wahrscheinlichkeit einige weniger gut erhaltene Stücke von Probsthagen bei Stadthagen, die vermutlich aus dem Hauterivien stammen. Soweit die Skulptur der Schale erhalten ist, stimmt sie mit der von *Pecten Cottaldinus* überein. Die Ohren sind leider nicht vollständig. Von *Pecten Germanicus* WOLLEM. = *P. orbicularis* SOW. unterscheiden sich die Exemplare durch die schief nach vorn geneigten Wirbel und die ungleichen Ohren.

Auch aus den Schichten mit *Oxynotic. heteropleurum* von Müsingen dürften einige Pektenschalen hierher gehören. An einem von ihnen sind die Ohren erhalten, das vordere der rechten Klappe ist bedeutend größer als das hintere und mit einem Byssusausschnitt versehen.

Eine ausführliche Beschreibung dieser Art gibt WOODS (l. c.).

## Pecten orbicularis SOW.

1817. *Pecten orbicularis* SOW., Min. Conch. II, p. 193, tab. 186.
1841. » » RÖMER, Kreidegebirge, S. 49.
1846 » » REUSS, Versteinerungen d. Böhm. Kreideformat., II. S. 27, Taf. 41, Fig. 18—19.
1847. » » D'ORB., Pal. franç. terr. crét., III, p. 597, tab. 433, fig. 14—16.
1870. » » PICTET et CAMPICHE, Terrain crét. St. Croix. (Mat. Pal. Suisse V), p. 206.

1872. *Pecten luminosus* GEINITZ, Elbthalgeb. in Sachsen. Palaeontographica XX, S. 192, Taf. 43, fig. 11.
1878. » *orbicularis* Sow, G. BÖHM, Zeitschr. d. deutsch. Geol. Gesellsch., Bd. XXIX, S. 233.
1882. » » » R. WINDMÜLLER, Jahrb. d. Kgl. preuß. Geol. Landesanstalt, 1881, S. 20.
1883. » » var. *magnus*, KEEPING, Neoc. Upware and Brickhill, p. 106, tab. V, fig. 1.
1896. » » D'ORB, WOLLEM., Zeitschr. d. d. geolog. Gesellsch. 1896, S. 839, Taf. 21, fig. 1.
1900. » *Germanicus* A. WOLLEM. Biv. u. Gastrop. d. deutsch. u. holländ. Neokoms. Abb. d. k. preuß. geolog. Landesanst. N. F. 31, S. 41, Taf. 8, fig. 13—19.
1901. » *orbicularis* Sow., WOODS, Monograph cret. Lamellibr. Palaeontographic., Soc. LVI, p. 145, tab. 27.
1902. » » Sow, WOLLEMANN, Fauna der Lüneburger Kreide, Abh. d. kgl. preuß. geol. Landesanstalt N. F. Heft 37, S. 61, Taf. 3, fig. 4—5.

Müsingen:
Höhe 27 mm, Breite [23] mm,

Jetenburg:
Höhe 17 mm, Breite 14 mm,

KUHLMANN's Zgl., Stadthagen:
Höhe 38 mm, Breite 37 mm, Dicke 11 mm.

Eine Anzahl Exemplare zeigen die von WOLLEMANN angegebenen Merkmale: Gleiche Größe der Ohren; mittelständiger Wirbel; breite konzentrische Anwachsringe und äußerst feine Radialstreifung auf der einen, feine Anwachsstreifen und Radiallinien auf der anderen Klappe. Diese von WOLLEMANN aus dem unteren Neokom beschriebene Art findet sich bereits im untersten Valanginien, in den Schichten mit *Oxynoticeras heteropleurum* NEUM. et UHL. und wurde ferner in dem Horizonte des *Olcostephanus Keyserlingi* bei Jetenburg gesammelt. Zweiklappige, mit der Schale erhaltene Exemplare finden sich im unteren Hauterivien in der KUHLMANN'schen Tongrube nördlich von Stadthagen. WOODS vereinigt die von WOLLEMANN abgetrennte Art wohl mit Recht wieder mit *Pecten orbicularis* SOW., da das Vorhandensein der von WOLLEMANN angegebenen Unterscheidungsmerkmale lediglich vom Erhaltungszustande abhängig sein dürfte.

Eine ausführliche Beschreibung dieser Art, sowie Besprechung aller Synonyma und der aus der Literatur bekannten Fundortsangaben findet sich bei WOODS (l. c.)

### Pecten (Camptonectes) striato-punctatus A. ROEM.

1839. *Pecten striato-punctatus* ROEMER, Ool.-Geb., Nachtrag, S. 27.
1841. » » » » Kreidegebirge, S. 50.
1846. » » » » D'ORBIGNY, Pal. fr. Terr. crét. III, p. 592, tab. 432, fig. 4—7.
1868. » *arzieriensis*, DE LORIOL, Valanginien d'Arzier, p. 47, tab. 4, fig. 3—5.
1870. » » » PICTET et CAMPICHE, Terr. crét. Ste. Croix IV, p. 195 und 211, tab. 171, fig. 3.
1870. » *striato-punctatus* ROEM., PICTET et CAMPICHE, ibd. p. 196 und 211, tab. 171, fig. 4—5.
1877. » » » » BÖHM, Hilsmulde, S. 233.
1884. » » » » WEERTH, Neokomsandst., S. 53.
1888. » *arzieriensis*, S. NIKITIN, Les Vest. de la Pér. crét. dans la Russie centrale, p. 73, tab. II, fig. 12.
1889. » *lens* var. *Morini*, G. W. LAMPLUGH, Quart. Journ. geol. Soc. vol. XLV, p. 615.
1896. » *striato-punctatus* ROEM., WOLLEMANN, Hilsconglomerat, S. 840.
1900. » » » » WOLLEMANN, Die Bivalven u. Gastropoden des deutschen u. holländ. Neokoms, S. 49.
1900. » » » » G. MÜLLER, Versteín. d. Jura u. d. Kreide von Deutsch-Ost-Afrika, S. 550, Taf. XXIV, fig. 7.
1902. *Camptonectes striato-punctatus* ROEM., WOODS, Monogr. cretac. Lamellibr. Palaeontogr. society LVI, p. 157, tab. 29, fig. 4—6.

Jetenburg: Länge 29 mm, Höhe 33 mm,
» 36 » » 45 ».

Einige gut erhaltene Stücke dieser Art fanden sich in der Zone des *Olcostephanus Keyserlingi* bei Jetenburg.

Ferner ist *Pecten striato-punctatus* ROEM. in manchen Schiefertonen von Müsingen sehr häufig, zum Teil in Form von recht scharfen Abdrücken, auch wurde er im Valanginien von Lindhorst und im Hauterivien bei Stadthagen einige Male beobachtet.
Im Übrigen kann ich auf die Beschreibung bei WOODS und WOLLEMANN, sowie auf die Abbildungen bei D'ORBIGNY und bei PICTET et CAMPICHE verweisen.

## Spondylus Linné.

### Spondylus (Hinnites?) n. sp.

Taf. III, Fig. 5.

Das einzige, etwa 40 mm hohe Exemplar stammt aus dem unteren Hauterivien der SCHÖNFELD'schen Tongrube bei Stadthagen und ist auf einen Hopliten aufgewachsen. Die Gestalt ist unregelmäßig. Die Skulptur der Schale besteht aus 20—25 Radialreihen von dachziegelartig über einander greifenden Röhrenstacheln, zwischen denen allemal feinere, stachellose Radialstreifen liegen. In der Regel sind es drei, doch kommen auch ein, zwei oder fünf Reihen vor. Die mittlere, sekundäre Radiallinie ist meist etwas kräftiger ausgebildet. Diese Radialskulptur wird von unregelmäßigen, konzentrischen Anwachsstreifen geschnitten. Da das Schloß nicht erhalten ist, bleibt die Gattungsbestimmung zweifelhaft.

*Spondylus bellulus* DE LORIOL, dessen Gattungsbestimmung ebenfalls nicht feststeht, hat eine ähnliche Skulptur. Er unterscheidet sich von unserer Art hauptsächlich dadurch, daß bei ihm nur 5—7 Stachelreihen auftreten.

### Spondylus cf. Roemeri DESHAYES.

Taf. V, Fig. 1.

1841. *Spondylus radiatus* A. ROEMER, Kreidegebirge, S. 60.
1842. » *latus* LEYMERIE, Mém. soc. géol. de France, V, p. 10, 27, tab. 5, fig. 7.
1843. » *Roemeri* DESH., ibid., p. 10, 27, tab. 6, fig. 8—10.
1847. » » » D'ORBIGNY, Pal. fr. terr. crét. III, p. 655, tab. 451, fig. 1—6.
1861. » » » DE LORIOL, Mont Salève, p. 107, tab. XIV, fig. 4—5.
1870. » » » PICTET et CAMPICHE, Terr. crét. Ste. Croix (Mat. Pal. Suisse, sér. V), p. 256, 260.
1896. » » » WOLLEMANN, Hilskonglomerat, S. 834.
1900. » » » Derselbe, Bivalv. u. Gastrop. d. deutsch. u. holländ. Neokoms, S. 20.
1901. » » » WOODS, Monogr. cretac. Lamellibr. Palaeontogr. soc., 1901, part. III, p. 116, tab. 20, fig. 4a—d.

Aus dem oberen Valanginien der W. MÖLLER'schen Tongrube bei Stadthagen liegt der Ausguß eines Steinkernes vor, welcher am nächsten vergleichbar ist dem bei WOODS, l. c. abgebildeten *Spondylus Roemeri* DESH.

Da das Stück unvollständig und die Skulptur nicht scharf ist, mag es nur mit Vorbehalt hierher gestellt sein, zu neuen Beobachtungen gab es keine Gelegenheit.

## Lima BRUGUIÈRES.

### Lima Cottaldi D'ORB.

1842. *Lima elegans* LEYMERIE, Terr. crét. de l'Aube, p. 27, tab. 6, fig. 6.
1845. » *Cottaldina* D'ORBIGNY, Pal. fr. Terr. crét., III, p. 537, tab. 416, fig. 1—5.
1858. » *parallela* MORRIS, PICTET et RENEVIER, Terr. aptien, p. 126, tab. 19, fig. 1.
1870. » *Cottaldina* D'ORB., PICTET et CAMPICHE, Terr. crét. Ste. Croix IV. Mat. Pal. Suisse V. sér., p. 151 u. 166, tab. 166, fig. 1.
1884. » » » WEERTH, Neokomsandstein, S. 52.
1895. » » » MAAS, Subhercyner Quader, S. 267.
1900. » » » WOLLEMANN, Die Bivalven und Gastropoden des deutsch. u. holländ. Neokoms, S. 35, Taf. 2, Fig. 2—3.

Eine größere Anzahl von Exemplaren dieser Art stammt aus den Schichten mit *Olcostephanus Keyserlingi* von Jetenburg. Sie ist leicht kenntlich an den 20—30 dachförmigen Radialrippen. Zwischen je zwei Hauptrippen legt sich eine feinere Nebenrippe. Diese Zwischenrippen treten auf mehreren Abdrücken von Jetenburg äußerst scharf hervor.

Bezüglich der Beschreibung und Abbildung kann ich auf die WOLLEMANN'sche Arbeit verweisen.

### Lima (Plagiostoma) planicosta n. sp.

Taf. IV, Fig. 1a—b, 2a—c.

1904. *Lima subrigida* F. A. ROEMER, WOODS, Cretaceous lamellibranchia of England, vol. II, Part. I, p. 10. Taf. III, Fig. 5—9 (pars).

Jetenburg: Höhe 100 mm, Länge 110 mm, Dicke 59 mm, Hinterseite 67 mm, Schloßrand 35 mm.

» Höhe 94 mm, Länge 104 mm, Dicke 45 mm, Hinterseite 68 mm, Schloßrand 33 mm.

Der Umriß ist halbkreisförmig, beide Klappen sind bauchig gewölbt, in der Jugend weniger stark. Die kräftigen Wirbel sind schwach eingekrümmt, aber berühren einander nicht. Sie stehen etwa auf dem vorderen Drittel der Schale. Der Schloßrand ist kurz, gerade. Hinter den Wirbeln befindet sich eine lange, vertiefte Lunula von lanzettlicher Gestalt. Das vordere Ohr ist größer, als das hintere. Die Schale ist dick. Jede Klappe trägt 45—60 breite, flache Radialrippen, welche vom Wirbel in gerader Richtung zum Schalenrand hin verlaufen. Sie werden durch tiefe, etwa ebenso breite Furchen voneinander getrennt. Die Rippen und Furchen werden von feinen konzentrischen Anwachsstreifen gekreuzt. Dieselbe Skulptur zeigt die Schalenoberfläche der Ohren. Bei Jugendformen oder in der Nähe des Wirbels von gut erhaltenen Exemplaren erhalten die Furchen zwischen den Rippen ein punktiertes Aussehen. (cf. Taf. IV, Fig. 2a—c.)

Diese Formen stehen der ROEMER'schen Art *Lima stricta* nahe. Die letztere hat eine längere Gestalt; Vorder- und Hinterrand bilden einen größeren Winkel miteinander. Die Klappen sind schwächer gewölbt und tragen viel zahlreichere Radialrippen. Die Wirbel sind noch schwächer eingekrümmt. Ein Exemplar der ROEMER'schen Art, welches sich in der Göttinger Sammlung vom Elligser-Brink befindet, läßt diese Unterschiede deutlich erkennen. *Lima subrigida* ROEMER besitzt ebenfalls eine größere Anzahl (80—100) Radialrippen.

Mit *Lima aubersonensis* PICTET et CAMPICHE aus dem Valanginien von Ste. Croix stimmen die vorliegenden Stücke hinsichtlich der Gestalt ziemlich gut überein, unterscheiden sich aber von ihr durch abweichende Berippung. PICTET et CAMPICHE beschreiben die Skulptur ihrer Spezies (Mat. Pal. Suisse V, p. 140) mit folgenden Worten: Cette coquille est ornée de côtes rayonnantes inégales, faiblement arrondies, séparées par des sillons très étroits et peu profonds.

*Lima planicosta* wurde häufig in gut erhaltenen Exemplaren in der Zone des *Olcostephanus Keyserlingi* bei Jetenburg und Lindhorst gefunden. Schlechter erhaltene Stücke fanden sich im neuen Kanal bei Deinsen und in den obersten Schichten der Müsinger Tongrube.

Auch aus einem Tiefbauschacht am Osterwalde besitzt das Göttinger Museum ein Exemplar von dieser Art, welches etwa aus gleichem Horizonte stammen dürfte.

Aus dem Kohlenschacht von Bredenbeck a/Deister liegt ein unvollständiges Exemplar dieser Spezies in der Sammlung der Bergakademie zu Klausthal, das von A. ROEMER als *Lima* n. sp. bestimmt ist und etwa aus gleichem Horizonte stammt.

Auch aus dem Valanginien von Gronau i/Westf. wurde diese Art in mehreren Exemplaren durch G. MÜLLER gesammelt.

Die von WOODS (l. c. p. 10) beschriebenen und abgebildeten Exemplare aus der Zone des *Belemnites lateralis* von Claxby Ironstone, also aus dem gleichen Horizonte Englands, dürften wahrscheinlich zum Teil derselben Art angehören. Mit *Lima subrigida* A. ROEM. können sie nicht vereinigt werden, da die Zahl der Rippen nach WOODS zwischen 43 und 50 schwankt. Auch bei den zahlreichen mir vorliegenden deutschen Exemplaren bleibt die Anzahl der Rippen innerhalb der Grenzen von 45—60, während *Lima subrigida*, wie oben erwähnt, 80—100 Radialrippen besitzt.

## Inoceramus SOWERBY.

### Inoceramus neocomiensis D'ORB.

Taf. IX, Fig. 4—6.

| | | | | |
|---|---|---|---|---|
| 1845. | *Inoceramus neocomiensis* D'ORBIGNY, | | | Pal. fr. Terr. crét. III, p. 503, tab. 403, fig. 1 u. 2. |
| 1847. | » | » | » | FITTON, Quarterl. Journ. geol. Soc. tome III, p. 289. |
| 1862. | » | » | » | BRISTOW, Geology of the Isle of Wight, Mem. of the geol. surv. of Great Britain. |
| 1900. | » | » | » | WOLLEMANN, Die Bivalven und Gastropoden des deutsch. u holländ. Neokoms, S. 60. |

Jetenburg: Höhe der linken Klappe eines unvollst. Exempl. 23 mm.
Müsingen: » » » » » » » 15 »
Müsingen: Linke Klappe, Höhe 9 mm; größte Breite 6 mm.
Müsingen: Rechte » , » 10 » » » 9 »

Diese von D'ORBIGNY aus dem Néoc. inf. nur kurz und unvollständig beschriebene, von FITTON und BRISTOW aus dem Lower Greensand angeführte Art findet sich in kleinen, zum Teil verdrückten Exemplaren im unteren Valanginien von Müsingen und Jetenburg.

Die Schalen besitzen eine schief ovale Gestalt. Die linke, große Klappe ist stark gewölbt, die rechte flach. Der Wirbel der linken Klappe steht weit nach vorn gerückt; er ragt nur wenig über den Schloßrand hervor und ist ziemlich stark eingekrümmt. Jener der linken Klappe liegt etwa auf der Mitte des Schloßrandes, er ist weniger kräftig, kaum eingekrümmt und ebenfalls ein wenig nach vorn gedreht. Schloß- und Vorderrand der rechten Klappe stehen senkrecht auf einander. Hinter- und Unterrand bilden einen zusammenhängenden Bogen, Schloß- und Vorderrand verlaufen in gerader Linie. Vom Wirbel der linken, größeren Klappe verläuft nach dem unteren Teile des Hinterrandes eine Depression, welche bewirkt, daß der hintere Teil der Muschel flügelartig verlängert erscheint. Die Schale wird von welligen, unregelmäßigen, konzentrischen Falten bedeckt, welche ihrerseits noch feine konzentrische Anwachsstreifen erkennen lassen. Diese Skulptur zeigt jedoch nur der äußere Teil der Schale, welcher faserig prismatische Struktur besitzt. Die innere, dünnblättrige Schale läßt eine feine, vom Wirbel ausgehende Radialskulptur besonders deutlich am Rande erkennen. Diese tritt auch auf einem Steinkern von Jetenburg (Fig. 4a—b) sehr scharf hervor und dürfte demnach wohl der Skulptur des Schaleninnern entsprechen.

## Pinna Linné.

### Pinna raricosta n. sp.

Taf. VIII, Fig. 1a—d.

Mehrere Exemplare einer *Pinna* aus den tiefsten Schichten des unteren Valanginien bei Müsingen stehen der *Pinna Robinaldi* d'Orb. nahe. Sie besitzen die Gestalt einer hohen, vierseitigen Pyramide. Der Wirbel ist dolchartig zugespitzt. Die Schale ist dünn, die Skulptur der von *Pinna Robinaldi* insofern ähnlich, als die obere Hälfte jeder Klappe bei beiden Arten schmale Radialrippen trägt, welche durch breite, glatte Furchen voneinander getrennt sind, während die untere Hälfte von runzligen Anwachsstreifen geziert wird.

Sie unterscheidet sich von der d'ORBIGNY'schen Art durch die schlanke Gestalt und ferner dadurch, daß die Radialrippen unterhalb des medianen Kieles nicht mehr vorhanden sind und deren Zahl nicht 14—18, sondern nur 6—7 beträgt. Außerdem fehlen ihr die konzentrischen Rippen auf dem oberen Teile der Schale, durch deren Vorhandensein die Oberfläche von *P. Robinaldina* ein gegittertes Aussehen erhält. Das größte und am besten erhaltene Exemplar besitzt eine Länge von 12 cm. Höhe und Dicke betragen am unteren, klaffenden Ende der Schalen ca. 3 cm; genaue Angaben sind nicht möglich, da der untere Teil der Klappen etwas verdrückt ist.

### Pinna Iburgensis WEERTH.

Taf. VI, Fig. 1—2; Taf. VII, Fig. 1a—b.

1884. *Pinna Iburgensis* WEERTH, Neokomsandstein, S. 48, Taf. IX, Fig. 1—2.
1895. » » » VOGEL, Holländische Kreide, S. 55.
1900. » » » WOLLEMANN, Die Bivalven und Gastropoden des deutsch. u. holländ. Neokoms, S. 71, Taf. III.

Müsingen: Länge ungefähr 16 cm, Höhe ungefähr 13 cm, Dicke 6 cm.

Die Gestalt ist breit, dreieckig, der Schloßrand gerade, der Unterrand schwach konkav ausgebuchtet, der Hinterrand konvex gebogen. Die Wirbel sind spitz. Durch einen stumpfen gerundeten Kiel, der von den Wirbeln nach hinten in schwachem Bogen zum hinteren Ende des Unterrandes verläuft, werden die Schalen in zwei Hälften geteilt, von denen die untere kleinere Hälfte steil zum Unterrand abfällt, während sich die obere allmählich zum Schloßrand hin abflacht. Die untere Hälfte der Schale wird von starken konzentrischen Anwachsrunzeln bedeckt. Die obere Hälfte trägt 15—20 feine Radialrippen, welche auf dem Steinkern nur in der Nähe des Wirbels deutlich hervortreten und von feinen Anwachsstreifen geschnitten werden. Die Schale ist dünn und an den vorliegenden Exemplaren nur stellenweise erhalten. An dem Taf. VI, Fig. 2 abgebildeten Exemplare ist sie in der Nähe der Wirbel papierdünn, an den Hinterrändern 2 mm dick. Über die Unterscheidung von verwandten Arten vergleiche man, was WEERTH darüber sagt.

Mehrere Exemplare wurden in den oberen Schichten der Müsinger Tongrube und in der Zone des *Polyptychites Keyserlingi* von Jetenburg gefunden. Die Formen variieren beträchtlich hinsichtlich der Breite und Länge, schlankere Exemplare leiten zu der Gestalt von *Pinna Robinaldi* D'ORB. hinüber. Das Taf. VII, Fig. 1a—b abgebildete Exemplar von Jetenburg ist besonders breit, allerdings ist der Wirbel durch den Gebirgsdruck nach unten hinabgedrückt. Figur. 1 auf Taf. VI stellt den Steinkern einer schlankeren Form von Müsingen dar. Verschiedene Exemplare lassen den in der Nähe des hinteren Schloßrandes gelegenen großen, ovalen Muskeleindruck deutlich erkennen.

## Pinna cf. Robinaldi D'ORB.

Taf. V, Fig. 5a—b; Taf. VII, Fig. 2—3.

? 1839. *Pinna rugosa* A. ROEMER, Ool. Gebirge, Nachtrag. S. 32, Taf. XVIII, Fig. 37.
1841. » » » Kreidegebirge, S. 65.
1844. » *Robinaldina* D'ORBIGNY, Pal. fr. Terr. crét., III. p. 251, tab. 330, fig. 1—3.
1858 » » » PICTET et RENEVIER, Terr. aptien, p. 117, tab. 16, fig. 5.
1867. » » » PICTET et CAMPICHE, Terr. crét. Ste. Croix III. Mat. Pal Suisse, IV, p. 532 u. 537, tab. 139, fig. 3—6.
1868. » » » DE LORIOL, Gault du Cause, p. 82, tab. X, fig. 3—5.
1883. » » » KEEPING, Upware and Brickhill, p. 110.
1884. » » » WEERTH, Neokomsandstein, S. 48.
1896. » » » WOLLEMANN, Hilsconglomerat, S. 845.
1900. » » » WOLLEMANN, Die Bivalven und Gastropoden des deutsch. u. holländ. Neokoms, S. 70.
1900. » » » DIM. J. ANTHULA, Kreidefoss. d. Kaukasus, S. 74.
1903—1904. *Pinna Robinaldina* D'ORBIGNY, BURCKHARDT, Jura und Kreide der Cordillere, Taf. XV, Fig. 6—17, S. 79.

Müsingen: Länge 13 cm, Dicke 5 cm.

Es liegen mir von Müsingen, Jetenburg, Lindhorst und Deinsen etwa 20 Exemplare vor, welche hinsichtlich ihrer Gestalt eine Zwischenform zwischen den beiden vorhin beschriebenen Arten bilden und am nächsten vergleichbar sind mit *Pinna Robinaldi* D'ORB. Auch zahlreiche Schalenstücke, welche manche Schichtflächen der Schiefertone von Müsingen bedecken, zeigen die Skulptur der oft beschriebenen D'ORBIGNY'schen Art.

Diese Stechmuschel hat spitz keulenförmige Gestalt von viereckigem bis spindelförmigem Querschnitt (Taf. VII, Fig. 3b). Der Schloßrand ist gerade, der Unterrand schwach konkav ausgebuchtet. Beide Klappen werden von einem abgerundeten Kiele, welcher von den Wirbeln zum hinteren Teil des Unterrandes verläuft, in zwei ungleiche Teile geteilt. Die obere Schalenfläche trägt etwa 14—20 schwache Radialrippen, welche auch auf dem Steinkern noch deutlich hervortreten. Sie werden von feinen konzentrischen Anwachslinien gekreuzt. Im Alter verschwinden die Radialrippen, sodaß sie größere Exemplare nur auf der vorderen Hälfte der oberen Schale zeigen. Der untere Teil der Schalenoberfläche ist mit faltenwurfähnlichen, kräftigen Anwachsrunzeln bedeckt. Der hintere, große, flache Muskeleindruck liegt in der Nähe des hinteren Schloßrandes.

Auch diese Art ist sehr variabel in ihrer Gestalt. Alle Abbildungen älterer Autoren zeigen die Radialrippen bis zum Hinterrande reichend. Ob dieses Unterscheidungsmerkmal von den mir vorliegenden Formen nur auf Altersverschiedenheiten beruht, ließ sich nicht ermitteln, da ich die D'ORBIGNY'schen und PICTET'schen Originale nicht untersuchen konnte. Ich stelle daher die beschriebenen Formen nur mit Vorbehalt zu der D'ORBIGNY'schen Art.

## Aucella KEYSERLING.

### Aucella Keyserlingi LAHUSEN.

1837. *Inoceramus concentricus* FISCHER, Oryctographie du gouvernement de Moscou, p. 177, tab. 30, fig. 1—3.

1874. *Aucella concentrica* var. *rugosa*, F. TOULA, Beschr. mesoz. Verstein. v. d. Kuhn-Insel, d. zweite deutsch. Nordpolfahrt 1874, S. 503, Taf. II, Fig. 2 u. 3.

?1884. *Avicula (?) Teutoburgensis* WEERTH, Neokomsandstein, S. 50, Taf. 9, Fig. 9.

1888. *Aucella Keyserlingi* LAHUSEN, Russische Aucellen, Mém. du Comité géol. de Pétersbourg VIII, p. 21 u. 40, tab. 4, fig. 18—23.

1896. » » » PAVLOW, English and German Species of Aucella. Quart. Journ. geol. soc., LII, p. 550, tab. 27, fig. 3.

1900. *Aucella Keyserlingi* LAHUSEN, WOLLEMANN, Die Bivalven u. Gastropoden d. deutsch. u. holländ. Neok., S. 56, Taf. II, Fig. 6—9.
1901. » » » POMPECKJ, Über Aucellen etc., N. Jahrb. f. Min., B. Bd. XIV, S. 345.
1903. » » » WOLLEMANN, A. Keyserlingi LAH., Aus dem Hilskonglomerat, Zeitschr. d. d. geol. Ges., 1903, Bd. 55, S. 131.
1904. » » » ANDRÉE, Teutoburg. Wald b./Iburg, S. 30.

Die große Klappe eines kleinen Exemplares von *Aucella Keyserlingi* LAH., fand sich im unteren Hauterivien bei Harienstädt. Eine ausführliche Beschreibung gibt WOLLEMANN und LAHUSEN. Über die Unterscheidung von der nächst folgenden Art vergleiche man das dort Gesagte.

## Aucella cf. volgensis LAH.

1888. *Aucella volgensis* LAHUSEN, Über die russischen Aucellen, Mém. du Comité géol. de St. Petersbourg vol. VIII, No. 1, S. 38, Taf. 3, Fig. 17.
1897. » » » PAVLOW, English and German Species of Aucella. Quart. Journ. geol. soc., vol. LII, p. 549, tab. 27, fig. 1a—c.
1901. » » » POMPECKJ, Über Aucellen etc., Neues Jahrb. f. Min. B., Bd. XIV, S. 345.

Diese Art wird von PAVLOW aus dem unteren Valanginien (Schichten mit *Oxynoticeras Markoui* D'ORB.) von Rußland und aus dem Lower Greensand von England angeführt. PAVLOW vermutet ihr Vorkommen auch in Deutschland.

Die große Klappe eines kleinen, unvollständigen Exemplares aus dem unteren Valanginien von Jetenburg dürfte vielleicht hierher gehören. Die Höhe derselben beträgt 31 mm, ihre Breite 24 mm, die größte Wölbung ?8 mm. Die Schale ist dünn, mit konzentrischen Anwachsringen bedeckt, die nicht so scharf und regelmäßig sind, als bei *Aucella Keyserlingi* LAH. Vom Schloß war nichts zu erkennen; eine genauere Bestimmung wird daher erst die Auffindung einer größeren Anzahl von Exemplaren ermöglichen.

*Aucella Keyserlingi* LAH. ist bauchiger und weniger schiefdreiseitig; sie besitzt einen gerundeten Rücken. Die vorliegende Klappe ist nur flach gewölbt und mit einem langen, schnabelförmigen Wirbel versehen, wodurch sie bedeutend schlanker erscheint als *Aucella Keyserlingi* LAH.

Die interessante einen borealischen Charakter tragende Gattung Aucella ist nach POMPECKJ (l. c., S. 344) aus der jurassischen, bezw. kretazeischen Arktis in unsere Gebiete eingewandert und von besonderer Wichtigkeit für die Stratigraphie, da die einzelnen Arten eine ganz außerordentlich weite horizontale Verbreitung besitzen.

Auch in den Neokomablagerungen Nordwestdeutschlands dürfte diese Gattung, nach neueren Funden zu urteilen, viel mehr verbreitet sein, als man bislang anzunehmen geneigt war.

## Modiola LAM.

### Modiola rugosa A. ROEMER.

1835. *Modiola rugosa* A. ROEMER, Oolithengeb., S. 93, Taf. V, Fig. 10.
1841. » » » Kreidegebirge, S. 97.
1850. *Mytilus subrugosus* D'ORBIGNY, Prodromo de Pal. vol. II, p. 81.
1867. » *rugosus* F. PICTET et CAMPICHE, Foss. Terr. crét., Ste. Croix. (Matér. Pal. Suisse, sér. IV), p. 508.
1896. *Modiola rugosa* A. ROEM., A. WOLLEMANN, Hilskonglomerat, Zeitschr. d. deutsch. geol. Gesellsch., Bd. XLVIII, S. 845.
1900. » » » A. WOLLEMANN, Die Bivalven etc. d. deutsch. Neokoms, S. 64.
1900. » » » H. WOODS, Monogr. of the Cretaceous Lamellibr. of England. Pal. soc. vol. LIV, pt. II, p. 97.

Neuer Kanal bei Deinsen:

Länge 51 mm; Höhe 27 mm; Dicke der Wölbung 17 mm.

Der Schloßrand ist gerade und sehr lang, er erreicht über die Hälfte der Gesamtlänge. Der Hinterrand steigt in flachem Bogen zum Unterrande hinab. Letzterer ist gerade, etwas nach dem Schloßrande hin eingekrümmt. Der kurze Vorderrand steht senkrecht auf dem Schloßrande. Schräg über die Klappen verläuft von den kräftigen, nur wenig gekrümmten Wirbeln aus ein schwach S-förmig geschwungener stumpfer Kiel; unter diesem erscheinen die Schalen zusammengedrückt. Vom Schloßrand gehen scharfe konzentrische Anwachsstreifen aus, welche den übrigen Rändern parallel laufen. Bei sehr guter Erhaltung sieht man, daß zwischen den einzelnen Anwachsstreifen noch eine sehr feine konzentrische Liniierung vorhanden ist, die durch ebenso feine vom Wirbel auslaufende Radiallinien gekreuzt wird.

Diese schöne Modiola fand sich im unteren Valanginien des neuen Kanals bei Deinsen und bei Bückeburg, ferner im Hauterivien der KUHLMANN'schen Tongrube von Stadthagen.

Einige Steinkerne aus dem Schacht Georg können entsprechend ihrer Größe und Gestalt auch hierher gehören.

### Modiola aequalis Sow.

1818. *Modiola aequalis* SOWERBY, Min. Conch., vol. III, p. 18, tab. 2?, fig. 2.
1844. *Mytilus aequalis* D'ORBIGNY, Pal. fr. Terr. crét., vol. III, p. 265, tab. 337, fig. 3—4.
1858. » » » PICTET et RENEVIER, Foss. Terr. Aptien. (Matér. Pal. Suisse, sér. I), p. 116, tab. 16, fig. 2.
1867. » » » PICTET et CAMPICHE, Foss. Terr. crét. Ste. Croix. (Matér. Pal. Suisse, sér. IV), p. 496 u. 507.
1883. *Modiola obesa* KEEPING, Neoc. dep. of Upware and Brickhill, p. 117, tab. 6, fig. 3.
1909. » *aequalis* SOW., WOODS, Monogr. Cretac. Lamellibr., part II, Pal. soc. LIV, p. 93, tab. XV, fig. 8—14.

In Schiefertonen plattgedrückte Exemplare dieser Art finden sich im unteren Valanginien bei Müsingen und sind leicht an der vom Wirbel zur Mitte des Unterrandes laufenden furchenähnlichen Depression zu erkennen. Der Umriß ist oval, die Oberfläche der Schale nur mit konzentrischen Anwachsringen bedeckt.

Einige Exemplare fand ich auch in den obersten Wealdenschichten bei Müsingen.

### Modiola striato-costata D'ORB.

1844. *Mytilus striato-costatus* D'ORBIGNY, Pal. fr. Terr. crét vol. III, p. 281, tab. 342, fig. 4—6.
1867. *Modiola striato-costata* PICTET et CAMPICHE, Foss. Terr. Crét., Ste. Croix, (Matér. Pal. Suisse sér. IV), p. 510.
1900. » » PICTET et CAMPICHE, WOODS, Monogr. Cretac. Lamellibr., part. II, Pal. soc. vol. LIV, p. 103, tab. XVII, fig. 9—10.

Einige Exemplare dieser kleinen, zierlichen Art fanden sich im unteren Valanginien, in den obersten Schichten der Müsinger Tongrube. Es sind jedoch nur scharfe Steinkerne. Ich konnte an dem Material keine neuen Beobachtungen machen und verweise daher auf die ausführliche Beschreibung bei WOODS.

### Modiola pulcherrima A. ROEMER.

1835. *Modiola pulcherrima* A. ROEMER, Oolithengebirge, S. 94, Taf. 4, Fig. 14.
1837. » » » KOCH und DUNKER, Oolithengeb., S. 53, Taf. 6, Fig. 7.
1841. » » » A. ROEMER, Kreidegebirge, S. 66.
1877. » » » G. BÖHM, Hilsmulde, S. 239.
1884. *Mytilus pulcherrimus* D'ORBIGNY, WEERTH, Neokomsandstein, S. 47.
1896. *Modiola pulcherrima* A. ROEMER, WOLLEMANN, Hilskonglomerat, S. 843.
1900. » » » Ders., Bivalv. u. Gastrop. d. deutsch. u. holländ. Neokoms, S. 66, Taf. IV, Fig. 1.

Einige mit der Schale erhaltene Exemplare dieser schönen Art erhielt ich aus dem unteren Hauterivien der KUHLMANN'schen und der SCHÖNFELD'schen Ziegeleitongrube bei Stadthagen. Die leicht kenntliche Art ist bereits hinlänglich beschrieben und wiederholt gut abgebildet.

## Nucula LAM.

### Nucula planata DESH.

Taf. IX, Fig. 11a b.

1829. *Nucula ovata* J. PHILLIPS, Geol. of Yorks. I, p. 122, tab. II, fig. 10.
1842. » *planata* DESHAYES, LEYMERIE, Terr. crét. de l'Aube, Mém. Soc. Géol. de France, vol. V, p. 7, tab. IX, fig. 3 u. 4.
1843. » *Cornueliana* (im Text *N. impressa*) D'ORBIGNY, Pal. fr. Terr. crét III, p. 165, tab. 300, fig. 6—10.
1844. » *planata* D'ORBIGNY, ibid., p. 163, tab. 300, fig. 1—5.
1858. » *impressa* PICTET et RENEVIER, Aptien de la Perte du Rhône etc., p. 108, tab. XV, fig. 5—6.
1861. » *Cornueliana* D'ORB., DE LORIOL, Mont Salève, p. 84, tab. X, fig. 6.
1866. » *planata* PICTET et CAMP., Moll. Foss. de Terr. Crét. de Ste. Croix. Mat. Pal. Suisse pt III, p. 404 u. 417, tab. 119, fig. 7.
1867. » » id. ibid., p. 406, tab. 129, fig. 8.
1884. » » D'ORB., GARDNER, Quart. Journ. geol Soc. XL, p. 126, tab. V, fig. 1—4.

1899. *Nucula planata* d'Orb., Woods, Cretac. Lamellibr. I, p. 12, tab. II, fig. 11-15.
1900. » » » Wollemann, Die Bivalven u. Gastropoden d. deutsch. u. holländ. Neokoms, S. 82.

Müsingen:

Höhe 9 mm, Länge 12 mm, Hinterseite 10 mm (7 mm).
» 9 » » 13 » » 10 »

Harienstädt:

Höhe 19 mm, Länge 27 mm, Hinterseite 22 mm, Dicke 13 mm.

Eine ausführliche Beschreibung dieser in der Gestalt sehr variabelen Art findet sich bei Pictet et Campiche und bei Wollemann, auf die ich nach Angabe der obigen Daten verweise. Gut erhaltene Exemplare finden sich in unserem Gebiete ziemlich häufig im untersten Valanginien von Müsingen. Sonstiges Vorkommen: Harienstädt (Hauterivien), Jetenburg (Zone des *Olcostephanus Keyserlingi*).

## Nucula cf. simplex Desh.?

Taf. IX, Fig. 10a–c.

1842. *Nucula simplex* Desh., Leym., Terr. crét. de l'Aube. Mém. soc. géol. de France tome V, p. 3 u. 4, tab. 9, fig. 5.
1843. » » » d'Orbigny, Terr. crét. Pal. fr. III, p. 166, tab. 300, fig. 11–15.
1847. » » » Fitton, Quart. Journ. geol. Soc. III, p. 289.
1865. » » » Pictet et Campiche, Terr. crét., Ste. Croix III, p. 407.

Einzelne Exemplare von Jetenburg scheinen zu dieser Art zu gehören. Sie unterscheidet sich von der vorhergehenden und folgenden durch ihre im Verhältnis zur Länge bedeutendere Höhe. Ihre Gestalt nähert sich noch mehr der eines Dreiecks. Der hinter den Wirbeln gelegene Teil der Schale ist im Verhältnis kürzer, als bei der vorhergehenden Art, der hintere Schloßrand stärker gebogen.

Die Schale trägt unregelmäßige konzentrische Anwachsringe, die von feinen Radiallinien gekreuzt werden. Ob diese feine Gitterstruktur, welche bei *N. simplex* noch nicht beobachtet wurde, ein konstantes Merkmal darbietet, läßt sich nach den wenigen vorliegenden Stücken nicht entscheiden; ich stelle daher die Formen vorläufig mit Vorbehalt zu dieser bekannten Art, mit der sie nach ihrer Gestalt am nächsten zu vergleichen sind.

## *Nucula subcancellata* n. sp.

Taf. IX., Fig. 7a–d, 8, 9a–b.

Jetenburg:

| Länge | Höhe | Dicke | Hinterseite |
|---|---|---|---|
| 20 mm, | 14 mm, | 10 mm, | 13 mm. |
| » 18 » | » 12 » | » 9 » | » 12 » |
| » 14 » | » 10 » | » 6 » | » 10 » |
| » 21 » | » 13 » | » 10 » | » 16 » |

Der äußere Umriß ist dem von *Nucula planata* Desh. ähnlich. Die Gestalt ist stumpfwinklig dreieckig. Der Schloßkantenwinkel beträgt circa 120°. Der Vorder- und Oberrand ist gerade, der Unterrand gleichmäßig gebogen. Letzterer bildet mit dem Vorderrande einen spitzen Winkel. Die Wölbung der Schalen ist größeren Schwankungen unterworfen. Die spitzen Wirbel stehen nach vorn gerückt, sind schräg nach vorn eingekrümmt und berühren fast einander. Unter den Wirbeln befindet sich vorn ein deutlich abgegrenztes, herzförmiges Feld, das bald mehr, bald weniger vertieft erscheinen kann. Innerhalb dieser Fläche tritt bisweilen eine durch einen schwachen Kiel begrenzte, kleine Lunula auf. Die Schale ist dick, auf der Oberfläche mit feinen konzentrischen Anwachsstreifen bedeckt, die von regelmäßigen, zahlreichen und ebenso zarten Radiallinien gekreuzt werden. Hierdurch erhält die Oberfläche bei guter Erhaltung ein gegittertes Aussehen. Die Radialstreifung tritt besonders auf der Mitte der Schalen deutlich hervor, kann jedoch durch Abnutzung sehr bald verwischt werden.

Der hintere Schloßrand trägt eine kammförmige Reihe von Zähnen, vor dem Wirbel ist ihre Anzahl geringer. Der Steinkern ist glatt. Die Muskeleindrücke liegen seitlich, nahe dem Rande. Sie sind sehr tief, von elliptischer oder lang ovaler Gestalt. Auf Steinkernen treten sie als erhöhte Platten hervor. Beide werden durch eine einfache Mantelbucht mit einander verbunden.

Unsere Art unterscheidet sich von *Nucula planata* Desh. durch ihre verschiedene Skulptur, hauptsächlich durch das Auftreten deutlicher Radialverzierung. Bei *Nucula pectinata* Sow. sind, abgesehen von der abweichenden Gestalt, die Radiallinien viel kräftiger entwickelt, sodaß die Radialverzierung hier bei weitem vor der konzentrischen überwiegt.

*Nucula subcancellata* findet sich ziemlich häufig in der Zone des *Olcostephanus Keyserlingi* bei Jetenburg und Lindhorst. Auch scheinen einige Exemplare von Sachsenhagen dieser Art anzugehören.

## Leda SCHUHMACHER.

### Leda scapha D'ORB.

1844. *Nucula scapha* D'ORBIGNY, Pal. fr. Terr. crét. III, p. 167, tab. 301, fig. 1—3.
1845. » » » FORBES, Quart. Journ. geol. Soc., tome I., p. 245.
1850. *Leda* » » PRODROME II., p. 75.
1865. *Nucula* » » H. CREDNER, Erläut. d. geogn. Karte der Umg. von Hannover, S. 42.
1866. *Leda* » » PICTET et CAMPICHE, Terr. crét. Ste. Croix III, p. 395 u. 400, tab. 129, fig. 2.
1881. *Yoldia* » » ZITTEL, Handbuch d. Palaeont. II., S. 54.
1884. *Leda spathulata* GARDNER, Quart. Journ. geol. Soc. vol. XL, p. 138, tab. 5, fig. 31—34.
1899. *Nuculana scapha* D'ORB., WOODS, Monogr. of Cretac. Lamellibr. of England, Part. I., p. 3, tab. I., fig. 8—14.
1900. *Leda scapha* D'ORB., WOLLEMANN, Die Bivalven und Gastropoden des deutsch. und holländ. Neokoms, S. 83.
1904. » » » Ders. Fauna d. Gault von Algermissen, S. 26.

Müsingen: (Größtes Exemplar) 14 mm lang, 7 mm hoch.
Jetenburg: » » 10 » » 5 » »

Da ich neue Beobachtungen an dem mir vorliegenden Material nicht machen konnte, verweise ich auf die ausführliche Beschreibung bei WOLLEMANN und WOODS. Die von mir untersuchten Stücke stimmen am besten mit den von WOODS abgebildeten englischen Exemplaren überein. *Leda scapha* D'ORB. wurde häufig im ganzen unteren Valanginien von mir gefunden, auch kommt sie gelegentlich im Hauterivien vor. Fundorte sind: Müsingen und Jetenburg im Valanginien, Stadthagen und Neue Col. Ziegelei südwestlich Petershagen im Hauterivien, Tongrube bei Cammer in unbekanntem Horizonte.

### Leda navicula n. sp.

Taf. IX, Fig. 12a—d.

Jetenburg:

| | | | | |
|---|---|---|---|---|
| Länge 13 mm, | Höbe 8 mm, | Dicke 6 mm, | Vorderseite 5 mm. |
| » 17 » | » 11 » | » 7 » | » 7 » |

(Steinkern)

| | | | |
|---|---|---|---|
| Länge 13 » | » 8 » | » 7 » | » 5 » |

Die Gestalt ist kahnförmig. Der Schloßrand bildet nahezu eine gerade Linie. Vorder- Unter- und Hinterrand gehen in einem zusammenhängenden Kreisbogen in einander über. Beide Klappen sind gleichmäßig und stark gewölbt, vorn ein wenig klaffend. Die Wirbel sind mäßig stark und ragen ziemlich weit über den Schloßrand hervor. Sie stehen etwas nach vorn gerichtet und sind stark eingekrümmt; ihre Spitzen berühren einander. Vor und hinter den Wirbeln befindet sich eine undeutlich umgrenzte Lunula. Die Schale ist ziemlich dick, mit mehreren konzentrischen, welligen Anwachswülsten versehen. Die ganze Oberfläche ist außerdem mit feinen, sehr scharfen, in der Nähe des seitlichen Abfalles der Schale zum Vorder- und Hinterrand dichotomierenden, konzentrischen Anwachsstreifen bedeckt (Fig. 12d). An den Seiten sind letztere weniger scharf ausgebildet, als auf der Mitte der Schalen.

Der Schloßrand trägt vorn etwa 20, hinten noch zahlreichere, kammförmige Zähnchen. Auf dem Steinkern sieht man dicht unter den Enden des Schloßrandes je einen, rundlich bis elliptisch gestalteten, kleinen Muskeleindruck. Beide werden durch eine ganzrandige Mantelbucht miteinander verbunden.

Diese Art ist *Leda Mariae* D'ORB. am nächsten vergleichbar, unterscheidet sich aber wesentlich von ihr durch sehr viel stärkere Wölbung der Klappen, größere Breite der Hinterseite, bedeutend stärker vorragende Wirbel und größere Höhe im Verhältnis zur Länge. *Leda scapha* D'ORB. läuft hinten in einen spitzen Schnabel aus und trägt abweichende Skulptur.

Unsere Art findet sich häufig und bisweilen in schön erhaltenen Exemplaren in der Zone des *Olcostephanus Keyserlingi* bei Jetenburg.

## Arca LINNÉ.

### **Arca carinata** SOW.

1813. *Arca carinata* SOWERBY, Min. Conch. vol. I., p. 96, tab. 44, fig. 2 u. 3.
1824. *Cucullaea costellata* » ibid. vol. V., p. 67, tab. 447, fig. 2.
1838. » *striatella*, H. MICHELIN, Mém. Soc. Géol. de France vol. III., p. 102, tab. XII. fig. 11.
1842. » *securis*, var. minor, Leymerie, Aube p. 6 u. 25, tab. 7, fig. 7.

1844. *Arca carinata* Sow., d'Orbigny, Pal. fr. Terr. Crét. vol. III., p. 214, tab. 313, fig. 1—3.
1852. » » » Pictet et Roux, Moll. Foss. Grès verts de Genève p. 462, tab. 37, fig. 1.
1866. » » » Pictet et Campiche, Terr. Crét. Ste. Croix (Matériaux Pal. Suisse, sér. IV.), p. 462 u. 472.
1899. » » » Woods, Monogr. Cretac. Lamellibr. of England, Palaeontogr. Soc. LIII., pt. I., p. 45, tab. VIII., fig. 3—7.
1900. » » » Wollemann, Die Bivalv. etc. des norddeutsch. Neok., S. 77, Taf. II., Fig. 10 u. 11.

Kuhlmann's Tongrube, Stadthagen:
Länge 27 mm, Höhe 17 mm, Hinterseite 18 mm, Schloßrand 20 mm.

Von dieser kürzlich durch Woods und Wollemann von neuem ausführlich beschriebenen Art wurden von mir einige Exemplare im unteren Hauterivien bei Stadthagen gesammelt. Ein zweifelhaftes Stück stammt aus dem unteren Valanginien von Müsingen.

**Arca sp. ind.** (cf. *marullensis* d'Orb.).

Ein unvollständiger, scharfer Abdruck aus dem unteren Valanginien von Müsingen gehört nach Skulptur und Gestalt anscheinend zu *Arca marullensis* d'Orb.

(cf. Woods, Monogr. Cretac. Lamellibr. of England. Palaeontogr. Soc. LIII, pt. I, tab. VII, fig. 4—7).

## Cucullaea Lam.

### Cucullaea texta A. Roem.

1836. *Cucullaea texta* A. Roemer, Ool. Gebirge, p. 104, tab. VI, fig. 19.
1872. » » » P. de Loriol, Royer et Tombeck, Monogr. du jur. sup. de la Haute-Marne p. 323, tab. 18, fig. 6—10.
1874. » » » Brauns, der obere Jura im nordw. Deutschl. S. 325.
1875. *Arca* » » P. de Loriol et Pellat, Monogr. des étag. jur. sup. de Boulogne sur Mer p. 143, tab. 17, fig. 18.
1877. » » » G. Böhm, Bilsmulde S. 227.
1878. *Cucullaea* » » C. Struckmann, D. ob. Jura v. Hannover, S. 40.
1888. » » de Loriol et Bourgeat, Études sur les mollusques des couches corallig. de Valfin p. 295, tab. 33, fig. 18.
1888. » » » P. Choffat, Descr. de la faune jur. du Portugal. Mollusques lamellibr. p. 55, tab. XI, fig. 35—36.

1890. *Cucullaea texta* A. ROEMER, C. STRUCKMANN, Grenzsch. zw. Hilston und Wealden b. Barsinghausen a. D. S. 76, Taf. XIII, Fig. 1—10.
1890? *Arca Gabrielis* LEYM., C. STRUCKMANN, Ebendort S. 74, Taf. XII, Fig. 3—7.
1900. » » » WOLLEMANN, Bivalven etc. d. nordd. Neok. S. 79, z. T.
1900. *Cucullaea texta* A. ROEMER?, G. MÜLLER, Verstein. d. Jura u. d. Kreide von Deutsch-Ost-Afrika S. 538, Taf. XVII, Fig. 4.

Müsingen: Größtes Exemplar; Länge 68 mm, Höhe 51 mm, Dicke 45 mm, Länge des Schloßrandes 38 mm.

C. STRUCKMANN gebührt das Verdienst, die im oberen Jura weit verbreitete *Cucullaea texta* A. ROEM. auch im oberen Wealden von Norddeutschland zuerst erkannt und richtig identifiziert zu haben. Er gründete auf den Befund dieses Fossiles zum großen Teil seine Ansicht, daß die Wealdenbildungen zum Jura gezogen werden müßten. Dieses Argument wird jedoch dadurch hinfällig, daß sich in dem Aufschlusse bei Müsingen nachweisen ließ, wie diese Art durch den Wealden hindurch ziemlich hoch in die typischen Neokomablagerungen hinaufgeht und zusammen mit Ammoniten und anderen Fossilien des unteren Valanginien vorkommt.

Ferner dürften die von STRUCKMANN aus dem Hilston bei Barsinghausen als *Cucullaea Gabrielis* LEYM. beschriebenen Exemplare mit *Cucullaea texta* A. ROEM. aus folgenden Gründen zu vereinigen sein: Einmal gibt C. STRUCKMANN selbst zu, daß jüngere Gehäuse von *C. Gabrielis* mit solchen von *C. texta* verwechselt werden können, und daß die von ihm bestimmten Exemplare sämtlich etwas verdrückt waren, wodurch immerhin eine etwas abweichende Gestalt resultiert. Es liegen mir von Müsingen mehrere hundert Exemplare vor, bei deren Untersuchung sich zeigte, daß die von STRUCKMANN angegebenen Unterscheidungsmerkmale keineswegs sehr ausgesprochene sind, sondern damit nur extreme Formen einer Mutationsreihe auseinander gehalten werden können, zwischen denen alle Übergänge vorhanden sind. *Cucullaea Gabrielis* soll sich von *Cucullaea texta* durch mehr trapezförmige Gestalt, durch spitzere, nahe einander gegenüber stehende Buckel und ein schmaleres Schild, sowie durch eine schärfer zusammengedrückte Hinterseite unterscheiden.

Es sind dies jedoch Verhältnisse, welche an dem mir zu Gebote stehenden Material innerhalb erheblicher Grenzen schwanken. Einige Exemplare aber stimmen geradezu mit den von STRUCKMANN als *Cucullaea Gabrielis* abgebildeten in allen Verhältnissen sehr gut überein.

Zur leichteren Orientierung gebe ich unter Berücksichtigung des vorher Gesagten nochmals eine ausführliche Beschreibung von *Cucullaea texta*.

Das Gehäuse ist nahezu gleichklappig, beide Klappen sind stark gewölbt, am stärksten unter den Wirbeln. Die Gestalt ist in der Jugend ausgeprägt schief trapezförmig, kann jedoch im Alter fast rhombisch werden. Die kräftigen, bald mehr, bald weniger spitz zulaufenden Wirbel ragen über den Schloßrand hervor und sind stark eingekrümmt. Sie liegen bisweilen in der Mitte, in den meisten Fällen sind sie jedoch nach vorn gerückt und stehen bald einander genähert, bald ziemlich weit von einander entfernt. Vor dem Wirbel verläuft eine deutliche Kante zum Grenzpunkt von Unter- und Hinterrand. Hinter ihr sind die Schalen stark zusammengedrückt, wodurch eine große, vertiefte, herzförmige Area entsteht. Bisweilen trennt ein zweiter Kiel in dieser Fläche noch eine innere, kleinere und etwas erhöht liegende Area ab. Der Hinter- und Unterrand bilden miteinander einen spitzen Winkel, während der Unterrand mit dem Vorderrande in unregelmäßig gekrümmtem Bogen zusammenhängt. Der Schloßrand ist lang und gerade. Über ihm befindet sich eine große, ein gleichschenklig-stumpfwinkliges Dreieck bildende Bandarea, welche von einer Anzahl geknickter Furchen, die den Schenkeln des Dreiecks parallel verlaufen, geziert wird. Die Schale ist dick. Ihre Skulptur besteht aus unregelmäßig gröberen und feinen konzentrischen Anwachsstreifen, welche von zahlreichen, vom Wirbel auslaufenden Radiallinien gekreuzt werden. Letztere sind besonders in der Jugend sehr deutlich und über die ganze Schalenfläche verbreitet, sodaß die Oberfläche gegittert erscheint. Im Alter wird die Radialskulptur meist nur auf dem vorderen Teile der Schalen sichtbar. An den Kreuzungspunkten von den radialen und konzentrischen Linien treten bei sehr guter Erhaltung knotenförmige Erhebungen auf. Die innere Schalenskulptur besteht aus feinen Radialstreifen, die besonders am Rande hervortreten und auch auf Steinkernen meist deutlich zu sehen sind. Das Schloß ist das der typischen Cucullaeen. Neben 4—6 starken und langen, leistenförmigen Seitenzähnen, welche dem Schloßrande parallel verlaufen, sind zahlreiche kleinere, von der Mitte aus divergierende vorhanden. Die Muskeleindrücke liegen seitlich, dicht unter dem Schloßrande. Der hintere, größere ist langgestreckt. Beide werden durch eine einfache Mantelbucht verbunden.

*Cucullaea Gabrielis* LEYM. steht, wie schon erwähnt, unserer Art sehr nahe; es fehlt mir an Vergleichsmaterial, um spezifische Unterschiede zwischen den norddeutschen und den französischen resp. schweizerischen Formen angeben zu können.

Überaus häufig findet sich *Cucullaea texta* ROEM. im oberen Wealden und unteren Valanginien bei Mösingen. In den Übergangsschichten zwischen beiden Bildungen liegt eine Toneisensteinbank, welche dieses Fossil besonders häufig und fast ausschließlich beherbergt und in dem Aufschluß daran stets leicht wiederzuerkennen ist. Aus manchen Schieferton-Schichten kann man die Schalen ohne Mühe mit dem Schloß frei herauspräparieren.

Auch aus dem Georg-Schacht bei Stadthagen sind mir einige Stücke bekannt geworden. G. MÜLLER und C. GAGEL erwähnen diese Art wiederholt aus dem Valanginien des Emsgebietes.

## Astarte SOWERBY.

### Astarte subcostata D'ORB. (laticosta DESH.).

Taf. IV, Fig. 6a—b.

1842. *Astarte laticosta* DESH., LEYMERIE, Terr. crét. de l'Aube, p. 4, tab. 4, fig. 4—5.
?1843. » *striato costata* D'ORBIGNY, Pal. fr. Terr. crét., III, p. 64, tab. 262, fig. 7—9.
? 1845. *Venus* » » FORBES, Quart. Journ. geol. Soc., I, p. 241.
1847. » » » FITTON, ibid., III, p. 289.
1856. *Astarte laticosta* DESH., PICTET et RENEVIER, Terr. aptien Ste. Croix, p. 88, tab. X, fig. 2a—d.
1864. » *subcostata* D'ORBIGNY, PICTET et CAMPICHE, Terr. crét. Ste. Croix, III. Mat. Pal. Suisse, IVe sér., p. 307.

Jetenburg: Höhe 3 mm. Länge 2,5 mm.
» 5 » » 4 »

Die Gestalt ist gerundet dreiseitig, etwas höher als lang. Der Vorderrand ist mit einer seichten Ausbuchtung versehen. Beide Klappen sind flach gewölbt; die Wirbel springen wenig hervor. Die Oberfläche ist mit 4—7 konzentrischen, faltigen Wülsten bedeckt. Diese sind wiederum mit feinen scharfen, konzentrischen Anwachslinien verziert. Durch diese Skulptur soll sich diese Art von der ihr nahestehenden *Astarte numismalis* D'ORB. unterscheiden.

Von *Astarte subcostata* D'ORB. wurden mehrere Exemplare bei Jetenburg in der Zone des *Olcostephanus Keyserlingi* gefunden.

## Cardium LINNÉ.

### Cardium (Hemicardium) peregrinum D'ORB.

Taf. V, Fig. 2a—c.

1842. *Cardium Hillanum*, LEYMERIE, Aube, Mém. soc. géol. de France, tab. V, p. 25.
1843. » *peregrinorum* D'ORBIGNY, Coqu. et Échin. foss. de Colombien, p. 46, tab. 3, fig. 6—8.
1843. » *peregrinum* D'ORBIGNY, Pal. fr. Terr. crét., t. III, p. 16, tab. 239, fig. 1—8.
1845. » » » E. FORBES, Quart. Journ. geol. Soc., I, p. 243.
1859. » » » DESOR et GRESSLY, Études géol. sur le Jura Neuchâtelois, p. 37 u. 41. (Aus d. Valang.)

Exemplare von Jetenburg:

| Höhe 13 mm, | Länge 13 mm, | Dicke ca. 10 mm. |
|---|---|---|
| » 10 » | » 10 » | » 8 » |

Die Schale ist kreisförmig bis gerundet viereckig, so hoch wie breit und gleichmäßig stark gewölbt. Die spitz zulaufenden Wirbel ragen über den Schloßrand hervor. Sie sind fast mittelständig, nur wenig nach vorn gerückt und schräg nach vorn eingekrümmt; doch nicht so stark, daß sie sich berührten.

Die Schale ist mit feinen regelmäßigen und dicht stehenden konzentrischen Anwachsringen verziert. Diese werden auf dem hinteren Teile der Klappen von etwa 15 kräftigen Radialrippen gekreuzt, welche vom Wirbel bis zum Schalenrande verlaufen. Der Steinkern ist glatt und läßt die Muskeleindrücke als plattenförmige Erhebungen deutlich erkennen. Die Muskeleindrücke liegen seitlich, nahe dem Rande, der hintere ist größer als der vordere.

*Cardium peregrinum* unterscheidet sich von den übrigen Arten des Neokom durch seine charakteristische Skulptur und durch das Fehlen der beiden seitlichen Depressionen auf den Steinkernen. *Cardium subhillanum* LEYM. steht ihm nahe. Bei ihm sind jedoch feine Radialrippen über die ganze Oberfläche der Schale verbreitet.

DESOR et GRESSLY führen *Cardium peregrinum* bereits aus dem Valanginien an. In unserem Gebiete fand es sich einige Male in der Zone des *Olcostephanus Keyserlingi* bei Jetenburg.

## Thetis SOWERBY.

### Thetis schaumburgensis n. sp.

Taf. IV, Fig. 4—5.

| | | | |
|---|---|---|---|
| **Müsingen:** | | | |
| (Größtes Exemplar) | Länge 28 mm, | Höhe 28 mm, | Dicke 22 mm. |
| | » 26 » | » 27 » | » 18 » |
| | » 15 » | » 16 » | » — » |
| | » 16 » | » 18 » | » 12 » |
| Georg-Schacht b. Osterholz: | » 26 » | » 26 » | » 22 » |

Diese in der Gestalt ziemlich variable Art besitzt im allgemeinen einen kreisrunden bis ovalen Umriß. Höhe und Länge sind annähernd gleich. Beide Klappen sind gleich stark und bauchig gewölbt. Die Wirbel laufen spitz zu und ragen weit über den Schloßrand hervor. Sie sind schief nach vorn gebogen und sehr stark eingekrümmt, so daß sie einander berühren. Unter ihnen befindet sich nahe dem Rande jederseits eine deutliche Depression in der Schale, wodurch wenig scharf begrenzte, herzförmige Lunulen entstehen. Die Schale ist dünn und selten erhalten. Nur an einzelnen Exemplaren von Müsingen ist ein Teil derselben vorhanden und läßt die Skulptur erkennen. Diese besteht aus feinen, scharfen und regelmäßigen, konzentrischen Anwachsringen, welche von zarten Radialstreifen gekreuzt werden. Die Skulptur geht auf gut erhaltenen Steinkernen nicht verloren und ist unter der Lupe über die ganze Schale verbreitet wahrzunehmen. Bei einem gewissen Stadium der Anwitterung erscheinen die Radialstreifen in radiale Punktreihen aufgelöst. Die letzteren beobachteten auch D'ORBIGNY und WEERTH an Exemplaren von *Thetis minor* SOW., so daß die Vermutung nahe liegt, daß ihnen die eigentliche Skulptur der Schale nicht bekannt war.

Vom Schloß ist an dem Material, welches mir zur Verfügung steht, wenig zu erkennen, nur an einigen Exemplaren konnte ich einen kleinen, schmalen Zahn unter den Wirbeln wahrnehmen. Die tiefe, als grabenartige Furche auf dem Steinkern hervortretende Mantelbucht steigt vom vorderen Muskeleindruck in schwachem Bogen bis fast in die Spitze des Wirbels, biegt dann auf der hinteren Seite scharf um und verläuft in annähernd gerader Richtung zum hinteren Muskeleindruck.

Unsere Art gleicht in der Gestalt *Isocardia neocomiensis* D'ORB., vor Verwechslungen bewahrt jedoch die charakteristische Mantelbucht. *Thetis minor* SOW. hat weniger ungleichseitige Gestalt und vor allem eine vollkommen verschiedene Mantelbucht. Letzteres gilt auch von *Thetis Renevieri* DE LOR., welche noch ungleichseitiger gebaut ist. Eine annähernd vergleichbare Gestalt besitzt *Th. caucasica* EICHW. (cf. DIM. J. ANTHULA, Kreidefoss d. Kaukasus. Beitr. z. Pal. u. Geol. Östr.-Ung. u. d. Or., Bd. XII, S. 90, Taf. IV, Fig. 6a—c). Der Verlauf der Mantelbucht ist bei allen mir vorliegenden Exemplaren der gleiche und scheint mir überhaupt ein konstantes und hauptsächliches Merkmal zur Unterscheidung der einzelnen Arten dieser Gattung abzugeben. *Th. schaumburgensis* ist ein häufiges Fossil im unteren Valanginien bei Müsingen, Jetenburg und im Georg-Schacht bei Osterholz. Auch wurde sie bei Gronau i. Westf. und Sachsenhagen beobachtet.

## Thetis Renevieri DE LORIOL.

Taf. IV, Fig. 3.

1861. *Thetis Renevieri* DE LORIOL, Mont Salève, p. 65, tab. 9, fig. 11.
1865. » » » PICTET et RENEVIER, Ste. Croix. Mat. pal. Suisse, IV, p. 201 u. 209, tab. 112, fig. 1.
1884. » » » WEERTH, Neokomsandstein, S. 42.
1900. » » » WOLLEMANN, Die Bivalven u. Gastropoden d. deutsch. u. holländ. Neokoms, S 120.

Zweiklappiges Individuum von Jetenburg:
Höhe 40 mm, Länge 49 mm, Wölbung 36 mm.

Einige zum Teil verdrückte Exemplare von Jetenburg stelle ich zu dieser Art, von denen das am besten erhaltene 45 mm Länge und ca. 40 mm Höhe erreicht. Von *Thetis minor* Sow. und von der vorhergehenden Art unterscheidet sich diese Form dadurch, daß die Wirbel weit nach vorn gerückt stehen, ferner durch den abweichenden Verlauf der Mantellinie. Diese steigt vom hinteren Muskeleindruck bis in die Wirbelspitze, verläuft von hier wiederum rückwärts bis zur größten Wölbung der Schale hinab und zieht sich in einer weiten Bucht zum vorderen Muskeleindruck..

### Thetis minor Sow.

1826. *Thetis minor* Sowerby, Mineral Conch. VI, p. 21, tab. 518, fig. 6.
1841. » *Sowerbyi* A. Roemer, Kreidegebirge, S. 72.
1843. » *laevigata* d'Orbigny, Pal. fr. Terr. crét., III., p. 452, tab. 387, fig. 1—3.
1884. » *minor* Sowerby, Weerth, Neokomsandstein, S. 41, Taf. 9, Fig. 5 u. 6.
1895. » » » Vogel, Holländische Kreide, S. 58.
1900. » » » Wollemann, Bivalven u. Gastropoden des deutsch. u. holländ. Neokoms., S. 119.

Einzelne Exemplare aus den Keyserlingi-Schichten von Lindhorst mit teilweise erhaltener Schale, welche sehr dünn und mit zarten konzentrischen Anwachsstreifen bedeckt ist, gehören dieser bekannten und weitverbreiteten Art an, von der Wollemann eine ausführliche Beschreibung gab (cf. l. c.).

## Tellina.

### Tellina (Lavignon) ovalis n. sp.

Taf. VIII, Fig. 7a—c u. 8.

Jetenburg: Höhe 8 mm, Länge 12 mm, Dicke 3 mm.

Die Schalen sind gleichklappig, ungleichseitig und sehr flach; hinten stärker gewölbt als vorn. Der Umriß ist oval, die Hinterseite höher als die Vorderseite.

Die Wirbel sind nur schwach, ein wenig nach vorn gekrümmt und ragen nicht über den Schloßrand heraus. (Der Wirbel des Fig. 7a—c abgebildeten Exemplares ist beschädigt und der Umriß zu Fig. 7b etwas verzeichnet. Nach Fertigstellung der Tafeln wurden indessen noch besser erhaltene Stücke gefunden.) Während der hintere Schloßrand in konvexem Bogen in den Hinterrand übergeht, bildet der vordere Schloßrand vor den Wirbeln eine flache Ausbuchtung. Die Schalen klaffen vorn und hinten ein wenig.

Die Schale ist ziemlich dick und wird von regelmäßigen konzentrischen Anwachsstreifen bedeckt.

Diese Art ist verhältnismäßig häufig im unteren Valanginien bei Jetenburg. Am meisten mit ihr vergleichbar ist *Lavignon Clementina* D'ORB.[1]) aus dem Gault von Gérodot, welche einen kräftigeren und weiter vorspringenden Wirbel besitzt.

### Tellina? (Arcopagia) n. sp.

Taf. IX, Fig. 13a—b.

Das einzige vorliegende Exemplar stammt aus dem unteren Valanginien von Müsingen.

Die Schale ist nahezu gleichseitig und sehr flach. Sie hat einen schief ovalen bis breit elliptischen Umriß. Der Schloßrand ist gerade, der Wirbel liegt fast in der Mitte desselben und ragt ein wenig über ihn hervor. Konzentrische Anwachsstreifen und schwach angedeutete Radiallinien verzieren die Oberfläche der Schale.

Die Form ließ sich mit keiner mir aus der unteren Kreide bekannten identifizieren, doch ist die Gattungsbestimmung sehr unsicher, da weder das Schloß noch die Mantelbucht beobachtet werden konnten.

## Cyrena LAM.

Die im oberen Wealden der Schaumburg-Lippeschen Kreidemulde vorkommenden zahlreichen Cyrenen-Arten gehören an den einzelnen Fundpunkten immer nur einer beschränkten Anzahl von Spezies an und sind dann allerdings in großer Anzahl der Individuen vorhanden. Dies trifft auch für den obersten Wealden bei

---

[1]) D'ORBIGNY, Pal. franç. Terr. crét., III., p. 406, tab. 377, Fig. 5—7.

Müsingen zu. Dieselben dort auftretenden Arten gehen hier jedoch hoch in das Neokom hinauf und sind zum Teil noch in der Zone des *Olcostephanus Keyserlingi* bei Jetenburg vorhanden. Ihr massenhaftes Zusammenvorkommen mit ausgesprochenen marinen Formen, wie *Oxynoticeras*, *Olcostephanus*, *Belemnites*, *Panopaea*, *Thracia*, *Pecten*, *Lima* etc., beweist, daß sich diese sonst brackischen Formen den veränderten Lebensbedingungen eine Weile anzupassen vermochten und erst allmählich verschwanden, als sich der Meeresboden immer tiefer senkte, sodaß wir sie in den höheren Neokomstufen nicht mehr antreffen. Die Cyrenen sind im unteren Valanginien in den Toneisensteinen meist als scharfe Steinkerne erhalten; nur vereinzelte Schalenexemplare oder ganz prägnante Steinkernformen ermöglichen es, die Arten mit denen der Wealdenbildungen zu identifizieren. Die in den Schiefertonen erhaltenen Cyrenen sind meist mehr oder weniger verdrückt. Ich beschränke mich darauf, die einzelnen Arten, welche ich im Valanginien fand, mit dem wichtigsten Literaturnachweise aufzuführen.

### 1. Cyrena parvirostris Roem.

| | | |
|---|---|---|
| 1836. | *Cyrena parvirostris* A. Roemer, | Ool. Geb., S. 115, Taf. IX, Fig. 9. |
| 1846. | " " " | Dunker, Wealdenbild., S. 38, Taf. XII, Fig. 13. |
| 1878. | " " " | Struckmann, Ob. Jura, S. 46. |
| 1880. | " " " | Struckmann, Wealdenbild., S. 50. |
| 1888. | " " " | Grabbe, Schaumb.-Lipp. Wealdenmulde, S. 29. |
| 1889. | " " " | Struckmann, Grenzsch. zw. Hilston und Wealden bei Barsinghausen, S. 64. |

Ziemlich selten im unteren Valanginien bei Müsingen.

### 2. Cyrena venulina Dkr.

| | | |
|---|---|---|
| 1846. | *Cyrena venulina* Dunker, | Wealdenbild, S. 36, Taf. 12, Fig. 11a—d. |
| 1880. | " " " | Struckmann, Wealdenbildungen etc., S. 50. |
| 1883. | " " " | Grabbe, Schaumb.-Lipp. Wealdenmulde, S. 29. |
| 1889. | " " " | Struckmann, Grenzsch. zw. Hilston und Wealden bei Barsinghausen a. D., S. 64. |
| 1894. | " " | Gagel, Beiträge z. Kenntn. d. Wealden bei Borgloh-Oesede, S. 165. |

Nicht sehr häufig im oberen Wealden und in der Zone des

*Oxynoticeras heteropleurum* bei Müsingen; auch noch in der Zone des *Olcostephanus Keyserlingi* bei Jetenburg vorhanden.

### 3. Cyrena ovalis Dkr.

1846. *Cyrena ovalis* Dunker, Wealdenbildungen, S. 34, Taf. 12, Fig. 1.
1863. » » » Credner, Ob. Jura, S. 58 u. 68.
1880. » » » Struckmann, Wealdenbild., S. 50.
1883. » » » Grabbe, Schaumb.-Lipp. Wealdenmulde, S. 29.
1889. » » » Struckmann, Grenzsch. zw. Hilston u. Wealden bei Barsinghausen a. D., S. 64.
1894. » » » C. Gagel, Beiträge z. Kenntnis d. Wealden in der Gegend von Borgloh-Ösede etc., S. 165.

Überaus häufig im oberen Wealden und unteren Valanginien bei Müsingen.

### 4. Cyrena elliptica Dkr.

1846. *Cyrena elliptica* Dunker, Wealdenbildungen, S. 33, Taf. 10, Fig. 32.
1880. » » » Struckmann, Wealdenbild., S. 50.
1883. » » » Grabbe, Schaumb.-Lipp. Wealdenmulde, S. 29.
1889. » » » Struckmann, Grenzsch. zw. Hilston und Wealden bei Barsinghausen a. D., S. 64.
1894. » » » C. Gagel, Beitr. z. Kenntn. d. Wealden in der Gegend v. Borgloh-Ösede, S. 165.

Selten im unteren Valanginien bei Müsingen.

### 5. Cyrena cf. dorsata Dkr.

1846. *Cyrena dorsata* Dunker, Wealdenbildungen, S. 37, Taf. 12, Fig. 15.
1880. » » » Struckmann, Wealdenbild. etc., S. 50.
1883. » » » Grabbe, Schaumb.-Lipp. Wealdenmulde, S. 29.
1889. » » » Struckmann, Grenzsch. zw. Hilston und Wealden bei Barsinghausen a. D., S. 64.
1894. » » » C. Gagel, Beitr. z. Kenntn. d. Wealden in der Gegend von Borgloh-Ösede etc., S. 165.

Ziemlich häufig im unteren Valanginien bei Müsingen.

### 6. Cyrena lato-ovata Roem.

1836. *Cyrena lato-ovata* Roemer, Oolith-Gebirge, S. 116, Taf. 9, Fig. 4.
1846. » » » Dunker, Wealdenbildung., S. 32, Taf. 10, Fig. 33.
1880. » » » Struckmann, Wealdenbild. etc., S. 50.
1883. » » » Grabbe, Schaumb.-Lipp. Wealdenmulde, S. 29.
1889. » » » Struckmann, Grenzsch. zw. Hilston u. Wealden b. Barsinghausen a. D., S. 64.
1894. » » » C. Gagel, Beitr. z. Kenntn. d. Wealden in der Gegend von Borgloh-Ösede etc., S. 165.

5*

Häufig im obersten Wealden und unteren Valanginien bei Müsingen.

**7. Cyrena cf. prona** DKR.

1846. *Cyrena prona* DUNKER, Wealdenbildungen, S. 43, Taf. 13, Fig. 14.
1880. » » » STRUCKMANN, Wealdenbild. etc., S. 52.
1883. » » » GRABBE, Schaumb.-Lipp. Wealdenmulde, S. 30.

Ein Exemplar aus dem unteren Valanginien bei Müsingen.

**8. Cyrena cf. valdensis** DKR.

1846. *Gnathodon valdensis* DUNKER, Wealdenbildungen, S. 57, Taf. 13, Fig. 5.

Ein Exemplar aus dem untersten Valanginien bei Müsingen.

## Cyprina LMK.

**Cyprina [aff.] Brongniarti** A. ROEM.

Taf. III. Fig. 3a–c; Taf. XI, Fig. 5–6.

1826–44. *Cyprina Saussurei* GOLDFUSS, Petref. Germaniae, p. 233, tab. 150, fig. 12.
1836. *Venus Brongniarti* A. ROEMER, Ool.-Gebirge, S. 110, Taf. VIII, Fig. 2a–b.
1864. *Cyprina Brongniarti* ROEM., K. v. SEEBACH, Hannov. Jura, S. 125, Taf. III, Fig. 4.
1864. » *Saussurei* GOLDF., H. CREDNER, Zeitschr. d. d. geolog. Ges. Bd. 16, S. 237.
1866. » *Brongniarti* ROEM., P. DE LORIOL et E. PELLAT, Monogr. de l'étag. Portl., p. 58, tab. V., fig. 10.
1878. » » » C. STRUCKMANN, Der obere Jura der Umgegend von Hannover, S. 98, Taf. V, Fig. 9a–b.
1891. » » » C. STRUCKMANN, Wealdenbild. von Sehnde b. Lehrte, Neues Jahrbuch für Min. 1891 I. S. 122 u. 127.

Müsingen: Höhe 60 mm, Dicke 44 mm, Länge circa 75 mm. Höhe des größten Exemplares 67 mm.

Aus den Übergangsschichten vom Wealden zum Valanginien, besonders aus der »Cucullaeabank« von Müsingen und aus der Zone des *Oxynoticeras heteropleurum* von Sachsenhagen liegen verschiedene Exemplare vor, welche der oberjurassischen *Cyprina Brongniarti* A. ROEMER sehr nahe stehen oder mit ihr identisch sind. Sie unterscheiden sich von ihr vielleicht nur dadurch, daß die Wirbel ein wenig weiter nach vorn gerückt sind. Wahrscheinlich ist dies jedoch nur Erhaltungszustand.

Die Gestalt ist länglich dreiseitig, die Klappen sind bauchig gewölbt. Die Vorderseite ist kurz abgerundet, die Hinterseite verlängert. Die spitzen, stark vorragenden Wirbel berühren sich fast und sind ein wenig nach vorn eingekrümmt. Der Hinterrand ist nahezu gerade und verläuft vom Wirbel schräg abwärts zum Unterrande. Unter ihm zieht sich vom Wirbel eine deutliche Kante abwärts, welche auch auf Steinkernen noch hervortritt. Die Schale ist dünn, mit regelmäßigen feinen Anwachsstreifen bedeckt, von denen einzelne stärker hervortreten. Das Ligament liegt äußerlich, der Schloßrand ist gerade.

Das Schloß ließ sich an den Exemplaren von Müsingen nicht freilegen, dagegen gelang es, an einer linken Klappe eines Exemplares von mehreren durch Dr. G. MÜLLER aus der Zone des *Oxynoticeras Marcoui* von Ochtrup in Westf. gesammelten Stücken das Schloß herauszupräparieren. Es läßt die wesentlichen Merkmale der für die Familie der Cypriniden charakteristischen Morphologie des Schlosses deutlich erkennen. Von den drei Schloßzähnen ist der mittlere am stärksten ausgebildet, der vordere schräg abwärts nach vorn gerichtet. Der hintere leistenförmig gestaltete Schloßzahn verläuft dem Rande parallel (Fig. 5).

*Cypr. Brongniarti* ROEM. unterscheidet sich von *Cypr. nuculaeformis* ROEM. durch ihren weniger verlängerten Hinterrand.

*Cypr. Deshayesiana* DE LOR. aus dem Neokom vom Mont Salève ist bedeutend größer. Die Schale ist dick und mit scharfen konzentrischen Anwachsstreifen versehen. Der Schloßrand ist unregelmäßig gebogen. Große Muskeleindrücke treten auf dem Steinkern als erhöhte Platten stark hervor. Die Hinterseite ist nur wenig verlängert. Die Wirbel sind sehr kräftig entwickelt. Durch die meisten dieser Merkmale ist *Cypr. Deshayesi* DE LOR. leicht von der beschriebenen Art zu unterscheiden.

*Cypr. Brongniarti* ROEM. wurde von C. STRUCKMANN wiederholt aus dem Wealden angeführt (z. B. dem oberen Wealdenschiefer von Sehnde b. Lehrte, N. Jahrb. f. Min. etc., 1891 Bd. I. S. 122 ff.) und zum Beweis für das jurassische Alter des Wealden herangezogen. Da die Art anscheinend aber in das Neokom hinaufreicht, so bleibt auch dieses Fossil nicht beweiskräftig für die STRUCKMANN'sche Theorie.

## Ptychomya.

### Ptychomya elegans n. sp.

Taf. III, Fig. 4 und 4a.

Gronau i. Westf. Höhe 17 mm, Länge 25 mm, Dicke der Wölbung beider Schalen 5 mm.

Die Gattung *Ptychomya*, welche, soweit bisher bekannt, auf die Kreideablagerungen beschränkt und nirgends sehr häufig ist, beansprucht darum allgemeineres Interesse, weil sie eine so außerordentlich weite horizontale Verbreitung besitzt. Sie wurde in mehreren Arten aus den Neokomablagerungen von Frankreich, England und der Schweiz[1]) durch D'ORBIGNY und PICTET et CAMPICHE beschrieben und von KARSTEN[1]) in Kreideablagerungen Südamerikas, von TATE[1]) und neuerdings auch von G. MÜLLER[2]) aus der Kreide Südafrikas bekannt gemacht.

Es gelang Herrn Dr. G. MÜLLER, einige gut erhaltene Exemplare einer neuen Art dieser interessanten Gattung im Valanginien bei Gronau aufzufinden, zu der vielleicht auch einige Steinkerne von Jetenburg gehören. Herr Dr. MÜLLER überließ es mir freundlichst, die für das deutsche Neokom neue Form bei dieser Gelegenheit mit zu beschreiben.

Es liegen mir drei mit der Schale erhaltene Exemplare vor, von denen das vollkommenste Stück die oben angeführten Maße besitzt. Die Schale hat einen querovalen Umriß und ist nahezu gleichklappig. Die Wölbung der Schalen ist sehr flach, die rechte Schale erscheint etwas stärker gewölbt zu sein als die linke. Die Wirbel, welche ein wenig über den Schloßrand hervorragen, sind weit nach vorn gerückt. Eine sehr schmale und tiefe Lunula scheint

[1]) Literatur vergl. W. DAMES, Über *Ptychomya*, Zeitschr. d. d. geol. Ges. 1873, Bd. 25, S. 378 ff.

[2]) G. MÜLLER, Versteinerungen des Jura u. der Kreide von Deutsch-Ost-Afrika. Aus. W. BORNHARDT, Zur Oberflächengestaltung u. Geologie von Deutsch-Ost-Afrika. Berlin 1900, S. 556, Taf. XXII, Fig. 6—7.

vorhanden zu sein. Das Schloß selbst ließ sich nicht freilegen. Der hintere Schloßrand ist gerade und mit einer Anzahl dornartiger Fortsätze besetzt. Die Oberfläche der verhältnismäßig dicken Schalen ist mit 50—60 Radialrippen bedeckt, welche um so stärker werden, je mehr sie sich dem Schloßrande nähern; dazu kommen starke konzentrische Anwachswülste. Auf dem vorderen Teile der Schale biegen sich die vom Wirbel strahlenförmig auslaufenden Rippen aufwärts; sie stehen dicht auf dem mittleren Teile und sind weniger zahlreich auf dem hinteren Schalenteile. Einzelne vom Wirbel zur Ecke des Hinter- und Unterrandes verlaufende Rippen vereinigen sich in der Weise, daß je zwei sich nach hinten zu einer schießwinklig verbinden und die zwischen diesen so entstandenen Dreiecke sich nach dem Wirbel hin allmählich verjüngen. Da, wo die Radialrippen von den gröberen Anwachswülsten geschnitten werden, entstehen stellenweise knotenartige Verdickungen.

Unter den bekannten Ptychomyen-Arten steht unserer Form noch die Pt. Germaini PICTET et CAMPICHE[1]) aus dem Valanginien von Metabief am nächsten. Sie unterscheidet sich von dieser nicht sehr wesentlich in der Skulptur; dagegen besitzt die PICTET'sche Art einen elliptischen Umriß, ihr Wirbel ist stumpfer, plumper und nicht so weit nach vorn gerückt, wie bei den vorliegenden Formen.

*Pt. Robinaldi* D'ORB ist durch eine langelliptische Gestalt gekennzeichnet und *Pt. neocomiensis* DE LOR. weicht noch erheblicher ab durch eine viel gröbere Berippung und stärkere Wölbung der Schalen.

## Solecurtus BLAINV. (Psammosolen RISSO).

### Solecurtus longovatus n. sp.

Taf. VIII, Fig. 6a—b.

| | | | |
|---|---|---|---|
| Müsingen: Länge 34 mm; | Größte Höhe 14 mm; | Vorderseite 16 mm, |
| » 30 » | » 13 » | » 14 » |
| » 15 » | » 6 » | » 7 ». |

[1]) PICTET et CAMPICHE, Terr. crét. Ste. Croix, 4. sér., 3. part, tab. 127, fig. 7 u. 8, p. 354.

Die Schale hat eine länglich elliptisch bis lang ovale Gestalt. Der Schloßrand ist lang und gerade. Die Wirbel liegen, wie die angegebenen Maße zeigen, subzentral und ragen nicht über die Schalenfläche hervor. Ihre Lage ist nur durch die Anordnung der Anwachsringe in ihrem embryonalen Stadium zu erkennen. Die größte Höhe und ihre stärkste Wölbung erreicht die Muschel in der Nähe des Hinterrandes. Die mäßig gewölbten Schalen klaffen vorn stark, hinten wenig. Der Hinterrand ist stärker gerundet als der Vorderrand. Der Unterrand steigt in sanftem Bogen zum Vorderrande an. Das Ligament liegt äußerlich auf vorragenden Nymphen. Das Schloß war nicht freizulegen.

Diese Art findet sich in den untersten Schichten mit *Oxynoticeras heteropleurum* Neum. et Uhl. bei Müsingen, wurde aber auch kürzlich von Herrn Dr. G. Müller in demselben Horizonte bei Gronau i. W. gefunden und von mir im Valanginien der Tiefbohrungen von Stederdorf und Horst nachgewiesen.

Forbes beschrieb 1845 *Solecurtus Warburtoni* aus dem Lower Greensand von Atherfield (Isle of Wight), welcher unserer Art in der Gestalt ähnlich ist (Quarterly Journal of the geol. Society vol. I, p. 237, tab. II, fig. 1 und Bristow, The Geology of the Isle of Wight, Memoirs of the geol. Survey of Great Britain, London 1862). Letztere Art unterscheidet sich jedoch von der soeben beschriebenen durch ein viel größeres Verhältnis von Höhe zur Länge: *Solecurtus Warburtoni Forb.*: Höhe 18 mm, Länge 70 mm = ca. $^1/_4$,

| | | | | | | |
|---|---|---|---|---|---|---|
| *Solecurtus* n. sp.: | » | 14 » | » | 34 » | | |
| | » | 13 » | » | 30 » | = ca. $^1/_2$. | |
| | » | 6 » | » | 15 » | | |

Ferner fehlt unseren Exemplaren die bei der Forbes'schen Art auftretende feine Radialstreifung.

Bei *Solen aequalis* d'Orb. aus dem Senon treten die Wirbel mehr hervor und stehen weiter nach vorn gerückt. Die Schalen sind nicht so stark gewölbt, der vordere Teil klafft weniger. Ferner besitzen bei dieser Art die hintere und vordere Seite der Schalen annähernd gleiche Höhe.

## Siliqua Megerle.

### Siliqua aequilatera n. sp.

Taf. VIII, fig. 2—5.

| Müsingen: | Länge 39 mm; | Höhe 17 mm; | Vorderseite 19 mm. |
|---|---|---|---|
| | » 35 » | » 15 » | » 17 » |
| | » 36 » | » 15 » | » 18 » |

Schale quer verlängert, länglich elliptisch bis rechteckig, vorn und hinten klaffend. Wirbel sehr wenig hervorragend und subzentral gelegen. Hinterer und vorderer Schloßrand bilden einen Winkel von 165—170°. Der Unterrand läuft dem Schloßrande parallel und ist daher in der Mitte nach dem Wirbel zu eingebuchtet. Vorder- und Hinterseite besitzen annähernd gleiche Höhe. Der Vorderrand verläuft in gleichmäßigem Bogen zum Hinterrande, während der Hinterrand mit dem Unterrande einen schärferen Winkel bildet. Auf dem Steinkerne zieht vom Wirbel schräg nach vorn zum Unterrande eine breite, gerade Furche, welche sich bis zur Mitte der Schale deutlich verfolgen läßt und einer leistenförmigen Anschwellung im Innern der Schale entspricht. Die Schloßzähne sind klein und unter dem Wirbel gelegen, ihre Formel ist 2:1. Der Schloßrand ist verdickt, mit wenig hervortretenden, schmalen, langen Leistenzähnen versehen. Das Ligament liegt äußerlich auf vorragenden Bandträgern.

Die Schale ist dünn, mit unregelmäßig starken, konzentrischen Anwachsstreifen bedeckt, welche nach dem Vorderrande zu, diesem parallel verlaufend, die Einbuchtung zum Wirbel hin mitmachen. Bei sehr guter Erhaltung der Schale ist außerdem eine feine Radialskulptur vorhanden, die in gleichmäßigen, äußerst feinen Linien besteht und erst unter der Lupe sichtbar wird.

Ob das Bruchstück, welches d'Orbigny aus dem Gault von d'Ervy unter dem Namen *Solen Dupianus* abbildet, hierher gehört, ist nicht zu entscheiden.

Von *Solecurtus longovatus* n. sp. unterscheidet sich diese Art durch den geknickten Schloßrand und die mehr rechteckige Gestalt, sowie durch das Vorhandensein der leistenförmigen Erhebung im Innern der Schale.

Sie ist nicht gerade selten in den Toneisensteinen der Schichten mit *Oxynoticeras heteropleurum* NEUM. et UHL., bei Müsingen und hier in den Schiefertonen stellenweise in großer Fülle der Individuen vorhanden. Auch wurde sie im Georg-Schacht bei Stadthagen gefunden und kürzlich von mir im Valanginien der Tiefbohrung Stederdorf beobachtet.

## Panopaea MÉNARD.

### Panopaea neocomiensis LEYM.

1841. *Panopaea plicata* Sow., A. ROEMER, Kreidegebirge S. 75, taf. 9, fig. 25.
1842. *Pholadomya neocomiensis* LEYMERIE, Terr. crét. de l'Aube, p. 3 u. 24, tab. 3, fig. 4.
1843. *Panopaea* » d'ORBIGNY, Pal. fr. Terr. crét. III, p. 329, tab. 353, fig. 3–8.
1845. *Myopsis* » AGASSIZ, Myes, p. 254 u. 257, tab. 31, fig. 5—10.
1845. » *unioides* AGASSIZ, Myes, p. 254 u. 258, tab. 31, fig. 11—12.
1851. *Panopaea neocomiensis* LEYM. PICTET et RENEVIER, Terr. aptien, p. 56, tab. 6, fig. 2 u. 3.
1865. » » PICTET et CAMPICHE, Terr. crét. Ste. Croix, III, p. 49 u. 67, tab. 100, fig. 10—12.
1884. » » » WEERTH, Neokomsandst., S. 37, Taf. 8. Fig. 7.
1895. » » » MAAS, Subherc. Quadersandst., S. 256.
1896. » » » WOLLEMANN, Hilskonglomerat, S. 849.
1900. » » » ders., Die Bivalven und Gastropoden des deutsch. und holländ. Neokoms, S. 124.

Müsingen:

| | | | | | | | |
|---|---|---|---|---|---|---|---|
| Länge | 63 mm; | Höhe | 30 mm; | Länge der Hinterseite | | | 43 mm. |
| » | 55 » | » | 28 » | » | » | » | 37 » |
| » | 42 » | » | 23 » | » | » | » | 27 » |
| » | 19 » | » | 10 » | » | » | » | 12 » |

Bezüglich der Beschreibung kann ich auf die WOLLEMANN'sche Arbeit verweisen. An dem aus der Schaumburg-Lippeschen Kreidemulde mir vorliegenden Materiale konnte auch ich konstatieren, daß die Art hinsichtlich der Lage des Wirbels, der Höhe und der Stärke der vom Wirbel nach vorn und hinten verlaufenden Kanten den größten Schwankungen unterworfen ist, sodaß man die Extreme, wenn man will, als besondere Varietäten abtrennen kann.

Die aus sehr feinen Punktreihen bestehenden Radiallinien sind, wie eine Anzahl Autoren annimmt, nicht nur für *Panopaea neocomiensis* charakteristisch, sondern können auch andere Spezies auszeichnen. — ZITTEL stellt diese Art zur Gattung *Homomya* (ZITTEL, Handbuch d. Paläont. Bd. II, S. 125). Einige Präparate zeigten jedoch das für *Panopaea* typische Schloß: In jeder Klappe befindet sich direkt unter dem Wirbel ein Zahn und daneben eine Zahngrube Das Ligament liegt äußerlich.

*Panopaea plicata* FORBES steht der d'ORBIGNY'schen Art sehr nahe und unterscheidet sich nur dadurch, daß der Rand der Vorderseite mehr abgerundet sein soll.

*Panopaea neocomiensis* d'ORB. findet sich überaus häufig im unteren Valanginien bei Müsingen. Auch aus dem Schacht »Georg« bei Stadthagen liegen aus denselben Schichten einige Exemplare vor. Sie ist ferner häufig in der Zone des *Olcostephanus Keyserlingi* bei Jetenburg und Lindhorst, wurde auch im neuen Kanal bei Deinsen gesammelt. Hier ist sie meist nur in Form von Steinkernen erhalten, auf denen jedoch die aus feiner Punktreihen bestehenden Radiallinien noch deutlich zu erkennen sind.

*Panopaea neocomiensis* LEYM., var. *Denckmanni* WOLLEMANN. Diese Varietät, bei welcher der Wirbel fast in der Mitte der Schalen liegt, findet sich im untersten Valanginien bei Müsingen.

*Panopaea neocomiensis* LEYM., var. *breviformis* n. v. Hierher stelle ich kurze, gedrungene Formen von Müsingen und Jetenburg. Die Schalen sind stärker, als gewöhnlich gewölbt. Die Höhe ist im Verhältnis zur Länge bedeutend größer, als bei den normalen Exemplaren, die Skulptur der Schale die gleiche wie bei *Panopaea neocomiensis* LEYM. typ.

### Panopaea cylindrica PICTET et CAMPICHE.

Taf. V, fig. 4a—c.

1845. *Myopsis curta* AGASSIZ, Myes, S. 254 u. 260, Tab. 32, Fig. 1.
1864. *Panopaea cylindrica* PICTET et CAMPICHE, Terr. crét. Ste. Croix. III, p. 61 u. 68, tab. 103, fig. 1 u. 2.
1884. » » » » WEERTH, Neokomsandstein, S. 38., Taf. 8, Fig. 8.

1900. *Panopaea cylindrica* PICTET et CAMPICHE, WOLLEMANN, Die Bivalven und Gastropoden des deutsch. und holländ. Neokoms. S. 127.
1900. " " " " Dim. J. ARTHULA, Kreidefossilien d. Kaukasus, S. 90.

Die Gestalt ist lang zylindrisch, walzenförmig. Die kleinen Wirbel sind spitz und stehen weit nach vorn gerückt, ragen nur wenig über den Schloßrand hervor und sind stark einwärts gekrümmt. Die Schalen klaffen vorn wenig, hinten mäßig stark. Der Vorderrand bildet mit dem geraden Unterrande einen nahezu rechten, der Hinterrand dagegen einen spitzen Winkel, letzterer verläuft schräg aufwärts zum Schloßrande. Der gerade Schloß- und Unterrand verlaufen parallel mit einander. Das Ligament liegt äußerlich. Die Oberfläche der Schale ist mit welligen, konzentrischen Anwachsstreifen bedeckt, die wie bei *Panopaea neocomiensis*, von feinen radialen Punktreihen gekreuzt werden.

Diese von PICTET et CAMPICHE aus dem Hauterivien von Ste. Croix beschriebene Art findet sich bereits im unteren Valanginien bei Jetenburg, ist hier aber ziemlich selten. Auch dürften einzelne Exemplare von Lindhorst hierher zu stellen sein.

## Pholadomya SOWERBY.

### Pholadomya alternans A. ROEM.

1841. *Pholadomya alternans* A. ROEMER, Kreidegebirge, S. 76.
1865. " " " PICTET et CAMPICHE, Terr. crét. Ste. Croix III, Mat. Pal. Suisse IV, p. 90.
1875. " " " MÖSCH, Pholadomyen, S. 91.
1884. " " " WEERTH, Neokomsandstein, S. 34, Taf. 8, Fig. 1; Taf. 9, Fig. 11.
1884. " *Möschi* WEERTH, ebendort, S. 35, Taf. 8, Fig. 4.
1900. " *alternans* A. ROEM., WOLLEMANN, Die Bivalven und Gastropoden d. deutsch. und holländ. Neokoms, S. 134, Taf. V, Fig. 9 u. 10; Taf. VI, Fig. 8.

Es liegen mehrere Exemplare dieser Art aus den Schichten mit *Olcostephanus Keyserlingi* von Jetenburg und Lindhorst vor, welche mit den von ROEMER beschriebenen und dem WOLLEMANNschen Original vom Osterwald, das sich im Göttinger Museum befindet, gut übereinstimmen. Das größte von ihnen zeigt folgende Dimensionen: Länge 85 mm, Höhe 60 mm, Dicke 56 mm. Die Stücke sind fast alle mehr oder weniger verdrückt, zeigen aber dennoch alle charakteristischen Merkmale.

## Thracia BLAINVILLE.

### Thracia Phillipsi A. ROEM.

1829. *Mya depressa* PHILLIPS, Geol. of Yorkshire, tab. 2, fig. 8.
1841. *Thracia Phillipsii* A. ROEMER, Kreidegebirge, S. 74, Taf. 10, Fig. 1a—b.
1865. » » » PICTET et CAMPICHE, Terr. crét. Ste. Croix III, p. 120.
1884. » *striata* WEERTH, Neokomsandstein, S. 40, Taf. 8, Fig. 10.
1896. » *Phillipsi* ROEM., G. MÜLLER, Untere Kreide im Emsbett, S. 100 u. 102.
1900. » *striata* WEERTH } WOLLEMANN, Die Bivalv. u. Gastrop. d. deutsch. u. holländ. Neokoms. S. 139, Taf. VI, Fig. 6;
1900. » *Phillipsi* ROEM. } S. 140, Taf. VII, Fig. 1.

Jetenburg: Größtes Exemplar: Höhe 74 mm, Länge 93 mm.

Hinsichtlich der Gestalt ist diese Art, wie bereits WOLLEMANN hervorhebt, den größten Schwankungen unterworfen. Unter dem mir vorliegenden Material von circa 200 Exemplaren aus der Schaumburg-Lippe'schen Kreidemulde lassen sich Formen von dreiseitiger und solche von mehr vierseitiger Gestalt unterscheiden. Ferner gibt es Formen, bei denen der Wirbel auf dem vorderen und solche, bei dem er auf dem hinteren Teile der Schale liegt. Zwischen diesen beiden Extremen sind alle Übergänge vorhanden.

Bei der dreiseitigen Varietät ist der vordere Schloßrand gerade, die Varietät, bei welcher der Wirbel nach hinten gerückt ist (var. *elongata*), erscheint dadurch ziemlich lang gestreckt und kommt der *Thracia Robinaldi* D'ORB. sehr nahe. Die Formen mit vorgezogenem Wirbel haben rundliche Gestalt (var. *orbicularis*).

Im allgemeinen kann ich auf die Beschreibungen von ROEMER und WOLLEMANN verweisen. Erwähnen möchte ich nur noch folgende Punkte: Der Kiel wird bald sehr lang und reicht dann oft bis zum unteren Schalenrande, bald bleibt er nur kurz. Bei manchen Exemplaren ist der hintere Teil der Schale stark zusammengedrückt; dann ist der Kiel besonders stark ausgeprägt. In anderen Fällen kann er ziemlich undeutlich sein.

Die beiden Klappen sind ungleich gewölbt, bisweilen noch stärker, als ROEMER in seiner Abbildung angibt. Die Schale ist dünn, ihre Oberfläche mit zahlreichen, konzentrischen Anwachsstreifen versehen.

*Thracia striata* WERTH dürfte mit *Thracia Phillipsi* A. ROEMER zu vereinigen sein. WOLLEMANN führt als Grund zur Trennung an, daß sie sich »durch den stärkeren Kiel, durch größere Höhe der Hinterseite, geringere Dicke und die Radialstreifen« unterscheidet. Auf das Schwanken dieser Größenverhältnisse innerhalb weiter Grenzen habe ich bereits hingewiesen. Bezüglich der Radialstreifen ist zu bemerken, daß sie nur bei einem gewissen Erhaltungszustande auftreten. *Thracia Phillipsi* A. ROEM. zeigt an den mit der Schale erhaltenen und nicht abgeriebenen Exemplaren von Ottensen nur konzentrische Anwachsstreifen. Sobald die Schalen angewittert oder angeätzt sind, treten die Radialstreifen hervor und sind besonders auf Steinkernen deutlich zu sehen. Sie gehören demnach scheinbar zur inneren Schalenstruktur oder zur Skulptur des Schaleninnern. Diese Beobachtungen konnte ich nicht nur an den Exemplaren aus der Schaumburg-Lippe'schen Kreidemulde machen, sondern auch an zahlreichen anderen, die sich von den verschiedensten Fundorten im Museum zu Göttingen und der geologischen Landesanstalt in Berlin befinden.

WOLLEMANN fiel es auf, daß die Exemplare aus den Brunsvicensis-Tonen nur klein bleiben, in den Schichten bei Ahlum größer werden und bei Barsinghausen und im Osterwalde ihre bedeutendste Größe erreichen. Es scheint die Regel zu gelten, daß diese Art in den tieferen Neokomschichten ihre größten Dimensionen besitzt und nach oben hin immer kleiner wird. Die großen Thracien von Barsinghausen, vom Osterwald und Süntel stammen aus dem Valanginien. Auch in unserem Gebiete haben wir im unteren Valanginien bei Jetenburg und Müsingen die größten Exemplare, während in den höheren Schichten des Valanginien von Stadthagen, Ottensen und im Hauterivien nur kleine Individuen gefunden wurden.

Fundorte:

| | |
|---|---|
| Jetenburg<br>Müsingen,<br>Neuer Kanal b./Deinsen<br>Sachsenhausen<br>Lindhort | Unteres Valanginien, |
| Stadthagen<br>Ottensen | Oberes Valanginien, |
| Spiekerberg<br>Heisterholz<br>Stadthagen | Hauterivien, |
| Kanal nördlich Nordholz<br>b./Bückeburg | Unt. u. Ob. Hauterivien. |

**Thracia neocomiensis** d'Orb.

1844. *Periploma neocomiensis* d'Orbigny, Pal. fr. Terr. crét. III, p. 381, tab. 372, fig. 3 u. 4.
1865. *Thracia* » » Pictet et Campiche, Terr. crét. Ste. Croix III, p. 115 u. 119, tab. 108, fig. 3 u. 4.
?1884. » cf. » » Weerth, Neokomsandstein S. 40, Taf. 8, Fig. 12.
1900. » » » Wollemann, Die Bivalven u. Gastropoden d. deutsch. u. holländ. Neokoms S. 142.

Müsingen: Länge 15 mm, Höhe 8 mm, Hinterseite 9 mm.

Steinkerne dieser von Pictet et Campiche aus dem Valanginien von Sainte Croix beschriebenen Art finden sich in den Schichten mit *Oxynoticeras heteropleurum* Neum. et Uhl. bei Müsingen.

Ich verweise auf die ausführliche Beschreibung von Wollemann.

## Corbula Bruguières.

**Corbula alata** Sow.

1836. *Corbula alata* Sow., Fitton, Observat. on the strata between the Chalk etc. p. 345 u. 354, tab. 21, fig. 5.
1837. *Nucula gregaria* Dunker u. Koch, Beiträge, S. 44, Taf. 5, Fig. 6c.
1846. *Corbula alata* Sow., Dunker, Wealdenbild. S. 46.
1863. » » » Credner, Ob. Jura S. 67, 68 u. 69.
1865. » » » Credner, Geol. Karte d. Umg. v. Hannover S. 13.

1874? *Corbula alata* Sow., D. Brauns, Ob. Jura S. 245, Taf. 2, Fig. 10—13.
1878. » » » C. Struckmann, Ob. Jura etc. S. 48.
1879. » » » C. Struckmann, Zeitschr. d. D. geol. Ges. Bd. 31, S. 235.
1880. » » » C. Struckmann, Wealdenbild. S. 79, Taf. 2, Fig. 8, c, d, 9, 10a—b, 11, 12.
1889. » » » C. Struckmann, Grenzsch. zw. Hilston und Wealden bei Barsinghausen a./D. S. 64.
1893. » » » Gagel, Beiträge zur Kenntnis des Wealden in der Gegend von Borgloh-Ösede etc. S. 165.

Jetenburg: Länge 9 mm, Höhe 6,5 mm.
Müsingen: » 9 » » 6 » Dicke 6,5 mm.

Diese im oberen Jura und Wealden von Norddeutschland verbreitete Art kommt auch bei Müsingen im oberen Wealden so häufig vor, daß sie oft gesteinsbildend wird. Doch ist sie keineswegs auf diesen Horizont beschränkt. Bei Bückeburg geht sie hoch in das Neokom hinauf und findet sich z. B. bei Jetenburg noch ziemlich häufig in der Zone des *Olcostephanus Keyserlingi*. In der Zone des *Oxynoticeras heteropleurum* bei Müsingen sind, wie im oberen Wealden, ganze Schichten von ihr erfüllt.

Da diese Art bereits hinlänglich bekannt ist, kann ich auf eine nähere Beschreibung verzichten. *Corbula alata* Sow. unterscheidet sich von den übrigen Arten des Wealden besonders durch ihre bedeutendere Höhe im Verhältnis zur Länge und die stark aufwärts gebogene Hinterseite; ferner durch die kräftigen, deutlich hervortretenden Buckel.

Fundorte: Müsingen, Wealden und unterstes Valanginien,
Schacht »Georg«, Wealden,
Jetenburg, Lindhorst, } Zone des *Olcostephanus Keyserlingi*,
Deinsen, Wealden, unterstes Valanginien.

### Corbula sublaevis A. Roemer

1839. *Nucula sublaevis* A. Roemer, Ool. Geb. Nachtr. S. 37, Taf. 19, Fig. 8.
1846. *Corbula sublaevis* Dunker, Wealdenbild., S. 47, Taf. 13, Fig. 18.
1879. *Nucula inflexa* (pars) C. Struckmann, Zeitschr. d. d. geol. Ges., Bd. 31. S. 233.
1888. *Corbula sublaevis* C. Struckmann, Wealdenbild., S. 78, Taf. 11, Fig. 4a—b.
1889. » » A. Roem., C. Struckmann, Grenzsch. zw. Hilston und Wealden b. Barsinghausen etc. S. 64.

1893. *Corbula sublaevis* A. Roem., Gagel, Beitrag zur Kenntn. d. Wealden in der Gegend v. Borgloh-Oesede, S. 165.

Diese Art kommt mit *Corbula alata* Sow. zusammen im oberen Wealden und unteren Valanginien bei Müsingen und Deinsen vor. Sie unterscheidet sich von *Corbula inflexa* Roem. durch das Fehlen der Falte, die vom Wirbel über die Hinterseite der Schale verläuft. *Corbula alata* ist verhältnismäßig höher, der Unterrand stärker gebogen und der Schloßkantenwinkel kleiner.

Auch *Corbula sublaevis* A. Roem. ist nicht, wie Struckmann angibt, auf den oberen Wealden beschränkt, sondern ebenfalls eine in das Neokom durchgehende Form.

### Corbula (Isocardia) angulata Phill.

1829. *Isocardia angulata* Phillips, Yorkshire I, p. 94, tab. II, fig. 20 u. 21.
1841. » » » A. Roemer, Kreidegebirge, S. 70.
1866. » » » Pictet et Campiche, Terr. crét. Ste. Croix III, p. 240.
1877. » » » G. Böhm, Hilsmulde, S. 241.
1893. » » » Gagel, Beitr. z. Kenntn. d. Wealden in der Gegend von Borgloh-Oesede etc., S. 163.
1896. » » » G. Müller, Untere Kreide im Emsbett, S. 100 u. 101.
1900. » » » Wollemann, Bivalven und Gastropoden d. deutsch. u. holländ. Neok., S. 114.

Jetenburg: Höhe 7 mm, Länge 8 mm, Dicke 6,5 mm, Hinterseite 5 mm.

Wollemann gibt in seiner Monographie der »Bivalven und Gastropoden des deutschen und holländischen Neokoms« eine ausführliche Beschreibung dieser Art, sodaß ich darauf verweisen kann.

Hinzuzufügen habe ich nur, daß es mir glückte, das Schloß zu Gesicht zu bekommen. In jeder Klappe befindet sich unter dem Wirbel ein deutlicher Zahn und eine vertiefte Grube daneben. Darnach dürfte die Art, wie übrigens schon Wollemann vermutete, zur Gattung *Corbula* zu stellen sein. Außerdem verlaufen zu beiden Seiten des Wirbels zwei leistenförmige Verdickungen unter dem Schloßrande, welche bei rezenten *Corbula*-Arten auch bisweilen auftreten. Die beiden Muskeleindrücke, von denen der hintere kreisförmig, der vordere in die Länge gezogen ist, werden durch eine einfache Mantelbucht mit einander verbunden.

Überall häufig, bisweilen zusammen mit *Corbula alata* Sow. gesteinsbildend.

Fundorte:

Müsingen,
Jetenburg,
Lindhorst,
Neuer Kanal b. Deinsen,
Schacht »Georg« b. Osterholz, } unteres Valanginien.

Ottensen, oberes Valanginien.

Stadthagen, Oberes Valanginien, unteres Hauterivien.

Heisterholz nördl. Minden,
Kleiriehe b. Friedewalde,
Harienstädt b. Petershagen
Neue Col. Zgl. südw. Petershagen, } Hauterivien.

**Corbula inflexa** A. Roem.

1836. *Nucula inflexa* A. Roem., Ool.-Geb. S. 100, Taf. 6, Fig. 15.
1837. » » » Dunker und Koch, Beiträge etc., S. 44, Taf. 5, Fig. 6c.
1846. *Corbula* » » Dunker, Wealdenbild, S. 46, Taf. 13, Fig. 16 u. 17.
1863. » » » Credner, Ob. Jura, S. 59 u. 67.
1865. » » » Loriol et Jaccard, Villers-le-Lac., p. 99, tab. 3, fig. 8—9.
1874-79. » » » C. Struckmann, Zeitschr. d. d. geol. Gesellsch., Bd. XXVI, S. 22; Bd. XXVIII, S. 446; Bd. XXXI, S. 283.
1880. » » » C. Struckmann, Wealdenbild, S. 76, Taf. II, Fig. 5a—b, 7 u. 8a—b.
1893. » » C. Gagel, Beitr. z. Kenntnis d. Wealden in der Gegend von Borgloh-Oesede, S. 165.

Deinsen: Länge 11 mm; Höhe 6 mm.

*Corbula inflexa* Roem. unterscheidet sich von den vorher erwähnten Arten durch ihre länglich ovale Gestalt und die auf der Hinterseite vom Wirbel schräg zum Unterrande verlaufende Falte. Sie ist bereits im oberen Jura weit verbreitet und geht durch den ganzen Wealden hindurch. Sehr häufig findet sie sich in gut erhaltenen Exemplaren im obersten Wealden von Deinsen in der WIEGGREFE'schen Ziegeleitongrube. Manche Schiefertonplatten sind hier vollständig von ihr bedeckt. Stellenweise war sie nicht selten in den Übergangsschichten vom Wealden zum Valanginien im neuen Kanal bei Deinsen und in der Tongrube bei Müsingen.

# Gastropoda.

## Emarginula LAM.

### Emarginula neocomiensis d'ORB.

Taf. X, fig. 14a—e.

1842. *Emarginula reticulata* LEYMERIE, Terr. crét. de l'Aube; Mém. soc. géol. de France, Tome V, p. 30.
1843. » *neocomiensis* d'ORBIGNY, Pal. fr. Terr. crét. II, p. 392, tab. 234 fig. 4—8.
1845. » » » E. FORBES, Quart. Journ. geol. Soc. tome I, p. 346.
1861—64. » » » PICTET et CAMPICHE, Terr. crét. St. Croix II, Mat. Pal. Suisse, III. sér., p. 698 u. 706, tab. 97, fig. 9—11.

Von dieser schönen Art, welche von PICTET et CAMPICHE unter anderem aus dem Néoc. inf. von Ste. Croix und dem Valanginien von Villers-le-Lac. angeführt wird, fanden sich im Horizonte des *Olcostephanus Keyserlingi* bei Jetenburg mehrere Steinkerne und einige mit der Schale erhaltene Exemplare.

Das Gehäuse ist länglich oval und hat die Gestalt einer phrygischen Mütze. Der Wirbel ist nach vorn geneigt und ein wenig gekrümmt. Der Schlitz ist verhältnismäßig kurz und liegt auf dem hinteren Teile der Schale in der Medianebene. Die Schale ist dünn, ihre Oberfläche mit 25—30 Radialrippen geziert, zwischen die sich hin und wieder schwächere Sekundärrippen einschieben. Diese Rippen werden von konzentrischen Anwachsstreifen in regelmäßigen Abständen geschnitten, wodurch eine gitterähnliche Skulptur zustande kommt.

Auf dem Steinkern ist davon nichts mehr zu erkennen, nur

6*

an dem Schalenrande haben die stärkeren Radialrippen deutlichere Spuren hinterlassen. Der Muskeleindruck hat hufeisenförmige Gestalt. Auf der Vorderseite des Steinkernes zieht sich vom Wirbel bis zum Schalenrande eine tiefe Furche mit einer medianen, leistenförmigen Erhöhung, welche dem Schlitzbande der Schale entspricht.

d'ORBIGNY bildet ein Exemplar ab, welches die Fissur nicht in der Medianebene zeigt, sondern vorn rechts. Er selbst scheint diese Lage als abnorm zu betrachten, wie aus seiner diesbezüglichen Bemerkung hervorgeht: »L'échantillon que je viens de décrire, n'est pas symétrique. Je ne sais, si c'est l'effet d'une difformité, ou si ce caractère tient à l'espèce«. PICTET et CAMPICHE glauben diese abnorme Lage der Fissur als Speziescharakter ansprechen zu müssen, nachdem sie eine größere Anzahl von Exemplaren nach dieser Richtung hin untersucht haben. Bei den mir zur Verfügung stehenden Stücken konnte ich nur eine mediane Lage des Schlitzes konstatieren.

## Helcion MONTF.

### Helcion cf. conicum D'ORB.

Taf. X, Fig. 11a—b.

?1840. *Patella orbis* ROEMER. Kreidegebirge S. 76, Taf. XI, Fig. 1.
?1850. » » » GEINITZ, Sächs. Kreidegebirge Taf. XVI, Fig. 4.
1850. *Helcion conicum* D'ORBIGNY, Prodrome II, p. 184.
1861—64. » » » PICTET et CAMPICHE, Terr. crét: Ste. Croix II, Mat. Pal. Suisse, III. série, p. 715 u. 717, tab. 98, fig. 11—13.

Jetenburg: Durchmesser des größten Exemplares 7 mm, Höhe 3 mm.

Die Gestalt ist kreisrund, niedrig kegelförmig. Der Wirbel liegt subzentral, die Schale ist dünn. Da nur ein kleiner Teil derselben erhalten, ist von der Oberflächenverzierung wenig zu erkennen, doch sind Anzeichen für Radialskulptur am Rande vorhanden. Auch von einem Muskeleindruck ist auf den Steinkernen nichts wahrzunehmen.

Die vorliegenden Stücke sind am nächsten vergleichbar *Helcion conicum* D'ORB. aus dem unteren Gault. Radialstreifung wurde von PICTET et CAMPICHE nicht beobachtet, vielleicht waren ihre Exemplare noch schlechter erhalten, als unsere von Jetenburg. Auch mit der von RÖMER aus dem Pläner von Strehlen beschriebenen *Patella orbis* stimmen die Steinkerne von Jetenburg in der Gestalt ganz gut überein.

**Helcion sp.** (n. sp.?).

Taf. X, Fig. 12a—b.

Länge 7 mm, Breite $5^1/_2$ mm.

Ein Steinkern von Jetenburg besitzt den Umriß eines Rechteckes mit abgerundeten Ecken und weicht dadurch erheblich von der vorhergehenden Art ab. Die Gestalt ist flach trichterförmig, der Wirbel liegt subzentral. Die Schale dürfte verhältnismäßig dick gewesen sein.

Der Winkel des Kegelmantels ist bedeutend stumpfer als der von *Helcion conicum*. Gleichwohl scheint mir das vereinzelte Exemplar nicht ausreichend zu sein, um darauf eine neue Art zu gründen.

## Pleurotomaria.

**Pleurotomaria neocomiensis** D'ORB.

| | | |
|---|---|---|
| 1843. | *Pleurotomaria neocomiensis* D'ORBIGNY, | Pal. fr. Terr. crét. II, p. 240, tab. 188, fig. 8—12. |
| 1853. | » » » | STUDER, Geol. d. Schweiz, t. II, p. 280. |
| 1861. | » » » | DE LORIOL, Mont Salève, p. 85, tab. 3, fig. 1—3. |
| 1863. | » » » | PICTET et CAMPICHE, Terr. crét. Ste. Croix II, p. 429. |
| 1896. | » » » | WOLLEMANN, Hilskonglomerat, S. 851. |
| 1900. | » » » | Ders. Bivalven u. Gastropoden d. deutsch. u. holländ. Neokoms, S. 151. |

Lindhorst: Gehäusewinkel 98°, Höhe ca. 18 mm, Breite 23 mm.

Einige mit der Schale und Skulptur erhaltene, aber etwas verdrückte Exemplare stammen aus dem unteren Valanginien von

Lindhorst, mehrere Steinkerne aus dem oberen Valanginien der alten W. MÖLLER'schen Ziegeleitongrube bei Stadthagen.

Obwohl die Stücke zu den Abbildungen bei D'ORBIGNY und DE LORIOL gut passen, ist eine genaue Identifizierung wegen des ungünstigen Erhaltungszustandes schwierig.

**Pleurotomaria Lindhorstiensis** n. sp.

Taf. XI, Fig. 7.

Lindhorst: Höhe 70 mm, Breite 62 mm, Höhe des letzten Umganges 28 mm.

Von dieser schönen großen Art liegen einige Exemplare mit zum Teil erhaltener Schale und eine Anzahl von Steinkernen aus den Schichten mit *Polyptychites Keyserlingi* der Tongrube am Bahnhof von Lindhorst vor.

Die Schale ist kegelförmig und besteht aus sieben Umgängen; der Gehäusewinkel beträgt 70°. die letzte Windung ist stark gewölbt, wodurch ein tiefer Nabel entsteht. Der Steinkern ist glatt und trägt auf der Mitte der Windungen einen stumpfen Kiel.

Die Schale ist dick und mit reichlicher Skulptur verziert. Auf dem oberen Teile der Windungen liegt das Schlitzband, welches auf dem letzten Umgange etwa $1/8$ der Gesamthöhe desselben erreicht. Über dem Schlitzbande liegen 12—15 Spirallinien, welche durch von vorn oben nach hinten rückwärts laufende Anwachsstreifen gekreuzt werden. Unter dem Schlitzbande liegt ein Kranz von Querwülsten, welche auf den älteren Windungen deutlicher hervortreten. Die Mündung ist schief oval bis elliptisch.

In der Gestalt am nächsten vergleichbar mit dieser Art ist *Pleurotomaria Blancheti* PICTET et CAMPICHE (Terr. crét. Ste. Croix II, p. 421, tab. 128, fig. 1a—c) aus dem Valanginien, doch zeigt diese eine völlig abweichende Skulptur.

Von der vorhergehenden Art unterscheiden sich unsere Formen sowohl in der Skulptur, als auch in der Lage des Schlitzbandes und insbesondere in der Größe des Gehäusewinkels.

## Trochus Linné.

### Trochus quadricoronatus n. sp.

Taf. X, Fig. 2a—e.

Jetenburg: Höhe 19 mm, Durchmesser des letzten Umganges 8 mm.

Das Gehäuse ist regelmäßig kegelförmig gestaltet; der Gehäusewinkel beträgt ca. 60°. Die Umgänge sind eben. Die Mündung ist niedrig. Die wenig gewölbte Basis schneidet den Kegelmantel in einer scharfen Kante. Ein Nabel ist nicht vorhanden. Das Gehäuse besteht aus 4 durch eine undeutliche Naht von einander getrennten Umgängen, von denen der untere allemal einen Teil des vorhergehenden verhüllt. Die Schale ist dick. Die Skulptur besteht aus vier Knotenreihen auf jedem Umgange. Am Unterrande der Windungen befindet sich eine scharfe, kielartige Knotenreihe. Senkrecht über dieser, etwa auf dem ersten Drittel der Höhe des Umganges verläuft eine zweite, etwas stärkere, spirale Knotenreihe. Die beiden anderen ziehen sich dicht neben einander am oberen Rande der Umgänge entlang, und zwar ist die obere wiederum kräftiger entwickelt, als die untere. Die unterste der vier Knotenreihen ist nur auf dem letzten Umgange sichtbar, auf den übrigen wird sie von der folgenden Windung verdeckt. Außerdem sind die Umgänge mit feinen, aber scharfen, dicht stehenden Anwachsstreifen bedeckt, welche schräg über die Windungen verlaufen. Die Richtung dieser Querlinien bedingt auch die Lage der Knoten auf den Spiralstreifen, welche so angeordnet sind, daß je vier Knoten der einzelnen Reihen auf einer schräg verlaufenden, geraden Linie liegen. Die Basis ist mit zwei, in regelmäßigen Abständen verlaufenden, kräftigen Spirallinien verziert, die auch etwas gekörnelt erscheinen und besitzt dieselbe feine Anwachsstreifung. Die jüngeren Windungen sind bei allen Exemplaren abgenutzt. Der Steinkern ist völlig glatt.

Diese schöne Art findet sich in manchen Geoden aus der Zone des *Olcostephanus Keyserlingi* bei Jetenburg und Lindhorst.

## Natica Adanson.

### Natica laevigata Desh (d'Orb.)

Taf. X, Fig. 7 u. 8a–c.

1835. *Littorina rotundata* Sow., Fitton, Transact. of the geol. Soc. t. IV, p. 364.
1842. *Ampullaria laevigata* Desh., Leymerie, Terr. crét. du départ. de l'Aube. Mém. Soc. geol. de France, tome V, p. 13, tab. 16, fig. 10.
1842. *Natica laevigata* d'Orbigny, Pal. fr. Terr. crét. II, p. 148, tab. 170, fig. 6 u. 7.
1845. *Natica rotundata* Forbes, Quart. Journ. geol. Soc. tome I, p. 346.
1851. » *laevigata* Cornuel, Bull. de la soc. géol. de France VIII, p. 435.
1853. » *sublaevigata* Studer, Geol. d. Schweiz, Bd. II, S. 279.
1854. » *rotundata*, Pictet et Renevier, Paléont. Suisse, Terr. aptien p. 34, tab. 3, fig. 7.
?1884. » *laevis*, Weerth, Neokomsandstein S. 28, Taf. 7, Fig. 6.

Müsingen: Ausguß eines Abdruckes:

Höhe 16 mm, Höhe des letzten Umganges 10 mm,
» 8 » » » » » 5 »

Steinkern: Höhe 13 mm, Höhe des letzten Umganges 8 mm.

Das Gehäuse besteht aus 4—5 bauchig gewölbten Umgängen, von denen der letzte mehr als die Hälfte der Gesamthöhe erreicht. Die Gestalt ist gedrungen oval. Der Gehäusewinkel beträgt etwa 70°. Die einzelnen Umgänge sind von einander durch tiefe Nähte getrennt, so daß der obere, umgebogene Rand der Windungen stark hervortritt. Der Nabel ist tief; die Mündung hoch und schief oval. Die Skulptur der Schale besteht aus scharfen, lamellenartigen Anwachsstreifen. Der Steinkern ist glatt und trägt in unregelmäßigen Abständen wulstartige Verdickungen, welche periodischen Stillstandslagen im Wachstum des Tieres entsprechen dürften.

Diese von englischen und französischen Autoren ursprünglich aus der unteren Kreide beschriebene Art findet sich ziemlich selten in Form von Steinkernen und recht scharfen Abdrücken im untersten Valanginien bei Müsingen und im Schacht »Georg« bei Osterholz.

*Natica laevis* Weerth scheint nur der Steinkern von *Natica laevigata* Desh. zu sein und muß wohl mit ihr vereinigt werden.

### Natica Cornueli D'ORB.

Taf. X, Fig. 10a—c.

1842. *Natica Cornueliana* D'ORBIGNY, Pal. fr. Terr. crét. II, p. 150, tab. 170, fig. 4—5.
1845. » » » FORBES, Quart. Journ. geol. Soc. tome I, p. 347.
1847. » » » FITTON, Quart. Journ. geol. Soc tome III, p. 289.
1854. » » » PICTET et ROUX, Pal. Suisse, Terr. aptien p. 86, tab. 3, fig. 8a—b.
1862. » » » BRISTOW, Isle of Wight, Memoirs of the geol. surv. of Great Britain p. 22.
1900. » » » DIM. J. ANTHULA, Kreidefossilien d. Kaukasus S. 92.

Jetenburg: Höhe 10 mm, Durchmesser des letzten Umganges 9 mm, Höhe desselben 8 mm.

Das Gehäuse ist annähernd so hoch wie breit. Es besteht aus 4—5 stark gewölbten Umgängen. Der Gehäusewinkel beträgt annähernd 110°. Der letzte Umgang ist kugelig gewölbt und erreicht $^3/_4$ der Gesamthöhe. Die Mündung ist schief oval; der Nabel nicht sehr tief. An unserem Exemplare ist ein Teil der Schale erhalten. Sie ist ziemlich dick und mit geschwungenen, deutlichen Anwachsstreifen verziert, während der Steinkern glatt ist.

Nur einige Exemplare fanden sich in einer Toneisensteingeode aus der Zone des *Olcostephanus Keyserlingi* bei Jetenburg. Sonstiges Vorkommen: England und Schweiz, im Lower Greensand und Aptien.

## Paludina LAM.

### Paludina Roemeri DKR.

1846. *Paludina Roemeri* DUNKER, Wealdenbild. S. 55, Taf. 10, Fig. 7.
1863. » » » H. CREDNER, Ob. Juraform. S. 61 u. 64.
1880. » » » STRUCKMANN, Wealdenbildungen S. 54.
1883. » » » GRABBE, Schaumb.-Lipp. Wealdenmulde S. 31.
1890. » » » STRUCKMANN, Grenzsch. zw. Hilston u. Wealden bei Barsinghausen a./D. S. 64.
1894. » » » GAGEL, Beitr. z. Kenntn. d. Wealden in d. Gegend von Borgloh-Oesede etc. S. 165.

Dieses auch im oberen Wealden bei Müsingen häufige Wealden-Fossil ragt ebenfalls noch in die Ablagerungen des untersten Valanginien hinauf und ist in den Übergangsschichten nicht selten.

## Scalaria Lam.

### Scalaria cf. canaliculata d'Orb.

1842. *Scalaria canaliculata* d'Orbigny, Pal. fr. Terr. crét. II, p. 50, tab. 154, fig. 1—3.

Nordsehl: Höhe 6 mm, Gehäusewinkel 15—20°.

Es liegt ein Steinkern aus dem oberen Hauterivien von Nordsehl bei Stadthagen vor, der vielleicht zu der von d'Orbigny aus dem *Néocomien inférieur* beschriebenen Art gehört, wenigstens zu dem von ihm abgebildeten Steinkern ganz gut paßt. Das Gehäuse besteht aus sechs stark und gleichmäßig gewölbten Umgängen, welche sehr steil ansteigen. Hierdurch unterscheidet sich diese Art von den übrigen aus dem Neokom beschriebenen.

Ein Bruchstück von zwei Umgängen, welches Herr Salchow aus dem Kanal am Nordholz in dem gleichen Horizonte fand, zeigt auch die charakteristische aus Querwülsten bestehende Skulptur.

## Melania Lam.

### Melania rugosa Dkr.

1846. *Melania rugosa*, Dunker, Wealdenbild. S. 52, Taf. X, Fig. 22 u. 23.
1874. " " " D. Brauns, Ob. Jura S. 194.
1880. " " " Struckmann, Wealdenbildungen etc. S. 54.
1890. " " " Ders., Grenzsch. zw. Hilston und Wealden bei Barsinghausen a./D. S. 165.
1894. " " " Gagel, Beitr. z. Kenntn. d. Wealden i. d. Gegend von Borgloh-Oesede etc. S. 165.

Wie bei allen Wealdenfossilien, beschränke ich mich auch hier auf die Wiedergabe des wichtigsten Literaturnachweises. *Melania rugosa* Dkr. findet sich im obersten Wealden bei Müsingen und geht noch eine Weile in das Neokom hinauf. Besonders in den Übergangsschichten ist sie häufiger.

## Cerithium ADANSON.

### Cerithium cf. Forbesi D'ORB.

1845. *Cerithium Phillipsii* FORBES, Quart. Journ. geol. Soc. I, p. 352, tab. 4, fig. 12.
1847. » » » FITTON, ibid. III, p. 289.
1850. » *Forbesianum* D'ORBIGNY, Prodrome II, p. 116.
1858. » » » PICTET et RENEVIER, Foss. du Terr. Apt. de la Perte du Rhône et des environs de Ste. Croix. Matér. Pal. Suisse. I, p. 52, tab. V, fig. 6.

Ein Fragment von Müsingen, bestehend aus zwei Umgängen zeigt die Skulptur dieser Art; doch bleibt die Bestimmung vorläufig noch unsicher.

### Cerithium? n. sp.

Taf. X, Fig. 9a—b.

Müsingen: Letzter vorhandener Umgang: Durchmesser 2 mm, Höhe 1 mm, Höhe der 14 erhaltenen oberen Windungen 7 mm, Gehäusewinkel 17°.

Das Gehäuse ist spitz turmförmig, aus zahlreichen niedrigen Umgängen bestehend. Die Windungen sind nur wenig gewölbt, durch eine deutliche Naht von einander getrennt und steigen langsam an. Die Umgänge tragen fünf erhabene Spiralstreifen, von denen die beiden untersten bedeutend stärker entwickelt sind, als die drei oberen und aus einer Reihe von Knötchen zusammengesetzt werden. Auf den jüngeren Windungen beträgt die Zahl der schwächeren Spiralstreifen nur 1—2. Die Mündung ist nicht erhalten, die Gattungsbestimmung steht daher nicht genau fest.

Diese zierliche Art fand sich in der Zone des *Oxynoticeras heteropleurum* bei Müsingen.

## Aporrhais da Costa.

### Aporrhais? n. sp.

Taf. X, Fig. 18a—b.

Es liegt der scharfe Ausguß eines Abdruckes vor, welcher in der Gestalt sowohl *Cerithium neocomiense* D'ORB., als auch *Rostel-*

*laria pyramidalis* D'ORB. und *Aporrhais carinella* D'ORB. ähnlich wird. Da die Mündung nicht erhalten ist, bleibt es bis zur Auffindung besserer Exemplare in suspenso, zu welcher Gattung diese Gastropode zu stellen ist. Das vorliegende Stück von Müsingen besitzt folgende Maße: Zwölf obere Umgänge haben eine Höhe von 12 mm, der letzte hat einen Durchmesser von 4 mm. Der Gehäusewinkel beträgt circa 20°. Das Gehäuse ist spitz, schraubenförmig. Die zahlreichen Umgänge sind auf dem unteren Teile mit einem scharfen, hervorspringenden Kiele besetzt, von dem aus die Windungen zu den Nähten flach abfallen. Sie werden durch eine deutliche Naht von einander getrennt und steigen ziemlich steil an. Die Skulptur besteht aus feinen Spirallinien, von denen eine in der Nähe der Naht etwas kräftiger ausgebildet ist. Diese Spiralstreifen werden von dicht stehenden, aber noch etwas schwächeren Querlinien gekreuzt, wodurch eine feingegitterte Skulptur entsteht.

Bei *Aporrhais carinella* D'ORB. aus dem Gault und *Rostellaria pyramidalis* D'ORB. aus dem Neokom steigen die Windungen nicht so steil an, wie bei unserer Art. Auch besitzen sie eine abweichende Skulptur. *Cerithium neocomiense* D'ORB. hat zwei Kiele auf jedem Umgange.

Das einzige Exemplar stammt aus den unteren Schichten mit *Oxynoticeras heteropleurum* von Müsingen.

## Actaeon MONTFORT.

### Actaeon (Tornatella) Astieri D'ORB.

Taf. X, Fig. 8a—b.

1842. *Actaeon Astierianus* D'ORBIGNY, Pal. fr. Terr. crét. II, p. 118, tab. 167, fig. 7.
1861. » » » PICTET et CAMPICHE, Terr. crét. Ste. Croix II p. 193.

Einige kleine, nur 5 mm hohe Exemplare dieser von D'ORBIGNY aus dem *Néocomien infér.* beschriebenen Art stammen aus dem untersten Valanginien von Müsingen.

Das Gehäuse ist lang oval, läuft nach oben spitz zu und besteht aus fünf Umgängen, von denen der letzte die Hälfte der

Gesamthöhe erreicht. Die Mündung ist nicht erhalten. Die Skulptur besteht aus eingeritzten Spirallinien, von denen der letzte Umgang etwa 12 trägt.

*Actaeon Astieri* D'ORB. unterscheidet sich von *Actaeon affinis* D'ORB. hauptsächlich durch die geringe Anzahl der Spirallinien. *Actaeon multilineatus* n. sp. hat eine schlankere Gestalt und fast die dreifache Anzahl von Spirallinien auf der letzten Windung.

### Actaeon (Tornatella) multilineatus n. sp.

Taf. X, fig. 1a—b.

Müsingen: Höhe des Gehäuses 8 mm; Dicke des letzten Umganges 3 mm.

Das schlanke Gehäuse besteht aus sechs, nur schwach gewölbten Umgängen, von denen der letzte die Hälfte der Gesamthöhe erreicht und einen großen Teil der vorhergehenden Windung umhüllt. Die Naht liegt vertieft; die Umgänge sind deutlich abgesetzt, wodurch das Gewinde ein treppenförmiges Aussehen erhält.

Die Skulptur besteht aus scharf eingeritzten Spirallinien, von denen der letzte Umgang 35—40 zeigt. Diese werden von feinen, quer verlaufenden, regelmäßigen Anwachsstreifen geschnitten. Hierdurch erhalten die Spiralfurchen ein punktiertes Aussehen. Die Mündung war nicht frei zu legen, und die Gattungsbestimmung ist daher etwas unsicher.

*Actaeon marullensis* D'ORB. steht unserer Art am nächsten. Letztere besitzt jedoch eine schlankere Gestalt und abweichende Skulptur.

Fundort: Ziegelei-Tongrube im unteren Valanginien bei Müsingen.

## Cinulia GRAY.

### Cinulia (Avellana) incisa n. sp.

Taf. X, fig. 4a—b.

Jetenburg: Höhe 10 mm, Durchmesser der letzten Windung 6 mm.

Das Gehäuse ist gedrungen oval. Der letzte Umgang ist bauchig gewölbt, fast so dick, wie hoch und nimmt $^3/_4$ der Gesamthöhe ein. Er umhüllt die vorhergehenden, an dem abgebildeten Exemplare stark korrodierten, Jugendwindungen fast vollständig. Die Mündung ist lang und schmal. Die Außenlippe ist bei dem vorliegenden Exemplare fortgebrochen, die Innenlippe erscheint schwielig verdickt. Am unteren Ende der Spindel befinden sich zwei scharfe Falten. Die Schale ist dick und mit 20—25 scharf eingeschnittenen Spiralfurchen auf dem letzten Umgange verziert, die am unteren und oberen Rande der Windung dichter stehen als in der Mitte. Sie werden von feinen, quer verlaufenden Anwachsstreifen geschnitten.

*Avellana Archiaciana* D'ORB.[1]) aus dem Gault steht unserer Art anscheinend sehr nahe, unterscheidet sich jedoch von ihr durch abweichende Skulptur. *Avellana inflata* FITTON, welche ebenfalls aus dem Gault stammt[2]), hat einen sehr viel spitzeren Gehäusewinkel.

*Cinulia incisa* n. sp. ist selten in der Zone d. *Olc. Keyserlingi* bei Jetenburg.

## Fam. Limnaeidae.

### Ptychogyra n. g.

Das sehr dünne, asymmetrische Gehäuse besitzt eine nahezu kreisrunde, napfförmige Gestalt mit ausgebreitetem letzten Umgange. Die Oberfläche ist runzelig, mit unregelmäßig welligen, konzentrischen Anwachsfalten bedeckt. Der Wirbel ist spiral nach rechts eingerollt und läßt bisweilen 2—3 winzige Windungen erkennen. Er liegt exzentrisch, dem glatten Mundsaume genähert. Nach vorn, dem Wirbel schräg gegenüber, springt in der Nähe des Mundsaumes eine deutliche Siphonalfalte aus dem Relief heraus.

Hinsichtlich der Skulptur erinnert die vorliegende Gattung

---

1) D'ORBIGNY, Pal. fr. Terr. crét. II, p. 137, tab. 169, fig. 7—9.

2) FITTON, Transact. of the geol. Soc. tome IV, tab. XI, fig. 11, p. 362 und D'ORBIGNY, Pal. fr. Terr. crét. II, p. 128, tab. 168, fig. 1—4.

an *Brunonia* G. MÜLLER[1]) aus dem Senon. Doch lassen sich die vorliegenden Formen in keine bekannte Gastropodengattung der Kreide zwanglos einreihen. Die senone Gattung *Brunonia* MÜLLER ist annähernd monosymmetrisch gebaut, die Siphonalfalte verläuft nach hinten, die welligen Anwachsringe sind dementsprechend regelmäßig konzentrisch.

Am nächsten steht den im folgenden von mir beschriebenen Formen noch die miocäne Gattung *Valenciennesia Rousseau*[2]) aus den pontischen Ablagerungen, welche ausschließlich Brackwasserformen umfaßt. Bei den hierher gehörigen Arten liegt die Siphonalrinne jedoch auf dem hinteren Teile der Schale, das ganze Gehäuse ist weniger asymmetrisch und nähert sich darin der Gestalt von *Brunonia* G. MÜLLER. Auch fehlt der tertiären Gattung der glatte Mundsaum unserer Formen.

K. G. KRAMBERGER machte durch seine entwicklungsgeschichtlichen Studien in der zitierten Monographie die nahe genetische Verwandschaft der Gattung *Valenciennesia* mit den *Limnaeiden* wahrscheinlich. Es soll sich *Valenciennesia* nach und nach aus den *Limnaeiden* entwickelt haben »u. zw. durch die allmäliche Reduktion der Embryonalwindungen (resp. d. Wirbels), Vergrößerung und Verflachung des letzten Umganges und die Herausbildung der Siphonalrinne, welch letztere erst eine nachträglich errungene, mit der Änderung der Respirationsfunktion im Zusammenhange stehende Einrichtung darstellt«. *Valenciennesia*-Formen ohne die Siphonalfurche bilden den Übergang zu den Limnaeiden.

Die im Folgenden beschriebenen Formen stammen auch aus brackischen Schichten des obersten Wealden, resp. den untersten Valanginienschichten, in denen brackische Arten noch in großer Menge lebten, und erfüllen hier oft ganze Schichtflächen der bituminösen Tone, d. h. schlickartiger Absätze aus brackischen Ästu-

---

[1]) G. MÜLLER, Molluskenfauna d. Untersenon von Braunschweig und Ilsede. Abh. d. K. pr. geol. Landesanst. N. F., Heft 25, S. 131.

[2]) K. G. KRAMBERGER, *Valenciennesia* und einige unterpontische *Limnaeen*. Ein Beitrag zur Entwicklungsgeschichte der Gattung *Valenciennesia* und ihr Verhältnis zur Gattung *Limnaea*. Beitr. z. Pal. u. Geol. Oesterreich-Ungarns u. d. Orients, 1901, Bd. XIII, S. 121—140, Taf. IX u. X.

arien. Die äußerst dünne Schale weist darauf hin, daß die Tiere an Ort und Stelle gelebt haben müssen.

Diese biologischen Verhältnisse, sowie manche Analogien im Bau des Gehäuses mit Limnacen veranlassen mich, die neue Gattung in verwandtschaftliche Beziehung zur Familie der *Limnaeiden* zu bringen, jedenfalls sie in die Ordnung der *Pulmonaten* einzureihen. Mithin dürfte sich möglicherweise die Aussicht eröffnen, gelegentlich diese Formen der unteren Kreide einmal mit Pulmonaten der terrestren und brackischen Purbeckbildungen in phylogenetischen Zusammenhang zu bringen.

## Ptychogyra canalifera n. sp.

Taf. X, fig. 5—6.

Müsingen: Durchmesser des größten Exemplares 17 mm.
» » » kleinsten » 4 »

Das Gehäuse besitzt eine kreisrunde, napfförmige Gestalt. Größte Höhe der Wölbung etwa zentral gelegen. Gehäuse asymmetrisch, rechts gewunden, wodurch der spitze, kurze »Wirbel« in die Nähe des linken Mundsaumes zu stehen kommt. Das einwärts gekrümmte Embryonalgewinde läßt 2—2$^1/_2$ Umgänge erkennen, während die zweite Hälfte des letzten Umganges den größten Teil der Schale einnimmt. Etwa vom Zentrum der Schale aus zieht sich nach rechts vorn über den Mundsaum hinaus ein kräftiger, unregelmäßig faltenförmiger Ausguß, welcher dem Siphonalkanal entspricht. Rings um die Mündung herum verläuft ein bei den größeren Exemplaren ca. 1 mm breiter, glatter Mundsaum. Der übrige Teil der äußerst dünnen Schale wird von kräftigen, welligen Anwachswülsten bedeckt, die ihrerseits mit feinen regelmäßigen Anwachslinien versehen sind.

Ziemlich häufig im obersten Wealden und im ganzen unteren Valanginien von Müsingen. Auf den Schichtflächen der Schiefertone meist plattgedrückt, gelegentlich mit erhaltener Schale; in besserem Erhaltungszustande in den Toneisensteinen ebendort. Ferner beobachtet bei Deinsen und im Schacht Georg bei Obernkirchen.

# E. Molluscoidea.

## Bryozoa.

### Berenicea Lamx.

#### Berenicea polystoma A. Roem.

1839. *Cellepora polystoma* Roemer, Ool. Geb. Nachtr. S. 14, Taf. 17, Fig. 6.
1840. *Rosacilla polystoma* Roemer, Kreidegebirge S. 19.
1850. *Diastopora polystoma* d'Orbigny, Prodrome t. II, p. 86.
1852. » *gracilis* d'Orbigny, Pal. fr. Terr. crét. t. V, tab. 635, fig. 6—9, p. 863.
1861. *Berenicea polystoma* Roem., de Loriol, Mont Salève p. 113, tab. XVII, fig. 3.

Der Fremdkörper inkrustierende Stock hat kreisförmigen Umriß. Die einzelnen Individuen, deren Zahl sehr groß ist, bestehen aus zylindrischen Röhren, die strahlenförmig radial angeordnet erscheinen. Die Mündung der Röhren, welche anfangs flach am Boden liegen, ist kreisförmig und nach oben gewandt aufgerichtet.

Fundort: Aufgewachsen auf Hopliten des unteren Hauterivien von Haricnstädt b./Petershagen.

## Brachiopoda.

### Lingula Bruguière.

#### Lingula truncata Sow.

1836. *Lingula truncata* Sowerby (in Fitton, Observat. on some of the Strata between the Chalk) Transact. geol. soc. vol. IV, tab. XIV, fig. 15.
1847. *Lingula Rauliana* d'Orbigny, Pal. fr. Terr. crét. vol. IV, p. 80, tab. 490.
1854. » *truncata* Sow, Th. Davidson, Monograph. of British Cretaceous Brachiopoda Part II, tab. I, fig. 27 u. 28, p. 6.

Müsingen: Höhe 18 mm, Breite $9^1/_2$ mm (größtes Exemplar),
» 16 » » 8 »
» 8 » » 4 » (mittlere Größe),
» 3 » » $1^1/_2$ »

Schale gleichklappig, länglich rechteckig, aber nach dem Wirbel hin zugespitzt, sodaß die Schalenränder hier einen Winkel von 80° bilden. Wie die angegebenen Maße zeigen, beträgt die Höhe das

Doppelte der Breite. Die Schalen sind dünn, kalkig-hornig und zusammengedrückt. Die Oberfläche ist mit zierlichen, konzentrischen Anwachsringen bedeckt, welche auf den Seiten der Klappen gedrängter stehen, als auf der Mitte. Diese Anwachsringe werden von äußerst feinen, aber deutlich hervortretenden Radialstreifen gekreuzt, welche vom Wirbel aus zum Schalenrande verlaufen und auf DAVIDSONS Abbildung sehr gut wiedergegeben sind.

Diese von FITTON aus dem Lower Greensand von Atherfield (Isle of Wight) angeführte Art, findet sich als eines der häufigsten Fossilien in dem untersten Valanginien von Müsingen, insbesondere in der Toneisensteinbank mit *Cucullaea texta* ROEM. Bei Jetenburg und Lindhorst kommt sie ebenfalls vor, wenn auch ziemlich selten.

### Lingula subovalis DAVIDSON.

?1812. *Lingula ovalis* SOWERBY, Min. Conch. p. 56, tab. XIX, fig. 4.
1852. *Lingula subovalis* DAVIDSON, Monogr. of British cretaceous Brachiopoda, London 1854. Part. II, plate I, fig. 29—30, p. 7.

Deinsen: Höhe 5 mm, Breite 3 mm.

Diese ebenfalls aus der unteren Kreide von England beschriebene Art unterscheidet sich von der vorhergehenden durch ihre länglich-ovale Gestalt und geringere Größe. Ferner bilden die Wirbelränder einen viel stumpferen Winkel; der Stirnrand ist gerundet.

Sie findet sich selten in etwas höherem Horizonte des Valanginien bei Müsingen und im neuen Kanal bei Deinsen.

## Terebratula BRUG.

### Terebratula Moutoni D'ORB.

1839(?) *Terebratula perovalis* ROEMER, Ool. Geb. Taf. II, Fig. 3.
1840. » » » Kreidegebirge S. 42.
1847. » *Moutoniana* D'ORBIGNY, Pal. fr. Terr. crét. IV, p. 89, tab. 510, fig. 1—5.
1850. » » » Prodrome II, p. 108.
1850. » » » GEINITZ, Quadersandstein S. 214.
1867. » » » PICTET, Mélang. paléont. Faune de Berrias p. 103, tab. 25, fig. 1—4.

? 1868. *Terebratula Moutoniana* D'ORBIGNY, WALKER, Greensand Brachiop, Geol. Magaz. vol. V, p. 403, tab. 18, fig. 6.
1870. " " " PICTET et CAMPICHE, Terr. crét. Ste. Croix V., p. 86, tab. CCIII, fig. 1—8.
1874. " " " DAVIDS, Brit. Cret. Brachiop. Suppl. Monogr. Pal. Soc. p. 42, tab. IV, fig. 11—13.
1884. " " " var. *brickhillensis*, DAVIDS, Brit. Cret. Brachiopodes, App. to Suppl. (vol. V.) Monogr. Pal. Soc. p. 251, tab. XVIII, fig. 8.
1903. " " " LAMPLUGH, Lower Greensand near Leighton Buzzard, p. 251, tab. XVII, fig. 4a—b.

Heisterholz: Höhe 26 mm, Breite 18 mm, Dicke 10 mm.

Schale länglich oval. Die Ventralschale ist gleichmäßig und stark gewölbt, die Dorsalschale ziemlich flach. Die Schalenoberfläche ist mit regelmäßigen, konzentrischen Anwachsringen bedeckt. Ist die oberste Schalenschicht auf irgend eine Weise, z. B. durch Auwitterung, verloren gegangen, so treten feine, vom Wirbel ausstrahlende Radiallinien hervor. — Der Wirbel der großen Klappe ist kräftig, stark übergebogen. Der Stirnrand ist gerade oder doch nur (und zwar im Alter) schwach aufwärts gebogen. Diese im ganzen unteren Neokom von Frankreich, Deutschland und der Schweiz bekannte Art unterscheidet sich von den übrigen Arten des Neokoms hauptsächlich durch den geraden Stirnrand.

*T. Moutoni* fand sich in unserem Gebiete nur im unteren Hauterivien bei Harienstedt nördlich von Minden.

## F. Vermes.

### Serpula LINNÉ.

#### Serpula quinquangulata ROEM.

1841. *Serpula quinquangulata* A. ROEMER, Kreidegeb. S. 101, Taf. XII, Fig. 6.

Zu dieser aus der unteren Kreide beschriebenen Art dürften mehrere auf *Pecten crassitesta* A. ROEM. = *P. cinctus* SOW. von Jetenburg aufgewachsene Serpulen gehören. Gut erhaltene Exem-

7*

plare fanden sich aufgeheftet auf einem großen *Oxynoticeras inflatum* v. KOENEN.

Die verhältnismäßig wenig gekrümmten Röhren sind mit drei scharfen Kanten auf dem Rücken versehen. Die Skulptur besteht aus scharfen, konzentrischen Anwachsringen.

### Serpula antiquata Sow.

1820. *Serpula antiquata*, SOWERBY, Min. Conch. tab. 598, fig. 4.
1835. » » » FITTON, Transact. geol. soc. p. 353.
1840. » » » ROEMER, Kreidegebirge, S. 100.
1854. » » » PICTET et RENEVIER, Mat. Pal. Suisse, Aptien de la Perte du-Rhône p. 16, tab. I, fig. 9.
1861. » » » DE LORIOL, Mont Salève, p. 153, tab. XXII, fig. 12.
1862. » » » BRISTOW, Isle of Wight p. 20.

Exemplare von Müsingen erreichen einen Durchmesser von 7 mm. Die runde walzenförmige Röhre nimmt nur allmählich an Dicke zu. Die vorliegenden Exemplare sind wenig eingerollt und meist nur unregelmäßig hin und hergebogen. Die Oberfläche trägt in gewissen Abständen ringförmige Wülste und ist außerdem mit feinen Anwachsringeln bedeckt.

Kommt bei Jetenburg in faustdicken, knäuelförmigen Massen vor.

Fundorte:

| | |
|---|---|
| Jetenburg, Müsingen, Lindhorst<br>Neuer Kanal b./Deinsen<br>Schacht »Georg« b./Osterholz | Unteres Valanginien, |
| Stadthagen<br>Harienstädt b./Petershagen | Unteres Hauterivien. |

## G. Echinodermata.

## Crinoidea.

### Pentacrinus MILLER.

#### Pentacrinus neocomiensis DESOR.

1845. *Pentacrinus neocomiensis* DESOR., Notice sur les Crinoides suisses, p. 14.
1857. » » » PICTET, Traité de Paléont., 2. éd., tab. IV, p. 344.

1861. *Pentacrinus neocomiensis* DESOR., DE LORIOL, Valang. des Carr. d'Arzier p. 82, tab. IX, fig. 16—17.

Das Gestein mancher Geoden im unteren Valanginien von Jetenburg besteht aus einem förmlichen Konglomerat von Stielgliedern dieser im ganzen Neokom verbreiteten Art. Auch in den oberen Schichten der Müsinger Tongrube, sowie im unteren Valanginien von Sachsenhagen und Lindhorst waren gut erhaltene Stielglieder stellenweise zu finden. Ich verweise auf die Beschreibung bei DE LORIOL.

# Benutzte Literatur.

1812—29. Sowerby, The Mineral Conchylogie of Great Britain.

1829. Phillips, Illustrations of the Geology of Yorkshire. 3. Aufl., 1875.

1826—44. Goldfuss, Petrefacta Germaniae.

1836. Fitton, Observations on some of the strata between the Chalk and the Oxford Oolithe in the South-eath of England. Transact. of the geol. Soc. Ser. 2, vol. IV, p. 103—388.

1837. Koch u. Dunker, Beiträge zur Kenntnis des norddeutschen Oolithengebildes und dessen Versteinerungen.

1836—39. F. A. Roemer, Die Versteinerungen des norddeutschen Oolithengebirges. (Nachtrag 1839).

1840. Meyer, Herm. v., Neue Gattungen fossiler Krebse aus Gebilden vom bunten Sandstein bis in die Kreide. 4 Taf., Stuttgart 1840.

1841. F. A. Roemer, Die Versteinerungen des norddeutschen Kreidegebirges.

1842. Leymerie, Sur le terrain crétacé du département de l'Aube. Mém. soc. géol. de France. T. V, p. 1 ff.

1842—45. L. Agassiz, Etudes critiques sur les mollusques fossiles. Monogr. des Myes.

1842—47. d'Orbigny, Paléontologie française. Terrains crétacés. II—IV.

1845. H. Roemer, Durchschnitt des Juragebirges bei Minden. Neues Jahrb. f. Min. etc. 1845, S. 107.

1845. E. Forbes, On Lower Greensand fossils. Quart. journ. geol. Soc. Vol. I, p. 237.

1846. Leymerie, Statistique géol. et minér. du dép. de l'Aube. Troys et Paris 1846.

1846. W. Dunker, Monographie der norddeutschen Wealdenbildungen. Braunschweig 1846.

1847. Fitton, A Stratigraphical account of the section from Atherfield to Roken End, on the south-west coast of the isle of Wight. Quart. journ. geol. soc. T. III, p. 289.

1847—53. Pictet et Roux, Description des mollusques fossiles, qui se trouvent dans les grès verts des environs de Genève.

1849. M'Coy, On the Classification of some British fossil Crustacea. Annals and Magazine of Nat. Hist. 2. ser., vol. IV.

1849. W. Dunker, Über den norddeutschen sog. Wälderton und dessen Versteinerungen. Stud. d. Götting. Ver. bergmänn. Freunde. Bd. V, S. 105.

1849. Robineau-Desvoidy, Mémoire sur les Crustacés du terrain néocomion de Saint-Sauveur-en Puisage. Annales de la soc. entomologique de France. 2. sér., t. VII, p. 95 ff.

1850. d'Orbigny, Prodrome de paléontologie stratigraphique universelle des animaux mollusques et rayonnés. T. II.

1850. Ewald, Die Grenzen zwischen Neocomien und Gault. Zeitschr. der Deutsch. geol. Gesellsch. 1850, S. 12.

1851. F. Roemer, Pecten crassitesta etc. bei Bentheim. Neues Jahrb. f. Min. etc. 1851, S. 576.

1851. Koch, Über einige neue Versteinerungen etc. aus dem Hilston vom Elligser-Brink und von Holtensen im Braunschweigischen. Palaeontographica. I, S. 169.

1851. Ch. Darwin, A Monograph of the fossil Lepadidae or pedunculated Cirripedes of Great Britain. Palaeontograph. Soc. 1851.

1851. F. A. Roemer, Einige neue Versteinerungen aus dem Korallenkalk und dem Hilston. Palaeontographica. I, S. 329.

1854. F. Roemer, Die Kreidebildungen Westfalens. Verh. des Naturh. Vereins f. Rheinland u. Westfalen. Bd. 11, S. 29.

1854. F. Roemer, Die Kreidebildungen Westfalens. Zeitschr. d. Deutsch. geol. Gesellsch. Bd. VI, S. 99.

1854. M'Coy, On some new Cretaceous Crustacea. Annals of Nat. History. 2. ser., vol. 14, p. 116 ff.

1857. F. Roemer, Die jurassische Weserkette. Zeitschr. d. Deutsch. geol. Gesellsch. IX, S. 581 ff.

1858. Pictet et Renevier, Description des fossiles du Terrain Aptien de la perte du Rhône et des environs de Ste. Croix. Matériaux pour la Paléont. Suisse. I<sup>e</sup> sér., Genève 1854—58.

1858. Pictet et de Loriol, Description des fossiles contenus dans le terrain néocomien des Voirons. Matér. pour la Paléont. Suisse. II. sér., 1858.

1861. de Loriol, Description des animaux invertébrés fossiles contenus dans l'étage néocomien moyen du Mont Salève. Genève 1861—63.

1861. v. Strombeck, Über den Gault und insbesondere die Gargasmergel im nordwestlichen Deutschland. Zeitschr. d. Deutsch. geol. Gesellsch. Bd. XIII, S. 20—60.

1861—71. Pictet et Campiche, Description des fossiles du terrain crétacé des environs de Ste. Croix. Matériaux pour la paléontologie suisse. I<sup>e</sup>. Part, II. sér., 1858—60; II<sup>e</sup>. Part, III. sér., 1861—64; III<sup>e</sup>. Part, IV. sér., 1864—67; IV<sup>e</sup>. Part, V. sér., 1868—71.

1862. v. Eichwald, Die vorweltliche Fauna und Flora des Grünsandes der Umgegend von Moskwa. Bull. de la soc. imp. des naturalistes de Moscou. II, p. 355.

1862. W. Bristow, The geology of the isle of Wight. Memoirs of the geol. Survey of Great Britain and of the Museum of practical Geology. London 1862.

1862. C. Schlüter, Über die Macruren-Decapoden der Senon- und Cenomanbildungen Westfalens. Zeitschr. d. Deutsch. geol. Gesellsch. 1862. S. 702 ff., Taf. 11—14.

1862. Bell, A monograph of the fossil Malacostraceous Crustacea of Great Britain. Palaeontograph. Soc. 1857 u. 1861 [Part I u. II].

1863. W. v. d. Mark, Fossile Fische, Krebse etc. aus der jüngsten Kreide in Westfalen. Palaeontographica XI.

1863—68. J. Pictet, Mélanges paléontologiques. Faune de Berrias. Genève 1863—68.

1864. Reuss, Über fossile Lepadiden. Sitzungsber. d. k. k. Akademie der Wiss., Wien, Math.-naturwiss. Kl., Bd. 49, S. 240 ff.

1864. H. Credner, Die Brachiopoden der Hilsbildungen im nordwestlichen Deutschland. Zeitschr. d. Deutsch. geol. Gesellsch. Bd. 16, S. 542.

1865. Coquand, Monographie de l'étage Aptien de l'Espagne. Marseille 1865.

1865. Trautschold, Der Inoceramenton von Simbirsk. Bull. de la Soc. imp. des naturalistes de Moscou. No. 1, S. 1.

1865—68. C. Schlüter, Neue Fische und Krebse aus der Kreide von Westfalen. Palaeontographica. XV, S. 269 ff., Taf. 44.

1866. A. Oppel, Die tithonische Etage als marines Äquivalent des Wealden.

1866. Eichwald, Über die Neokomschichten Rußlands. Zeitschr. d. Deutsch. geol. Gesellsch. Bd. 18, S. 245.

1866—1879. A. Gerstäcker u. E. Ortmann, Crustacea. Bronn's Klassen und Ordnungen des Tierreiches. Bd. V, Teil 1.

1868. de Loriol, Monographie des couches de l'étage valanginien des Carrières d'Arzier (Vaud.). Matériaux pour la paléontologie suisse. IV^e série, 1868.

1868. W. Dunker, Geognostische Spezialkarte der Grafschaft Schaumburg.

1869. P. Merian, Die Grenze zwischen der Jura- und Kreideformation.

1869. Coquand, Monographie du genre Ostrea. Terrain crétacé.

1870. Judd, Additional observations of the neocomian strata of Yorkshire and Lincolnshire, with notes on their relations to the beds of the same age throughout Northern Europe. Quart. journ. of the geol. Soc. of London. p. 326 ff.

1870. Dieulafait, L., Position de l'Ostrea Couloni dans le néocomien du sud-est de la France. Bull. soc. géol. de France. Sér. 2, vol. 27, p. 431.

1871. K. v. Seebach, Bericht über ein Zusammenvorkommen von Neokom- und Wealdenfossilien bei Delligsen. Zeitschr. d. Deutsch. geol. Gesellsch. Bd. 23, S. 777.

1871. Judd, Punfield formation. Quart. journ. geol. soc. 1871, p. 209.

1871. Ewald, Über die Ergebnisse aus der paläontologischen Untersuchung einiger norddeutschen Neokomvorkommnisse. Monatsber. d. kgl. preuß. Akad. d. Wiss. zu Berlin, S. 78.

1872. de Loriol, Royer et Tombeck, Monographie du jur. sup. de la Haute Marne.

1873. W. Dames, Über Ptychomya. Zeitschr. d. Deutsch. geol. Gesellsch. Bd. XXV, S. 374.

1874. C. Schlüter, Über einige jurassische Crustaceen-Typen in der oberen Kreide. Verhandl. d. naturhist. Vereins in Bonn. 1874, S. 41 ff.
1874. F. Toula, Beschreibung mesozoischer Versteinerungen von der Kuhn-Insel. Die zweite deutsche Nordpolfahrt 1874, S. 503, Taf. 2, Fig. 2, 3.
1874. Davidson, Brit. cret. brachiopodes. Suppl. Monogr. Palaeontogr. Society. 1874.
1874. M. de Tribolet, Crustacés du terrain néocomien du Jura Neuchâtelois et Vaudois. Bull. de la soc. géol. de France. 3. sér., tome II, p. 350 ff. Id. Supplément, ibid., 3. sér., tome III, p. 72 ff.
1874. De Loriol et Pellat, Monographie paléont. et géol. des étages supérieurs de la formation jurassique des environs de Boulogne-sur-mer. 1874.
1874. Woodward, Catalogue of the British fossil Crustacea. London 1877.
1874. H. Roemer, Ein neuer Aufschluß der Wälderton- und Hilsbildungen. Zeitschr. d. Deutsch. geol. Gesellsch. Bd. XXVI, S. 345.
1875. Pietsch, Avicula macroptera bei Minden. Correspond.-Blatt d. naturhist. Vereins f. Rheinland u. Westfalen. Bd. 32, S. 44.
1875. Mösch, Monographie der Pholadomyen. Abhandl. d. schweizer. palaeont. Gesellsch. 1875, II.
1875. Topley, Geology of the Weald. Memoirs of the geol. survey. London 1875, p. 111.
1877. G. Böhm, Beiträge zur geognostischen Kenntnis der Hilsmulde. Zeitschr. d. Deutsch. geol. Gesellsch. 1877, S. 224.
1878—80. Matheron, Recherches paléontologiques dans le midi de France. Crét. lamellibranches. Pt. III, VI, VII.
1878. C. Struckmann, Der obere Jura der Umgegend von Hannover. Hannover 1878.
1879—80. C. Struckmann, Geognostische Studien am Deister, I—II. 27—30. Jahresber. d. naturhist. Gesellsch. Hannover.
1879. Cl. Schlüter, Neue und weniger gekannte Kreide- und Tertiärkrebse des nördlichen Deutschland. Zeitschr. d. Deutsch. geol. Gesellsch. Bd. 31, S. 586.
1879. C. Struckmann, Über den Serpulit (Purbeckkalk) von Völksen a. D., über die Beziehungen der Purbeckschichten zum oberen Jura und zum Wealden und über die oberen Grenzen der Juraformation. Zeitschr. d. Deutsch. geol. Gesellsch. Bd. 31, S. 227.
1880. C. Struckmann, Die Wealdenbildungen der Umgegend von Hannover.
1880. Gardner, Cretaceous Gastropoda. Geological Magazine. II., vol. 7, p. 49.
1882. C. Struckmann, Neue Beiträge zur Kenntnis des oberen Jura und der Wealdenbildungen der Umgegend von Hannover. Palaeont. Abh. von Dames u. Kayser. Bd. I, S. 1.
1883. H. Graabe, Die Schaumburg-Lippe'sche Wealdenmulde. Göttingen. Dissertation, 1883.
1883. W. Keeping, The fossils and palaeont. affinities of the neocomian deposits of Upware and Brickhill. Cambridge 1883.
1883. Koken, Die Reptilien der norddeutschen unteren Kreide. Zeitschr. d. Deutsch. geol. Gesellsch. Bd. 35, S. 735.
1884. Davidson, Brit. cret. brachiopodes App. to Supplem. (vol. V). Monogr. Palaeontogr. Society. p. 251 ff.

1884. WEERTH, Die Fauna des Neokomsandsteins im Teutoburger Walde. Palaeontol. Abhandl. von W. DAMES u. E. KAYSER. Bd. II, Heft 1.

1884. J. ST. GARDNER, On British cretaceous Nuculidae. Quart. journ. geol. soc. 1884, vol. 40, p. 120 ff.

1884. DEGENHARDT, Über die Verbreitung der Wäldertonformation. Zeitschr. d. Deutsch. geol. Gesellsch. 1884, Bd. 36, S. 678.

1885. T. R. JONES, On the Purbeck Ostracoda. Quart. journ. geol. soc. of London. 1885, vol. 41, p. 311.

1886. DAMES, Über einige Crustaceen aus den Kreideablagerungen des Libanon. Zeitschr. d. Deutsch. geol. Gesellsch. 1886, S. 551.

1887. A. FRITSCH u. J. KAFKA, Die Crustaceen der böhmischen Kreideformation. Prag 1887.

1887. KOKEN, Die Dinosaurier, Crocodiliden und Sauropterygier des norddeutschen Wealden. Paläont. Abhandl. von DAMES u. KAYSER. Bd. III, Heft 5. (Nachtrag ebendort 1896.)

1887. C. STRUCKMANN, Die Portlandbildungen der Umgegend von Hannover. Zeitschr. d. Deutsch. geol. Gesellsch. Bd. 39, S. 58.

1888. DE LORIOL et BOURGEAT, Études sur les mollusques des couches coralligènes de Valfin. p. 295, tab. 33.

1888. LAHUSEN, Über die russischen Aucellen. Mémoires du comité géologique. T. VIII, No. 1.

1888. P. CHOFFAT, Description de la faune jurassique du Portugal. Mollusques lamellibranches (t. XI, fig. 35, 36).

1888. WHITE, C. A., Aucella, with special reference to its occurence in California. Mon. U. S. geol. survey. Vol. XIII, p. 226.

1889. C. STRUCKMANN, Die Grenzschichten zwischen Hilston und Wealden bei Barsinghausen am Deister. Jahrb. d. kgl. preuß. geol. Landesanst. f. 1889, S. 55. Berlin 1890.

1890. WERMBTER, Der Gebirgsbau des Leinetales zwischen Greene und Banteln. Göttingen, Dissertation, 1890.

1890. PAVLOW, Études sur les couches jurrassiques et crétacées de la Russie. Bull. de la soc. imp. des naturalistes de Moscou. 1889, p. 61.

1891. BEHRENDSEN, Zur Geologie des Ostabhanges der argentinischen Cordillere. Zeitschr. d. Deutsch. geol. Gesellsch. Bd. XLIII, S. 418.

1891. C. STRUCKMANN, Die Wealdenbildungen von Sehnde bei Lehrte. N. Jahrb. f. Min. u. Geol. 1891, I, S. 117.

1891. P. G. KRAUSE, Die Decapoden des norddeutschen Jura. Zeitschr. d. Deutsch. geol. Gesellsch. 1891, S. 171 ff.

1892. E. STOLLEY, Über ein Neokomgeschiebe aus dem Diluvium Schleswig-Holsteins. Mitteil. aus dem min. Institut der Universität Kiel. Bd. I, 2.

1892. PAVLOW et LAMPLUGH, Argiles de Speeton et leurs équivalents. Bull. soc. imp. des natur. de Moscou. 1892, S. 181 ff. u. 455 ff.

1893. C. GAGEL, Beiträge zur Kenntnis des Wealden in der Gegend von Borgloh-Oesede, sowie zur Frage des Alters der norddeutschen Wealdenbildungen. Jahrb. d. kgl. preuß. geol. Landesanst. f. 1893, S. 158 ff. Berlin 1894.

1893. Hosius, Über marine Schichten im Wälderton von Gronau i. W. Zeitschr. d. Deutsch. geol. Gesellsch. Bd. 45, S 34.

1895. G. Müller, Beitrag zur Kenntnis der Unteren Kreide im Herzogtum Braunschweig. Jahrb. d. kgl. preuß. geol. Landesanst. f. 1895, S. 95.

1895. Vogel, Beiträge zur Kenntnis der holländischen Kreide. Leyden und Berlin 1895.

1895. G. Müller, Die untere Kreide im Emsbett nördlich Rheine. Jahrb. d. kgl. preuß. geol. Landesanstalt. f. 1895, S. 60. Berlin 1896.

1895. Maas, Die untere Kreide des subhercynen Quadersandsteingebirges. Zeitschr. d. Deutsch. geol. Gesellsch. Bd XLVII, S. 227—302.

1896. Pavlow, On the Classification of the strata between the Kimmeridgian and Aptian. Quart. journ. geol. soc. London. Vol. LII, p. 542—555.

1896. A. Wollemann, Kurze Übersicht über die Bivalven und Gastropoden des Hilskonglomerates bei Braunschweig. Zeitschr. d. Deutsch. geol. Gesellsch. Bd. XLVIII, S 830-853.

1896. v. Koenen, Über die norddeutsche Untere Kreide. Zeitschr. d. Deutsch. geol. Gesellsch. 1896, Bd. 48, S. 713.

1898. E. v. d. Broeck, Le Wealdien du Bas-Boulonnais et le wealdien de Bernissart. Bull. soc. géol. Belge. Tome XII, p. 216 u. 244.

1898. Kossmann, Die Toneisensteinlager in der Bentheim-Ochtruper Tonmulde. Zeitschr. d. Deutsch. geol. Gesellsch. Bd. 50, S. 127.

1898. Seeat and Madsen, On jurassic, neocomian, and Gault boulders found in Denmark. Denmarks geol. Undersogelse. Vol. II, Nr. 8, p. 160 ff.

1898. G. Müller, Die Molluskenfauna des Untersenon von Braunschweig und Ilsede. Abhandl. d. kgl. preuß. geol. Landesanst., N. F., Heft 25.

1899. v. Koenen, Über das Alter des norddeutschen Wäldertons. Nachr. d. kgl. Gesellsch. d. Wissensch. Göttingen 1899.

1899. E. Baumberger u. H. Moulin, La série néocomienne à Valangin. Bull. de la soc. Neuchâteloise des sciences naturelles. T. XXVI.

1899. G. Maas. Die untere Kreide des subhercynen Quadersandstein-Gebirges. Zeitschr. d. Deutsch. geol. Gesellsch. Bd. 51, S. 243.

1899—1901. H. Woods, A monograph of the cretaceous lamellibranchia of England. Palaeontographical Society of London. Vol. LIII, tome I, part I; vol. LIV, part II; vol LV, part III; vol. LVI, part IV; vol. LVII, part V; vol. LVIII, tome II, part I.

1900. H. Woodward, Cretaceous Canadian Crustacea. Geol. Magaz. 1900, vol. 87, p. 392 ff.

1900. Segerberg, De Anomura och Brachyura Dekapoderna inom Skandinaviens Yngre krita. Geol. Fören. J Stockholm Förhandl. Bd. 22, S. 347.

1900. A. Wollemann, Die Bivalven und Gastropoden des deutschen und holländischen Neokoms. Abhandl. d. kgl. preuß. geol. Landesanst., N. F., Heft 31.

1900. E. Philippi, Lima und ihre Untergattungen. Zeitschr. d. Deutsch. geol. Gesellsch. Bd. 52, S. 619.

1900. Simionescu, La faune néocomienne du Bassin de Dimbovicioara. Ann. scient. Univ. Jassy. Vol. I, p. 187.

1900. G. Müller, Versteinerungen des Jura und der Kreide von Deutsch-Ostafrika. Aus W. Bornhardt: Zur Oberflächengestaltung und Geologie Deutsch-Ostafrikas. Berlin 1900.
1900. Dim. J. Anthula, Über die Kreidefossilien des Kaukasus. Beitr. z. Paläontologie und Geologie Österreich-Ungarns u. d. Orients. Bd. XII, S. 53 ff.
1901. H. Woodward, Cretaceous Crustacea, Denmark. Geol. Magazine. IV, 8, S. 486.
1901. A. Gerstäcker u. E. Ortmann, Crustacea (Malacostraca). Bronn's Klassen und Ordnungen des Tierreiches. Bd. V, Teil II.
1901. Jolraud, Contribution à l'étude de l'infracrétacé à faciès vaseux pélagique en Algérie et en Tunisie. Bull. soc. géol. de France. 4ᵉ sér., t. I, p. 113.
1901. E. v. den Broeck, Étude régionale sur la limite entre le jurassique et le crétacique. Bull. soc. géol. Belge. T. XV.
1901. A. v. Koenen, Über die Gliederung der norddeutschen unteren Kreide. Nachr. d. kgl. Gesellsch. der Wiss. zu Göttingen. Mathem.-physik. Klasse, 1901, Heft 2.
1901. Wunstorf, Die geologischen Verhältnisse des kleinen Deister, Nesselberg und Osterwald. Göttingen, Dissertation.
1901. H. Woodward, On Pyrgoma cretacea, a cirripede from the upper chalk of Norwich. Geol. Mag. (Dec. 4.) VIII, 1901, p. 145—152.
1901. K. S. Kramberger, Über die Gattung Valenciennesia und einige unterpontische Limnaeen. Ein Beitrag zur Entwicklungsgeschichte der Gattung Valenciennesia und ihr Verhältnis zur Gattung Limnaea. Beitr. z. Paläont. u. Geol. Österreich-Ungarns und des Orients. Bd. XIII, S. 121—140.
1901. Borissiak, A., Sur les Aucelles du Crétacé inf. de la Crimée. Bull. com. géol. St. Pétersbourg. Vol. XX, p. 279.
1901. J. F. Pompeckj, Über Aucellen und Aucellen-ähnliche Formen. N. Jahrb. f. Min. B. B. XIV, S. 319—386, Taf. 15—17.
1901. A. Wollemann, Einige Bemerkungen über die Dicke der Schale der *Aucella Keyserlingi*. Centralbl. f. Min. etc. 1901, S. 497.
1902. Hoyer, Die geologischen Verhältnisse der Umgegend von Sohnde. Zeitschr. d. Deutsch. geol. Gesellsch. Bd. 54, S. 84 ff.
1902. A. Wollemann, Die Fauna der Lüneburger Kreide. Abhandl. d. kgl. preuß. geol. Landesanst., N. F., Heft 37.
1902. A. v. Koenen, Die Ammonitiden des norddeutschen Neokoms. Abhandl. d. kgl. preuß. geol. Landesanst., 1902, N. F., Heft 24.
1902. F. Frech, Über Gervilleia. Centralbl. f. Min. etc. 1902, S. 609.
1903. Wollemann, *Aucella Keyserlingi* Lahus. aus dem Hilskonglomerat (Hauterivien). Monatsb. d. Deutsch. geol. Gesellsch. 1903, Nr. 5, S. 18.
1903. S. W. Lamplugh and F. Walker, On a fossiliferous band at the top of the lower greensand near Leighton Buzzard (Bedfordshire). Quart. journ. geol. soc. Vol. LIX, tab. 16—18, p. 234—265.
1903. E. Harbort, Die Schaumburg-Lippe'sche Kreidemulde. N. Jahrb. f. Min. etc. 1903, Bd. I, S. 59 ff.

1903—04. E. Baumberger, Fauna der unteren Kreide im westlichen schweizerischen Jura. Abhandl. d. schweizer. paläontol. Gesellsch. Bd. 30 u. 31.

1903—04. C. Burckhardt, Beiträge zur Kenntnis der Jura- und Kreideformation der Cordillere. Palaeontographica. L, S. 1—144, Taf. 1—16.

1904. G. Müller, Die Lagerungsverhältnisse der Unteren Kreide westlich der Ems und die Transgression des Wealden. Jahrb. d. kgl. preuß. geol. Landesanst. für 1903, Heft 2.

1904. K. Andrée, Der Teutoburger Wald bei Iburg. Dissertation. Göttingen 1904.

1904. A. Wollemann, Die Fauna des mittleren Gault von Algermissen. Jahrb. d. kgl. preuß. geol. Landesanst. für 1903, Heft 1, S. 22 ff.

1905. E. Harbort, Über die stratigraphischen Ergebnisse von zwei Tiefbohrungen durch die Untere Kreide bei Stederdorf und Horst im Kreise Peine. Jahrb. d. kgl. preuß. geol. Landesanstalt für 1905, S. 26—42. Berlin 1905.

## Verzeichnis der Arten.

## Tafel 1.

Fig. 1a—b. *Astacus (Potamobius) antiquus* n. sp. Oberster Wealden, Deinsen. Fig. 1b. Telson . . . . S. 20

Fig. 2a—b. *Meyeria ornata* M'Coy. Unteres Hauterivien, Heisterholz . . . . . . . . . . . S. 10

Fig. 3—10. *Archaeolepas decora* n. sp. Unteres Valanginien, Mösingen . . . . . . . . . . . S. 22
- Fig. 3 Kolonie von 7 Exemplaren;
- Fig. 4a—b, 5a—b Carina;
- Fig. 6a—b Scutum;
- Fig. 7a—b, 8a—b Tergum;
- Fig. 9a—b, 10a—b Rostrum.

Fig. 11a—b. *Eryma sulcata* n. sp. Unteres Hauterivien, Stadthagen . . . . . . . . . . . . . S. 15

Fig. 12. *Meyeria rapax* n. sp. Unteres Valanginien, Mösingen . . . . . . . . . . . . . . . S. 11

Sämtliche Originale befinden sich im geologischen Museum zu Göttingen.

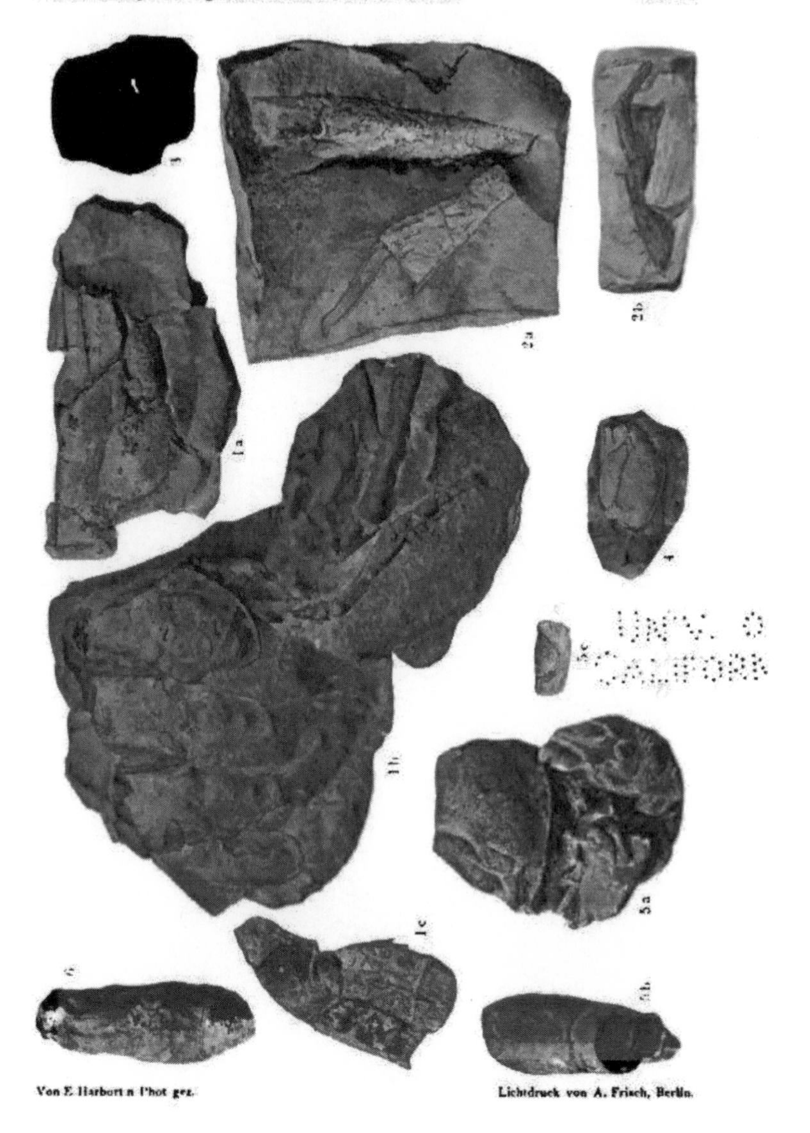

Von E. Harbort n. Phot. gez.

Lichtdruck von A. Frisch, Berlin.

UNIV. OF CALIFORNIA

Übersicht
urg-Lippe'schen Kreidemulde mit einem Profil von Steinbergen a. W.
Viedenbrügge bis zum Steinhuder Meer.

Tafel XII.

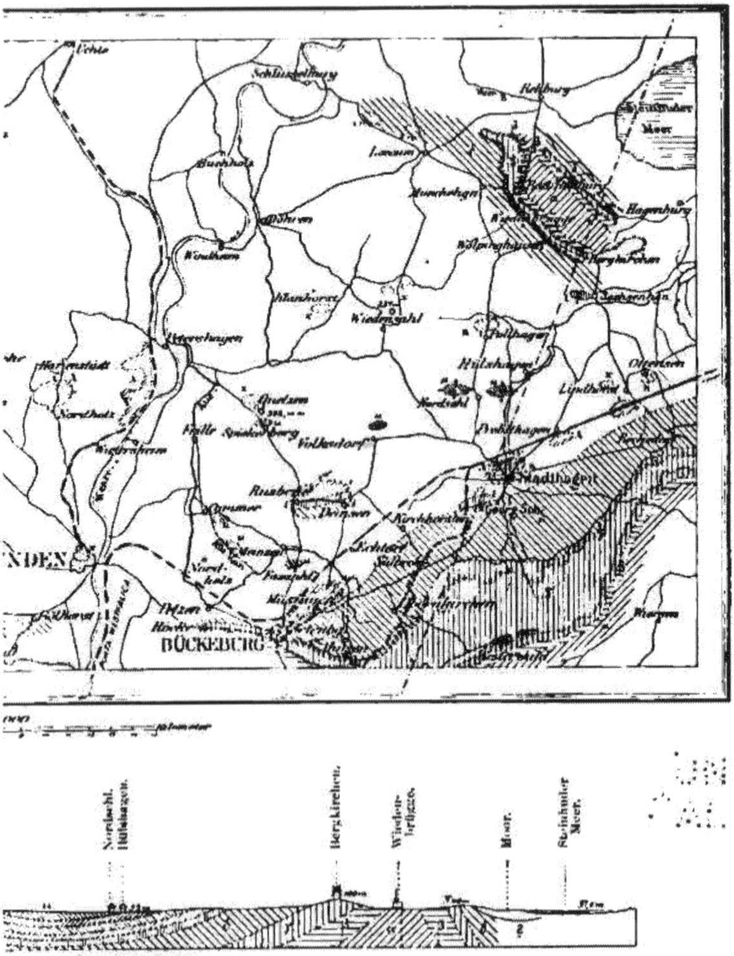

enmaßstab 1:40000.

# Abhandlungen

der

# Königlich Preufsischen Geologischen Landesanstalt.

Neue Folge.

Heft 46.

BERLIN.

Im Vertrieb bei der Königlichen Geologischen Landesanstalt
Berlin N. 4, Invalidenstr. 44.

1906.

Digitized by Google

# Über die Flora der Senftenberger Braunkohlen-Ablagerungen.

Von

**Dr. P. Menzel**
in Dresden.

Mit 6 Figuren im Text und 9 Klapptafeln.

Herausgegeben
von der
**Königlich Preußischen Geologischen Landesanstalt.**

**BERLIN.**
Im Vertrieb bei der Königlich Preußischen Geologischen Landesanstalt
Berlin N 4, Invalidenstraße 44.
1906.

Google

In demselben Jahre schrieb v. GELLHORN über die Braunkohlenhölzer der Mark Brandenburg[1]).

1895 publizierte POTONIÉ[2]): Über Autochthonie von Karbonkohlenflözen und des Senftenberger Braunkohlenflözes.

1896 veröffentlichte v. SCHLECHTENDAL seine »Beiträge zur Kenntnis der Braunkohlenflora von Zschipkau bei Senftenberg«[3]) und beschrieb bezw. erwähnte in dieser Abhandlung: *Pinus Hampeana* HEER, *P. hepios* UNG., *Sequoia*, *Taxodium*, *Glyptostrobus*, *Myrica*-Arten, *Alnus*, *Betula*, *Carpinus ostryoides* GÖPP., *Fagus attenuata* GÖPP., *Castanea*, *Quercus*, *Salix*, *Populus latior* A. BR., *P. balsamoides* GÖPP., *Ulmus carpinoides* GÖPP., *Liquidambar*, *Fraxinus*, *Evonymus*, *Elaeodendron*, *Paliurus*, *Zizyphus*, *Juglans*, *Carya bilinica* UNG., *Rhus*, *Gleditschia*, *Acer* u. a.

1897 erwähnt derselbe Autor *Liquidambar* von Zschipkau in: Beiträge zur näheren Kenntnis der Braunkohlenflora Deutschlands[4]).

1901 führt POTONIÉ[5]) aus den Senftenberger Tonen: *Castanea pumila* MILL. und *Fagus ferruginea* AIT. neben *Taxodium distichum* RICH. an.

Ein umfangreiches Material an Pflanzenresten aus den Senftenberger Braunkohlenschichten war inzwischen in den Besitz der königl. preuß. geologischen Landesanstalt gekommen und wurde mir von dieser zur Bearbeitung zur Verfügung gestellt; später überließ mir der naturwissenschaftliche Verein des Regierungsbezirkes Frankfurt a. O. die seiner Sammlung angehörigen Fundstücke aus dem Senftenberger Reviere, und damit erhielt ich Gelegenheit, an einem etwa tausend Platten umfassenden Materiale die Pflanzeneinschlüsse der Senftenberger Braunkohlenbildungen zu studieren.

Als die Untersuchung dieses Materiales bereits abgeschlossen war, wurde im Juli 1905 eine neue reiche Fundstätte von Pflanzenresten in dem HENKEL'schen Tagebau zu Rauno bei Senftenberg

---

[1]) Jahrb. der königl. preuß. geol. Landesanstalt 1893, II, S. 1.
[2]) Jahrb. der königl. preuß. geol. Landesanstalt 1895, II, S. 1.
[3]) Zeitschrift für Naturwissenschaften. Bd. 69. Halle, 1896.
[4]) Abhandlungen der naturforsch. Gesellsch. zu Halle. Bd. XXI.
[5]) Naturwiss. Wochenschrift, N. F. 1., Nr. 9, S. 102.

Wenn sich dabei die Notwendigkeit herausstellt, für einen sehr großen Teil der Fossilien, mag es sich um Samen oder Früchte oder — wie zumeist — um Blätter handeln, überhaupt von einer Deutung abzusehen, weil diese Reste nichts Charakteristisches darbieten, das ihre Zuweisung zu rezenten Gattungen rechtfertigt, so bleibt freilich auch aus einem großen Materiale meist nur ein geringer Rest brauchbarer Fossilien übrig, der uns glaubwürdige Aufschlüsse über die systematische Gestaltung der ausgestorbenen Pflanzenwelt liefert; aber der wissenschaftliche Gewinn wird ein größerer sein, wenn eine bescheidene Zahl von fossilen Pflanzen mit Sicherheit oder wenigstens Wahrscheinlichkeit in das System der lebenden Gattungen eingereiht werden kann, als wenn für alle Reste, die ein Fundort liefert, und mögen sie noch so wenig charakteristisch oder vieldeutig oder gar mangelhaft erhalten sein, der Versuch einer Deutung unternommen und eine lange Liste angeblicher Pflanzen-»Arten« aufgestellt wird.

Diesen Erwägungen gemäß bin ich bei der Bearbeitung der Senftenberger Tertiärflora bemüht gewesen, mir die nötige Beschränkung aufzuerlegen. Für eine sehr erhebliche Zahl ungenügender und problematischer Reste unterließ ich überhaupt jeden Versuch einer Bestimmung; eine bestimmte Benennung wählte ich, wenn ich mich nach eingehender Vergleichung mit lebendem Pflanzenmateriale zur Zuweisung zu einer rezenten Gattung oder Familie berechtigt glaubte; zur Identifizierung mit bereits beschriebenen Tertiärpflanzen entschloß ich mich, wenn mir die Übereinstimmung zweifellos erschien, nach sorgsamer Würdigung der über die betreffende Pflanze vorhandenen Literatur und unter Berücksichtigung der nach Beobachtungen an den entsprechenden lebenden Arten möglichen Variationsgrenzen; bei einer Reihe von unsicheren oder mehrdeutigen Pflanzenresten endlich werde ich bei der nachfolgenden Beschreibung stets angeben, daß die gewählte Benennung nur vermutungsweise ausgesprochen ist. Wenn ich diese unsicheren Glieder der Senftenberger Flora nicht ganz mit Stillschweigen beiseite lasse, so geschieht dies in der Erwartung, daß eine kurze Beschreibung und getreue Abbildung derselben nicht ganz nutzlos sei, da ihre Deutung durch anderweitige Funde eine Bestätigung oder eine Richtigstellung erfahren kann, wenn schon sie zunächst für die Beurteilung des Charakters der Senftenberger Lokalflora außer Betracht bleiben müssen.

# A. Pflanzenreste der Tone.

## I. Gymnospermae.

### Coniferae.

**Taxodium distichum miocenicum** HEER.

Taf. I, Fig. 1, Taf. VI, Fig. 7b, Taf. VIII, Fig. 16.

HEER: Mioc. balt. Flora. S. 18, Taf. II, Taf. III, Fig. 6, 7.

Ausführliche Literatur s. STAUB: Aquit. Flora d. Zsiltales, S. 17.

*T. ramulis perennibus foliis linearibus, demum cicatriculis tectis; ramulis annuis caducis, filiformibus, foliis distantibus, alternis, distichis, hic illic duobus valde approximatis, basi apiceque angustatis, lineari-lanceolatis vel aequaliter linearibus, breviter petiolatis, planis, uninerviis; amentis masculinis subglobosis, plurimis, in spicam terminalem dispositis; strobilis oviformibus vel subglobosis; squamis excentrice peltatis, primum marginibus conniventibus, demum hiantibus, e basi tenui sursum incrassatis, dilatatis, disco convexo, costa transversali et umbone medio ornatis, margine superiore verrucosis.*

Vorkommen: Tone von Zschipkau und Rauno.

Von dieser weitverbreiteten fossilen Konifere liegen eine Anzahl von Zweigen und eine männliche Blütenähre vor.

Erstere sind abfällige Jahrestriebe mit bilateral angeordneten Blättern; die Blätter, in der Mitte der Zweige am längsten und nach Grund und Spitze der Zweige an Größe abnehmend, messen 7—13 mm Länge bei 1—2 mm Breite; sie sind mehr oder weniger parallelseitig, nach Basis und Spitze verjüngt, kurz gestielt, am Stengel nicht herablaufend und stehen hier und da unregelmäßig einander genähert; sie sind von zarter Beschaffenheit und besitzen einen deutlichen Mittelnerven.

Die aus den Zschipkauer Tonen vorliegenden Zweige entsprechen verschiedenen Formen des *Taxodium distichum miocenicum*, die HEER von Spitzbergen, aus der baltischen Flora u. a. abgebildet hat.

Ein männlicher Blütenstand (Taf. VI, Fig. 7b), neben einem Blatte von *Acer crenatifolium* ETT. und einer Frucht von *Acer trilobatum* STBG. sp. auf einer Platte liegend, ist zwar nicht besonders gut im Abdruck erhalten, läßt aber hinreichend deutlich die in Form kleiner, 2—3 mm langer, ovaler Kätzchen in einer einfachen oder doppelten Ähre angeordneten Blüten erkennen, wie solche aus den Tertiärschichten der arktischen Zone und Böhmens wiederholt abgebildet worden sind.

Weibliche Blüten sind mir von Senftenberg nicht zu Gesicht gekommen; von Zapfenresten fand ich nur in den Tonen von Rauno die Taf. VIII, Fig. 16 abgebildete Zapfenschuppe, die die charakteristische Skulptur des Schuppenschildes erkennen läßt.

Das massenhafte Auftreten des Holzes von *Taxodium distichum miocenicum* in der Kohle der Senftenberger Ablagerungen wird von EBERDT (Die Braunkohlenablagerungen in der Gegend von Senftenberg; Jahrb. der königl. preuß. geol. Landesanstalt, 1893, I, S. 225) und POTONIÉ (Jahrb. der königl. preuß. geol. Landesanstalt 1895, II, S. 18 fg.) hervorgehoben; ebenso weist v. GELLHORN (Jahrb. der königl. preuß. geol. Landesanstalt, 1893, II, S. 1 fg.) darauf hin, daß die Braunkohlen der Mark Brandenburg meist von Nadelhölzern, besonders von *Taxodium* herrühren.

Daß das *Taxodium distichum* der Tertiärzeit von dem heute auf die Südstaaten von Nordamerika beschränktem *T. distichum* RICH. nicht zu unterscheiden ist, ist von HEER nachgewiesen worden.

### Sequoia Langsdorfii BRONGN. sp.

Taf. I, Fig. 2, 3.

*Taxites Langsdorfii* BRONGNIART: Prodr., p. 108, 208.
Lit. und Synonyme s. STAUB: Aquit. Fl. d. Zsiltales, S. 29 und FRIEDRICH: Beitr. z. Kenntn. d. Tertiärflora der Provinz Sachsen, S. 86.

*S. foliis rigidis, coriaceis linearibus, apice obtusiusculis vel breviter acuminatis, planis, basi angustatis, adnato-decurrentibus, paten-*

*tibus, distichis, confertis; nervo medio valido; strobilis breviter ovalibus vel subglobosis, squamis compluribus, peltatis, mucronulatis.*

Vorkommen: Tone von Zschipkau und Rauno.

Von *Sequoia Langsdorfii* sind einige beblätterte Zweige und ein Zapfenfragment aufgefunden worden. Erstere besitzen eine zweizeilig gescheitelte Belaubung; die Blätter sind steif lederig, lineal, mit mehr oder weniger parallelen Rändern, vorn zugespitzt und teilweise am Ende des auslaufenden kräftigen Mittelnerven mit einem kleinen Spitzchen versehen, am Grunde verschmälert und am Zweige schief herablaufend, so daß der Zweig mit mehr oder weniger schief hin- und herlaufenden Streifen besetzt erscheint.

*Sequoia*-Zweige liegen nur in beschränkter Anzahl vor; sie stimmen teils mit *S. disticha* HEER (Beitr. z. foss. Flora Spitzbergens, S. 63, Taf. XII, Fig. 2a, Taf. XIII, Fig. 9, 10, 11), die aber, wie schon FRIEDRICH (Tertiärflora d. Prov. Sachsen, S. 89) ausführt, von *S. Langsdorfii* nicht zu trennen sind, teils mit HEER's Normalform der *S. Langsdorfii* überein, welche HEER in: Beitr. z. foss. Flora Spitzbergens, S. 59, Taf. XXII, Fig. 2d — in Flora foss. arct., Bd. I, t. II, fig. 2—22 — in Flora foss. Alaskana, t. I, fig. 10 und in Foss. fl. of North Greenland, t. XLVI, fig. 1a wiedergibt.

Ein Zweigstückchen (Taf. I, Fig. 2, vergr. 2a) gehört zu der Form *brevifolia*, die HEER (Fl. foss. arct. I, p. 93, t. II, fig. 23 — Mioc. balt. Flora, S. 21, Taf. III, Fig. 10, Taf. IX, Fig. 5c — Mioc. Flora u. Fauna Spitzbergens, S. 39, Taf. IV, Fig. 2, 3) als selbständige Art aufgestellt hat. HEER betrachtet als Trennungsmerkmal von *S. Langsdorfii* die viel kürzeren und vorn stumpfer zugerundeten Blätter der *S. brevifolia*. Nun zeigen aber die von HEER zu *S. brevifolia* gestellten Exemplare von Spitzbergen und aus dem Samlande eine geringere Zurundung an der Blattspitze als die Zweige von Grönland und nähern sich damit der Blattgestalt der *S. Langsdorfii*; daher dürfte, zumal die geringere Größe der Blätter kaum als entscheidendes Trennungsmerkmal gelten kann, *S. brevifolia* besser als Form von *S. Langsdorfii* anzusehen sein, was schon FRIEDRICH (loc. cit. S. 89) wahrscheinlich gemacht hat. Das vorliegende Zweiglein entspricht dem HEER'schen Exemplar in der Mioc. Flora und Fauna Spitzbergens, Taf. IV, Fig. 3.

Ein isoliertes Blatt (Taf. I, Fig. 3) weist die feine Querstreifung auf, die HEER von Blättern sowohl der *S. Langsdorfii* (Fl. foss. arct. I, t. II, fig. 21) als der *S. brevifolia* (ibid. t. II, fig. 23) beschreibt und als zufällige Bildung bezeichnet. Wahrscheinlich handelt es sich um eine feine Runzelbildung des vertrockneten, abgefallenen Blattes.

Für einige zweizeilig beblätterte Koniferenzweige unserer Fundorte trifft übrigens eine Bemerkung zu, die NATHORST (Zur fossilen Flora Japans, S. 5) macht; er lenkt die Aufmerksamkeit darauf, daß die Beschaffenheit der Anheftungsstelle der Blätter am Zweige, die für die Unterscheidung von *Sequoia* und *Taxodium* wichtig ist, durch Druck etc. im Gestein verändert werden kann, und daß eine sichere Entscheidung der Zugehörigkeit zu einer dieser beiden Gattungen dann schwierig wird. Mir liegen mehrere solche Zweiglein vor, an denen die Blattinsertion und die Skulptur des Zweiges nicht sicher erkennbar ist.

Von Zapfen ist nur ein Fragment gefunden worden. Der Abdruck zeigt zwei rhombische Schilder von 6 mm Breite und 4 mm Höhe, die in der Mitte eine rhombische Vertiefung und einen wulstartig aufgeworfenen Rand aufweisen, der von zahlreichen Runzeln durchzogen ist, und stimmt darin mit der Zapfenbildung der *S. Langsdorfii* überein, wie sie von HEER (Fl. foss. arct. I, t. XLV, fig. 13—17) aus Grönland und von mir (Gymnospermen der Nordböhmischen Braunkohlenformation, Abh. d. Naturwiss. Gesellsch. Isis zu Dresden, 1900, S. 89, Taf. V, Fig. 26 bis 28) mitgeteilt worden ist.

### Cephalotaxites Olriki HEER sp.

Taf. I, Fig. 10.

*Taxites Olriki* HEER: Flor. foss. arct. I, p. 95, t. I, fig. 21—24c; t. XLV, fig. 1 a, b, c.

Lit. s. MENZEL: Gymnospermen der Nordböhmischen Braunkohlenformation, S. 102, Taf. V, Fig. 11, 12.

*C. ramulis gracilibus; foliis distichis, firmis, coriaceis, linearibus, lateribus parallelis, apice brevi-acuminatis, basi angustatis, non decurrentibus, sessilibus, subtus fasciis duabus stomatum multiseriatis percursis.*

Vorkommen: Zschipkau.

Mit *Taxites Olriki* HEER, dessen schon von HEER vermutete Zugehörigkeit zu *Cephalotaxus* ich nach Untersuchung der ausgezeichnet erhaltenen Reste aus dem Menilitopal von Schichow im Biliner Becken mit neuen Beweismomenten belegen konnte, stelle ich das Taf. I, Fig. 10, abgebildete Blattfragment zusammen. Es ist ein $3^1/_2$ mm breites, bis zur Länge von 25 mm erhaltenes, lineares Blatt mit parallelen Rändern, dessen Spitze leider fehlt; es ist am Grunde etwas ungleichseitig und verschmälert, von einem kräftigen Mittelnerven durchzogen; darin stimmt es mit den Exemplaren der arktischen Flora und Böhmens völlig überein. Unser Blatt liegt mit der Oberseite vor und trägt die von HEER bei dem Grönländer Exemplar (Fl. foss. arct. I, t. XLV, fig. 1 a) abgebildete Querrunzelung zur Schau; die charakteristischen Verhältnisse der Blattunterseite sind daher nicht zu untersuchen.

### Pinus sp.

Von *Pinus*-Resten liegen aus den Zschipkauer Tonen mehrere Fragmente zweinadeliger Kurztriebe mit $1^1/_2$ mm breiten Nadeln vor, die zu mangelhaft sind, um eine genauere Deutung zuzulassen; möglicherweise gehören sie mit den Resten von *Pinus laricioides* MENZ. zusammen, die in der Kohle der Gruben Providentia bei Döbern und Guerrini bei Vetzschkau gesammelt worden sind, und über die an späterer Stelle berichtet wird (vergl. S. 133).

## II. Angiospermae.

### 1. Monocotyledoneae.

Von monocotylen Pflanzenresten bergen die Zschipkauer Tone eine Anzahl Abdrücke von linearen, parallelnervigen, grasartigen Blattfragmenten, auf deren Vergleichung mit den verschiedenen als *Poacites* u. a. beschriebenen vermutlichen fossilen Gräsern ich verzichte, um nicht nutzlose Synonyme zu unbestimmbaren Fossilien aufzuführen.

Auch Samenabdrücke von der Gestaltung, wie sie HEER und andere Autoren als *Carex*-Samen beschrieben haben, fanden sich nicht selten in den Tonen von Rauno, doch glaube ich, auch diese überaus zweifelhaften Reste besser unberücksichtigt zu lassen.

## 2. Dicotyledoneae.

### a) Archichlamydeae.

### Fam. Salicaceae.

#### Salix varians GÖPP.

Taf. I, Fig. 9, 18.

GÖPPERT: Tertiärflora von Schoßnitz, S. 26, Taf. XIX, Fig. 17, 18, Taf. XX, Fig. 1, 2.
Lit. s. MESCHINELLI e SQUINABOL: Flora tert. Italica, p. 264.
Dazu ENGELHARDT: Flora d. Tertiärschichten von Dux, S. 36, Taf. X, Fig. 7, 8.
VELENOVSKY: Flora d. tert. Letten von Vršovic, S. 30, Taf. V, Fig. 16, 17, Taf. VI, Fig. 8.

*S. foliis petiolatis, longis, elongato-lanceolatis vel lanceolatis, basi attenuatis, serrulatis vel basi integris et apicem versus serrulatis, penninerviis; nervis secundariis angulo subacuto egredientibus, arcuatis, ascendentibus, cum nervis secundariis abbreviatis anastomosantibus.*

Vorkommen: Zschipkau, Groß-Räschen (Grube Victoria).

Mehrere Blätter und Blattfragmente stellen sich auf den ersten Blick als Weidenblätter dar.

Die zumeist kurzgestielten Blätter von *Salix* besitzen eine charakteristische Nervatur. Von einem kräftigen Mittelnerven entspringen zahlreiche Sekundärnerven, die je nach der geringeren oder größeren Breite der Blätter mehr oder weniger steil — in Winkeln von 30—70° — ausgehen; diese treten in zwei Formen auf, teils erreichen sie, bogenförmig aufsteigend, den Blattrand, sind durch Queranastomosen camptodrom verbunden und geben — bei gesägtem Blattrande — Ästchen in die Zähne ab, teils stellen sie unvollständige, verkürzte und meist zartere Nerven dar, die häufig unter stumpferen Winkeln entspringen, sich in den Feldern zwischen den Hauptsekundärnerven verlaufen und mit den Schlingen dieser anastomosieren. Zwischen den Sekundärnerven laufen unter mehr oder weniger spitzen Winkeln austretende, meist gebogene Tertiärnerven.

Die Blätter der lebenden Weiden weisen eine ziemlich große Polymorphie auf: Form und Größe der Blätter variieren an demselben Zweige, ebenso wechselnd ist das Verhalten der ausgebildeten und der verkürzten Sekundärnerven bei Blättern desselben Individuums (vergl. SCHENK, Handbuch der Palaeophytologie, S. 462).

Von den vorliegenden Blattresten stimmen das vollständig erhaltene Blatt (Taf. I, Fig. 9) und mehrere nicht abgebildete Stücke mit *Salix varians* GÖPP. überein, besonders mit GÖPPERT's Fig. 1, Taf. XX der Flora von Schoßnitz. Es besitzt wie diese einen kurzen Stiel, einen kräftigen Mittelnerven, ist in der Mitte am breitesten, am Grunde zugerundet, nach der Spitze zu allmählich verschmälert; der Rand ist mit zahlreichen feinen Zähnen besetzt, die am untersten Blattgrunde fehlen; die Sekundärnerven stehen dicht, bilden stark gekrümmte Bogen und sind untereinander und mit einzelnen abgekürzten Sekundärnerven durch zahlreiche querverlaufende Anastomosen verbunden. An einzelnen Stellen ist die Abgabe von Ästchen aus den Randschlingen in die Zähne des Blattrandes deutlich sichtbar.

Das Taf. I, Fig. 18 abgebildete Blattstück gehörte einem größeren Blatt an und nähert sich der *Salix macrophylla* HEER. Es stimmt zu dieser wegen seiner Größe, der größeren Randzahnung und der Nervatur; wie HEER für *S. macrophylla* als charakteristisch anführt, entspringen die Sekundärnerven auf der einen Seite des Hauptnerven unter stumpferem Winkel als auf der anderen. Genau dieses Verhalten findet sich aber auch bei GÖPPERT's *S. Wimmeriana* (Fl. v. Schoßnitz, Taf. XXI, Fig. 1), die HEER (Fl. tert. Helvetiae II, p. 27) zu *S. varians* zieht. Ich vermag, ebenso wie Ettingshausen (Foss. Flora von Leoben I, S. 41) *S. macrophylla* nicht von *S. varians* zu trennen: die erheblichere Blattgröße dürfte belanglos sein, kommen doch die Blätter von *S. Wimmeriana* GÖPP. denen von *S. macrophylla* H. mindestens nahe; das Verhalten der Sekundärnerven, die bei letzterer z. T. unter rechten Winkeln austreten, ist auch bei *S. varians* (HEER, loc. cit., Taf. LXV, Fig. 13, 15; GÖPPERT, loc. cit., Taf. XIX, Fig. 17, 18) und bei *S. Wimmeriana* (GÖPPERT, loc. cit., Taf. XXI, Fig. 1, 2) anzutreffen, und der Nervillenverlauf ist bei allen dreien der nämliche; daher trage ich kein Bedenken, *S. macrophylla* als Form von *S. varians* aufzufassen.

HEER vereinigt (Fl. tert. Helv. II, p. 27) mit *S. varians* außer *S. Wimmeriana* auch *S. arcuata* GÖPP. (Fl. v. Schoßnitz, S. 25, Taf. XXI, Fig. 5); auf Grund eines reichen Materials von Weidenblättern, die ich aus den tertiären Brandgesteinen des Biliner Beckens untersucht habe, glaube ich, daß außer den genannten beiden Arten und *S. macrophylla* auch *S. Lavateri* HEER (Fl. tert. Helv. II, p. 28, t. LXVI, fig. 1—12), *S. acutissima* GÖPP. (Fl. v. Schoßnitz, S. 26. Taf. XVIII, Fig. 11—14; HEER: Fl. tert. Helv. II, p. 29, t. LXVI, fig. 14), *S. Hartigi* HEER (loc. cit. t. LXVI, fig. 14) und *S. arcinervia* WEBER (Tertiärflora d. niederrhein. Braunkohlenformation, S. 68, Taf. II, Fig. 9; HEER: loc. cit., t. LXV, fig. 4, 5) der formenreichen *S. varians* zuzuzählen sind, da alle diese Formen durch Uebergänge mit einander verbunden erscheinen; die angeführten Trennungsmerkmale liegen völlig innerhalb der Variationsgrenzen, die bei rezenten Weidenblättern derselben Art, ja desselben Individuums unter den Einflüssen des Standortes, der Jahreszeit ihrer Entwicklung und der Stellung am Stamme und am Zweige zum Ausdruck kommen; und es hat zudem wenig Wahrscheinlichkeit für sich, daß auf dem beschränkten Raume einer Lokalflora eine größere Anzahl von Arten einer Gattung mit im wesentlichen übereinstimmend gebildeten Laubblättern vorkommt.

*Salix varians* wird von GÖPPERT mit *S. triandra* L., von HEER mit *S. fragilis* L. und *S. canariensis* SM. unter den lebenden Weiden verglichen.

Zu Salix gehören vermutlich eine Anzahl von kleinen, 4 bis 9 mm langen, $1^1/_2$—2 mm breiten, schmallanzettlichen Knospenschuppen, deren eine Taf. I, Fig. 13b wiedergegeben ist; diese stimmen in Größe und Form völlig mit den Knospenschuppen einiger rezenter Weiden überein, besonders mit denen von *S. purpurea* L. Sie sind indessen verschieden von den Knospenschuppen der *S. varians*, deren Form der schöne Zweig in der Flora von Schoßnitz, Taf. XX, Fig. 1 darstellt.

Als Nebenblatt einer Salix fasse ich den unvollständigen Abdruck — Taf. I, Fig. 15 — auf; er ist ein Blatt von nierenförmigem Umfang mit breiter Basis, anscheinend ganzrandig, mit Nerven, die ein großmaschiges Netz bilden. Ganz ähnliche Gebilde hat GÖPPERT in der Flora von Schoßnitz, S. 40, Taf. XXVI, Fig. 7—10 als *Cassia sennaeformis* beschrieben; SCHLECHTENDAL hat aber (Bemerkungen und Beiträge zu den Braunkohlenfloren von Rott am Siebengebirge und Schoßnitz in Schlesien — Zeitschr. f. Naturwissenschaften, Bd. 62, S. 390, Taf. III, Fig. 10—17 — nachgewiesen, daß es sich bei ihnen nicht um Leguminosenhülsen sondern um Nebenblätter von Weiden handelt.

## Populus L.

In sehr großer Anzahl bieten die Senftenberger Tone Blätter, die sich als Pappelblätter dokumentieren, und die zwei bekannten fossilen Arten zuzuschrieben sind.

Die Blätter der Pappeln sind meist langgestielt, rundlich, eiförmig bis elliptisch, dreieckig oder fast rhombenförmig, an der Spitze abgerundet oder zugespitzt, an der Basis herzförmig, abgerundet, gestutzt oder verschmälert, am Rande scharf oder stumpf gezähnt, ausgebuchtet oder gelappt.

Der Nervenverlauf ist strahlig; 3—5—7 Primärnerven treten am Grunde oder kurz über diesem in die Blattfläche; der Mittelnerv ist der stärkste, die 1 oder 2 untersten Seitennervenpaare, unter rechten oder fast rechten Winkeln austretend, sind schwächer und kürzer als die oberen Seitennerven, verlaufen fast gerade, nur am Ende aufwärts gebogen; sie verbinden sich entweder mit dem folgenden Paare oder enden in einem Zahne und geben nur an der Außenseite wenige, untereinander camptodrom verbundene oder in die Zähne des Blattrandes eintretende Äste ab. Das oberste seitliche Hauptnervenpaar ist durchgängig stärker ausgebildet; diese Nerven verlaufen bogenförmig aufwärts, geben an ihrer Außenseite Sekundäräste ab, die sich untereinander durch Schlingen verbinden, und treten selbst durch Schlingen mit den höherstehenden Sekundärästen des Mittelnerven in Verbindung. Der mittelste Hauptnerv schließlich entsendet zahlreiche, verschieden dicht stehende, alternierende, seltener opponierte, camptodrom verbundene Sekundärnerven. Die Randzähne werden von Seitenästen der Sekundärnervenschlingen versorgt; häufig sind unvollständige, abgekürzte Sekundärnerven, die sich mit den gerade oder gekrümmt laufenden Queranastomosen der übrigen sekundären Nerven vereinigen. Die Queranastomosen bilden meist langgestreckte Felder, die durch weitere, feinere Nervillen in polygonale Felderchen geteilt sind. Meist ist ein deutliches Decurrieren der Seitennerven am Hauptnerven zu beobachten.

Von den fünf Gruppen, in die HEER die Pappeln einteilt, sind in der Senftenberger Flora die Balsam- und die Schwarz-Pappeln vertreten.

### Populus balsamoides GÖPP.

Taf. I, Fig. 4—7, 11; Taf. II, Fig. 1; Taf. VIII, Fig. 23.

GÖPPERT: Flora von Schoßnitz, S. 23, Taf. XV, Fig. 5, 6.
Lit. s. MESCHINELLI e SQUINABOL: Fl. tert. Ital., p. 266.
Dazu: LESQUEREUX: Cret. and tert. Fl. of the West.-Terr., p. 158, 248, pl. XXXI, fig. 4, pl. LV, fig. 3—5.
STUR: Flora der Süßwasserquarze etc., S. 164.

*P. foliis cordato-vel ovato-ellipticis, longioribus quam latis, acuminatis, basi cordatis vel truncatis vel rotundatis, margine dentatis, dentibus sursum curvatis; nervis primariis 5—7, medio lateralibus multo validiore et longiore; lateralibus valde curvatis, flexuosis; nervis secundariis compluribus, curvatis, camptodromis.*

Vorkommen: Zschipkau, Groß-Räschen, Rauno.

GÖPPERT beschrieb aus der Flora von Schoßnitz mehrere Pappelarten, von denen HEER (Fl. tert. Helv. II, p. 18) *P. balsamoides* GÖPP. (Fl. v. Schoßnitz, S. 23, Taf. XV, Fig. 5, 6), *P. emarginata* GÖPP. (loc. cit. S. 24, Taf. XV, Fig. 2—4), *P. eximia* GÖPP. (loc. cit. S. 23, Taf. XVI, Fig. 3—5, Taf. XVII, Fig. 1—3) und *P. crenata* GÖPP. (loc. cit. S. 23, Taf. XVI, Fig. 2) unter dem Namen *P. balsamoides* vereinigte und mit einer Reihe von Blattresten aus dem Schweizer Tertiär zusammenstellte. Wahrscheinlich gehören auch *P. platyphyllos* GÖPP. (Beitr. zur

Tertiärflora Schlesiens, Palaeontogr. II, S. 276, Taf. XXXV, Fig. 5) und *P. ovalis* GÖPP. (Fl. v. Schoßnitz, S. 23, Taf. XVI, Fig. 1) in den Formenkreis der *P. balsamoides*.

Zu dieser Art sind aus dem vorliegenden Material eine Menge von Blättern zu stellen, die folgende Merkmale aufweisen.

Die Größe der Blätter schwankt innerhalb weiter Grenzen: von 2 cm Breite und 3 cm Länge bis 10 cm Breite und 15 cm Länge; einzelne Bruchstücke weisen auf noch größere Blätter hin; sie besitzen lange und kräftige Blattstiele, deren einzelne bis zu 8 cm Länge erhalten sind. Ihre Gestalt ist dreieckig oder elliptisch; dabei sind sie immer länger als breit, und die größte Breite liegt unter der Mitte; die Basis ist herzförmig, zugerundet oder schwach gestutzt, nach vorn sind sie meist in eine Spitze ausgezogen. Der Rand ist gröber oder feiner gezähnt, am Grunde manchmal eine kurze Strecke weit ganzrandig; die Randzähne sind mehr oder weniger nach vorwärts geneigt; der Rand erscheint an den Abdrücken, besonders an den Zähnen, verdickt.

Die Nervatur der Blätter ist meist gut erhalten: die kleinen Blätter weisen 5, die anderen 7 Hauptnerven auf, die teils unmittelbar am Blattgrunde, teils etwas oberhalb desselben auseinander treten. Der Mittelnerv ist kräftiger als die seitlichen Hauptnerven, von denen die unteren wieder zarter entwickelt sind als das oberste Seitennervenpaar. Die Verteilung und Verzweigung der Sekundärnerven entspricht vollständig den oben angeführten Nervationsverhältnissen der Gattung *Populus*. An den meisten vorliegenden Exemplaren sind die Schlingen der Sekundärnervenäste und die Randversorgung deutlich erkennbar; das unterste schwächste Hauptnervenpaar sendet nur wenige camptodrom verbundene Seitenäste nach außen, von deren Schlingen aus Ästchen in die Randzähne eintreten (Taf. I, Fig. 5, 7), die zweiten und bezw. dritten Seitennervenpaare sind an ihrer Außenseite mit kräftigeren Ästen ausgestattet, die sich ihrerseits bogenförmig untereinander verbinden, während die seitlichen Hauptnerven selber mit den Sekundärzweigen des Mittelnerven camptodrom anastomosieren; diese Sekundärnerven, bei größeren Blättern entfernter, bei kleineren dichter gestellt, sind in Zahl von 4—8 vorhanden;

dieselbe Anzahl ist auch bei den meisten von GÖPPERT und HEER abgebildeten Blättern von *P. balsamoides* zu beobachten, nur die durch HEER von Azambuja (Flore fossile du Portugal, t. XXI, fig. 1—4) mitgeteilten Blätter weisen eine größere Anzahl von Sekundärnerven auf.

Die Sekundärnerven verlaufen bogenförmig nach vorn, untereinander teils unmittelbar, teils durch Schlingen von Seitenästen verbunden; zwischen den voll ausgebildeten Sekundärnerven treten häufig abgekürzte auf, die im Maschennetze der Hauptfelder verlaufen.

Das Maschenwerk zwischen den Sekundärnerven wird gebildet durch dicht gestellte Tertiärnerven, die unter spitzen Winkeln von den Außenseiten der sekundären entspringen, gerade oder meist gebogen verlaufen und langgestreckte Felder einschließen, innerhalb deren zarte Nervillen ein feines, polygonales Netzwerk bilden. In die Randzähne treten Ästchen ein, die aus den dem Rande nahe verlaufenden Schlingenbögen hervorgehen.

Die hierher gehörigen Blattreste aus den Senftenberger Schichten sind außerordentlich zahlreich; sie stellen nach der Individuenzahl das größte Kontingent der aufgefundenen Pflanzen. Zum Teil liegen nur Fetzen von meist sehr großen Blättern vor, zum andern Teil aber handelt es sich um wohlerhaltene Blätter, die nach Größe und Form eine reiche Mannigfaltigkeit darbieten.

HEER unterscheidet von *P. balsamoides* 5 Formen (Fl. tert. Helv. II, p. 19):

1. Blätter groß, am Grunde herzförmig, unter der Mitte am breitesten, nach vorn allmählich verschmälert;
2. Blätter groß, am Grunde zugerundet, unter der Mitte am breitesten, nach vorn verschmälert;
3. Blätter kleiner, eiförmig-lanzettlich, in eine lange Spitze verschmälert;
4. Blätter kleiner, kurz-eiförmig-elliptisch, am Grunde stumpf zugerundet, vorn in eine schmale Spitze auslaufend;
5. Blätter klein, oval bis eiförmig-elliptisch, am Grunde abgerundet, vorn zugespitzt.

Diese nach den Schweizer Funden aufgestellten Formen sind für die Pappelblätter von Senftenberg nicht ohne weiteres anzuwenden, ebensowenig wie für die GÖPPERT'schen Blätter von Schoßnitz. Von diesen beiden Fundorten weisen die Blätter der *P. balsamoides* fast durchgängig einen mehr oder weniger tief ausgerandeten Blattgrund auf, ein Merkmal, das nur der ersten Form HEER's zukommt, die im wesentlichen der *P. eximia* GÖPP. entspricht. Außerdem besitzen die Schweizer Blätter in der Hauptsache einen mehr dreieckigen, die von Schoßnitz und Senftenberg aber einen vorwiegend eiförmigen Umriß. Ausgesprochene Dreiecksform besitzt unter unserem Materiale nur das große Blatt Taf. I, Fig. 6. Die Senftenberger Reste weisen eine größere Uebereinstimmung mit den Blättern von Schoßnitz als mit denen der Schweiz auf; die letzteren weichen übrigens auch von der Mehrzahl der von sonstigen Fundorten herrührenden *P. balsamoides*-Blätter ab; sowohl die Blätter aus Portugal (HEER: Fl. foss. du Portugal, p. 25, t. XXI, fig. 1—4) und von Toskana (GAUDIN et STROZZI: Mém. s. qu. gis. de feuilles foss. de la Toscane, p. 29, t. III, fig. 1—5) als die von Alaska (HEER: Fl. foss. Alaskana, p. 26, t. III, fig. 3) und die Blätter aus dem Miocän von Californien und der Green-River-Group von Florissant (LESQUEREUX: Cret. and tert. Flora, p. 158, 248, pl. XXXI, fig. 4, pl. LV, fig. 3—5) stehen den schlesischen Blättern GÖPPERT's näher als den Schweizer Formen.

Die Mehrzahl der Senftenberger Blätter gehört zur Form *eximia* (Taf. I, Fig. 5; Taf. II, Fig. 1); das Exemplar Taf. I, Fig. 6 entspricht der Form *eximia producta* GÖPPERT's, andere (Taf. I, Fig. 7, 11) der Form *emarginata* und das kleine Blatt (Taf. I, Fig. 4) den Blättern von *P. balsamoides* bei GÖPPERT Taf. XV, Fig. 5 und 6 der Flora von Schoßnitz; das schöne Blatt auf Taf. VIII, Fig. 23 giebt die Form von GÖPPERT's *P. ovalis* (l. c. Taf. XVI, Fig. 1) wieder; das letztere erinnert auch an *P. Zaddachi* HEER (Balt. mioc. Flora, S. 30, Taf. V, VI, XII, Fig. 1c; Flor. foss. arct. I, p. 98, t. VI, fig. 1—4; t. XV, fig. 1b; Foss. fl. of N. Greenland, p. 468, pl. XLIII, fig. 15a, pl. XLIV, fig. 6; Flora foss. Alaskana, p. 26, t. II, fig. 5a; Mioc. Flora u. Fauna Spitzbergens,

S. 55, Taf. II, Fig. 13c, Taf. X, Fig. 1, Taf. XI, Fig. 8a; Grinnellland, p. 31, t. VIII, fig. 6; Tert. Flora v. Grönland, S. 74, Taf. LXXXVIII, Fig. 1 und LESQUEREUX, Tert. Flora, p. 176, pl. XXII, fig. 13), mit der es die steil aufgerichteten seitlichen Hauptnerven teilt, die hier über die Blattmitte hinausreichen. Dies Verhalten der Basalnerven ist das wesentlichste Unterscheidungsmerkmal zwischen *P. balsamoides* und *P. Zaddachi*, im übrigen bieten beide ganz übereinstimmende Eigenschaften; es handelt sich bei ihnen sicherlich um mindestens sehr nahe stehende Arten.

Durch die Verschiedenheiten der Blattformen, insbesondere des Blattgrundes, die unsere Blätter darbieten, wird eine Trennung in mehrere verschiedene Arten nicht begründet, da auch bei lebenden Pappeln derartige Variationen auftreten. Insbesondere bietet *P. balsamifera* L. aus Nordamerika und Sibirien, mit der unsere fossile Art die größte Übereinstimmung besitzt, Blätter mit ausgerandeter, gestutzter und abgerundeter Basis dar.

Die kleineren Blätter der fossilen Art entsprechen der typischen *P. balsamifera* L., die großen herzförmigen Blätter einer nordamerikanischen Varietät derselben, *P. balsamifera* var. *candicans* AIT. (= *P. macrophylla* LINDL.).

### Populus latior A. BRAUN.

Taf. I, Fig. 8, 19; Taf. II, Fig. 2.

A. BRAUN: Bucklands Geology, p. 512.
HEER: Fl. tert. Helv. II, p. 11, III, p. 173, t. LIII, LIV, LV, LVI, LVII, XCV, fig. 15.
Litt. s. MESCHINELLI e SQUINABOL: l. c., p. 268,
und PILAR: Flora fossilis Susedana, p. 56.

*P. foliis longe petiolatis, plerumque multo latioribus quam longis, suborbiculatis, breviter acuminatis, basi subcordatis, subtruncatis vel rotundatis, calloso-dentatis; nervis primariis 5—7, medio paullo flexuoso, nervis secundariis camptodromis primo strictis, deinde curvatis, saepe furcatis.*

Vorkommen: Zschipkau.

Von dieser Art hat HEER in der Tertiärflora der Schweiz eine eingehende Beschreibung und eine ausführliche Musterkarte von Blattformen geliefert.

Die Blätter sind langgestielt, in Form und Bezahnung sehr variabel, stimmen aber nach HEER in folgenden Merkmalen überein. Sie sind immer breiter als lang — die Breite überwiegt meist um $^1/_4$ —; sie sind gezähnt mit etwas gekrümmter Zahnspitze; sie haben 5, selten 7 Hauptnerven, von denen die untersten sehr zart sind und dem Rande nahe verlaufen; die anderen sind viel stärker, der mittelste am kräftigsten; die beiden oberen seitlichen Hauptnerven trennen sich vom Mittelnerven unter Winkeln von rund 45°, bilden daher zusammen am Grunde etwa einen rechten Winkel. Der Mittelnerv verläuft etwas geschlängelt, indem er meist dort, wo ein Sekundärnerv entspringt, leicht geknickt ist; die oberen seitlichen Hauptnerven sind kräftig entwickelt und geben an den Außenseiten je 5—7 starke Sekundärnerven ab, die sich in der Nähe des Randes bogenförmig verbinden.

Vom Mittelnerven entspringen jederseits 4—6 entfernt stehende, den seitlichen Hauptnerven parallel austretende Sekundärnerven, die meist geschlängelt verlaufen, sich nahe dem Rande gabelförmig teilen und sich untereinander und mit ihren Verzweigungen sowie mit den seitlichen Hauptnerven bogenförmig verbinden. Diese Bogen stehen nahe am Rande und senden feine Ästchen nach dem Rande und in die verdickten Randzähne; zuweilen sind die Nerven der Zähne die unmittelbaren Fortsetzungen der über die Bogen hinausgehenden Tertiärnerven.

Die langgestreckten Felder zwischen den Sekundärnerven und zwischen diesen und den Hauptnerven werden durch zahlreiche feine, dichtgestellte, spitzwinkelig entspringende, bogenförmige und oft gabelig geteilte Queranastomosen in schmale Felderchen geteilt, innerhalb deren durch noch feinere Nervillen ein polygonales Maschennetz hergestellt wird.

Von *P. latior* unterschied HEER 7 Formen:

1. *P. latior cordifolia:* Blätter ausgerandet, herzförmig oder fast nierenförmig;
2. *P. latior grosse-dentata:* Blätter am Grunde ausgerandet, herzförmig, mit sehr großen Zähnen;
3. *P. latior rotundata:* Blätter am Grunde zugerundet, nicht ausgerandet;

4. *P. latior subtruncata*: Blätter am Grunde mehr oder weniger gestutzt, Rand tief gezähnt;
5. *P. latior truncata*: Blätter am Grunde gestutzt, Rand fein gezähnt;
6. *P. latior transversa*: Blätter viel breiter als lang;
7. *P. latior denticulata*: Blätter am Grunde zugerundet, fein gezähnt.

Unter den Senftenberger Blättern lassen sich nur einige zu *P. latior* stellen. Bei Blattfragmenten ist es oft nicht sicher möglich, über die Zugehörigkeit zu *P. balsamoides* oder *P. latior* zu entscheiden, bei gut erhaltenen Blättern aber dienen Blattform und Nervatur als Trennungsmerkmale. Bei *P. latior* ist das Blatt immer — oft sehr erheblich — breiter als lang, die größte Breite liegt unterhalb oder in der Mitte, nach vorn sind sie ganz kurz zugespitzt; von den 5 (—7) Hauptnerven sind die untersten sehr zart und verlaufen dicht am Rande, die oberen sind kräftig entwickelt und von gleichmäßigerer Stärke als bei *P. balsamoides*: sowohl der Mittelnerv als die seitlichen Hauptnerven geben kräftige, anfangs parallele und fast gerade, erst später gekrümmte und dicht am Rande bogenbildende Sekundärnerven ab, während bei *P. balsamoides* die Sekundäräste der Hauptnerven von Anfang an stärker gekrümmt zu verlaufen pflegen.

In der Randbeschaffenheit unterscheiden sich unsere Blätter beider Arten nicht; bei beiden treten größere und kleinere, meist nach vorn gerichtete Zähne mit verdicktem Rande auf.

Die Blätter der *P. latior* aus dem Senftenberger Reviere gehören vorwiegend zur HEER'schen Form *rotundata*, mit gerundeten Seiten und zugerundetem oder schwach gestutztem Grunde. Wie es HEER von dieser Form angibt, fehlen die Zähne am Blattgrunde bis zu der Gegend, wo die untersten, zarten Hauptnerven enden, während im übrigen der Rand bis zur Spitze gezähnt ist; das von HEER angegebene Verhalten, daß am unteren Teile des Randes die Zähne kleiner und dichter gestellt, weiter nach vorn aber größer und weiter auseinander gerückt sind, konnte ich bei den mir vorliegenden Blättern nicht beobachten; bei diesen weisen vielmehr die Zähne desselben Blattindividuums ziemlich gleiche Größe und gleiche Entfernungen voneinander auf, und zwar treffen wir Blätter mit ziemlich großen, entfernt gestellten, solche mit mittelgroßen, enger stehenden (wie Taf. I, Fig. 19) und schließlich solche mit feinen, dicht gedrängten Zähnen (Taf. II, Fig. 2): letztere kommen der forma *denticulata* HEER's nahe.

Unter den rezenten Pappeln entspricht *P. latior* am meisten der nordamerikanischen *P. monilifera Ait.* (= *P. canadensis* MCHX.)

Außer Blättern beschreibt HEER von *P. latior* Früchte, Blütenknospen und Deckschuppen. Während von letzteren beiden die Senftenberger Tone keine Spuren erhalten haben, fand ich den Rest eines Kätzchens, den ich zu *P. latior* stelle.

Taf. I, Fig. 8 zeigt übereinanderstehend, so wie sie an der nicht erhaltenen Kätzchenspindel saßen, zwei Früchte und in deren Mitte eine Perigonblüte.

Die Früchte sind kurzgestielt, zweiklappig, 5—6 mm lang, elliptisch, unterhalb der Mitte am breitesten, vorn zugespitzt, aber nicht zu einem Schnabel verlängert, am Grunde von einem ringförmigen, vom Perigon herrührenden Wulste umgeben; die untere Frucht zeigt beide aufgesprungene Klappen; von der oberen ist eine Klappe verloren gegangen. Diese Früchte stimmen mit den von HEER (Fl. tert. Helv. II, p. 15, t. LIV, fig. 3) zu *P. latior* gestellten Früchten überein, nur sind sie um etwas kleiner als diese. Den zwischen den beiden Früchten erhaltenen Abdruck spreche ich als eine weibliche Blüte an; er erinnert an das rudimentäre, becherförmige Perigon der Pappelblüte, das z. B. bei *P. nigra* L. ganz ähnlich gebildet, die Basis des — am Abdruck nicht sichtbaren — Fruchtknotens umgibt.

Taf. VIII, Fig. 11 ist ein Zweigstück mit einem Blattrest abgebildet, das zu *Populus* gehört, wie die Bildung des Blattfragmentes zu erkennen gibt, ohne aber die Art bestimmen zu lassen. Die Knospen des Zweiges erinnern an die, welche HEER (Fl. tert. Helv., t. LIII, fig. 1) an einem Zweige von *P. latior* abbildet; allerdings ist die hier angegebene dachziegelartige Deckung der Knospenschuppen nicht deutlich ausgesprochen.

Zur Gattung *Populus* gehören wahrscheinlich eine Anzahl von isolierten Knospenschuppen, deren einige Taf. I, Fig. 12, a—d abgebildet sind. Es sind 8—12 mm lange, 3—4 mm breite lanzettliche Schuppen, die aus breiter Basis mit sanft gebogenen Rändern nach vorn spitz zulaufen und in Gestalt und Größe mit den Knospenschuppen von *P. monilifera* AIT. und *P. nigra* L. große Uebereinstimmung aufweisen.

## Fam. Juglandaceae.

Die Gattung *Juglans* ist mit Blättern von zwei Arten vertreten.

Die Blätter der *Juglans*arten sind unpaarig gefiedert; die Fiederblättchen stehen opponiert oder alternieren, sind sitzend oder kurz gestielt bis auf das länger gestielte Endfiederchen; sie sind meist unsymmetrisch, insbesondere an der Basis und von verschiedener Größe am selben Blatte; der Rand ist ganz oder gezahnt. Von dem meist kräftigen Mittelnerven gehen opponierte oder alternierende Sekundärnerven aus, die bogenförmig verlaufen, sich nahe am Rande camptodrom verbinden und bei gezähnten Blättchen von den Randschlingen aus Ästchen aussenden, die in die Zähne oder in die Zahnbuchten eintreten; selten laufen die Sekundärnerven direkt in die Randzähne aus; die Austrittswinkel der Sekundärnerven sind bei den unsymmetrischen Fiederblättchen meist auf beiden Seiten verschieden, sie schwanken zwischen 30 und 70°; häufig treten unvollständige Sekundärnerven auf. Die Tertiärnerven treten meist unter annähernd rechten Winkeln aus, verlaufen gerade, bogenförmig oder geknickt, mitunter verästelt.

### Juglans Sieboldiana MAX. fossilis NATH.

Taf. I, Fig. 17, 20, Taf. II, Fig. 3a, Taf. VIII, Fig. 1, 2, 3.

NATHORST: Flore fossile du Japon, p. 37, pl. I, fig. 13—18.

*J. foliis impari-pinnatis; foliolis terminalibus longius petiolulatis, fere symmetricis; foliolis lateralibus brevissime petiolulatis, basi truncatis vel leviter cordatis, plus minus inaequalibus; omnibus oblongis, ovato-oblongis vel ovato-lanceolatis, apice acuminatis, margine denti-*

*culatis: nervo primario valido, apicem versus valde diminuato; nervis secundariis crebris, juxta basim angulo subrecto, apicem versus angulis acutioribus egredientibus, leviter sursum arcuatis, pro parte furcatis, secus marginem arcubus conjunctis, nervis tertiariis sat approximatis, angulo subrecto emissis, leviter flexuosis.*

Vorkommen: Zschipkau, Rauno.

Aus der Tertiärflora von Japan hat NATHORST l. c. eine Anzahl von Blättern mitgeteilt und als fossile Form der rezenten *J. Sieboldiana* MAX. beschrieben, mit denen einige Zschipkauer Reste eine auffällige Übereinstimmung zeigen. Mir lagen mehrere Stücke größerer Blättchen vor, von der Bildung des auf der Taf. II, Fig. 3 abgebildeten Platte mit a bezeichneten und der Blättchen Taf. VIII, Fig. 1, 2, daneben mehrere kleinere, deren zwei Taf. I, Fig. 20 und Taf. VIII, Fig. 3 wiedergeben. Ohne Zweifel sind sowohl die großen wie die kleinen als Fiederblättchen anzusprechen.

Die wohlausgeprägten großen Blättchenreste verraten eine ansehnliche Länge, die auf 15 bis 20 cm geschätzt werden kann, bei einer größten Breite von 6 cm.

Die Form ist bei den Seitenfiederchen eiförmig bis lanzettlich; das schön erhaltene Endblättchen (Taf. VIII, Fig. 1) ist verkehrt eiförmig; es verbreitert sich aus keilförmiger Basis allmählich, erreicht die größte Breite vor der Mitte und verjüngt sich dann rasch nach dem zugespitzten Ende zu. Die Blattbasis ist bei den Seitenfiederchen verschmälert oder schwach gestutzt und etwas unsymmetrisch. Der Rand ist von feinen Sägezähnen dicht besetzt. Der Mittelnerv ist am Grunde stark, verjüngt sich aber nach der Spitze zu erheblich und verläuft schwach gebogen. Von ihm gehen opponiert oder alternierend ziemlich dicht gestellte Sekundärnerven ab, am Grunde unter fast rechten, weiter nach vorn zu unter spitzen Winkeln, und zwar sind an einigen Exemplaren die Ursprungswinkel auf der einen Seite spitzer als auf der anderen. Sie verlaufen zunächst ziemlich gerade, biegen sich in der Nähe des Randes aufwärts, geben teilweise kräftige Gabeläste ab und verbinden sich mit diesen und untereinander camptodrom; an der Außenseite der gebildeten Schlingenbögen verläuft hier und da noch eine weitere schmale Kette von Schlingen; in die Randzähne treten kleine Nervenästchen aus den Camptodromien ein. Zwischen den Sekundärnerven verlaufen dichtgestellte, unter ziemlich rechtem Winkel austretende, geschlängelte, teils gabelig, teils durch quere Ästchen miteinander verbundene Tertiärnerven und rahmen schmale Felder ein, innerhalb deren feinere, mehreckige Maschen von zarten Nervillen gebildet werden.

Von den kleineren Blättchen liegen zwei fast ganz erhalten vor (Taf. I, Fig. 20, Taf. VIII, Fig. 3); sie messen 5 cm Länge bei 2—2½ cm Breite, sind länglich eiförmig, am Grunde etwas eingezogen, nach vorn zugespitzt; die feine Randzahnung ist stellenweise erhalten; die Nervatur unterscheidet sich nicht von der der größeren Blättchen.

Diese Blattreste weisen manche Übereinstimmung mit mehreren bereits beschriebenen fossilen Arten auf; so mit einigen zu *Juglans bilinica* Ung. gestellten Blättchen, wie dem Blättchen von Ettingshausen, Foss. Flora von Bilin, Taf. LII, Fig 7, das durch seinen starken Hauptnerven und die Anordnung der Tertiärnerven von den typischen Blättchen der *J. bilinica* abweicht; dann mit *J. nigella* Heer (Fl. foss. Alaskana, p. 38, t. IX, fig 2—4 und Flor. foss. Grönl. II, p. 100, t. XCI, fig. 2b, 6) und mit *J. picroides* Heer (Fl. foss. Alask., p. 39, t. IX, fig. 5), Arten, die von Heer mit der rezenten *J. nigra* L. bez. *Carya amara* L. verglichen werden.

Die größte Ähnlichkeit aber besitzen sie in Gestalt und Nervenverteilung mit den von Nathorst aus dem Tertiär von Mogi in Japan (l. c. p. 37, pl. I, fig. 13 - 17, 18?) beschriebenen und abgebildeten Blattresten; Nathorst vergleicht dieselben mit den fossilen *J. nigella* H. und *J. picroides* H. und mit den rezenten *J. cinerea* L. und *J. Sieboldiana* Max., sowie mit *Pterocarya rhoifolia* Sieb. et Zucc. und gelangt auf Grund seiner Untersuchung und unter Berufung auf Maximovicz selbst zur Auffassung seiner fossilen Reste als einer fossilen Form der *J. Sieboldiana* Max.

Ich habe die Zschipkauer Blattreste mit zahlreichen Juglandaceenblättern verglichen und habe auch ihre Übereinstimmung mit *J. cinerea* und noch mehr *J. Sieboldiana* gefunden; daher stehe ich nicht an, sie unter der von NATHORST gewählten Bezeichnung aufzuführen. Ebenso wie die Mogi-Blättchen stellen die unsrigen Blättchen von verschiedener Stellung am Fiederblatte und von verschiedenem Alter dar; und was die sehr erheblichen Größenunterschiede anlangt, so habe ich gleiche Differenzen an einem und demselben Baume von *J. Sieboldiana* im botanischen Garten zu Dresden messen können: an einem Fiederblatte standen obere Seitenfiedern von 15 cm Länge und 5—6 cm Breite neben grundständigen Fiederblättchen von 6 cm Länge und 4 cm Breite, während jüngere Blätter Blättchen von $4^1/_2$ cm Länge und 2 cm Breite bis $2^1/_2$ cm Länge und $1^1/_2$ cm Breite besaßen, — also Größenunterschiede, wie sie eben auch die Zschipkauer Blättchen darbieten.

NATHORST vergleicht seine Blättchen, wie erwähnt, auch mit *Pterocarya rhoifolia* SIEB. et ZUCC., doch entspricht die Blättchenform bei unseren Resten, insbesondere die der Endblättchen, mehr *Juglans* als *Pterocarya*; bei den Arten der letzteren Gattung sind die Blättchen durchgängig schlanker gestaltet.

### Juglans acuminata A. BR.

Taf. II, Fig. 5.

A. BRAUN: LEONH. und BRONN, Jahrb. 1845, S. 170.
HEER: Fl. tert. Helv. III, p. 89, t. CXXVIII, CXXIX, fig. 1—9.
Litt. s. MESCHINELLI e SQUINABOL: l. c. p. 232.
PILAR: Flora foss. Susedana, p. 110.
Syn.: *J. Sieboldiana* GÖPPERT: Flora v. Schoßnitz, S. 36, Taf. 25, Fig. 2.
*J. pallida* GÖPPERT: l. c. p. 36, Taf. 25, Fig. 3.

*J. foliis impari-pinnatis: foliolis oppositis, petiolulatis, ovato-ellipticis vel ovato-lanceolatis, acuminatis, 8—16 cm longis, 4—7 cm latis, integerrimis, saepius undulatis; nervo primario valido: nervis secundariis in utroque latere 10—14, curvatis, ascendentibus, camptodromis, laqueis externis instructis, interdum nervis secundariis abbreviatis interpositis; nervis tertiariis rete polygonale formantibus.*

Vorkommen: Groß-Räschen, Rauno.

Aus den Tonen der Grube Victoria liegt ein einzelnes Blättchen vor (Taf. II, Fig. 5), das in Form und Nervenbeschaffenheit durchaus zu den Blättchen der *J. acuminata* (HEER, Fl. tert. Helv.,

Taf. CXXVIII und CXXIX) und zu dem von GÖPPERT (Fl. v. Schoßnitz, Taf. 25, Fig. 2) als *J. Sieboldiana* bezeichneten Blattfieder stimmt, welcher letztere schon von HEER zu *J. acuminata* gezogen worden ist.

Es ist ein Seitenfiederchen von 8 cm Länge und $3^1/_2$ cm größter, unter der Mitte gelegener Breite, nach vorn zu allmählich verjüngt, am Grunde zugerundet, schwach ungleichseitig; der Blattrand ist ganz, etwas wellig. Der Mittelnerv entsendet 11 bezw. 12 Sekundärnerven, die sich zum Teil gabelförmig teilen, wie dies auch bei einzelnen Abbildungen HEER's der Fall ist, näher oder entfernter vom Rande sich bogenförmig verbinden und teilweise noch auf der Randseite eine Kette kleinerer Bogenschlingen tragen. Vereinzelt sind schwach gebogene Tertiärnerven erkennbar.

Die nächststehende lebende Art ist *J. regia* L.

*J. acuminata* A. BR. ist im Tertiär Europa's und der arktischen Zone weit verbreitet; die Tertiärschichten Nordamerika's bergen mehrere ihr sehr nahe stehende Arten: *J. rugosa* LESQU. (Tert. fl. of the W. Terr., p. 286, pl. LIV, Fig. 5, 14, pl. LV, Fig. 1—9, pl. LVI, Fig. 1, 2), *J. rhamnoides* LESQU. (ibid. p. 284, pl. LIV, Fig. 6—9) und *J. Leconteana* LESQU. (ibid. p. 285, pl. LIV, Fig. 10—13).

**Pterocarya castaneaefolia** GÖPP. sp.

Taf. I, Fig. 16, Taf. VIII, Fig. 6, 7, 12, 13.

v. SCHLECHTENDAL: Beiträge zur näheren Kenntnis der Braunkohlenflora Deutschlands, S. 104, Taf. V, Fig. 1, 2, 3, Taf. VI, Fig. 5, 6.

MENZEL: Flora des tertiären Polierschiefers von Sulloditz (Sitzb. der naturw. Gesellsch. Isis, Bautzen, 1896/97), S. 5, Taf. II, Fig. 1, 2.

Syn. *Salix castaneaefolia* GÖPP.: Tertiärflora von Schoßnitz, S. 27, Taf. XVIII Fig. 18.

*Salix lingulata* GÖPP.: ibid., S. 27, Taf. XVIII, Fig. 15, 16.

*P. foliis pinnatis, multijugis; foliolis petiolulatis, oblongis, basi rotundatis vel truncatis, margine remote serratis, penninerviis; nervo primario paullo arcuato: nervis secundariis angulis subrectis egredientibus, arcuato-ascendentibus, camptodromis, partim ramosis, ramulos in dentes marginis emittentibus; nervis tertiariis angulis sub-*

*rectis exeuntibus: fructibus lateraliter dipteris: nuce carinata, alis transversis, oblongis, radiatim furcato-nervosis.*

Vorkommen: Rauno, Zschipkau.

Schon v. SCHLECHTENDAL bemerkt (l. c., S. 96), daß in den Tonen von Zschipkau *Pterocarya*-ähnliche Blätter vorkommen; aus den Schichten des HENKEL'schen Tagebaues gelang es neuerdings, eine Anzahl von Blättchen und mehrere Flügelfrüchte aufzufinden, die das Vorhandensein von *Pterocarya* in der Senftenberger Tertiärflora sicherstellen.

Die Blättchen, deren zwei auf Taf. VIII, Fig. 6, 7, dargestellt wurden, sind kurz gestielt, von länglicher Form, am Grunde verjüngt und abgerundet oder etwas gestutzt, nach vorn schwach zugespitzt; am Rande entfernt klein gesägt; aus dem Mittelnerven treten unter wenig spitzen bis ziemlich rechten Winkeln in unregelmäßigen Intervallen die Sekundärnerven aus, verlaufen gebogen, am Rande aufsteigend, verbinden sich camptodrom durch Gabelzweige oder Außenäste und lassen von den Schlingenbögen aus Ästchen in die Randzähne treten. Die Tertiärnerven entspringen unter fast rechten Winkeln, verlaufen gabelig oder verästelt und bilden längliche Felder, die von feinerem Maschennetze erfüllt sind.

Die vorliegenden Blattreste stimmen sowohl mit den Abbildungen, die SCHLECHTENDAL gibt, wie mit den Blättern der *Salix castaneaefolia* und *lingulata* GÖPPERT's, deren Zugehörigkeit zu *Pterocarya* von SCHLECHTENDAL nachgewiesen worden ist, überein; von den in mancher Beziehung ähnlichen Seitenfiederchen der *Juglans Sieboldiana fossilis* unterscheiden sie sich durch die schmalere Form, die relativ entfernter stehenden Sekundärnerven und die entferntere Randzahnung.

Mit diesen Blättchen vereinige ich die auf Taf. I, Fig. 16, Taf. VIII, Fig. 12, 13 abgebildeten Flügelfrüchte, deren Nüsse freilich im Abdruck nicht deutlich erhalten sind; nur Fig. 13 läßt einigermaßen die Gestalt einer zugespitzten, kantigen Frucht erkennen. Die Nüsse sind von einem ungleich nach zwei Seiten ausgebreiteten Flügel umgeben, der an der einen Langseite eine flache Einbuchtung besitzt; der Rand der Fruchtflügel ist schwach gewellt; ihre Fläche ist von dichten, strahlig verlaufenden, wiederholt gabelig geteilten Nerven durchzogen, die dem Rande nahe hin und wieder durch feine Schlingen untereinander verbunden sind.

Diese Früchte lassen sich mit denen vergleichen, die SCHLECHTENDAL (l. c. S. 104, Taf. V, Fig. 3, Taf. VI, Fig. 5) als Früchte der *Pterocarya castaneaefolia* GÖPP. sp. von Schoßnitz beschrieben hat.

Unser Exemplar von Zschipkau (Taf. I, Fig. 16) mit Flügeln, die bis zu 30 mm Ausdehnung erhalten sind, kommt Fig. 3a SCHLECHTENDAL's in Form und Größe am nächsten, nur ist die Einbuchtung des Flügels weniger ausgesprochen, und die Nuß selber erscheint größer; freilich ist diese zu einer formlosen Masse breitgepreßt und hat nur einen unregelmäßig höckerigen Abdruck hinterlassen.

Die Stücke von Rauno (Taf. VIII, Fig. 12, 13) sind etwas kleiner und gestreckter als die Schoßnitzer Früchte; ihre größte Ausdehnung beträgt nur 25 mm, die Flügelbreite nur 11 mm, während SCHLECHTENDAL's Früchte bis 31 mm Länge und 16 mm Breite messen.

Trotz dieser Größenunterschiede glaube ich unsere drei Früchte weder von einander noch von den Schoßnitzer Exemplaren trennen zu sollen; sie bieten Differenzen der Größe und Form, die auch bei den Früchten der *Pt. caucasica* KUNTH, mit der SCHLECHTENDAL die *Pt. castaneaefolia* vergleicht, vorkommen; vor mir liegen Flügelfrüchte der lebenden kaukasischen Art, deren Längsdurchmesser zwischen 17 und 28 mm schwanken und bei denen die Flügelbreite und das Maß der Ausbuchtung ebenfalls veränderlich sind.

Von anderen Fossilien der Tertiärliteratur lassen sich unsere Reste mit den Früchten vergleichen, die UNGER von Sotzka (Fl. v. Sotzka, S. 51, Taf. XXXIII, Fig. 16, 17) als *Terminalia Fenzliana* beschrieben hat, die aber schon SCHENK als wahrscheinlich zu *Pterocarya* gehörig richtig gestellt hat.

## Fam. Betulaceae.

### Betula T.

Ueber das Vorkommen von Birkenresten in den Zschipkauer Tonen hat v. SCHLECHTENDAL (Beitr. z. Kenntn. d. Braunkohlenflora von Zschipkau, S. 12 fg.) berichtet. Dieser Autor erwähnt Blätter, Früchtchen, Fruchtschuppen, Rindenstücke und Zweige. Das mir vorliegende Material bot eine Anzahl Blätter und mehrere Rindenabdrücke, die zu *Betula* gehören; von Früchten kamen mir keine Reste zu Gesicht.

Die vorgefundenen Blätter lassen sich zu drei bisher bereits bekannten Arten stellen.

Auf die Schwierigkeiten einer genaueren Charakteristik der Blätter der Birken- (und Erlen-) Arten hat SCHENK im Handbuche der Palaeophytologie, S. 411, nachdrücklich hingewiesen: er betont insbesondere, daß unter den von HEER (Fl. tert. Helv. II, p. 38) für Birkenblätter als eigentümlich bezeichneten Merkmalen die opponierte oder alternierende Stellung der Sekundärnerven, deren Austrittswinkel und Entfernungen von einander unter den lebenden Vertretern der Gattung bei derselben Art, ja bei demselben Individuum außerordentlichen Schwankungen unterliegen.

Auch v. SCHLECHTENDAL hat (l. c.) die Form und Nervaturverhältnisse der Blätter von *Betula* und ihre Unterscheidungsmerkmale von denen der Gattungen *Alnus* und *Carpinus* einer gründlichen Prüfung unterzogen. Seinen Untersuchungen folgend stelle ich zu *Betula* diejenigen Blattreste, die folgende Merkmale darbieten:

Die Blätter sind länger oder kürzer gestielt, der Gestalt nach rautenförmig, dreieckig bis eiförmig mit der größten Breite nahe am Grunde; ihre Basis ist herzförmig, gestutzt, abgerundet oder keilförmig, die Spitze stumpf bis zugespitzt, der Blattrand bis auf die ganzrandige Basis einfach oder doppelt gezähnt; der Nervenverlauf ist fiederförmig; die Sekundärnerven treten unter Winkeln von 35—70° aus dem Hauptnerven hervor und haben je nach der Blattgröße Distanzen von 3—12 mm; sie sind craspedodrom und laufen in die Randzähne aus; am Blattgrunde befindet sich häufig ein schwächer entwickeltes Sekundärnervenpaar, welches in die untersten Zähne eintritt; die Nebenzähne doppeltgezähnter Blätter werden von kräftigen, unter spitzen Winkeln entspringenden Außenästen der Sekundärnerven versorgt. Der Blattrand ist, wie v. Schlechtendal hervorhebt, verdickt, indem ein nervenloser Rand, von den bogenbildenden letzten Nervillen gebildet, deutlich um das Blatt als eine Randleiste herumläuft. Die dichtstehenden Tertiärnerven verlaufen gerade, gebogen oder zuweilen geknickt und gabelig verzweigt, unter wenig spitzen Winkeln abgehend, zwischen den Sekundärnerven und bilden schmale parallelseitige Felder, die von feinen, maschenbildenden Endverzweigungen der Nervillen erfüllt sind. Auf den Nerven zeigen die Abdrücke häufig die Spuren von Oeldrüsen.

## Betula prisca Ett.

Taf. III, Fig. 1, 2. Taf. VIII, Fig. 8, 9.

Ettingshausen: Foss. Flora von Wien, S. 11, Taf. I, Fig. 15, 17.
— » » » Tokay, S. 794.
— » » » Heiligenkreuz, S. 5, Taf. I, Fig. 3.
— » » » Bilin, I, S. 47, Taf. XIV, Fig. 14—16.
— Beitr. z. K. d. Tertiärpflanzen Steiermarks, S. 29, Taf. I, Fig. 24—26.
— Foss. Flora der älteren Braunkohle der Wetterau, S. 830.
— » » von Leoben, I, S. 25, Taf. III, Fig. 13, 14.
— » » » Sagor, I, S. 20.
— » » » Schönegg, I, S. 30.
Goeppert: Foss. Flora von Schoßnitz, S. 11, Taf. III, Fig. 11, 12.
Gaudin: Contr. à la fl. foss. ital., VI, p. 12, pl. II, fig. 10.
Massalongo: Fl. fossile del Senigal., p. 172, t. XXXVI, fig. 9.
Heer: Fl. foss. arct., I, p. 148, t. XXV, fig. 9a, 20—25; t. XXVI, fig. 1b, c.
— Mioc. balt. Fl., S. 70, Taf. XVIII, Fig. 8—15.
— Fl. foss. Alask., p. 28, t. V, fig. 3—6.
— Beitr. zur foss. Flora von Sachalin, S. 6, Taf. II, Fig. 8; Taf. III, Fig. 6
— Mioc. Flora von Sachalin, S. 30, Taf. V, Fig. 9, 10; Taf. VII, Fig. 1—4.
— Mioc. Flora und Fauna Spitzbergens, S. 55, Taf. XI, Fig. 3—6.
— Beitr. zur foss. Flora Spitzbergens, S. 70, Taf. XXX, Fig. 10.
— Grinnell-Land, S. 31, Taf. III, Fig. 3b; Taf. V, Fig. 2—5.
Stur. Flora der Süßwasserquarze etc., S. 152.
Engelhardt: Braunkohlenflora von Sachsen, S. 16, Taf. III, Fig. 19—21.
— Tertiärpflanzen a. d. Leitm. Mittelgeb., S. 34, Taf. 5, Fig. 3—6.
— Tertiärflora des Jesuitengrabens, S. 20, Taf. 2, Fig. 22.

ENGELHARDT: Flora der Tertiärschichten von Dux, S. 27, Taf. 3, Fig. 14, 16–18; Taf. 4, Fig. 23.
— Foss. Pfl. a. tert. Tuffen Nordböhmens (Isis, Dresden, Abh. 1891), S. 3.
— Foss. Pflanzen von Birkigt, Lotos 1896, 2, S. 2.
— Tertiärpflanzen vom Himmelsberg, Abh. Senckenb. Naturf. Gesellsch., Bd. XX, S. 265, Taf. I, Fig. 40.
— Tertiärpflanzen von Stranitzen (Beitr. zur Pal. und Geol. Östr.-Ung. und des Orients, Bd. XIV, S. 169, Taf. XIII, Fig. 11.
PILAR: Flora fossilis Susedana, p. 34.
WINDISCH: Beitr. zur Kenntnis der Tertiärflora von Island, S. 38.
WENTZEL: Flora des tertiären Diatomeenschiefers von Sulloditz, S. 11.
MENZEL: Flora des tertiären Polierschiefers von Sulloditz (Abh. Isis, Bautzen, 1896/97), S. 10.
L. WARD: Types of the Laramie flora, Bull. of U. S. Geol. Surv., No. 37, p. 31, pl. XIV, Fig. 2.
SCHIMPER: Traité de pal. végét., II, p. 567, t. LXXXV, fig. 2, 3.
MESCHINELLI e SQUINABOL: Flora tert. Italica, p. 255.
Syn.: *B. Dryadum* auct. — nec BRONG.
*Carpinus betuloides* UNGER: Iconogr. pl. foss., p. 40, t. XX, fig. 6—8.

*B. foliis petiolatis, ovatis vel ovato-ellipticis, breviter acuminatis, basi productis vel rotundatis vel truncatis vel leniter cordatis, inaequaliter duplicato-serratis; nervatione craspedodroma; nervo primario basi prominente, recto; secundariis angulis 35–40° egredientibus, oppositis vel alternantibus, utrinque 7–9, aeque distantibus, 5–8 mm inter se remotis, subrectis, parallelis, saepe nervis externis denticulos marginis attingentibus instructis; nervis tertiariis densis, flexuosis, angulis subrectis exeuntibus.*

Vorkommen: Zschipkau, Rauno.

Als *B. prisca* ETT. ist von den Autoren eine große Anzahl von Birkenblättern von verschiedenen Fundorten des Tertiärlandes beschrieben worden.

Neben dieser Art findet sich häufig eine zweite, von den Autoren als *B. Dryadum* bezeichnete Art, die sich nach ETTINGSHAUSEN von der ersteren durch ihre breit-eirunde bis dreieckige Form, kürzere Blattstiele und stumpfere Ursprungswinkel der Sekundärnerven unterscheiden soll[1]).

[1]) ETTINGSHAUSEN (Foss. Flora von Bilin, I, S. 45) schreibt »unter spitzeren Winkeln«; nach den Abbildungen ist aber anzunehmen, daß hier ein Druckfehler vorliegt.

*B. Dryadum* ist von BRONGNIART (Prodrome p. 143 und 214; Ann. sc. nat., tome XV, p. 49, t. III, fig. 5) auf eine Frucht von Armissan gegründet worden; später hat UNGER unter dem gleichen Namen Birkenfrüchte von Parschlug und Radoboj beschrieben und Blattreste mit ihnen combiniert (Chloris protog., p. 117, t. XXXIV, fig. 2—5; Iconogr. pl. foss., p. 33, t. XVI, fig. 9—12), und eine Reihe anderer Autoren hat in der Folge den UNGER'schen Blättern ähnliche Birkenblätter als *B. Dryadum* bezeichnet. Bereits von ANDRAE aber (Beitr. z. Kenntn. d. foss. Flora Siebenbürgens und des Banates, S. 14, Taf. II, Fig. 4—6), der in Thalheim und Szakadat Früchte der BRONGNIART'schen *B. Dryadum* auffand, wurde nachgewiesen, daß die *B. Dryadum* UNG. in der Iconographie von der BRONGNIART'schen Spezies zu trennen sei, — er bezeichnete sie als *B. Ungeri*, und SAPORTA (Ét. sur la végét. du sudest de la France à l'époque tertiaire, II, p. 219) schied auch UNGER's Frucht von Parschlug (Iconogr. t. XVI, fig. 10) sowie die von UNGER, GÖPPERT und HEER zu *B. Dryadum* gestellten Blätter von der Art BRONGNIART's, während er seinerseits ein in Größe und Nervatur von jenen wesentlich verschiedenes Blatt, das er in Armissan mit den von BRONGNIART beschriebenen Früchten zusammen fand (loc. cit. pl. VI, fig. 5), als das Blatt der *B. Dryadum* BRGT. beschrieb. Trotz dieser Trennung wurden später von verschiedenen Autoren wiederholt Blattreste, die mit BRONGNIART's und SAPORTA's *B. Dryadum* nichts zu tun haben, unter diesem Namen beschrieben. SCHIMPER (Traité de pal. vég., II, p. 570) führt einige derselben als *B. Ungeri* ANDR. auf.

HEER (Mioc. Flora d. Insel Sachalin, S. 31) weist darauf hin, daß die von UNGER (Iconogr., t. XVI, fig. 9), von ETTINGSHAUSEN (Fl. v. Bilin, Taf. XIV, Fig. 6, 8), von GÖPPERT (Fl. v. Schoßnitz, Taf. III, Fig. 1) und von ihm selbst (Fl. tert. Helv., t. LXXI, fig. 25) als *B. Dryadum* bezeichneten Blätter zu *B. prisca* ETT. gehören dürften.

Nach einem eingehenden Vergleiche der Abbildungen und Beschreibungen komme ich zu der Ueberzeugung, daß auch manche andere zu *B. Dryadum* gezogene Blätter (z. B. UNGER: Chlor. prot., t. XXXIV, fig. 5; ETTINGSHAUSEN: Beitr. z. K. d. Tertiärflora Steiermarks, Taf. I, Fig. 1; ENGELHARDT: Tertiärfl. des Jesuitengrabens, S. 21, Taf. 2, Fig. 17; ders.: Fl. d. Tertiärsch. v. Dux, S. 27, Taf. 3, Fig. 20, 21, Taf. 4, Fig. 24; ders.: Tertiärpfl. v. Himmelsberge, S. 266, Taf. II, Fig. 3—5; LUDWIG: Foss. Pfl. v. Montabauer, Palaeontogr. VIII, S. 163, Taf. LXVIII, Fig. 12; MASSALONGO: Fl. foss. Senogal, p. 171, t. XXI, fig. 19) nichts anderes als Formen der *Betula prisca* sind. Daß auch *Carpinus betuloides* UNG. (Iconogr., p. 40, t. XX, fig. 6—8) als Synonym von *B. prisca* zu gelten hat, ist schon von ETTINGSHAUSEN (Fl. v. Bilin, I, S. 45) angeführt worden. Zu *B. prisca* gehören ferner aller Wahrscheinlichkeit nach: *B. pulchella* SAPORTA (Ét. II, 1, p. 84, pl. III, fig. 7), *B. subtriangularis* GÖPPERT (Fl. v. Schoßnitz, S. 10, Taf. III, Fig. 2), *B. subovalis* GÖPPERT (ibid. S. 12, Taf. III, Fig. 17).

Die von ETTINGSHAUSEN (Fl. v. Bilin, I, S. 45) angegebenen Unterschiede, die zwischen *B. prisca* ETT. und *B. Dryadum* der Autoren (nicht BRONGNIART's) bestehen sollen, liegen völlig innerhalb der Variationsbreite, die uns bei Birkenblättern derselben lebenden Art entgegen zu treten pflegt. (Vergl. REGEL's Monographische Bearbeitung der Betulaceen.)

*B. prisca* stellt sich in ihrem erweiterten Umfange als eine Art mit vielgestaltigen Blättern dar; ihre Blätter besitzen die größte Breite unterhalb der Mitte und verschmälern sich von da allmählich in eine längere oder kürzere Spitze, oder sie behalten eine gleiche Breite bis über die Mitte hinaus, um allmählich abnehmend in eine kurze Spitze zu enden; die Basis ist entweder mehr oder weniger keilförmig oder zugerundet oder gestutzt oder endlich schwach herzförmig. Diese Verschiedenheiten fallen bei Betrachtung der von verschiedenen Autoren als *B. prisca* bezeichneten Blattreste auf: keilförmige Blattbasen finden sich bei *B. prisca* von Sachalin, der baltischen Flora, Kundratitz, Wien; gestutzten Blattgrund zeigen Blätter von Island, Alaska, Sachalin, Bilin und aus der baltischen Flora, herzförmigen Grund solche von Alaska, Sachalin, Schoßnitz u. a.

Der Blattrand ist unregelmäßig doppelt gezähnt, der Blattgrund entbehrt häufig der Bezahnung.

Vom Hauptnerven entspringen jederseits 7—9 Sekundärnerven unter etwa halbrechten Winkeln, die 5—8 mm voneinander entfernt stehen; sie laufen geradlinig in die Hauptzähne aus und geben von der Außenseite Äste in die Nebenzähne ab, während zwischen ihnen und fast rechtwinklig auf sie gestellt dicht stehende Nervillen von schwach gebogenem Verlauf schmale Felder bilden.

Die mir vorliegenden Zschipkauer Reste von *B. prisca* (Taf. III, Fig. 1, 2, Taf. VIII, Fig. 8, 9) besitzen vorwiegend eine dreieckige bis eiförmige Gestalt mit gestutzter oder schwach eingezogener Basis; v. SCHLECHTENDAL (Beitr. z. K. d. Braunkohlenfl. v. Zschipkau S. 210) berichtet dagegen von Blättern dieser Art mit vorwiegend keilförmigem Grunde, die ihm aus den Zschipkauer Tonen bekannt geworden sind.

*B. prisca* ETT. wird mit der rezenten *B. Bhojpaltra* WALL. verglichen; sie steht in ihren Blättern aber auch *B. Gmelini* BGE. (= *B. fruticosa* PALL.) und *B. Ermanni* CHAM. nahe.

### Betula subpubescens GÖPP.

Taf. II. Fig. 6b, 18.

GÖPPERT: Tertiärflora von Schoßnitz, S. 11, Taf. III, Fig. 9.
ETTINGSHAUSEN: Foss. Flora von Bilin, I, S. 45.
SCHIMPER: Traité de pal. vég., II, p. 569.
Syn.: *Betula crenata* GÖPPERT (p. p.): Fl. von Schoßnitz, S. 11, Taf. III, Fig. 8.
" *mucronata* GÖPPERT: ibid. S. 11, Taf. III, Fig. 10.
*Alnus similis* GÖPPERT: ibid., S. 13, Taf. IV, Fig. 5.

*B. foliis longe petiolatis, ovato-oblongis, acuminatis, basi longius breviusve cuneatis, inaequaliter serrato-dentatis; nervis secundariis utrinque 7—9, angulis acutis egredientibus, subatrictis, duobus basilaribus margini approximatis eique parallelis.*

Vorkommen: Zschipkau, Groß-Räschen.

Die Blätter dieser Birkenart besitzen länglich ovale, zugespitzte Blätter mit keilförmiger Basis; von den ähnlichen Blättern mancher Formen der *B. prisca* ETT. unterscheiden sie sich erstens durch den Rand, der bei *B. subpubescens* eine schärfere Ausprägung und kräftigere Bezahnung mit einfachen oder doppelten Sägezähnen besitzt, bei welcher die Haupt- und die Nebenzähne

3*

nur geringe Unterschiede der Größe aufweisen, zweitens durch die strafferen Sekundärnerven; die beiden untersten der jederseits 7—9 Sekundärnerven laufen dem an der keilförmigen Basis zahnlosen Blattrande genähert und parallel.

Die aufgefundenen Blätter stimmen mit der Originalabbildung GÖPPERT's in Tracht, Bezahnung und Nervatur völlig überein; daß die oben als Synonyme angeführten *B. crenata*, *B. mucronata* und *Alnus similis* GÖPPERT's aus der Schoßnitzer Flora von *B. subpubescens* nicht zu scheiden sind, hat schon SCHIMPER (loc. cit. S. 569) angegeben.

GÖPPERT hat seine *B. subpubescens*, wie die gewählte Bezeichnung schließen läßt, mit *B. pubescens* verglichen, und zwar hat er augenscheinlich *B. pubescens* EHRH. — nicht *B. pubescens* KOCH — im Sinne gehabt. Erstere ist eine Form der *B. alba* L., letztere dagegen gehört zu *B. tortuosa* LEDEB. Ueber die Unterschiede beider s. REGEL: Monographische Bearbeitung der Betulaceen, S. 83. Wie nun ein Vergleich mit Beschreibungen und Abbildungen in REGEL's Monographie sowohl wie mit rezentem Blättermaterial ergibt, stimmen die Blätter der *B. subpubescens* mit denen verschiedener Formen der vielgestaltigen *B. alba* überein, am meisten mit Blättern von *B. alba* var. *glutinosa*, var. *rhombifolia*, var. *carpathica* und var. *papyrifera*; die stärker behaarten Formen aber von *B. alba glutinosa* und *papyrifera* stellen (cf. REGEL, loc. cit. S. 83) die *B. pubescens* EHRH. dar. Bei diesen Formen treten herzförmige neben keilförmigen Blattbasen auf, und zwar kommen erstere vorzugsweise an jungen Pflanzen und an sterilen Zweigen vor, während die Blätter der fruchtbaren Zweige meist am Grunde verschmälert sind und eine weniger ausgebildete Behaarung besitzen.

Von einer Behaarung sind an unseren fossilen Resten natürlich keine Spuren erhalten; dagegen scheinen die zu *B. subpubescens* gestellten Blätter eine etwas derbere Beschaffenheit besessen zu haben als die anderen im Senftenberger Revier angetroffenen Birkenarten.

Als *B. praepubescens* beschrieb ETTINGSHAUSEN (Üb. neue Pflanzenfossilien aus den Tertiärschichten Steiermarks, Denkschr.

der K. Akad. d. Wiss., Wien, Bd. LX, S. 14, Taf. I, Fig. 2, 3) zwei Blätter einer Birke, die der Autor der GÖPPERT'schen Art als sehr nahestehend und als deren vermutlichen zeitlichen Vorgänger bezeichnet.

### Betula Brongniarti Ett.

Taf. VIII, Fig. 22.

ETTINGSHAUSEN: Foss. Flora von Wien, S. 12, Taf. I, Fig. 16, 18.
— » » » Bilin, I, S. 46, Taf. XIV, Fig. 9—13.
— » » » Tokay, S. 755.
— » » » Wildshuth, S. 8.
— » » » Köflach, S. 764.
— » » der älteren Wetterau, S. 25, Taf. I, Fig. 5.
— Beitr. zur Kenntnis der Tertiärflora Steiermarks, S. 29.
— Foss. Flora von Sagor, I, S. 20.
— » » » Leoben, I, S. 25, Taf. II, Fig. 11.
HEER: Flora tert. Helv., II, p. 39, t. LXXII, fig. 1a; III, p. 177.
— » foss. Grönl., II, p. 81, t. XCVI, fig. 3, 4, 5.
— » » arct., Bd. V, p. 32, t. VI, fig. 1; t. VIII, fig. 7.
— Beitr. zur foss. Flora von Sachalin, S. 6, Taf. III, Fig. 2.
— Mioc. Flora der Insel Sachalin, S. 32, Taf. IV, Fig. 4f; Taf. VI, Fig. 4, 5; Taf. XV, Fig. 5.
GAUDIN: Contr. à la fl. foss. ital., mém. II, p. 39, t. III, fig. 12.
SAPORTA: Études, III, 2, p. 156, pl. I, fig. 3, 4.
STUR: Flora der Süßwasserquarze etc., S. 151.
ENGELHARDT: Tertiärflora des Jesuitengrabens, S. 21, Taf. 2, Fig. 21, 24, 25; Taf. 21, Fig. 7.
— Tertiärpfl. von Birkigt, Lotos 1896, 2, S. 3.
— Pflanzenreste von Liebotitz und Putschirn, Abh. der Isis, Dresden, 1880, S. 79. Taf. I, Fig. 12, 18.
— Tertiärflora von Göhren, S. 20, Taf. 3, Fig. 7—9.
— » » Berand, S. 14.
— » vom Himmelsberg, S. 260, Taf. I, Fig. 19; Taf. II, Fig. 12.
MENZEL: Beitr. zur Kenntnis der Tertiärflora des Jesuitengrabens, Abh. der Isis, Dresden, 1897, S. 13.
— Flora d. tert. Polierschi. von Sulloditz, Abh. der Isis, Bautzen 1896/97, S. 10.
SCHIMPER: Traité de pal. vég., II, p. 571.
MESCHINELLI e SQUINABOL: Flora tert. Ital., p. 254.
SYN.: *Carpinus macroptera* UNGER: Blätterabdr. von Swoszowice, S. 4, Taf. XIII, Fig. 9.
*Alnus diluviana* UNGER: Iconogr. pl. foss., p. 34, t. XVI, fig. 16, 17.

*B. foliis petiolatis, basi ovatis vel subcordatis, ovatis vel ovato-oblongis, acuminatis, inaequaliter vel duplicato-serratis; nervis secun-*

*dariis craspedodromis, in utroque latere 10—15, parallelis, subrectis, infimis ramosis, angulis 50—55° egredientibus, 3—6 mm inter se remotis; nervis tertiariis tenuibus, transversis.*

Vorkommen: Zschipkau.

Ein mäßig gut erhaltener Blattrest, der Taf. VIII, Fig. 22, abgebildet ist, stimmt mit den Blättern der ETTINGSHAUSEN'schen *B. Brongniarti* überein; von den Blättern der beiden vorerwähnten Birkenarten unterscheidet er sich durch die größere Zahl der Sekundärnerven und die kräftig entwickelten Seitenäste der unteren Sekundärnerven.

ETTINGSHAUSEN vergleicht *B. Brongniarti* mit *B. lenta* WILLD. Nach Vergleich mit den Blättern zahlreicher rezenter Birkenblätter gelange ich zu dem Resultate, daß die zu *B. Brongniarti* gestellten Fossilien sowohl der *B. lenta*, insbesondere deren var. *carpinifolia* (= *B. carpinifolia* SIEB. et ZUCC.), die doppelte Randzahnung besitzt, als auch der *B. cordifolia* REGEL nahe kommen.

UNGER's *Alnus diluviana* (Iconogr., p. 34, t. XVI, fig. 16, 17), die ebenfalls mit *B. cordifolia* RGL. große Übereinstimmung aufweist — viel mehr als mit *Alnus cordifolia* TEN., mit der sie UNGER vergleicht —, halte ich für nichts anderes als *B. Brongniarti* ETT.

Unter den fossilen Birken steht unsere Art der echten *B. Dryadum* BRGT. SAPORTA's ohne Zweifel recht nahe. SAPORTA stellt diese in Vergleich mit *B. lenta* WILLD. und *B. carpinifolia*, die zu *B. lenta* gehört, und mit *B. cylindrostachya* LINDL. (= *B. acuminata* WALL.).

Eine zweite tertiäre Birke, die der unseren nahe kommt, ist *B. speciosa* RÉROLLE (Végétaux fossiles de Cerdagne; Revue des sc. nat., 3. série, t. IV, No. 1, p. 187, pl. IV, fig. 1—3), welche der Autor mit den fossilen *B. Dryadum* BRGT. und *B. Brongniarti* ETT. und unter den lebenden ebenfalls mit *B. lenta*, *carpinifolia* und *cylindrostachya* vergleicht.

Stellt man *B. Dryadum* BRGT., *B. Brongniarti* ETT. und *B. speciosa* RÉR. nach den verschiedenen in der Literatur gegebenen Beschreibungen und Abbildungen in Vergleich, so gelangt man wohl zu der Ueberzeugung, daß diese drei, sämtlich mit den nämlichen rezenten Arten vergleichbar, kaum genügende Unterscheidungsmerkmale darbieten, um die Trennung in mehrere Arten zu begründen. SAPORTA selbst hat (Ét. III, 2, p. 157) schon die Vermutung ausgesprochen, daß es gelingen werde, *B. Dryadum* (in seinem Sinne) und *B. Brongniarti* zu vereinigen; SCHIMPER (Traité de pal. vég. II, p. 575) bringt beide in enge Beziehungen zueinander, und RÉROLLE (l. c. p. 191) stellt ebenfalls *B. Dryadum*, *Brongniarti* und *speciosa* zu einer Gruppe nahe verwandter Formen zusammen.

Von HEER (Mioc. Fl. d. Insel Sachalin S. 33) ist darauf hingewiesen worden, daß die *B. cuspidens* SAP. (Ét. II, 2, p. 251, pl. VI, fig. 1) von *B. Brongniarti* kaum verschieden sein dürfte; ich glaube, daß auch die von HEER aus dem Miocän von Sachalin als *B. elliptica* SAP. (l. c. S. 31, Taf. VI, Fig. 6, 7) und als *B. sachalinensis* HEER (l. c. S. 33, Taf. VI, Fig. 1—3) beschriebenen Blätter kaum von *B. Brongniarti*, die ebenfalls aus Sachalin bekannt ist (l. c. S. 32, Taf. VI, Fig. 4, 5, Taf. XV, Fig. 5), zu trennen sind; wenigstens ist es mir nicht möglich, in den gegebenen Abbildungen wesentliche Unterschiede zu entdecken.

Nach alledem will es mir scheinen, als ob alle die genannten Arten (*B. Dryadum*, *Brongniarti*, *speciosa*, *cuspidens*, *elliptica*, *sachalinensis*) nur die in Folge der geographischen Verschiedenheit des Standortes variierenden Formen einer einzigen Birke darstellen, die während der Tertiärzeit weit über ganz Europa und Nordasien verbreitet war, während der entsprechende lebende Repräsentant, *B. lenta* WILLD., auf Nordamerika von Canada bis Virginien und auf Japan beschränkt ist. —

v. SCHLECHTENDAL unterscheidet in seiner Abhandlung über die Zschipkauer Braunkohlenflora (l. c. p. 207—209) drei Formen von Birkenfrüchten; mir hat das Zschipkauer Material keine derartige Reste dargeboten; aus diesem Grunde, und da die Literaturangaben über den Bau fossiler Birkenfrüchte und über deren Zusammengehörigkeit mit Blättern der hier angeführten Arten nicht hinreichend geklärt sind, muß ich es mir versagen, die genannten drei Fruchtformen mit den drei zitierten, auf Blättern begründeten Arten in Zusammenhang zu bringen.

In mehreren Stücken liegen Rindenabdrücke vor, die von Birken herrühren; sie besitzen eine glatte Oberfläche und sind von quergestellten, schmallanzettlichen Warzen mit aufgeworfenem Rande bedeckt; sie stimmen zu den Rindenabdrücken: die HEER: Mioc. balt. Flora, Taf. XVIII, Fig. 14, 15 u. a. abgebildet hat.

## Alnus T.

Von Erlenresten bieten die Senftenberger Tone Blätter, die zu zwei Arten zu stellen sind, und Fruchtreste.

Die Erlen besitzen einfache, kurz- oder langgestielte, fiedernervige Blätter von symmetrischem Bau, von meist eiförmiger bis länglich-ovaler Form, deren größte Breite in oder über der Blattmitte liegt, mit keilförmigem, gerundetem oder herzförmigem Grunde; der Blattrand, nur bei der Gruppe *Clethropsis* ganzrandig, ist einfach oder meist doppelt gesägt und ist etwas verdickt; die Nervation ist craspedodrom (bei *Clethropsis* camptodrom); die Sekundärnerven, jederseits 5 – 15 an Zahl, treten unter Winkeln von 30—70° aus dem Hauptnerven hervor und besitzen Distanzen von 5—10 mm; sie verlaufen nach den Hauptzähnen des Blattrandes, während die Nebenzähne von kräftigen, spitzwinkelig entspringenden Außenästen der Sekundärnerven versorgt werden; die Felder zwischen den Sekundärnerven sind von den rechtwinkelig oder spitzwinkelig austretenden, gebogen verlaufenden Tertiärnerven durchzogen.

### Alnus Kefersteinii GÖPP. sp.

Taf. II, Fig. 9.

*Alnites Kefersteinii* GÖPP.: Nova acta N. C. XVIII, p. 364, t. XLI, fig. 1 – 19.
Lit. s. MESCHINELLI e SQUINABOL: Flor. tert. Ital., p. 258.

*A. foliis ovatis vel ovato-oblongis, apice obtusis vel acuminatis, basi rotundatis, rotundato-truncatis vel subcordato-emarginatis; margine simpliciter vel saepius duplicato-serratis; nervis secundariis utrinque 6—12, craspedodromis, ramosis.*

Vorkommen: Zschipkau, Rauno.

Von dieser im Tertiärlande außerordentlich weit verbreiteten und häufigen Erle, deren verschiedene Formen HEER in der Mioc.

balt. Flora S. 67, Taf. XIX, Fig. 1—13, Taf. XX eingehend beschrieben hat, bietet unser Material nur wenige Reste.

Taf. II, Fig. 9 stellt ein bis auf die Spitze erhaltenes Blatt dar, das zu der Form *latifolia* HEER's zu stellen ist.

*A. Keferateinii* steht der lebenden *A. glutinosa* GÄRTN. sehr nahe; mit *A. cordifolia* TEN., mit der HEER und andere Autoren die Art verglichen, haben nur die einfach gezähnten Blätter Aehnlichkeit.

## Alnus rotundata GÖPP.

Taf. II, Fig. 8, Taf. III, Fig. 8, Taf. IX, Fig. 13.

GÖPPERT: Tertiärflora von Schoßnitz, S. 12, Taf. IV, Fig. 4.
SCHIMPER: Traité de pal. vég. II, p. 581.
SYN.: *Alnus macrophylla* GÖPP.: Fl. v. Schoßnitz, S. 12, Taf. IV, Fig. 6, Taf. V, Fig. 1.
*Alnus Keferateinii* (p. p.) LUDWIG: Foss. Pfl. a. d. ält. Abt. d. Rhein-Wett. Tertiärform., S. 97, Taf. XXXI, Fig. 6.
*Carpinus adscendens* GÖPP.: Fl. v. Schoßnitz, S. 19, Taf. V, Fig. 2.

*A. foliis petiolatis, ovatis vel ovato-rotundatis, acuminatis, basi subcordatis vel rotundatis, margine fere lobiformibus, inaequaliter duplicato-dentato-serratis; nervis secundariis utrinque 6—11, angulis subacutis exorientibus, craspedodromis, ramis externis instructis, infimo basilari margini parallelo.*

Vorkommen: Zschipkau, Groß-Räschen, Rauno.

Mit dem von GÖPPERT als *A. rotundata* beschriebenen Blatte stimmen einige Blattfossilien aus den Tonen von Zschipkau, Rauno und der Grube Victoria überein.

Es sind Blätter von eiförmiger Gestalt, am Grunde zugerundet oder schwach herzförmig; der Blattrand weist eine unregelmäßige Doppelzahnung, zuweilen fast eine Lappenbildung auf; die Sekundärnerven gehen in spitzen Winkeln vom Hauptnerven aus, jederseits 6—11, in Abständen von 5—7 mm; sie verlaufen anfangs schwach aufsteigend, dann nach vorn gerichtet nach den Hauptzähnen und geben dichtstehende Äste in die zahlreichen Nebenzähne ab; der unterste Sekundärnerv läuft dem Blattrande nahe und verbindet sich mit den Außenästen des nächstfolgenden Sekundärnerven, kleine Ästchen in die an der Basis spärlicher vorhandenen Randzähne abgebend. Zwischen den Sekundärnerven verlaufen zahlreiche gebogene und gegabelte Queranastomosen, deren Zwischenfelder von einem dichten polygonalen Maschennetze erfüllt sind.

Von *A. Kefersteinii* GÖPP. sp. unterscheidet sich *A. rotundata* durch die stark ausgesprochene Doppelzahnung des Randes, dessen Hauptzähne fast lappenförmig vortreten und mit dichtstehenden Nebenzähnen besetzt sind.

GÖPPERT's *A. macrophylla* (Fl. v. Schoßnitz, S. 12, Taf. IV, Fig. 6, Taf. V, Fig. 1), die der Autor selbst mit *A. rotundata* zu vereinigen geneigt ist, scheint mir in der Tat nicht von dieser verschieden; auch unsere Senftenberger Reste zeigen sich mit GÖPPERT's Abbildungen der *A. macrophylla* übereinstimmend. Ferner vermag ich auch *Carpinus adscendens* GÖPP. (Fl. v. Schoßnitz, S. 19, Taf. V, Fig. 2), die übrigens schon SCHIMPER (Traité de pal. vég. II, p. 592) mit *A. macrophylla* vergleicht, nicht von *A. rotundata* und *A. macrophylla* zu trennen, und das Blatt, das LUDWIG aus der älteren Wetterauer Braunkohlenformation (Palaeontographica VIII, Taf. XXXI, Fig. 6) als *A. Keferstenii* abbildet, und das HEER (Mioc. balt. Fl. S. 34) zu *Carpinus ostryoides* GÖPP. zieht, gehört wegen seiner fast lappenförmigen Randbezahnung wohl auch hierher.

*A. rotundata* erinnert übrigens auch an *A. corylifolia* LESQUEREUX (Recent. determinations of the fossils plants from Kentucky ..., Proc. of U. S. Nat. Museum 1888, p. 446, pl. VII, fig. 1—4).

HEER hat die Blätter von *A. macrophylla* GÖPP. als Birkenblätter angesprochen; er führt sie mehrfach als *Betula macrophylla* aus der arktischen Zone an (Fl. foss. arct I, p. 146, t. XXV, fig. 11—19, Mioc. Flora und Fauna Spitzbergens, S. 56, Taf. XI, Fig. 7, Beitr. z. foss. Flora Spitzbergens, S. 71, Taf. XXVIII, Fig. 6a und Beitr. z. mioc. Fl. v. Nord-Canada, S. 14, Taf. II, Fig. 3—5) und vereinigt mit ihnen Birkenfrüchte; er glaubt, auch *B. fraterna* SAPORTA (Ét. II, 2, p. 252, pl. VI, fig. 2) mit *B. macrophylla* vereinigen zu sollen.

Unsere Senftenberger Reste stimmen nun mit den HEER'schen Blättern weit weniger überein als mit den GÖPPERT'schen von

Schoßnitz. HEER's Blätter der *B. macrophylla* (s. Fl. foss. arct. I, t. XXV, fig. 11, 16—19) zeichnen sich durch zugespitzte Randzähne aus, die weder an den Schoßnitzer noch an den Senftenberger Exemplaren vorkommen. Die HEER'schen Blattfossilien kommen den Blättern mancher lebenden Birkenarten in der Tat nahe, z. B. denen von *B. lenta* WILLD.; *Alnus rotundata* und *A. macrophylla* GÖPPERT's aber und unsere Reste gleichen vielmehr manchen Erlenblättern, z. B. denen der *A. rugosa* SPGL., *A. barbata* C. A. MEY., vor allen aber stimmen sie überein mit den Blättern von *A. incana* WILLD.

Ich lasse daher für die von HEER beschriebenen Reste die Bezeichnung *Betula macrophylla* bestehen und fasse die GÖPPERT-schen Blätter, denen sich die Senftenberger Fossilien anreihen, unter dem Namen *Alnus rotundata* zusammen.

*Betula macrophylla* wird übrigens noch von ENGELHARDT (Flora der Braunkohlenform. i. Königr. Sachsen S. 16, Taf. III, Fig. 22) und von WINDISCH (Beitr. z. Kenntn. d. Tertiärfl. v. Island S. 37) zitiert; erstgenannter Rest dürfte zu *Betula prisca* E. gehören; WINDISCH gibt keine Abbildung, vergleicht aber, wie aus seiner Beschreibung deutlich hervorgeht, seine Fossilreste mit den ebenfalls von Island stammenden Blättern, die HEER im 1. Bande der Flora fossilis artica beschreibt.

Außer Erlenblättern liegen aus den Tonen mehrere schlechterhaltene Bruchstücke von Erlenfruchtzäpfchen vor.

Als Frucht von *Alnus* fasse ich den Taf. II, Fig. 10 wiedergegebenen Rest auf; er stellt eine kleine flache Schließfrucht mit zusammengedrückten, schmalen, flügelartigen Kanten dar. *Betula*-früchte besitzen breitere und dünnere Flügel als der abgebildete Rest, der durchaus an ein Erlenfrüchtchen erinnert.

### Corylus insignis HEER.

Taf. II, Fig. 7, 11, 12.

HEER: Flor. tert. Helv., II, p. 43, t. LXXIII, fig. 11—17.
— Foss. fl. of N. Greenland, p. 469, pl. XLIX, fig. 5.
— Nachtr. z. mioc. Fl. Grönl., S. 14, Taf. II, Fig. 22.
— Grinnell-Land, S. 34, Taf. VI, Fig. 2.
— Fl. foss. Grönl., II, p. 82, t. LXXXVIII, fig. 2a.

ETTINGSHAUSEN: Tertiärfl. v. Bilin, II, S. 50.
SCHIMPER: Traité de pal. vég., II, p. 598 u. a.

*C. foliis ovato-ellipticis, apice acuminatis, basi rotundatis vel cordatis, margine duplicato-serrato-dentatis; nervis secundariis utrinque 6—10, angulis acutis, 30—70°, egredientibus, 5—8 mm distantibus, craspedodromis, inferioribus valde ramosis; nervis tertiariis strictis vel flexuosis, interdum furcatis.*

Vorkommen: Zschipkau.

*C. insignis* besitzt Blätter von eiförmiger bis elliptischer Gestalt mit der größten Breite in der Mitte; der Grund ist stumpf zugerundet oder schwach herzförmig; nach vorn sind die Blätter zugespitzt; der Rand ist doppelt gezähnt; die Sekundärnerven laufen in die Hauptzähne; die unteren Sekundärnerven stehen zuweilen gedrängt und bilden einen fast strahligen Verlauf; von den unteren Sekundärnerven gehen kräftige Außenäste ab, während die oberen Sekundärnerven nur schwache Außenzweige austreten lassen, die in die Nebenzähne des Randes gehen. Zwischen ihnen verlaufen dicht oder entfernter stehend, gerade, geknickte, zuweilen auch gegabelte Tertiärnerven, die unter spitzen bis fast rechten Winkeln entspringen.

Von Zschipkau liegen mehrere Blattreste vor, die mit *C. insignis* HEER große Ähnlichkeit aufweisen. Die kleineren Blätter, z. B. das auf Taf. II, Fig. 7 abgebildete, stimmen am besten mit HEER's Abbildungen überein; die beiden — übrigens nicht zusammengehörigen — Fragmente größerer Blätter (Taf. II, Fig. 11 nud 12) ziehe ich hierher, da sie in den Hauptcharakteren den Blättern von *C. insignis* gleichen, wennschon die Sekundärnerven bei ihnen minder steil aufsteigen als bei den meisten von HEER abgebildeten Exemplaren.

Von ähnlichen Blättern der *Alnus rotundata* GÖPP. weichen sie ab durch die viel kräftiger entwickelten Außenäste der Sekundärnerven und durch die Beschaffenheit des im Steine hinterlassenen Abdruckes; sie scheinen dünner gewesen zu sein als die Erlenblätter, wenigstens weisen die Abdrücke von *Alnus rotundata* eine dunklere Färbung auf als die zu *Corylus insignis* gestellten.

*C. insignis* HEER steht im Blattbau am nächsten den lebenden

*C. rostrata* AIT. (Nordamerika) und *C. mandschurica* MAXIM. (Nord China).

### Carpinus L.

Die charakteristischen Eigenschaften der Hainbuchenblätter sind von HEER, SCHENK und v. SCHLECHTENDAL eingehend behandelt worden. Es sind gestielte, eiförmige bis langelliptische, zugespitzte Blätter mit meist gleichseitigem, abgerundetem oder schwach ausgerandetem Grunde. Ihre Oberfläche ist glatt, ohne Öldrüsen, der Blattrand flach, nur die Zahnspitzen sind etwas verdickt. Der Rand ist doppelt gezähnt, die Zähne sind scharf und spitz; die Hauptzähne besitzen an den Langseiten 2—3 Seitenzähnchen, an den Kurzseiten fehlen diese meist. Die Sekundärnerven, jederseits 10—20, treten opponiert oder alternierend unter spitzen Winkeln (30—70°) aus dem Hauptnerven aus und stehen 4—8 mm voneinander entfernt, verlaufen geradlinig und parallel zum Rande, in die Hauptzähne tretend. Außenäste der Sekundärnerven treten in die Nebenzähne, niemals in die Zahnbuchten. Die Sekundärnerven sind durch querlaufende, dichtstehende, gerade, gebogene oder geknickte Anastomosen untereinander verbunden, deren Zwischenfelder durch polygonales Maschenwerk erfüllt sind; die Nervillen sind bis zum Rande des Blattes deutlich zu verfolgen.

### Carpinus grandis UNGER.

Taf. I, Fig. 13a, Taf. III, Fig. 7, 8, 9, Taf. VIII, Fig. 10.

UNGER: Synops. plant. foss., p. 220.
— Iconogr. pl. foss., p. 39, t. XX, fig. 4, 5.
Lit. s. STAUB: Aquitan. Flora d. Zsiltales, S. 267.
MASCHINELLI e SQUINABOL: Flor. tert. Ital., p. 196.
dazu REROLLE: Végét. foss. de Cerdagne, p. 257, pl. III, fig. 8, pl. IV, fig. 9, 10 u. a.

*C. foliis ellipticis, ovato-ellipticis vel ovato-lanceolatis, argute duplicato-serratis; nervis secundariis utrinque 12—20, angulo 35—50° egredientibus, craspedodromis, dentes majores marginis attingentibus, parallelis; fructibus magnis, involucris trilobis, trinerviis, margine sparsim dentatis vel integris, lobo medio oblongo, lateralibus ovatis, brevioribus; nuculis ovatis, 5 mm longis, costatis.*

Vorkommen: Zschipkau, Rauno.

Es liegen eine Anzahl Blattbruchstücke, einige vollständiger erhaltene Blätter und Fruchtreste vor, die zu der weitverbreiteten, als *C. grandis* beschriebenen Hainbuche zu stellen sind.

Die Blätter dieser Art weisen eine ziemlich große Veränderlichkeit in bezug auf Größe und Gestaltung auf, die HEER zur Aufstellung von 8 Formen veranlaßte. Unsere Reste gehören durchgängig kleinen oder mittelgroßen Blättern von eiförmig-lanzettlicher Gestalt mit — soweit erkennbar — zugerundeter Basis an, die den Blättern HEER's in der Tertiärflora der Schweiz, Taf. LXXII, Fig. 18, 19, 24 und den von WEBER (Palaeontogr. II, S. 59, Taf. XIX, Fig. 8) als *C. oblonga* bezeichneten Resten genau entsprechen.

Unsere Blätter stimmen ferner mit verschiedenen Blattresten überein, die als *C. pyramidalis* GAUD. beschrieben worden sind. Mit diesem Namen werden ohne Zweifel von den Autoren verschiedenartige Fossilien bezeichnet; ein Teil der *C. pyramidalis*-Blätter gehört sicher zu *Ulmus*, einen anderen Teil der so benannten Reste, insbesondere die von ETTINGSHAUSEN und ENGELHARDT von mehreren Orten des nordböhmischen Tertiärgebietes beschriebene Blätter von *C. pyramidalis* vermag ich durchaus nicht von den gestreckteren Blattformen der *C. grandis* UNG. zu unterscheiden.

Zu *C. grandis* sind die Taf. I, Fig. 13a und Taf. VIII, Fig. 10 abgebildeten Cupulae zu stellen, die mit den dieser Art zugeschriebenen Fruchthüllen genau übereinstimmen, besonders mit Fig. 4 und 6 der Tafel V in GÖPPERT's Flora von Schoßnitz. Die Cupula ist dreilappig; der Mittellappen wesentlich größer als die beiden ziemlich horizontal abstehenden Seitenlappen; die Lappenränder sind entfernt gezähnt; die Lappen besitzen strahlig von der Basis ausgehende Nerven; die Mittelnerven der Lappen entsenden horizontal austretende Verzweigungen, die camptodrom verlaufen und Äste in die Randzähne abgeben; die ovale, kantige Frucht selbst ist an einem unserem Reste, Taf. VIII, Fig. 10, erhalten.

*C. grandis* wird von den Autoren mit der lebenden *C. Betulus* L. verglichen; doch besitzt die rezente Art etwas steiler aufwärtsgerichtete Seitenlappen der Cupula als die fossile, und unter den Blättern stimmen die schmäleren Formen recht wohl auch mit den Blättern von *C. japonica* SIEB. et ZUCC. überein; die Cupulae dieser japanischen Art besitzen aber eine ganz abweichende Gestalt von denen der *C. grandis*.

### Carpinus ostryoides GÖPP.

Taf. III, Fig. 13, 16.

GÖPPERT: Tertiärflora von Schoßnitz, S. 19, Taf. IV, Fig. 7—10.
HEER: Mioc. balt. Flora, S. 84, Taf. VII, Fig. 21.
SCHIMPER: Traité de pal. vég., II. p. 592.
*Carpinus alnifolia* GÖPPERT: Fl. v. Schoßnitz, S. 19, Taf. IV, Fig. 11.

*C. foliis ovatis vel ovato-oblongis, acuminatis, basi attenuatis vel fere cuneatis, basi integris, ceterum argute-inciso-duplicato-dentatis; dentibus primariis magnis, latere inferiore multi-dentatis, latere superiore plerumque denticulo singulo instructis; pinnatinerviis; nervis secundariis utrinque 8—12, remotiusculis, strictis, parallelis, dentes primarios attingentibus, ramis externis in denticulos ingredientibus instructis.*

Vorkommen: Zschipkau.

Einige Blattfossilien stimmen auffallend mit den Blättern überein, die GÖPPERT von Schoßnitz als *C. ostryoides* beschrieb, und von denen *C. alnifolia* GÖPP. nicht zu trennen ist; ob auch das Blatt aus dem Samlande, das HEER zu *C. ostryoides* zieht, hierher gehört, muß nach der Abbildung bei dessen unvollständiger Erhaltung dahingestellt bleiben.

Die Blätter unterscheiden sich von denen der *C. grandis* UNG. vornehmlich durch die Randbeschaffenheit und die geringere Zahl der entfernter stehenden Sekundärnerven. Der Rand ist eingeschnitten doppelt gezähnt; die Hauptzähne treten fast lappenförmig vor und sind an ihrer Langseite mit 4—7, an ihrer Kurzseite mit einem, seltener zwei scharfen Zähnchen besetzt. Die Sekundärnerven laufen in die Spitzen der Hauptzähne aus; in die Nebenzähnchen treten Seitenästchen derselben ein.

Die Blattbildung stimmt überein mit manchen Blattformen von *C. Betulus*, die vorzugsweise dieselbe Randbeschaffenheit aufweist, und bei der zuweilen nach dem Grunde zu verjüngte Blätter auftreten, wennschon bei ihr die abgerundete oder ausgerandete Beschaffenheit der Blattbasis vorherrschend ist.

An dem einen Blatte (Taf. III, Fig. 16) sind an den Austrittstellen mehrerer Sekundärnerven dunklere Flecke wahrzunehmen, die wohl als von Haarbüscheln herrührend aufgefaßt werden können, wie solche in den Nervenwinkeln bei *C. Betulus* bisweilen auftreten.

## Fam. **Fagaceae.**

### Fagus ferruginea Ait. miocenica.

Taf. III, Fig. 4, 5, 10, 11, 12. Taf. VIII, Fig. 15.

*Fagus ferruginea* Ait. Potonié: Naturw. Wochenschrift, N. F. I. Bd. 1901, Nr. 9, S. 108.
" " Ait. *fossilis* Nathorst: Flore fossile du Japon, p. 43, pl. IV, fig. 11—24, pl. V, fig. 1—11, pl. VI, fig. 1. .
" *attenuata* Göppert: Tertiärfl. v. Schoßnitz, S. 18, Taf. V, Fig. 9.
" " v. Schlechtendal: Beitr. z. Kenntn. d. Braunkohlenfl. v. Zschipkau, S. 8, Taf. IV, Fig. 1—4, Taf. V, Fig. 1—17.
" " Gaudin, Contr. à la fl. foss. ital., Mém. II, p. 41, pl. V, fig. 7.

*F. foliis petiolatis, ovatis vel ovato-oblongis, apice attenuatis, basi rotundatis vel acuminatis, margine dentatis vel grosse-dentatis, interdum duplicato-dentatis, rarius undulatis, penninerviis; nervis secundariis 8—13, angulo acuto (30—60°) egredientibus, parallelis, strictis, rarius flexuosis, ad marginem saepius sursum curvatis, in dentes exeuntibus, rarius sinus attingentibus; plerumque simplicibus, interdum ramulos externos in denticulos marginis emittentibus; nervis tertiariis densis, flexuosis, angulis subrectis exeuntibus, rete polygonale formantibus; fructibus cupulis echinatis, nuculis triquetris.*

Vorkommen: Zschipkau, Groß-Räschen, Rauno.

In reicher Individuenzahl und in mannigfachen Größen und Formen liegen Buchenblätter vor, deren auf Tafel III einige abgebildet sind.

Die Größe der Blätter schwankt zwischen 4—9 cm Länge und $2^1/_2$—$4^1/_2$ cm Breite; ihre Form ist oval bis länglich-eiförmig, nach der Spitze sind sie mehr oder weniger vorgezogen, der Grund ist abgerundet oder verschmälert. Der Rand weist wechselnde

Beschaffenheit auf; bei der Mehrzahl der Blätter ist er grob oder feiner gezähnt; die Zahnung ist meist einfach, doch treten zuweilen Nebenzähne zwischen den Hauptzähnen auf; selten ist der Rand wellig ausgebildet, wie bei Taf. III, Fig. 10.

Die Sekundärnerven treten in Zahl von 8—13 jederseits unter spitzen Winkeln von 30—60° alternierend oder opponiert aus dem Hauptnerven aus, verlaufen meist gerade, selten leicht gebogen, wie bei Taf. III, Fig. 4, nach dem Rand und treten — am Ende oft mit einer leicht vorwärts gerichteten Krümmung — in die Hauptzähne oder laufen schlingenbildend gegen Randbuchten. Wenn Zwischenzähne des Randes vorhanden sind, so treten Außenäste der Sekundärnerven in diese ein. Die Felder zwischen den Sekundärnerven sind von dicht gestellten, unter ziemlich rechten Winkeln entspringenden Nervillen ausgefüllt, die durch zahlreiche Queräste untereinander verbunden sind und ein polygonales Maschennetz bilden.

Soweit Blattstiele erhalten sind, besitzen sie eine Länge von 3—5 mm. Die Blätter waren nach den hinterlassenen Abdrücken von ziemlich derber Beschaffenheit.

Alle vorliegenden Blätter gehören unzweifelhaft einer Art an; die Verschiedenheiten, die sie im einzelnen aufweisen, bewegen sich innerhalb verhältnismäßig enger Grenzen.

Vergleicht man die Senftenberger Buchenblätter mit den zu *Fagus* gestellten Resten, die die palaeontologische Literatur darbietet, so ergibt sich zunächst, daß sie nicht verschieden sind von den Blättern, die v. SCHLECHTENDAL als *F. attenuata* bezeichnet und an die Schoßnitzer Buche GÖPPERT's anschließt; sie bieten ferner Beziehungen dar zu *F. pristina* SAP. (Ét. III, 1, p. 69, pl. VI, fig. 1—3), die aber eine größere Zahl von Sekundärnerven (15—18) besitzt, weiter zu einigen Buchen, die MASSALONGO von Sinigaglia beschreibt (*F. Marsilii*, *F. betulaefolia*, *F. Chierici*) und zu *F. pliocenica* SAP. aus dem Cantal (SAPORTA: Flore fossile de Mogi (pl. VI, fig. 1—6); entferntere Anklänge zeigt *F. Antipofi* HEER von Sachalin und Alaska. Keine der fossilen Buchen aber zeigt mit unseren Resten eine so große Übereinstimmung wie die Blätter, die NATHORST von Mogi in Japan als *Fagus ferruginea fossilis* beschrieben hat, und diese Übereinstimmung trifft nicht nur für die überwiegenden gezähnten Blätter zu, auch Blätter mit gebuchtetem Rande wie unsere Taf. III, Fig. 10 hat NATHORST abgebildet (l. c. pl. V, fig. 11).

NATHORST's Figuren lassen denselben Formenkreis erkennen, den die Senftenberger Buchenblätter aufweisen.

Wie die Blätter von Mogi sind auch die übrigen vorhin zum Vergleiche herangezogenen Buchenarten mit der lebenden *F. ferruginea* in Beziehung gebracht worden, und vergleichen wir unsere Senftenberger Blätter mit denen der lebenden amerikanischen Buche, so können wir alle Merkmale dieser an unseren Fossilresten wiederfinden: nämlich kurzgestielte, derbe, ovale oder langovale Blätter mit abgerundeter oder verjüngter Basis und verlängerter Spitze, mit einfacher oder doppelter Randzahnung, neben der zuweilen gebuchtete Randbeschaffenheit auftritt, und mit 8—12—16 straffen, in gleichen Abständen stehenden Sekundärnerven. Nur das Blatt, Taf. III, Fig. 10, mit welligem Rande bietet noch Anklänge an *F. Sieboldi* ENDL., auch an *F. japonica* MAXIM., welchen Blätter mit geringer Randbuchtung und mit 11—12 Sekundärnerven, die sich am Rande aufwärts biegen, zugehören.

Diese Übereinstimmung veranlaßt mich, die Senftenberger Buchenblätter als eine miocäne Form der *Fagus ferruginea* zu bezeichnen; ich folge dabei dem Beispiele NATHORST's, der in Übereinstimmung mit HEER[1]) die Mogiblätter als *F. ferruginea* anführt, und SCHMALHAUSEN's, der (Palaeontogr. XXXIII, S. 206, Taf. XXI, Fig. 1—4) vom Altai Blattreste als *F. ferruginea mut. altaica* beschreibt.

In vereinzelten Exemplaren fanden sich in den Zschipkauer Tonen Knospenschuppen (Taf. I, Fig. 14), die den Blütenknospenschuppen von *Fagus* entsprechen, welche v. SCHLECHTENDAL (Beitr. z. Kenntn. d. Braunkohlenfl. v. Zschipkau, S. 202, Taf. V, Fig. 6—10) beschrieben und abgebildet hat.

[1]) s. NATHORST: Bemerkungen zu Herrn von Ettingshausen's Aufsatz: Zur Tertiärflora Japans. Bihang till K. Svenska Vet. Akad. Handl., Bd. 9, No. 18.

v. SCHLECHTENDAL hat (loc. cit. S. 203) außer Blättern und Bracteen auch Früchte und Reste von Cupulen von *Fagus* gefunden. Die Früchte erwiesen sich denen der *F. ferruginea* näher stehend als der *F. silvatica*.

Von Fruchtresten der Buche ist von mir erst kürzlich in den Tonen von HENKEL's Tagebau die schön erhaltene Cupula gefunden worden, die Taf. VIII, Fig. 15, dargestellt ist.

v. SCHLECHTENDAL bildet (Beitr. z. Kenntn. d. Braunkohlenfl. v. Zschipkau, S. 203, Taf. V, Fig. 14, 15) zwei Bruchstücke ab, die einer etwas größeren Buchencupula angehörten als unser Rest, der 12 mm Länge bei 10 mm größter Breite besitzt, und dessen nach oben verbreiterter Stiel in 6 mm Länge erhalten ist. Die ovale Cupula befindet sich in geschlossenem Zustande, läßt aber die Andeutung eines Klappenspaltes erkennen; sie zeigt deutlich die Bedeckung mit kurzen, spitzen, dornigen Schuppen.

Unsere Cupula ist kleiner als die, welche SAPORTA (Flore foss. de Mogi, pl. VI, fig. 6) und RÉROLLE (Végét. foss. de Cardagne, pl. V, fig. 7) von *Fagus pliocenica* SAP. abbilden.

Die Cupulae, die GEYLER und KINKELIN (Oberpliocänflora aus den Baugruben des Klärbeckens bei Niederrad und der Schleuse bei Höchst a. M., S. 23, Taf. II, Fig. 9—13) als *Fagus pliocenica* GEYL. und KINK. beschrieben, stimmen mit der unseren in Form und Größe überein.

Von anderen tertiären *Fagus*-Cupulen übertreffen die zu *F. Deucalionis* gestellten bei HEER, Nachtr. z. mioc. Flora Grönlands, S. 11, Taf. III, Fig. 11 und bei ENGELHARDT, Üb. Pflanzenreste aus den Tertiärablagerungen von Liebotitz und Putschirn, Sitzber. Isis, Dresden 1880, S. 85, Taf. II, Fig. 9—12 und die Cupulae von *F. horrida* LUDWIG (Palaeontogr. V, p. 144, Taf. XXIX, Fig. 5) die unserige nicht unerheblich an Größe.

Die Senftenberger Cupula stimmt in ihren Größenverhältnissen — die Länge ihres Stieles ist leider nicht völlig erhalten — mehr mit den Fruchthüllen der amerikanischen als der europäischen Waldbuche überein. —

Die Senftenberger Buchenblätter, die einerseits mit tertiären

4*

Blättern von Mogi in Japan und vom Altai, anderseits mit denen der lebenden *Fagus ferruginea* Nordamerikas übereinstimmen, besitzen ein besonderes Interesse, weil sie Formen repräsentieren, die im Tertiär Europa's bisher nur vereinzelt angetroffen wurden, und sie bieten einen Beitrag zu unserer Kenntnis von der Entwicklung bezw. Verbreitung der heutigen Buchenarten.

Buchenreste treten in der nördlichen Hemisphäre nachweisbar zuerst in Kreideschichten auf: *F. polyclada* LESQU. (= *F. cretacea* NEWB.) in der Dacotagruppe Nordamerikas und *F. prisca* ETT. im Cenoman von Niederschöna in Sachsen; zahlreich sind die Buchenarten, die aus tertiären Lagerstätten beschrieben sind: von ihnen seien hervorgehoben: *F. Deucalionis* UNG., *F. Antipofi* HEER, *F. macrophylla* UNG., *F. cordifolia* HEER, *F. castaneaefolia* UNG. aus der arktischen Zone, *F. Feroniae* UNG., *F. dentata* UNG., *F. castaneaefolia* UNG., *F. horrida* LUDW., *F. attenuata* GÖPP., *F. Deucalionis* UNG. im mitteleuropäischen Tertiär, *F. pristina* SAP. und *F. pliocenica* SAP. in Frankreich, *F. Marsilii* MASS., *F. Gussonii* MASS., *F. ambigua* MASS., *F. incerta* MASS., *F. betulaefolia* MASS. von Sinigaglia, *F. silvatica* L. im Pliocän des Arnotales, *F. ferruginea* AIT., *F. intermedia* NATH., *F. japonica* MAX. im Pliocän Japans, *F. Antipofi* HEER, *F. Deucalionis* UNG. und *F. ferruginea* AIT. aus dem Tertiär des Altaigebietes. Die fossilen Buchen der südlichen Hemisphäre sollen hierbei außer Betracht bleiben.

Angeregt durch das häufige Vorkommen wohlerhaltener Fossilien an Orten verschiedener Altersstufen in Asien, Europa, Nordamerika und dem arktischen Gebiete, die als Buchenarten erkannt wurden — zum Teil auch anfangs unter anderen Namen beschrieben wurden, haben verschiedene hervorragende Autoren ihr Interesse der Geschichte dieser Gattung zugewandt, und sie haben von verschiedenen Gesichtspunkten aus die einzelnen bekannt gewordenen Arten bezw. Formen untersucht und danach den Entwicklungsgang der Gattung *Fagus* abgeleitet.

Die wichtigsten Äußerungen sind in folgender Literatur niedergelegt:

HEER: Fossile Flora der Polarländer, Bd. I.—VII, 1868—1883.
ETTINGSHAUSEN: Beiträge zur Erforschung der Phylogenie der Pflanzenarten, I—VII, 1877—1880.
— Zur Tertiärflora Japans. Sitzber. d. K. Akad. Wien, 1883.
— Formelemente der europäischen Tertiärbuche, 1894.
ETTINGSHAUSEN und KRAŠAN: Beiträge zur Erforschung der atavistischen Formen an lebenden Pflanzen, 1888—1889.
— Untersuchungen über Ontogenie und Phylogenie der Pflanzen auf palaeontologischer Grundlage, 1890.
KRAŠAN: Über kontinuierliche und sprungweise Variation. ENGLER's botan. Jahrb., 1888.
— Die Pliocänbuche der Auvergne, 1894.
NATHORST: Contributions à la flore fossile du Japon, 1883.
— Zur fossilen Flora Japans, 1888.
SAPORTA: Sur les caractères propres à la végétation pliocène, 1873.
— Comptes rendus de l'Acad. des sc., t. XCIV, 1882.
— Nouvelles observations sur la flore de Mogi, 1884.
— Origine paléontologique des arbres cultivés ou utilisés par l'homme, 1888.
RÉROLLE: Étude sur les végétaux fossiles de Cerdagne, 1884—1885.
FLICHE: Notes pour servir à l'étude de la nervation, 1886.
MARTY: Lettre sur l'hêtre pliocène de l'Auvergne. Compte rendu du Congrès d'Aurillac, 1902.

ETTINGSHAUSEN und KRAŠAN gehen vom Studium der Blattformen lebender Buchen, insbesondere der *F. silvatica* L. aus; diese ist eine polymorphe Art; sie weist neben der Normalform der Blätter zahlreiche andere — an verwandte andere Arten erinnernde — Blattformen auf, die unter verschiedenen äußeren Einflüssen zur Ausbildung gelangen: die Autoren weisen auf den Einfluß von Frösten, Insektenfraß u. a. auf die Entstehung heterotyper Blattformen, auf die Unterschiede zwischen Blättern der Frühjahrs- und der Sommertriebe usw. hin. Unter den auftretenden akzessorischen Formelementen befinden sich viele, die als atavistische (regressive) Formen der heutigen europäischen Buche aufzufassen sind, und in ihnen spiegeln sich alle Gestalten fossiler

Buchenblätter der nördlichen Hemisphäre wieder. Danach sehen beide Autoren auch die bisher beschriebenen vorweltlichen nördlichen Buchen nicht als selbständige Arten an, sondern fassen sie zu einer einzigen Art zusammen und erblicken in den einzelnen fossilen »Arten« nur die Varietäten bezw. Formelemente dieser einen vorweltlichen Art.

Die Normalform der europäischen Tertiärbuche ist die *Fagus Feroniae* UNG., die sich an die europäische Kreidebuche, *F. prisca* ETT., anschließt. Ihre Formelemente, die sich in den angeführten Abhandlungen zusammengestellt finden, sind durch Übergangsformen untereinander verbunden; sie treten zur Miocänzeit in Europa gleichzeitig auf; anfangs war die Normalform *F. Feroniae* vorherrschend, später, hauptsächlich im Pliocän, überwog die Form *F. Deucalionis*.

Die Formelemente der *F. Feroniae* weisen Annäherungen an *F. silvatica* L. sowohl wie auch an *F. ferruginea* AIT. und *F. Sieboldi* ENDL. auf; andererseits schließen sich regressive Formen der genannten lebenden Buchen an Formelemente der Tertiärbuche an; daraus ist nach ETTINGSHAUSEN die Deszendenz der europäischen und der nordamerikanischen Buche — die von manchen Autoren ohnehin für kaum voneinander verschieden angesehen werden — sowie der japanischen Buche von einer gemeinsamen Stammart, eben der tertiären *F. Feroniae*, abzuleiten.

Von dieser Auffassungsweise der österreichischen Forscher weichen andere Autoren ab. Zunächst wird die Annahme einer einheitlichen Tertiärbuchenart nicht geteilt; *Fagus Feroniae* wird von SAPORTA niemals erwähnt, und HEER bezweifelt, daß UNGER's *F. Feroniae* überhaupt eine Buche sei.

Von mehreren französischen Autoren (FLICHE, RÉROLLE und namentlich SAPORTA) wird die Geschichte der Buchen vom Standpunkte einer fortschreitenden Entwickelung aus betrachtet. SAPORTA führt aus, daß Buchen zuerst im Cenoman auftraten, und zwar *F. polyclada* LESQU. mit zahlreichen Sekundärnerven in Nordamerika, *F. prisca* ETT. mit einer geringeren Nervenzahl in Europa; im Aquitan von Manosque erscheint *F. pristina* SAP. (mit 15—18 Sekundärnerven, von *F. ferruginea* kaum verschieden), die SAPORTA als Prototyp der nördlichen Buchen bezeichnet. Gleichzeitig oder schon früher beherbergte die arktische Zone mehrere Buchen (*F. Deucalionis* Ung., *F. Antipofi* Heer, *F. cordifolia* Heer, *F. macrophylla* Ung., *F. castaneaefolia* Ung.), die zum Teil später auch in Mitteleuropa auftraten. Unter den nordischen Formen bieten *F. Antipofi* — zu welcher übrigens Heer *F. pristina* Sap. zieht — und *F. castaneaefolia* Annäherungen an *F. ferruginea*. Andere weisen eine geringere Nervenzahl auf; diese überwiegen im Miocän Europa's und bieten, wie *F. Deucalionis* Annäherungen an die pliocäne Buche, *F. pliocenica* Sap. (mit 9—13 Sekundärnerven) vom Cantal, mit der Saporta die Buchen von Cerdagne in den Pyrenäen, von Schoßnitz in Schlesien, von Mogi in Japan und die Buchen Massalongo's von Sinigaglia in Italien zusammenfaßt. Vom Ende der Pliocänzeit an endlich zeigt sich, immer deutlicher werdend, der Typus der *F. silvatica* L. (mit 7—10 Sekundärnerven) in den Travertins von Toskana und in den quarternären Tuffen des Perigord.

Saporta leitet die Entwickelung der Buchen in der gemäßigten Zone der nördlichen Hemisphäre ab von den ältesten Formen, die dem Typus der *F. ferruginea* entsprachen; während dieser Typus in Nordamerika unverändert bestehen blieb, erfuhren die europäischen Buchen eine aufeinander folgende Reihe von Abänderungen, die vornehmlich in Verlängerung des Blattstieles, Verringerung der Nervenzahl, häufigerer Umwandlung der Randzähne in Buchten und Verminderung der Konsistenz des Blattgewebes bestanden; damit entfernten sich die europäischen Buchen mehr und mehr von dem ursprünglichen amerikanischen Typus, bis sich allmählich der Typus der *F. silvatica* herausgebildet hatte. Unsere heutige Waldbuche stellt damit das letzte Glied einer langen Kette von Abänderungen dar, die die ursprüngliche Art in Europa (und Asien) allmählich durchgemacht hat. Saporta erkennt dabei an, daß die fossilen Buchen analoge Variationen in Blattform und Randbeschaffenheit aufweisen wie die lebenden Buchen.

Rérolle nimmt wie Saporta an, daß *F. ferruginea* und *F. silvatica* Anfangs- und Endglied einer durch viele Variationen zusammenhängenden Reihe verschiedener Buchenformen sind; er erweitert SAPORTA's *F. pliocenica* zu einer *F. mio-pliocenica*, deren lokale Varietäten *v. arvernensis, italica, silesiaca, ceretana* etc. sind, und erblickt in dieser ein Mittelglied zwischen *F. ferruginea* und *F. silvatica*, das die Blattformen beider vereinigt aufweist.

FLICHE erkennt, daß die Buche von Anfang an mit Blättern auftritt, die denen der heutigen nördlichen Buchenarten gleichen, und die von vornherein zwei Gruppen unterscheiden lassen, die dem Typus der *F. silvatica* (*F. Feroniae-Deucalionis*) bezw der *F. ferruginea* (*F. Antipofi-pristina*) entsprechen; er sieht in der miocänen *F. Deucalionis* nicht nur den Vorfahren der *F. silvatica*, sondern diese selbst und betrachtet ebenso *F. pliocenica* als nicht verschieden von der lebenden Waldbuche; er weist dabei auf langlebige Arten wie *Taxodium distichum* als Analoga hin.

KRAŠAN endlich — in seiner Abhandlung über die Pliocänbuche der Auvergne — nähert sich der Auffassung SAPORTA's, dabei daran festhaltend, daß unter dem Begriffe der fossilen Arten immer nur Komplexe von Formelementen verstanden werden können; er stellt die sich an einander anschließenden Formen zu der Annäherungsreihe: *F. pristina-ferruginea-pliocenica-silvatica* zusammen und kommt zu dem Ergebnis: Vom Cenoman an wohnte den Buchen des nördlichen Kontinentes ein gleichsinniger Bildungstrieb inne; alle vertauschten im Laufe der einander folgenden Generationen die Formelemente ihrer Blätter mit anderen, die allmählich der lebenden Waldbuche immer ähnlicher wurden. Dieser progressive Gestaltungstrieb blieb in Nordamerika bei der Ausbildung der *F. ferruginea* stehen, in China erreichte er die Stufe der *F. pliocenica*, in Japan kam hauptsächlich das Formelement der *F. Sieboldi* zur Geltung, das bei der europäischen Buche nur akzessorisch auftritt, gelegentlich aber auch an miocänen Buchenblättern Europa's zu beobachten ist (hierzu sei beigefügt, daß nach NATHORST (Z. foss. Flora Japan's, S. 6) die *Fag. silvatica* var. *asiatica* vom Kaukasus mit großen Blättern und bis 14 Sekundärnerven als lebender Repräsentant der *F. Antipofi* HEER betrachtet werden kann); in Europa endlich kam es zur Ausbildung der *F. silvatica*, die aber selbst kaum als ein einheitlicher Typus zu bezeichnen ist.

Alle diese Schlußfolgerungen der Autoren gründen sich auf Blattreste; Früchte fossiler Buchen sind zwar nicht unbekannt, aber doch nur in geringer Anzahl entdeckt und als *F. Deucalionis*, *horrida*, *pliocenica* beschrieben worden; was von ihnen bekannt geworden ist, weicht kaum wesentlich von den Früchten der lebenden Buchenarten ab, die übrigens unter einander in den Größenverhältnissen der Fruchthüllen und in der Fruchtstiellänge nicht viel größere Abweichungen aufweisen, als sie auch innerhalb einer und derselben Art zu beobachten sind.

Mag man nun mit ETTINGSHAUSEN in den tertiären Buchen-»arten« nur verschiedene Formen derselben einen Tertiärbuche erblicken oder mit SAPORTA sie als verschiedene aufeinander folgende Arten einer fortschreitenden Entwickelungsreihe ansprechen, die eine Tatsache ergibt sich aus dem Auftreten der vorbeschriebenen Senftenberger Buchenblätter, daß Buchen vom Typus der *Fagus ferruginea* in Europa bis zum Miocän sich erhalten hatten, ehe dieser Typus vom europäischen Kontinente verschwand — bis zu einer Zeit, in der der Typus der *Fagus silvatica* anderorts bereits deutlich sich vorbereitete.

Eine Erklärung für das Auftreten von *Ferruginea*-Buchen in der Senftenberger Gegend zur Miocänzeit kann vielleicht in örtlichen Terrainverhältnissen gesucht werden, wenn es erlaubt ist, die Vegetationsbedingungen der heutigen Buchen auf die Tertiärzeit anzuwenden. *F. ferruginea*, die in Nordamerika zwischen 30 und 46° nördl. Br. lebt, bevorzugt flache Gebiete und Wasserläufe, während *F. silvatica* ein Baum der Gebirgshänge ist. Die Senftenberger Tertiärlandschaft besaß nun, wie aus dem Auftreten von *Taxodium* u. a. hervorgeht, den Charakter eines Waldmoores und glich habituell den heutigen Küstensümpfen des südlichen atlantischen Nordamerika, sie bot damit wohl gleiche Lebensbedingungen, unter denen die amerikanische Buche heute in ihrer Heimat gedeiht.

### Castanea atavia Ung.

Taf. III, Fig. 14, 15, 19, Taf. IV, Fig. 1, 2, 3, 4, 8.

Unger: Fossile Flora von Sotzka, S. 34, Taf. X, Fig. 5—7.
— » » » Gleichenberg, S. 20, Taf. IV, Fig. 1, 2.
Ettingshausen: Foss. Flora von Bilin, I, S. 52, Taf. XVI, Fig. 3.
— » » » Leoben, I, S. 32.
— Beitr. z. Erforschung d. Phylogenie d. Pflanzenarten, S. 96, Taf. XII, Fig. 20-26, Taf. XIII, Fig. 1-8, Taf. XIV, Taf. XV.
— Über *Castanea vesca* und ihre vorweltliche Stammart, Sitzb. d. k. Ak. d. Wiss., Bd. LXV.
Göppert: Beitr. z. Tertiärflora v. Schlesien, S. 18, Taf. II, Fig. 4.
Heer: Foss. Flora v. Grönland, II, S. 85, Taf. LXXIV, Fig. 10-12, Taf. LXXXIX,
— Fig. 3, Taf. XCII, Fig. 4b, Taf. CIII, Fig. 3.
Schimper: Traité d. pal. vég. II, p. 611.
Synon. s. Ettingshausen: Über *Castanea vesca*. . . .
dazu: *C. pumila* Mill., Potonié: Naturw. Wochenschrift, N. F., I, Nr. 9, S. 102, Fig. 3.

*C. foliis petiolatis oblongis, oblongo-lanceolatis vel late ovatis, apice acuminatis vel obtusiusculis, basi angustatis vel obtusis vel leviter emarginatis, interdum inaequalibus; margine argute-vel obtuse-serrato-dentatis, dentibus variabilis magnitudinis, plerumque apiculatis; sinubus interpositis plus minus repandis; nervo primario valido; nervis secundariis numerosis, obliquis, angulis 40—60° egredientibus, 5—15 mm distantibus, substrictis, subparallelis vel divergentibus, simplicibus, in dentes marginis productis; nerris tertiariis angulis subrectis exeuntibus, strictis vel flexuosis, inter se anastomosantibus, rete rectangulum formantibus.*

Vorkommen: Zschipkau, Groß-Räschen, Rauno.

Unter unserem Materiale befinden sich zahlreiche Blätter und Blattfragmente mit großenteils wohlausgeprägter Nervation, die mit mehreren von den Autoren aufgestellten *Castanea*-Arten (*C. atavia* Ung., *C. Kubinyi* Kov., *C. Ungeri* Heer, *C. Cardani* Mass.) zu vergleichen sind.

Diese Blattreste weisen einen großen Formreichtum auf; neben schmallanzettlichen (Taf. III, Fig. 15, 19) kommen breit-ovale Blätter (Taf. IV, Fig. 1) zum Vorschein; ihre Größe schwankt zwischen 8 und 20 cm Länge, die Breite zwischen 2 und 8 cm.

Die Basis der länger oder kürzer gestielten Blätter ist entweder verschmälert (Taf. IV, Fig. 3) oder abgestumpft (Taf. IV, Fig. 1, 2) oder seicht ausgerandet (Taf. III, Fig. 14), zuweilen etwas ungleichseitig; die Blattspitze ist mehr oder weniger zugespitzt.

Große Veränderlichkeit bietet die Beschaffenheit des Blattrandes; neben fast gekerbten Blättern mit kleinen Stachelspitzchen (Taf. IV, Fig. 1) und Blättern mit groben, stumpflichen Zähnen (Taf. IV, Fig. 2, 8) treten vorzugsweise solche mit scharfen, zugespitzten Sägezähnen auf, deren Zähne teils dichter gestellt sind (Taf. III, Fig. 15, 19), teils entfernter stehen (Taf. IV, Fig. 3) und mehr oder weniger vortretende Stachelspitzen tragen; vereinzelt ist eine doppelte Randbezahnung erkennbar (Taf. IV, Fig. 4); die Buchten zwischen den Zähnen verlaufen mehr oder weniger bogig ausgeschweift.

Was die Nervation anlangt, so läuft der kräftige Primärnerv meist geradlinig, selten etwas gebogen zur Spitze aus und gibt zahlreiche Sekundärnerven ab; deren Austrittswinkel sind spitze, nach der Basis meist stumpfer als nach der Spitze zu; ihre Distanzen sind — je nach der Größe der Blätter — oft aber auch an demselben Blatte — verschiedene; sie schwanken zwischen 5 und 15 mm. Die Sekundärnerven verlaufen in der Hauptsache gerade, an der Basis zuweilen leicht bogenförmig, alternierend, seltener opponiert, untereinander parallel, seltener schwach divergierend nach dem Rande und endigen mehr oder weniger als Stachelspitzen vortretend in den Zähnen; nur die untersten Sekundärnervenpaare enden zuweilen camptodrom vor dem Rande, der dann an der Basis der Zähne entbehrt (Taf. III, Fig. 14). Die Sekundärnerven sind in der Regel einfach, nur bei doppelter Randbezahnung senden sie Gabeläste aus, die in die Nebenzähne eintreten (Taf. IV, Fig. 4, 8). Zwischen den Sekundärnerven verlaufen zahlreiche Queranastomosen, die gerade oder gebogen sind, unter Winkeln von 60—80° entspringen und ein mehr oder weniger rechteckiges Maschennetz bilden. In der Nähe des Randes verbinden sich die Queranastomosen camptodrom; hin und wieder treten einzelne derselben, unter etwas spitzeren Winkeln entspringend, stärker hervor (Taf. IV, Fig. 4).

Die reiche Musterkarte der Senftenberger Kastanienblätter läßt in diesen mehrere von den Autoren beschriebene *Castanea*-Arten wiedererkennen.

Ettingshausen hat in mehreren Abhandlungen, die eingangs zitiert wurden, die tertiären *Castanea*-Arten einer kritischen Untersuchung unterzogen und hat unter Zusammenziehung verschiedener Spezies von *Castanea* und anderer, als *Quercus* oder *Fagus* sp. beschriebener Arten zu *C. atavia* Ung. diese als Stammart der lebenden *C. vesca* Gärtn. bezeichnet. Er stützte sich dabei auf die außerordentliche Veränderlichkeit der Blätter dieser rezenten Spezies, deren Formen die verschiedensten tertiären Arten wiedererkennen lassen, und auf das gleichzeitige Auftreten der verschiedensten Formen in den Schichten von Leoben in Steiermark. Ettingshausen kommt dabei zu dem Ergebnisse, daß in den ältesten Schichten die Formen der *C. atavia* überwiegen, daß in höheren Horizonten *C. Ungeri* und zuletzt *C. Kubinyi* in den Vordergrund treten, welche letztere der lebenden *C. vesca* am nächsten kommt.

Ettingshausen's Auffassung ist von anderer Seite scharf bekämpft worden, insbesondere vertritt Heer (Üb. die mioc. Kastanienbäume, Verh. d. K. K. geol. Reichsanst., 1875, Nr. 6, S. 94 und Flora foss. Grönl., II, p. 87) durchaus den Standpunkt, daß *C. atavia*, *C. Ungeri* und *C. Kubinyi* getrennt zu halten seien, und von *C. atavia* Ung. wird von Heer sowohl als auch von Schimper und Schenk ihre Zugehörigkeit zur Gattung *Castanea* überhaupt angezweifelt. Ich gebe gern zu, daß für Unger's Originalexemplare seiner *C. atavia* (Foss. Fl. v. Sotzka, S. 43, Taf. X, Fig. 5—7) gewisse Zweifel nicht unberechtigt erscheinen, und daß insofern die von Ettingshausen getroffene Wahl dieses Namens für die Gesamtspezies nicht ganz glücklich ist; nachdem aber Ettingshausen einmal den Namen im erweiterten Sinne eingeführt hat, erachte ich es doch für zweckmäßig, ihn beizubehalten. An der Tatsache der Zusammengehörigkeit der von Ettingshausen zusammengefaßten Formen, insbesondere der *C. atavia*, *C. Ungeri* und *C. Kubinyi* zweifle ich nicht; trotz Heer's

Einwendungen[1]) kann ich zwischen den genannten Formen keine durchgreifenden Unterschiede entdecken. Die vorhandenen Verschiedenheiten in Form, Randbeschaffenheit und Nervation bei den vermeintlichen Arten treffen wir sämtlich bei den außerordentlich variierenden Blättern unserer *C. vesca*, wie die unvoreingenommene Untersuchung eines nur einigermaßen reichhaltigen Materiales an lebenden Blättern lehrt, und wovon die von ETTINGSHAUSEN in den genannten Abhandlungen niedergelegten Abbildungen wohl überzeugen können.

Vergleichen wir unsere Senftenberger Blätter mit den Tafeln in ETTINGSHAUSEN's Abhandlung über *Castanea vesca* und ihre vorweltliche Stammart, so lassen sich für fast alle unserer Fundstücke genaue Analoga unter den dort gegebenen Abbildungen rezenter *Castanea*-Blätter finden; insbesondere stimmen die von dem gewöhnlichen, lanzettlichen Typus der *Castanea vesca*-Blätter abweichenden breit-ovalen Blattformen in Gestalt wie in Randbeschaffenheit und Nervatur mit manchen ETTINGSHAUSEN'schen Figuren wohl überein.

Der Umstand nun, daß nicht nur in Leoben, sondern auch in den Tonen von Senftenberg *Castanea*-Blätter der Formen *atavia*, *Ungeri* und *Kubinyi* zusammen und in ihrer Gestaltung vielfach ineinander übergehend — so, daß mitunter die bestimmte Zuteilung eines Restes zu der einen oder der anderen Form kaum möglich ist, — angetroffen werden, und der weitere Umstand, daß alle diese Formen auch der rezenten *C. vesca* eigen sind, spricht, wie ich meine, entschieden zugunsten der ETTINGSHAUSENschen Auffassung.

Die Zusammenziehung der verschiedenen tertiären *Castanea*-Formen durch ETTINGSHAUSEN zu einer Art erinnert in vieler Hinsicht an die früher besprochenen Beziehungen der tertiären Buchen zueinander. Doch liegen meines Erachtens die Verhältnisse hier anders. Während die tertiären Buchenarten einander zwar nahestehende aber immerhin in sich geschlossene Formen-

[1]) Auch NATHORST (Zur. foss. Flora Japan's, S. 16) scheint von HEER's Argumenten nicht ganz überzeugt zu sein.

komplexe darstellen, und während einzelne von ihnen, wie *Fagus pristina-ferruginea*, unverändert in heutigen Arten erhalten sind, andere aber nur in Gestalt regressiver Formen bei rezenten Arten wiederkehren, erscheinen die genannten miocänen *Castanea*-Blattformen heutigen Tages nicht als akzessorische Elemente unserer *Castanea vesca*, sondern sind in dem normalen Laube derselben allenthalben wiederzufinden; an demselben Baume treffen wir lanzettliche und eiförmige Blätter an, an demselben Baume wechselt die Randbeschaffenheit, insbesondere die Ausbildung der Stachelspitzen.

Daher trage ich keine Bedenken, alle Senftenberger *Castanea*-Blätter zusammenzufassen und als *Castanea ataria* im Sinne Ettingshausen's anzuführen.

Beiläufig sei darauf hingewiesen, daß auch bei anderen Arten Variationen von schmallanzettlichen bis breiteiförmigen Blättern bei gleichzeitiger verschiedenartig ausgebildeter Randzahnung auftreten, z. B. bei der vielgestaltigen *Quercus furcinervis* Rossm. sp. deren Formenkreis von Engelhardt (Tertiärpflanzen aus dem Leitmeritzer Mittelgebirge, S. 62, Taf. 10, Fig. 10—19, Taf. 11, Fig. 1 und Üb. d. fossilen Pflanzen d. Süßwassersandsteines von Grasseth, S. 21, Taf. 1, Fig. 5, Taf. 2, Fig. 20—25, 27—31, Taf. 3, Fig. 1—6, Taf. 4, Fig. 1—4) bekannt gegeben worden ist.

Als *Castanea pumila* Mill. hat Potonié (Naturw. Wochenschr. N. F. I, Nr. 9, S. 102) ein schön erhaltenes Blatt mitgeteilt, das unsere Taf. IV, Fig. 3 wiedergibt. Dieses Blatt stimmt allerdings in Form und Berandung recht gut mit den Blättern der amerikanischen *C. pumila* Mill. überein; es stellt aber nur eine Form in der Formenreihe der *Castanea*-Blätter von Senftenberg dar, neben welcher teils schmälere, teils noch breitere Blätter auftreten; eine solche Veränderlichkeit der Blattbildung ist der *C. pumila* fremd. Das abgebildete Fossil kommt auch dem Blatte nahe, das Andrae (Beitr. z. Kenntn. d. foss. Flora Siebenbürgens und des Banates, S. 16, Taf. IV, Fig. 2) als *C. palaeopumila* beschrieben hat, und das von Ettingshausen ebenfalls zu *C. ataria* einbezogen wurde.

## cf. Castanea.

Taf. II, Fig. 4.

Der Zweigabdruck, Taf. II, Fig. 4, kann zu *Castanea* gehören: Stellung, Form und Größe der zwei- bis dreischuppigen Blattknospen lassen den Vergleich mit *Castanea* zu; leider ist über die Beschaffenheit der Blattnarben am Abdrucke genaueres nicht zu erkennen, daher kann die Deutung nur vermutungsweise ausgesprochen werden.

## Quercus pseudocastanea Göpp.

Taf. III, Fig. 6, 18, 20, 21, Taf. VIII, Fig. 4, 5.

Göppert: Beitr. z. Tertiärflora Schlesiens, Palaeontogr., II, S. 274, Taf. XXXV, Fig. 1, 2.
Unger: Foss. Flora v. Gleichenberg, S. 174, Taf. II, Fig. 7.
Massalongo: Fl. foss. Senogall., p. 177, t. XXII/XXIII, fig. 6.
Stur: Flora der Süßwasserquarze, S. 154.
Sismonda: Matér. p. serv. à la pal. du terr. tert. du Piemont, p. 45, pl. XV, fig. 1, 2.
Heer: Flor. foss. Alask., p. 82, t. VI, fig. 3—5.
— Nachtr. z. foss. Fl. Grönlands, S. 11, Taf. IV, Fig. 4.
— Flor. foss. Grönl., II, p. 93.
Schimper: Traité de pal. vég., p. 649.

*Qu. foliis petiolatis, oblongis, basi attenuatis, inaequaliter sublobato-sinuato-dentatis, lobis subaequalibus, acuminatis, obtusiusculis; nervo primario valido, apicem versus attenuato; nervis secundariis varie distantibus, angulo acuto egredientibus, substrictis, alternantibus vel oppositis, simplicibus, in lobos excurrentibus; nervis tertiariis simplicibus vel ramosis, strictis vel flexuosis, angulis subrectis exeuntibus, juxta marginem camptodromis.*

Vorkommen: Zschipkau, Rauno.

Die Blattform ist länglich oval, bei den kleineren Blättern fast lanzettlich; der Stiel ist an einem Exemplare in ca. 2 cm Länge erhalten; die Blattfläche ist nach der Basis zu verjüngt, läuft am Stiele aber nicht herab. Der Blattrand ist lappig gezähnt mit abgerundeten oder schwach zugespitzten Buchten; die stumpf zugespitzten Lappen des Randes stehen teils regelmäßig, teils sind sie unregelmäßig verteilt wie bei dem an der Basis ganzrandigen Blatte (Taf. III, Fig. 20).

Aus dem nach der Spitze zu sich merklich verjüngenden Hauptnerven treten alternierend oder opponiert, in mehr oder weniger regelmäßigen Zwischenräumen, unter spitzen Winkeln die Sekundärnerven aus, die in die Randlappen auslaufen oder — soweit der Blattrand ungeteilt ist — am Rande sich camptodrom verbinden. Zwischen den ziemlich straff verlaufenden Sekundärnerven bilden unter fast rechten Winkeln austretende, einfache oder verästelte Queranastomosen ein Netz von rechteckigen bis polygonalen Maschen; dem Rande nahe bilden diese Tertiärnerven Camptodromien.

Unsere Blattreste kommen unter den beschriebenen fossilen Eichenarten der *Qu. pseudocastanea* GÖPP., insbesondere den durch GÖPPERT von Maltsch in Schlesien und durch HEER aus Alaska mitgeteilten Blättern am nächsten; und die beiden Formen, die GÖPPERT angibt, lassen sich auch bei unseren Funden wiedererkennen.

Zum Vergleiche können aber noch eine ganze Reihe anderer tertiärer Eichen herangezogen werden: so *Qu. Furuhjelmi* HEER (Fl. foss. Alaskana, p. 32, t. V, fig. 10, t. VI, fig. 1, 2), die ich von *Qu. pseudocastanea* kaum zu trennen vermag, ferner *Qu. pseudorobur* KOVATS (Foss. Fl. v. Erdöbénye, S. 23, Taf. II, Fig. 9), und *Qu. etymodrys* UNG. (Foss. Fl. von Gleichenberg, S. 174, Taf. III, Fig. 11; MASSALONGO: Fl. foss. Senogal., p. 178, t. XXII, XXIII, fig. 3, 5, 7, 10—12, 14, t. XXXI, fig. 5), *Qu. Lucumorum* GAUDIN (Contr. à la fl. foss. ital., mém. II, p. 43, pl. IV, fig. 12) u. a.

Bei der übergroßen Fülle der als *Quercus* beschriebenen fossilen Blattreste, für die eine kritische Sichtung leider noch aussteht, und bei der großen Veränderlichkeit der lebenden Eichenblätter, bei denen Blattgestalt und Nervenverlauf eine durchgreifende diagnostische Bedeutung nicht besitzen, ist es leider nicht immer möglich, fossile Eichenblätter in einwandfreier Weise mit bereits beschriebenen Resten dieser Gattung zusammenzustellen.

Die Vergleiche mit Blättern lebender Eichen führen meist zu ebensowenig sicheren Ergebnissen; gewöhnlich sind es verschiedene fossile Formen, die sich an eine rezente Art anschließen. Nur in einigen Fällen ist es bisher gelungen, auf Grund genauen Studiums der Variationen heutiger Eichenblätter ganze Reihen fossiler Eichenarten als bloße Formenreihen festzustellen, z. B. den Formenkreis der *Qu. Palaeo-Ilex* ETT., der *Qu. cruciata* A. BR. u. a.; in anderen Fällen ist zunächst nur die Vermutung zulässig, das verschiedene der tertiären Eichen-»Arten« zusammengehören.

*Qu. pseudocastanea* GÖPP. steht sowohl zu *Qu. Furuhjelmi* HEER wie zu *Qu. etymodrys* UNG. und *Qu. grönlandica* HEER in naher Beziehung, alle diese Formen werden von den Autoren mit den lebenden *Qu. Prinus* L. und *Qu. castanea* WILLD. verglichen; SCHMALHAUSEN (Üb. tert. Pfl. a. d. Tale d. Flusses Buchtorma, Palaeontogr. XXXIII, S. 207, Taf. XXI, Fig. 5—7) fügt den genannten Formen, die aus Steiermark, Oberitalien, Schlesien, Spitzbergen, Grönland und Alaska stammen, noch einige Blattstücke aus dem Altai als *Qu. etymodrys* bei und spricht die Vermutung aus, das *Qu. etymodrys* zwischen der tertiären *Qu. pseudocastanea* und der lebenden *Qu. Prinus* vermittelnd stehe. KRAŠAN (ENGLER's botan. Jahrb., IX. Bd., 1888, S. 391) hebt hervor, daß *Qu. Furuhjelmi* HEER der lebenden *Qu. aliena* BLUME aus Nordchina fast bis zur Identität entspricht.

Von ETTINGSHAUSEN und KRAŠAN (Unters. üb. Ontogenie und Phylogenie d. Pfl., S. 242) wird *Qu. pseudocastanea* HEER von Alaska mit *Qu. grönlandica* und *Qu. Furuhjelmi* als Repräsentant der roburoiden Eichen aufgefaßt; SAPORTA (Origine pal. des arbres cultivés ou utilisés, p. 168 fg.) bringt *Qu. pseudocastanea* von Maltsch und von Gleichenberg in Beziehung zu *Qu. Cerris* L., betrachtet aber HEER's *Qu. pseudocastanea* von Alaska und die *Qu. pseudocastanea* MASSALONGO's von Sinigaglia als Vorläufer der Roburoiden. Aus dieser Verschiedenheit der Auffassung erhellt die Schwierigkeit, aus einzelnen tertiären Eichenblättern sichere Schlüsse auf ihre verwandtschaftlichen Beziehungen zu lebenden Arten oder auch nur Gruppen zu ziehen. Unser Zschipkauer Material ist zu unvollständig, um bestimmtere Aufschlüsse zu geben, doch scheint es für die Ansicht zu sprechen, daß *Qu. pseudocastanea* zu den Vorgängern der roburoiden Eichen zu zählen ist, zumal unsere Blätter auch Anklänge an einige roburoide pliocäne Eichenformen darbieten, die SAPORTA aus Südfrankreich beschrieben hat (SAPORTA: Die Pflanzenwelt vor dem Erscheinen der Menschen, S. 331, 335).

### Quercus valdensis HEER.

Taf. III, Fig. 17.

HEER: Flora tert. Helv. II, p. 49, t. LXXVIII, fig. 15; III, p. 178, t. CLI, fig. 17.
ETTINGSHAUSEN: Foss. Flora v. Bilin, I, S. 56, Taf. XVI, Fig. 5—7.
LESQUEREUX: Tert. flora of the West-Terr., p. 158, pl. XIX, fig. 8.
SCHIMPER: Traité de pal. vég. II, p. 630.

*Qu. foliis coriaceis, breviter petiolatis, ovalibus vel ovato-ellipticis, basi rotundatis, argute denticulatis; nervis secundariis parallelis, subcamptodromis, partim in dentes marginis excurrentibus, partim arcus margini approximatos formantibus; nervis tertiariis angulo subrecto exeuntibus, arcuatis, areas oblongas rete polygonale repletas formantibus.*

**Vorkommen:** Zschipkau.

Der vorliegende Rest stellt ein nur unvollständig erhaltenes, kurzgestieltes Blatt von lederiger Konsistenz dar, dessen Nervation von ausgezeichneter Erhaltung ist. Es kommt den Blättern der *Qu. valdensis* am nächsten, die von HEER, ETTINGSHAUSEN und LESQUEREUX aufgeführt wird. Mit den Blättern dieser Art hat es die ovale Form, den kurzen Stiel und die scharfe Randbezahnung gemein, bietet aber von HEER's Diagnose einige Abweichungen; die Basis ist nicht gerundet sondern weist eine schwache Verjüngung auf, die aber auch bei HEER's Abbildungen und bei dem einen Blatte ETTINGSHAUSEN's (l. c. Fig. 6) zu bemerken ist; ferner gibt HEER an, daß die Sekundärnerven camptodrom verlaufen, nahe dem Rande durch flache, deutlich ausgeprägte Bogen miteinander verbunden sind, aber über die Bogen hinaus in die Zähne gehen. Bei unserem Blatte erscheinen die Sekundärnerven nur an dem zahnlosen Blattgrunde deutlich camptodrom, die übrigen aber treten in die Randzähne und senden Aeste aus, die, dem Rande genäherte Schlingen bildend, sich untereinander und mit den benachbarten Sekundärnerven camptodrom verbinden. Darin scheint eine erhebliche Abweichung unseres Blattes von den HEER'schen Originalen zu liegen, aber schon HEER's erste Abbildung (l. c. Taf. LXXVIII, Fig. 15) läßt die Angaben der Diagnose nicht deutlich erkennen; ETTINGSHAUSEN behält zwar HEER's Diagnose bei, bildet aber (l. c. Taf. XVI, Fig. 7, 8) zwei Blätter ab, an denen die Sekundärnerven zum Teil deutlich in die Randzähne eintreten, und LESQUEREUX ändert HEER's Diagnose ausdrücklich ab, indem er die Sekundärnerven als subcamptodrom bezeichnet und anführt, daß dieselben entweder Bogen bilden oder in die Randzähne auslaufen. Mit dieser Erweiterung der Diagnose darf die HEER'sche Bezeichnung für unser Blatt in Anwendung gebracht werden.

Der Verlauf der Tertiärnerven entspricht bei dem vorliegenden Blatte durchaus den Angaben HEER's. Unter spitzen bis fast rechten Winkeln entspringen deutliche, teils leicht gebogen durchlaufende, teils gebrochene oder verästelte Nervillen, die oblonge Felder einschließen und dem Rande nahe dicht gestellte Schlingenbogen bilden; der Raum der von ihnen gebildeten Felder wird von polyedrischem Netzwerk ausgefüllt.

ETTINGSHAUSEN vergleicht *Qu. caldensis* mit der lebenden *Qu. dysophylla* BENTH. aus Mexico; aber auch Blätter von *Qu. callonea* KOTSCHY und einzelne Formen der veränderungsreichen *Qu. Ilex* L. bieten Annäherungen an unseren Rest.

## Fam. Ulmaceae.

### Ulmus L.

Die Ulmenblätter sind durch folgende Merkmale charakterisiert: sie sind an der Basis ungleichseitig, doppelt, seltener einfach gesägt, von derber Beschaffenheit, meist mit rauher Oberfläche und haben einen nach unten gekrümmten Rand; sie besitzen 6—20 ziemlich gerade, parallele Sekundärnerven, die sich vielfach ein oder zwei mal gabeln und in die Hauptzähne ausgehen: Außenäste der Sekundärnerven gehen in die Nebenzähne, die untersten dieser Außennerven treten aber in Zahnbuchten aus.

#### Ulmus carpinoides GÖPP.

Taf. IV, Fig. 5, 6, 7, 9, 10, 11, 12, 13, 14, 15, 16a.

GÖPPERT: Tertiärflora von Schoßnitz, S. 28, Taf. XIII, Fig. 4—9, Taf. XIV, Fig. 1.

v. Schlechtendal: Beitr. z. Kenntn. d. Braunkohlenflora von Zschipkau, S. 211.
v. Ettingshausen: Üb. neue Pflanzenfoss. a. d. Tertiärschichten Steiermarks, S. 26, Taf. II, Fig. 1, 2.
*Ulmus longifolia* Göppert: Tertiärfl. v. Schoßnitz, S. 28, Taf. XIII, Fig. 1—3.
— *pyramidalis* Göpp., ibid., S. 29, Taf. XIII, Fig. 10—12.
— *laciniata* Göpp., ibid., S. 30, Taf. XIII, Fig. 13.
— *urticaefolia* Göpp., ibid., S. 30, Taf. XIV, Fig. 2, 3.
— *elegans* Göpp., ibid., S. 30, Taf. XIV, Fig. 7—9.
— *quadrans* Göpp., ibid., S. 30, Taf. XIV, Fig. 4—6.
— *minuta* Göpp., ibid., S. 31, Taf. XIV, Fig. 12—14.
— *Wimmeriana* Göpp., Beitr. z. Tertiärflora Schlesiens, Palaeontogr., II, S. 276, Taf. XXXV, Fig. 6.
*Carpiniphyllum pyramidale* Göpp. sp., Nathorst: Zur fossilen Flora Japans, S. 23, Taf. VIII, Fig. 1—8.

*U. foliis petiolatis, late ovatis vel oblongo-lanceolatis vel pyramidalibus, basi plerumque inaequalibus, basi leviter cordatis vel rotundatis vel angustatis, apice obtusatis vel acuminatis; margine serratis, serrato-dentatis, duplicato-dentatis vel incisis; nervo primario valido, apicem versus attenuato, interdum paullo arcuato; nervis secundariis 5—20, alternantibus, rarius oppositis, angulo 45—70° egredientibus, strictis vel paullo arcuatis, simplicibus vel saepius furcatis, in dentes marginis primarios exeuntibus; latere externo ramis instructis, qui in dentes secundarios intrant, quorum infimi autem in sinus marginis exeunt; nervis tertiariis densis, angulis acutis egredientibus, furcatis et ramosis, areas oblongas rete polygonale impletas formantibus.*

Vorkommen: Zschipkau, Groß-Räschen, Rauno.

Eine große Anzahl wohlerhaltener Blattreste lag mir aus den Senftenberger Tonen vor, die mit den verschiedenen Ulmenarten, die Göppert von Schoßnitz beschrieben hat, wohl übereinstimmen. Sie bieten eine große Mannigfaltigkeit in Form, Größe und Randbeschaffenheit dar.

Die Blätter sind gestielt; der längste erhaltene Blattstiel mißt 16 mm.

Die Größe schwankt zwischen $1^1/_2$—11 cm Länge und $1^1/_2$ bis 6 cm Breite; die Gestalt wechselt zwischen breit-eiförmigen (Taf. IV, Fig. 6, 10, 16a), pyramidalen (Fig. 11) und lanzettlichen Blättern (Fig. 5); die Basis ist mehr oder weniger ungleichseitig, bald abgerundet (Fig. 6, 11, 16 a), bald schwach ausgerandet (Fig. 13, 14), bald verjüngt (Fig. 12).

Sehr veränderlich ist die Randbildung: kleinere Blätter besitzen zum Teil einfache Randzähne (Fig. 13, 16a), größere sind doppelt gezähnt, die Zähne sind dabei öfter mit Nebenzähnchen besetzt (Fig. 5, 6, 11, 12, 14), einzelne Blätter besitzen eine tief eingeschnittene Randzahnung (Fig. 10, 15); die Randzähne selbst sind bald zugespitzt, bald breit kegelförmig.

Die Abdrücke lassen vielfach deutlich die derbe Beschaffenheit und die den Ulmen eigentümliche Umkrümmung des Blattrandes erkennen.

Der Hauptnerv ist kräftig, nach der Spitze zu verjüngt, häufig schwach gebogen: von ihm entspringen unter Winkeln von 45—70° jederseits — je nach der Blattgröße — 5—20 Sekundärnerven, die alternierend, seltener opponiert austreten; häufig sind ihre Ursprungswinkel auf beiden Blatthälften verschiedene; sie stehen in verschiedenen Distanzen, bei kleineren Blättern meist enger als bei größeren; sie laufen gerade oder in flachen Bogen, häufig sich gabelnd nach den Hauptzähnen und senden auf ihren Außenseiten Äste aus, deren obere in die Nebenzähne eintreten, während die untersten regelmäßig in Zahnbuchten auslaufen.

An den meisten Blättern ist zu beobachten, daß die Sekundärnerven an ihren Enden leicht aufwärts gebogen sind, ein Verhalten, das auch an GÖPPERT's Abbildungen von Ulmenblättern teilweise erkennbar ist. Zwischen den Sekundärnerven verlaufen dichtgestellte Queranastomosen gerade oder bogenförmig, häufig verästelt, die unter spitzen Winkeln austreten und längliche Felder einschließen, die von einem polygonalen Maschenwerke erfüllt sind.

Die Ulmenblätter der Senftenberger Schichten stimmen, wie schon erwähnt, mit einer Reihe von Abbildungen GÖPPERT's von Schoßnitzer Ulmen überein: es sind zu vergleichen:

Taf. IV, Fig. 9, 13, 16a mit *U. minuta* GÖPP. (loc. cit. Taf. XIV, Fig. 12—14),

» IV, » 6 und 11 mit *U. carpinoides* GÖPP. (loc. cit. Taf. XIII, Fig. 4—9, Taf. XIV, Fig. 1),

Taf. IV, Fig. 5 mit *U. pyramidalis* GÖPP. (loc. cit. Taf. XIII, Fig. 10—12),
» IV, » 7 und 15 mit *U. laciniata* GÖPP (loc. cit. Taf. XIII, Fig. 13), auch mit *U. urticaefolia* GÖPP. (loc. cit. Taf. XIV, Fig. 2, 3),
» IV, » 12 mit *U. quadrans* GÖPP. (loc. cit, Taf. XIV, Fig. 4—6),
» IV, » 14 mit *U. elegans* GÖPP. (loc. cit. Taf. XIV, Fig. 7—9),
» IV, » 10 mit *U. Wimmeriana* GÖPP. (Beitr., Taf. XXXV, Fig. 6).

Einige von GÖPPERT's Schoßnitzer Ulmen, und zwar *U. longifolia, carpinoides, pyramidalis* und *urticaefolia*, sind von GAUDIN (Mém. sur quelques gisements de feuilles fossiles de la Toscane I, p. 30) und HEER (Tertiärfl. d. Schweiz II, S. 40, III, S. 177) zu *Carpinus* gestellt worden, und verschiedene andere Autoren haben sich dieser Ansicht angeschlossen; v. SCHLECHTENDAL tritt dieser Auffassung, gestützt auf Ulmenblätter von Schoßnitz und Zschipkau (Beitr. z. Kenntn. d. Braunkohlenflora v. Zschipkau, S. 211, fg.) in einer eingehenden Auseinandersetzung entgegen und vertritt in überzeugender Weise den Standpunkt, daß die Schoßnitzer Blätter und die mit ihnen übereinstimmenden Reste von Zschipkau ohne Zweifel Ulmenblätter sind.

Dagegen hat NATHORST (Zur foss. Flora Japans, S. 23, Taf. VIII, Fig. 1—8) eine Reihe von Blättern aus dem Tertiär Japans als *Carpiniphyllum pyramidale* GÖPP. sp. *japonicum* beschrieben, die er als zu derselben Pflanze gehörig bezeichnet, die GÖPPERT als *Ulmus longifolia, pyramidalis, carpinoides* und *urticaefolia* beschrieben hat.

Das von mir untersuchte Senftenberger Blättermaterial erlaubt mir, mich der Ansicht SCHLECHTENDAL's völlig anzuschließen, daß nämlich GÖPPERT's und unsere Blätter mit *Carpinus* sicher nichts zu tun haben. Wenn von den mir vorliegenden Blättern vielleicht das eine (Taf. IV, Fig. 5) an *Carpinus* erinnern könnte, so weisen doch der ungleiche Grund des Blattes und die Außenäste der Sekundärnerven, die zum Teil in Buchten der Randzahnung eintreten, deutlich auf *Ulmus* hin, und die übrigen

Blätter bieten durchgängig eine unverkennbare Übereinstimmung mit der rezenten *U. campestris* L. dar. Alle hier wiedergegebenen Blattformen finden wir bei unserer einheimischen Ulme, deren Blätter eine große Variabilität je nach der Stellung am Sproße, worauf auch SCHLECHTENDAL hinweist, und je nach dem Standorte des Baumes, der sie trägt, besitzen.

Ich trage darum keine Bedenken, alle vorliegenden Ulmenreste unter dem von SCHLECHTENDAL vorgeschlagenen Artnamen *U. carpinoides* GÖPP. zu vereinigen und damit auch die mit unseren Resten verglichenen Ulmen-»Arten« zusammenzuziehen.

Ob GÖPPERT's *Ulmus dentata* (Fl. v. Schoßnitz, S. 31, Taf. XIV, Fig. 11) und *U. sorbifolia* (ibid. S. 30, Taf. XIV, Fig. 10) ebenfalls in diesen Formenkreis einzubeziehen sind, möchte ich ohne Kenntnis der Originale dahingestellt sein lassen; dagegen meine ich, NATHORST's *Carpiniphyllum pyramidale japonicum* unbedingt zu *U. carpinoides* stellen zu sollen, und glaube, daß auch desselben Autors *Ulmus* sp. cf. *campestris* (Flore fossile du Japon, p. 46, pl. VII, fig. 1) von unserer Art kaum verschieden ist.

Außer Ulmenblättern fand sich in den Tonen von HENKEL's Tagebau eine kleine Flügelfrucht (Taf. VIII, Fig. 14), die augenscheinlich einer Ulme angehört. Sie bietet den charakteristischen Bau der Früchte von *Ulmus*; da es sich, wie das schmale Samenfach vermuten läßt, um eine Frucht in noch unausgewachsenem Zustande handelt, ist es untunlich, sie mit den beschriebenen fossilen oder mit lebenden Ulmenfrüchten zu vergleichen; immerhin läßt sich aussagen, daß sie von den jugendlichen Früchten der *U. campestris* L. nicht wesentlich abweicht.

## Fam. **Lauraceae.**

### cf. **Benzoin antiquum** HEER.

**Taf. VI, Fig. 3a, b.**

HEER: Flor. tert. Helvet. II, p. 81, t. XC, fig. 8.
SCHIMPER: Traité de pal. vég. II, p. 836.

*B. involucro tetraphyllo; petalis involucri ellipticis.*

Vorkommen: Zschipkau, Rauno.

Unsere Abbildungen stellen die beiden Ansichten eines Ästchens mit einer kurzgestielten Blütenhülle dar, die nach Anordnung der drei teils vollständig, teils nur fragmentarisch erhaltenen Blättchen aus 4 Hüllblättern bestand; die Blättchen der Hülle sind elliptisch, nach vorn kurz zugespitzt; an dem Ästchen befinden sich mehrere Narben, vermutlich die Stellen, an denen andere Blütenhüllen standen.

Unser Rest entspricht recht gut dem von HEER l. c. abgebildeten Zweiglein von *B. antiquum* und kann vielleicht als Teil eines Blütenstandes von *Lindera* THUNB. (Subg. *Benzoin* NEES) angesprochen werden, da diese Gattung eine meist vierblättrige, bleibende, kurzgestielte Blütenhülle von ähnlicher Gestalt besitzt. Immerhin ist diese Deutung nur vermutungsweise auszusprechen, da der vorliegende Abdruck auch eine dünnhäutige, vierspaltige Kapsel darstellen kann.

## cf. Lindera sp.

**Taf. VIII, Fig. 21.**

*L. foliis submembranaceis, ovatis, acuminatis, margine integris: nervo primario basi valido, apicem versus diminuato; nervis secundariis tenuibus, utrinque 8—10, angulis acutis, 50—70°, orientibus, leviter arcuato-adscendentibus, camptodromis, cum ramis externis anteriorum laqueos margini approximatos formantibus: nervis tertiariis tenerrimis, angulis acutis egredientibus, flexuosis et ramosis, maculas quadrangulares includentibus.*

Vorkommen: Rauno.

Der Taf. VIII, Fig. 21 abgebildete Rest gehört einem eiförmigen, vorn zugespitzten, ganzrandigen Blatte von häutiger Konsistenz an. Der Mittelnerv verjüngt sich nach der Blattspitze zu und läßt jederseits 8—10 zarte Sekundärnerven unter spitzen Winkeln austreten, die leicht aufwärts gebogen zum Rande verlaufen und mit Außenästen der nächstvorderen Sekundärnerven dem Rande genäherte Schlingenbogen bilden. Zwischen den Sekundärnerven verlaufen sehr zarte, spitzwinklig entspringende, gebogene und verzweigte Queranastomosen, zwischen denen noch feinere Nervillen kleine rechteckige Maschen einschließen.

Dieses Blatt erinnert zunächst an manche Arten von *Rhamnus*, z. B. *Rh. latifolius* L'HÉRIT., unterscheidet sich aber durch das Verhalten der Tertiärnerven. Größere Annäherung bietet es an die Blätter mehrerer *Lindera*-Arten, mit denen es in Blattform und Textur, im Verlauf und der Stärke der Nerven übereinstimmt. Von fossilen Arten bieten *Lindera sericea* BL. *fossilis* NATHORST (Flore fossile du Japon, p. 47, pl. VIII, fig. 2, 3) und die allerdings viel größere *Lindera latifolia* SAPORTA (Nouv. observ. sur la flore fossile de Mogi, p. 29, pl. VIII, fig. 1) aus dem Cantal übereinstimmend gebaute Blätter. Doch erscheint mir unser Rest nicht genügend, um über seine Zugehörigkeit mehr als eine Vermutung auszusprechen.

Die Annahme, daß die Gattung *Lindera* in der Senftenberger Flora vertreten war, ist nach der gegenwärtigen Verbreitung der Gattung nicht unberechtigt; sie erhält vielleicht eine Stütze in dem Auftreten von Blütenresten in denselben Schichten, die mit solchen lebender *Lindera*-Arten verglichen werden können, und die vorher als cf. *Benzoin antiquum* HEER beschrieben wurden.

## Fam. Hamamelidaceae.

### Liquidambar europaeum A. BR.

Taf. V, Fig. 4, 5, Taf. IX, Fig. 1.

A. BRAUN: Buckl. Geolog. I, p. 115.
HEER: Flor. tert. Helv. II, p. 6, t. LI, t. LII, fig. 1—8; III, p. 173, t. CL, fig. 23—25.
GÖPPERT: Tert. Flora v. Schoßnitz, S. 22, Taf. XII, Fig. 6, 7.
v. SCHLECHTENDAL: Beitr. z. näh. Kenntnis d. Braunkohlenfl. Deutschl., S. 106, Taf. V, Fig. 9, Taf. VI, Fig. 8.
STANDFEST: Ein Beitr. z. Phylogenie d. Gatt. *Liquidambar*; Denkschr. d. K. Akad. d. Wiss. Wien, Bd. LV, S. 361, Taf. I.
Syn. *Acer oeynhausianum* GÖPP., Tert. Flora v. Schoßnitz, S. 34, Taf. XXIV, Fig. 1—4.
*Acer cytisifolium* GÖPP., ibid., S. 35, Taf. XXIV, Fig. 5, 6.
*Acer hederaeforme* GÖPP., ibid., S. 35, Taf. XXIII, Fig. 7—10.
Weitere Lit. s. SCHIMPER: Traité de pal. vég., II, p. 710.
MESCHINELLI e SQUINABOL: Flor. tert. Ital., p. 409.

*L. foliis petiolatis, 3—5 lobis, glanduloso-serratis; lobis apice cuspidatis, lobo medio indiviso, rarius inciso, interdum basi angu-*

*stato; palmatinerviis, nervis primariis 3—5, craspedodromis; nervis secundariis camptodromis, arcuato-conjunctis, ramulos in dentes marginis emittentibus, interdum nervis secundariis incompletis interpositis; nervis tertiariis strictis vel flexuosis, ramosis, rete laxum irregulariter-polygonale vel quadrangulare formantibus.*

Vorkommen: Zschipkau, Rauno.

Aus den Tonen liegen mehrere Blätter dieser Art vor, die teils 3-, teils 5-lappig waren. Sie besitzen breit dreieckige, kurz zugespitzte Lappen und weisen die für *Liquidambar* bezeichnende Randzahnung und Nervatur auf. Das charakteristische Verhalten der Primärnerven der unteren Blattlappen, die nicht direkt aus dem Blattstiele austreten, sondern dem Hauptnerven des nächstoberen Lappens eingefügt sind, ist an dem einen Reste deutlich zu erkennen, alle aber zeigen deutlich die bogenbildenden Sekundärnerven, deren Außenästchen geschlossene Randschlingen bilden, von denen aus kleine Ästchen in die Randzähne eintreten.

v. SCHLECHTENDAL beschreibt l. c. einen Fruchtzapfen von Zschipkau, der vermutlich zu *Liquidambar* gehört, aber abweichend von denen des *L. europaeum* A. BR. gebildet ist, und führt von ebenda Blätter an, die zu der Varietät von *L. europaeum* gehören, die GÖPPERT als *Acer Oeynhausianum* beschrieb. Mit dieser Form stimmen auch unsere Blattreste wohl überein; Fruchtreste habe ich nicht zu Gesicht bekommen, welche die Entscheidung der Frage fördern könnten, ob Zschipkau eine von *L. europaeum* verschiedene Amberart besass.

Andererseits stimmen unsere Blätter sehr gut zu dem Formenkreise des *L. europaeum*; und unter den lebenden *Liquidambar*arten bieten sowohl *L. styraciflluum* L. (N. Amerika) als *L. orientale* MILL. (Orient) analoge Blattformen. Von den Autoren wird gewöhnlich *L. styraciflluum* als die dem *L. europaeum* zunächst stehende rezente Art angesehen; HEER macht allerdings darauf aufmerksam, daß der Mangel an Spuren von Behaarung die fossilen Reste auch dem *L. orientale* nahe bringt. Mit Recht weist STANDFEST darauf hin, daß *L. styraciflluum* und *orientale* in Form und Nervatur sehr wenig von einander abweichen, und daß die bei der amerikanischen

Art vorhandenen Behaarung auf der Unterseite der Blätter für den Vergleich mit den tertiären Blättern nicht in Frage kommen kann, da eine solche an fossilen Gebilden kaum nachweisbar ist; *L. europaeum* kann darnach mit gleichem Rechte mit *L. orientale* wie mit *L. styraciflua* in Beziehung gebracht werden.

## Fam. Platanaceae.

### Platanus aceroides Göpp.

Göppert: Tert. Flora von Schoßnitz, S. 21, Taf. IX, Fig. 1–3.
Lit. und Synon. s. Meschinelli und Squinabol: Flor. tert. Ital. S. 411 (= P. deperdita Mass.)
Jankó: Abstammung der Plantanen: Engler's botan. Jahrb. Bd. XI, 1890, S. 412 ff.

*P. foliis palmatinerviis, trinerviis trilobatisque, rarius subquinquelobis, basi truncatis, subrotundatis, cordatis, rarius subcuneatis; lobis triangularibus, inaequaliter dentatis incisisve; lobo medio utrinque 2—4-dentatis, lobis lateralibus magnis, plerumque multidentatis; dentibus inaequalibus, acutis, sursum curvatis, rarius rectis; nervis primariis tribus basilaribus vel suprabasilaribus; nervis secundariis validis, arcuatis, sub angulis acutis e nervo mediano et e latere externo lateralium nervorum basilarium orientibus, partim craspedodromis in dentes marginis exeuntibus, partim camptodromis; nervis tertiariis angulo subacuto egredientibus, transversis, simplicibus, subarcuatis, ramosis vel angulato-anastomosantibus, ad marginem laqueos formantibus.*

Vorkommen: Zschipkau, Rauno.

Von Platanenblättern liegen nur einige Bruchstücke vor, die sich durch die charakteristische Randbeschaffenheit und Nervation als zu *P. aceroides* gehörig erweisen.

### cf. Platanus.

Taf. II, Fig. 13—17.

Auf den Zschipkauer und Raunoer Tonplatten finden sich sehr häufig die Abdrücke von Knospenschuppen, die mit denen von *Platanus* übereinstimmen. Bei *Platanus* sind die Blattknospen nur von einer großen Schuppe kappenförmig umgeben. Diese Schuppen sind dreieckig-eiförmig, runzelig gestreift, an der Spitze öfter leicht gedreht oder gelappt. Dieselben Eigenschaften lassen unsere Abdrücke erkennen; diese sind daher mit großer Wahrscheinlichkeit als Platanenknospenschuppen anzusehen.

## Fam. **Rosaceae.**

### **Spiraea crataegifolia** n. sp.

Taf. IX, Fig. 15.

*S. foliis membranaceis, petiolatis, ovato-lanceolatis, apice acuminatis, basi angustato-rotundatis, margine inaequaliter dentatis, verisimiliter leniter tomentosis; nervatione craspedodroma; nervo primario valido; nervis secundariis remotis, infimis teneris, ceteris validis, apicem versus magnitudine diminuatis, angulis acutis 30—60° orientibus, arcuatis, ascendentibus, in extremitate furcatis, ramulo inferiore in dentem intrante, altero cum nervo secundario proximo anastomosante, nervis secundariis inferioribus ramos externos in dentes emittentibus; nervis tertiariis angulis acutis egredientibus, transversis.*

Vorkommen: Rauno.

Der wohlerhaltene Abdruck (Taf. IX, Fig. 15) gibt ein Blatt von eiförmiger Gestalt wieder, das sich nach dem kurzen Stiele zu verjüngt und einen abgerundeten Grund bildet, nach vorn sich allmählich zuspitzt; der Rand ist am Grunde ungeteilt, im Übrigen mit unregelmäßigen scharfen Zähnen mit geschweiften Seitenlinien versehen; das Blatt ist von kräftiger, häutiger Konsistenz; nach der Rauhigkeit des Abdruckes zu schließen, war es wahrscheinlich dünnfilzig behaart.

Die Nervation ist craspedodrom; aus dem Mittelnerven treten jederseits 6—8 Sekundärnerven alternierend oder opponiert unter spitzen Winkeln von 30—60° in unregelmäßigen Zwischenräumen aus; die untersten sind zart, laufen dem zunächst ungeteilten Rande dicht entlang, und ihrer einer tritt bei vorliegendem Blatte in den ersten Randzahn, während der der anderen Seite sich camptodrom mit einem Seitenaste des nächstfolgenden Sekundärnerven verbindet. Die übrigen Sekundärnerven, nach der Blattspitze zu an Länge abnehmend, verlaufen, leicht gebogen aufsteigend, nach dem Rande; dicht vor diesem bilden sie kleine Gabeln, deren untere Ästchen in einen Randzahn eintreten, während die oberen sich vorwärts wenden und sich camptodrom mit Außenzweigen der nächstvorderen Sekundärnerven verbinden. Die unteren Sekundärnerven geben kräftige Außenäste ab, die teils in Randzähne auslaufen, teils untereinander Schlingenbögen bilden. Die spitzwinklig austretenden Tertiärnerven verlaufen quer über die Blattfläche und schließen längliche Felder ein. Primär- und Sekundärnerven sind kräftig ausgeprägt, während die Tertiärnerven nur schwach hervortreten.

Dieses Blatt bietet einige Anklänge an das Blatt, das HEER in Beiträge zur fossilen Flora Spitzbergens Taf. XXXI, Fig. 9 als *Crataegus antiqua* abgebildet hat; von den übrigen zu dieser Art gestellten Blättern weicht unser Rest so erheblich ab, daß ich es mit diesem tertiären Weißdorne nicht vereinigen kann. Andre fossile Pflanzen, mit denen es in Verbindung gebracht werden kann, sind mir nicht bekannt.

Unter den lebenden Pflanzen sind es einige *Spiraeen*, mit denen der Senftenberger Blattrest die größte Übereinstimmung aufweist; *Sp. japonica* L. (Japan, China), *Sp. tomentosa* L. (N.-Am.) und besonders *Sp. callosa* THUNB. (Japan) bieten im Habitus und der Textur der Blätter wie in der Nervation, insbesondere in der Gabelung am Ende der Sekundärnerven ganz übereinstimmende Verhältnisse dar.

### Cotoneaster Göpperti n. sp.

Taf. II, Fig. 3b, Taf. V, Fig. 7.

*C. foliis breviter petiolatis, subcoriaceis, ellipticis, integerrimis, basi rotundatis; nervis secundariis angulis 60—70° exeuntibus, camptodromis, distantibus vel approximatis, arcuatis, interdum furcatis, nervis incompletis interpositis; nervis tertiariis flexuosis et ramosis, angulis acutis exorientibus, rete laxum formantibus, ad marginem laqueos densos efficientibus.*

Vorkommen: Zschipkau.

Zwei Blattreste, die leider der Spitze entbehren, aber eine sehr wohlerhaltene Nervation darbieten, gehören Blättern von anscheinend ziemlich derber Konsistenz an; sie sind elliptisch mit abgerundeter Basis und ganzem Rande.

Aus dem nach der Spitze zu mäßig verjüngten Mittelnerven entspringen unter spitzen Winkeln in verschiedenen Distanzen die Sekundärnerven, die einen nach einwärts gekrümmten, bogenförmigen Verlauf nehmen und camptodrom mit einander verbunden sind; zum Teil sind sie gabelteilig; zwischen den voll ausgebildeten Sekundärnerven treten auch unvollständige auf, die sich durch ihre Verzweigungen mit den ersteren verbinden. Die Tertiärnerven bilden unter spitzen Winkeln austretende, gebogene oder verästelte Queranastomosen zwischen den Sekundärnerven; längs des Blattrandes bilden die von den Bogen der Sekundärnerven austretenden Verzweigungen dichtgestellte Schlingen.

Diese Reste besitzen Ähnlichkeit mit den Blättern mehrerer *Diospyros*arten, insbesondere mit *Diospyros stenosepala* HEER (Flor. foss. Alaska p. 35, t. VIII, fig. 8) und *D. Nordquisti* NATHORST (Flore fossile du Japon p. 51, pl. VIII, fig. 1, pl. XIV, fig. 1—5).

Viel größer aber ist ihre Übereinstimmung mit den Blättern mehrerer lebender *Cotoneaster*arten; insbesondere bietet *C. frigida* WALL. dieselbe Blattform und dieselben Nervationsverhältnisse; wie unsere Reste besitzen die Blätter dieser Art Sekundärnerven von verschiedener Ausbildung und verschiedenen Distanzen, und die Maschenbildung am Blattrande ist in ganz analoger Weise ausgeprägt.

Unter den beschriebenen fossilen *Cotoneaster*arten stimmt keine mit unseren Blättern völlig überein; am nächsten kommt ihnen *C. major* SAPORTA (Ét. sur la vég. du Sud-est de la France à l'époque tertiaire, Suppl. I, Revision de la flore des gypses d'Aix, p. 117, pl. XVII, fig. 5), die SAPORTA ebenfalls mit *C. frigida* vergleicht, bezüglich der Nervation, doch besitzt die SAPORTA'sche Art am Grunde verschmälerte Blätter.

### Crataegus prunoidea n. sp.

Taf. IX, Fig. 10, 11, 12

*C. foliis membranaceis, petiolatis, ovato-ellipticis, utrinque angustatis, margine inaequaliter serrato-dentatis, basin versus integris; nervis secundariis angulis 40—50° orientibus, strictis vel paullo arcuatis, craspedodromis, cum ramis externis in dentes intrantibus; ner-*

*vis tertiariis angulis acutis egredientibus, transversis, subparallelis, furcatis vel ramosis.*

Vorkommen: Rauno.

Eine Anzahl mehr oder weniger vollständiger Blattabdrücke bietet übereinstimmende Eigenschaften dar: sie stammen von festen, aber nicht lederartigen Blättern; sie sind kurz gestielt, von eiförmig-elliptischer Gestalt, nach Grund und Spitze verschmälert, am Stiele nicht deutlich herablaufend: der Rand ist unregelmäßig gesägt-gezähnt; die Zähne sind von ungleicher Größe; zwischen einzelnen größeren Zähnen stehen kleinere, aber eine Doppelzähnung oder eine lappenförmige Teilung des Blattrandes ist nicht ausgebildet; eine Strecke über dem Grunde fehlen die Randzähne.

Von dem kräftigen, nach der Spitze zu verjüngten Mittelnerven gehen jederseits 6—9 Sekundärnerven unter etwa halbrechten Winkeln ab; sie gehen gerade oder wenig gebogen nach dem Rande und laufen in Randzähne aus; von ihnen — insbesondere von den unteren — gehen je mehrere kräftige Außenäste ab, die ebenfalls in Randzähne eintreten; der unterste, zarter entwickelte Sekundärnerv läuft dicht dem anfangs ungeteilten Rande entlang und bildet einige Bogenschlingen mit Seitenästen des zweiten Sekundärnerven. Die Tertiärnerven entspringen spitzwinklig, verlaufen gerade oder etwas gebogen und gabeln oder verästeln sich, längliche, polygonale Felder einschließend.

Die aufgefundenen Blätter, deren drei in Fig. 10—12 der Taf. IX wiedergegeben wird, weisen untereinander kleine Abweichungen auf; die Verschmälerung zum Stiele ist teils mehr, teils weniger ausgesprochen, und Fig. 11 besitzt größere und entfernter stehende Randzähne als die beiden anderen Exemplare; in der Summe ihrer Eigenschaften stimmen sie aber miteinander überein.

Diese Blattfossilien weisen eine unverkennbare Annäherung an die Blätter verschiedener lebender *Crataegus*-Arten auf, vor allem an die der nordamerikanischen *Cr. prunifolia* Bosc., deren Blätter in der Form ziemlich variabel sind und insbesondere die an unseren Blättern beobachteten Verschiedenheiten in der Gestalt des Blattgrundes und in der Größe der Randzähne darbieten.

Unter den beschriebenen fossilen *Crataegus*-Arten ist keine, die mit den Senftenberger Blättern übereinstimmt; am nächsten kommen diesen die Blätter von *Cr. antiqua* HEER (Flor. foss. arct. 1, p. 125, t. L, fig 1, 2; Nachtr. z. mioc. Flora Grönlands, S. 25, Taf. V, Fig. 8; Beitr. z. foss. Flora Spitzbergens, S. 91, Taf. XXX, Fig. 9; Nachtr. z. foss. Flora Grönlands, S. 17, Taf. VI, Fig. 11, 12; Flora foss. Grönlandica II, p. 136), die aber eine größere Längenausdehnung, mehr keilförmige Verjüngung der Blattbasis und steiler aufsteigende Sekundärnerven besitzen.

### Crataegus sp.

Taf. IV, Fig. 16b, Taf. V, Fig. 10.

*C. foliis petiolatis, ellipticis vel rhomboideis, basi angustata integris, ceterum duplicato-serratis; nervatione craspedodroma, nervo primario valido, recto; nervis secundariis angulis 30 – 40⁰ orientibus, rectis, in dentes primarios exeuntibus, ramulos externos in denticulos marginis emittentibus.*

Vorkommen: Zschipkau, Groß-Räschen.

Mehrere Bruchstücke, die Basalteile von Blättern darstellend, gehören Blättern an, die anscheinend von elliptischer oder rhombischer Gestalt waren und eine merklich verjüngte Basis besaßen; der Blattrand ist dem Grunde zunächst ungeteilt, im übrigen aber doppelt gesägt; die Sekundärnerven entspringen unter spitzen Winkeln, stehen ziemlich dicht, verlaufen mäßig gebogen nach den Randzähnen und geben Außenäste in die Nebenzähne ab.

Diese Reste erinnern an die Blätter mehrerer lebender *Crataegus*-Arten, z. B. *C. Douglasi* LINDL., noch mehr an *C. latifolia* C. KOCH und *C. parvifolia* AIT.; unter den fossilen Blättern, die zu *Crataegus* gestellt worden sind, bieten *C. teutonica* UNGER (Sylloge plant. foss. III, p. 60, t. XIX, fig. 24, 25) und *C. wetteravica* ETT. (Foss. Fl. d. ält. Braunkohlenform. d. Wetterau, S. 886 = *C. incisa* LUDWIG, Palaeontogr. VIII, p. 142, t. LIX, fig. 9) ähnliche, aber nicht übereinstimmende Eigenschaften; von der ersteren unterscheiden sich unsere Blätter durch den doppelt gesägten Rand und die Blattform, von letzterer durch den mehr zugespitzten Grund und die kleineren und spitzeren Randzähne; von der vorhergehenden Art unterscheiden sie sich durch ihre geringere Größe, den spitzeren Grund und die Doppelzahnung des Randes. Unsere Reste sind zu unvollkommen, um eine genauere Vergleichung zuzulassen; ich begnüge mich daher damit, sie bei der Gattung *Crataegus* einzustellen.

### cf. Crataegus.

Taf. V, Fig. 1, 2, 3.

In den Zschipkauer Tonen finden sich nicht selten Abdrücke von Knospenschuppen, die denen mehrerer *Crataegus*-Arten, insbesondere *C. nigra* Waldst. et Kit. und *C. sanguinea* Pall. ähneln. Die Schuppen dieser sind rundlich, kugelig gewölbt, nicht oder nur schwach gekielt und von einem trockenhäutigen Rande umgeben; unsere Abdrücke bieten uns dieselbe Form und lassen (bes. Fig. 3, Taf. V) den Rest einer dünnhäutigen Umrandung erkennen; sie mögen daher vielleicht mit *Crataegus* in Verbindung zu bringen sein.

### Sorbus alnoides n. sp.

Taf. IX, Fig. 2, 3, 4, 5.

*S. foliis membranaceis, petiolatis, ovatis vel oblongato-ellipticis, basi rotundatis, apice acuminatis, margine duplicato-serrato-dentatis: nervatione craspedodroma; nervis secundariis 8—10, angulis 50—60° orientibus, rectis vel paullo arcuatis, parallelis, in dentes majores marginis excurrentibus, ramos externos complures in dentes minores emittentibus; nervis tertiariis confertis, teneris, angulis acutis vel subrectis orientibus, ramosis, rete polygonale formantibus.*

Vorkommen: Rauno.

Mehrere Blätter von verschiedenen Größen stimmen in folgenden Eigenschaften überein. Sie sind häutig, gestielt, eiförmig bis länglich elliptisch, am Grunde zugerundet, nach der Spitze verjüngt und kurz zugespitzt; der Rand ist doppelt sägezähnig, die Doppelzahnung ist aber nur wenig ausgesprochen und ungleichmäßig; die Zähne sind ziemlich klein, dicht gestellt und stumpf zugespitzt. Der Mittelnerv ist mäßig stark, aber deutlich ausgeprägt und entsendet jederseits 8—10 Sekundärnerven, die unter spitzen (50—60°) Winkeln opponiert oder auch alternierend austreten und untereinander parallel, geradlinig oder wenig gebogen nach dem Rande in die größeren Zähne auslaufen; von ihnen gehen zahlreiche Außenästchen ab, die in die kleineren Randzähne eintreten; vergl. die vergrößerte Darstellung der Randinnervation Taf. IX, Fig. 4a. Von den Sekundärnerven entspringen spitzwinklig bis fast rechtwinklig feine Queranastomosen, die dichtgedrängt stehen, gerade oder gebogen und verästelt verlaufen und längliche Felder bilden, die von feinem polygonalem Maschenwerk erfüllt sind.

Die beschriebenen Blätter, deren vier in Form und Größe etwas variierende Exemplare in Fig. 2—5 der Taf. IX abgebildet sind, bieten auf den ersten Blick Ähnlichkeit mit den Blättern mancher Arten von *Alnus*, *Carpinus*, auch *Ostrya*; genauere Vergleichungen ergeben aber, daß sie durch ihre Textur, die undeutlich und unregelmäßig ausgebildete Doppelzahnung des Randes mit kleinen, in der Größe nur wenig verschiedenen, stumpflichen Zähnchen eine abweichende Bildung besitzen. Dagegen bieten sie eine fast völlige Übereinstimmung mit den Blättern von *Sorbus alnifolia* Sieb. et Zucc. aus Japan, die nur etwas größere Zähne aufzuweisen haben.

Mit der tertiären *Sorbus Lesquereuxii* Nathorst (Flore fossile du Japon, p. 57, pl. III, fig. 7—15, pl. XV, fig. 1), die der Autor ebenfalls mit *S. alnifolia* vergleicht, besitzen unsere Blätter auch eine weitgehende Ähnlichkeit; nur haben die Blätter der japanischen Tertiärart zahlreichere und steiler aufsteigende Sekundärnerven, während die Zahl der von diesen ausgehenden Außenästchen geringer ist als bei unseren Blättern.

### Rosa lignitum Heer.

Taf. V, Fig. 6.

Heer: Mioc. balt. Flora, S. 99, Taf. XXX, Fig. 33.
Engelhardt: Tertiärflora d. Jesuitengrabens, S. 73, Taf. 19, Fig. 11, 12.
Schimper: Traité de pal. vég., III, p. 327.

*R. foliis impari-pinnatis, foliolis membranaceis, brevissime petiolulatis, ovatis, ad basim integris, ceterum argute-serratis; nervis secundariis tenuibus, ramosis, camptodromis, ramulos in dentes marginis emittentibus; nervis tertiariis transversis, tenerrimis.*

Vorkommen: Zschipkau.

Der Taf. V, Fig. 6 abgebildete Blattrest ist wohl als Blättchen einer Rose anzusprechen; das kurzgestielte, häutige Blättchen ist von eiförmiger Gestalt, der Rand ist dem abgerundeten Blattgrunde zunächst ganz, im übrigen scharf gezähnt, mit deutlich markierten Zahnspitzen; die zarten, teilweise verästelten Sekundärnerven verbinden sich dem Rande nahe camptodrom und geben Seitenästchen in die Randzähne ab; zwischen den Sekundärnerven sind am Abdrucke nur vereinzelte, spitzwinklig entspringende Queranastomosen zu erkennen.

Unser Rest stimmt mit den einfach gesägten Blättchen verschiedener rezenter Rosenarten überein; unter den fossilen Rosen bieten *R. lignitum* Heer (l. c. S. 99, Taf. XXX, Fig. 33 und Engelhardt: Fl. d. Jesuitengrabens S. 73, Taf. 19, Fig. 11, 12) und *R. bohemica* Engelhardt (ibid. S. 73, Taf. 19, Fig. 10), die von ersterer Art wohl kaum zu trennen ist, die meiste Übereinstimmung. Unser Blättchen ist zwar kleiner und besitzt zartere Randzähne als die Blättchen von Rixhöft und aus dem Jesuitengraben, bietet im Übrigen aber keine Abweichungen dar.

### Prunus sambucifolia n. sp.

Taf. IX, Fig. 14.

Syn. *Quercus serraefolia* Göppert: Tertiärflora v. Schoßnitz, S. 17, Taf. V, Fig. 14.
?*Prunus serrulata* Schmalhausen: Ueber tertiäre Pflanzen a. d. Tale d. Flusses Buchtorma, Palaeontogr. Bd. XXXIII, S. 216, Taf. XX, Fig. 15.

*P. foliis lanceolato-ellipticis, argute-et dense-serratis: nervis secundariis numerosis, angulis 50—70° egredientibus, juxta marginem camptodromis, ramulos in dentes marginis emittentibus; nervis tertiariis angulis acutis orientibus.*

Vorkommen: Rauno.

Göppert beschreibt von Schoßnitz ein Blattfragment unter der Bezeichnung *Quercus serraefolia*, dessen Zugehörigkeit zur Gattung *Quercus* schon von Schimper (Traité de pal. vég. II, p. 658) als zweifelhaft bezeichnet wurde. Mit diesem Reste stimmt in auffallender Weise das Blatt überein, das Taf. IX, Fig. 14 abgebildet ist.

Es ist lanzettlich-elliptisch, dem Abdrucke nach von fester, aber nicht lederartiger Beschaffenheit; der Rand ist von dichtstehenden, scharfen, nach vorn gerichteten Sägezähnen besetzt. Vom Primärnerven, der sich nach der Spitze zu stark verjüngt, gehen in unregelmäßigen Zwischenräumen dicht gestellte Sekundärnerven unter Winkeln von 50—70° ab, die dem Rande nahe sich aufwärts biegen und untereinander anastomosieren; von den gebildeten Schlingenbögen treten schräg aufwärts strebende Ästchen in die Randzähne ein. Zwischen den Sekundärnerven werden längliche Felder von den Tertiärnerven gebildet, die unter ziemlich spitzen Winkeln austreten und gerade oder gebogen verlaufen.

Ähnliche Verhältnisse der Blattform, Randbildung und Nervenanordnung bieten sehr verschiedenartige beschriebene Tertiärpflanzen; z. B. mehrere Eichenarten: *Quercus argute-serrota* HEER (Fl. tert. Helv. II, p. 49, t. LXXVII, fig. 4, 5) und *Quercus Godeti* HEER (ibid. II, p. 50, t. LXXVIII, fig. 10, 11; III, p. 179, t. CLI, Fig. 11), die beide auch aus anderen Tertiärfloren, z. B. von ENGELHARDT aus der Braunkohlenformation Böhmens und Sachsens angegeben worden sind, deren Zugehörigkeit zur Gattung *Quercus* mir aber sehr wenig sichergestellt erscheint.

Nahezu völlige Übereinstimmung besitzt das Fragment, das SCHMALHAUSEN (l. c.) als *Prunus serrulata* beschreibt; es weicht nur die etwas weniger spitzwinklig austretenden Tertiärnerven von unserem Reste ab. SCHMALHAUSEN vergleicht sein Blattfragment mit *Prunus serrulata* HEER (Mioc. Flora der Insel Sachalin S. 53, Taf. XIV, Fig. 8); das Blatt HEER's ist aber von SCHMALHAUSEN's und von unserem Blatte durch seine lederartige Konsistenz, die entfernter stehenden Sekundärnerven und die kleineren, am Grunde des Blattes fehlenden Sägezähne des Randes verschieden.

*Prunus Buergeriana* MIQ. *fossilis* NATHORST (Flore fossile du Japon, p. 56, pl. XI, fig. 9) ist ähnlich, aber durch die minder scharfspitzige Randzahnung und entfernter stehende Sekundärnerven abweichend.

Nicht geringe Annäherung bietet unser Blatt auch an die Fiederblättchen von *Sambucus Ebulus* L., bei denen die Sekundärnerven aber steiler aufsteigen und durch ihre Außenäste viel ausgesprochener mehrere Reihen von Schlingenbögen neben einander bilden, und deren Konsistenz mehr krautig als die unseres Blattes ist. Immerhin soll die gewählte Bezeichnung an die Ähnlichkeit der Sambucusblätter erinnern.

Unter den lebenden *Prunus*-Arten kenne ich zwar keine, die mit unserem Blatte völlig konforme Blätter besitzt; aber mehrere nordamerikanische Arten (*Prunus serotina* EHRH., *P. Padus* L., mit der auch SCHMALHAUSEN sein Fossil vergleicht, *P. virginiana* L. und *P. alleghaniensis* PORTER) bieten neben der auch bei anderen Arten der Gattung auftretenden Nervatur sehr ähnliche Beschaffenheit des Blattrandes dar.

### Prunus marchica n. sp.

Taf. VII, Fig. 43, 48, 49.

*P. foliis mediocribus, petiolatis, membranaceis, tomentosis (?), ovato-ellipticis, basi et apice acuminatis, margine duplicato-serrato-dentatis; nervo primario sat valido, apicem versus diminuato, nervis secundariis angulis acutis (40—60°) orientibus, rectis vel paullo arcuatis, craspedodromis, in dentes marginis majores exeuntibus, partim ramos externos in denticulos emittentibus; nervis tertiariis angulis subrectis egredientibus, inter se ramulis transversis conjunctis.*

Vorkommen: Rauno.

Mehrere Abdrücke (Taf. VII, Fig. 43, 48, 49) stellen kurzgestielte Blätter von eiförmig-elliptischer Form dar, die nach Grund und Spitze allmählich verschmälert sind. Der Rand ist doppelt sägezähnig; die Zahnspitzen sind scharf ausgebildet; der ganze Rand erscheint in den Abdrücken kräftig ausgeprägt; die Konsistenz der Blätter ist häutig; ihre Oberfläche ist, wie die Abdrücke deutlich erkennen lassen, nicht glatt, sondern vermutlich behaart gewesen.

Von dem kräftigen, zur Spitze sich verjüngenden Mittelnerven treten unter Winkeln von 40—60° jederzeits 6—8 Sekundärnerven aus, die ebenfalls kräftig entwickelt sind; sie verlaufen gerade oder wenig vorwärts gebogen zum Rande und treten in dessen Hauptzähne ein; die Nebenzähne werden von Außenästchen der Sekundärnerven versorgt; die Tertiärnerven entspringen unter ziemlich rechten Winkeln, verlaufen teilweise verästelt und sind unter einander durch querlaufende Nervillen verbunden, so daß ein Netz von kurzen, vier- bis mehreckigen Felderchen gebildet wird.

Die beschriebenen Blätter besitzen Analoga unter denen der lebenden ostasiatischen *Prunus triloba* Lindl. Diese Art trägt Blätter von verschiedener Form; diejenigen an der Spitze der Zweige sind von keilförmig dreilappiger Gestalt, die unteren Blätter aber sind elliptisch; sie sind behaart, am Rande doppelsägezähnig und besitzen craspedodrome Sekundärnerven, während der Mehrzahl der *Prunus*-Arten camptodrome Sekundärleitbündel eigen sind. Ich habe eine große Anzahl von Blättern dieser lebenden Art verglichen, die mit unseren fossilen Blättern eine vollständige Uebereinstimmung in allen Merkmalen der Form, der Nervatur und der scharfen Ausbildung des Blattrandes darbieten.

In geringerem Maße nähern sich unsere Blattreste den Blättern der recenten *P. tomentosa* Thbg. aus Japan, deren Sekundärnerven nur zum Teile craspedrodrom, zum Teil durch Gabeläste camptodrom sind.

Auch die Blätter mehrerer lebender *Spiraea*-Arten ähneln unseren Abdrücken, z. B. die *Sp. corymbosa* Raf., *Sp. longigemmis* Max., ohne ihnen aber so nahe zu kommen wie *Prunus triloba* Lindl.

Von den beschriebenen fossilen zu *Prunus* gestellten Arten stimmt keine mit den Senftenberger Resten überein.

## Fam. **Leguminosae.**

### cf. **Cladrastis** sp.

Taf. VI, Fig. 14.

Vorkommen: Zschipkau.

Der Stengelabdruck, Taf. VI, Fig. 14, erinnert an *Cladrastis (Maackia) amurensis* Benth. aus der Mandschurei. Dieser Baum besitzt kräftige Zweige, deren Rinde mit zahlreichen Lenticellen besetzt ist, und deutlich zweischuppige Blattknospen und dreispurige Blattnarben (vergl. SCHNEIDER: Dendrologische Winterstudien, S. 125, Fig. 70). Unser Abdruck stellt einen kräftigen Zweig dar, dessen Oberfläche mit zahlreichen rundlichen bis länglichen Lenticellen bedeckt ist, und der eine wohlerhaltene Blattknospe trägt, die deutlich die beiden großen, sie deckenden Schuppen erkennen läßt. Die vorhandenen Blattnarben lassen genaue Einzelheiten nicht wahrnehmen. Der Habitus des Zweiges aber und die Größe und Gestaltung der Blattknospen weisen unverkennbar eine große Ähnlichkeit mit *Cladrastis amurensis* auf, so daß die Vermutung einer Zugehörigkeit des Restes zu *Cladrastis* zum mindesten nicht unbegründet erscheint.

## Fam. Anacardiaceae.

### Rhus salicifolia n. sp.

Taf. V, Fig. 11.

*Rh. foliis impari-pinnatis; foliolis subcoriaceis, elongato-lanceolatis, obtusato-acuminatis, subfalcatis, basi integris, apicem versus plus minusve remote-serratis; nervo primario distincto; nervis secundariis angulis 50—70° orientibus, arcuatis, furcato-ramosis, camptodromis, ramulos in dentes marginis emittentibus, nervis secundariis incompletis interpositis; nervis tertiariis angulis subrectis egredientibus, rete polygonale formantibus.*

Vorkommen: Zschipkau.

Der vorliegende Blattrest stellt ein mäßig gekrümmtes Blättchen von länglich-lanzettlicher Gestalt mit stumpflicher Spitze dar; der Rand ist am Grunde ganz, nach vorn zu unregelmäßig entfernt gesägt. Der Hauptnerv ist kräftig; von ihm treten zahlreiche Sekundärnerven unter Winkeln von 50—70° aus, und zwar teils als kräftige, sich gabelnde, teils als schwächere, unvollständige Sekundärnerven; die ersteren verlaufen bogenförmig nach vorwärts und verbinden sich nahe dem Rande camptodrom, die letzteren anastomosieren mit den Schlingenbögen oder den Tertiärnerven, welche unter wenig spitzen Winkeln austreten und ein vieleckiges Maschennetz bilden; die Randzähne werden von Ästchen versorgt, die aus den Camptodromien der Sekundärnerven austreten.

Die Vergleichung unseres Blattrestes mit beschriebenen tertiären Blättern läßt mancherlei Ähnlichkeit derselben mit mehreren zu *Pterocarya* gestellten Fossilien erkennen.

*Pt. leobenensis* ETTINGSHAUSEN (Beitr. z. Kenntn. d. Tertiärflora Steiermarks, S. 73, Taf. VI, Fig. 19; Foss. Fl. v. Leoben II, S. 38) bietet ähnliche Verhältnisse der Textur, Form, Bezahnung und Nervation; doch entspringen bei unserem Reste die Sekundärnerven unter spitzerem Winkel und sind weniger verästelt.

Ferner weist *Pt. Heerii* (ETT.) SCHIMPER (Traité de pal vég. III, p. 254 und 261), abgesehen von der abweichenden Randbeschaffenheit, eine große Übereinstimmung in der Nervation auf.

ETTINGSHAUSEN begründete (Beitr. z. Kenntn. d. foss. Flora von Tokay, S. 811, Taf. II, Fig. 5—7) auf 3 Blättchen, die von St. Gallen in der Schweiz stammten, eine neue Art: *Juglans Heerii*, von der er auch bei Erdöbénye Reste gefunden hatte. HEER beschrieb ähnliche Blätter aus der Schweizer Tertiärflora (Fl. tert. Helv. III, p. 93, t. XCIX, fig 23b, t. CXXXI, fig. 8—17), stellte sie aber zu *Carya* und verglich sie mit *Carya aquatica* NUTT. *Carya Heerii* führte er weiter an von Skopau (Beitr. z. näh. Kenntnis der sächs.-thüring. Braunkohlenflora, S. 16, Taf. VIII, Fig. 17), wählte aber später die Benennung: *Juglans (Carya) Heerii* (Mioc. balt. Flora, S. 47, Taf. XI, Fig. 14, 15, Taf. XII, Fig. 1a, b). Alsdann folgte ETTINGSHAUSEN dem Beispiele HEER's, indem er (Foss. Flora von Sagor II, S. 38) *Juglans Heerii* als Synonym von *Carya Heerii* aufführt, gab aber keine Abbildung des bei Sagor gefundenen Blättchens.

SCHIMPER (Traité de pal. vég. III, p. 254, 261) trennte die als *Juglans* oder *Carya Heerii* beschriebenen Reste, indem er ETTINGSHAUSEN's Blätter aus der fossilen Flora von Tokay als *Pterocarya* aufführte und als der *Pt. leobenensis* ETT. nahestehend bezeichnete, die übrigen aber zu *Carya* verwies.

Mir scheint diese Trennung mit Recht vorgenommen zu sein. Vergleicht man die Abbildungen ETTINGSHAUSEN's mit denen HEER's, so ergibt sich eine Übereinstimmung der Figuren 5—7 der Tafel II der Fossilen Flora von Tokay mit denen Flor. tert.

Helv., t. CXXXI, Fig. 8, 9, die in der Stärke der Mittelnerven, der kräftigen Ausbildung und dem Verlaufe der Sekundärnerven und der Bildung des Maschennetzes beruht. In beiden Fällen aber handelt es sich, bei ETTINGSHAUSEN sowohl als bei HEER, um Reste, die von St. Gallen stammen; ihnen ähnlich ist das Fragment, das HEER (Sächs.-thür. Braunkohlenflora, Taf. VIII, Fig. 17) wiedergibt. Die übrigen Exemplare, die HEER aus der Schweizer Tertiärflora abbildet — von den unvollkommenen Resten der baltischen Flora darf füglich abgesehen werden —, unterscheiden sich von jenen nicht unwesentlich: sie erscheinen schlanker, Haupt- und Sekundärnerven weniger kräftig, letztere unter spitzeren Winkeln entspringend und steiler aufsteigend. *Carya integriuscula* HEER (Fl. tert. Helv. II, p. 93, t. CXXX, fig. 18) vermag ich von letzteren Formen der *Carya Heerii* (ETT.) SCHIMPER nicht zu trennen; die erstgenannten Blättchen aber von St. Gallen (Fl. von Tokay, l. c.) betrachte ich mit SCHIMPER als *Pterocarya Heerii* (ETT.) SCHIMPER und vereinige mit ihnen die St. Gallener Reste HEER's (Fl. tert. Helv., t. CXXXI, fig. 8, 9).

Ein weiteres Fossil, mit dem unser Zschipkauer Blattrest — abgesehen wieder vom Blattrande — Ähnlichkeit aufweist, ist GÖPPERT's *Salix inaequilatera* (Tertiärfl. von Schoßnitz, S. 27, Taf. XXI, Fig. 6). Daß diese keine Weide ist, hat schon ENGELHARDT (Fl. d. Braunkohlenform. im Königr. Sachsen, S. 24) erkannt, welcher in GÖPPERT's Rest mit Recht ein gefiedertes Blatt erkannte und es zu *Pterocarya denticulata* WEB. sp. stellte. Mehr als diese *Pterocarya* aber scheint mir *Pt. cyclocarpa* SCHLECHTENDAL (Beitr. z. näh. Kenntnis d. Braunkohlenflora Deutschlands, S. 102, Taf. IV, Fig. 1—3, Taf. VI, Fig. 2, 3) nach den gegebenen Abbildungen und der Beschreibung Übereinstimmendes mit GÖPPERT's *Salix inaequilatera* zu bieten. Es ist dies freilich nur eine bloße Vermutung, um so mehr, als SCHLECHTENDAL, der die Schoßnitzer Originale GÖPPERT's untersuchen konnte, zwar (l. c. S. 104) *Salix castaneaefolia* GÖPP. und *S. lingulata* GÖPP. vereinigte und der Gattung *Pterocarya* zugehörig nachwies, bei der Beschreibung seiner *Pt. cyclocarpa* aber der *Salix inaequilatera* nicht Erwähnung tut. Beim Vergleiche nun des als *S. inaequilatera* bezeichneten Fiederblattes von Schoßnitz drängt sich mir die Vermutung auf, daß das nur mit der Basis erhaltene und am Grunde ebenso wie zwei der Seitenfiederchen ganzrandige Endblättchen des GÖPPERT-schen Fiederblattes eine unserem Reste ähnliche Beschaffenheit besessen haben kann.

Mehr aber als die eben genannten Pflanzenfossilien sind es verschiedene zu *Rhus* gestellte Blättchen, denen der vorliegende Rest von Zschipkau nahe kommt; vor allem *Rhus decora* SAPORTA (Ét. II, p. 349, pl. XIII, fig. 5), *Rhus stygia* UNGER (Chloris protogaea, p. 86, t. XXII, fig. 3), *Rhus juglandogene* ETTINGSHAUSEN (Tert. Flora von Häring, S. 80, Taf. XXVI, Fig. 24—29; SAPORTA: Ét. II, p. 348, pl. XIII, fig. 2) und *Rhus Saportana* PILAR (Flora foss. Susedana, p. 114, t. XIII, fig. 20, t. XV, fig. 6, 32). PILAR zieht, wie mir scheint, mit Recht unter der letzteren Bezeichnung die vorgenannten *Rhus*-Arten SAPORTA's, UNGER's und ETTINGSHAUSEN's zusammen; mit der Art PILAR's nun weist unser Rest eine erhebliche Gemeinsamkeit der Eigenschaften auf und unterscheidet sich im wesentlichen nur durch die ausgesprochene Camptodromie der Sekundärnerven, ein Unterschied, dem aber bei *Rhus* wenig diagnostischer Wert zukommt, da bei den rezenten Arten dieser Gattung gezähnte und ganzrandige Blättchen bei derselben Pflanze vorkommen und Camptodromie und Craspedodromie der Nerven von der Randbeschaffenheit wesentlich bedingt werden; danach würde also bei unserem in der Hauptsache ganzrandigen Blättchen der camptodrome Sekundärnervenverlauf nicht auffällig sein; immerhin ist die gesamte Übereinstimmung mit PILAR's Art nicht so groß, daß ich mich berechtigt glaubte, den Formenkreis derselben noch durch unser Blatt zu vergrößern; ich ziehe daher vor, dieses unter einem besonderen Namen aufzuführen, und zwar wähle ich eine Bezeichnung, die gleichzeitig noch an die Ähnlichkeit erinnern soll, die unser Blättchen mit noch einer weiteren Art GÖPPERT's aus der Schoßnitzer Flora aufweist, nämlich mit *Juglans salicifolia* GÖPP. (l. c., S. 36, Taf. XXV, Fig. 4, 5). Diese beiden Blättchen sind von HEER (Fl. tert. Helv. III, p. 88) und SCHIMPER

(Traité de pal. vég. III, p. 240) als fraglich zu *Juglans acuminata* A. BR. gezogen worden; GÖPPERT's Abbildungen besitzen aber unverkennbare Ähnlichkeit mit manchen rezenten *Rhus*-Arten, z. B. *Rhus silvestris* SIEB. et ZUCC., und, abgesehen vom ungeteilten Blattrande, stimmen sie (bes. l. c., Fig. 5) mit unserem Blättchen wohl überein, so daß die Möglichkeit einer Zusammengehörigkeit derselben bei Berücksichtigung der schon erwähnten Tatsache, daß ganzrandige und gezähnte Blättchen bei derselben Art von *Rhus* auftreten, zum mindesten nicht ausgeschlossen ist; Genaueres darüber ist freilich ohne Kenntnis und Untersuchung der GÖPPERTschen Originale nicht auszusagen.

Das von ETTINGSHAUSEN (Neue Pflanzenfossilien a. d. Tertiärschichten Steiermarks, S. 26, Taf. II, Fig. 5) mit *Juglans salicifolia* GÖPP. verglichene und unter dem gleichen Namen aufgeführte Blättchen scheint mir keine große Übereinstimmung mit den Schoßnitzer Blättchen zu besitzen.

## Rhus sp.

Taf. IX, Fig. 16.

*Rh. foliolis membranaceis, inaequalibus, brevissime petiolulatis, ovato-acuminatis, basi angustatis, margine irregulariter sinuato-dentatis; nervis secundariis angulis acutis (50–80°) orientibus, arcuatis, partim craspedodromis, in dentes excurrentibus, partim camptodromis, ramulos externos ad marginem emittentibus; nervis tertiariis angulis acutis exorientibus, flexuosis, ramosis, maculas polygonales formantibus.*

Vorkommen: Rauno.

Das glatte, häutige Blättchen, das Taf. IX, Fig. 16 abgebildet ist, muß wegen seiner asymmetrischen Gestalt wohl als Teil eines zusammengesetzten Blattes aufgefaßt werden. Es ist eiförmig, vorn zugespitzt, am Grunde schwach verjüngt; der Rand ist unregelmäßig mit geschweiftseitigen Zähnen besetzt. Die spitzwinklig austretenden Sekundärnerven verlaufen schwach bogenförmig aufsteigend nach dem Rande und enden teils craspedodrom in den Zähnen, teils verbinden sie sich camptodrom mit Außenästen der benachbarten Sekundärnerven und senden von den

Bogenschlingen Ästchen nach dem Rande, die in die Zähne oder in die Buchten des Randes auslaufen. Die Tertiärnerven entspringen unter spitzen Winkeln, verlaufen bogig und verästelt und bilden mehreckige, längliche Felder, die von noch feinerem Maschennetzwerke ausgefüllt sind.

Unter den lebenden Pflanzen finden sich Analoga für unser Blättchen bei verschiedenen Arten von *Rhus*, bei denen ungleichseitige Ausbildung der Lamina, unregelmäßig wechselnde Randbildung von ganzrandigen bis gezähnten oder gelappten Blättern und dieser entsprechend camptodromer und craspedodromer Verlauf der Sekundärnerven an derselben Pflanze auftreten können.

Von den beschriebenen fossilen *Rhus*-Arten bieten *Rh. Herthae* UNGER (Syll. plant. foss. I, p. 42, t. XX, fig. 7—9) und *Rh. toxicodendroides* PILAR (Flora foss. Susedana, p. 115, t. XIII, fig. 1), die beide mit dem rezenten *Rh. toxicodendron* L. verglichen werden, entfernter auch *Rh leporina* HEER (Flora foss. Grönlandica II, p. 135, t. XCIV, fig. 5) ähnliche Blattbildung.

Eine völlige Übereinstimmung konnte ich weder mit einer lebenden noch einer ausgestorbenen Art feststellen; ich begnüge mich darum, unseren Rest vergleichsweise der Gattung *Rhus* einzureihen.

## Fam. **Celastraceae.**

### **Evonymus Victoriae** n. sp.

Taf. II, Fig. 6a.

*E. foliis petiolatis, subcoriaceis, lanceolatis, basi obtusiusculis, apice acuminatis, irregulariter crenato-dentatis; nervatione camptodroma; nervo primario apicem versus attenuato; nervis secundariis teneris, sub angulis 45—65° orientibus, alternantibus vel oppositis, flexuosis, ramosis vel furcatis, partim incompletis, arcuatim conjunctis, arcubus margini parallelis; nervis tertiariis angulis subrectis egredientibus, flexuosis, ramosis, rete laxum polygonale formantibus.*

Vorkommen: Grube Victoria bei Groß-Räschen.

Der Blattrest, Taf. II, Fig. 6a, der mit einem Blatte von *Betula subpubescens* GÖPP. auf einer Platte zusammenliegt, läßt, wenn auch nicht vollständig erhalten, die Blattform deutlich erkennen, und da die Nervation gut ausgeprägt ist, so ist eine Deutung des Blattes wohl zulässig.

Das Blatt ist von lederiger Konsistenz, kurz gestielt, eiförmig-lanzettlich, mit stumpfer Basis und verschmälerter Spitze; der Rand trägt unregelmäßig entfernt stehende Kerbzähne; die Nervation ist schlingläufig; aus dem Mittelnerven, der sich nach vorn merklich verjüngt, treten opponiert oder alternierend unter spitzen Winkeln zarte Sekundärnerven in wechselnden Distanzen aus, die flach gebogen, zum Teil etwas geschlängelt, verästelt oder gabelig geteilt nach aufwärts gehen und dem Rande parallele und genäherte Schlingenbogen bilden, von denen Ästchen zum Rande selbst abgeben; neben den vollausgebildeten treten unvollständige Sekundärnerven auf; die Felder zwischen den Sekundärnerven werden von einem weitmaschigen, polygonalen Netzwerk der Tertiärnerven und ihrer Verzweigungen erfüllt.

Dieses Blatt bietet große Annäherung an mehrere lebende *Evonymus*-Arten, z. B. *E. Maackii* Rupr., *E. angustifolius* Pursh., vor allem aber an *E. vagans* Wall.

Unter den fossilen *Evonymus*-Arten kommt es *E. Latoniae* Unger (Syll. pl. foss. II, p. 11, t. II, fig. 25) und *E. radobojanus* Unger (ibid. II, p. 12, t. II, fig. 26, 27 und Ettingshausen: Tertiärfl. v. Bilin, III, S. 29, Taf. XLVIII, Fig. 8) nahe, ist aber von ihnen durch die stumpfere Basis und die entfernter stehende Randzahnung verschieden.

### Elaeodendron cf. helveticum Heer.

Taf. IX, Fig. 17.

Heer: Flor. tert. Helv. III, p. 71, t. CXXII, fig. 5.
Schimper: Traité de pal. végét. III, p. 201.

*E. foliis coriaceis, oblongis, obtuse crenato-dentatis; nervo primario valido, nervis secundariis angulis 50—70° orientibus, camptodromis, arcubus a margine remotis, ramulos in dentes emittentibus; nervis tertiariis angulis acutis egredientibus, flexuosis.*

Vorkommen: Rauno.

Der Blattabdruck, Taf. IX, Fig. 17, rührt von einem derben,

lederigen Blatte her; die Form ist länglich-elliptisch; der Rand ist von stumpfen Kerbzähnen besetzt, nach der Basis zu ungeteilt. Von dem kräftigen, sich nach der stumpfen Blattspitze zu verjüngenden Hauptnerven entspringen in unregelmäßigen Zwischenräumen unter Winkeln von 50—70° die Sekundärnerven, laufen anfangs gestreckt, bald aber vorwärts gebogen und verbinden sich unter einander camptodrom, mehr oder weniger vom Rande entfernte Schlingen bildend, an deren Außenseite sich hier und da, von Ästchen der Sekundärnerven gebildet, eine zweite Kette geschlossener Schlingenbögen anreiht, von denen aus Ästchen in die Kerbzähne des Randes eintreten. Zwischen den Sekundärnerven verlaufen spitzwinkelig austretende, gebogene oder geknickte Tertiärnerven, die mehreckige Felder umgrenzen.

Dieses Blatt bietet große Annäherung an mehrere Blattfossilien, die als *Elaeodendron* beschrieben worden sind, besonders *E. Gaudini* und *E. helveticum* HEER (Flor. tert. Helv. III, p. 71, t. CXXII, fig. 3, 4, 5), wenn es auch nicht vollständig mit ihnen übereinstimmt; bei unserem Blatte sind die Kerbzähne größer als bei den Arten HEER's, und die Sekundärnerven sind etwas zahlreicher und bilden unregelmäßigere Camptodromien als bei *E. helveticum*.

Wie die beiden genannten HEER'schen Arten läßt sich unser Blatt mit dem lebenden *E. glaucum* VAHL sp. vergleichen. Es scheint in die Verwandtschaft der beiden aus den Schichten von Monod bekannten und vielleicht zusammengehörigen, jedenfalls einander sehr nahestehenden Arten HEER's zu gehören. So lange von Senftenberg nur dieses eine nicht ganz vollständige Blatt vorliegt, soll es vorläufig unter der einen HEER'schen Bezeichnung aufgeführt werden.

Ich verschweige mir nicht, daß außer bei *Elaeodendron* auch bei mancherlei anderen lebenden Gattungen Blätter von sehr ähnlicher Bildung vorkommen, so daß daher die Deutung unseres Restes keinen Anspruch auf Sicherheit machen kann.

## Fam. Aquifoliaceae.

### Ilex lusatica n. sp.

Taf. V, Fig. 12, 13, 14.

*I. foliis coriaceis, petiolatis, petiolo longo, valido; foliis ovatis vel ellipticis, basi rotundatis vel acuminatis, margine paullo revoluto, spinoso-dentatis, sinuosis; nervo primario valido; nervis secundariis plus-minus distantibus, angulis acutis 40—60° orientibus, partim in dentes exeuntibus, partim camptodromis, arcuatis, ramosis; nervis tertiariis angulo acuto egredientibus, flexuosis, ramosis, maculas magnas polygonales formantibus.*

Vorkommen: Zschipkau.

Die abgebildeten drei Blattstücke, die sicher zu einer Art gehören, lassen, so fragmentarisch sie sind, alle Einzelheiten der Blattbildung dieser Art rekonstruieren. Es handelt sich um lang und kräftig gestielte, derblederige Blätter von eiförmiger bis elliptischer Form, die an der Basis abgerundet oder verschmälert, nach vorn zugespitzt sind. Der Rand erscheint im Abdruck kräftig, an einigen Stellen deutlich umgebogen; er trägt entfernte, große, scharfzugespitzte Zähne, zwischen denen die Buchten ausgeschweift verlaufen. Von dem starken Mittelnerven, der sich nach vorn verjüngt, entspringen kräftige Sekundärnerven, meist alternierend, die entweder in ziemlich straffem Verlaufe in die Randzähne ausgehen, oder die gekrümmt, verästelt oder gabelbildend bis nahe zum Rande laufen und sich dort camptodrom verbinden; im letzteren Falle treten von den Bogen aus Ästchen in die Randzähne; zwischen den Sekundärnerven laufen unter spitzen Winkeln austretende, gebogene und verzweigte Tertiärnerven, die ein Netz von weiten, polygonalen Maschen herstellen und dem Rande entlang weite Schlingenbogen bilden.

Konsistenz, Randbildung und Nervatur unserer Blätter weisen auf *Ilex* hin: *Ilex Aquifolium* L. und besonders *Ilex opaca* AIT. bieten auffallend analoge Verhältnisse. Unter den beschriebenen fossilen *Ilex*-Arten stimmt keine mit unseren Resten ganz überein; von den ihnen am nächsten kommenden besitzt *I. Hibschii* ENGELHARDT (Üb. foss. Pfl. a. tert. Tuffen Nordböhmens, Abh. d. Ges.

Isis, Dresden, 189?, Abh. 3, S. 11, Taf. 1, Fig. 1) eine andere Blattform, und *I. dura* HEER (Nachr. z. foss. Flora Grönlands, S. 15, Taf. VI, Fig. 6) hat auffällig zarte Nerven und ist in eine schmale Spitze vorgezogen; *I. Studeri* de la Harpe (HEER: Fl. tert. Helv. III, p. 72, t. CXXII, fig. 11), *I. Rüminiana* HEER (ibid., p. 72, t. CXXII, fig. 22. 23), *I. dryandraefolia* SAPORTA (Ét. I, p. 243, pl. X, fig. 8), *I. horrida* SAPORTA (Ét. II, p. 334, pl. XI, fig. 9) besitzen weit größere, lappenartige Randzähne.

Unsere Reste sind darum einer neuen Art zuzuschreiben, die — soweit die Blätter darüber Aufschluß geben — vermutlich den lebenden *I. Aquifolium* L. und *I. opaca* AIT. nahe steht.

### Ilex Falsani SAP. et MAR

Taf. V, Fig. 22, 23.

SAPORTA et MARION: Recherches sur les végétaux fossiles de Meximieux, p. 294, pl. XXXVI; fig. 2–9.
SCHIMPER: Traité de pal. vég. III, p. 211.
MESCHINELLI e SQUINABOL: Flor. tert. Ital., p. 383.

*I. foliis saltem firmis, rigidis, petiolatis, ovato-lanceolatis, ellipticoque-ovatis, sursum in acumen acerosum plerumque abeuntibus, margine subtus leviter revoluto, integerrimis, penninerviis; nervis supra immersis, subtus aegre perspicuis: nervo primario sat valido; nervis secundariis parum obliquis, angulis acutis plerumque emissis, secus marginem conjuncto-areolatis; nervis tertiariis angulatim flexuosis, rete laxum efficientibus.*

Vorkommen: Zschipkau.

Die beiden Blätter, die mir vorliegen, sind von derber Beschaffenheit, ganzrandig mit leicht umgebogenem Rande und von elliptischer Form mit schwach verjüngter Basis. Der starke Mittelnerv wird nach der Spitze zu rasch dünner, die Sekundärnerven sind an beiden Abdrücken nur zart ausgeprägt; sie verlaufen, unter spitzen Winkeln austretend, flach gebogen nach aufwärts und verbinden sich dem Rande nahe camptodrom; zwischen ihnen verlaufen gebogene Queranastomosen, die ein lockeres Netz polygonaler Felderchen bilden.

Beide Reste, insbesondere Fig. 23, stimmen gut zu *Ilex Fal-*

*sani* SAP. et MAR. unter den beschriebenen fossilen und zu *Ilex balearica* DESF. unter den rezenten *Ilex*-Arten. Sie besitzen einen längeren und stärkeren Blattstiel als die Blätter von MEXIMIEUX; derselbe mißt an unseren Resten 11—20 mm, während SAPORTA und MARION für *I. Falsani* eine Stillänge von nur 6 mm angeben; damit kommen unsere Blätter der *I. balearica*, die ebenfalls Blattstiele von 1—2 cm Länge besitzt, noch näher als *I. Falsani*, die von den beiden französischen Autoren mit derselben rezenten Art verglichen wird. Im Übrigen aber stimmt eines unserer Blätter, Fig. 23, völlig mit den Blättern der Pflanze von MEXIMIEUX überein; für das andere, Fig. 22, ist die Übereinstimmung nicht so in die Augen springend; die Sekundärnerven sind dichter gestellt und etwas steiler aufgerichtet; doch sind dies Abweichungen, die auch bei rezenten *Ilex*-Blättern auftreten, und bei der Übereinstimmung der sonstigen Eigenschaften nehme ich nicht Anstand, beide Reste unter demselben Namen aufzuführen. Das Blatt, Fig. 22, kommt zudem den Blättern von *Ilex Heeri* NATHORST (Flore fossile de Japan, p. 62, pl. X, fig. 7—10, pl. XI, fig. 3) nahe, welche Art sich nach SAPORTA (Nouvelles observations sur la flore fossile de Mogi, p. 27) von *Ilex Falsani* nicht unterscheidet.

## Fam. Aceraceae.

Kaum eine Familie, aus der uns fossile Reste erhalten sind, ist so genau bekannt als die der *Aceraceen* dank der eingehenden kritischen Untersuchung, die F. PAX in seiner Monographie der Gattung *Acer* (ENGLER's botan. Jahrbücher Band VI, VII, XVI) und in ENGLER's Regni vegetabilis conspectus, 8. Heft, *Aceraceen*, dieser Familie gewidmet hat. Ich kann daher auf diese Arbeiten verweisen, sowohl in Bezug auf die Hervorhebung der charakteristischen Blattmerkmale der Gattung *Acer* wie insbesondere auf die Übersicht der fossilen Ahorngruppen (l. c. Bd. VI, S. 348 ff.), der ich bei der Darstellung der nachstehenden im Senftenberger Reviere aufgefundenen Ahornreste folge.

# Acer L.

## Gruppe **Palaeo-rubra.**

### **Acer trilobatum** Stbg. sp.

Taf. II, Fig. 3c, Taf. V, Fig. 25, 29, 31, 33, Taf. VI, Fig. 7c, 12, Taf. IX, Fig. 6.

A. Braun: Leonh. u. Bronn. Jahrb. 1845, S. 172.

Literatur s. Pax: Monographie S. 349.

*A. foliis longe petiolatis, palmato-trilobis vel sub-quinquelobis, lobis plerumque inaequalibus, lobo medio lateralibus longiore et latiore, rarius aequalibus, inciso-dentatis, dentibus inaequalibus, acuminatis: lobis lateralibus patentibus vel plus minus arrectis, sinubus angulum rectum, subrectum, interdum acutum formantibus; palmatinerviis; nervis primariis 3 (—5) in lobos excurrentibus; nervis secundariis e primario medio et e latere externo lateralium angulis acutis egredientibus, craspedodromis, dentes marginis attingentibus; nervis secundariis infimis in utroque latere mediani ad sinus folii currentibus et hic juxta maginem furcatis et cum proximis nervis anastomosantibus: nervis tertiariis ad marginem partim craspedodromis in dentes intrantibus, partim camptodromis et ramulos in dentes emittentibus; nervulis inter secundarios angulis acutis vel subrectis exorientibus, arcuatis, ramosis, rete polygonale formantibus; fructibus ovalibus, angulis 45° divergentibus, alatis; alis basin versus angustatis.*

Vorkommen: Zschipkau, Groß-Räschen, Rauno.

Von dieser weitverbreiteten Art liegen aus den Braunkohlentonen Blätter und Früchte vor. Die Blätter, die das charakteristische Nervennetz deutlich ausgebildet zur Schau tragen, schließen sich genau den vieler Orts gegebenen Abbildungen von *A. trilobatum* an, insbesondere den Tafeln Heer's in der Tertiärflora der Schweiz. Die Mehrzahl unserer Blätter (wie Taf. II, Fig. 3c, Taf. V, Fig. 31, Taf. VI, Fig. 12) gehört zur *forma tricuspidata* und schließt sich trefflich an die Abbildungen bei Heer, l. c. Taf. CXIII an; das eine Blatt (Taf. V, Fig. 33) zeigt eine seltenere Form mit kurzen stumpfen Lappen und stumpfen Buchten. Die abgebildeten Blätter besitzen zum Teil kleinere Randzähne als sie in der Regel bei *A. trilobatum* zur Beobachtung kommen, sie erinnern damit und mit ihrer vorwiegend abgerundeten Basis an die Varietät *Acer rubrum semiorbiculatum* PAX; neben ihnen kommen aber auch Blätter mit gröberer Zahnung vor. Zur *forma producta* gehört das Blatt Taf. IX, Fig. 6, bei dem die Seitenlappen fast völlig zurücktreten.

Zu *A. trilobatum* sind die Taf. V, Fig. 25 und 29 und Taf. VI, Fig. 7c abgebildeten Flügelfrüchte zu stellen; sie sind mittelgroß mit ovalem Fruchtfach und mit vorn stumpf abgerundetem, nach dem Grunde zu allmählich verschmälertem Flügel.

### Gruppe **Palaeo-Spicata.**

### **Acer crenatifolium** ETT.

Taf. V, Fig. 32, 35, Taf. VI, Fig. 7a, 13.

ETTINGSHAUSEN: Tertiärflora von Bilin III, S. 20, Taf. XLV, Fig. 1, 4.
Literatur: s. PAX, l. c. S. 358.
Synon: *Acer triangulilobum* GÖPP., s. PAX, l. c.
*Acer otopteryx* GÖPP., s. PAX, l. c.

*A. foliis longe petiolatis, cordato-subrotundis, trilobis vel subquinquelobis, sinubus angulum acutum formantibus; lobis e basi lata acuminatis, apice productis, margine inaequaliter crenato-dentatis; nervis primariis 3—5, nervis secundariis curvatis, craspedodromis vel camptodromis, partim ramosis; nervis tertiariis ad marginem camptodromis, ramulos in dentes emittentibus, ceterum inter secundarios anastomosantibus, flexuosis, angulis subrectis egredientibus.*

Vorkommen: Zschipkau.

Von den hier dargestellten Blättern stimmt das eine (Taf. VI, Fig. 7a) völlig mit *A. crenatifolium* ETT. (Flor. v. Bilin, Taf. XLV, Fig. 4) überein; es besitzt wie dieses Blatt die herzförmige Basis, drei große und zwei kleinere seitliche Lappen von breit dreieckiger Gestalt mit spitzen Buchten und die kerbzähnige Randbeschaffenheit; nicht weniger stimmt es zu *Acer triangulilobum* GÖPPERT (Tertiäre Flora von Schloßnitz, S. 35, Taf. XXIII, Fig. 6), welche Art PAX mit *A. crenatifolium* vereinigt.

Das dreilappige Blatt, Taf. VI, Fig. 13, ist nach Basis und Randbeschaffenheit ebenfalls hierher zu rechnen.

Das kleine defekte Blatt, Taf. V, Fig. 32, erinnert an *Acer otopteryx* GÖPP. (HEER, Flor. foss. arct. I, p. 152, t. XXVIII, fig. 1—13 — bes. fig. 8), eine Art, die PAX ebenfalls zu *A. crenatifolium* zieht, entfernter auch an *A. arcticum* HEER (Beitr. z. foss. Flora Spitzbergens, Taf. XXII und XXIII); dieser Ahorn, auch zur Gruppe *Palaeo-Spicata* gehörig, besitzt aber gröbere Randkerbung.

Das Blatt, Taf. V, Fig. 35, endlich weicht durch die Verschmälerung des Mittellappens ab; es mahnt damit einigermaßen an *A. dasycarpoides* HEER (Fl. tert. HELV. III, p. 198, t. CXIV, fig. 3, 9, t. CXV, fig. 6, t. CLV, fig. 6—8; ETTINGSHAUSEN, Tertiärfl. v. Bilin III, S. 19, Taf. XLIV, Fig. 16, 17), entbehrt aber durchaus der tiefeingeschnittenen Randzähne dieser Art, während seine Randkerbung, die schwach herzförmige Basis und die Nervation ganz die von *A. crenatifolium* sind.

Bezüglich des verschiedenen Verhaltens des Mittellappens bei den Blättern Taf. V., Fig. 35 und Taf. VI, Fig. 7a sei übrigens darauf hingewiesen, daß ganz die nämlichen Variationen bei *A. Pseudoplatanus* L. — zur Gruppe *Spicata* gehörig — zu beobachten sind; die beiden fossilen Blätter dürfen daher wohl ohne Bedenken zusammengestellt werden.

## Gruppe **Palaeo-Palmata.**

### **Acer polymorphum** SIEB. et ZUCC. **miocenicum.**

Taf. IX. Fig. 7, 8, 9.

*Acer polymorphum* S. et Z. *pliocenicum* SAPORTA: Nouvelles observations sur la flore fossile de Mogi, p. 30, pl. IX, fig. 2.

» » SAPORTA: Sur les caractères propres à la végétation pliocène, p. 228.

» » SAPORTA: Die Pflanzenwelt vor dem Erscheinen des Menschen, S. 331, Fig. 108.

*Acer Nordenskiöldi* NATHORST: Flore fossile du Japon, p. 60, pl. XI, fig. 10—15.

» » » Zur fossilen Flora Japans, S. 34, Taf. X, Fig. 13, 14.

*Acer palmatum* THBG. mut. *Nordenskiöldi* SCHMALHAUSEN: Über tert. Pflanzen a. d. Tale d. Flusses Buchtorma, S. 213, Taf. XXI, Fig. 22, 23.

*Acer Sanctae Crucis* STUR: Flora der Süßwasserquarze, der Congerien- und Corithienschichten etc., S. 178, Taf. V, Fig. 9—12.

» » » SCHIMPER: Traité de pal. vég. III, p. 145.

*Acer* sp. aff. *A. polymorphi* SORDELLI: Atti de la società ital. di Milano XXI, p. 877.
PAX l. c. S. 355.

*A. foliis graciliter petiolatis, membranaceis, basi cordatis, 7-lobis; lobis ovato-lanceolatis, acuminatis, margine serrulatis, lobis infimis valde minoribus; sinubus inter lobos acutangulis; nervatione actinodroma; nervis primariis 7 distinctis; nervis secundariis gracilibus, angulis subrectis egredientibus; nervis tertiariis tenuissimis; fructibus loculis globosis, alis 2 cm longis, apice obtusis, basin versus paullo attenuatis.*

Vorkommen: Rauno.

Die beiden Blätter, Taf. IX, Fig. 7, 8, geben den Nachweis, daß in der Senftenberger Flora auch Ahorne aus der Gruppe der *Palmata* vertreten waren. Beide Blätter sind nicht ganz vollständig erhalten, erlauben aber genügend, die Blattform festzustellen. Es sind Blätter auf dünnen Stielen, von zarter Konsistenz, mit herzförmiger Basis und sieben Blattlappen. Die untersten Lappen sind erheblich kleiner als die übrigen; die Form der Lappen ist eiförmig, zugespitzt; die Buchten zwischen den Lappen sind spitzwinkelig. Der Lappenrand ist klein gesägt; die Sägezähnchen sind unscheinbar und zumeist nur bei guter Beleuchtung deutlich sichtbar. Die sieben in die Spitzen der Blattlappen auslaufenden Primärnerven sind kräftig ausgebildet; die Sekundärnerven treten nur schwach hervor; sie verlaufen, unter spitzen bis ziemlich rechten Winkeln austretend, dem Rande entgegen und bilden, sich aufwärts biegend, Schlingenbögen, von denen aus feine Ästchen in die Randzähne eintreten; die außerordentlich zarten Tertiärnerven schließen ein polygonales Maschennetz ein.

Diese Blätter stimmen vollständig mit denen überein, die NATHORST l. c. als *A. Nordenskiöldi* beschrieb; sie sind nicht verschieden von *A. Sanctae Crucis* STUR. Diese unter spezifischen Namen eingeführten fossilen Ahorne, die von ihren Autoren mit dem lebenden *A. palmatum* THBG. (= *A. polymorphum* SIEB. et ZUCC.) aus Japan verglichen wurden, sind von SAPORTA und SCHMALHAUSEN als tertiäre Formen der lebenden Art angesehen worden. Letzterer vereinigt mit ihnen Blattfragmente vom Altai, SAPORTA macht Reste seines *A. polymorphum pliocenicum* von verschiedenen Fundorten des Cantal bekannt. Die von SAPORTA gegebenen Abbildungen weisen neben im Übrigen übereinstimmenden Verhältnissen größere Randzahnung auf, während NATHORST sowohl wie STUR und SCHMALHAUSEN die Kleinheit der Randzähne bei ihren Blättern hervorheben, die auch unsere Reste aufweisen. Auch von dem Blattfragmente, das NATHORST (Zur fossilen Flora Japans, S. 38, Taf. XIII, Fig. 3) als *Acer* sp. (cf. *palmatum* THBG.) von Yokohama beschreibt, sind unsere Blätter durch kleinere Randzähne verschieden. Eine solche verschiedenartige Beschaffenheit der Randzähne ist aber auch der lebenden Art eigen, deren Polymorphismus ja schon in ihrem Namen zum Ausdruck kommt.

PAX hält es in seiner kritischen Bearbeitung der Gattung *Acer* für unmöglich, die den *Palmatis* zuzuzählenden fossilen Reste in Arten abzugrenzen; wir sind danach wohl berechtigt, die Senftenberger Blätter als eine miocäne Form des *A. polymorphum* anzusprechen, und kommen damit zu dem interessanten Ergebnisse, daß diese Art bereits sicher im Miocän Mitteleuropas vertreten war, und daß sie während der Tertiärzeit ein Verbreitungsgebiet besaß, das sich von Südfrankreich und Parma über Mitteldeutschland, Ungarn, das Altaigebiet bis nach Japan erstreckte und sich zeitlich vom Miocän bis Pleistocän ausdehnte.

Unter den zahlreichen Fruchtabdrücken der Senftenberger Bildungen befindet sich einer, der mit den eben beschriebenen Blättern vielleicht vereinigt zur Gruppe *Palmata* gezogen werden kann.

Diese Flügelfrucht (Taf. IX, Fig. 9) besitzt ein länglich-rundes Samenfach und mißt mit dem Flügel 2 cm; der Flügel ist relativ breit (bis 7 mm), vorn stumpf abgerundet, zum Grunde nur wenig verschmälert; die Früchte divergieren in einem sehr stumpfen Winkel. Diese Ahornfrucht stimmt am besten zu der, die NATHORST (Zur fossilen Flora Japans, S. 34, Taf. X, Fig. 14) zu *A. Nordenskiöldi* bringt, weniger zu der Frucht von *A. Pax'i* NATHORST (ibid. S. 26, Taf. XI, Fig. 13), die mit Früchten von *A. Sieboldianum* MIQ. und *A. circumlobatum* MAX. — beide zur Gruppe *Palmata* gehörig — verglichen wird.

## Gruppe **Palaeo-Campestria.**

### **Acer subcampestre** Göpp.

Taf. V, Fig. 28, Taf. VI, Fig. 2, 10, 11.

Göppert: Tertiärflora von Schoßnitz, S. 34, Taf. 22, Fig. 16, 17.
Ludwig: Foss. Pfl. a. d. tert. Spateisenstein von Montabauer, Palaeontogr. VIII, S. 178, Taf. LXIX, Fig. 3, (4).
Pax: l. c. S. 358.

*A. foliis longe petiolatis, chartaceis vel subcoriaceis, palmato-tri-usque subquinquelobis, lobis inaequalibus, e basi lata vel paullo co-arctata lanceolatis, obtusatis, margine lobulatis vel subintegris, lobo medio obtuse-trilobato; nervis primariis 3 (—5), actinodromis; nervis secundariis angulis 60—70° orientibus, flexuosis, camptodromis vel in lobulos marginis excurrentibus; nervis tertiariis angulis acutis egre-dientibus, flexuosis, anastomosantibus vel ad marginem camptodromis; fructibus seminibus rotundatis, alis horizontalibus, oblongis, obtusis, valide oblique nervosis.*

Vorkommen: Zschipkau, Rauno.

Es liegen mehrere Blätter und mancherlei Bruchstücke einer Ahornart vor, deren drei hier abgebildet wurden (die Zeichnung zu Taf. VI, Fig. 2 wurde aus beiden Platten des Abdruckes kombiniert). Die Blätter sind langgestielt, von derber Konsistenz, drei- bis fünflappig; die Lappen von lanzettlicher Gestalt sind an ihrem Grunde teilweise verjüngt; der Mittellappen übertrifft die seitlichen an Größe und ist stumpf-dreilappig; die Lappen sind an der Basis ganzrandig, im übrigen entfernt stumpfgebuchtet. Die strahligen Primärnerven, 3 bis 5 an Zahl, verlaufen in die Hauptblattlappen; die Sekundärnerven treten entweder in die Lappen zweiter Ordnung oder bilden Camptodromien, ebenso wie die randständigen Tertiärnerven, die im übrigen längliche polygonale Felder zwischen den Sekundärnerven abgrenzen.

Die vorgefundenen Blätter stimmen völlig mit denen überein, die Göppert von Schoßnitz als *A. subcampestre* beschrieben hat. Von anderen fossilen *Acer*-Resten ist übereinstimmend das von Ludwig (Palaeontogr. VIII, S. 178, Taf. LXIX, Fig. 3) unter gleicher Bezeichnung aufgeführte Blatt von Montabauer; große Ähnlichkeit besitzen *A. obtusilobum* Unger (Chloris protog., p. 134, t. XLIII, fig. 12) und *A. palaeocampestre* ETTINGSHAUSEN (Beitr. z. Tertiärfl. Steiermarks, S. 64, Taf. V, Fig. 11—14 und Foss. Flora von Leoben II, S. 23, Taf. IX, Fig. 1).

Unter den lebenden Arten finden sich völlig analoge Formen bei *A. campestre* L. Eine geringere Ähnlichkeit weisen übrigens auch die Blätter des rezenten, zur Gruppe *Platanoidea* gehörigen *A. Miyabei* MAX. auf.

Die zum Vergleiche herangezogenen fossilen Arten gehören sämtlich zu denen, die PAX (l. c., S. 358) zu einer Serie zusammenzieht und in die nächsten genetischen Beziehungen zu *A. campestre* L. bringt.

Die Flügelfrucht, Taf. V, Fig. 28, glaube ich mit den Blättern von *A. subcampestre* GÖPP. zusammenstellen zu dürfen, da sie mit ihrem rundlichen Samen und den stumpfen, starknervigen, anscheinend horizontal divergierenden Flügeln denen von *A. campestre* L. wohl entspricht und unter den fossilen Ahornfrüchten denen sehr nahe kommt, die ETTINGSHAUSEN (Beitr. z. Tertiärfl. d. Steierm., Taf. V, Fig. 14b) zu *A. palaeocampestre* und UNGER (Chloris prot. t. XLIII, fig. 13) zu *A. obtusilobum* bringt; die von LUDWIG von Montabauer (l. c., t. LXIX, fig. 4) als *A. subcampestre* bezeichnete Frucht weicht dagegen von unserem Funde ab; sie stimmt überhaupt nicht zu den Früchten von *A. campestre*.

### Acer pseudocreticum ETT.

Taf. V, Fig. 26, 27.

ETTINGSHAUSEN: Fossile Flora von Wien, S. 22, Taf. V, Fig. 2.
MASSALONGO: Flora fossile del Senigalliese, p. 339, t. XV/XVI, fig. 9.
RÉROLLE: Vég. foss. de Cerdagne, p. 373, pl. XIV, fig. 1.
SCHIMPER: Traité de pal. végét. III, p. 143.
MESCHINELLI e SQUINABOL: Flor. tert. Ital., p. 353.
*Acer trilobatum* UNGER: Foss. Flora von Gleichenberg, S. 180, Taf. V, Fig. 10.

*A. foliis subcoriaceis, petiolatis, basi rotundatis vel subcordatis, trilobis; lobis lateralibus angulo acuto divergentibus, obtusis, margine integris vel repando-obtuse-lobulatis; nervis primariis 3, strictis; nervis secundariis angulo acuto orientibus, secus marginem arcuatim inter se anastomosantibus; nervis tertiariis flexuosis, ramosis, areas oblongas includentibus; fructibus seminibus rotundatis, alis angustis, basi paullo contractis, divergentibus.*

Vorkommen: Zschipkau.

Das Blatt, Taf. V, Fig. 27, ist von der vorhergehenden Art verschieden; es ist von derber Konsistenz, gestielt, an der Basis abgerundet, 3-lappig; die beiden Seitenlappen divergieren unter spitzen Winkeln; der Mittellappen ist stärker als die seitlichen ausgebildet; die Lappen sind ganzrandig oder stumpf wellig gebuchtet; die Hauptnerven laufen nach den stumpfen Enden der Blattlappen; die Sekundärnerven verbinden sich dem Rande entlang camptodrom und geben Seitenästchen in die Ausrandungen ab; die Tertiärnerven verlaufen gebogen und zum Teil verästelt und bilden längliche Felder zwischen den Sekundärnerven.

Unser Blatt stimmt überein mit den Blättern, die MASSALONGO und RÉROLLE als *A. pseudocreticum* beschrieben haben.

PAX bezeichnet ETTINGSHAUSEN's *A. pseudocreticum* als mit Unrecht zu *Acer* gestellt; er bezieht sich dabei auf ETTINGSHAUSEN's Abbildungen in der fossilen Flora von Wien (Taf. V, Fig. 2) und der fossilen Flora von Tokay (Taf. III, Fig. 1); der erstere Blattrest kann allerdings als unbrauchbar bezeichnet werden, der andre aber ist von STUR (Flora der Süßwasserquarze, der Congerien- und Cerithienschichten, S. 177, Taf. V, Fig. 8) als zu *Acer palaeosaccharinum* STUR gehörig richtig gestellt worden.

Die Zitate von *A. pseudocreticum* ETT. bei MASSALONGO (Fl. foss. del Senigall, t. XV/XVI, fig. 9[1])) und RÉROLLE sind von PAX unberücksichtigt geblieben.

Da aber diese beiden Autoren z. T. wohlerhaltene und mit einander gut übereinstimmende Reste als *A. pseudocreticum* beschrieben haben, mit denen unser Blattrest völlig übereinkommt, so zögere ich nicht, diese Bezeichnung — mit Ausschluß der ETTINGSHAUSEN'schen Exemplare — aufrecht zu erhalten und für das Zschipkauer Blatt in Anwendung zu bringen.

Von anderen tertiären Ahornen bietet *A. ribifolium* GÖPP. (Tertiärfl. v. Schoßnitz, S. 34, Taf. XXII, Fig. 18), zu dem viel-

[1]) *Acer pseudocreticum* ETT. bei MASSALONGO, Fl. foss. del Senigall., t. XIX, fig. 6, wird von MESCHINELLI und SQUINABOL (Fl. tert. Ital., p. 412) als Synonym von *Platanus deperdita* MASS. sp. (= *P. aceroides* GÖPP.) aufgeführt; das unter demselben Namen, Taf. XX, Fig. 5 der Flora von Sinigaglia abgebildete Blatt kann gleichfalls ein schlecht erhaltenes Platanenblatt sein.

leicht auch das Blatt gehört, das GÖPPERT ebenda Taf. XII, Fig. 1 als *Platanus cuneifolia* bezeichnet, ähnliche Beschaffenheit bis auf die spitzeren Lappen dieser Art; weitere Ähnlichkeit besitzt *A. opulifolium pliocenicum* SAP. et MAR. (Réch. sur les végét. foss. de Meximieux, p. 292, pl. XXV, fig. 2—6), ist aber 5-lappig.

Unter den lebenden Ahornarten finden sich übereinstimmende Blattformen bei *A. monspessulanum* L. und *A. orientale* T. (*A. creticum* T.) aus der Gruppe der *Campestria*.

PAX nimmt an (l. c., S. 359), daß *Acer creticum* wahrscheinlich erst in rezenter Zeit aus *A. monspessulanum* hervorging; wenn unseren vereinzelten Blattfunden einige Beweiskraft zuzubilligen ist, darf angenommen werden, daß die Form des *A. creticum* doch bereits im Tertiär auftrat.

Die Flügelfrucht (Taf. V, Fig. 26) bringe ich mit unserem Blatte in Verbindung, da sie große Übereinstimmung mit den Früchten von *Acer monspessulanum* besitzt; das rundliche Samenfach von mäßiger Größe trägt einen schmalen Flügel von 2 cm Länge, der am Grunde mäßig verjüngt ist.

## Fam. Rhamnaceae.

### Rhamnus Rossmässleri UNG.

Taf. V, Fig. 34.

UNGER: Gen. et sp. plant. foss., p. 464.
HEER: Flor. tert. Helv. III, p. 80, t. CXXIV, fig. 18—20.
Lit. u. Synon. s. MESCHINELLI e SQUINABOL: Flor. tert. Ital., p. 397.

*Rh. foliis oblongo-ellipticis, integerrimis, rarius undulatis; nervis secundariis infimis oppositis, ceteris alternantibus, utrinque 7—12, infimis tenuibus, angulis 40—60° orientibus, primo strictis, dein marginem versus arcuatis, camptodromis; nervis tertiariis angulis subrectis egredientibus, densis, strictis vel flexuosis.*

Vorkommen: Zschipkau.

Einige Blattreste stimmen mit den Abbildungen überein, die verschiedenenorts von *Rh. Roßmäßleri* gegeben wurden. Sie rühren von elliptischen, ganzrandigen oder am Rande schwach welligen Blättern her, die ganz analog den Blättern unserer lebenden *Rh.*

*Frangula* L. gebildet sind; wie bei dieser entspringen die Sekundärnerven spitzwinkelig, die unteren stehen opponiert, die übrigen alternieren; die untersten 1 oder 2 Sekundärnervenpaare sind zarter ausgebildet als die übrigen; sie verlaufen anfangs straff, biegen sich dann gegen den Rand zu aufwärts und verbinden sich camptodrom mit Außenzweigen des nächsthöheren Sekundärnerven. Die Tertiärnerven treten unter ziemlich rechten Winkeln aus, stehen dicht, verlaufen gerade oder geschlängelt und schließen schmale Federchen zwischen den Sekundärnerven ein.

## Fam. Vitaceae.

### Vitis teutonica A. Br.

Taf. VIII, Fig. 18.

A. Braun: Leonh. u. Bronn's Jahrb. 1845, S. 172.
Heer: Flor. tert. Helv. III, p. 194, t. CLV, fig. 1—3.
» Mioc. balt. Flora, p. 91, t. XXIX, fig. 7.
Ludwig: Palaeontogr. VIII, p. 118, t. XLV, fig. 1—5, t. XLVI, fig. 1—6.
Unger: Sylloge plant. foss. I, p. 23, t. IX, fig. 1—8.
Ettingshausen: Beitr. z. Kenntn. d. Tertiärfl. Steierm., S. 60, Taf. IV, Fig. 15.
» Foss. Fl. d. ält. Braunkohl. d. Wetterau, S. 868.
» Foss. Fl. v. Leoben II, S. 35.
Schimper: Traité de pal. végét. III, p. 48.
Syn. *Acer strictum* Göppert: Tert. Fl. v. Schoßnitz, S. 35, Taf. XXIII, Fig. 1—5.

*V. foliis longe petiolatis, palmato-3-5-lobis, basi profunde emarginatis, plerumque inaequalibus, lobis strictis, triangularibus, elongatis, acuminatis, remote et argute serratis, dentibus maiusculis; nervatione actinodroma; nervis primariis 3-5-7, subaequalibus, strictis vel curvatis; nervis secundariis angulis 40—60° orientibus, rectis vel convergentim arcuatis, saepius furcatis, craspedodromis; nervis tertiariis angulis subrectis exeuntibus, flexuosis, interdum furcatis.*

Vorkommen: Zschipkau, Rauno.

Mehrere Blattfragmente, von denen nur eines abgebildet wurde, gehören nach der Beschaffenheit der Blattbasis, des Randes und der Nervatur zu *Vitis teutonica* A. Br.; sie stimmen mit den bekannten Abbildungen dieser Art überein.

Neben verschiedenen Blättern, die wie das Taf. VIII, Fig. 18 abgebildete ziemlich scharf zugespitzte Zähne besitzen und sich den Resten der *V. teutonica* anreihen, finden sich in den Rauno'er Tonen Fragmente von Blättern, wie das auf Taf. VIII, Fig. 19 wiedergegebene, die in Form und Nervation ebenfalls Weinblättern entsprechen, die aber eine anscheinend geringere Teilung der Spreite und stumpfere Randzähne haben und damit an *Vitis subintegra* SAP. erinnern; doch kommen Blattformen, wie sie das Taf. VIII, Fig. 19 dargestellte Fragment verrät, auch bei anderen Gattungen vor; es bleibt dieser Rest daher zunächst am besten ohne Deutung, bis vielleicht das Auffinden völlig erhaltener Blätter näheren Aufschluß gibt.

### Ampelopsis denticulata n. sp.

Taf. IX, Fig. 18.

*A. foliis digitatis, foliolis membranaceis, glabris, inaequalibus, ellipticis, utrinque attenuatis, margine remote denticulatis; nervo primario paullo arcuato; nervis secundariis angulis 45—70° orientibus, sursum curvatis, juxta marginem furcatis, craspedodromis; nervis tertiariis angulis acutis egredientibus, furcatis, flexuosis.*

Vorkommen: Rauno.

Der Blattrest, Taf. IX, Fig. 18, gehört wegen seiner asymmetrischen Gestalt wahrscheinlich als Teilblättchen zu einem zusammengesetzten Blatte. Er ist elliptisch, nach beiden Seiten zugespitzt, am Rande — mit Ausnahme des Blattgrundes — entfernt klein gezähnt; er ist von häutiger Beschaffenheit mit einer glatten Oberfläche.

Vom Mittelnerven, der wenig gekrümmt und allmählich schwächer werdend, nach der Spitze ausläuft, treten in verschieden großen Entfernungen unter spitzen Winkeln die Sekundärnerven aus, verlaufen aufwärts gebogen bis nahe zum Rande und gabeln sich dort; der untere, kürzere Gabelast tritt in einen Randzahn ein, der obere verläuft dem Rande parallel aufwärts und anastomosiert mit dem nächstvorderen Sekundärnerven. Im unteren Teile werden die Randzähne von Außenästen eines oder mehrerer Sekundärnerven versorgt, die in derselben Weise wie letztere selbst kurz vor dem Rande sich gabeln. An der zahnlosen Blattbasis geht ein zarter unterster Sekundärnerv dem Rande entlang. Zwischen den Sekundärnerven verlaufen spitzwinkelig entspringende, dichtstehende, gebogene und gabelästige Queranastomosen.

Der vorliegende Blattrest bietet große Übereinstimmung mit den Blättchen des wilden Weines, *Ampelopsis quinquefolia* R. et SCH., insbesondere ist das beschriebene Verhalten der Sekundärnerven an den Blättchen der rezenten Pflanze häufig ganz übereinstimmend anzutreffen, allerdings findet die Gabelung der Sekundärnerven bei den Blättchen der lebenden Art des öfteren schon in etwas größerer Entfernung vom Rande statt. Die Form unseres Blattrestes ist unter den sehr variablen Blättchen von *A. quinquefolia* nicht selten; abweichend von der lebenden Art ist nur die Randbeschaffenheit bei unserem Reste, bei dem die Randzähne viel kleiner als bei jener sind.

Bisher sind zwei fossile Arten von *Ampelopsis* beschrieben worden: *A. tertiaria* LESQUERREUX (Tert. Flor. of the West. Terr., p. 242, pl. XLIII, fig. 1), die sich durch Blattform, Randzahnung und dichter stehende Sekundärnerven von der unseren unterscheidet, und *A. bohemica* ENGELHARDT (Tertiärflora von Berand, S. 27, Taf. II, Fig. 23—26), die ähnliche Form, aber größere Zähne des Randes besitzt.

## Fam. Tiliaceae.

### Tilia parvifolia EHRH. miocenica.

Taf. V, Fig. 24, 30.

*T. foliis petiolatis, ovatis, plus minusve asymmetricis, basi obliqua truncatis vel subcordatis, apice productis, margine inaequaliter serrato-dentatis; nervatione actinodroma; nervis primariis 5—7, uno latere mediani 2, altero latere 3, infimis brevioribus, superioribus ascendentibus; nervis secundariis ex utroque latere mediani oppositis vel suboppositis et e latere externo ceterorum nervorum basilarium sub angulis acutis exeuntibus, parallelis, arcuatim ascendentibus, ramosis, ad marginem saepe furcatis, omnibus craspedodromis; nervis tertiariis crebris, strictis vel flexuosis, ramosis, areas quadrangulares formantibus.*

**Vorkommen:** Zschipkau.

Das Blatt Taf. V, Fig. 24, das sich mühelos zu seiner vollen

Gestalt ergänzen läßt, ist auf den ersten Blick als Lindenblatt zu erkennen. Es ist von mäßiger Größe, besitzt eine unsymmetrische, ovale Form mit schiefem, gestutztem Grunde und gezähntem Rande; der etwas schief gestellte Blattstiel, der bis zu $2^1/_2$ cm Länge erhalten ist, sendet 6 strahlig-verlaufende Hauptnerven in die Blattfläche, deren stärkster als Mittelnerv zu der — hier fehlenden — Spitze, die etwas vorgezogen zu sein scheint, verläuft; auf einer Seite desselben finden sich 2, auf der anderen 3 Basalnerven, deren unterste nur schwach entwickelt sind und dem anfangs ungeteilten Blattrande entlang verlaufen, während die übrigen sich bogenförmig nach aufwärts wenden und auf ihrer Außenseite eine reichliche Anzahl von Sekundärnerven abgeben; vom Mittelnerven entspringen unter spitzen Winkeln beiderseits fast durchgängig opponierte Sekundärnerven. Diese sind sämtlich craspedodrom; sie verlaufen unter einander parallel, schwach gebogen nach vorn, verästeln sich teilweise und bilden dem Rande nahe häufig Gabeln; alle Äste und die Sekundärnerven selber treten in die Randzähne ein. Zwischen ihnen verlaufen zahlreiche dichtstehende, gestreckte oder gebogene, teilweise verzweigte Queranastomosen, die ein Netz von vierseitigen Maschen bilden.

Unter den lebenden Linden stimmen die Blätter unserer *Tilia parvifolia* Ehrh. so genau mit dem vorliegenden Blatte überein, daß ich dieses am besten als eine miocäne Form unserer kleinblättrigen Linde zu bezeichnen glaube.

Von den zahlreichen beschriebenen Lindenarten aus den Tertiärschichten Europas, Asiens und Amerikas wie der arktischen Zone sind die meisten wegen abweichender Form und Randbeschaffenheit ohne Weiteres von einem Vergleiche auszuschalten; so Massalongo's *T. Passeriana* und *T. Sariana* (Fl. foss. del Senigall. p. 320. t. IX, fig. 10; p. 323, t. XXXIX, fig. 9), *T. crenata* N. Boulay (La flore pliocène des environs de Théziers, p. 237, pl. VII, fig. 1), *T. Vidalii* Rérolle (Études s. l. végét. foss. de Cerdagne, p. 293, pl. X, fig. 11, pl. XI, fig. 1, 2), *T. expansa* Saporta (Rech. s. l. vég. foss. de Meximieux, p. 278, pl. XXXIII, fig. 7—9, pl. XXXIV, fig. 1, pl. XXXVIII, fig. 3, 4 und Rérolle l. c. p. 296, pl. XI, fig. 3), *T. Zephyri* Ettingshausen

(Tertiärflora v. Bilin III, p. 16, t. XLIII, fig. 11), *T. gigantea* Ett. (ibid. p. 16, t. XLIII, fig. 12), *T. antiqua* Newb. (Notes of the later extinct floras of N. Am. p. 52, — Illustr. of cret. and tert. plants of the West. Territories of the U. S., pl. XVI, fig. 1, 2), *T. populifolia* Lesqu. (Cret. and tert. Flora of the West. Territ., p. 179, pl. XXXIV, fig. 8, 9). *T. praeparvifolia* Menzel (Fl. d. tert. Polierschiefer von Sullodit·, Abh. d. nat. Ges. Isis, Bautzen, 1896/97, S. 36, Taf. III, Fig. 2) mit tiefeingeschnittenen, gezähnten Blättern kommt den Blättern am nächsten, die *T. parvifolia* Ehrh. an Stockausschlägen häufig hervorbringt, weicht aber vom Normalblatt unserer kleinblättrigen Linde ab. *T. permutabilis* Göppert (Beitr. z. Tertiärflora Schlesiens, S. 277, Taf. XXXVII. Fig. 1) gehört nicht zu *Tilia*, sondern ist ein Blatt vom *Ficus tiliaefolia* A. Br. sp.

Näher stehen unserm Blatte: *Tilia praegrandifolia* Menzel (Beitr. z. Kenntn. d. Tertiärfl. d. Jesuitengrabens, Abh. Isis, Dresden, 1897, 1, S. 16, Taf. I, Fig. 17), deren Blatt sich aber durch straffere, nicht verästelte Sekundärnerven unterscheidet und der lebenden *T. grandifolia* Ehrh. nahekommt.

Ferner *T. Malmgreni* Heer (Fl. foss. arct. I, p. 160, t. XXIII; Beitr. z. foss. Fl. Spitzbergens, S. 84, Taf. XIX, Fig. 18, Taf. XXX, Fig. 4, 5; Grinnell-Land, S. 37, Taf IX, Fig. 7, 8, Beitr. z. mioc. Fl. v. Nord-Canada, S. 17, Taf. III, Fig. 2, 3), *T. alaskana* Herr (Flor. foss. Alaskana, p. 36, t. X, fig. 2, 3), *T. Sachalinensis* Heer (Mioc. Fl. d. Insel Sachalin, S. 47, Taf. XII, Fig. 6, 7). *T. alaskana* gehört, wie Herr schon vermutet, wahrscheinlich zu *T. Malmgreni*. Diese Art wird von ihrem Autor mit *T. americana* L. und *T. grandifolia* Ehrh. verglichen und besitzt vorwiegend große Blätter mit scharfen Zähnen; Herr zieht zu ihr aber auch kleinere Blätter mit stumpfen Zähnen, steiler aufgerichteten Hauptnerven und weniger verästelten Sekundärnerven (z. B. Beitr. z. foss. Fl. Spitzbergens, Taf. XIX, Fig. 18), wobei er (l. c. S. 84) dahin gestellt sein läßt, ob die großblättrige und die kleinblättrige Form als Arten zu trennen sind. Das zitierte kleine Blatt der Flora Spitzbergens vom Cap Lyell weist eine recht große Annäherung an die Blätter von *T. parvifolia* Ehrh. auf und läßt sich zwanglos auch mit unserem Zschipkauer Blatte zusammenbringen; möglicher Weise kommt den kleinen Spitzbergener Blättern doch der Wert einer besonderen Art zu, während die übrigen Lindenblätter von Spitzbergen, vom Scottgletscher (Fl. v. Spitzbergen, Taf. XXX, Fig. 4, 5) und von der Kingsbai (Fl. arct. I, t. XXIII) mit den Blättern von Nord-Canada und von Grinnell-Land zusammen die großblättrige *T. Malmgreni* bilden.

Die kleinblättrige Linde von Spitzbergen steht *T. Sachalinensis* nahe, die HEER mit *T. parvifolia* EHRH. vergleicht. HEER stellt (Mioc. Fl. d. Insel Sachalin, S. 47) als Unterscheidungsmerkmale zwischen *T. Sachalinensis* und *T. Malmgreni* auf, daß erstere steiler aufsteigende seitliche Hauptnerven, etwas weniger verästelte Sekundärnerven und stumpfere Randzähne besitzt; dieselben Merkmale erlauben auch, das eben zitierte kleine Blatt von Spitzbergen (Taf. XIX, Fig. 18), das HEER zu *T. Malmgreni* stellt, von dieser zu trennen und mit *T. Sachalinensis* zusammenzubringen. Wenn diese — freilich nur auf die Vergleichung der abgebildeten, noch dazu unvollständigen Blätter sich stützende — Annahme berechtigt ist, würden wir sowohl von Sachalin wie von Spitzbergen Lindenblätter kennen, die der lebenden *T. parvifolia* EHRH. nahekommen.

Aus anderen Tertiärgebieten ist zum Vergleiche mit unserem Blatte heranzuziehen: *T. distans* NATHORST (Flore fossile du Japan, p. 65, pl. VI, Fig. 5–13), von NATHORST mit *T. parvifolia* EHRH. und *T. cordata* MAXIM. verglichen, weicht von dem Zschipkauer Blatte aber durch die entfernter stehenden Sekundärnerven ab; der Rest, den NATHORST (Z. foss. Flora Japans. S. 31, Taf. VII, Fig. 13) als *Tilia* sp. aufführt und mit *T. mandschurica* RUPR. et MAX. vergleicht, ist zu unvollständig, um irgendwelche vergleichenden Schlüsse zuzulassen.

SCHMALHAUSEN führt vom Altai (Üb. tert. Pfl. a. d. Tale d. Flusses Buchtorma, Palaeontogr. XXXIII, S. 211, Taf. XXII, Fig. 1—4) mehrere Blattreste an, die er direkt als *T. cordata* MILL. (non MAX.) = *T. parvifolia* EHRH. bezeichnet, und spricht die Ansicht aus, daß diese weder von *T. distans* NATH. von Mogi noch von *T. Sachalinensis* HEER zu unterscheiden sei. In der Tat sind die angeführten Trennungsmerkmale dieser Formen, die im wesentlichen in den verschiedenen Distanzen der Sekundärnerven beruhen, recht geringe, und SCHMALHAUSEN hebt mit Recht hervor, daß auch bei der lebenden *T. parvifolia* EHRH. die Entfernungen der Sekundärnerven unter einander variabel sind.

Aus dem Tertiär Mitteleuropas ist *T. Milleri* ETTINGSHAUSEN (Beitr. z. Kenntn. d. Tertiärfl. Steiermarks, S. 63, Taf. V, Fig. 2 und Foss. Flora v. Leoben II, S. 21, Taf. VIII, Fig. 9) von Leoben, vom Autor mit *T. parvifolia* EHRH. verglichen, mit unserem Blatte konform. *T. Mastajana* MASSALONGO (Fl. foss. del Senigall., p. 322, t. XXXIX, fig. 7) endlich läßt sich ebenfalls mit *T. parvifolia* EHRH. wohl vergleichen. Ob das Blatt *T. lignitum* ETTINGSHAUSEN (Tertiärfl. v. Bilin III, S. 15, Taf. XLII, Fig. 3), das der Autor der *T. Mastajana* MASS. ähnlich bezeichnet, in diesen Formenkreis gehört, möchte ich dahingestellt sein lassen; es nähert sich zwar etlichen Blättern von *T. distans* NATH. einigermaßen, bietet aber nach der Abbildung zu wenig sichere Anhaltspunkte, daß es besser unberücksichtigt bleibt.

Es ergibt sich aus dieser Reihe von Vergleichen, daß während der Tertiärzeit in einem weit ausgedehnten Gebiete, das sich über Spitzbergen, Sachalin, Japan, den Altai, Mitteleuropa und Italien erstreckte, Linden wuchsen, deren Blätter mit denen der rezenten *T. parvifolia* EHRH. mehr oder weniger stark übereinstimmten; am nächsten von ihnen kommt der lebenden Art die Linde, die uns die Senftenberger Tone überliefert haben. Die Übereinstimmung bezw. Zusammengehörigkeit der angeführten Lindenformen durch Vergleich von Früchten noch sicherer zu stellen, ist zur Zeit nicht möglich, da deren Reste nur ganz vereinzelt hier und da aufgefunden worden sind. —

Der Abdruck eines Ästchens von Zschipkau mit einer erhaltenen Blattknospe erinnert an die Zweige von *Tilia parvifolia* EHRH. Das Zweigstück, das Taf. V, Fig. 30 abgebildet ist, ist an der Knospe leicht winklig abgebogen, unter der Knospe ist eine flache halbmondförmige Narbe erkennbar, die Knospe selbst ist klein, rundlich, stumpf zugespitzt.

## Fam. Elaeagnaceae.

### Elaeagnus sp.

Taf. V, Fig. 9.

*E. fructu drupaceo; putamine elliptico, utrinque attenuato, 6-costato.*

Der Taf. V, Fig. 9 abgebildete Fruchtrest aus den Zschipkauer Tonen stellt einen Steinkern dar von 14 mm Länge und 4 mm Breite, von länglich-elliptischer Form, der vorn zugespitzt, am Grunde verjüngt und von 6 kräftigen Längsleisten überzogen ist.

Unser Fruchtrest weist Ähnlichkeit mit den Steinkernen von *Nyssa*, *Cornus* und *Elaeagnus* auf. Die Steinkerne von *Nyssa* besitzen aber 10—12 flache Furchen und sind beiderseits abgerundet; bei *Cornus* sind die Steinkerne zum Teil länglich-spitz, aber mit 4 Längsleisten ausgestattet; *Elaeagnus* besitzt länglich-eiförmige, zugespitzte Kerne mit 6 Leisten. Unser Zschipkauer Rest ist von übereinstimmender Form und Größe mit den Steinkernen der japanischen *E. ferruginea* A. Rich.

Heer's *E. arcticus* (Nachtr. z. mioc. Flora Grönlands, S. 11, Taf. III, Fig. 5, 6) weicht von unserem Reste durch die beiderseits stumpfere Abrundung des Steinkernes ab.

## Fam. Hydrocaryaceae.

### Trapa silesiaca Göpp.

Taf. VII, Fig. 34—42.

Göppert: Tertiärflora von Schoßnitz, S. 38, Taf. XXV, Fig. 14.
Heer: Contr. à la flore fossile du Portugal, p. 37, pl. XXII, fig. 11.
Boulay: Flore pliocène do Théziers, p. 232, pl. VI, fig. 10, 11.
Schimper: Traité de pal. vég. III, p. 300.

*T. fructibus turbinatis, bicornibus, sulcatis; cornubus oppositis, elongatis in spinam longam angustatis, apice disco indurato, brevi, corona setacea instructo.*

Vorkommen: Rauno.

In den Tonen des Henkel'schen Tagebaues sind häufig die Früchte einer Wassernuß zu finden, deren Substanz zu einer flachen, kohligen Masse zusammengepreßt ist, die aber ebenso wie die scharfen Abdrücke im Tone deutlich alle Einzelheiten der Fruchtform erkennen lassen.

Sie liegen in verschiedenen Größen vor, die von 13—22 mm Länge bei 8—15 mm Breite schwanken; sie waren von Kreiselform; im zusammengepreßten Fossilzustande besitzen sie mehr oder weniger rasch zum Stielansatz verjüngte, drei- bis fünfeckige Gestalt; ihre Oberfläche ist längsgestreift. Die Früchte sind zweihörnig; die dornigen, zugespitzten Hörner stehen einander gegenüber, meist nahe am oberen Fruchtende und ragen entweder quer vom Fruchtkörper nach außen oder sind mehr oder weniger nach aufwärts gebogen; ihre Länge schwankt zwischen 5 und 18 mm.

Interessanterweise erlauben zwei der vorliegenden Exemplare (Taf. VII, Fig. 36 und 41), die leicht abbrechenden, mit Widerhaken versehenen Spitzen der Kelchdornen zu erkennen; diese feinen Spitzen sind 5—7 mm lang und mit zweizeilig stehenden, kurzen Widerhaken besetzt. Meines Wissens sind diese Widerhaken der Dornspitzen in fossilem Zustande bisher nur an den Früchten der *Trapa Heeri* FRITSCH von Rippersroda beobachtet worden.

Der Scheitel der Früchte ist teils flach abgestutzt (Fig. 35, 39), teils mehr oder weniger vorgewölbt (Fig. 34, 38) und wird von einem meist nur undeutlich erhaltenen, niedrigen Diskus überragt, auf dem sich ein Kranz dichter, die Scheitelöffnung umgebender Borsten bis zu 4 mm Länge erhebt, die an einzelnen Exemplaren (Fig. 36, 37, 40, 41, 42) einen deutlich sichtbaren, pinselartigen Schopf bilden.

An einer anscheinend noch jugendlichen Frucht (Fig. 38) ist der dünne Stiel bis zu 2 cm Länge erhalten.

Fossile Wassernüsse sind wiederholt von tertiären Fundstellen mitgeteilt worden.

GÖPPERT beschrieb zwei Arten:

*T. silesiaca*: Tertiärflora von Schoßnitz, S. 38, Taf. XXV, Fig. 14.
*T. bifrons*, ibid., S. 38, Taf. XXV, Fig. 15,

zu denen ohne Zweifel das als *Populus Assmanniana* (ibid. S. 24. Taf. XV, Fig. 1) bezeichnete Blatt gehört; beide sind auf nur mangelhafte Reste begründet, doch ist der Name *T. silesiaca* später auf Fruchtreste anderer Fundorte angewendet worden:

*T. silesiaca* HEER: Flore foss. du Portugal, p. 37, pl. XXII, fig. 11.

*T. silesiaca* BOULAY: Flore plioc. de Théziers, p. 232, pl. VI, fig. 10, 11.

Ferner: *T. ceretana* RÉROLLE: Végét. foss. de Cerdagne, p. 378, pl. XIV, fig. 11.

Aus der arktischen Zone ist bekannt:

*T. borealis* HEER: Flora foss. Alaskana, p. 38, t. VIII, fig. 9—14; Mioc. Flora d. Insel Sachalin, S. 5, Taf. VI, fig. 9.

Die genannten Arten sind zweidornig und sind mit den lebenden asiatischen Wassernüssen *T. bicornis* L. und *T. bispinosa* ROXB. verglichen worden.

Von der tertiären Wassernuß Nordamerikas

*T. microphylla* LESQUEREUX: Bull. U. S. Geol. Surv. Terr.; Vol. I, p. 369, 380; Ann. Rep. 1874, p. 304, Tert. Flor. of the West. Terr., p. 295, pl. LXI, fig. 16, 17;

» » LESTER WARD: Types of the Laramie Flora, Bull. U. S. Geol. Surv. Nr. 37, p. 64, pl. XXVIII, fig. 2—5; Synopsis of the Flora of the Laramie Group, pl. XLIX, fig. 2—5.

sind mir nur die Blätter bekannt.

Dreidornige Früchte besitzt:

*T. Credneri* SCHENK: Botan. Zeitung 1877, Nr. 25.

» » BECK: Oligocän von Mittweida, Zeitschr. d. Deutsch. Geol. Ges. 1882, S. 765, Taf. XXXII, Fig. 21.

Früchte mit vier Dornen, der *T. natans* L. nahestehend:

*T. Yokoyamae* NATHORST: Zur fossilen Flora Japans, S. 21, Taf. VII, Fig. 6—8.

*T. Heeri* FRITSCH: D. Pliocän im Talgebiet der zahmen Gera, Jahrb. d. königl. preuß. geol. Landesanstalt 1884, S. 429, Taf. XXVI, Fig. 29—43.

*T. Heeri* = *T. natans bituberculata* HEER: Flore fossile du Portugal, p. 37.

An quartären Lagerstätten ist wiederholt *T. natans* L. aufgefunden worden[1]).

Daß LUDWIG's *T. nodosa* aus der Wetterau (Palaeontogr. VIII, p. 164, t. LVIII, fig. 23—27, t. LX, fig. 2, 4, 6, 7) mit dieser Gattung nichts zu tun hat, ist schon von SCHENK hervorgehoben worden.

Vergleichen wir unsere Senftenberger *Trapa*-Früchte mit den übrigen bekannten fossilen Wassernüssen, so finden sich Beziehungen derselben zu *T. silesiaca* GÖPP. und *T. ceretana* RÉR.

*T. borealis* HEER, die ebenfalls zweidornig ist, weicht durch Form und Größe und besonders durch die außerordentlich kräftige Ausbildung der Scheitelgebilde von unseren Früchten wesentlich ab.

*T. ceretana* RÉR. besitzt bei im Übrigen übereinstimmenden Verhältnissen gedrungenere Dornen.

*T. silesiaca* GÖPP. bei HEER sowohl wie besonders bei BOULAY bietet in der Form der ganzen Frucht, wie in der Gestaltung der beiden Kelchdornen eine weitgehende Uebereinstimmung; an den Scheitelgebilden läßt HEER's Frucht aus Portugal eine ausgesprochenere Diskusausbildung hervortreten als BOULAY's und unsere Reste.

*T. silesiaca* GÖPP. von Schoßnitz endlich, so unvollkommen dieser Rest ist — und GÖPPERT's *T. bifrons* ist vermutlich nur ein mangelhafteres Bruchstück derselben Art —, läßt sich unschwer zu einer Frucht ergänzen, die von manchen der unsrigen nicht abweicht.

Unter den Senftenberger Wassernüssen finden sich Exemplare von verschiedener Größe und Gestaltung, von verschiedener Scheitelbildung und von verschiedener Größe, Richtung und Form der Kelchdornen, die zum Teil mit den Früchten von Schoßnitz, Théziers und Azambuja übereinstimmen, zum Teil abweichende Formen darbieten; sie stellen also eine ziemlich variable Reihe von

[1]) Eine kleinfrüchtige Form von *T. natans* L. habe ich neuerdings in reichlichen Mengen aus dem Schlick von Seestadtl bei Brüx in Böhmen erhalten.

Fruchtformen dar. Doch kann ich keinen Grund erkennen, mehrere Arten zu trennen, da keine scharfen Unterscheidungsmerkmale vorhanden sind; zudem ist die erhebliche Variationsfähigkeit unserer heutigen Wassernüsse bekannt. Ich glaube mich daher nicht im Unrecht, wenn ich unsere fossilen Früchte mit den Resten GÖPPERT's, HEER's und BOULAY's unter der Bezeichnung *T. silesiaca* zusammenfasse.

Die Abbildungen BOULAY's lassen an dessen Wassernüssen die Spuren eines tieferstehenden rudimentären zweiten Kelchdornenpaares erkennen — der Autor bezeichnet diese als »*tubercules obtus*« —, und RÉROLLE erwähnt, daß er unter den Fossilien von Cerdagne Abdrücke von *Trapa* gefunden habe, an denen vier Dornen erkennbar waren; auch seine Abbildung (l. c. pl. XIV, fig. 11) läßt die Möglichkeit zu, daß die wiedergegebene Frucht an der vorliegenden Seite noch einen abgebrochenen tiefer stehenden Dorn besessen hat.

Unsere Senftenberger Wassernüsse sind sämtlich deutlich mit zwei Dornen ausgestattet bis auf das Taf. VII, Fig. 35 abgebildete Exemplar, bei dem der vorhandene Negativabdruck etwa in der Mitte des Fruchtkörpers eine Vertiefung enthält, die vielleicht als Rest eines tiefer stehenden, kleineren Dornes gedeutet werden kann, dem vermutlich auf der entgegengesetzten Fruchtseite ein gleicher entsprach.

Das Auftreten von zwei Kelchdornenpaaren an den regulär nur mit einem Dornenpaar ausgestattenen Wassernüssen würde nicht auffällig erscheinen, kommen doch nicht selten bei unserer vierdornigen *T. natans* L. Früchte mit rudimentärem oder ganz verschwundenem unteren Dornenpaare neben normalen Früchten vor, und gibt es doch eine konstante Varietät der europäischen Wassernuss (*T. natans* var. *Verbanensis* CESATI), die nur zwei erhärtete Kelchzipfel besitzt.

Das vorhandene Material an fossilen *Trapa*-Früchten reicht nicht aus, um aus ihm jetzt schon die Entwicklungsgeschichte der Gattung *Trapa* genau ableiten zu können; immerhin läßt sich Folgendes feststellen: im Oligocän Sachsens (Tümmlitzwald, Mittweida) trat eine dreikantige, dreidornige Art *T. Credneri* SCHENK auf, die von allen bekannten fossilen und lebenden Arten — auch im anatomischen Bau der Fruchtschale — abweicht; das Miocän bietet zweidornige Arten: *T. borealis* HEER in Alaska, Sachalin und Sibirien, *T. silesiaca* GÖPP. in Schlesien, der Mark und Portugal, das Pliocän: *T. silesiaca* in Südfrankreich (Théziers, Dep. Gard) und *T. ceretana* RÉR. in Cerdagne (Dep. Pyr. orient.) mit zwei Dornen; ferner *T. Heeri* FRITSCH (= *T. natans bituberculata* HEER) in Thüringen und in Mealhada (Portugal) und *T. Yokoyamae* NATH. in Japan mit vier Dornen; im Quartär endlich erscheinen verschiedenenorts von Nord- bis Südeuropa Formen der *T. natans* L.

Unter den lebenden drei Arten ist die vierdornige *T. natans* L. in Europa, Asien und Afrika vertreten, während die zweidornigen *T. bispinosa* ROXB. in Indien und Ostasien, *T. bicornis* L. nur in China sich finden.

Es scheint darnach, daß — abgesehen von *T. Credneri* SCHENK, die in Fruchtform und anatomischen Verhältnissen eine besondere Stellung einnimmt — im arktischen Gebiete und in Europa zur Tertiärzeit zuerst zweidornige Formen auftraten, die in Asien eine weitere Ausbildung erfuhren, daß später — zunächst andeutungsweise (Théziers, Cerdagne) Fruchtformen mit vier Dornen zur Entwicklung kamen, aus denen vermutlich im Verlaufe der Zeit die heutige *T. natans* L. sich herausbildete, die normalerweise Früchte mit vier zu Dornen erhärteten Kelchzipfeln trägt, die aber teils accessorisch — als regressive Bildung —, teils auch in einer konstanten Varietät Früchte mit zwei Kelchdornen hervorbringt.

## Fam. Araliaceae.

Mehrere, leider nur unvollständig erhaltene Blattreste stimmen mit Blättern überein, die von verschiedenen Autoren als *Araliaceen*-Blätter beschrieben worden sind. Inwieweit ihre Zuteilung zu diesen zu Recht besteht, muß vorläufig dahingestellt bleiben; Stiele mit der für die *Araliaceen* charakteristischen verbreiterten, stengelumfassenden Basis sind nicht erhalten.

### Acanthopanax acerifolium NATH.

Taf. VI, Fig. 5.

NATHORST: Flore fossile du Japon, p. 54, pl. VIII, fig. 5, pl. IX, fig. 1, 2.

*A. foliis petiolatis, palmato-lobatis, basi cordatis vel rotundatis: lobis 3—5, triangularibus, margine dentatis; nervatione actinodroma; nervis primariis 5—7; nervis secundariis angulis acutis exeuntibus, arcuatis, partim furcatis, camptodromis, ramulos in dentes emittentibus; nervis tertiariis angulis subrectis exorientibus, plus minusve flexuosis, ramosis, areas rectangulares formantibus.*

Vorkommen: Zschipkau.

Das Blatt, Taf. VI, Fig. 5, bietet, soweit es erhalten ist, eine gute Übereinstimmung mit *Acanthopanax acerifolium* NATH. dar; es hat wie dieses eine dreiteilige Blattfläche mit herzförmiger Basis und dreieckigen Lappen, deren Ränder klein gezähnt sind, und besitzt dieselbe Nervation wie NATHORST's Blätter. Von den 5 Hauptnerven gehen unter spitzen Winkeln aufwärts gebogene, stellenweise gabelig verzweigte Sekundärnerven ab, die camptodrom verlaufen und Nebenäste in die Randzähne senden; die Tertiärnerven verlaufen, soweit sie erkennbar sind, unter wenig spitzen Winkeln austretend, gebogen oder — besonders im unteren Teile des Blattes — geknickt und schließen mehr oder weniger regelmäßig rechteckige Felder ein.

NATHORST vergleicht seine Art mit dem in China und Japan heimischen *A. ricinifolium* SIEB. et ZUCC.

### cf. Aralia Weissii FRIEDR.

Taf. VI, Fig. 15.

FRIEDRICH: Beitr. z. Kenntn. d. Tertiärflora d. Provinz Sachsen, S. 131, Taf. XVIII, Fig. 1—6.

*A. foliis petiolatis, trilobis, basi rotundatis, margine arcuato-vel serrato-dentatis, lobis lanceolatis vel ovatis, acuminatis, medio majore; nervatione actinodroma; nervis primariis 3—5, infimis tenuibus, substrictis; nervis secundariis angulis acutis orientibus, plerumque curvatis, camptodromis, ramulos externos in dentes emittentibus; nervis tertiariis angulis subrectis egredientibus, simplicibus vel furcatis.*

Vorkommen: Zschipkau.

Das Blattfragment, Taf. VI, Fig. 15, stimmt ziemlich mit den Blättern überein, die FRIEDRICH l. c. von Bornstedt beschrieben hat, seine Basis scheint aber ausgerandet gewesen zu sein, während FRIEDRICH einen abgerundeten Blattgrund angibt — nur Fig. 1 bei FRIEDRICH: l. c. besitzt eine Andeutung einer ausgerandeten Basis —, und die untersten Basalnerven sind kräftiger entwickelt als bei FRIEDRICH's Blättern. Im Übrigen stimmt unser Rest in der Gestalt der lanzettlichen, scharf gezähnten Blattlappen und in der Nervation mit den Blättern von Bornstedt gut überein.

Übrigens ist dieser Blattrest (Taf. VI, Fig. 15) von dem vorher beschriebenen (Taf. VI, Fig. 5) nur durch geringe Verschiedenheiten der Blattform getrennt, sodaß der Gedanke nicht von der Hand zu weisen ist, daß beide möglicherweise zusammengehören und eine Art darstellen mit variabeler Ausbildung der Blattspreite. Das Verhalten rezenter *Araliaceen*-Arten spricht nicht dagegen; solche zeigen ebenfalls teilweise starke Verschiedenheiten der Blattformen mit mehr oder weniger tief eingeschnittenen Blattlappen, z. B. *Fatsia japonica* DCNE. et PLANCH., mit der FRIEDRICH seine *Aralia Weissii* vergleicht; von *Acanthopanax* (*Kalopanax*) *ricinifolium* SIEB. et ZUCC., mit dem NATHORST die Blätter von Mogi in Parallele stellt, stand mir Vergleichsmaterial nicht zu Gebote.

### cf. Aralia Zaddachi HEER.

Taf. V, Fig. 8, Taf. VI, Fig. 1.

HEER: Mioc. balt. Flora, S. 89, Taf. XV, Fig. 1 b.
LESQUEREUX: Report on the fossil plants of the auriferous gravel deposits of the Sierra Nevada, p. 21, pl. V, fig. 2, 3.
„ Contrib. to the foss. fl. of the West. Terr. The cret. and tert. Fl. p. 265, pl. XLV B, fig. 8. 9.

*A. foliis petiolatis, basi rotundatis vel cordatis, quinquelobis; lobis lanceolatis, margine sinuato-dentatis; nervatione actinodroma; nervis primariis validis; nervis secundariis angulis acutis exorientibus, flexuosis, camptodromis, ramulos in dentes emittentibus; nervis tertiariis angulis acutis egredientibus, rete denso polygonale nervillorum interposito.*

Vorkommen: Zschipkau, Groß-Räschen.

Es sind nur Blattfetzen, die von HEER und LESQUEREUX als *Aralia Zaddachi* beschrieben worden sind, von denen das HEERsche Exemplar von Rixhöft allerdings kaum deutbar ist, während die verschiedenen Fragmente LESQUEREUX's ein Bild der Blattform gewinnen lassen.

Mit diesen Resten aus dem ältesten Pliozän der Sierra Nevada Californiens lassen sich die Bruchstücke vergleichen, die aus dem Senftenberger Reviere vorliegen (Taf. V, Fig. 8, Taf. VI, Fig. 1). Auch sie stellen nur Blattfetzen gelappter Blätter dar, deren Lappen lanzettförmig und am Rande buchtig gezähnt sind; die Nervation ist wohl erhalten; die Hauptnerven und bei Taf. V, Fig. 8 ein größerer Ast eines solchen laufen in die Blattlappen; die Sekundärnerven sind camptodrom und geben in die Randzähne Ästchen ab; die Tertiärnerven bilden ein großmaschiges, polygonales Netz.

FRIEDRICH stellt bedingungsweise *A. Zaddachi* in die Gruppe der *A. Looziana* SAPORTA et MARION (Révision de la flore heersienne de Gelinden, p. 77, pl. XIII, fig. 1—3), doch weicht diese Art von allen zu *A. Zaddachi* gezogenen Blattresten durch viel schärfere Randzähne und den craspedodromen Verlauf der Sekundärnerven ganz bedeutend ab.

*Aralia Saportana* LESQUEREUX aus der nordamerikanischen Kreide (Report on the cret. and tert. pl. of the West. Terr., p. 350, pl. I, fig. 2; Cret. and tert. flor. of the West. Terr., p. 61, pl. VIII, fig. 1, 2, pl. IX, fig. 1, 2; The flora of the Dacotagroup, p. 131, pl. XXIII, fig. 1, 2) und *A. Wellingtonia* LESQU. (Fl. of the Dacotagroup, p. 131, pl. XXI, fig. 1, pl. XXII, fig. 2, 3) bieten ähnliche Blattform und Randbeschaffenheit, sind aber ebenfalls durch die Craspedodromie der Sekundärnerven verschieden, neben welcher bei *A. Saportana* auch vereinzelte camptodrome Verbindungen der Sekundärnerven auftreten.

## b) Metachlamydeae.

### Fam. Symplocaceae.

#### Symplocos radebojana Ung.

Taf. VI, Fig. 9.

Unger: Sylloge plant. foss. III, p. 32, t. XI, fig. 5—7.
Ettingshausen: Foss Flora von Sagor II, S. 17, Taf. XIV, Fig. 11—16.
Schimper: Traité de pal. vég. II, S. 959.

*S. putamine elliptico, striato.*

Vorkommen: Zschipkau.

Der Abdruck, Taf. VI, Fig. 9, rührt von einem elliptischen Steinkerne her, der an der einen Seite eine deutliche Naht und auf der Oberfläche schwache Längsstreifung besitzt; am Grunde ist die Stilinsertion erkennbar, an der Spitze eine Unebenheit, die als Rest des Kelchansatzes vielleicht aufgefaßt werden kann. Eine schräg über den unteren Teil verlaufende Furche dürfte auf späteren Druck zurückzuführen sein.

Unser Exemplar stimmt mit den von Unger und Ettingshausen gegebenen Abbildungen wohl überein, sehr gut auch mit dem Steinkern einer rezenten *Symplocos*-Art, den Unger (l. c. Taf. XI, Fig. 8) zum Vergleiche wiedergibt. Immerhin kommt die Deutung des Steinkernes als zu *Symplocos* gehörig nicht über den Wert einer Vermutung hinaus.

### Fam. Styraceae.

#### cf. Pterostyrax sp.

Taf. VII, Fig. 44.

*P. foliis membranaceis, ovatis, apice acuminatis, margine remote argute-denticulatis; nervis secundariis e primario angulis 40—60° orientibus, parallelis, sursum arcuatis, camptodromis, ramulos externos in dentes emittentibus; nervis tertiariis angulis acutis egredientibus, maculas oblongas formantibus.*

Das Taf. VII, Fig. 44 abgebildete Blatt ist an der Basis verletzt, im übrigen wohlerhalten; es ist von häutiger Konsistenz, von glatter Oberfläche, eiförmig, am Grunde anscheinend zugerundet, vorn zugespitzt; der Rand ist von entfernt stehenden, kleinen, scharfen Sägezähnen besetzt. Die Nervatur ist deutlich ausgeprägt; aus dem mäßig starken Mittelnerven gehen jederseits 6—8 Sekundärnerven unter Winkeln von 40—60° ab; sie laufen ziemlich parallel, anfangs gerade, biegen sich bald aufwärts und bilden große, dem Rande genäherte Bogen, durch die sie mit den nächstvorderen Sekundärnerven camptodrom verbunden sind; von den Bogen gehen feine Ästchen in die Randzähne ab; die Tertiärnerven entspringen spitzwinklig; sie verlaufen gebogen, sind durch Queräste miteinander verbunden und schließen längliche Maschen ein.

Dieses Blatt stimmt mit keinem mir bekannten tertiären Blattreste völlig überein, nur *Styrax japonicum* SIEB. et ZUCC. *fossile* NATHORST (Flore foss. du Japon, p. 50, pl. XIV, fig. 6—8) bietet dem unseren sehr ähnliche Verhältnisse der Nervation und Randbeschaffenheit.

NATHORST vergleicht die Blätter von Mogi mit denen der lebenden *St. japonica* SIEB. et ZUCC. Unser Senftenberger Blatt aber stimmt mit den Blättern dieser rezenten Art — soweit das mir zugängiche Herbar- und lebende Material dies zu beurteilen erlaubt — nicht sehr überein; *St. japonica* hat größere und weniger scharfe Randzähne, ihre Sekundärnerven sind häufig ästig und laufen nicht so gleichgerichtet wie die unseres Restes, und ihre Tertiärnerven sind ebenfalls mehr verzweigt, entfernter gestellt und schließen unregelmäßig polygonale Felder ein.

Größere Annäherung bildet unser Blattrest an die Blätter von *St. Benzoin* DRYAND. und besonders von *Pterostyrax hispida* SIEB. et ZUCC., mit deren Blättern mir übrigens auch die angeführten Blattreste NATHORST's weit mehr übereinzustimmen scheinen als mit *St. japonica*.

Die Deutung unseres Blattes als zu *Pterostyrax* gehörig ist sicher nicht über allen Zweifel erhaben; aber seine Übereinstimmung in Nervation und Randbildung wie in Blattform mit den erwähnten rezenten *Styraceen*-Blättern ist doch ausgesprochen genug, daß die Bestimmung wenigstens die Wahrscheinlichkeit für sich beanspruchen kann. Von der Aufstellung einer neuen Art nehme ich aber Abstand, bis vielleicht neue Funde vollständigere Blätter derselben Ausbildung untersuchen lassen.

## Fam. Oleaceae.

### Fraxinus sp.

Taf. VIII, Fig. 20.

Eine unzweifelhafte Eschenfrucht fand sich in den Tonen von Rauno; wie die Abbildung zeigt, ist der Flügel dieser Frucht leider nicht vollständig erhalten; sie erlaubt daher nicht, sie mit den Früchten einer der verschiedenen beschriebenen Eschenarten der Tertiärformation zu identifizieren; nach der relativen Größe des Samenfaches steht unser Rest den Früchten der rezenten *Fraxinus Ornus* L. nahe.

## Plantae incertae sedis.

Außer den im Vorstehenden beschriebenen Pflanzenarten bieten die Senftenberger Braunkohlentone eine große Anzahl von Pflanzenresten dar, für die eine Identifizierung mit bereits bekannten Pflanzen oder auch nur eine einigermaßen auf Wahrscheinlichkeit Anspruch erhebende Deutung — vorläufig wenigstens — unmöglich ist.

Einige dieser Fossilien sollen kurze Erwähnung und Abbildung finden.

Von den sehr zahlreichen problematischen Blattresten seien folgende wiedergegeben:

Taf. VIII, Fig. 24 stellt ein Fragment dar, das an manche Passifloren, an *Jatrorrhiza (Menispermaceae)*, an *Phytocrene palmata* Wall. *(Icacinaceae)* erinnert und auch Anklänge an manche Formen von *Lindera* Nees darbietet. Der Rest stammt von Zschipkau.

Taf. VII, Fig. 45, 46 sind unvollständige Exemplare rundlich-eiförmiger Blätter mit schwach verjüngter Basis und kurzer Zuspitzung nach vorn, die in Henkel's Tagebau mehrfach aufgefunden wurden. Die Abdrücke verraten dünnhäutige Konsistenz; der Rand ist scharf, teilweise doppelt gesägt, die spitzen Sägezähne sind nach vorwärts gerichtet. Der Mittelnerv ist kräftig, die übrigen Nerven sind sehr zart ausgebildet; die Sekundärnerven stehen ziemlich dicht, entspringen unter Winkeln von 50—60°; sie gabeln sich wiederholt, und die Gabeläste laufen in die Randzähne aus; die äußerst dünnen Tertiärnerven entspringen unter sehr spitzen Winkeln und bilden langgestreckte, schräg verlaufende Maschen.

Eine Zuweisung dieser Blattreste zu einer lebenden Gattung ist mir nicht möglich.

Taf. VII, Fig. 47 stellt den wohlerhaltenen Rest eines langgestielten Blattes von eiförmiger Gestalt dar; es ist am Grunde abgerundet, nach vorn allmählich zugespitzt, am Rande unregelmäßig grob gezähnt; das Blatt war anscheinend von derber Konsistenz. Die Nervatur ist sehr deutlich ausgeprägt. Der lange Blattstiel setzt sich in der Blattspreite als Mittelnerv fort, der nach der Spitze zu an Stärke abnimmt; von ihm aus gehen unter ziemlich rechten, nach der Blattspitze zu unter etwas spitzeren Winkeln jederseits 10—12 Sekundärnerven ab, die sich in flachen Bogen mehr oder weniger stark aufwärts biegen, teilweise sich gabeln und mit Außenästen der nächstvorderen Sekundärnerven sich camptodrom verbinden; die Randzähne werden teils von Gabelästen der Sekundärnerven, teils von Außenästchen versorgt, die von den Schlingenbogen abgehen. Neben den ausgebildeten finden sich abgekürzte Sekundärnerven. Zwischen den Sekundärnerven laufen spitzwinklig entspringende Tertiärnerven gebogen und verästelt und schließen ziemlich große oblonge Felder ein, innerhalb deren von Nervillen höherer Ordnung ein sehr kleinmaschiges, polygonales Netzwerk gebildet wird.

So wohl ausgebildet Form und Nervatur des Blattrestes sind, ist es mir doch nicht möglich, demselben eine sichere Deutung zu geben. Analoge Bildung in Gestalt und Nervation finden sich bei lebenden Pflanzen aus sehr verschiedenen Familien, u. a. bei *Arbutus canariensis* Veill., *Clethra arborea* L., bei mehreren *Ilex*-Arten, bei *Olea fragrans* Thbg. Mit letztgenannter Art stimmt unser Blatt am meisten überein; seine Bildung bietet aber nichts Charakteristisches, das für eine bestimmte Gattung ausschließlich bezeichnend ist; der Rest bleibt darum vorläufig am besten ohne Benennung.

Taf. VIII, Fig. 17 gibt einen weiteren vieldeutigen Rest wieder. Es ist ein kleines, rundlich-elliptisches, kurz gestieltes Blatt von derber Konsistenz; der Rand ist gezähnt; Haupt- und Sekundärnerven treten deutlich hervor; letztere entspringen unter Winkeln von 50—70°, wenden sich bogenförmig nach vorn und verbinden sich camptodrom, Seitenäste nach den Randzähnen abgebend; die schwächeren Tertiärnerven gehen unter fast rechten Winkeln aus und sind schwach verästelt.

Dieses Blatt, das etwas unsymmetrisch ausgebildet ist, erinnert an die Teilblättchen einiger *Zanthoxylon*-Arten; unter den beschriebenen fossilen Arten dieser Gattung kommt es *Z. serratum* HEER (Fl. tert. Helv. III, p. 85, t. CXXVII, fig. 13—20, t. CLIV, fig. 37) sehr nahe, sodaß ich zunächst versucht war, es mit dieser Art zu identifizieren; es bietet aber auch große Anklänge an manche *Celastraceen*-Blätter, ferner an die Blätter einiger Amelanchier-Arten, und weiter finden sich ganz ähnliche Blätter bei manchen polymorphen Eichenarten wie *Quercus Ilex* L., *Qu. lusitanica* DC., *Qu. calliprinos* WEBB. u. a., sodaß ich mich zur Zuweisung dieses vereinzelten, vermutlich garnicht typischen Blattrestes zu einer bestimmten Gattung nicht entschließen kann.

Es liegen ferner verschiedene Abdrücke von Zweigen und Rindenstücken vor, von denen einige bereits früher bei den Gattungen *Populus*, *Betula*, *Castanea*, *Cladrastis* und *Tilia* Erwähnung fanden.

Taf. VI, Fig. 6 stellt ein Stengelstück dar, das anscheinend geflügelt war; vielleicht gehörte es einer Schlingpflanze an.

Andere Zweigstücke, ebenso verschiedene Reste von Rhizomen und Wurzeln sind einer Deutung garnicht zugängig.

Bei Besprechung der Gattungen *Salix*, *Populus*, *Fagus*, *Crataegus* und *Platanus* fanden schon die Abdrücke von Knospenschuppen Erwähnung, die diesen Gattungen möglicherweise angehören können; für verschiedene andere, isolierte Knospenschuppen erscheint der Versuch einer Zuweisung wenig aussichtsreich.

Taf. V, Fig. 21a und 21b geben zwei Knospenschuppen wieder, die aus breiter Basis sich dreieckig erheben, in eine kurze Spitze ausgehen und am Rücken schwach gekielt sind; Schuppen von ähnlicher Gestaltung kommen bei Pflanzen verschiedener Familien vor, z. B. bei *Syringa*.

Taf. IV, Fig. 17 stellt eine große, flachgewölbte Schuppe von gedrungen-rundlicher Gestalt mit breiter Basis dar.

Ferner wurden Reste von Blüten aufgefunden.

Taf. V, Fig. 18 kann ein dreiteiliger oder tief dreispaltiger Kelch mit eiförmigen, stumpf zugespitzten Zipfeln sein, der an *Macreightia germanica* HEER (Flor. tert. Helv. III, p. 13, t. CIII, fig. 1, 2) erinnert, dessen Zugehörigkeit näher zu bestimmen aber kaum möglich sein dürfte, da dreiteilige Kelche von ähnlicher Gestaltung bei sehr verschiedenen Pflanzenfamilien vorkommen. Eine deutliche Nervation ist nicht erkennbar. Das Fossil scheint ein Kelch zu sein, da es ziemlich flach ausgebreitet liegt; doch ist auch seine Deutung als dreifächrige Kapsel, wie sie bei *Sapindaceen*, *Celastraceen* u. a. vorkommt, nicht unmöglich.

Unbestimmbare Blütenreste stellen Taf. V, Fig. 15, 16, 17 dar, die außer der Dreiteilung nichts Charakteristisches darbieten.

Ebensowenig deutbar sind verschiedene Abdrücke von Früchten und Samen.

Taf. IV, Fig. 18 ist ein kleiner, ovaler Steinkern mit leicht gestreifter Oberfläche.

Taf. V, Fig. 19 ist anscheinend ein zerdrückter Steinkern, der am unteren Rande noch eine schwache Schicht des umgebenden Fruchtfleisches trägt.

Taf. V, Fig. 20 stellt den Abdruck eines kurz eiförmigen, oben zugespitzten Steinkernes oder Samens dar.

Taf. VI, Fig. 8 gehört vermutlich ebenfalls einer Steinfrucht an, deren Putamen eiförmig, 9 mm lang, 6 mm breit war mit der größten Breite in der Mitte, und der mit höckerigen Längsrunzeln bedeckt war.

## Tierreste.

Taf. VI, Fig. 4a, b, c.

Neben den zahlreichen Pflanzenresten enthalten die Senftenberger Tone so gut wie gar keine tierischen Überreste. Eine einzige Tonplatte von Zschipkau bietet ein dafür um so interessanteres animalisches Gebilde, nämlich die Abdrücke von *Vogelfedern*, die Taf. VI, Fig. 4a, b, c zur Darstellung gebracht sind. Die drei Federn, zwei größere und eine kleinere, die möglicherweise nur ein Bruchstück der einen größeren ist, stellen sich als Konturfedern mit kräftigem Schaft dar; die Fiederchen der Fahnen erreichen bis zu 20 mm Länge; wie bei Federn, die vor ihrer Einbettung im Gesteine im Wasser gelegen haben, nicht anders zu erwarten ist, sind die Fiederchen teilweise klaffend, übereinander geschoben und geknickt; die Fahnen sind im Abdrucke nur teilweise erhalten.

Ein Schluß auf den einstigen Träger dieser Federn ist natürlich nicht möglich; unsere Reste können nur als neues Vorkommen fossiler Federn den früheren Angaben ähnlicher Funde angereiht werden.

Fossile Vogelfedern finden sich angegeben bei:

H. v. Meyer: Fauna der Vorwelt; Fossile Säugetiere, Vögel und Reptilien aus den Molassemergeln von Öningen, S. 10, Taf. I, Fig. 6.

— Über fossile Federn und Eier. Palaeontogr. XV, S. 223, Taf. XXXVI—XXXVIII.

H. R. Göppert und G. C. Berendt: Der Bernstein und die in ihm befindlichen Pflanzenreste der Vorwelt, S. 50, Taf. VII, Fig. 29, 30.

C. J. Andrae: Beitr. zur Kenntnis der fossilen Flora Siebenbürgens und des Banates; Abh. d. k. k. geol. Reichsanst. Wien, 1855, II, S. 7.

O. Heer: Urwelt der Schweiz, 2. Aufl., S. 434, Taf. XI, Fig. 3.

O. Novak: Fauna der Cyprisschiefer des Egerer Tertiärbeckens, Sitzber. d. k. Akad. d. Wiss., Wien, 1877, Bd. LXXVI, S. 7, Taf. II, Fig. 13, Taf. III, Fig. 8.

G. Omboni: Penne fossile del Monte Bolca; Atti del R. Istituto veneto di scienze, lettere ed arti, tomo III, serie VI, Venezia 1885.

Unsere Reste weisen am meisten Übereinstimmendes mit den Federn auf, die in der letztgenannten Arbeit (Fig. 1—3) als *Ornitholithes Faujasi* ZIGNO angeführt worden sind.

## B. Pflanzenreste der Braunkohle.

In geringerer Anzahl als in den Tonen sind Pflanzenfossilien in der Kohle selbst gesammelt worden. Solche stammen besonders aus der Braunkohle der Grube Providentia bei Döbern, der Grube Marie II bei Groß-Räschen und der Grube Guerrini bei Vetzschkau. Von letzterem Orte hat bereits H. ENGELHARDT (Sitzungsberichte der naturwiss. Gesellsch. Isis, Dresden, 1893, S. 6) eine Liste von Pflanzenresten mitgeteilt und zwar: *Rosellinia congregata* BECK. sp., *Rhizomorpha* sp., *Sequoia brevifolia* HEER, *Pinus hepios* UNG., *Glyptostrobus europaeus* BRGT. sp., *Palmacites Daemonorhops* UNG. sp., *Livistona Geinitzi* ENGLH., *Platanus aceroides* GÖPP., *Andromeda protogaea* UNG., *Andromeda narbonnensis* SAP., *Nyssa europaea* UNG., *Apocynophyllum helveticum* HEER, *Sideroxylon hepios* UNG.

Unter den mir vorgelegenen Pflanzenresten waren einige mit Namen der vorstehenden Liste bezeichnet; ich konnte diese aber nur teilweise mit den angegebenen Arten identifizieren, bei anderen konnte ich mich der gegebenen Bezeichnung nicht anschließen.

### Pyrenomycetes.

**Rosellinia congregata** BECK. sp.

Taf. VII, Fig. 13.

ENGELHARDT: Abh. d. naturw. Ges. Isis zu Dresden 1887, S. 33, Taf. I, Fig. 1—9.
» Botan. Centralblatt 1888, II, S. 301.
*Cucurbitariopsis congregata* BECK.: Das Oligocän von Mittweida, Zeitschr. d. D. geol. Ges. XXXIV, 4, S. 752.
*Rosellinites congregatus* MESCHINELLI: Sylloge fungorum fossilium, p. 750.
» » Fungorum omnium fossilium iconographia, p. 16, t. IX, fig. 6—14.

9*

*R. peritheciis glabris, plerumque in acervulos dense conjertis, nigris, nitentibus, obtuse-conicis, basi orbiculari donatis, apice disco plano, margine subelerato circulari coronatis, ostiolo papillijormi e disci centro oriente; ascis non visis, sporis unicellularibus, elongatis, plerumque subincurvis.*

Vorkommen: Grube Guerrini.

Ich habe davon Abstand genommen, sogenannte fossile Pilze zu beschreiben, wiewohl sich des Öfteren in den Tonschichten Blätter mit Punkten, Flecken u. dergl. fanden (vergl. Taf. III, Fig. 10), die erlaubt hätten, darin »Pilze« zu erblicken, wie sie von verschiedenen Autoren mit Namen belegt worden sind.

Auf zwei Kohlenstücken liegen nun aber unverkennbare Pilzreste vor, deren Erhaltungszustand die Aufführung derselben rechtfertigt. Sie kommen mit den Pyrenomycetenresten überein, die aus der sächsischen Braunkohle von ENGELHARDT und BECK als *Rosellinia congregata* beschrieben worden sind. Beide Reste stellen Häufchen dicht gedrängter Perithecien dar; diese sind glänzend schwarz, kegelförmig, oben abgestumpft; die flache Scheibe, die die Oberfläche bildet, erscheint von einem niedrigen Rande umgeben und trägt zentral die papillenförmige, wenig erhöhte Mündung (vergl. Taf. VII, Fig. 13, vergr. b u. c). Sporen sichtbar zu machen, gelang an den vorhandenen Resten nicht.

Unsere Fundstücke entsprechen vollständig den für *R. congregata* gegebenen Beschreibungen und Abbildungen ENGELHARDT's, so daß sie wohl — auch ohne Prüfung der Sporen — zur genannten Pilzart gestellt werden dürfen.

Daß der Pilz ENGELHARDT's zur Pyrenomycetengattung *Rosellinia* gehören kann, ergibt sich mit Wahrscheinlichkeit aus der Übereinstimmung des Fruchtkörpers und der Sporen; das Fossil hat mit der rezenten Gattung gemeinsam: freiaufsitzende, gedrängt stehende Gehäuse mit papillenförmiger Mündung und einzellige Sporen.

# Gymnospermae.

## Coniferae.

### Sequoia Langsdorfii Brgt. sp.

Taf. VII, Fig. 16.

s. diese Abhandlung, S. 7.

Aus der Kohle der Grube Guerrini liegen mehrere Zweigfragmente vor, die der kurzblättrigen Form — var. *brevifolia* — angehören.

### Glyptostrobus europaeus Brgt. sp.

*Taxodites europaeus* Brongniart: Ann. des sciences nat., 1. sér., vol. XXX, p. 168.
Lit. s. Staub: Aquitan. Flora d. Zsiltales, S. 21.
Menzel: Gymnospermen der nordböhmischen Braunkohlenformation, Abh. Isis, Dresden, 1900. II, S. 87.

*G. ramulis strictis; foliis spiraliter insertis, in ramis perennibus squamaeformibus, adpressis, oviformibus, apicem versus latioribus, breviter acuminatis, dorso 2–3 striatis, basi decurrentibus, in senioribus ramis saepius apice patentibus; in ramulis annuis deciduis foliis subdistichis, erectis, linearibus, apice acuminatis, basin versus nunquam angustatis, late decurrentibus, nervo medio valido. Amentis masculinis apicalibus, rotundatis, multifloris, basi foliis brevibus, ovatis, acutis circumdatis; amentis femineis terminalibus ad ramulos breves laterales foliis squamaeformibus instructos, ovalibus; strobilis obovatis vel subglobosis; squamis lignescentibus, imbricatis, maturis hiantibus, e basi cuneata in discum ovalem, sulcatum incrassatis, disco sub apice mucronato, margine anteriore toro semicirculari 6—9-crenato et longitudinaliter sulcato circumdatis; seminibus sub quaris squama duobus, ovatis, arcuatis, erectis, marginibus alis angustis, basi ala producta instructis.*

Von der Grube Guerrini stammen einige Zweigbruchstücke dieser Art, die perennierenden Zweigen mit schuppenförmigen Blättern angehörten.

### Pinus laricioides Menz.

Taf. VII, Fig. 16, 17.

Menzel: Gymnospermen der nordböhmischen Braunkohlenformation, S. 66, Taf. III, Fig. 16.

*Pinus hepios* Heer: Mioc. balt. Flora, S. 58, Taf. XIV, Fig. 2—4.
» » Engelhardt: Über Braunkohlenpfl. v. Meuselwitz, Mitt. a. d. Osterlande, Neue Folge, II. Bd., S. 10, Taf. I, Fig. 18.
» » Engelhardt: Tertiärflora v. Berand, S. 12, Taf. I, Fig. 19.
*Pinus Laricio* (p. p.) Ettingshausen: Beitr. z. Erf. d. Phylogenie d. Pfl., Taf. VI, Fig. 1, 2, 4; Taf. VIII, Fig. 4a, 5a, 6; Taf. IX, Fig. 11, 12.

*P. foliis geminis, 8—15 cm longis, 1,5—2,5 mm latis, striatis; vaginis 10—15 mm longis.*

Von den Gruben Guerrini und Providentia bieten mehrere Kohlenstücke aufliegende Nadelreste; meist handelt es sich um isolierte Bruchstücke $1^1/_2$—2 mm breiter, gestreifter Nadeln; von beiden Fundorten liegen aber ein paar noch in Kurztrieben zusammenstehende Fragmente dieser Nadeln vor, die einen Vergleich dieser Reste erlauben; Taf. VII, Fig. 16 und 17 stellen zwei derselben dar.

Es sind Kurztriebe mit zwei Nadeln, die bis 3—4 cm Nadellänge erhalten sind und am Grunde mit einer bis zu 1 cm Länge erhaltenen Scheide umgeben sind. Diese Nadelreste stimmen ganz mit denen überein, die ich aus der böhmischen Braunkohlenformation als *P. laricioides* beschrieb.

### Pinus cf. Laricio Poir.

Heer: Mioc. balt. Flora, S. 22, Taf. I, Fig. 1—18.
Lit. s. Menzel: Gymnospermen der nordböhmischen Braunkohlenform., S. 55.

*P. strobilis subsessilibus, ovoideo-conicis vel oblongis, 5—8 cm longis, 2,5—5 cm crassis; squamarum apophysi integra, rhomboidea, convexa, carina transversa elevata, latere superiore plerumque convexiore, umbone rhombeo, mutico vel subspinato; seminum ala nucula bis triplo longiore, apice angustata.*

In einem Stücke Kohle von der Grube Guerini ist ein Zapfenfragment erhalten; auf einer Seite ist ein Querbruch der Zapfenspindel mit mehreren verbrochenen Schuppen erkennbar, an deren einer es möglich war, die Apophyse freizulegen. Die Bildung dieser erinnert an *P. Laricio* Poir. Die Apophyse ist rhombisch, 9 mm breit, 5 mm hoch; sie ist von einer Querleiste geteilt und trägt in deren Mitte einen stumpfen, querrhombischen Nabel. Die

Rückseite des Kohlenstückes bietet verschiedene Schuppenfragmente, aus deren Anordnung sich erkennen läßt, daß der Zapfen eine kegelförmige Gestalt besaß.

Was das Zapfenfragment darbietet, ist so wenig, daß sich der Vergleich mit *P. Laricio* POIR. eben nur vermutungsweise aussprechen läßt.

## Angiospermae.

## Monocotyledoneae.

### Palmacites Daemonorhops UNG. sp.

*Palaeospathe Daemonorhops* UNGER: Sylloge plant. foss. I, p. 9, t. II, fig. 9—12.
*Chamaerops teutonica* LUDWIG: Palaeontogr. VIII, S. 86, Taf. XX, Fig. 2, 3; Taf. XXII, Fig. 5.
*Palmacites Daemonorhops* HEER: On the fossil Flora of Bovey Tracey, p. 1056, pl. LV, fig. 7—15; pl. LXII.
" *Daemonorhops* ENGELHARDT: Flora d. Braunkohlenformat. i. Königr. Sachsen, S. 30, Taf. IX, Fig. 2, 3.
*helveticus* ENGELHARDT: ibid., S. 48, Taf. XII, Fig. 14; Taf. XIV, Fig. 1.
" *Daemonorhops* ENGELHARDT: Über Braunkohlenpfl. von Meuselwitz, S. 9, Taf. I, Fig. 10, 12.
" *Daemonorhops* BECK: Das Oligocän von Mittweida, Zeitschr. d. Deutsch. geol. Ges., 1882, S. 757, Taf. XXXI, Fig. 8—13.

Die Kohle der Grube Guerrini enthält verschiedene Stücke verkohlten Holzes, das aus dicht gedrängten Schichten paralleler, sich kreuzender oder durcheinander gewebter Gefäßbündel besteht. Die Gefäßbündel sind flach gedrückt und in spröde Kohle umgewandelt; sie messen bis 0,5 mm Durchmesser.

Diese Holzreste stimmen ganz und gar mit dem fossilen Holze überein, das als *Palmacites Daemonorhops* UNG. sp. bezw. unter den oben angeführten Synonymen wiederholt beschrieben und abgebildet worden ist; z. B. mit den Resten ENGELHARDT's (l. c. Taf. XII, Fig. 14) und BECK's (l. c., Taf. XXXI, Fig. 9) aus der sächsischen Braunkohle, so daß ich von einer erneuten Abbildung absehen zu können glaube.

Ein anderes Stück stimmt mit dem von ENGELHARDT, l. c. Taf. XIV, Fig. 1 abgebildeten Fossile überein. Wie dieses zeigt es in mehreren Schichten übereinander liegende, sich kreuzende

Züge von flachgedrückten Gefäßbündeln, zwischen denen stellenweise Partien parallel-längsgestreiften, pflanzlichen Gewebes zum Vorschein kommen. Es handelt sich allem Anscheine nach um übereinanderliegende, flächenartige Gebilde, deren verschieden gerichtete Gefäßbündelzüge auf den zusammengepreßten, verkohlten Resten das Bild teils sich kreuzender, teils längslaufender Faserzüge ergeben; diese können als die Überreste abgestorbener, mit ihren verbreiterten Basen am Stamme haften bleibender Blattstengel angesprochen werden, die bei lebenden Palmen oft die oberen Teile der Stämme bedecken.

Ähnliche Reste sind auch von SAPORTA (Recherches sur la végétation du niveau aquitanien de Manosque, pl. V, fig. 4) abgebildet worden.

# Dicotyledoneae.

## Corylus Avellana L. fossilis.

Taf. VII, Fig. 21—33.

*C. nuce obovata vel globosa, basi subtruncata, apice plus minusve acuminata, nitida, tenuiter striata; insertione basali paullo circumvallata, opaca; semine ovato, leniter costato.*

Von verschiedenen Werken des Senftenberger Revieres liegen Nüsse und Kerne von *Corylus* vor; sie tragen die Fundortsbezeichnungen: HEKKEL's Braunkohlenwerk bei Senftenberg, Grube Marie bei Reppist, Grube Bismarck II bei Sallgast und die allgemeine Angabe: Senftenberger Revier.

Die vorliegenden Reste sind entweder vollständige Haselnüsse oder von den Schalen entblößte Kerne. Die Nüsse sind teils in der Form wohlerhalten (Taf. VII, Fig. 21, 22, 24, 28), teils sind sie durch Druck deformiert, geborsten oder in einzelnen Kohlestücken zu einem dichten Haufwerk zusammengepreßt. Sie liegen in verschiedenen Größen vor, und zwar messen:

| | | | | | | | | |
|---|---|---|---|---|---|---|---|---|
| Fig. 28 | 16 | mm | Höhe | bei | 14 | mm | größter | Breite. |
| » 21 | 14 | » | » | » | 15 | » | » | » |
| » 22 | 14 | » | » | » | 12 | » | » | » |
| » 23 | 14 | » | » | » | 11 | » | » | » |
| » 29 | 12 | » | » | » | 11 | » | » | » |
| » 24 | 10 | » | » | » | 10 | » | » | » |

Sie sind also teils länger als breit, teils etwa gleich lang und breit; die Form ist rundlich und aus breiter Basis verjüngt (Fig. 21. 23. 24. 29) oder mehr eiförmig mit stärker verjüngter Spitze (Fig. 22, 28. 32). Die Insertionsstelle ist ziemlich groß, schwankt zwischen 6 und 10 mm Durchmesser, ist rundlich bis mehreckig, glatt, matt und von einem mäßig erhöhten Rande umgeben. Die Schale der Nüsse besitzt 1 bis 1,5 mm Dicke, sie ist glatt, glänzend mit feinen Streifen bedeckt, aber ohne stark ausgesprochene Rinnenbildung; häufig sind durch Druck entstandene Risse vorhanden. An der Spitze einiger Nüsse sind kleine Spitzchen oder unregelmäßige Rauhigkeiten erkennbar, die von den Resten der Narben herrühren.

Die aufgefundenen Kerne sind entweder ganz isoliert (Fig. 25, 26, 27), oder sie sind noch von den Samenschalen teilweise bedeckt (Fig. 23, 24. 32, 33); ihre Form ist entsprechend den verschiedenen Nußformen eine wechselnde: kurz oval bis länglich, an der Spitze stumpf oder zugespitzt; ihre Oberfläche ist glatt, von gebogenen, seichten Längsfurchen durchzogen. Häufig sind die Kerne durch Druck stark deformiert und haben dann Formen angenommen wie Fig. 30 und 31.

Aus den Schichten der Tertiärformation sind mehrere fossile Haselnüsse beschrieben und abgebildet worden:

*Corylus Wickenburgi* UNGER: Iconogr. pl. foss., p. 39, t. XXVIII, fig. 26.

*C. sp.* GÖPPERT und BERENDT: Der Bernstein und die in ihm befindlichen Pflanzenreste der Vorwelt, S. 85, Taf. V, Fig. 15 (= *C. Göpperti* UNGER: Gen. et sp. pl. foss., p. 407.

*C. bulbiformis* LUDWIG: Foss. Pfl. a. d. jüngsten Wetterauer Braunkohle, Palaeontogr. V, S. 103. Taf. XXI, Fig. 8.

*C. inflata* LUDWIG: ibid., S. 103, Taf. XXI, Fig. 7.

*C. inflata* LUDW., FRITSCH: Das Pliocän im Talgebiete der zahmen Gera in Thüringen, Jahrb. d. königl. preuß. geol. Landesanstalt, 1884, S. 427, Taf. XXVI, Fig. 16.

*C. avellanoides* ENGELHARDT: Flora der Braunkohlenformation im Königreich Sachsen, S. 36, Taf. X, Fig. 7, 8.

*C. Avellana L. fossilis* Geyler und Kinkelin: Oberpliocänflora aus den Baugruben des Klärbeckens bei Niederrad und der Schleuse bei Höchst a./M., Abh. d. Senckenb. Naturf.-Ges. Bd. XIV, S. 24, Taf. II, Fig. 14—16.

*C. Mac Quarrii* Forb., Heer: Flor. foss. arct. I, p. 104, t. IX, fig. 5, 6.

» » » Heer: Beitr. z. foss. Flora Spitzbergens, S. 72, Taf. XXVIII, Fig. 8.

» » » Heer: Nachtr. z. mioc. Flora Grönlands, S. 15, Taf. III, Fig. 10.

In jüngeren Schichten sind Haselnußreste, die unserer *C. Avellana* L. entsprechen, häufig gefunden worden.

Wenn wir unsere Senftenberger Haselnüsse mit den beschriebenen tertiären *Corylus*-Früchten vergleichen, so ergibt sich, daß *C. Mac Quarrii* Heer durch ihre tiefgefurchteten Kerne von ihnen abweicht, während sie im Übrigen in der Form gut übereinstimmt. Die anderen angeführten Haselnüsse aber, die alle mit *C. Avellana* verglichen worden sind und zum Teil entweder direkt zu dieser gestellt oder als ihre Vorläufer angesehen wurden, besitzen sämtlich Analoga unter den Senftenberger Früchten; nur die erste Form, die Geyler und Kinkelin von ihrer *C. Avellana fossilis* aufstellen, besitzt Schalen mit tieferer Rinnenbildung; die Autoren bemerken aber — unter Berufung auf Heer —, daß diese möglicherweise durch Eintrocknen entstanden sein kann.

Da unsere Nüsse andererseits mit den mannichfachen Formen unserer lebenden *C. Avellana* L. völlig übereinstimmen, liegt kein Grund vor, in ihnen eine besondere Art zu erblicken, sondern wir sind wohl berechtigt, sie — dem Vorgehen Geyler's und Kinkelin's folgend — mit den Früchten der Wetterau vereinigt als fossile Form unserer einheimischen Haselnuß aufzufassen und in deren Formenkreis auch die *Corylus*-Früchte von Gleichenberg, aus dem Bernsteine und aus der sächsischen Braunkohle einzuschließen.

### Prunus sp.

Taf. VII, Fig. 19.

*P. putamine elliptico, compresso, laevi, tenuiter rugoso-striato, basi truncato, apice acuminato.*

Ein elliptischer, 17 mm langer und 11 mm breiter, quer zusammengedrückter Steinkern mit abgestumpfter Basis und verjüngter Spitze, der an der schmalen Kante ringsum von einer Naht umgeben ist, und dessen glatte Oberfläche von einigen runzeligen Streifen bedeckt ist; er kommt den Steinkernen von *Prunus domestica* L. in Größe und Form nahe, nur besitzt er einen minder scharfen Nahtrand.

Von fossilen *Amygdaleen*-Steinkernen ist *Prunus Hanhardtii* HEER (Fl. tert. Helv. III, p. 95, t. CXXXII, Fig. 13) durch die stumpfere Spitze und die schärfere Randbildung unterschieden; größere Ähnlichkeit bieten *Amygdalus radobojana* UNGER (Syll. pl. foss. III, p. 63, t. XIX, fig. 13–15) und *A. Hildegardis* UNGER (Syll. III, p. 63, t. XIX, fig. 19, 20), welche letztere Art von SCHENK zu *Prunus* gestellt wird. Eine vollständige Übereinstimmung besteht aber mit keiner von beiden Früchten. Da es nun schwierig ist, einzelne Steinkerne auf *Prunus* oder *Amygdalus* zurückzuführen, und da die Steine innerhalb einzelner Arten mancherlei Formverschiedenheiten aufweisen, ist es wohl am zweckmäßigsten, den vorliegenden Steinkern aus der Senftenberger Kohle einfach als *Prunus* sp. ohne genauere Artbestimmung zu bezeichnen, unter Hinweis auf die ihm ähnlichen bezw. verwandten Formen.

### cf. Leguminosites sp.

Taf. VII, Fig. 20.

Aus der Kohle der Grube Guerrini liegt der Taf. VII, Fig. 20a und b von beiden Seiten abgebildete Rest vor; er stellt ein flach zusammengedrücktes Gebilde von 15 mm Länge und 11 mm Breite dar, von elliptischer, an einer Längsseite unregelmäßig vorgezogener Gestalt, vermutlich einen Samen, der in der Mitte der einen Flachseite (Fig. 20b) eine rundliche Anheftstelle trägt.

Da nicht festzustellen ist, wieweit dieser Rest durch Druck

deformiert worden ist, so ist über seine Natur eine bestimmte Aussage nicht zu machen; vielleicht ist es der Same einer Leguminose.

**Elaeocarpus globulus** n. sp.

Taf. VII, Fig. 1—12.

*E. foliis coriaceis, breviter petiolatis, lanceolato-obovatis; basi sensim attenuatis, apice obtusatis, margine crenatis, basin versus integris; serratione distincta; nervo primario valido, excurrente; nervis secundariis alternantibus vel suboppositis, angulis 60—70° egredientibus, hic illic furcatis, primo strictis, deinde sursum curvatis, camptodromis, ramulos externos camptodromos emittentibus, e quibus ramuli in dentes intrant; nervis secundariis incompletis saepe interpositis; nervis tertiariis ramosis, e nervo primario angulis acutis exeuntibus et secundariis fere parallelis, e nervis secundariis angulo subrecto orientibus, laqueos oblongos formantibus.*

*Fructibus drupaceis, globulosis; pericarpio verisimiliter coriaceo, putamine duro, sphaerico, quinqueloculari, longitudinaliter punctato.*

**Vorkommen:** Grube Guerrini, Providentia, Marie II.

In reichlicher Anzahl liegen Blätter und vor allem Früchte einer Pflanze vor, deren Auftreten unseres besonderen Interesses wert ist.

Die Blätter, Taf. VII, Fig. 1—4, sind derb lederartig, verkehrt eiförmig, am Grunde allmählich in den kurzen Stiel verschmälert, nach der Spitze stumpf zugerundet. Der Blattrand ist im unteren Teile ganz, im Übrigen flach gekerbt. Die Oberseite der Blätter erscheint glänzend mit flachen Nerven, die Unterseite matt mit stärker hervortretenden Nerven. Die Nervation ist an den Blättern prächtig erhalten. Aus dem kräftigen Mittelnerven entspringen unter wenig spitzen Winkeln — nach der Basis zu sind die Austrittswinkel spitzere — ziemlich dicht gestellte, zum Teil gabelteilige Sekundärnerven, die anfangs gerade verlaufen, sich dann vorwärts krümmen und dem Rande entlang sich camptodrom verbinden; an der Außenseite dieser Camptodromien wird von Außenästen der Sekundärnerven eine Kette kleinerer Schlingenbögen gebildet, von denen aus Äste in die Randkerben abgeben. Hin und wieder treten unvollständige Sekundärnerven auf; die verzweigten Tertiärnerven treten aus dem Mittelnerven spitzwinklig, fast parallel den Sekundärnerven, aus diesen unter fast rechten Winkeln aus und bilden langgestreckte, schräggestellte Felder, die von einem feinen, polygonalen Maschennetze ausgefüllt werden.

Diese Blätter trugen zum Teil Sammlungsetiketten, nach denen sie als *Apocynophyllum helveticum* H. oder als *Sideroxylon hepios* UNG. bezeichnet waren. Zu diesen beiden Arten gehören aber unsere Reste keinesfalls; es läßt sich überhaupt unter den bisher bekannten tertiären Pflanzen kein Analogon für sie auffinden. Dagegen ergibt sich eine bis ins kleinste gehende Übereinstimmung mit den Blättern von *Elaeocarpus alaternoides* BRONGN. et GRIS.

Es sind bereits Blätter von mehreren zu *Elaeocarpus* gestellten Arten aus tertiären Schichten bekannt:

*E. Albrechti* HEER: Mioc. balt. Flora. S. 42, Taf. X, Fig. 1.
» SCHIMPER: Traité de pal. vég. III, p. 126, t. XCIX, fig. 9—12.
» FRIEDRICH: Tertiärfl. d. Prov. Sachsen, S. 34, Taf. II, Fig. 3.

*E. europaeus* ETTINGSHAUSEN: Tertiärfl. v. Bilin III, S. 16, Taf. XLIII, Fig. 6—10.
» SCHIMPER: Traité de pal. vég. III. S. 126.
» ENGELHARDT: Tertiärfl. d. Jesuitengrabens, S. 52, Taf. 12. Fig. 8, 9.
» ENGELHARDT: Tertiärfl. v. Berand, S. 29.

*E. photiniaefolius* HOOK. et ARN. fossilis NATHORST: Flore fossile du Japon, p. 64, pl. IX, fig. 5.

Die Annahme des Auftretens von *Elaeocarpus*, dessen Arten gegenwärtig im tropischen Asien, Australien und über die pacifischen Inseln bis Japan verbreitet sind, in unseren Breiten während der Miocänzeit wird unterstützt durch das gleichzeitige Vorkommen von Früchten, die mit denen mancher Elaeocarpus-Arten, besonders aus der Sektion *Ganitrus*, große Übereinstimmung aufweisen. Diese besitzen Steinfrüchte mit harten, 3—5fächrigen, 1—5samigen Steinen, die eine grubig punktierte oder höckerige Oberfläche besitzen und zuweilen Neigung zum fachspaltigen Aufspringen zeigen.

Dieselben Verhältnisse sind an einer Frucht zu beobachten, die in reichlicher Menge in den Senftenberger Kohlen gefunden wird. Diese Früchte sind kugelig und besitzen Durchmesser von 4—9 mm. Taf. VII, Fig. 5—12 zeigen solche in verschiedener Größe und von verschiedenen Seiten gesehen; sie sind meist nur sehr wenig zusammengedrückt, scheinen also sehr hart gewesen zu sein und stellen ohne Zweifel Steinkerne dar; einige sind noch von den verkohlten Resten eines dünnen Fruchtfleisches oder lederigen Perikarpes überzogen (z. B. Fig. 8), das an der Spitze einen vorstehenden Griffelrest erkennen läßt. Die Fruchtsteine selbst sind von 5 deutlichen Spaltfurchen überzogen; zwischen diesen ist die Oberfläche grubig punktiert bis leicht runzelig; die Unebenheiten der Steinoberfläche sind in Längsreihen angeordnet. Querbrüche von Fruchtsteinen, wie die Platte Fig. 11 deren zwei darbietet, lassen die fünf schmalen Fächer erkennen. Die Innenansicht der Fruchtfächer zeigen mehrere aufgesprungene Steine (Fig. 10 und 9) an denen ein bezw. zwei Sektoren ausgefallen sind; die Wandungen der Fruchtfächer sind von einer zarten Gewebsschicht ausgekleidet, deren Oberfläche sehr feine Längsrunzelchen aufweist.

Unter den lebenden *Elaeocarpus*-Arten besitzt *E. sphaericus* GÄRTN. etwas größere, aber im Übrigen übereinstimmende Fruchtsteine; den unseren an Größe gleiche, auf der Oberfläche aber stärker gerunzelte Steine besitzen *E. holopetalus* F. v. MÜLLER, *E. reticulatus* SM., *E. obovatus* DON.

Der einzige fossile Fruchtrest, der bisher zu *Elaeocarpus* gestellt wurde, *E. Albrechti* HEER (Mioc. balt. Flora, S. 43, Taf. X, Fig. 2—4), ist von unseren Früchten durch die bedeutendere Größe und die viel tiefere Runzelung der Oberfläche verschieden.

Ich vermute, daß sich die Fundangabe von *Carpolithes Gervaisii* SAP. (EBERDT: Jahrb. d. königl. preuß. geol. Landesanstalt 1893,

S. 225) auf die eben beschriebenen Fruchtsteine bezieht, die aber mit jenem nur eine oberflächliche Ähnlichkeit gemein haben.

### **Andromeda protogaea** Ung.

**Taf. VII, Fig. 14, 15.**

**Unger: Foss. Flora von Sotzka, S. 43, Taf. XXIII, Fig. 2, 3, 5—9.**
**Ettingshausen: Foss. Flora von Sagor II, S. 17, Taf. XIII, Fig. 20—33.**
**» Foss. Flora von Schoenegg II, S. 18, Taf. VI, Fig. 23—42.**
**Heer: Flor. tert. Helv. III, p. 8, t. CI, fig. 26.**
**» Mioc. balt. Flora, S. 80, Haf. XXIII, Fig. 7c; Taf. XXV, Fig. 1—18.**
**Übr. Litt. s. Meschinelli e Squinabol: Flor. tert. Ital. p. 481.**

*A. foliis longe petiolatis, coriaceis, lanceolatis vel lanceolato-linearibus, integerrimis, utrinque plus minusve acuminatis; nervo primario valido; nervis secundariis teneris, angulis acutis egredientibus, curvatis, camptodromis, nervis secundariis incompletis interpositis; nervis tertiariis tenuibus, angulis subrectis exeuntibus, areas rete tenerrimo impletas formantibus.*

Vorkommen: Grube Guerrini.

Von mehreren Blattfragmenten geben Taf. VII, Fig. 14 und 15 die besterhaltenen wieder. Sie sind zwar nicht vollständig, lassen aber eine Bestimmung zu, denn sie stimmen in ihrer derblederigen Konsistenz und der Nervation mit den vielerorts in tertiären Schichten entdeckten Blättern überein, die als *Andromeda protogaea* Ung. beschrieben worden sind; nach ihrer Gestalt entsprechen sie den Formen dieser gestaltenreichen Art mit allmählich verschmälerter Basis, die z. B. Heer in der baltischen Flora auf Taf. XXV, Fig. 6—10, abgebildet hat.

Außer diesen bestimmbaren Fossilien, die eben aufgezählt wurden, fanden sich auch in der Braunkohle noch mancherlei andere pflanzliche Überreste, wie Blattfragmente, Fruchtreste Rinden- und Stengelstücke, Wurzeln, die einer Deutung nicht fähig sind.

# Überblick über die Senftenberger Braunkohlenflora.

Die vorangehende Pflanzenbeschreibung bringt eine verhältnismäßig nur geringe Anzahl von Arten zur Darstellung: aus dem umfangreichen Materiale von weit über zweitausend Platten, die zum Teil mehrere pflanzliche Abdrücke tragen, habe ich nur 59 Arten aus den Tonen und 11 aus der Kohle zur Beschreibung herangezogen. Wie schon eingangs erwähnt, habe ich es vorgezogen, eine sehr große Anzahl von unvollständigen und problematischen Resten unberücksichtigt zu lassen; vermeintliche Pilze — außer *Rosellinia congregata* BECK sp. — sowie Blatt- und Stengelreste monocotyler Pflanzen, die in manchen tertiären Florenlisten einen breiten Raum einnehmen, blieben gänzlich außer Betracht, und für viele mangelhaft erhaltene Blätter, für viele Blüten- und Fruchtreste unterblieb der Versuch einer Deutung, um nicht durch Registrierung solcher unbrauchbarer oder vieldeutiger Dinge den ohnehin übergroßen phytopaläontologischen Ballast zu vermehren.

Von den aufgeführten insgesamt 70 Pflanzenresten, die hier Berücksichtigung fanden, erlauben 15 nur eine annähernde Vergleichung. 12 stellen neue Arten dar, deren Begründung mir gerechtfertigt erscheint, die übrigen aber sind Reste, die durchgängig bereits bekannten Tertiärpflanzen sich anreihen, und deren Bestimmung hinsichtlich der Gattung, wie ich hoffe, der Kritik standzuhalten vermag.

Ein Teil der beschriebenen Arten liegt in großer Individuenanzahl vor; insbesondere Pappeln, Birken, Kastanie, Buche, Eiche,

Ulme, Ahorne und Wassernüsse aus den Tonen, die Haselnüsse und die Elaeocarpus-Reste aus der Kohle bieten ein reiches und in den Formen zum Teil mannigfach variierendes Material.

Die geringe Zahl der festgestellten Pflanzenarten gestattet freilich in nur beschränktem Umfange ein Bild der Vegetation zur Zeit der Ablagerung der Senftenberger Schichten zu konstruieren: sie reicht aber aus, um den Charakter der damaligen Flora Senftenbergs festzustellen, und erlaubt, diese mit anderen Tertiärfloren sowohl als mit den gegenwärtigen Florengebieten zu vergleichen.

Die am Ende folgende Übersicht gibt die geologische Verbreitung der gefundenen Pflanzen in den Stufen der Tertiärformation an und verzeichnet die analogen bezw. nächstverwandten lebenden Arten und deren Heimat. Aus dieser Zusammenstellung ergibt sich, daß von unseren Pflanzen bisher bekannt sind:

4 aus dem Oligocän allein,
13 aus dem Oligocän und Miocän,
12 aus dem Oligocän, Miocän und Pliocän,
11 aus dem Miocän allein,
5 aus dem Miocän und Pliocän und
3 nur aus dem Pliocän,

daß also insgesamt 41 in miocänen Ablagerungen angetroffen worden sind.

Von den ihnen entsprechenden rezenten Arten haben ihre Heimat:

14 in Nordamerika,
6 in Nordamerika und dem außertropischen Asien,
17 im extratropischen Asien,
6 in Europa und dem extratropischen Asien,
2 in Europa und Nordamerika und
16 in Europa.

Vergleicht man die Senftenberger Lokalflora mit anderen Tertiärfloren, so findet man, daß sie gemeinsam aufweist:

9 Arten mit der oligocänen Braunkohlenformation des Samlandes,

18 Arten mit der miocänen Flora von Schoßnitz,
12 Arten mit der miocänen Flora der Wetterau,
12 Arten mit der miocänen Flora des Himmelsberges bei Fulda,
5 Arten mit der miocänen Flora des Niederrheins,
13 Arten mit der miocänen Flora von Öningen,
25 Arten mit der miocänen nordböhmischen Braunkohlenformation,
9 Arten mit den pliocänen Paludinenschichten Slavoniens,
17 Arten mit den pliocänen Süßwasserquarzen, Congerien- und Cerithienschichten im Wiener und Ungarischen Becken,
12 Arten mit dem Tertiär Japans.

Ich verhehle mir nicht, daß bei einer derartigen Nebeneinanderstellung verschiedener Floren nur bedingt giltige Resultate gewonnen werden können; denn einmal hängt die Zusammensetzung einer vorweltlichen Lokalflora mehr oder weniger vom Zufall ab, der hier diese, dort jene Pflanzen uns überlieferte, und dann kommt das ebenfalls vom Zufall beeinflußte Zahlenverhältnis der Pflanzenarten in den einzelnen Floren in Frage, welches uns im Grunde nicht erlaubt, eine Flora von beschränkter Artenzahl wie die unserige mit artenreichen Floren, wie die von Öningen oder die der nordböhmischen miocänen Tone und Schiefer es sind, ohne weiteres als gleichwertig in Vergleich zu stellen, — ganz abgesehen davon, daß nicht selten gleiche Namen für verschiedene Dinge gebraucht werden, und daß eine erhebliche Anzahl von »Arten« zumeist einer beweiskräftigen Begründung entbehrt.

Sieht man aber von diesen Bedenken ab, so ergibt sich aus der vorgenommenen Nebeneinanderstellung, daß die Senftenberger Braunkohlenbildungen die überwiegende Mehrzahl ihrer pflanzlichen Einschlüsse, die sie überhaupt mit anderen Fundorten teilen, mit miocänen Ablagerungen gemeinsam haben. Und ist daraus der Schluß erlaubt, daß die Senftenberger Flora eine miocäne sei, so trifft diese Folgerung mit der auf anderem Wege gewonnenen Altersbestimmung der Braunkohlenbildungen des Senftenberger

Revieres zusammen. Wie durch die Untersuchungen von Berendt[1]) und Eberdt[2]) festgestellt worden ist, gehören die Senftenberger Kohlen zu den subsudetischen Braunkohlenbildungen, denen ein miocänes Alter zuzuschreiben ist.

Wenn somit eine Übereinstimmung der geologischen und paläontologischen Beobachtungsresultate bezüglich des Alters der Senftenberger Tertiärgebilde und ihrer Flora besteht, so erübrigt noch, die Frage nach dem Charakter der Senftenberger Lokalflora zur Miocänzeit aufzuwerfen.

Bei der Vergleichung von Pflanzenlisten verschiedener Fundorte kommen wohl die gemeinsamen Arten zahlenmäßig zur Kenntnis, aber der eigentliche Florencharakter wird dabei nicht berücksichtigt. Zur rechten Charakterisierung fossiler Floren genügt nicht die Angabe der vorgefundenen Arten, sondern vor allem die Antwort auf die Frage, welche Pflanzenarten vorherrschend und welche nur vereinzelt auftreten, und zu welchen Gesellschaften die Pflanzen zusammengeschlossen sind. Zwei fossile Lokalfloren können eine große Anzahl gemeinsamer Arten aufweisen und doch in ihrem Charakter recht stark von einander abweichen; z. B. teilt die Senftenberger Flora mit der der untermiocänen Tone von Preschen in Nordböhmen nicht weniger als 21 Arten; hier stehen schon die Zahlenverhältnisse für den Vergleich nicht günstig: 21 von 70 Arten in Senftenberg gegenüber 21 von über 300 Arten in Preschen sind nicht als gleichwertig anzusehen; vergleicht man aber die übrigen, nicht gemeinsamen Arten, so ergibt sich, daß unter diesen gerade eine große Anzahl sich befindet, die für den Habitus der Flora von bestimmendem Einflusse ist; in der Senftenberger Flora fehlen ganz oder nahezu völlig: die *Myrica-*

[1]) Berendt: Die märkisch-pommersche Braunkohlenformation und ihr Alter im Lichte der neueren Tiefbohrungen; Jahrb. der königl. preuß. geol. Landesanstalt 1883, S. 643. — Berendt: Das Tertiär im Bereiche der Mark Brandenburg: Sitzungsber. der königl. preuß. Akad. der Wissensch. 1885, S. 863. — Berendt: Die Soolbohrungen im Weichbilde der Stadt Berlin; Jahrb. der königl. preuß. geol. Landesanstalt 1889, II, S. 347.

[2]) Eberdt: Die Braunkohlenablagerungen in der Gegend von Senftenberg; Jahrb. der königl. preuß. geol. Landesanstalt 1893, I, S. 212.

ceen, *Moraceen*, *Magnoliaceen*, *Lauraceen*, *Leguminosen*, *Celastraceen*, *Sapindaceen*, *Sterculiaceen*, *Myrtaceen*, *Myrsinaceen*, *Sapotaceen*, *Oleaceen*, *Ebenaceen*, *Apocynaceen*, *Rubiaceen* u. a. — also Familien, deren tropische oder subtropische Vertreter in der Preschener Flora großenteils einen erheblichen Raum einnehmen, und die die Physiognomie der Flora zum wesentlichen Teile bestimmen; der Flora von Preschen fehlen andererseits wieder die in dem Senftenberger Gebiete vorherrschenden Arten wie *Populus balsamoides* GÖPP., *Fagus ferruginea* AIT. *mioc.*, *Quercus pseudocastanea* GÖPP., *Ulmus carpinoides* GÖPP., *Acer subcampestre* GÖPP., *Corylus Avellana* L. *foss.*, *Elaeocarpus globulus* M. und *Trapa silesiaca* GÖPP., und unter den beiden Floren gemeinsamen Arten befinden sich als hervortretende Glieder der Vegetation solche wie *Taxodium distichum* RICH., *Glyptostrobus europaeus* BRGT. sp., *Sequoia Langsdorfii* BRGT. sp., *Juglans acuminata* A. BR., *Alnus Kefersteinii* GÖPP., *Betula prisca* ETT., *Carpinus grandis* UNG. und *Acer trilobatum* STBG. sp., die als langlebige Arten durch mehrere Epochen der Tertiärzeit hindurch sich unverändert erhalten haben und daher als Allgemeingut der europäischen Tertiärflora anzusehen sind; die übrigen gemeinsamen Arten stellen in beiden Floren nur nebensächliche Elemente der Vegetation dar.

So bietet die Senftenberger Lokalflora einen ganz anderen Charakter dar als die von Preschen, trotzdem etwa ein Drittel ihrer Arten auch in der letzteren vertreten ist. Ähnlich stellen sich die Verhältnisse, wenn die Senftenberger Flora mit der von Öningen, der Wetterau u. a. verglichen wird.

Eine deutlich ausgesprochene Annäherung aber bietet unsere Lokalflora an die Schoßnitzer Flora dar, und zwar nicht nur durch die Anzahl von 18 gemeinsamen und verschiedenen, zum mindesten nahe verwandten Pflanzenarten, sondern auch durch das beiden Floren eigentümliche Zurücktreten tropischer und subtropischer Elemente und vor allem durch die Übereinstimmung der ganzen Pflanzengemeinschaften beider. An beiden Orten waren *Sumpfcypressen*, *Pappeln*, *Birken*, *Buchen*, *Ulmen*, *Platanen*, *Ahorne* die dominierenden Bäume, zu diesen traten *Weiden*, *Nußbäume*, *Erlen*,

*Kastanien, Hainbuchen, Amberbäume, Weinreben, Wassernüsse* u. a. — und zwar an beiden Orten in den nämlichen Arten.

An Pflanzen wärmerer Gebiete waren im Senftenberger Gebiete nur die *Palme* und der *Elaeocarpus*, die ihre Reste in den Kohlen hinterlassen haben, vertreten.

Infolge des Schwindens südlicher Pflanzentypen erwecken die Floren von Schoßnitz und Senftenberg den Eindruck eines geologisch jugendlichen Alters; es ist aber nicht begründet, aus der Florenzusammensetzung ein jüngeres als miocänes Alter für die Senftenberger Tertiärbildungen abzuleiten; abgesehen davon, daß keinerlei geologische Umstände die Annahme einer jüngeren Stufe rechtfertigen, dürfen wir in der geographischen Lage und den klimatischen Verhältnissen wohl die Ursachen suchen, die an den beiden nicht eben weit voneinander entfernten Schoßnitz und Senftenberg eine Flora gedeihen ließen, die von der Vegetation anderer, gleichalteriger Orte durch das Vortreten der Typen gemäßigter Zonen und das Schwinden tropischer und subtropischer Elemente verschieden ist.

Die Schichten der märkischen Braunkohlenformation, der die Senftenberger Kohlen und Tone als Randbildung angehören, haben sich in weiter Erstreckung über dem marinen Oberoligocän der großen nordostdeutschen Tertiärmulde abgelagert, während die Öninger Schichten und die nordböhmischen Braunkohlengebilde die Ausfüllungen kleinerer, räumlich beschränkter Becken darstellen, eine Verschiedenheit, die wahrscheinlich nicht ohne Einfluß auf Klima und Gestaltung der Vegetation war.

Das Klima der Senftenberger Gegend zur Miocänzeit ist jedenfalls ein mildes und feuchtes gewesen; davon legen die überlieferten Pflanzenreste Zeugnis ab; die Buche verträgt kein extremes Klima und braucht zu allen Jahreszeiten Niederschläge; Kastanie, Platane, Linde u. a. bedurften eines gemäßigten — gegen frühere Perioden weniger heiß aber feuchter gewordenen Klimas; feuchten Boden beanspruchten Weiden, Pappeln, Erlen und Haselnuß, und die Sumpfcypresse, *Taxodium distichum* RICH., die an der Bildung der Kohlenflöze vorzugsweise beteiligt ist, und deren zum Teil noch aufrecht stehende Stümpfe ein trefflicher Beleg für die autochthone Entstehung des Kohlenflözes sind [1]), läßt mit den ihr vergesellschafterten Arten das Bild eines Waldmoores im Senftenberger Gebiete zur Miocänzeit vor unseren Augen erscheinen, das, wie POTONIÉ hervorhebt, den Küstensümpfen (swamps) der atlantischen Südstaaten Nordamerikas habituell gleich war.

Daß während der Bildung der Senftenberger Schichten ein subtropisches Klima nicht mehr herrschte, geht des weiteren aus den Frosterscheinungen hervor, die v. SCHLECHTENDAL an Buchenblättern aus den Zschipkauer Tonen festgestellt hat. (Beitr. zur Kenntn. der Braunkohlenflora von Zschipkau; Zeitschr. für Naturwiss., Bd. 69, 1896, S. 193, Taf. III, IV.)

Die Untersuchung der Senftenberger Tertiärflora lehrt, daß diese dem arctotertiären Florengebiete angehörte, das zur Miocänzeit im ganzen circumpolaren Gebiete einen einheitlichen Charakter trug, und das sich in Europa südwärts bis zur Schweiz und Mitteldeutschland erstreckte. Senftenberg liegt nahe der Südgrenze dieses Gebietes; seine Miocänflora ist aber ziemlich frei von der Vermischung mit paläotropischen Florenelementen geblieben, die an anderen Tertiärfundorten in der Südzone des arctotertiären Gebietes wie in Böhmen u. a. bekanntermaßen häufig eingetreten ist.

Das arctotertiäre Florengebiet ist ausgezeichnet durch zahlreiche Gattungen von Bäumen und Sträuchern, die heute in Nordamerika oder in dem extratropischen Asien und in Europa herrschen. Die Senftenberger Miocänflora bietet, wie oben dargestellt wurde, Vertreter, die diesen drei Gebieten heute eigen sind, es treten in ihr aber — ebenso wie in Schoßnitz — die europäischen Typen mehr hervor als in anderen miocänen Lokalfloren.

Die Zugehörigkeit unserer Lokalflora zum arctotertiären Gebiete erklärt die auffällige Zahl gemeinsamer Pflanzenreste, die sie

[1]) Vergl. v. GUTTBOHS: Die Braunkohlenhölzer der Mark Brandenburg. Jahrb. der königl. preuß. geol. Landesanstalt 1893, II, S. 1. — POTONIÉ: Über Autochthonie von Carbonkohlenflözen und des Senftenberger Braunkohlenflözes. Jahrb. der königl. preuß. geol. Landesanstalt 1895, II, S. 1. — POTONIÉ: Naturwiss. Wochenschrift. N. F., I, Nr. 9, 1901, S. 102.

mit den Tertiärablagerungen Japans teilt, deren Flora, wie SAPORTA wiederholt hervorgehoben hat, auch bemerkenswerte Übereinstimmung mit der Pliocänflora des südlichen Frankreichs aufweist.

Die Senftenberger Flora bietet weiter in einem nicht geringen Teile ihrer Arten weitgehende Annäherungen an rezente Pflanzen dar, so daß in vielen Fällen nahezu von einer Identität der fossilen mit den lebenden Arten gesprochen werden kann; allerdings gründet sich diese Gleichstellung bei der Mehrzahl nur auf die bekannt gewordenen fossilen Blattreste, da andere Organe der vorweltlichen Pflanzen nur vereinzelt aufgefunden worden sind.

Diese übereinstimmenden Arten sind:

| | | |
|---|---|---|
| *Taxodium distichum miocenicum* HEER | — | rec. *T. distichum* RICH. |
| *Glyptostrobus europaeus* BRGT. sp. | — | *Gl. heterophyllus* ENDL. |
| *Sequoia Langsdorfii* BRGT. sp. | — | *S. sempervirens* ENDL. |
| *Salix varians* GÖPP. | — | *S. fragilis* L. |
| *Populus balsamoides* GÖPP. | — | *P. balsamifera* L. |
| *Populus latior* A. BR. | — | *P. monilifera* AIT. |
| *Juglans Sieboldiana fossilis* NATH. | — | *J. Sieboldiana* MAX. |
| *Betula subpubescens* GÖPP. | — | *B. alba* L. |
| *Betula Brongniarti* ETT. | — | *B. lenta* WILLD. |
| *Corylus Avellana fossilis* G. et K. | — | *C. Avellana* L. |
| *Fagus ferruginea miocenica* M. | — | *F. ferruginea* AIT. |
| *Castanea atavia* UNG. | — | *C. vesca* GÄRTN. |
| *Ulmus carpinoides* GÖPP. | — | *U. campestris* L. |
| *Liquidambar europaeum* A. BR. | — | *L. styracifluum* L. |
| *Platanus aceroides* GÖPP. | — | *P. occidentalis* L. |
| *Acer trilobatum* STBG. sp. | — | *A. rubrum* L. |
| *Acer polymorphum* S. et Z. *miocenicum* | — | *A. polymorphum* S. et Z. |
| *Acer subcampestre* GÖPP. | — | *A. campestre* L. |
| *Tilia parvifolia miocenica* M. | — | *T. parvifolia* EHRH. |

So bietet uns die Flora der Senftenberger Braunkohlenbildungen, so gering verhältnismäßig ihr Artenreichtum ist, Gelegenheit zu interessanten Feststellungen in verschiedener Hinsicht, und es ist zu hoffen, daß mit der Zeit neue Funde uns noch weitere Aufschlüsse über die Senftenberger Miocänpflanzen bringen.

---

## Übersicht der Senftenberger Flora.

### A. Pflanzen der Tone.

| Beschriebene Arten | Bisher bekannte geologische Verbreitung | Analoge rezente Arten |
|---|---|---|
| 1. *Taxodium distichum miocenicum* Heer | Oligoc.-Plioc. | *T. distichum* Rich., N.-Am. |
| 2. *Sequoia Langsdorfii* Brgt. sp. | Oligoc.-Plioc. | *S. sempervirens* Endl., Calif. |
| 3. *Cephalotaxites Olriki* Heer sp. | Miocän | *Cephalotaxus pedunculata* S. et Z., Jap. |
| 4. *Pinus* sp. | — | — |
| 5. *Salix varians* Göpp. | Oligoc.-Plioc. | *S. fragilis* L., Eur. |
| 6. *Populus balsamoides* Göpp. | Miocän | *P. balsamifera* L., N.-Am., Sibir. |
| 7. *Populus latior* A. Br. | Oligoc.-Mioc. | *P. monilifera* Ait., N.-Am. |
| 8. *Juglans Sieboldiana* Max. *foss.* Nath. | Pliocän | *J. Sieboldiana* Max., N.-As. |
| 9. *Juglans acuminata* A. Br. | Oligoc.-Plioc. | *J. regia* L., Eur. |
| 10. *Pterocarya castaneaefolia* Göpp. sp. | Miocän | *Pt. caucasica* Kunth., As. |
| 11. *Betula prisca* Ett. | Oligoc.-Mioc. | *B. Bhojpattra* Wall., As. |
| 12. *Betula subpubescens* Göpp. | Miocän | *B. alba* L., Eur., As. |
| 13. *Betula Brongniarti* Ett. | Oligoc.-Plioc. | *B. lenta* Willd., N.-Am., Japan |
| 14. *Alnus Kefersteinii* Göpp. sp. | Oligoc.-Plioc. | *A. glutinosa* Gärtn., Eur. |
| 15. *Alnus rotundata* Göpp. | Miocän | *A. incana* L., Eur. |
| 16. *Corylus insignis* Heer | Oligoc.-Mioc. | *C. rostrata* Ait., N.-Am. |
| 17. *Carpinus grandis* Ung. | Oligoc.-Plioc. | *C. Betulus* L., Eur.<br>*C. japonica* S. et Z., Japan |
| 18. *Carpinus ostryoides* Göpp. | Oligoc.-Mioc. | *C. Betulus* L., Eur. |
| 19. *Fagus ferruginea* Ait. *miocenica* | Mioc.-Plioc. | *F. ferruginea* Ait., N.-Am. |
| 20. *Castanea atavia* Ung. | Oligoc.-Mioc. | *C. vesca* Gärtn., Eur. |
| 21. *Quercus pseudocastanea* Göpp. | Miocän | *Qu. sessiliflora* Salisb., Eur.<br>*Qu. aliena* Bl., N.-China |
| 22. *Quercus valdensis* Heer | Oligocän | *Qu. dysophylla* Benth., Mexico<br>*Qu. vallonea* Kotschy, As.<br>*Qu. Ilex* L., Eur. |
| 23. *Ulmus carpinoides* Göpp. | Miocän | *U. campestris* L., Eur. |
| 24. cf. *Benzoin antiquum* Heer | Oligoc.-Mioc. | *Lindera* sp., As., N.-Am. |
| 25. cf. *Lindera* sp. | — | *Lindera* sp. As., N.-Am. |
| 26. *Liquidambar europaeum* A. Br. | Oligoc.-Plioc. | *L. styraciflua* L., N.-Am.<br>*L. orientale* Mill., Orient |

| Beschriebene Arten | Bisher bekannte geologische Verbreitung | Analoge rezente Arten |
|---|---|---|
| 27. *Platanus aceroides* Göpp. | Oligoc.-Plioc. | *P. occidentalis* L., N.-Am. |
| 28. *Spiraea crataegifolia* n. sp. | — | *S. callosa* Thbg., Japan<br>*S. japonica* L., Japan, China<br>*S. tomentosa* L., N.-Am. |
| 29. *Cotoneaster Goepperti* n. sp. | — | *C. frigida* Wall., Nepal |
| 30. *Crataegus prunoidea* n. sp. | — | *C. prunifolia* Bosc., N.-Am. |
| 31. *Crataegus* sp. | — | *C.* sp., N.-Am. |
| 32. *Sorbus alnoidea* n. sp. | — | *S. alnifolia* S. et Z., Japan |
| 33. *Rosa lignitum* Heer. | Oligoc.-Mioc. | *R.* sp., Eur. |
| 34. *Prunus sambucifolia* n. sp. | — | *P.* sp., N.-Am. |
| 35. *Prunus marchica* n. sp. | — | *P. triloba* Lindl., Chin., Japan |
| 36. cf. *Cladrastis* sp. | — | *C. amurensis* Benth., As. |
| 37. *Rhus salicifolia* n. sp. | — | *Rh.* sp. |
| 38. *Rhus* sp. | — | *Rh.* sp. |
| 39. *Evonymus Victoriae* n. sp. | — | *E. vagans* Wall., Nepal |
| 40. *Elaeodendron* cf. *helveticum* Heer | Oligoc.-Mioc. | *E. glaucum* Vahl., S.-As. |
| 41. *Ilex lusatica* n. sp. | — | *I. Aquifolium* L., Eur., N.-Am.<br>*I. opaca* Ait., N.-Am. |
| 42. *Ilex Falsani* Sap. et Mar. | Pliocän | *I. balearica* Desf., Balear. Ins. |
| 43. *Acer trilobatum* Stbg. sp. | Oligoc.-Plioc. | *A. rubrum* L., N.-Am. |
| 44. *Acer crenatifolium* Ett. | Miocän | *A. pseudoplatanus* L., Eur. |
| 45. *Acer polymorphum* S. et Z. *miocenicum* | Mioc.-Plioc. | *A. polymorphum* S. et Z., Japan |
| 46. *Acer subcampestre* Göpp. | Miocän | *A. campestre* L., Eur. |
| 47. *Acer pseudocreticum* Ett. | Mioc.-Plioc. | *A. monspessulanum* L., Eur.<br>*A. orientale* T., Eur., As. |
| 48. *Rhamnus Rossmaessleri* Ung. | Oligoc.-Mioc. | *Rh. Frangula* L., Eur. |
| 49. *Vitis teutonica* A. Br. | Oligoc.-Mioc. | *V. vulpina* L., N.-Am. |
| 50. *Ampelopsis denticulata* n. sp. | — | *A. quinquefolia* R. et Sch., N.-Am. |
| 51. *Tilia parvifolia* Ehrh. *miocenica* | — | *T. parvifolia* Ehrh., Eur., As. |
| 52. *Elaeagnus* sp. | — | *E. ferruginea* A. Rich., Japan |
| 53. *Trapa silesiaca* Göpp. | Mioc.-Plioc. | *T.* sp. |
| 54. *Acanthopanax acerifolium* Nath. | Pliocän | *A. ricinifolium* S. et Z., Japan |
| 55. cf. *Aralia Weissii* Friedr. | Miocän | *Fatsia japonica* Dcne., Japan |
| 56. cf. *Aralia Zaddachi* Heer | Oligocän | *A.* sp. |
| 57. *Symplocos radobojana* Ung. | Miocän | *S.* sp. |
| 58. cf. *Pterostyrax* sp. | — | *P. hispida* S. et Z., Japan |
| 59. *Fraxinus* sp. | — | *F. Ornus* L., S.-Eur. |

## B. Pflanzen der Braunkohle.

| Beschriebene Arten | Bisher bekannte geologische Verbreitung | Analoge rezente Arten |
|---|---|---|
| 1. *Rosellinia congregata* Beck sp. | Oligocän | *R.* sp. |
| 2. *Sequoia Langsdorfii* Brgt. sp. | Oligoc.-Plioc. | *S. sempervirens* Endl., Calif. |
| 3. *Glyptostrobus europaeus* Brgt. sp. | Oligoc.-Plioc. | *G. heterophyllus* Endl., China |
| 4. *Pinus laricioides* Menz. | Oligoc.-Mioc. | *P. Laricio* Poir., Eur. |
| 5. *Pinus* cf. *Laricio* Poir. | Oligoc.-Mioc. | *P. Laricio* Poir., Eur. |
| 6. *Palmacites Daemonorhops* Ung. sp. | Oligocän | *Palmarum* sp. |
| 7. *Corylus Avellana* L. *fossilis* Gent. et K. | Mioc.-Plioc. | *C. Avellana* L., Eur., |
| 8. *Prunus* sp. | — | *P.* sp., *Amygdalus* sp. |
| 9. *Leguminosites* sp. | — | — |
| 10. *Elaeocarpus globulus* n. sp. | — | *E. alaternoides* Br. et Gris., Polynesien |
| 11. *Andromeda protogaea* Ung. | Oligoc.-Mioc. | *A.* subg. *Leucothoe*, N.-Am. |

# Die fossilen Coniferenhölzer von Senftenberg.

Mit 6 Figuren auf S. 171.

Von Dr. W. Gothan.

## I. Erhaltungsweise.

Sämtliche Hölzer des Senftenberger Reviers, die mir in die Hände kamen, sind nicht versteint, sondern lignitisch erhalten. Auch solche haben sich nicht darunter gefunden, die in Versteinerung begriffen waren, die sich in der Braunkohlenformation Deutschlands so häufig finden. Da solche äußerlich meist mehr lignitisch als verkieselt aussehen, so werden sie leicht übersehen; ein Überfahren mit dem Fingernagel klärt oft leicht über die Frage auf, ob man ein noch rein lignitisches oder z. T. schon versteintes Holz vor sich hat. Hierbei ist jedoch darauf Acht zu geben, daß sich vollständig verharzte Hölzer und gelegentlich auch dichte, rein lignitische bei dieser Fingernagelprobe ebenso oder ähnlich anfühlen wie in Versteinerung begriffene.

Solche verharzte Hölzer scheinen nicht so selten zu sein, wie man zunächst annehmen möchte. Zunächst Einiges über diese überaus merkwürdige Erhaltungsweise. Bei den eben als »verharzt«

Anm. Es haben mir zur Untersuchung nur Coniferenhölzer vorgelegen; nach Mitteilung von Herrn Prof. Potonié und nach Eberdt (Braunkohlenabl. in der Gegend von Senftenberg, L. Jahrb. d. Königl. preuß. geolog. Landesanstalt für 1893 (erschienen 1895), S. 228), kommen auch Stücke dicotyler Hölzer dort vor, die aus obigem Grunde in der vorliegenden Arbeit nicht mitbehandelt sind. Aus anatomischen Gründen sind die dicotylen Hölzer in Braunkohlenflötzen wie auch in Torflagern stets relativ viel stärker zersetzt als die Coniferenhölzer und darum meist unbestimmbar; es wird daher kaum viel verloren sein, daß die dicotylen Hölzer nicht mit untersucht worden sind.

bezeichneten Hölzern ist das ganze Holz, Zelle für Zelle mit Harz vollgestopft; das Harz hat merkwürdiger Weise eine wachsgelbe, jedenfalls helle Färbung und steht in auffälligem Gegensatz zu dem dunkel gefärbten Harz der Holzparenchym-Zellen, das auch bei diesen Hölzern wie gewöhnlich dunkelbraun gefärbt ist. Man erkennt diese Hölzer — außer an ihrer Schwere — leicht daran, daß Stückchen davon, in eine Flamme gebracht, wie Pech brennen (was bekanntlich die braunkohligen Hölzer sonst durchaus nicht tun), unter Verbreitung eines aromatischen, etwas an brennendes Kautschuk erinnernden Geruches.

Die Verharzung hat äußerlich das Holz so gut konserviert und gefestigt, daß es Politur annimmt und sich sehr gut bearbeiten läßt, wobei die Maserung ausgezeichnet hervortritt, da das die Hauptmasse des Holzes bildende Harz einen etwas helleren Untergrund liefert. Unter dem Mikroskop nun zeigt sich, daß die Holzelemente keineswegs so gut erhalten sind, wie man nach dem Äußern annehmen möchte, sondern sich in einem Zustande mehr oder weniger starker Verrottung befinden. Herr Prof. Potonié meint, daß es sich um Kernholz handle, das ja bekanntlich sehr gern verharzt. Hiermit würde in Einklang stehen, daß die Zellen deutlich verrottet sind, viel mehr als die vieler anderer Hölzer von Senftenberg, ferner, daß das einzige Stück dieser Art, das mir von dort in die Hände kam, offensichtlich aus dem Zentrum eines Astes oder Stammes stammt. Von Wundholz kann jedenfalls keine Rede sein bei dem ungemein regelmäßigen und ungestörten Verlauf der Holzzellen. Ein größeres Material dieser Art erhielten wir aus der Braunkohlengrube Dellichausen in Volpriehausen Prov. Hannover (durch Herrn C. B. Schröder daselbst), das teilweise bearbeitet und poliert war (cf. oben). Es sind dies große Stücke von 30 cm Länge und ca. 20 qcm Querschnitt, die ohne Ausnahme durch das ganze Holz verharzt waren. Auch hier war von Wundholz nichts zu sehen, doch ist denkbar, daß vielleicht irgendwo in den äußeren Holzzonen Wundreiz vorhanden war, und daß die Harzaussonderung sich auch auf weiter innen liegende Holzpartien erstreckte. Zwei Tatsachen aber bleiben merkwürdig und schwer begreiflich: 1) weshalb das alle Zellen erfüllende Harz ganz andere Färbung und Beschaffenheit zeigt als das in den Holzparenchymzellen befindliche; bei den Bernsteinbäumen (CONWENTZ 1890) gleicht z. B. das auf Wundreiz hin ausgeschiedene (bernsteinartige) Harz dem normalerweise in den Harzgängen befindlichen; 2) woher diese Hölzer, deren Bau den relativ harzarmen *Cupressinoxylon*-Bau zeigt, ohne ersichtlichen Wundreiz solche fabelhaften Quantitäten Harz im Holz erzeugen konnten. JEFFREY (Phylogeny and Anatomy of Coniferales. I. *Sequoia* (Mem. of the Boston Soc. of Nat. Hist. Vol. V, Nr. 10, 1903) beschreibt bei *Sequoia gigantea* Harzgangbildung im Wundholz; von diesem und ebenso von Harzgängen ist jedoch, wie schon oben erwähnt, an den in Frage stehenden Hölzern nichts zu sehen. Es ist dieser Erhaltungszustand um so schwerer verständlich, als in Senftenberg auch Stücke vorkommen mit Harzausscheidung, die offensichtlich auf Wundholz zurückzuführen ist, und deren Harz eine Beschaffenheit zeigt, die man nach dem Aussehen des in den Harzparenchymzellen befindlichen erwartet.

POTONIÉ (Naturw. Wochenschr. Bd. XI, No. 26, S. 309) bemerkt, daß hohle Stümpfe in Groß-Räschen Schweelkohle führen, also sehr harzreiche »Kohle«, unreinen Pyropissit; das Harz führt er auf Entstehung von Wundholz in den alten hohlen Stümpfen zurück. Vergleicht man dies mit dem vorher Gesagten, so ist zu bemerken, daß die in Frage stehenden verharzten Holzstücke, aufbereitet, in der Tat pyropissitartiges Material geben müssen, das durch die lignitische Zellsubstanz und anderes später Hinzukommende verunreinigt, eben Schweelkohle ergeben würde.

Da, wie oben gesagt, nur lignitische Holzreste vorlagen, ließen sich von den meisten Hölzern — auch von dem obigen verharzten — ohne weitere Präparation mit dem Rasiermesser brauchbare Präparate erhalten. Dies gilt wenigstens für die Radial- und Tangentialschnitte; versucht man (unter bloßer Anfeuchtung) auf dieselbe Art Querschnitte zu erlangen, so erhält man fast ausnahmslos nur ein unbrauchbares, braunes Pulver. Dem leichten Zerbröckeln des Holzes leistet offenbar die z. T. außerordentliche

Dünnwandigkeit des Frühholzes Vorschub, sowie die Zersetzung der Holzmembran durch Pilztätigkeit, die CONWENTZ von den Bernsteinbäumen ausführlich beschrieben hat. Wie bei den Bernsteinhölzern finden sich auch bei unsern Hölzern häufig noch die braunen Hyphen der zerstörenden Pilze in den Holzzellen erhalten, öfters aber verrät nur noch die fast siebartige Durchlöcherung der Zellwände die Tätigkeit dieser Parasiten. Um also brauchbare Querschnitte zu erlangen, ist man auf künstliche Festigung des Materials angewiesen, was am einfachsten und bequemsten durch die Wachs-Methode geschehen dürfte (vergl. GOTHAN, Naturw. Wochenschr. 1904, Bd. XIX, S. 574); vermittelst dieses Verfahrens erhält man selbst von ganz verrotteten Hölzern noch recht brauchbare Präparate mit dem Rasiermesser. Bei den oben geschilderten, von Natur schon in analoger Weise verharzten Hölzern ist dies Verfahren natürlich unnötig.

Einen höchst eigentümlichen Erhaltungszustand zeigte ein Holzstück aus der Braunkohle der Grube Ilse. Dasselbe ist stark zusammengesunken und zeigte auf Bruchflächen eine sehr kompakte, gagatitische Beschaffenheit. Es war daher von dem Stück betreffs Bestimmbarkeit wegen dieses Erhaltungszustandes nichts zu erhoffen; um es gleichwohl nicht ununtersucht zu lassen, wurden kleine Splitter einem Mazerationsprozeß in einer Lösung von Kaliumbichromat und Schwefelsäure unterworfen. Unter dem Mikroskop zeigte sich nun da, wo die braunkohlige Substanz ganz beseitigt war, ein Haufwerk von fast unmeßbar dünnen, glasklaren Membranen, die in gewissen, bald größeren, bald kleineren Abständen kleine, kreisförmige bis ovale Verdickungen zeigten (Fig. 6)[1]. Diese eigentümlichen Membranen sind weiter nichts als die Mittellamellen der Holzzellen mit den Hoftüpfeltori, die hier infolge ihrer chemischen Andersbeschaffenheit gegenüber der eigent-

[1]) Daß hier nicht »Löcher« in der Membran vorliegen, erkennt man unschwer bei der Einbettung in Glycerin; wären die Kreischen wirklich Löcher, so würden sie in diesem Medium gleich den dünnen Membranen selbst undeutlicher werden müssen, etwa wie dünnschalige Diatomeen, die in Glyzerin sogleich fast unsichtbar werden, oder die Spiralstreifung im Spätholz der Koniferen, die in Glyzerin ebenfalls undeutlicher wird.

lichen Holzzellmembran — von der Natur in eigentümlicher Weise konserviert worden sind.

Eine weitere Klärung erfährt dieser merkwürdige Erhaltungszustand durch die Beobachtung von Stellen, wo noch die braune, kohlige Substanz von dem Mazerationsmittel nicht völlig beseitigt worden war. Man sieht hier noch mehr oder minder deutlich die einzelnen Holzzellen angedeutet, und an den Rändern die oben erwähnten dünnen Membranen hervorragen (Fig. 6). Bei sorgfältigem Zusehen bemerkt man nun an günstig bloßgelegten Stellen noch die allerdings ziemlich undeutlichen Umrisse von Hoftüpfeln; stellt man vorsichtig das Mikroskop tiefer ein, so kommt ein deutlicheres Kreischen zum Vorschein, welches der Natur der Sache nach nur der Hoftüpfeltorus sein kann und seinem Aussehen nach den kleinen kreisförmigen Verdickungen der dünnen Lamellen entspricht, die daher kaum etwas anderes sein können als eben die Tori der Hoftüpfel, d. h. also die Verdickungen der Mittellamelle (Schließhaut) innerhalb des Hoftüpfelraumes. Die Natur hat hier also ein Präparat geschaffen oder doch präformiert, das künstlich wohl noch nicht hergestellt worden ist. SANIO z. B. hat zwar bei zarten Querschnitten von *Pinus silvestris* durch vorsichtige Behandlung mit SCHULZE'schem Reagens die Mittellamelle isoliert und so das feine Gerüst derselben erhalten, aber eine Freilegung der Mittellamelle auf größere Längserstreckung in solcher Menge dürfte weit größere Schwierigkeiten bieten. —

Der Jahrringbau fast aller Stücke weist auf Wurzelholz hin, und zwar in so typischer Weise, daß man nach dem gewöhnlichen Usus die Hölzer schlechtweg als »Wurzelhölzer« bezeichnen würde. Nun zeigt aber schon ein Blick auf die Abbildungen der Senftenberger Baumstümpfe bei POTONIÉ (Lehrbuch der Pflanzenpal. S. 338/339), daß man es durchaus nicht mit Wurzelholz zu tun hat, sondern meist mit Holz aus den unteren Stammpartieen, welches auch bei lebenden Bäumen noch den typischen »Wurzelholzbau« zeigt. (Näheres über diese Verhältnisse habe ich u. a. in der Naturw. Wochenschr. 1904, Nr. 55, S. 872—873 gebracht.) Ich habe dort darauf hingewiesen, daß der »Wurzelholzbau«

d. h. das Fehlen der Jahrringmittelschicht, nicht nur topographische, sondern auch physiologische Bedeutung hat, und daß man erheblichen Täuschungen unterliegen kann, wenn man bloß auf die Anatomie zentrumloser Holzstücke hin über ihre Wurzel- oder Stammnatur etwas aussagt.

Die Spiralstreifung, die in der Mittelschicht und Herbstschicht des Coniferenjahresrings so häufig ausgebildet ist, fehlt bei den meisten Hölzern eben infolge des Fehlens der Mittelschicht der Jahresringe (vergl. CONWENTZ' Angabe über das Fehlen derselben im Wurzelholz der Bernsteinbäume, Monogr. d. balt. Bernst., 1890, S. 43). Bei den an Zahl nur geringen Stücken, die aus höheren Stammzonen stammen, und bei denen daher auch die Spiralstreifung manchmal auftritt, läßt sich kaum entscheiden, ob man die normale, als Spiralstreifung bezeichnete Erscheinung oder die Einwirkungen von Pilzen vor sich hat; von diesen würde am ersten die Art der Zerstörung in Betracht zu ziehen sein, die *Polyporus mollis* am Coniferenholz verursacht (vergl. R. HARTIG, Lehrb. d. Baumkrankh. S. 86. CONWENTZ, l. c. S. 121, Taf. XI, 4). Die echte, charakteristische, feine Streifung habe ich (zufälligerweise?) nirgends typisch auffinden können.

Wie bei den Bernsteinhölzern, bemerkt man auch an den Senftenberger Hölzern vielfach den zerstörenden Einfluß von Insekten durch das Auftreten von Bohrgängen, die wohl von Käferlarven herrühren (Vergl. H. J. KOLBE, Zeitschr. d. Deutsch. geol. Gesellsch., 1888, S. 131—135). Eine Anzahl Holzstücke zeigt einen ausgezeichneten Wimmerwuchs, der sich zum Teil bis in die inneren Jahresringe erstreckt. Maserhölzer sind eine häufige Erscheinung. Nicht selten sind auch überwallte Hölzer, wie solche auch sonst, z. B. von GÖPPERT, aus der Braunkohlenformation bekannt gemacht worden sind.

## II. Bestimmung der Hölzer.

Bekanntlich werden die Senftenberger Hölzer von POTONIÉ wesentlich als von *Taxodium distichum* abstammend bezeichnet. Der Nachweis hierfür wird einerseits in der anatomischen Struktur des

Holzes gefunden, andererseits in der Tatsache des Vorkommens von Taxodien-Zweigen in den hangenden Tonen des Flötzes, drittens aus der Ähnlichkeit hergeleitet, die das Senftenberger Braunkohlenmoor mit den rezenten *Taxodium*-Swamps Nord-Amerikas bietet. Ein strikter Nachweis für die *Taxodium*-Natur der Hölzer ist damit nicht erbracht. Denn erstens kommen im Hangenden dortselbst neben *Taxodium* auch *Sequoia*-Reste (ähnl. *S. sempervirens*, wie mir Herr Prof. POTONIÉ nach Abschluß der vorliegenden Untersuchungen mitteilte) vor, zweitens ist es bisher nicht einwandfrei gelungen, das *Taxodium*-Holz als solches zu bestimmen.

Ein Verfahren, wie das GELLHORN's (Die Braunkohlenhölzer der Mark Brandenburg 1894, S. 5), der ohne die von ihm benutzten Unterschiede näher zu formulieren (seine Abbildungen besagen gar nichts), einfach angibt, die von ihm untersuchten Braunkohlenhölzer stimmten anatomisch mit rezentem *Taxodium distichum* überein, ist inkorrekt und kann nur zu Fehlschlüssen führen. Mit keiner Silbe geht aus seinen Ausführungen hervor, weshalb seine Braunkohlenhölzer gerade mit *Taxodium*, nicht aber mit irgend einem andern *Cupressinoxylon* übereinstimmen; ebenso ist es mit der Angabe EBERDT's (l. c. S. 228). CONWENTZ (Üb. ein tertiäres Vorkommen zypressenartiger Hölzer bei Callistoga in Kalifornien: Neues Jahrb. f. Min. usw. 1878, S. 812, Taf. XIII, XIV) bestimmte Hölzer als *Cupressinoxylon taxodioides*; die Übereinstimmung mit dem *Taxodium*-Holz ist jedoch nur unzureichend begründet. FELIX (Beiträge zur Kenntnis fossiler Conif.-Hölzer 1882, S. 26) bestimmte auf Grund von unzureichenden Merkmalen ein Holz als *Rhizotaxodioxylon*, das schon SCHENK 1890 als unberechtigt zurückgewiesen hat. Nur BEUST und SCHMALHAUSEN kommen durch ihre sorgfältigen Untersuchungen der Sachlage näher; SCHMALHAUSEN (Beitr. zur Tertiärflora Süd-West-Rußlands 1882—1883, S. 42) hat die starken Verdickungen der Harzzellquerwände bei *Taxodium* bemerkt, von denen später die Rede sein wird; BEUST (Foss. Hölzer aus Grönland, 1884, S. 27) desgleichen, gibt aber irrtümlich das gleiche Verhältnis für

*Thuja gigantea* an. SCHMALHAUSEN bemerkt a. a. O., daß sich die Verdickungen fossil nur bei ausgezeichnetstem Erhaltungszustand werden wahrnehmen lassen, was man im allgemeinen nur unterschreiben kann; jedenfalls hat noch niemand bei fossilen Hölzern diese gesehen, obwohl die Hoffnung hierauf keineswegs so gering ist, wie es im ersten Augenblick scheint.

Ich habe bereits in meiner Arbeit: Zur Anatomie lebender und fossiler Gymnospermenhölzer (Abhdl. d. Königl. Preuß. Geol. Landesanst. N. F., H. 44, 1905) das zur Erkennung von *Taxodium* und Verwandten Wesentliche dargelegt, so daß ich mich hier kurz fassen kann. Die dort herangezogenen Merkmale liegen

1. in den Markstrahltüpfeln, die stets ± gedrängt, in Mehrzahl auf dem Felde stehen und der Form nach einen Übergang zwischen dem rein cupressoiden (vergl. GOTHAN, l. c.) und glyptostroboiden Markstrahltüpfeltypus bilden;
2. in den bereits erwähnten Verdickungen der Holzparenchymzellquerwände, die bei keinem ähnlichen Holz die Stärke wie bei *Taxodium* erreichen, auch bei *Thuja gigantea* nicht, von der es BEUST angibt (vergl. Fig. 5).

Das erste der obengenannten Merkmale haben *Taxodium* und *Sequoia sempervirens* gemein, und dieses charakterisiert nach der oben zitierten Arbeit das *Taxodioxylon*, d. h. Taxodieenholz, das einen Teil der Taxodieen umfaßt. Merkwürdig genug ist es, daß *Sequoia sempervirens* mit *Taxodium* anatomisch mehr übereinstimmt, als mit ihrer Schwesterart *S. gigantea*, die auch im alten Holz sich abweichend verhält (ich habe bis ca. 400-jähriges untersucht, das ich von der Direktion des hiesigen Königl. Bot. Museums erhielt; es stammt von dem Segment des riesigen Stammes, das dort aufbewahrt wird). Sie zeigt mehr cupressoide, kleinere, zerstreute Markstrahltüpfel auf dem Feld und ist meines Erachtens von einem gewöhnlichen alten *Cupressinoxylon*-Holz anatomisch kaum zu unterscheiden, sofern nicht das nicht so sehr seltene Vorhandensein von Quertracheiden (GOTHAN: l. c., S. 60) unterscheidend ist. Hiermit stehen zwar die Angaben SCHMALHAUSEN's (l. c.) z. T. in Widerspruch, indem dieser Autor angibt, daß gerade

*Sequoia gigantea*, als von den *Cupressinoxyla* verschieden, holzanatomisch wohl erkannt werden könne. Sieht man die Abbildungen von seinem *Cupressinoxylon sequoianum* an, das nach ihm *S. gigantea*-Struktur hat, so weisen diese entschieden auf *S. sempervirens* (resp. *Taxodium*), jedenfalls auf *Taxodioxylon* hin. Man kann sich des Verdachtes nicht erwehren, daß der Autor vielleicht statt *Sequoia gigantea S. semperv.* in Händen gehabt hat. In diesem Verdacht wird man bestärkt, wenn man die Ausführungen H. VATER's (Die foss. Hölzer d. Phosphoritlager d. Herzogt. Braunschw. 1884, S. 35—37) in Betracht zieht, nach denen ein großer Stammquerschnitt im Petersburger botanischen Museum, den auch SCHMALHAUSEN (als *S. gigantea*) (l. c., S. 44) benutzt hat, auch MERCKLIN (1855) und CONWENTZ (1878) zur Untersuchung gedient hat, letzterem jedoch als von *Taxodium sempervirens* LAMB. (*Sequoia sempervirens* ENDL.) bezeichnet war. Vielleicht liegt hier also bloß ein Mißverständnis vor; wenigstens fand ich die von SCHMALHAUSEN gezeichnete Markstrahltüpfelbeschaffenheit nie bei *Sequoia gigantea*, so viel ich davon untersuchte (4 bis 400-jährige Exemplare), stets aber bei *S. sempervirens*. Betreffs *Sequoia gigantea* möchte ich noch hinzufügen, daß ich bei dieser im 400-jährigen Holz mehrmals Quertracheiden gesehen habe, ganz ähnlich denen der Abietineen, die aber nur eine relativ kurze Längenerstreckung hatten (ca. 10 Holzzellen); dieselben hatten ganz normales Aussehen, nicht so abweichendes, wie MAYR's (Waldungen Nord-Amerikas 1890, Taf. IX) Quertracheiden-ähnliche Zellen bei *Thuja gigantea*. Ob dieses Merkmal von diagnostischem Wert ist, mag noch dahingestellt bleiben, jedenfalls tritt es erst in sehr altem Holz auf.

Die z. T. vorzügliche Erhaltungsweise der Senftenberger Hölzer gestattet nun, alle vorher genannten Merkmale an ihnen aufzufinden; sowohl die Verhältnisse der Markstrahltüpfel lassen sich vollkommen erkennen, wie auch die Verdickung der Harzparenchymzellquerwände. Ja selbst eine Art Juniperustüpfelung (cf. GOTHAN, l. c., S. 45) ließ sich an mehreren Hölzern einwandfrei und in trefflichster Erhaltung beobachten. Andererseits zeigt sich ein großer Teil der Hölzer mehr oder minder stark verrottet, so daß von deren Bestimmung abgesehen werden mußte; zweifellos gehört jedoch der größte Teil dieser zu den bestimmbaren »Arten«, zumal wohl anzunehmen ist, daß nicht viele Arten von Coniferen in der dortigen Vegetation vertreten waren.

Der ungleichmäßige Erhaltungszustand ließ nun ferner eine Häufigkeitsbestimmung der vorkommenden »Arten« unzweckmäßig erscheinen, da mit den schlecht erhaltenen Stücken nichts anzufangen ist. Immerhin werden wir aus dem Umstande, daß z. B. *Taxodium* vorgekommen ist, im Hinblick auf die rezenten Verhältnisse schließen müssen, daß große Bestände davon vorhanden gewesen sind, da *Taxodium distichum* auch heute sehr gesellig lebt, und ein Gleiches werden wir auch für *Sequoia sempervirens* annehmen können.

### 1. Taxodioxylon Taxodii Gothan.

Diagnose: Holz vom *Cupressinoxylon*-Typus, d. h. Abietineentüpfelung fehlend, Harzparenchymzellen ± zahlreich vorhanden. Unterscheidet sich jedoch von *Cupressinoxylon*

1. durch die Markstrahltüpfelverhältnisse; diese sind ziemlich groß, stehen zahlreich, ± gedrängt auf dem Felde, Porus im Frühholz horizontal stehend, fast so groß wie die Behöfung, aber nicht glyptostroboid (d. h. kreisrund), sondern elliptisch (Fig. 1);
2. durch die starken Verdickungen der Harzparenchymzellquerwände, die radial verlaufen (Fig. 3, 4).

Dieses Holz ist rezent durch *Taxodium distichum* vertreten und auch das fossile stammt zweifellos von diesem ab. An einigen Senftenberger Hölzern war neben den häufiger wahrzunehmenden, auf *Taxodioxylon* hinweisenden Markstrahltüpfeln auch die Verdickung der Harzparenchymzellen in noch sehr guter Erhaltung sichtbar (Fig. 4). Wie so häufig, war auch hier die Spätschicht des Jahrrings die besterhaltene, und in dieser waren auch die Verdickungen nachzuweisen. Diesem Umstande, daß das Präparat zu Fig. 4 aus der Spätschicht stammt, verdanken auch die Tüpfel der Harzparenchymzellen ihr von Fig. 3 abweichendes Aussehen, indem diese aus der Frühschicht stammt, in der, wie bei den Markstrahltüpfeln, so auch bei den Tüpfeln der Harzparenchymzellen der Porus horizontal steht, wogegen er in der Spätschicht vertikal gerichtet ist (vergl. GOTHAN, l. c. S. 48). Fig. 3 ist aus dem Frühholz genommen, um zu zeigen, daß hier die Stärke der Verdickung derjenigen im Spätholz um nichts nachsteht.

Betreffs der Markstrahlen ist zu bemerken, daß dieselben, wie häufig bei Cupressineen und Taxodieen, stellenweise zweireihig sind, aber bei weitem nicht in dem Grade, wie das CONWENTZ (Cypressenartige Hölzer von Callistoga 1878, S. 812, Taf. XIII, XIV) von seinem *Cupressinoxylon taxodioides* abbildet; die hervorstechende Zweireihigkeit der Markstrahlen dieses Holzes weist vielleicht eher auf gewisse *Cupressus*-Arten (*C. thurifera* LINDL. u. a.; cf. GOTHAN, l. c. S. 50).

Da das Merkmal der Harzparenchymquerwandverdickungen zur Bestimmung fossiler Hölzer noch von keinem Autor benutzt worden ist, so ist eine Identifizierung mit beschriebenen Spezies untunlich; ich habe passend als Speziesnamen *Taxodii* gewählt, um zu bezeichnen, daß das Holz von *Taxodium* herstammt. Das Vorkommen dieser Art in Senftenberg beweist, daß unter den dortigen Baumstümpfen sich auch solche von *Taxodium* befinden.

**2. Taxodioxylon sequoianum** [(MERCKL.) SCHMALH. erw.] GOTHAN em.

an *Calloxylon Hartigii* ANDRÄ. Bot. Ztg. 1848, Stck. 36, S. 633—638, Taf. V, 7—15.
? *Cupressinoxylon aequale* GÖPP., Monogr. d. foss. Conif. 1850, S. 201, Taf. 26, Fig. 6.
? *Cupressinoxylon subaequale* GÖPP., l. c. S. 202, Taf. 27, Fig. 3.
an *Cupressinoxylon Hartigii* (ANDR.) GÖPP., l. c. S. 203.
? *Cupressinoxylon sequoianum* MERCKLIN, Palaeodendrol. ross. 1855, p. 65, t. 17.
? *Cupressinoxylon Fritzscheanum* MERCKL., l. c., p. 67, t. XVIII.
? *Cupressoxylon aequale* (GÖPP.) KRAUS in SCHIMPER, Traité d. p. v. II, p. 375.
? *Cupressoxylon sequoianum* (MERCKLIN) KRAUS l. c. p. 376.
? *Cupressoxylon subaequale* (GÖPP.) KRAUS l. c. p. 375.
? *Cupressoxylon Fritzchianum* (MERCKL.) KR. l. c. p. 376.
an *Cupressoxylon Hartigii* (ANDR.) KRAUS l. c. p. 375.
an *Rhizocupressinoxylon uniradiatum* CONW., Foss. Hölz. v. Carlsdorf a/Zobten 1880, S. 225, Taf. IV, 9; V, 14.

*Cupressinoxylon sequoianum* (MERCKL.) SCHMALHAUSEN erw. (ex p. ?). Beiträge zur Tertiärflora Süd-West-Rußlands S. 43 (325), Taf. XII (XXXIX), 1—7.
cf. *Cupressinoxylon uniradiatum* GÖPP. bei KONNA, foss. Hölzer d. Mecklenb. Braunkohle 1887, S. 10, Taf. II, 1—8.

Diagnose: Stimmt mit dem vorigen bis auf die starke Verdickung der Harzparenchymzellquerwände überein. Also: Holz von *Cupressinoxylon*-Bau, d. h. Abietineentüpfelung fehlend, Harzparenchym ± reichlich vorhanden. Unterscheidet sich jedoch von *Cupressinoxylon* durch die Markstrahltüpfel; diese sind ziemlich groß, stehen gedrängt, zahlreich auf dem Felde, Porus im Frühholz horizontal, die Behöfung meist fast auslöschend, aber nicht kreisrund, sondern elliptisch (vergl. Fig. 1).

Rezent wird dieser Holzbau durch *Sequoia sempervirens* vertreten, und auch die fossilen werden wohl von dieser abstammen. Es muß bemerkt werden, daß junges Holz, Astholz u. s. w. sich oft durch nichts von einem gewöhnlichen *Cupressinoxylon* unterscheidet, und nur genügend altes, ausgewachsenes Holz anatomisch bestimmbar ist. Dieser Fall fällt indes für die Senftenberger Hölzer nicht schwer ins Gewicht, da fast nur älteres Holz vorliegt. Betreffs des Fehlens der Verdickungen der Harzparenchymquerwände muß darauf hingewiesen werden, daß diese oft durch schlechte Erhaltung zerstört sein können und man dann ein verkapptes *T. Taxodii* vor sich haben kann; demgegenüber muß jedoch bemerkt werden, daß die Hölzer, die ich zu ausschlaggebenden Bestimmungen benutzt habe, so trefflich erhalten waren, daß man das Verschwundensein dieser Verdickungen nicht annehmen kann. Übrigens wird die Erhaltung der Strukturverhältnisse gerade in den Harzparenchymzellen durch das darin befindliche Harz erheblich begünstigt.

Das eine dieser Hölzer war so ausgezeichnet erhalten, daß man bei ihm sowohl im Radial- wie im Tangentialschnitt eine schwache der *Juniperus*-Tüpfelung ähnliche Verdickung der Markstrahlzelltangentialwände sah, der ich jedoch bei ihrer schwachen Ausbildung und ihrem unregemäßigen Auftreten diagnostische Bedeutung nicht beimesse, sodaß wir — bei dem Mangel an Verdickungen der Harzzellquerwände — ein *Taxodioxylon sequoianum* vor uns haben. Dieses Stück ist interessant, weil es zeigt, wie subtile anatomische Details oft bei den lignitischen Tertiärhölzern noch zu bemerken sind und eine wie genaue Bestimmung diese daher zulassen.

Es mag noch bemerkt werden, daß auch bei *T. sequoianum* die Harzzellquerwände ein wenig verdickt sind, wie bei sehr vielen *Cupressinoxyla*; wie sich ungefähr das Verhältnis im Vergleich zu *Taxodium* stellt, ist aus Fig. 3, 4 und Fig. 5 zu ersehen.

Bei einem Holzstück (von dem Stamm im Märkischen Museum, von dem mir Herr Kustos Dr. SOLGER freundlichst einige Stücke zur Bestimmung übermittelte) dieser Art fand sich im Tangentialschnitt eine an Holzparenchymquerwandverdickung erinnernde Erscheinung, die in Fig. 4 dargestellt ist. Man kann sie auf den ersten Blick mit der genannten Verdickung verwechseln, um so mehr, als in unserem Falle sich in der Zelle wie in den Holzparenchymzellen Harz befindet, woraus sich natürlich eine Falschbestimmung ergeben würde. Bei näherem Zusehen bemerkt man jedoch, daß man es an der Querwand mit Hoftüpfeln zu tun hat. Es scheint mir, daß man es mit zwei nicht seitwärts ausgewichenen, sondern nun so zu sagen aufeinander »gestauchten« Hydrostereïden zu tun hat; bei Markstrahlen kommt es öfter vor, daß die Hydrostereïden nicht seitwärts ausweichen, sondern unterhalb des Markstrahls wie geknickt erscheinen und nunmehr mit ihrem Ende unter dem Markstrahl dessen Längserstreckung eine Strecke parallel laufen. Dieses Verhältnis hat auch — als nicht gewöhnliche Erscheinung — bei zwei Hydrostereïden statt; als solche müssen wir wohl die beiden Zellen in Fig. 2 ansehen, da sie durch beiderseits behöfte Tüpfel mit einander korrespondieren. Auffällig bleibt das zackige, spitze Aussehen der die Hoftüpfel bildendenden Membranpartien.

Wiewohl nun die Autoren auch die Markstrahltüpfelverhältnisse bei *Taxodioxylon* ähnlichen Hölzern nicht genau auseinandergesetzt haben, ist es hier jedoch auf Grund von Abbildungen möglich, einige beschriebene Arten zum Vergleich heranzuziehen, wobei jedoch gegenwärtig zu halten ist, daß noch *Taxodioxylon Taxodii* darunter sein kann, da ja die Autoren bei fossilen Hölzern die genannten Verdickungen nie erwähnen. Es scheinen mir hierher zugehören: *Cupressinoxylon aequale* (?) GÖPPERT (Monogr. t. 26, 6), *Rhizocupressinoxylon uniradiatum* CONWENTZ (1880, Taf. V. 14)[1]), *Cupressinoxglon sequoianum* (MERCKLIN) SCHMALH. erw., auch vielleicht *Calloxylon Hartigii* ANDRÄ l.c. 1848, soweit die Abbildungen ANDRÄ's und ein von GERMAR etikettiertes Stück in der Sammlung der Kgl. Geol. Landesanstalt sehen lassen; der Erhaltungszustand des letzteren war leider nicht ganz einwandfrei, so daß in der Synonymie nur »an *C. H.*« gesagt werden konnte; ob noch mehr beschriebene Spezies hierhergehören, was wahrscheinlich ist, läßt sich auf Grund der Literatur nicht ausmachen.

Den Species-Namen MERCKLIN's, dem wir auf Grund der guten Abbildungen SCHMALHAUSEN's näher treten können, werden wir benutzen. Dieser wurde 1855 von MERCKLIN (Palaeodendrologicon rossicum, 1855, p. 65) aufgestellt und 1883 von SCHMALHAUSEN emendiert. Die Abbildungen dieses Autors weisen entschieden auf *Taxodioxylon* hin, wenn dies schon aus den Beschreibungen noch nicht zu entnehmen ist. Weiterhin ist dieser Name auch für das Holz sehr passend. Da jedoch aus den Abbildungen SCHMALHAUSEN's nicht hervorgeht, ob unter seinen Hölzern vielleicht auch *Taxodioxylon Taxodii* G. sich befand, auch im Text die Markstrahltüpfelverhältnisse nicht mit genügender Klarheit ge-

[1]) Von diesem gibt CONWENTZ selbst an, daß es sich eigentlich von *Pinites Protolarix* GÖPPERT nur durch den Wurzelholzbau unterscheidet, ein Umstand, der kein Diagnosticum bietet; in der Sammlung der Kgl. Geolog. Landesanst. befinden sich verschiedene von GÖPPERT selbst mit *Pinites Protolarix*, auch *Taxites* (!) *ponderosus* u. a. etikettierte Stücke aus dessen Nachlaß. Sie zeigen vielfach typischen *Taxodioxylon*-Bau. Wenn ich gleichwohl diese »Spezies« nicht zum Vergleich heranziehe, so geschieht das, weil aus den Beschreibungen und Abbildungen, die GÖPPERT selbst (KARSTEN und DECHEN's Archiv, 1840, S. 132 ff. u. a. O.) von diesen seinen »Arten« gibt, durchaus nichts hervorgeht, was für oder gegen *Taxodioxylon* spräche, weil seine Angaben ebensogut auf ein anderes *Cupressinoxylon* als auf *Protolarix* passen. Mit derartig oberflächlichen Angaben ist eben nichts anzufangen, ebenso wenig wie mit UNGER's Angabe, der (Chloris protogaea, 1847, p. 37) *Pinites Protolarix* als synonym zu seiner *Peuce pannonica* angibt. Daß unter den von GÖPPERT als *Pinites Protolarix* etc. bestimmten Hölzern sich auch *Taxodioxyla*, die in der Braunkohlenformation so häufig sind, finden, ist zweifellos; die völlig unbrauchbaren Beschreibungen usw. zwingen uns jedoch, über *Pinites Protolarix* (inwiefern dieses übrigens, wie der Autor angibt, *Larix* ähnelt, ist ganz unersichtlich) zur Tagesordnung überzugehen.

schildert werden, ferner ein ex parte nur mit Fragezeichen angewendet werden könnte, ist diese Spezies zu nennen: *Taxodioxylon sequoianum* [(MERCKLIN) SCHMALH. erw.] GOTHAN em. Der Speziesname von *Rhizocupressinoxylon uniradiatum* CONW. ist darum nicht anwendbar, weil mit *Cupressinoxylon uniradiatum* GÖPPERT (Monogr. t. 27, fig. 5—7), auf das CONWENTZ's Art zurückgeht, gar nichts anzufangen ist.

Außer den beiden im Vorigen genau definierten Arten finden sich unter den Senftenberger Hölzern eine Anzahl, die die Merkmale von *Taxodioxylon* nur mangelhaft erkennen lassen: der Porus der Markstrahltüpfel insbesondere steht nicht so typisch horizontal und ist nicht so groß als bei den ausgesprochenen *Taxodioxylon*-Markstrahltüpfeln, die oft auf den ersten Blick wie eiporig erscheinen. Es handelt sich hier meist um Hölzer, die aus irgend einem Grunde kein typisches Frühholz besitzen. Daher läßt sich eine verläßliche Bestimmung nicht geben, da, wie in meiner Arbeit: Zur Anatomie lebender und fossiler Gymnospermen-Hölzer, 1905, S. 55 dargelegt ist, die Markstrahltüpfelverhältnisse im Frühholz beobachtet werden müssen, will man nicht Fehlschlüssen unterliegen. Es ist wahrscheinlich, daß der größte Teil dieser Hölzer zu den beiden im Vorigen beschriebenen Arten gehört: ein strikter Nachweis für die Zugehörigkeit oder Nichtzugehörigkeit ist nicht zu erbringen. Nur der Stamm, der im Lichthof des Museums für Berg- und Hüttenkunde in Berlin steht, scheint mir nicht zu den vorigen Arten zu gehören: das Frühholz ist stellenweise wenigstens so weit entwickelt, daß man eine Annäherung an die *Taxodioxylon*-Markstrahltüpfel sehen müßte, wenn das Holz von einem solchen stammt. Leider aber läßt die Gesamterhaltung des Stammes viel zu wünschen übrig, zumal noch die Markstrahltüpfelverhältnisse durch Spiralstreifung oft unkenntlich gemacht sind, so daß von einer näheren Bestimmung abgesehen werden mußte; wir müssen uns darauf beschränken, auf die wahrscheinliche Nichtzugehörigkeit zu den beiden *Taxodioxylon* sp. hinzuweisen; das Holz würde demnach einer Cupressinee oder von Taxodieen *Sequoia gigantea* angehört haben können (von *Cryptomeria* abgesehen).

## Zusammenfassung.

Mit Sicherheit sind unter den Senftenberger Braunkohlenhölzern zwei Arten nachzuweisen:

1. *Taxodioxylon Taxodii* Goth., das dem Holz von *Taxodium distichum* entspricht.
2. *Taxodioxylon sequoianum* [(Mercklin) Schmalh. erw.] Gothan em., das den Holzbau von *Sequoia sempervirens* repräsentiert.

Die z. T. überaus günstige Erhaltungsweise der sämtlich lignitischen Hölzer erlaubte eine bis in alle Details genaue Bestimmung. Es haben von Coniferen in dem ehemaligen Waldmoor von Senftenberg 2 Taxodieen gelebt, die dem lebenden *Taxodium distichum* und *Sequoia sempervirens* am nächsten stehen, man kann vielleicht sogar sagen, mit ihnen ident sind, wenn nämlich, was wahrscheinlich ist, die heute noch lebenden Arten mit den betreffenden tertiären auch spezifisch identisch sind. Inwiefern die auf Grund der Holzanatomie allein gewonnenen Resultate mit den Funden von Zweig- und Zapfenresten übereinkommen, ergibt ein Vergleich mit den Ergebnissen der Arbeit des Herrn Dr. P. Menzel über diese Reste. Es scheinen auch noch andere Coniferen dort vorhanden gewesen zu sein, die der Familie der Cupressineen oder Taxodieen (z. T.) angehört haben können.

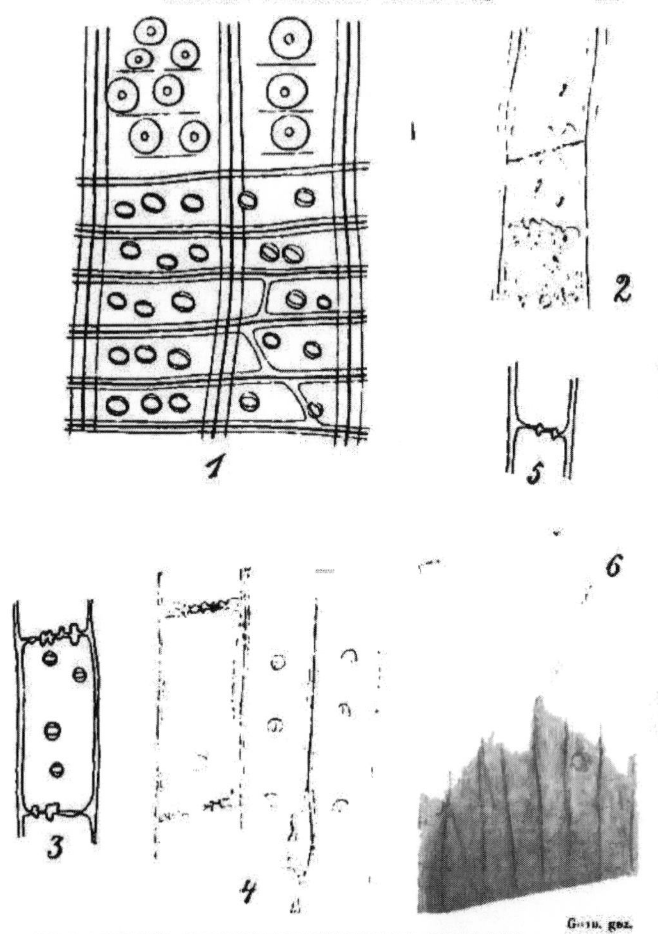


Fig. 1. Markstrahl von *Taxodioxylon Taxodii* Goth. (Rad. 390 ×).
» 2. Eigentümliche Verdickung bei *Taxodioxylon sequoianum* Goth., unten Harz (390 ×).
» 3. Verdickungen der Querwand einer Holzparenchymzelle von *Taxodium distichum*, Frühholz (390 ×).
» 4. Dasselbe an einem *Taxodioxylon Tax.* (Spätholz) von Senftenberg (390 ×).
» 5. Dasselbe bei *Thuja gigantea* (390 ×).
» 6. Durch Maceration bloßgelegte Mittellamellen eines stark collabierten Holzes mit Hoftüpfeltori, unten Reste der Holzsubstanz (390 ×).

Goog

# Alphabetisches Verzeichnis.

N. B. Die beschriebenen Arten sind *cursiv* gedruckt; die übrigen wurden als Synonyme angeführt oder fanden zu Vergleichen Erwähnung.

## Verzeichnis der Abbildungen.

Die Originale befinden sich im Besitze der königl. preuß. geologischen Landesanstalt und Bergakademie zu Berlin, soweit sie nicht durch die Bezeichnung [N. V. F.] als dem naturwissenschaftlichen Vereine zu Frankfurt a. O. und [S. M.] als dem Verfasser dieser Abhandlung gehörig gekennzeichnet sind.

Fundortsangaben:

(Z.) = Tone von Zschipkau,
(V.) = Tone der Grube Victoria bei Groß-Räschen,
(H.) = Tone von Henkels Tagebau in Rauno bei Senftenberg,
(G.) = Kohle der Grube Guerrini,
(P.) = Kohle der Grube Providentia.

## Tafel I.

| | | |
|---|---|---|
| Fig. 1. | *Taxodium distichum* RICH. *miocenicum* HEER, Zweig. (Z.) . . . . . . . . . . . . . . | S. 6 |
| Fig. 2. | *Sequoia Langsdorfii* BRGT. sp., vergr. Fig. 2a. Zweig. (Z.) . . . . . . . . . . . . . . | S. 7 |
| Fig. 3. | *Sequoia Langsdorfii* BRGT. sp., einzelnes Blatt. (Z.) . . . . . . . . . . . . . . . . | S. 7 |
| Fig. 4—7, 11. | *Populus balsamoides* GÖPP., Blätter. (Z.) | S. 15 |
| Fig. 8. | *Populus latior* A. BR., Früchte. (Z.) . . . . | S. 19 |
| Fig. 9, 18. | *Salix varians* GÖPP., Blätter. Fig. 9 (Z.), Fig. 18 (V.) . . . . . . . . . . . . . . | S. 11 |
| Fig. 10. | *Cephalotaxites Olriki* HEER sp., Blatt. (Z.) . . | S. 9 |
| Fig. 12a—d. | *Populus* sp., Knospenschuppen. (Z.) . | S. 23 |
| Fig. 13a. | *Carpinus grandis* UNG., Frucht. (Z.) . . . | S. 45 |
| Fig. 13b. | *Salix* sp., Knospenschuppen. (Z.) . . . | S. 13 |
| Fig. 14. | *Fagus* sp., Knospenschuppe. (Z.) . . . . . | S. 50 |
| Fig. 15. | *Salix* sp., Nebenblatt. (Z.) . . . . . . . . | S. 14 |
| Fig. 16. | *Pterocarya castaneaefolia* GÖPP. sp., Frucht. (Z.) | S. 27 |
| Fig. 17, 20. | *Juglans Sieboldiana* MAX. *fossilis* NATH., Blättchen. Fig. 17 (H.) [S. M.], Fig. 20. (Z.) | S. 23 |
| Fig. 19. | *Populus latior* A. BR., Blatt. (Z.) . . . . . | S. 19 |

Google

Digitized by Google

## Tafel II.

Fig. 1. *Populus balsamoides* Göpp., Blatt. (Z.) . . . S. 15
Fig. 2. *Populus latior* A. Br., Blatt. (Z.) . . . . . S. 19
Fig. 3a. *Juglans Sieboldiana* Max. *fossilis* Nath., Blättchen. (Z.) . . . . . . . . . . . . . . S. 23
Fig. 3b. *Cotoneaster Goepperti* n. sp., Blatt. (Z.) . . . S. 77
Fig. 3c. *Acer trilobatum* Stbg. sp., Blatt. (Z.) . . . . S. 98
Fig. 4. cf. *Castanea*, Zweig. (Z.) . . . . . . . . . S. 63
Fig. 5. *Juglans acuminata* A. Br., Blättchen. (V.) . . S. 26
Fig. 6a. *Evonymus Victoriae* n. sp., Blatt. (V.) . . . . S. 92
Fig. 6b. *Betula subpubescens* Göpp., Blatt. (V.) . . . S. 35
Fig. 7, 11, 12. *Corylus insignis* Heer, Blätter. (Z.) . . S. 43
Fig. 8. *Alnus rotundata* Göpp., Blatt. (V.) . . S. 41
Fig. 9. *Alnus Kefersteinii* Göpp. sp., Blatt. (Z.) . S. 40
Fig. 10. *Alnus* sp., Frucht. (Z.) . . . . . . . . . S. 43
Fig. 13—17. cf. *Platanus* sp., Knospenschuppen. (Z.) . S. 75
Fig. 18. *Betula subpubescens* Göpp., Blatt. (Z.) . . . S. 35

Digitized by Google

## Tafel III.

Fig. 1, 2. *Betula prisca* Ett., Blätter. (Z.) . . . . S. 31
Fig. 3. *Alnus rotundata* Göpp., Blatt. (Z.) . . . . . . S. 41
Fig. 4, 5, 10—12. *Fagus ferruginea* Ait. *miocenica*, Blätter.
(Z.) Fig. 10 [N. V. F.] . . . . . . . . . S. 48
Fig. 6, 18, 20, 21. *Quercus pseudocastanea* Göpp., Blätter.
(Z.) . . . . . . . . . . . . . . . . S. 63
Fig. 7—9. *Carpinus grandis* Ung., Blätter. (Z.). Fig. 7,
9 [N. V. F.] . . . . . . . . . . . . . . S. 45
Fig. 13, 16. *Carpinus ostryoides* Göpp., Blätter. (Z.) . S. 47
Fig. 14, 15, 19. *Castanea atavia* Ung., Blätter. Fig. 14
(V.), Fig. 15, 19 (Z.) . . . . . . . . . . S. 58
Fig. 17. *Quercus valdensis* Heer, Blatt. (Z.) . . . . S. 66

Digitized by Google

## Tafel IV.

Fig. 1—4. 8. *Castanea atavia* Ung., Blätter. (Z.) . . S. 58
Fig. 5—7. 9—16 a. *Ulmus carpinoides* Göpp., Blätter.
Fig. 5—7. 9—15 (Z.). Fig. 16 a (V.); Fig. 12
[N. V. F.] . . . . . . . . . . . . . . . S. 67
Fig. 16 b. *Crataegus* sp., Blatt. (V.) . . . . . . S. 80
Fig. 17. Knospenschuppe. (Z.) . . . . . . . . . . S. 128
Fig. 18. *Carpolithes* sp. (Z.) [N. V. F.] . . . . . . S. 128

# Tafel V.

Fig. 1—3. cf. *Crataegus* sp., Knospenschuppen. (Z.) . S. 81
Fig. 4, 5. *Liquidambar europaeum* A. Br., Blätter. (Z.) S. 73
Fig. 6. *Rosa lignitum* Heer, Blättchen. (Z.) [N. V. F.] S. 82
Fig. 7. *Cotoneaster Goepperti* n. sp., Blatt. (Z.) . . . S. 77
Fig. 8. cf *Aralia Zaddachi* Heer, Blattfragment. (Z.) S. 121
Fig. 9. *Elaeagnus* sp., Steinkern. (Z.) . . . . . . S. 114
Fig. 10. *Crataegus* sp., Blatt. (Z.) . . . . . . . . . S. 80
Fig. 11. *Rhus salicifolia* n. sp., Blättchen. (Z.) . . S. 87
Fig. 12—14. *Ilex lusatica* n. sp., Blätter. (Z.) Fig. 12 [N. V. F.] . . . . . . . . . . . . S. 95
Fig. 15—17. *Antholithes* sp. (Z.) . . . . . . . S. 128
Fig. 18. *Calyx.* (Z.) . . . . . . . . . . . . . S. 128
Fig. 19. 20. *Carpolithes.* (Z.) . . . . . S. 128
Fig. 21 a, b. Knospenschuppen. (Z.) . . . . . S. 127
Fig. 22. 23. *Ilex Falsani* Sap. et Mar., Blätter (Z.) Fig. 22 [N. V. F.] . . . . . . . . . . . S. 96
Fig. 24. *Tilia parvifolia* Ehrh. *miocenica*, Blatt. (Z.) [N. V. F.] . . . . . . . . . . . . . S. 109
Fig. 25. 29. *Acer trilobatum* Stbg. sp., Früchte. Fig. 25 (Z.), Fig. 29 (V.) . . . . . . . . . . . S. 98
Fig. 26. *Acer* sp. aff. *monspessulani* L., Frucht. (Z.) . S. 106
Fig. 27. *Acer pseudocreticum* Ett., Blatt. (Z.) . . . . S. 104
Fig. 28. *Acer* sp. aff. *campestris* L., Frucht. (Z.) . . . S. 104
Fig. 30. cf. *Tilia*, Zweig. (Z.) . . . . . . . . . . S. 113
Fig. 31. 33. *Acer trilobatum* Stbg. sp., Blätter. (Z.) S. 98
Fig. 32. 35. *Acer crenatifolium* Ett., Blätter. (Z.) . . S. 99
Fig. 34. *Rhamnus Roßmäßleri* Ung., Blatt. (Z.) . . . S. 106

Digitized by Google

## Tafel VI.

Fig. 1. cf. *Aralia Zaddachi* HEER. Blattfragment. (V.) S. 121
Fig. 2. 10. 11. *Acer subcampestre* GÖPP.. Blätter. (Z.) S. 103
Fig. 3a. b. *Benzoin antiquum* HEER. Blüte. (Z.) . . . S. 71
Fig 4a. b. c. Vogelfedern. (Z.) . . . . . . . S. 128
Fig. 5. *Acanthopanax acerifolium* NATH. (Z.) . . . . S. 120
Fig. 6. Ramulus. (Z.) . . . . . . . . . . . . S. 127
Fig. 7a. *Acer crenatifolium* ETT., Blatt. (Z.) . . . . S. 99
Fig. 7b. *Taxodium distichum miocenicum* HEER, ♂ Blütenstand. (Z.) . . . . . . . . . . . . . . S. 6
Fig. 7c. *Acer trilobatum* STBG. sp., Frucht. (Z.) . S. 98
Fig. 8. *Carpolithes* sp. (Z.) . . . . . . . . . . S. 128
Fig. 9. *Symplocos radobojana* UNG., Steinkern. (Z.). . S. 123
Fig. 12. *Acer trilobatum* STBG. sp., Blatt. (Z.) . . S. 98
Fig. 13. *Acer crenatifolium* ETT., Blatt. (Z.) . . . . S. 99
Fig. 14. cf. *Cladrastis* sp., Zweig. (Z.) . . . . . . S. 86
Fig. 15. cf. *Aralia Weissii* FRIEDR., Blatt. (Z.) . . . S. 120

Google

## Tafel VII.

Fig. 1—12. *Elaeocarpus globulus* n. sp., Fig. 1—4 Blätter, Fig. 5—12 Früchte. Fig. 1. 2. 4 (P.). Fig. 3. 5—12 (G.) . . . . . . . . . . . . . . . S. 140

Fig. 13. *Rosellinia congregata* BECK sp (G.) . . . . . S. 131

Fig. 14. 15 *Andromeda protogaea* UNG., Blätter. (G.) S. 143

Fig. 16. 17. *Pinus laricioides* MENZ., Kurztriebe. Fig. 16 (G.). Fig. 17 (P.) . . . . . . . . . . . . . S. 133

Fig. 18. *Sequoia Langsdorfii* BRGT. sp., Zweig . . . . . S. 133

Fig. 19. *Prunus* sp., Steinkern. (G.) . . . . . . . . . S. 139

Fig. 20. *Leguminosites* sp., Same. (G.) . . . . . . . . S. 139

Fig. 21—33. *Corylus Avellana* L. *fossilis* GEYL. et KINK., Nüsse. (Fig. 25. 26. 27. 30. 31. Kerne). Fig. 28 (Grube Marie). Fig. 29 (Grube Bismarck II). Fig. 32. 33 (Henkels Werk), die übrigen von Senftenberg. S. 136

Fig. 34—42. *Trapa silesiaca* GÖPP., Früchte. (H.) Fig. 34. 35. 36. 39. 42 [S. M.] . . . . . . . . . . S. 114

Fig. 43. 48. 49. *Prunus marchica* n. sp., Blätter. (H.) [S. M.] . . . . . . . . . . . . . . . . . S. 85

Fig. 44. *Pterostyrax* sp., Blatt. (H.) [S. M.] . . . . . S. 123

Fig. 45. 46. *Phyllites* sp., Blätter. (H.) [S. M.] . . S. 125

Fig. 47. *Phyllites* sp., Blatt. (H.) [S. M.] . . . . . S. 126

Digitized by Google

## Tafel VIII.

Fig. 1—3. *Juglans Sieboldiana* MAX. *fossilis* NATH., Blättchen. (H.) [S. M.] . . . . . . . . . . . S. 23
Fig. 4, 5. *Quercus pseudocastanea* GÖPP., Blätter. (H.) [S. M.] . . . . . . . . . . . . . . . S. 63
Fig. 6, 7. *Pterocarya castaneaefolia* GÖPP. sp., Blättchen. (H.) [S. M.] . . . . . . . . . . . . . S. 27
Fig. 8, 9. *Betula prisca* ETT., Blätter. (H.) Fig. 9 [S. M.] S. 31
Fig. 10. *Carpinus grandis* UNG., Frucht. (H.) [S. M.] S. 45
Fig. 11. *Populus* sp., Zweig. (Z.) [N. V. F.] . . . . S. 22
Fig. 12, 13. *Pterocarya castaneaefolia* GÖPP. sp., Früchte. (H.) [S. M.] . . . . . . . . . . . . . S. 27
Fig. 14. *Ulmus*, Frucht. (H.) [S. M.] . . . . . . . S. 71
Fig. 15. *Fagus ferruginea* AIT. *miocenica*, Cupula. (H.) [S. M.] . . . . . . . . . . . . . . . S. 48
Fig. 16. *Taxodium distichum* RICH. *miocenicum* HEER, Zapfenschuppe. (H.) [S. M.] . . . . . . . S. 6
Fig. 17. *Phyllites* sp., Blatt. (H.) [S. M.] . . . . . S. 127
Fig. 18. *Vitis teutonica* A. BR., Blatt. (H.) [S. M.] . . S. 107
Fig. 19. *Phyllites* sp., Blatt (H.) [S. M.] . . . . . S. 108
Fig. 20. *Fraxinus* sp., Frucht. (H.) [S. M.] . . . . S. 125
Fig. 21. cf. *Lindera* sp., Blatt. (H.) [S. M.] . . . . S. 72
Fig. 22. *Betula Brongniarti* ETT., Blatt. (Z.) . . . . S. 37
Fig. 23. *Populus balsamoides* GÖPP., Blatt. (Z.) [N. V. F.] S. 15
Fig. 24. *Phyllites* sp., Blatt. (Z.) . . . . . . . . S. 125

Digitized by Google

## Tafel IX.

Fig. 1. *Liquidambar europaeum* A. Br., Blatt. (H.) [S. M.] S. 73

Fig. 2–5. *Sorbus alnoidea* n. sp., Blätter. (H.) [S. M.]
Fig. 4a vergr. Randstück . . . . . . . . . S. 81

Fig. 6. *Acer trilobatum* Stbg. sp., Blatt. (H.) [S. M.] S. 98

Fig. 7–9. *Acer polymorphum* S. et Z. *miocenicum*. Fig. 7, 8 Blätter, Fig. 9 Frucht. (H.) [S. M.] . . . S. 100

Fig. 10–12. *Crataegus prunoidea* n. sp., Blätter. (H.)
Fig. 10, 11 [S. M.] . . . . . . . . . . . S. 78

Fig. 13. *Alnus rotundata* Göpp., Blatt. (H.) . . . . S. 41

Fig. 14. *Prunus sambucifolia* n. sp., Blatt. (H.) . . . S. 83

Fig. 15. *Spiraea crataegifolia* n. sp., Blatt. (H.) [S. M.] S. 76

Fig. 16. *Rhus* sp., Blättchen. (H.) [S. M.] . . . . . S. 91

Fig. 17. *Elaeodendron* cf. *helveticum* Heer, Blätter. (H.) S. 93

Fig. 18. *Ampelopsis denticulata* n. sp., Blättchen. (H.) S. 108

# Abhandlungen

der

# Königlich Preufsischen

# Geologischen Landesanstalt.

**Neue Folge.**

**Heft 47.**

BERLIN.

Im Vertrieb bei der Königlichen Geologischen Landesanstalt.

Berlin N. 4, Invalidenstr. 44.

1906.

Google

Google

## Nautilus Breynius.

### Nautilus westphalicus Schlüter.

Taf. 1, Fig. 1, 2.

1872. *Nautilus westphalicus* Schlüter, Über die Spongitarienbänke der oberen Quadraten- und unteren Mukronatenschichten des Münsterlandes, S. 13.

1876. " " " Cephalopoden der oberen deutschen Kreide, S. 175, Taf. 47, Fig. 1 u. 2.

Der Durchmesser der größten Exemplare beträgt etwa 150 mm. Die Flanken sind mäßig gewölbt. Die Externseite ist in der Jugend abgerundet, wird aber mit zunehmendem Alter früher oder später schiffskielartig. Da die uns vorliegenden Exemplare fast alle verdrückt sind, bei den wenigen nicht verdrückten Stücken aber die Nabelgegend schlecht erhalten ist, so konnten wir nicht sicher feststellen, ob ein offener Nabel vorhanden war; wenn ein solcher existierte, so war er jedenfalls sehr eng. Da die Umgänge schnell wachsen, so liegt der Nabel sehr weit vom Zentrum entfernt. Die Wohnkammer ist sehr groß. Die Kammernähte bilden dicht an der Internkante einen kurzen, mit konvexer Seite nach vorn gerichteten Bogen und dann einen langgestreckten, nach vorn konkaven, sehr flachen Bogen oder verlaufen fast geradlinig. Schlüter sagt zuerst[1]) über die Kammernähte: »Die Nähte bilden nur am Nabel ein Knie, sonst geradlinig«; sagt aber später[2]), daß sie nach Bildung des Knies fast geradlinig über die Flanken und die Externseite verlaufen. Die Entfernung der Kammerwände ist, wie wir durch Untersuchung von über 100 Exemplaren feststellen konnten, in ganz allmählicher Abstufung bald etwas

---

[1]) Spongitarienbänke des Münsterlandes, S. 13.

[2]) Cephalopoden, S. 175.

größer, bald etwas geringer, erscheint selbstverständlich auch bei den seitwärts zusammengedrückten Exemplaren beträchtlich geringer als bei den durch Druck von oben zusammengepreßten Stücken. SCHLÜTER[1]) erwähnt von unserem Fundort zwei Nautilusspezies, welche er in folgender Weise charakterisiert: 10. »*Nautilus* sp., glatt, mit genäherten Kammerwänden. 11. *Nautilus* sp., glatt, mit entfernten Kammerwänden«, ein Unterschied, welcher nach dem oben von uns Gesagten ziemlich belanglos erscheinen muß. Der Sipho liegt meist etwa im Anfang des äußeren Drittels der Umgänge, selten ist er noch weiter nach der Externseite verschoben, liegt aber bisweilen noch näher nach der Mitte zu. Schalenexemplare sind bislang nicht gefunden; die Steinkerne sind fast alle ganz glatt, nur wenige zeigen außer den Nähten feine konzentrische Anwachsstreifen.

SCHLÜTER stellt frageweise *Nautilus galea* FRITSCH und SCHLOENBACH[2]) zu seinem *Nautilus westphalicus*, welcher allerdings sehr große Ähnlichkeit mit der SCHLÜTER'schen Art hat, aber den Iserschichten, also einem bedeutend tieferen Niveau angehören soll. FRITSCH und SCHLOENBACH sagen a. a. O. von ihrem *N. galea*: »Der Anfang der Windungen ist normal gebildet, ganz ähnlich wie bei *N. sublaevigatus*; dann aber stellt sich etwa beim ersten Fünftel der letzten Windung eine deutliche schiffkielartige Zuschärfung der Siphonalgegend ein«. Auch bei den Braunschweiger Exemplaren ist die Externseite anfänglich gerundet und in späterem Alter zugeschärft.

An allen Fundorten bei Braunschweig und bei Broitzem häufig.

### Nautilus breitzemensis n. sp.

Taf. I, Fig. 3; Taf. II, Fig. 1.

Die Gestalt der sämtlichen uns vorliegenden Exemplare ist durch Druck verändert. Es scheint, als ob die Flanken beträcht-

[1]) Zeitschr. der Deutsch. geol. Gesellsch., Bd. 51, S. 415.

[2]) Cephalopoden der böhmischen Kreide, S. 23, Taf. 12, Fig. 3; Taf. 15, Fig. 3 u. 4. — FRITSCH, Studien im Gebiete der böhmischen Kreideformation. III. Die Iserschichten, S. 90, Fig. 91.

lich gewölbt gewesen sind. Die breite Externseite ist gleichmäßig abgerundet und zeigt nirgends Neigung zur Bildung eines Kiels. Der Durchmesser des größten Exemplars mag etwa 115 mm lang gewesen sein. Die Nahtlinien bilden am Nabel einen kurzen, knieförmigen, mit konvexer Seite nach vorn gekehrten Bogen und verlaufen dann fast geradlinig über die Flanken und die Externseite. Der Sipho ist der Externseite stark genähert. Die Skulptur ist sehr charakteristisch. Die Oberfläche ist anfänglich glatt, aber bald stellen sich flache, nicht gegabelte Rippen ein, welche mehrere der letzten Kammern und die Wohnkammer bedecken; sie sind auf den Flanken mit konvexer und auf der Externseite mit konkaver Seite nach vorn gebogen, werden auf der Vorderseite von einem scharfen Rande und auf der Hinterseite von einer nicht scharf abgesetzten, aber deutlich sichtbaren Furche begrenzt.

*Nautilus loricatus* SCHLÜTER[1]) aus dem oberen Mukronatensenon ist unserer Art sehr ähnlich, unterscheidet sich aber von ihr dadurch, daß die Furchen zwischen den Rippen fehlen. Auch *Nautilus rugatus* FRITSCH und SCHLOENBACH[2]) hat eine ähnliche Skulptur, doch sind seine Rippen gegabelt, während dieselben bei *N. broitzemensis* stets einfach sind. Eine ebenfalls sehr ähnliche Form ist der leider nur unvollständig bekannte *Nautilus sinuato-plicatus* GEINITZ[3]), dessen Rippen der Abbildung zufolge anfänglich fast gerade verlaufen und dann auf den Flanken in der Nähe der Externseite plötzlich ein kurzes, stark gebogenes Knie bilden, wodurch diese Spezies sich von unserer Art unterscheidet. STURM[4]) hat das Original von *N. sinuato-plicatus* GEINITZ neuerdings untersucht, äußert sich aber leider nicht weiter über dasselbe.

[1]) Cephalopoden der oberen deutschen Kreide, S. 180, Taf. 51, Fig. 1 u. 2. — GRIEPENKERL, Die Versteinerungen der senonen Kreide von Königslutter, S. 96, Taf. 9, Fig. 4 u. 5.

[2]) Cephalopoden der böhmischen Kreideformation, S. 23, Taf. 12, Fig. 2; Taf. 15, Fig. 2. — FRITSCH, Studien im Gebiete der böhmischen Kreideformation. III. Die Iserschichten, S. 90, Fig. 50.

[3]) Die Versteinerungen von Kieslingswalde im Glatzischen, S. 8, Taf. 1, Fig. 6. — FRITSCH, Die Chlomeker Schichten, S. 36, Fig. 17.

[4]) Der Sandstein von Kieslingswalde in der Grafschaft Glatz und seine Fauna. Jahrb. der Königl. preuß. geol. Landesanstalt für 1900, S. 63.

1*

Von *N. broitzemensis* liegen uns mehrere Exemplare von Broitzem und von der Aktienziegelei bei Braunschweig vor.

## Baculites Lamarck.

### Baculites incurvatus Dujardin.

Taf. II. Fig. 2—5.

1835. *Baculites incurvatus* Dujardin, Mém. de la Soc. géol. de France, S. 232, Taf. 17, Fig. 13.

1876. » » Schlüter, Cephalopoden der oberen deutschen Kreide, S. 142, Taf. 39, Fig. 6 u. 7; Taf. 40, Fig. 3 (cum syn.).

1888. » » » Holzapfel, Die Mollusken der Aachener Kreide, S. 64, Taf. 4, Fig. 5 u. 6; Taf. 5, Fig. 10.

1897. » » » Fritsch, Die Chlomeker Schichten, S. 40, Fig. 23.

1901. » » » Sturm, Der Sandstein von Kieslingswalde in der Grafschaft Glatz und seine Fauna, S. 62, Taf. 4, Fig. 1.

Neben einer Anzahl kleiner Bruchstücke liegen auch einige größere Fragmente vor, welche bis 200 mm lang sind und auf diese Länge nur 7 mm an Breite abnehmen (oben 26 mm, unten 19 mm breit), was auf eine beträchtliche Größe der Art schließen läßt, wie diese schon die Abbildungen bei Holzapfel a. a. O. zeigen, während Schlüter das Gehäuse als »nicht groß« bezeichnet. Die für die Art charakteristischen, bald mehr schief gestellten und verlängerten, bald mehr rundlichen Knoten in der Nähe der Antisiphonalseite sind bei allen Stücken gut sichtbar; weniger deutlich treten infolge des ungünstigen Erhaltungszustandes die Anwachsstreifen hervor. Holzapfel sagt a. a. O. über den Umriß: »Der Querschnitt ist eiförmig, die Siphonalseite wesentlich schmaler als die entgegengesetzte; zu beiden Seiten derselben verlaufen flache, gerundete Längsfurchen.« Die meisten der uns vorliegenden Stücke zeigen einen solchen nach der Siphonalseite zu verschmälerten Querschnitt, der im Extrem fast dreieckig ist; einzelne Exemplare, die sich hinsichtlich der Skulptur von den übrigen nicht unterscheiden, zeigen jedoch einen regelmäßig elliptischen Querschnitt und werden dann dem *Baculites asper* MORTON bei F. ROEMER[1]) sehr ähnlich.

Bei Braunschweig und Broitzem ziemlich selten.

### Baculites anceps LAMARCK.

1882. *Baculites anceps* LAMARCK, Histoire naturelle des animaux sans vertèbres, VII, S. 648.
1840. „ „ „ d'ORBIGNY, Pal. fr. Terr. crét. I, S. 565, Taf. 139, Fig. 1—7.
1876. „ „ „ SCHLÜTER, Cephalopoden der oberen deutschen Kreide, S. 145, Taf. 40, Fig. 2.
1889. „ „ „ GRIEPENKERL, Die Versteinerungen der senonen Kreide von Königslutter im Herzogthum Braunschweig, S. 106, Taf. 11, Fig. 2.

Von dieser Spezies sind uns nur schlecht erhaltene Bruchstücke bekannt geworden, deren Oberfläche stark abgerieben ist. Auf den besser erhaltenen Stücken sind noch deutlich die für diesen Bakuliten charakteristischen, dicken, halbmondförmigen Querrippen sichtbar, welche nach den Seiten zu in schräg aufsteigende, feine Falten übergehen und so den Umriß der früheren Mündung erkennen lassen. Bei mehreren Stücken sind diese Rippen nur noch auf den Seiten sichtbar und auf den Flanken durch Abreibung ganz verloren gegangen. Derartige fast glatt aussehende Exemplare sind mir auch aus dem Senon von Königslutter bekannt geworden; sie sollen hier nach GRIEPENKERL a. a. O. S. 107 eine besondere Varietät repräsentieren. *B. anceps* scheint eine große vertikale Verbreitung zu haben, besonders wenn die Angabe REDTENBACHER's richtig sein sollte, welcher diese Spezies aus der Gosaukreide zitiert[2]).

Bei Braunschweig und Broitzem ziemlich häufig.

---

[1]) Die Kreidebildungen von Texas und ihre organischen Einschlüsse, S. 36, Taf. 2, Fig. 2.

[2]) Die Cephalopoden der Gosauschichten in den nördlichsten Alpen, Abhandl. d. K. K. geolog. Reichsanstalt, Bd. 5, H. 5, S. 138, Taf. 30, Fig. 14.

# Placenticeras Meek.

## Placenticeras bidorsatum A. Roemer sp.

Taf. III; Taf. IV, Fig. 5; Taf. IX, Fig. 1—2.

1841. *Ammonites bidorsatus* A. Roemer, Versteinerungen des norddeutschen Kreidegebirges, S. 88, Taf. 13, Fig. 5.
1867. " *polyopsis* Schlüter, Beitrag zur Kenntnis der jüngsten Ammoneen Norddeutschlands, S. 25, Taf. 4, Fig. 1 u. 2.
1872. " *bidorsatus* A. Roemer, Schlüter, Cephalopoden der oberen deutschen Kreide, S. 51, Taf. 15, Fig. 6—8.
1894. *Placenticeras bidorsatum* A. Roemer sp., Grossouvre, Les ammonites de la craie supérieure, S. 137.
1899. *Ammonites bidorsatus* A. Roemer, Schlüter, Zeitschr. der Deutsch. geol. Gesellsch., Bd. 51, S. 411.

Der Durchmesser des größten Exemplars (Aktienziegelei bei Braunschweig, Bode's Sammlung) beträgt etwa 190 mm. Das scheibenförmige Gehäuse ist stark involut und besitzt einen engen Nabel, welcher durch eine mehr oder weniger scharfe Kante begrenzt wird. Die Flanken sind in der Jugend in der Regel fast flach, später gewöhnlich etwas stärker gewölbt, doch liegen uns auch große Exemplare vor, welche noch ganz flach sind, und junge, bereits stärker gewölbte. Da nur Steinkerne gefunden sind, welche alle mehr oder weniger verdrückt sind, so lässt sich nicht sicher feststellen, ob die schwächere Wölbung individuell oder durch stärkere Verdrückung hervorgerufen ist, welcher selbstverständlich der mehr dünnschalige Anfangsteil des Gehäuses in besonders hohem Maße unterworfen war. Die Skulptur des Gehäuses variiert beträchtlich; die im folgenden beschriebene Skulptur, welche sich bei etwa 70 pCt. des uns vorliegenden Materials findet, betrachten wir als die normale. Vom Nabel gehen meist nahe neben einander stehende, schmale, schräg nach vorn gerichtete, etwas geschwungene Rippen aus, welche schon bei etwa 0,37 der ganzen Flankenbreite in einem kleinen Knoten endigen. In der Nähe der Externkante befinden sich weiter entfernt stehende Knoten, welche bei jungen Exemplaren etwa dieselbe Stärke besitzen wie die inneren Knoten und fast rund erscheinen; bei höherem Alter werden sie bedeutend stärker als die letzteren, dehnen sich besonders in der Richtung der Spirale aus und erscheinen meist kurz ohrförmig, waren aber ursprünglich lang dornförmig, wie bei einigen, noch teilweise im Gestein steckenden Exemplaren deutlich zu erkennen ist. Auf der Wohnkammer sind die Knoten der äußeren Reihe gewöhnlich noch nicht vollständig ausgebildet und erscheinen deshalb hier schwächer. So scharf begrenzte Verbindungsrippen zwischen den inneren und äußeren Knoten, wie solche A. ROEMER a. a. O. darstellt, sind nirgends vorhanden; nur bisweilen setzen sich über die inneren Knoten nach außen zu wenig hervorstehende Wülste fort, welche aber die äußeren Knoten kaum erreichen. Die Externseite trägt zwei Kiele, zwischen welchen sich bald eine schmale Rinne, bald eine breitere konkave Fläche befindet; dieselben sind im späteren Alter immer glatt, in der Jugend dagegen mit dünnen, durch Abreibung leicht verloren gehenden Zähnen besetzt.

Die Stärke der Rippen und Knoten auf den Flanken variiert beträchtlich. Wie unsere Figuren erkennen lassen, kommen Exemplare vor, welche in der Jugend ganz glatt sind und auch im späteren Alter wenig Skulptur zeigen; sie sind meist zugleich sehr flach und hochmündig und besitzen eine etwas schärfere Nabelkante als die normale Form. Da sie aber durch alle nur denkbaren Übergänge mit den stärker gerippten und mit Knoten versehenen Exemplaren verbunden sind und auch hinsichtlich der Loben mit diesen übereinstimmen, so können sie nicht als besondere Spezies, sondern nur als Varietät aufgefaßt werden; wir schlagen für sie den Namen var. *glaberrima* vor. Auch von Dülmen liegt in der Sammlung des Geologischen Landesmuseums in Berlin ein Stück, welches fast ganz glatt ist und nur zwei ganz schwache Falten zeigt. *Pl. bidorsatum* ist demnach hinsichtlich der Skulptur und Gestalt ebenso variabel wie *Barroisia Haberfellneri* v. HAUER sp., welche GROSSOUVRE[1]) eingehend beschrieben hat.

Die Lobenlinie ist bereits von SCHLÜTER a. a. O. abgebildet

[1]) Les ammonites de la craie supérieure, S. 51, Taf. 1, Fig. 1—5; Taf. 2, Fig. 1—8.

und ausführlich beschrieben. An unserem Material ist sie im Zusammenhange kaum erhalten und deshalb auf einigen unserer Figuren durch Rekonstruktion vervollständigt.

Große Ähnlichkeit hat *Placenticeras bidorsatum* mit *Pl. syrtale* Morton sp.[1]), so daß Schlüter anfänglich die erstere Art mit *Pl. polyopsis* Duj. vereinigte, welches jetzt zu *Pl. syrtale* gerechnet wird. Außer durch gleichbleibend runde Knoten an der Externkante, unterscheidet sich *Pl. syrtale* hinsichtlich der Skulptur noch dadurch, daß die Zähne auf den beiden Kielen der Externseite nach vorn zu nicht verschwinden wie bei *Pl. bidorsatum*. Vor allem sind die Loben beider Arten wesentlich verschieden. Bei *Pl. bidorsatum* sind Loben und Sättel tiefer, deutlicher verzweigt und gefingert, und der erste Lateralsattel ist größer als die folgenden, während bei *Pl. syrtale* Loben und Sättel weniger verzweigt und an Form und Tiefe einander fast gleich sind.

Außer einigen Stücken der Sammlung des Geologischen Landesmuseums und der Wollemann'schen Sammlung, konnten wir eine große Anzahl von Exemplaren untersuchen, welche Eigentum des Herrn Landgerichtsdirektors Bode und der Herzoglichen technischen Hochschule in Braunschweig sind. Die Art ist an allen Fundorten bei Braunschweig und bei Broitzem häufig.

## Sonneratia Grossouvre.

### Sonneratia Daubréei Grossouvre.

Taf. V.

1894. *Sonneratia Daubréei* Grossouvre, Les ammonites de la craie supérieure. S. 154, Taf. 28.

1908 05. " " Stolley, *Sonneratia Daubreei* de Gross., ein Ammonit der Pyrenäenkreide, aus dem Eisensteinlager von Groß-Bülten bei Ilsede. XIV. Jahresber. d. Ver. f. Naturw. zu Braunschweig, S. 64.

---

[1]) Morton, Synopsis of organic remains of the cretaceous group of U. S. S. 40, Taf. 16, Fig. 4.

Schlüter, Cephalopoden der oberen deutschen Kreide, S. 46, Taf. 14, Fig. 1—10; Taf. 15, Fig. 1—5.

Dieser große Ammonit ist von GROSSOUVRE a. a. O. aus Südfrankreich beschrieben, wo er in den Mts. Corbières im Département Aude in den Mergeln mit *Lima marticensis* zusammen mit *Mortoniceras texanum* vorkommt. Bei Ilsede finden sich nicht selten sehr große Exemplare, welche fast alle so schlecht erhalten sind, daß sie kaum Gelegenheit zu neuen Beobachtungen bieten; von den Loben, welche auch GROSSOUVRE nicht an dem französischen Material beobachtet hat, sind an den Ilseder Stücken nur undeutliche Reste zu sehen, welche es nicht ermöglichen, eine zusammenhängende Lobenlinie zu zeichnen. Das bei weitem beste Stück ist abgebildet; es stimmt hinsichtlich der Gestalt und Skulptur gut mit der Abbildung und Beschreibung bei GROSSOUVRE überein. Ein anderer, etwas kleinerer Ammonit von Ilsede zeigt zwar große Ähnlichkeit mit der angezogenen Spezies, doch stehen die gröberen Innenrippen etwas weiter entfernt; er erinnert in dieser Hinsicht etwas an *Puzosia corbarica* GROSSOUVRE[1]). Eine sichere Bestimmung war in diesem Falle des mangelhaften Erhaltungszustandes wegen leider nicht möglich.

## Pachydiscus ZITTEL.

### Pachydiscus Isculensis REDTENBACHER.

Taf. VII. Textfig. 1. 2.

1873. *Ammonites Isculensis* REDTENBACHER, Die Cephalopodenfauna der Gosauschichten in den nordöstlichen Alpen, S. 122, Taf. 29, Fig. 1.

1894. *Pachydiscus* » sp. GROSSOUVRE, Les ammonites de la craie supérieure, S. 185, Taf. 22, Fig. 2; Taf. 26, Fig. 1; Taf. 37, Fig. 1.

Das geblähte Gehäuse ist involut; zwei Drittel und mehr der Windungen werden von der nächstfolgenden Windung umfaßt. Die Flanken sind stark und gleichmäßig gewölbt, und die breite Externseite ist gleichmäßig abgerundet, ebenso die Nabelkante. Der Nabel ist tief, gewöhnlich ziemlich weit, zuweilen etwas enger. Die Skulptur besteht aus starken, breiten und bei gutem Erhal-

[1]) a. a. O. S. 174, Taf. 27, Fig. 1.

tungszustande auch hohen Rippen, welche anfänglich ziemlich nahe nebeneinander stehen, in späterem Alter aber weiter auseinander rücken, bisweilen auch etwas weiter voneinander entfernt sind als an dem Originale REDTENBACHER's. Wir unterscheiden Rippen erster und zweiter Ordnung. Die ersteren beginnen unmittelbar am Nabel, sind hier eine kurze Strecke schräg nach vorn gerichtet, bilden dann eine langgezogene, nicht abgerundete, knotenähnliche Verdickung, gehen mit schwacher, nach hinten konvexer Biegung oder fast gerade über die Flanken und laufen dann mit deutlicher, nach vorn konvexer Biegung über die Externseite. Die Rippen zweiter, bisweilen auch solche dritter Ordnung schieben sich in ganz unregelmäßiger Verteilung zwischen die Rippen erster Ordnung ein; sie beginnen erst in einiger Entfernung vom Nabel ohne Verdickung, laufen aber in derselben Richtung und mit fast derselben Stärke über die Externseite wie die Rippen erster Ordnung.

Die Lobenlinie stimmt, wie Textfigur 2 zeigt, mit der Abbildung bei REDTENBACHER a. a. O. in den wesentlichen Punkten überein. Der zweite Lateralsattel ist auf der letzteren Figur mehr regelmäßig dreiteilig als auf unserem Braunschweiger Exemplar, doch können wir dieser kleinen Abweichung unmöglich große Bedeutung beimessen, da schon die beiden aufeinander folgenden, von REDTENBACHER auf derselben Figur dargestellten Lateralsättel in der Gestalt beträchtlich voneinander abweichen und auf dem Braunschweiger Stück die Loben etwas rekonstruiert sind. Von dieser Art liegen nur die drei abgebildeten Steinkerne vor, von denen zwei infolge etwas besseren Erhaltungszustandes noch die Rippen deutlich erkennen lassen, während diese auf dem dritten und kleinsten Stück nur noch undeutlich zu sehen sind, so daß dasselbe bei oberflächlicher Betrachtung fast glatt erscheint. Da Gestalt und Loben aller Exemplare im allgemeinen gut übereinstimmen, so rechnen wir sie zu einer Spezies trotz kleiner Abweichungen hinsichtlich der Skulptur und der Weite des Nabels. Daß die Art in letzter Beziehung etwas variiert, zeigen uns besonders die Abbildungen bei GROSSOUVRE a. a. O. Die schwache Skulptur des kleinsten Braunschweiger Exemplars hat vielleicht

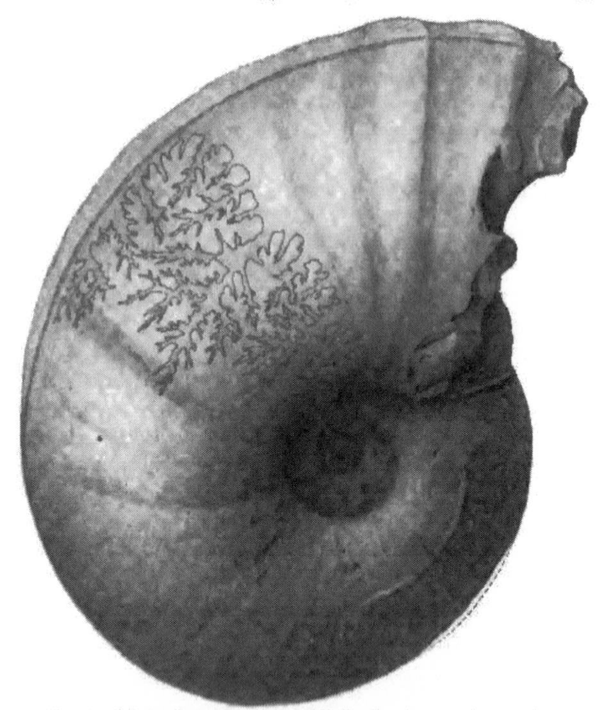

Figur 1. **Pachydiscus Isculensis Redtenbacher sp. Jugendform.**
**Ziegelei am Madamenweg bei Braunschweig.**
**Sammlung der Herzogl. technischen Hochschule in Braunschweig.**

Figur 2. **Lobenlinie von Pachydiscus Isculensis Redtenbacher.**

nicht in stärkerer Verwitterung, sondern in einem ähnlichen Verhältnis ihren Grund, wie bei *Pachydiscus dülmensis* SCHLÜTER sp., bei dem die Rippen bald nur auf der Schale, bald auch auf dem Steinkern deutlich sichtbar sind[1]). Diese letztere Art, welche für das obere Untersenon Westfalens charakteristisch und hier ein Begleiter von *Placenticeras bidorsatum* und *Hauericeras pseudo-Gardeni* ist, ist bei Braunschweig noch nicht gefunden; sie unterscheidet sich von *P. Isculensis* durch näher nebeneinander stehende und schmalere Rippen, welche sämtlich gleichartig sind und schwach und ohne Knoten am Nabel ihren Anfang nehmen. Durch die gröberen und entfernter stehenden Rippen und die geblähte Gestalt unterscheidet sich *P. Isculensis* von den meisten anderen sehr zahlreichen Arten von *Pachydiscus*, welche aus der oberen Kreide in neuerer Zeit durch SEUNES[2]), GROSSOUVRE[3]) und andere Paläontologen beschrieben sind. Besonders ähnlich hinsichtlich der Gestalt und der Loben sind dem *P. Isculensis* zwei Arten aus der Arrialoor-Gruppe Indiens, *Pachydiscus deccanensis* STOLICZKA sp. und *P. arrialoorensis* STOLICZKA sp.[4]), welche aber in der typischen Ausbildung entfernt stehende Knoten am Nabel besitzen, in denen sich je mehrere Rippen vereinigen. Ein knotenloses Exemplar der letzteren Art aus der Kreide von Ikantai auf Ezo (Japan), welches YOKOYAMA[5]) abgebildet und beschrieben hat, ist *P. Isculensis* noch ähnlicher.

Die drei abgebildeten Exemplare sind die einzigen, welche

---

[1]) Anfänglich (Cephalopoden der oberen deutschen Kreide, S. 52) nimmt SCHLÜTER an, daß bei dieser Art die Rippen stets nur auf der Schale, nie jedoch auf dem Steinkern sichtbar sind. Später (Zeitschr. der Deutsch. geol. Gesellsch., Bd. 51, S. 413 Anm.) ist er geneigt, *P. seppenradensis* Landois, Riesensteinkerne mit Rippen, als die erwachsene Form des *P. dülmensis* anzusehen. Auch GROSSOUVRE (Les ammonites de la craie supérieure, S. 199, Taf. 20) rechnet einen gerippten Steinkern zu dieser Spezies.

[2]) Contributions à l'étude des cephalopodes du crétacé supérieur de France, Mém. de la Soc. géol. de France, 1890/91, No. 2.

[3]) Les ammonites de la craie supérieure, S. 176 u. f.

[4]) The fossil cephalopoda of the cretaceous rocks of southern India, S. 126, Taf. 63, Fig. 1; Taf. 63, Fig. 2—4 u. Taf. 64, Fig. 1.

[5]) Versteinerungen aus der japanischen Kreide. Palaeontographica, Bd. 36, S. 186, Taf. 21.

mir bislang aus dem Untersenon von Braunschweig bekannt geworden sind. Die beiden größeren Exemplare stammen von Broitzem, das kleinere (Textfigur) aus der Tongrube der Ziegelei am Madamenweg bei Braunschweig.

## Schlüteria GROSSOUVRE.

### Schlüteria Bodei n. sp.

Taf. VIII, Fig. 1, 2.

Das flach scheibenförmige Gehäuse besteht aus Windungen, welche sehr schnell an Höhe zunehmen und so stark involut sind, daß die inneren Windungen nicht sichtbar sind und der Nabel sehr eng ist. Die flachen Flanken gehen ohne Kantenbildung in die schmale, abgerundete Externseite über; der Abfall zur Umgangsnaht ist zwar steil, führt aber trotzdem nur zur Bildung einer schwach hervortretenden, undeutlichen Kante. Mehrere der vorliegenden Exemplare sind von den Flanken her so stark zusammengedrückt, daß bei ihnen die Externseite kielartig zugeschärft erscheint. Die Oberfläche ist mit sehr feinen, nahe neben einander stehenden Rippen bedeckt, welche nach dem Nabel zu je nach dem Erhaltungszustande mehr oder weniger undeutlich werden und zuweilen schliesslich ganz verschwinden; auf dem inneren Teil der Flanken sind sie zunächst mit konvexer Seite nach vorn, dann nach hinten und in der Nähe der Externseite wieder nach vorn gebogen, in welcher Richtung sie über letztere verlaufen.

Die Lobenlinie ist stark verzweigt. Die Loben sind schmal und haben lange spitze Finger. Der erste Laterallobus entsendet einen langen Zweig nach dem Sipho hin, welcher die Spitze des Externlobus fast berührt. Der Extern- und erste Lateralsattel sind durch einen Sekundärlobus in zwei fast gleiche Teile geteilt. Die Anzahl der Auxiliarloben beträgt vier bis sechs. Die Lobenlinie unserer Art erinnert zwar an die von *Phylloceras*, doch sind die Zacken der Sättel nicht so ausgesprochen blattartig wie bei den echten *Phylloceras*-Arten. GROSSOUVRE hat für Formen mit solcher Lobenlinie die Gattung *Schlüteria* gegründet und dazu die folgenden Arten gestellt[1]: *S. Pergensi* GROSS., *S. Rousseli* GROSS., *S. Larteti* SEUNES sp. und *S. velledaeformis* SCHLÜTER sp. *S. Larteti* hat eine andere Skulptur als *S. Bodei*; *S. Pergensi* und *Rousseli* haben einen weiteren, weniger exzentrischen Nabel. Die letztere Spezies hat gerade Rippen, welche nur die äußere Hälfte der Umgänge bedecken, während *S. Bodei* geschwungene Rippen hat, welche bei gut erhaltenen Exemplaren fast den Nabel erreichen und in dessen Nähe nur bei weniger gut erhaltenen Stücken durch Abreibung verloren gegangen sind. Unserer Art besonders ähnlich ist die aus dem Mukronatensenon von Lüneburg stammende *Schlüteria velledaeformis* SCHLÜTER sp.[2]. Die Zunahme der Höhe der Umgänge ist bei *S. Bodei* bedeutender, und infolge dessen liegt der Nabel bei ihr noch exzentrischer, auch ist er etwas größer als bei *S. velledaeformis*. Die Rippen der letzteren Art sind auf den Flanken stärker gebogen als bei unserer Spezies. Auch finden sich Unterschiede in der Lobenlinie beider Arten. Die Sättel sind bei *S. velledaeformis* schmaler; der Externsattel steht tiefer als der erste Lateralsattel, und der Externlobus geht etwa ebenso tief hinab wie der zweite Laterallobus.

Selten bei der Braunschweiger Aktienziegelei und bei Broitzem. Die Originale befinden sich in der BODE'schen Sammlung.

## Hauericeras GROSSOUVRE.

### Hauericeras pseudo-Gardeni SCHLÜTER sp.

Taf. IV, Fig. 1—4; Taf. VIII, Fig. 3.

1872. *Ammonites pseudo-Gardeni* SCHLÜTER, Cephalopoden der oberen deutschen Kreide, S. 54, Taf. 16, Fig. 3—6.

1894. *Hauericeras* » » sp., GROSSOUVRE, Les ammonites de la craie supérieure, S. 219.

Das flach scheibenförmige, stark involute Gehäuse erreicht eine beträchtliche Größe. SCHLÜTER gibt a. a. O. für ein Exemplar, an welchem sich noch ein Teil der Wohnkammer befindet, 252 mm Durchmesser an, während das größte uns bislang bekannt gewor-

[1] Les ammonites de la craie supérieure, S. 216.

[2] Die Cephalopoden der oberen deutschen Kreide. S. 60, Taf. 18, Fig. 4—7.

dene Braunschweiger Exemplar, welches aus der Tongrube der Aktienziegelei stammt und ebenfalls einen Teil der Wohnkammer enthält, nur einen Durchmesser von 230 mm hat. Die Flanken erscheinen fast ganz glatt oder sind nur wenig gewölbt; sie sind durch eine ziemlich scharfe Kante gegen die steile Nabelfläche abgesetzt. Bei den meisten Exemplaren hat die Nabelkante infolge der Verdrückung und Abreibung ihre Schärfe verloren und erscheint deshalb mehr abgerundet. Die Flanken gehen in die Externseite ohne irgendwelche Kielbildung ganz allmählich über, indem sie gegen einen scharfen, vom Gehäuse deutlich abgesetzten, bei größeren Exemplaren bis zu 4 mm hohen Kiel konvergieren, welcher sich auf der Mitte der Externseite befindet; derselbe ist jedoch meist weggebrochen und nur noch bei solchen Stücken deutlich sichtbar, welche noch teilweise im Gestein stecken.

Die Skulptur ist nach dem Erhaltungszustande sehr verschieden. Die besser erhaltenen Exemplare zeigen auf der Externseite schräg nach vorn gegen den Kiel gerichtete, nahe nebeneinander stehende, kurze, knotige Rippen, zwischen denen sich gewöhnlich in beträchtlichem Abstande voneinander einzelne, lange Rippen befinden, welche wellenförmig gebogen über die ganzen Flanken laufen und auf der Hinterseite von einer Furche begrenzt werden. Wird die Oberfläche abgerieben, so verschwinden bald die kurzen, bald die langen Rippen früher und an der Stelle der letzteren sind nur noch die Furchen sichtbar; ein solches Exemplar ist offenbar Schlüter's Original. Bei weiterer Abreibung verschwinden auch die Furchen, so daß dann die Oberfläche ganz glatt erscheint, wie dieses bei jungen Individuen häufig der Fall ist, deren Skulptur ursprünglich schwächer und deshalb gegen äußere Einflüsse empfindlicher war. Bei geeigneter Beleuchtung oder Vergrößerung bemerkt man aber auch bei diesen scheinbar glatten Stücken sehr häufig noch schwache Reste der Rippen, z. B. bei uns vorliegenden scheinbar glatten Exemplaren von Dülmen und Datteln in Westfalen. Schlüter sagt [1]) von dem ihm vorliegenden Braunschweiger Material: »Bruchstücke eines nahe verwandten Gehäuses, aber

[1]) Zeitschr. der Deutsch. geol. Gesellsch., Bd. 51, S. 411.

mit entfernt stehenden, der zugeschärften Externseite genäherten Knoten kann man vorläufig als var. *nodutus* bezeichnen, bis besseres Material sie näher kennen lehrt«. Daß die gerippten Exemplare nicht eine Varietät der glatten sein können, geht schon daraus hervor, daß uns Stücke vorliegen, welche eine abgeriebene, nur die Furchen zeigende und eine besser erhaltene, gerippte Flanke besitzen.

Die Kammerwände sind sehr zahlreich, so daß es schwer ist, die stark zerschnittenen Loben zu entwirren. Die Sättel sind durch einen Sekundärlobus in zwei ziemlich gleich große, stark gefingerte Hälften zerlegt. Der erste Laterallobus geht tiefer hinab als der Externlobus. Ausser drei Auxiliarloben auf den Flanken sind auf der Nabelfläche noch ein vierter und fünfter ausgebildet.

Im Gegensatz zu dem stark variierenden *Placenticeras bidorsatum* A. Roemer sp. ist *Hauericeras pseudo-Gardeni* sehr konstant entwickelt. Die Unterschiede zwischen der letzteren Spezies und verwandten Arten hat Schlüter bereits[1]) eingehend besprochen. Am nächsten verwandt ist *Hauericeras Gardeni* Baily[2]) aus Südafrika; diese Spezies ist jedoch weniger involut und hat andere Auxiliarloben.

Kommt sehr häufig bei Broitzem vor und ist auch an den anderen Fundorten nicht selten.

## Scaphites Parkinson.

### Scaphites binodosus A. Roemer.

Taf. IX, Fig. 4--6; Taf. X, Fig. 4.

1841. *Scaphites binodosus* A. Roemer, Versteinerungen des norddeutschen Kreidegebirges, S. 90, Taf. 13. Fig. 6.
1872. » » » Schlüter, Cephalopoden der oberen deutschen Kreide, S. 79, Taf. 24, Fig. 4–6.

[1]) Cephalopoden, S. 55.

[2]) Quart. journ. of the geological soc. of London, 1855, S. 456, Taf. 11, Fig. 3. — Vergl. auch: Kner, Kreidemergel von Lemberg, 1848, S. 8, Taf. 1, Fig. 3 (*A. sulcatus*); Favre, Mollusques fossiles de la craie des environs de Lemberg, 1869, Taf. 4, Fig. 1 (*A. Gardeni*) und Stoliczka, The fossil cephalopoda of the cretaceous rocks of southern India, 1865, S. 61, Taf. 33, Fig. 4 (*A. Gardeni*).

1872. *Scaphites Geinitzii* d'Orb. var. *binodosus* A. Roemer, Fritsch u. Schlönbach, Cephalopoden der böhmischen Kreideformation, S. 43, Taf. 14, Fig. 18.

Das größte der uns vorliegenden Gehäuse, deren Zahl über 200 beträgt, ist etwa 90 mm lang, übertrifft an Ausdehnung also das größte Stück, welches Schlüter bekannt war; die meisten Exemplare sind beträchtlich kleiner, solche von 80 mm Länge sind schon ziemlich selten. Die Gehäuse sind größtenteils verdrückt, so daß man bei ihnen die ursprüngliche Gestalt nicht mehr genau erkennen kann; einige sind durch Druck auf die Flanken ganz dünn zusammengepreßt, andere haben durch Druck auf die Externseite ganz kurze Flanken und eine hohe Externseite bekommen; besonders ist die Gestalt des eingerollten Teils so vielfach verändert, daß kaum zwei Exemplare einander vollständig gleichen. Nur wenige Stücke sind besser erhalten und lassen noch die ursprüngliche Form erkennen, welche mit der Beschreibung bei Schlüter a. a. O. im ganzen gut übereinstimmt. Bei ihnen ist die Gestalt zwar auch »mehr kreisförmig als elliptisch«, kommt jedoch einem Kreise nicht ganz so nahe wie das Schlüter'sche Original, da das Stück zwischen dem spiralen Teil und dem äußeren Haken weniger gebogen ist und der letztere sich auch in vielen Fällen nicht ganz so hoch erhebt. Die flachen Flanken sind deutlich, aber ohne Bildung einer scharfen Kante, von der mäßig gewölbten Externseite abgesetzt; an der Mündung gehen sie mehr mit allmählicher Rundung in den Externteil über.

Die Skulptur besteht auf dem eingerollten Teile des Gehäuses aus feinen, radialen, ziemlich dicht nebeneinander stehenden Rippen, welche an der Externkante einen kleinen Knoten bilden und sich hinter demselben in zwei Rippen spalten und so über die Externseite verlaufen. Auf dem übrigen Teile des Gehäuses befinden sich zwei Reihen Knoten; die eine, welche gewöhnlich nicht über sieben in der Radialrichtung verlängerte Knoten enthält, steht nahe an der Internkante, die andere, welche sich aus etwa 13—16, gewöhnlich — besonders auf dem mittleren Teile des Gehäuses — in der Spiralrichtung verlängerten und nach der Mündung zu kleiner werdenden Knoten zusammensetzt, steht an der Externkante und ist eine Fortsetzung der erwähnten kleinen Knoten an der Externkante des eingerollten Teils. Von den Knoten der inneren Reihe laufen über die Flanken nach den Knoten der äußeren Reihe breite, wulstige, sich hier und da gabelnde Rippen, welche besonders auf jüngeren Exemplaren deutlich hervortreten, bei den größeren Stücken entweder weniger scharf entwickelt waren oder nachträglich durch Abreibung undeutlich geworden sind. Auf der Externseite des nicht spiralen Teils des Gehäuses befinden sich zahlreiche, ziemlich dicht stehende Rippen, welche teilweise in den Knoten der Externkante, teilweise zwischen denselben endigen. Von den Loben sind nur undeutliche Reste erhalten.

Ein verdrücktes Bruchstück enthält im Innern, jedenfalls nicht mehr in der ursprünglichen Lage, den zugehörigen Aptychus, welcher Ähnlichkeit mit dem von SCHLÜTER abgebildeten Aptychus des *Scaphites spiniger* SCHLÜTER[1]) hat, aber stärker hervorragende und spitzere Wirbel und mehr wulstige und runzelige konzentrische Falten besitzt.

Nach SCHLÜTER[2]) kommt an unseren Fundorten bei Braunschweig und Broitzem eine zweite Art vor, welche er mit *Sc. aquisgranensis* SCHLÜT., *Sc. Cuvieri* MORT. (*hippocrepis* DE KAY) und *Sc. gibbus* SCHLÜT. vergleicht. Wir haben nach gründlicher Untersuchung des uns zu Gebote stehenden umfangreichen Materials die Überzeugung gewonnen, daß die sämtlichen uns vorliegenden Gehäuse zu *Sc. binodosus* A. ROEMER gehören, und daß das etwas verschiedene Aussehen der Exemplare durch Alter und Erhaltungszustand bedingt ist. Selbstverständlich nimmt die Dicke des Gehäuses mit dem Alter zu und zwar besonders im nichtspiralen Teil; da die meisten Stücke aber durch Druck auf die Flanken zusammengepreßt sind, so erscheint dann dieser Teil des Gehäuses besonders hoch. Mit fortschreitendem Alter nehmen die Knoten an der Internkante, welche in der Jugend mehr rund sind, immer mehr die Gestalt von Querwülsten an, die schwächeren unter

[1]) Cephalopoden der oberen deutschen Kreide, S. 83, Taf. 25, Fig. 5—7.
[2]) Zeitschr. der Deutsch. geol. Gesellsch. Bd. 51, S. 414.

ihnen verschwinden in diesem Stadium nicht selten infolge von Abreibung, so daß ihre Zahl dann geringer ist als bei der Jugendform; einzelne besonders gut erhaltene Exemplare der erwachsenen Form zeigen dieselbe Anzahl von Knoten an der Internkante wie die Jugendform. Auf die Altersform mit geringerer Anzahl Knoten an der Internkante beziehen sich wahrscheinlich die Angaben, welche SCHLÜTER a. a. O. über die Skulptur der angeblich vorhandenen zweiten Art macht.

*Scaphites binodosus* A. ROEMER wird, wie schon SCHLÜTER[1]) hervorgehoben hat, von sehr verschiedenen Fundorten und aus verschiedenem Niveau von vielen Autoren zitiert, aber ohne genauere Beschreibung oder Abbildung, so daß es in den meisten Fällen zweifelhaft erscheint, ob sich diese Angaben wirklich auf die in Rede stehende Art beziehen. GEINITZ[2]) nennt die Spezies von Kieslingswalde in Schlesien; der dort vorkommende Scaphit ist aber von LANGENHAN und GRUNDEY in neuerer Zeit wegen der abweichenden Skulptur als besondere Art unter dem Namen *Sc. kieslingswaldensis* abgetrennt und von STURM[3]) unter diesem Namen beschrieben, während FRITSCH[4]) ihn zu *Sc. binodosus* A. ROEMER stellt. Das von FRITSCH und SCHLÖNBACH a. a. O. abgebildete Fragment hat zwar große Ähnlichkeit mit *Sc. binodosus*, ist aber zu unvollständig und gestattet deshalb kein sicheres Urteil. Von A. ROEMER selbst ist seine Spezies später noch einmal[5]) vom Fuße des Sudmerberges bei Goslar abgebildet, doch gehört Fig. 9b und c bestimmt nicht zu *binodosus*, auch die Fig. 9a zeigt eine etwas abweichende Skulptur, und dürfte deshalb das Original, falls die Abbildung richtig ist, ebenfalls zu einer anderen Spezies zu rechnen sein. ROEMER sagt a. a. O.: »Die Sammlung der Bergakademie besitzt auch ein Exemplar von Oesel bei Kessenbruck.« Dieses soll wohl heißen »vom Oesel bei

[1]) Cephalopoden, S. 80.

[2]) Das Quadersandsteingebirge oder Kreidegebirge in Deutschland, S. 116.

[3]) Der Sandstein von Kieslingswalde in der Grafschaft Glatz und seine Fauna, S. 61, Taf. 3, Fig. 8.

[4]) Chlomeker Schichten, S. 37 u. 88, Fig. 20.

[5]) Die Quadratenkreide des Sudmerberges bei Goslar. Palaeontographica, Bd. 13, S. 197, Taf. 32, Fig. 9.

2*

Kissenbrück«. In der Nähe des in der Hauptmasse aus Trias bestehenden Öselberges bei Kissenbrück bei Wolfenbüttel stehen nämlich die von WOLLEMANN als »Senon von Biewende« bezeichneten oberen Quadratenschichten an, in welchen sich neben sicher bestimmbarem *Scaphites aquisgranensis* SCHLÜTER mehrere unbestimmbare Bruchstücke von Scaphiten gefunden haben[1]), welche *Sc. inflatus* A. ROEMER und *Sc. gibbus* SCHLÜTER ähnlich sind, also hinsichtlich der Skulptur auch an *binodosus* erinnern. BRAUNS[2]) erwähnt *Sc. inflatus* und *Sc. binodosus* ROEM. aus dem Untersenon von Braunschweig, sagt dabei aber selbst, »daß diese beiden Arten wohl zu vereinigen sein dürfen.« Als *Sc. inflatus* hat er wahrscheinlich die erwachsenen Exemplare von *Sc. binodosus* bezeichnet, welche dieser Spezies einigermaßen ähnlich sind.

*Sc. binodosus* ist an allen Fundorten bei Braunschweig häufig, besonders aber bei Broitzem.

## Crioceras LEVEILLÉ emend. UHLIG.

### Crioceras serta n. sp.

Taf. IX, Fig. 3; Taf. X, Fig. 1—3.

Das Gehäuse besteht aus mehreren spiralen, nur langsam an Höhe zunehmenden Umgängen von ziemlich regelmäßig ovalem Querschnitt, welche, wie das abgebildete junge Exemplar zeigt, einen beträchtlichen Raum zwischen sich ließen. Später scheinen die Umgänge sich einander mehr genähert zu haben; leider sind die uns vorliegenden älteren Exemplare alle etwas verdrückt, weshalb wir über den Verlauf der Umgänge im späteren Alter nichts Bestimmtes sagen können. Einige isolierte Windungen sind so zusammengepreßt, daß sie an Bruchstücke eines Hamiten erinnern. Ein Exemplar von der RUNGE'schen Ziegelei ist seitlich so stark zusammengedrückt, daß die inneren Windungen über die äußeren emporgedrückt sind und das Stück hierdurch an ein

[1]) WOLLEMANN, Die Fauna des Senons von Biewende bei Wolfenbüttel. Jahrb. der Königl. preuß. geol. Landesanstalt für 1900, S. 29.

[2]) Zeitschr. der Deutsch. geol. Gesellsch. 1871, Bd. 23, S. 750.

*Heteroceras* erinnert. Die Skulptur unseres *Crioceras* ist sehr charakteristisch. Die Anfangswindungen sind mit schmalen, scharfen, gleichen, durch breitere Furchen getrennten Rippen bedeckt, welche ziemlich gerade oder wenig gebogen über die Flanken und Externseite verlaufen. Später zeichnen sich einzelne Rippen durch bedeutendere Stärke aus und treten kielartig vor; zwei der letzteren Art nehmen am häufigsten drei, nicht selten auch zwei oder vier, ausnahmsweise auch noch mehrere der schwächeren Rippen zwischen sich. Auf dem einen der abgebildeten Stücke erscheint die Skulptur in der Nähe der Externseite und auf derselben ganz abnorm, wahrscheinlich infolge einer Verletzung und Heilung des Gehäuses zu Lebzeiten des Tieres; einige Rippen verschwinden plötzlich, andere erscheinen wie verbogen und einige verbinden sich mit der benachbarten zu einem Paare. Loben sind auf keinem der uns vorliegenden Exemplare sichtbar.

Bruchstücke der inneren Windungen haben große Ähnlichkeit mit *Ancyloceras retrorsum* SCHLÜTER[1]), doch sind bei dieser Art die Rippen stärker gebogen und auch auf älteren Exemplaren einander gleich. Sehr ähnlich ist ferner *Crioceras (?) cingulatum* SCHLÜTER aus den »Quadratenschichten bei Dülmen in Westphalen«[2]), doch ist das einzige Stück, welches SCHLÜTER bekannt war, zu fragmentarisch, weshalb man sich über die betreffende Art kein sicheres Urteil bilden kann; übrigens stehen bei ihr ein oder zwei, und nur an einer Stelle drei schwächere Rippen zwischen zwei stärkeren. Den inneren Windungen unseres *Crioceras serta* ist auch ein von MOBERG[3]) unter dem Namen *Anisoceras* (*Hamites!*) *crispatum* abgebildetes Bruchstück von Eriksdal in Schweden sehr ähnlich. Da an diesem Fundorte neben *Actinocamax westphalicus* und *A. verus* schon *A. granulatus* vorkommt, so werden die oberen Schichten dieses Fundorts von STOLLEY[4]) als gleichalterig dem unteren Teile der Tone von Braunschweig angesehen.

[1]) Cephalopoden der oberen deutschen Kreide, S. 97, Taf. 30, Fig. 5—10.

[2]) Cephalopoden, S. 101, Taf. 30, Fig. 13 u. 14.

[3]) Cephalopoderna i Sveriges Kritsystem 1885, S. 32, Taf. 3, Fig. 12 u. 13.

[4]) Über die Gliederung des norddeutschen und baltischen Senon sowie die dasselbe charakterisierenden Belemniten, 1897, S. 51 u. 56.

Bruchstücke unserer Art kommen ziemlich häufig bei Broitzem und bei der Aktienziegelei bei Braunschweig vor, einigermaßen vollständige Exemplare sind aber sehr selten.

## Actinocamax Miller.

### Actinocamax granulatus Blainville sp.

Taf. XI, Fig. 1—9.

1827. *Belemnites granulatus* Blainville, Mémoire sur les bélemnites, S. 61, Taf. 1. Fig. 10.
1876. *Actinocamax cf. granulatus* Schlüter, Cephalopoden der oberen deutschen Kreide, S. 198, Taf. 54, Fig. 14 u. 15.
1885. » » Blainville emend. Moberg, Cephalopoderna i Sveriges Kritsystem, S. 48 z. T.
1897. » » Schlüter, Stolley, Über die Gliederung des norddeutschen und baltischen Senon, sowie die dasselbe charakterisierenden Belemniten, S. 65, Taf. 2, Fig. 17—21; Taf. 3, Fig. 7—11.
1899. » » Schlüter, Zeitschr. der Deutsch. geol. Gesellsch. Bd. 51, S. 416.

Diese Art hat Stolley a. a O. ausführlich beschrieben; er hat hauptsächlich nachgewiesen, daß sich *A. granulatus* allmählich aus *A. westphalicus* Schlüter entwickelt hat und in derselben Weise aus ersterem später *A. quadratus* Blainville hervorgegangen ist. Da zwischen den drei genannten Arten alle nur denkbaren Zwischenformen existieren, so ist es selbstverständlich einigermaßen willkürlich, wo man *A. granulatus* beginnen und aufhören lassen will.

Der Beschreibung der Spezies bei Stolley haben wir noch folgendes hinzuzufügen. Das von ihm a. a O. Taf. 2 Fig. 21 abgebildete größte Exemplar von Broitzem wird an Größe noch etwas übertroffen durch das von uns abgebildete, 86 mm lange und 18 mm dicke Exemplar von demselben Fundorte, welches Eigentum des Herrn Landgerichtsdirektor Bode in Braunschweig ist. Die Lage der Apikallinie ist bei Stolley nicht abgebildet und beschrieben; hinsichtlich dieser ist das Folgende zu beachten. Werden die Rostra in der Richtung vom Rücken zum Bauch gespalten, so erscheint die gekrümmte Apikallinie exzentrisch und mit konvexer Seite der Bauchgegend genähert. Spalten wir die Rostra dagegen von Flanke zu Flanke, wobei sie gewöhnlich in einen dünneren Bauch- und einen dickeren Rückenteil zerfallen, so liegt die Apikallinie ziemlich genau auf der Mitte der beiden Teile und tritt infolge ihrer Biegung zum Bauche auf dem dünneren Bauchstück deutlicher hervor als auf dem dickeren Rückenteile. Die jungen Rostra sind schlank und spitz; ganz kleine Exemplare zeigen schon unter der Lupe, etwas größere auch mit bloßem Auge scharfe Körnelung. Einige dieser ganz jungen Stücke haben eine im Verhältnis zur ganzen Länge auffallend tiefe Alveole und einen langen Bauchschlitz. Bei dem einen der abgebildeten Stücke z. B. betragen diese Dimensionen: Ganze Länge 34 mm, Alveole 7 mm (0,205), Schlitz 6 mm (0,177). Nach STOLLEY a. a. O. S. 281 soll die Länge der Alveole bei den Lüneburger Exemplaren nur etwa 1/9 (0,111) bis 1/8 (0,125), bei den Braunschweiger Stücken etwa 1/6 (0,167) und bei sehr kleinen Individuen in Übereinstimmung mit unseren Beobachtungen 1/5 (0,2) der ganzen Scheidenlänge betragen. Diese jungen Rostra sind infolge ihrer verhältnismäßig tiefen Alveole und des langen Schlitzes von der Jugendform des *A. quadratus* BLAINVILLE sp. nicht zu unterscheiden, gehören aber, da sie massenweise zwischen den erwachsenen Individuen des *A. granulatus* an allen unseren Fundorten vorkommen, ohne Zweifel fast ausschließlich zu diesen, da der echte *A. quadratus*, wie unten gezeigt wird, nur selten vorkommt und bislang überhaupt nur bei Broitzem gefunden ist.

Nicht selten sind sonderbar verkrüppelte Individuen; manche derselben sind einfach, manche mehrfach hin- und hergebogen und dabei auch bisweilen etwas verdreht. Einige von diesen, welche eine besonders auffällige Gestalt besitzen, sind abgebildet. Von Broitzem und von der Aktienziegelei bei Braunschweig liegen uns viele große, bis 110 mm lange und am oberen Ende bis 35 mm breite Phragmokone vor, welche höchst wahrscheinlich auch zu *A. granulatus* gehören, trotzdem sie noch nicht im Zusammenhange mit dem Rostrum gefunden sind, da *Belemnitella praecursor* und *Actinocamax depressus*, zu welchen sie ihrer Größe nach gehören könnten, nur sehr selten gefunden sind. In der Alveole des *A. granulatus* haben wir nur hier und da die unterste Spitze des Phragmokons erhalten gefunden.

Diese Art kommt an allen Fundorten massenweise vor.

**Actinocamax quadratus** Blainville sp.

Taf. XI, Fig. 10, 11.

1827. *Belemnites quadratus* Blainville, Mémoire sur les bélemnites, S. 62, Taf. 1, Fig. 9.

1876. *Actinocamax quadratus* sp., Schlüter, Cephalopoden der oberen deutschen Kreide, S. 197, Taf. 53, Fig. 20—25; Taf. 54, Fig. 1—13 (cum syn.).

1897. » » Stolley, Über die Gliederung des norddeutschen und baltischen Senon, sowie die dasselbe charakterisierenden Belemniten, S. 69, Taf. 2, Fig. 22—24; Taf. 3, Fig. 12—14.

In Broitzem hat Wollemann zwei schlanke Belemniten mit deutlich gekörnter Oberfläche gefunden, welche von dem typischen *A. quadratus*, wie er uns massenweise aus den Quadratenschichten von zahlreichen Fundorten vorliegt, nicht zu unterscheiden ist. Die schlankere Gestalt, die Tiefe der Alveole, die Länge des Bauchschlitzes, die Gestalt der Mündung der Scheide zeigen, daß die betreffenden Stücke nicht als Übergangsform von *A. granulatus* zu *quadratus* angesehen werden können, sondern zum echten *quadratus* gehören. Die Gesamtlänge des einen Exemplars beträgt 78 mm, die Länge der Alveole 18 mm, was gut mit den Angaben Stolley's übereinstimmt, welcher a. a. O. S. 70 sagt: »Große ausgewaschene Exemplare von 75—80 mm Länge besitzen eine Alveolentiefe von 17—25 mm.«

Das eine der Exemplare, welches einen längeren Schlitz hat, wurde unmittelbar über der Sohle der Tongrube in dem anstehenden Gestein gefunden, das andere lag zwischen echten *A. granulatus* auf einem Tonhaufen und steckte ebenfalls noch im Ton, so daß nicht der geringste Zweifel über die Herkunft der Stücke existieren kann. Stolley sagt a. a. O. S. 69: »Einzelne Exemplare (d. h. von *A. quadratus*), die von ihm nicht zu trennen sind, treten schon in den obersten Lagen der Granulatenkreide auf.« Das eine der Broitzemer Exemplare ist aber, wie oben bemerkt, ganz unten in der Tongrube dem anstehenden Gestein entnommen.

STOLLEY hat bekanntlich, nachdem SCHLÜTER[1]) schon früher festgestellt hatte, »daß das Vorkommen von *A. granulatus* auf die untere Partie der sogenannten Quadratenkreide beschränkt ist,« diese Art als Leitfossil für die danach benannte »Granulatenkreide« aufgestellt. Wir haben schon früher darauf hingewiesen[2]), daß ein so unbestimmt begrenztes Fossil, wie *Actinocamax granulatus*, bei einer Gliederung des Senons mit Vorsicht zu benutzen ist, in welcher Ansicht wir noch durch die Tatsache bestärkt werden, daß nunmehr auch der typische *A. quadratus* in tieferen Schichten der »Granulatenkreide« nachgewiesen ist.

## Actinocamax verus MILLER.

Taf. XI, Fig. 12—18; Taf. VI, Fig. 1—8.

1823. *Actinocamax verus* MILLER, Transact. geol. soc. 2. Series, Bd. 2, S. 63, Taf. 9, Fig. 17.

1871. *Belemnitella plena* BRAUNS, Die Aufschlüsse der Eisenbahnlinie von Braunschweig nach Helmstedt, nebst Bemerkungen über die dort gefundenen Petrefakten, insbesondere über jurassische Ammoniten. Zeitschrift der Deutsch. geol. Ges. Bd. 23, S. 750.

1876. *Actinocamax verus* MILLER, SCHLÜTER, Cephalopoden der oberen deutschen Kreide, S. 191, Taf. 52, Fig. 9—15 (cum syn.)

1885. » » STOLLEY, Über die Gliederung des norddeutschen und baltischen Senon, sowie die dasselbe charakterisierenden Belemniten, S. 77, Taf. 4, Fig. 2—5.

1899. » » SCHLÜTER, Zeitschr. der Deutsch. geol. Ges., Bd. 51, S. 416.

Da diese Spezies von den erwähnten Autoren sehr ausführlich beschrieben ist, so können wir uns auf wenige Bemerkungen

[1]) Cephalopoden, S. 198.

[2]) G. MÜLLER, Über die Gliederung der *Actinocamax*-Kreide im nordwestlichen Deutschland. Zeitschr. der Deutsch. geol. Gesellsch. 1900, Bd. 52, S. 38. — Über die Gliederung des Senons im nordwestlichen Deutschland. Glückauf; berg- und hüttenmännische Wochenschrift, Nr. 19 vom 5. Mai 1900, S. 19 — WOLLEMANN, Die Fauna der Lüneburger Kreide. Abhandl. der Königl. preuß. geol. Landesanstalt, Neue Folge, Heft 37, S. 3 und 120.

beschränken. Das größte der uns vorliegenden Rostra ist 45 mm lang, was mit den Angaben SCHLÜTER's übereinstimmt, nach denen die Art 46 mm Länge erreichen soll. Die Gestalt ist sehr verschieden. Neben schlanken, fast zylindrischen, zugespitzten Exemplaren finden sich solche, welche stark keulenförmig und am unteren Ende abgestumpft sind; die Extreme sind von uns abgebildet. Die zylindrische und keulenförmige Form sind durch alle nur denkbaren Übergänge miteinander verbunden, gehören also selbstverständlich zu einer Art. Diese Spezies zeigt uns besonders deutlich, wie verfehlt es in der Regel ist, eine neue Belemnitenart auf einen Einzelfund zu begründen. Nicht selten blättert der obere Teil des Rostrums ab, wodurch die Stücke ein ganz abweichendes Aussehen bekommen. Die mir vorliegenden jungen Exemplare sind alle spitz und schlank und neigen wenig zur Keulenform. Oben endigt das Rostrum bekanntlich gewöhnlich in einen mit radialen Falten und Runzeln bedeckten Konus, doch kommen auch, wie schon STOLLEY a. a. O. hervorgehoben hat, Exemplare vor, welche eine deutliche Alveole besitzen, deren Tiefe nach unseren Beobachtungen höchstens 4 mm beträgt. Diese mit einer Alveole versehenen Stücke des *A. verus* werden der Jugendform des *A. granulatus* ähnlich, sind aber durch die charakteristische Runzelung der Oberfläche und durch die plumpere Gestalt leicht von diesen zu unterscheiden. Außerdem ist bei *A. verus* der obere Teil des Rostrums meist hell weißlich gefärbt oder trägt dort auf dunkelm Grunde einen hellen Ring, wie dieses auf den Abbildungen bei MOBERG und STOLLEY deutlich sichtbar ist; diese Erscheinung haben wir bei *A. granulatus* nie beobachtet.

Die Apikallinie liegt, ebenso wie bei *A. granulatus*, fast genau median, wenn die Stücke von Flanke zu Flanke gespalten werden, dagegen ist sie bei dorsoventraler Spaltung der Bauchseite genähert, unterscheidet sich dann aber von der Apikallinie des *A. granulatus* dadurch, daß sie auch in dieser Ansicht fast gerade erscheint.

Wie unsere Abbildung zeigt, kommen auch von dieser Art schief verbogene, verkrüppelte Individuen vor.

SCHLÜTER erwähnt[1]) *A. verus* auch aus den oberen Quadratenschichten von Biewende, wo neben *A. quadratus* schon *Belemnitella mucronata* SCHLOTH. sp. auftritt[2]). Einige Rostra von *A. verus*, welche angeblich von diesem Fundorte stammen, liegen in der Sammlung des Geologischen Landesmuseums in Berlin und rühren aus der SCHLOENBACH'schen Sammlung her. Wir haben bei Biewende nie *A. verus* gefunden, trotzdem wir dort jahrelang gesammelt haben, und sind deshalb der Ansicht, daß es sich um eine Verwechselung handelt, zumal da älteres Senon als die oberen Quadratenschichten dort, soviel wir wissen, nie aufgeschlossen gewesen ist.

*A. verus* ist bei Broitzem sehr häufig, an den Fundorten bei Braunschweig dagegen ziemlich selten.

## Actinocamax Grossouvrei JANET.

Taf. VI, Fig. 4–6.

| | | |
|---|---|---|
| 1891. | *Actinocamax Grossouvrei* JANET, | Bull. de la soc. géol. de France 3. Serie, Bd. 19, S 716, Taf. 14, Fig. 1–3. |
| 1891. | » *Toucasi* » | Ebendort, S. 719, Taf. 14, Fig. 4. |
| 1895. | » *depressus* ANDREAE, | Ein neuer *Actinocamax* aus der Qudratenkreide von Braunschweig, Mitth. aus dem ROEMER-Museum in Hildesheim, No. 2. |
| 1897. | » » » | STOLLEY, Ueber die Gliederung des norddeutschen und baltischen Senon, sowie die dasselbe charakterisierenden Belemniten, S. 75. |
| 1899. | » » » | SCHLÜTER, Zeitschr. der Deutsch. geol. Gesellsch., Bd. 51, S. 417. |

Schon STOLLEY und SCHLÜTER haben die Vermutung ausgesprochen, daß der von ANDREAE a. a. O. durch vorzüglich gelungene Figuren dargestellte und als neue Spezies unter dem Namen *depressus* beschriebene *Actinocamax* mit zwei früher von JANET aufgestellten Spezies identisch ist. Wir sind nach gründlicher Prüfung des inzwischen gefundenen neuen Materials zu der Ansicht gelangt, daß tatsächlich eine Trennung der drei oben

---

[1]) Cephalopoden, S. 194.

[2]) WOLLEMANN, Die Fauna des Senons von Biewende bei Wolfenbüttel, Jahrb. der Königl. preuß. geol. Landesanstalt für 1900, S. 30.

genannten, angeblich verschiedenen Arten nicht möglich ist. Schon ANDREAE hat die Ansicht geäussert, daß die weniger oder mehr keulenförmigen Formen zu einer Spezies zu rechnen sind, und hat ein zierlicheres, schlankeres Exemplar mit »verlängerter spindelförmiger Spitze« als Varietät zu seiner Art unter dem Namen *var. fusiformis* gestellt; er hat also die Formen, welche JANET a. a. O. als zwei verschiedene Arten beschreibt, bereits als eine Spezies zusammengefaßt. Ob die dritte Art JANET's, welche derselbe *A. Alfridi* genannt hat[1]) ein etwas außergewöhnlich gestaltetes Individuum von *A. Grossouvrei* ist oder wirklich eine besondere Art repräsentiert, läßt sich nach der vom Autor gegebenen Abbildung und kurzen Beschreibung nicht entscheiden.

*Actinocamax Grossouvrei* schwankt hinsichtlich seiner Gestalt, ebenso wie die meisten *Actinocamax*-Arten, und erscheint bald durch fast parallele Kanten begrenzt, bald mehr oder weniger keulenförmig, ebenso wie *A. verus* MILLER. Jedes Exemplar des *A. Grossouvrei* hat eine etwas andere Gestalt; aus dem uns vorliegenden Material läßt sich eine ununterbrochene Reihe bilden von der abgeflacht zylindrischen bis zu der extrem keulenartigen Form. Zwei der von uns abgebildeten vollständigen Stücke gleichen genau der Figur 4 bei JANET; das andere unvollständige ist seiner Figur 2 sehr ähnlich, nur ist bei unserem Original die Spitze besser erhalten.

Die Apikallinie, welche von den genannten Autoren nicht abgebildet ist, liegt unmittelbar unter der Alveole fast genau median, nähert sich aber weiter unten mit sehr schwach konvexem Bogen der Bauchseite. Die schief konische Alveole ist sehr seicht; ihre Tiefe beträgt bei dem im Längsschnitt abgebildeten, schlanken, 94 mm langen Exemplar nur 4 mm. An dem ebenfalls abgebildeten unteren Bruchstück eines beträchtlich größeren Rostrums ist die Mamilla einigermaßen gut erhalten: sie zeigt besonders auf der besser erhaltenen Rückenseite dicht nebeneinander stehende radiale Runzeln. Hinsichtlich des Unterschieds zwischen *A. Grossouvrei* JANET und dem sehr ähnlichen *A. mam-*

[1]) A. a. O. S. 720, Taf. 14, Fig. 5.

*millatus* NILSSON verweisen wir auf die oben angeführten Autoren. Selten bei Broitzem, der Aktienziegelei und Z. am Madamenweg.

## Belemnitella d'ORBIGNY.

### Belemnitella praecursor STOLLEY.

Taf. VI, Fig. 7, 8.

1897. *Belemnitella praecursor* STOLLEY, Über die Gliederung des norddeutschen und baltischen Senon, sowie die dasselbe charakterisierenden Belemniten, S. 297, Taf. 3, Fig. 24.

Diese Spezies ist von STOLLEY auf ein einziges Exemplar von Broitzem begründet. Inzwischen sind an demselben Fundorte von Herrn Landgerichtsdirektor BODE zwei größere, ältere Exemplare gesammelt, welche von uns abgebildet sind; da die ausführliche Beschreibung von STOLLEY a. a. O. genau auf die Stücke paßt, so haben wir seinen Worten nur wenig hinzuzufügen. Beide Exemplare sind nicht ganz vollständig, da bei ihnen ein Teil des oberen Alveolarrandes weggebrochen ist und auch die Spitze, wie es scheint, nicht ganz erhalten ist. Das größere der beiden Stücke, welches am unvollständigsten ist, ist 117 mm lang. Das andere vollständigere, dessen Längsschnitt abgebildet ist, mißt 113 mm; seine Alveole ist 48 mm (0.425 des ganzen Rostrums) tief und zeigt auf der ganzen Innenfläche den Kammern des Phragmokons entsprechende, horizontale, parallele, ringförmige Streifen. Die Apikallinie ist fast gerade und liegt der Bauchseite nur wenig näher als der Rückenseite. Einige der Anwachsmassen sind durch scharfe, auf der Schnittfläche hell hervortretende Linien begrenzt. Die Oberfläche beider Exemplare ist vollständig glatt; die Dorsolateralfurchen sind kantig begrenzt und flach. Von der typischen *B. mucronata* unterscheidet sich *B. praecursor* durch das Fehlen der sogenannten Gefäßeindrücke, sowie durch eine andere Gestalt der Spitze, von welcher bei *B. mucronata* die Mamilla sich gewöhnlich viel schärfer absetzt; auch verjüngt sich *B. prae-*

[1]) WOLLEMANN, Die Fauna der Lüneburger Kreide. Abhandl. der Königl. preuß. geol. Landesanstalt, Neue Folge, Heft 37, S. 111.

*cursor* von oben nach unten zu viel gleichmäßiger als dieses bei *B. mucronata* in der Regel der Fall ist. In den Mucronatenschichten kommen bisweilen zwar auch Exemplare von *B. mucronata* vor, welche fast glatt erscheinen [1]), doch sind diese nur Ausnahmen, während *B. praecursor* nach den bisherigen Beobachtungen stets eine glatte Oberfläche besitzt. In der Sammlung der Herzoglichen technischen Hochschule in Braunschweig befindet sich ein Exemplar der typischen Form der *Belemnitella mucronata* v. SCHLOTHEIM sp., welche nach einer gütigen mündlichen Mitteilung des Herrn Professor STOLLEY ebenfalls aus dem Untersenon von Broitzem stammen soll.

# Inhaltsverzeichnis.

Digitized by Google

FSC
www.fsc.org
MIX
Papier aus ver-
antwortungsvollen
Quellen
Paper from
responsible sources
FSC® C141904

Druck:
Customized Business Services GmbH
im Auftrag der KNV-Gruppe
Ferdinand-Jühlke-Str. 7
99095 Erfurt